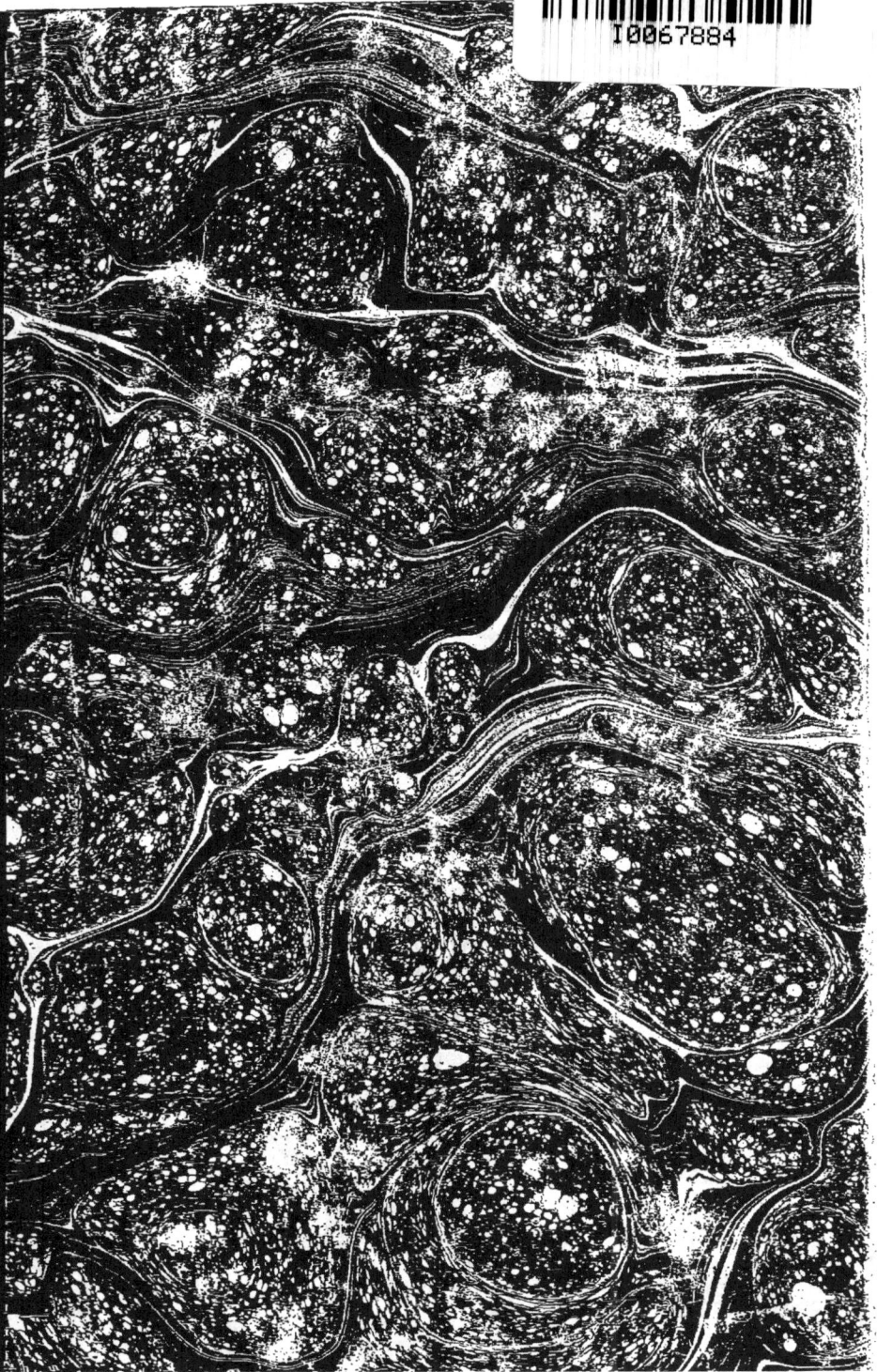

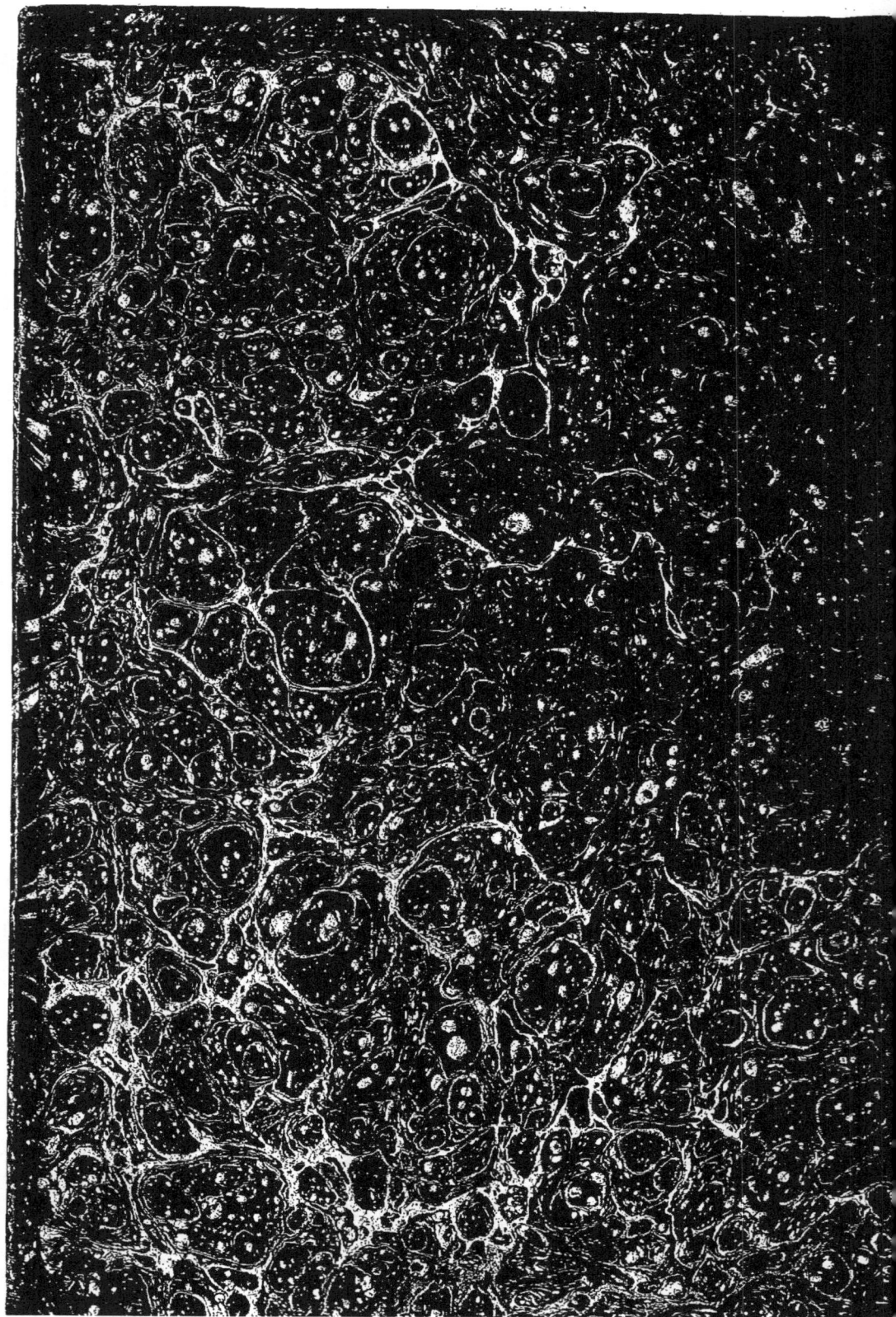

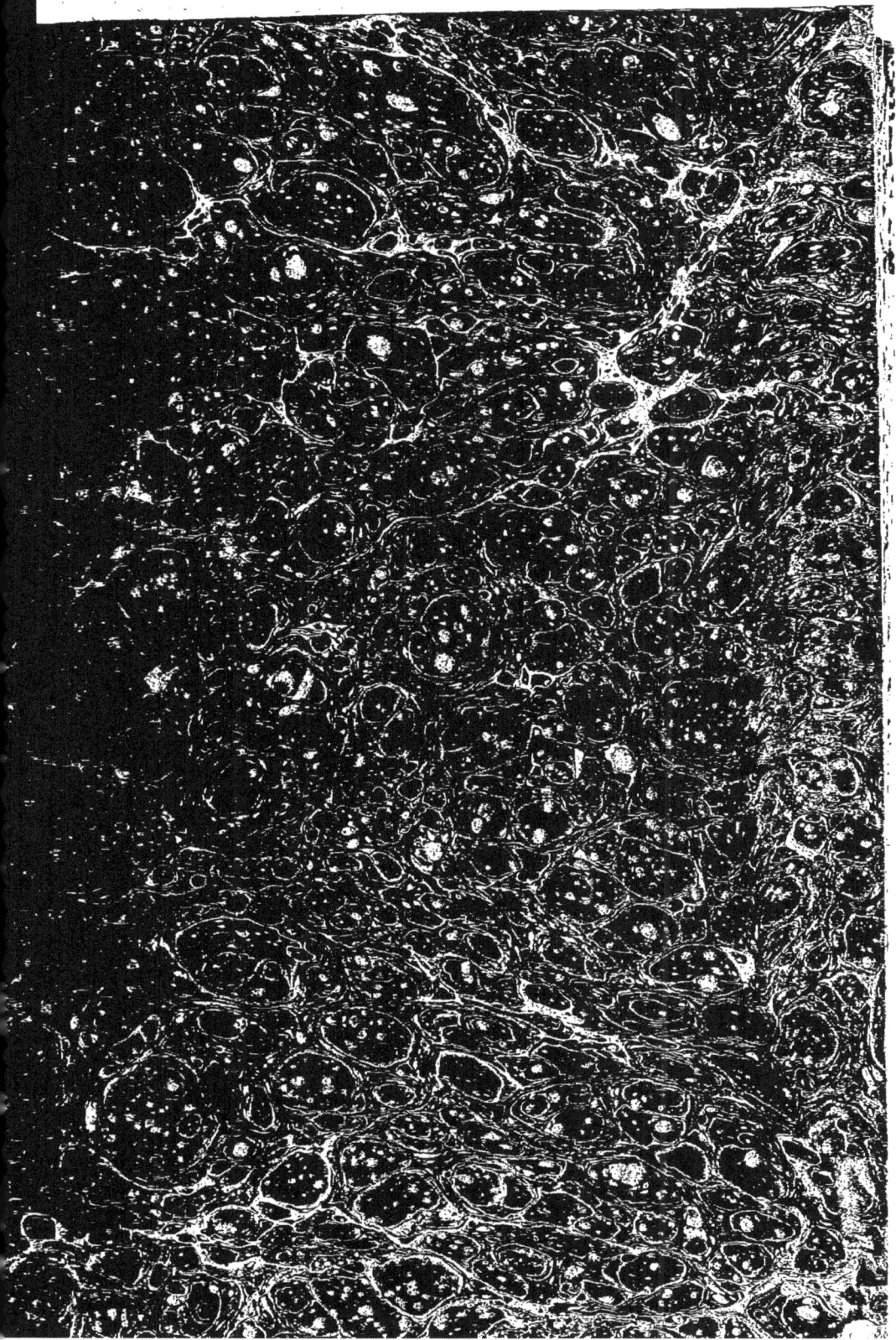

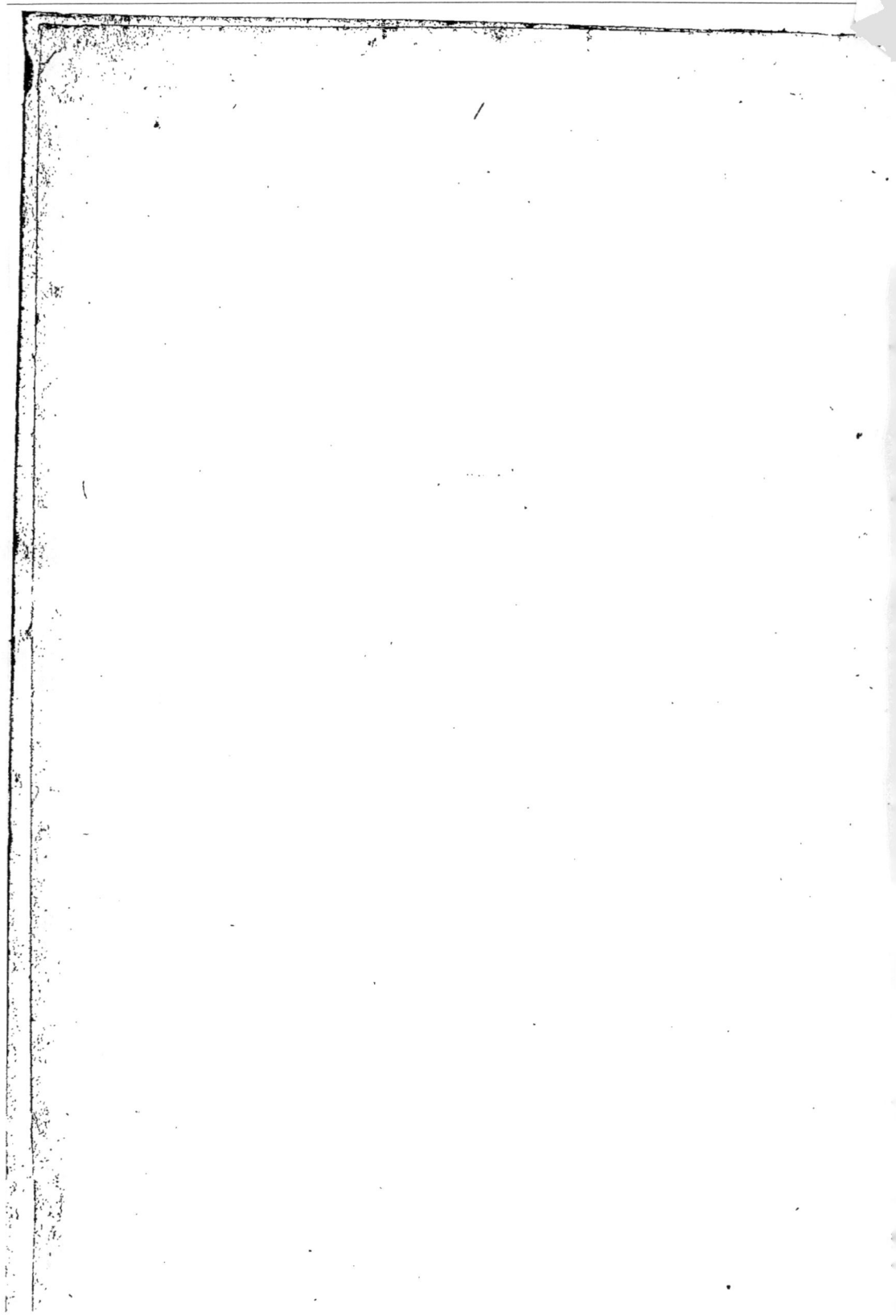

ÉLÉMENS

DE

CHIMIE MÉDICALE.

T. I.

ÉLÉMENS

DE

CHIMIE MÉDICALE;

Par M. P. ORFILA,

Médecin par quartier de Sa Majesté LOUIS XVIII;
Membre correspondant de l'Institut de France; Membre
de la Société médicale d'Émulation, de l'Université
de Dublin, de l'Académie de Barcelonne, de Murcie, etc.;
Professeur de Chimie et de Médecine légale.

TOME PREMIER.

A PARIS,

Chez CROCHARD, Libraire, rue de Sorbonne, n° 5.

1817.

DE L'IMPRIMERIE DE FEUGUERAY,

rue du Cloître Saint-Benoît, n° 4.

A MONSIEUR

LEFAIVRE,

MÉDECIN ORDINAIRE DE SA MAJESTÉ,

FAISANT FONCTIONS DE PREMIER MÉDECIN,

GRAND-CORDON DE SAINT-MICHEL, etc.

MONSIEUR,

L'ouvrage que j'ai l'honneur de vous dédier a pour objet une science que bien des personnes regardent comme n'ayant point de rapport avec la profession que vous exercez avec tant de distinction. J'ai cru devoir faire connaître, d'une manière plus particulière qu'on ne l'avait fait jusqu'ici, les nombreux liens qui les unissent. La protection qu'à l'exemple de vos illustres devanciers, vous accordez à ceux qui cultivent la Médecine avec ardeur, m'enhardit à vous faire hommage de ce fruit de mes travaux. Je saisis, en même temps, cette occasion de vous témoigner publiquement toute ma reconnaissance pour les bontés dont vous m'avez honoré.

J'ai l'honneur d'être, avec les sentimens de la plus haute considération et du plus profond respect,

MONSIEUR,

Votre très-humble et très-obéissant serviteur

Paris, ce 8 août 1817.

ORFILA.

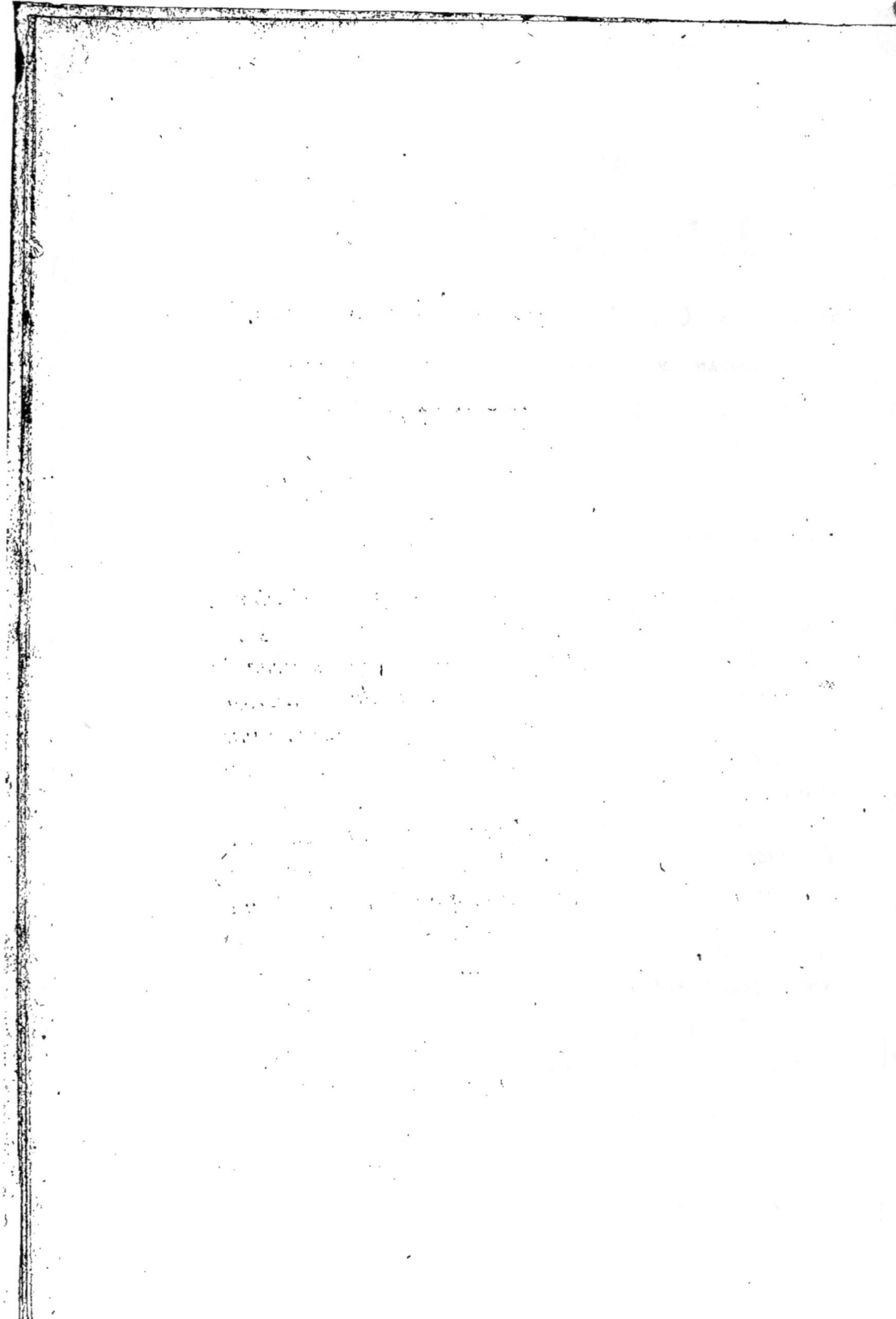

PRÉFACE.

Notre objet, en publiant ce livre élémentaire, a été de répondre aux vœux de MM. les Elèves en médecine et en pharmacie, qui, depuis long-temps, nous engagent à mettre au jour les leçons qui composent notre Cours de chimie médicale. Il a fallu un motif aussi puissant pour nous décider à une pareille entreprise, et chercher à vaincre les nombreux obstacles qui en sont inséparables. En effet, indépendamment de la difficulté que nous avons éprouvée à tracer dans un si petit espace l'état actuel d'une science aussi étendue, nous avons été souvent embarrassés par la solution d'un très-grand nombre de questions encore indécises, et qui ne sauraient être éclaircies qu'à l'aide d'expériences nouvelles, multipliées et délicates. A la vérité, nous avons été assez heureux pour pouvoir aplanir une partie de ces difficultés, en mettant à profit la lecture de quelques bons ouvrages récemment publiés, et les avis du célèbre Vauquelin. Les beaux Mémoires de MM. Berthollet, Gay-Lussac, Proust,

Davy, Chevreul, Dulong, etc.; le Traité de M. John sur la Chimie animale, et les ouvrages classiques de M. Thompson et de M. le professeur Thenard, nous ont servi de guide. C'est principalement dans ce dernier Traité, le plus récent de ceux qui ont été publiés en France, que nous avons puisé un très-grand nombre de faits précieux. Nous nous plaisons à rendre cet hommage public à M. Thenard, dont les savantes leçons nous ont été aussi d'un très-grand secours.

Il n'est personne qui ose contester l'utilité de la chimie dans les arts; mais il n'en est pas de même lorsqu'il s'agit de l'appliquer à la médecine; non-seulement elle est regardée comme inutile par quelques médecins, mais encore comme dangereuse. Cette erreur, que nous croyons funeste, peut être aisément détruite. En effet, il est de la plus haute importance que le praticien qui prescrit un médicament composé connaisse la nature et les propriétés des composans; autrement il s'expose à conseiller l'emploi d'un produit qui ne jouit d'aucune vertu, ou d'un autre qui est extrêmement vénéneux. D'ailleurs, l'utilité de la chimie dans les cas médico-judiciaires qui ont pour objet l'empoisonnement ne saurait être révoquée en doute. Mais quels peuvent être les dangers des applications outrées de cette science à la médecine? Les médecins-chimistes, dirat-on, sans avoir égard aux forces vitales, ne voient, dans l'exercice des diverses fonctions de l'économie animale, que des phénomènes analogues à ceux qu'ils observent dans leurs laboratoires; ils comparent inconsidérément les propriétés des corps inertes à celles des corps doués de la vie, et établissent en physiologie des théories purement chimiques et erronées, que la plus légère observation suffit pour renverser. Ces reproches, faits à des observateurs inattentifs et peu éclairés, sont loin d'atteindre les savans circonspects qui interrogent sans cesse la nature à l'aide d'expériences et d'observations nombreuses, et qui préfèrent l'acquisition de faits nouveaux et bien avérés à des explications prématurées et peu fondées. Les résultats de leurs travaux sont des monumens précieux pour le perfectionnement futur de la physiologie, et chercher à les détourner du sentier qu'ils suivent, c'est évidemment s'opposer aux progrès ultérieurs de la science.

Pénétrés de ces vérités, nous avons cru devoir faire, dans cet Ouvrage, les applications médicales dont l'utilité est incontestable; celles, par exemple, qui sont du ressort de la thérapeutique et de la jurisprudence médicale. Quant aux applications physiologiques, nous nous sommes bornés à exposer les résultats des expériences chimiques qui y ont rapport, cette partie de la science nous ayant paru

trop peu avancée pour pouvoir la réduire à des principes généraux.

Nous avons cru ne devoir parler des préparations
des corps qu'après avoir fait l'histoire de leurs propriétés, dont la connaissance est indispensable pour
saisir tous les phénomènes des opérations chimiques (1).

---

(1) Les lettres $P\ E$, que l'on trouvera dans le courant de
l'ouvrage, signifient *Propriété essentielle*.

TABLE DES MATIÈRES.

SUPPLÉMENT.

FIN DE LA TABLE DES MATIÈRES.

DESCRIPTION

DE QUELQUES INSTRUMENS EMPLOYÉS EN CHIMIE.

Alambic de cuivre. L'alambic est un ustensile que l'on emploie dans la distillation de certaines substances liquides ou solides. Il se compose de trois parties essentielles : 1° de la cucurbite ; 2° du chapiteau ; 3° du serpentin. La cucurbite est représentée fig. 1, pl. 1re. *A* est la partie dans laquelle on met les substances que l'on veut distiller. *E* est l'ouverture au moyen de laquelle on introduit les liquides. On voit le chapiteau fig. 2 ; *gg* est un tuyau incliné, connu sous le nom de *bec ; ee, ff*, partie supérieure du chapiteau creuse, dans laquelle on met des matières peu conductrices de la chaleur, telles que du charbon pilé, qui s'oppose à la condensation des vapeurs dans cette partie ; sans cette précaution, la vapeur refroidie et liquéfiée retomberait dans la cucurbite. *I*, ouverture propre à livrer passage aux liquides que l'on veut introduire dans l'alambic. La fig. 3 représente le serpentin. *S S* est un seau de cuivre étamé, destiné à être rempli d'eau froide. *C C' C''*, tuyau en étain, contourné en spirale, et fixé dans le seau *S. C*, extrémité recevant le bec *gg* de la fig. 2.

Lorsqu'on veut se servir de l'alambic, on place la cucurbite sur un fourneau ; on introduit le liquide en *A*, fig. 1re ; on met le chapiteau *P*, fig. 2, sur la cucurbite ; on fait arriver le bec *gg* dans le tube *C* de la fig. 3, et l'extrémité *C''*, dans un vase propre à recevoir le liquide volatilisé ; on remplit d'eau froide le seau de ce serpentin *ss ;* on introduit du charbon pilé dans la partie *ee, ff*, de la fig. 2, et on chauffe la cucurbite ; le liquide se volatilise, la vapeur traverse le tuyau du serpentin, et se condense en un liquide qui va se rendre dans le vase qui communique avec *C''*, fig. 3 ; il est essentiel que l'eau du serpentin soit renouvelée à mesure qu'elle s'échauffe : pour cela, on retire celle qui est déjà chaude au moyen du robinet *d*.

Lorsqu'on veut distiller à une température au-dessous de celle de l'eau bouillante, on se sert du bain-marie *B*, fig. 4 ; on place la cucurbite *A* sur le fourneau ; dans celle-ci on met le bain-marie *B* contenant la substance que l'on veut distiller ; on introduit de l'eau dans la cucurbite *A* au moyen de l'ouverture *E* ; on monte l'appareil comme précédemment, et on chauffe ; il est aisé de voir que, dans ce cas, le bain-marie n'est échauffé que par l'eau de la cucurbite *A* ; on renouvelle cette eau à mesure qu'elle s'évapore.

Alambic de verre. Il est composé de deux parties (*voyez* fig. 5 et 6) : *A* est la cucurbite ; *C*, le chapiteau ; *E*, le bec qui s'adapte à un flacon dans lequel on reçoit le liquide distillé. On n'emploie guère cet alambic que pour les distillations que l'on veut faire sur le bain de sable.

Allonge (fig. 6 et 8). Instrument de verre dont on se sert pour éloigner les récipiens du feu ; on le fait communiquer par une de ses extrémités avec la cornue, et par l'autre avec le récipient.

Bain de sable. Le bain de sable consiste en un vase de fer ou de terre dans lequel on met du sable ; il est rarement employé aujourd'hui ; on s'en servait autrefois dans les évaporations et dans quelques distillations.

Chalumeau (*voyez* fig. 9). Instrument en cuivre jaune, en argent ou en verre, composé d'un tube *ab* courbé en *b*, renflé en boule, et terminé par une pointe *d* ; on s'en sert pour chauffer ou fondre différentes matières ; on place ces matières dans une cavité pratiquée dans un morceau de charbon ; on souffle par l'extrémité *a*, de manière à ce que le courant d'air qui sort en *d* soit porté sur la flamme d'une chandelle, et celle-ci sur la matière que l'on veut échauffer ; pendant le temps de l'insufflation on respire par le nez.

Cloches (pl. 2, fig 10, 11 et 12). Vases de verre gradués ou non, avec ou sans robinet, ouverts par leur base, offrant

quelquefois des ouvertures latérales : on s'en sert pour recueillir les gaz, les mesurer, etc.

Cloche courbe (fig. 40, pl. 4).

Creusets. Vases de terre, d'argent ou de platine (fig. 14,
15 et 16), dans lesquels on opère des fusions, des décompositions, etc. ; on leur donne le nom de *creusets brasqués*
lorsque leur cavité est remplie d'un mélange fait avec du
charbon pulvérisé et un peu d'argile détrempée, et que l'on
pratique un creux dans ce mélange.

Cuve pneumato - chimique. Vaisseau en bois, doublé en
plomb, qui sert à recueillir les gaz insolubles ou peu solubles
dans l'eau (*voyez* fig. 20, pl. 2). *F F'* est une caisse soutenue
par quatre pieds en bois ; *L G H I,* table plus basse que les
bords supérieurs de la cuve, sur laquelle on met les cloches ;
L G K S, fosse de la cuve ; *T T,* petite table offrant vers son
milieu une ouverture circulaire *N,* au-dessus de laquelle on
place les cloches qui doivent recevoir les gaz ; *M,* échancrure
par laquelle passe le tube qui conduit le gaz dans la cloche
(*voyez* fig. 18.) ; *T T* (fig. 21), tablette vue plus en grand ;
R, robinet à l'aide duquel on peut vider la cuve.

Fig. 19, plan de la cuve ; fig 18, coupe de la cuve.

Cuve hydrargyro-pneumatique. Cuve à mercure (fig. 23,
pl. 2) : cette cuve est en marbre ou en pierre dure ; *A A,* vaisseau de marbre dans laquel on met du mercure, et qui est
supporté par des pieds *P P. E F G H,* table de la cuve, que
l'on voit représentée fig. 24 ; *K L,* cavité ou fosse de la cuve ;
N N, fig. 26, rainure semblable à celle de la fig. 21, dans
laquelle entre une planchette. Fig. 25, *I I,* coupe d'une rainure
suivant la ligne *A B.* Fig. 25 et 26, *O P,* trou fait dans
l'épaisseur du marbre, dans lequel on met le tube gradué contenant le gaz que l'on veut mesurer. Fig. 26, *R,* échancrure
garnie d'une glace, à l'aide de laquelle on peut aisément observer la hauteur du mercure dans le tube gradué dont nous
venons de parler.

Eprouvette (fig 12, pl. 2). Vase de verre ou de cristal, en
général beaucoup plus long que large.

Fourneau évaporatoire. Il n'est formé que d'une seule pièce (fig. 27, pl. 3). *A A*, foyer destiné à recevoir le charbon ; *B B*, cendrier dans lequel tombent les cendres ; *C*, porte du foyer ; *D*, porte du cendrier ; *E E*, échancrures propres à livrer passage à l'air ; *G G*, grille du fourneau.

Fourneau à réverbère (fig. 28 et 29). Il est composé de trois pièces ; la plus inférieure contient le cendrier et le foyer ; la moyenne porte le nom de *laboratoire ;* la supérieure est le réverbère ou le dôme. *A A*, foyer dont on voit la grille *OO* (fig. 29); *BB*, cendrier; *CD*, portes du foyer et du cendrier; *E E*, laboratoire s'adaptant au foyer *AA ; FF*, dôme surmonté d'une cheminée *G*, à l'aide de laquelle la chaleur est réfléchie sur la cornue *H H*, placée dans le laboratoire (fig. 28); *T T* (fig. 29), barres de fer sur lesquelles pose la cornue ; *LL*, échancrure par laquelle sort le col de la cornue *HH*.

Fourneau de coupelle. Fourneau quadrangulaire en terre, que l'on emploie pour séparer l'or et l'argent par la coupellation. Fig. 31, pl. 3, plan et élévation du fourneau ; fig. 33, parties du fourneau séparées, vues sur le côté. Fig. 31, *LL*, cendrier ; *G"*, porte du cendrier ; *E E*, laboratoire ; *E' E'*, foyer, reçu par sa partie inférieure dans l'entaille *M M* du cendrier; *X X.* Fig 33, grille en terre appuyée sur les parois du foyer *E' E'.* Fig. 31, *G'*, porte antérieure du foyer ; il y en a deux autres latérales ; *G*, porte qui sert à fermer l'ouverture d'un petit four connu sous le nom de *moufle.* Fig. 52, moufle vue de face et contenant deux coupelles *a a.* Fig. 33, *A*, moufle placée dans le fourneau ; *U* (fig. 33), tablette en terre servant à approcher ou à éloigner la porte *G* de la moufle; *HH* (fig. 31), ouvertures par lesquelles on introduit une tige de fer qui sert à faire tomber le charbon dans l'intérieur du fourneau ; *NN*, dôme ; *O*, porte fermant une ouverture appelée *guelard*, par laquelle on charge le fourneau; *S S* (fig. 30), crochet à l'aide duquel on ouvre le guelard ; *R R*, cheminée du dôme.

Fourneau de coupellation elliptique, de MM. Anfrye et

Darcet (fig. 34, pl. 3); plan et élévation de ce fourneau. Fig. 36, parties de ce fourneau séparées et vues sur le côté. Fig. 35, grille en terre qui sépare le foyer du cendrier. Fig. 36, *M*, mouffle assujettie avec de la terre à la paroi antérieure du fourneau; *G*, porte de la mouffle.

Fourneau de forge (fig. 37, pl. 3). *E E E E*, maçonnerie en brique; *F F*, foyer; *G G*, grille; *H*, creuset supporté par un fromage *I*; *K K*, cendrier; *L L*, tuyau apportant le vent d'un soufflet; *M M*, grille trouée, à l'aide de laquelle le vent du soufflet se distribue également dans l'intérieur du fourneau. On emploie ce fourneau lorsqu'on veut produire un très-grand degré de chaleur.

Laboratoire (pl. 4, fig. 39). *A A*, Hotte; *D D*, paillasse; *E E*, fourneaux carrés; *L L*, forge; *S S*, soufflet à deux vents.

Lut. Mélange que l'on emploie, soit pour boucher les ouvertures des appareils, soit pour recouvrir la surface des cornues, des tuyaux, etc., qui doivent supporter un très-grand degré de chaleur. 1re *Espèce de lut.* Farine de graine de lin et colle d'amidon. 2e *Espèce.* Lut gras, fait avec de l'argile et de l'huile siccative. 3e *Espèce.* Blanc d'œuf et chaux. 4e *Espèce.* Argile, sable tamisé et de l'eau : on se sert de celui-ci pour recouvrir les tuyaux de porcelaine et de fer, les cornues de grès, etc.

Pipette (fig. 41, pl. 4). Instrument de verre dont on se sert pour décanter, par aspiration, les petites quantités de liquide qui surnagent un précipité.

Tube de sûreté à boule (fig. 55, pl. 9). Il est formé d'un tube simple recourbé *a T x*, auquel on a soudé en *S* un autre tube recourbé *S P R*, terminé en *R* par un entonnoir, et offrant en *P* une boule que l'on remplit à moitié d'eau ou de mercure. Nous allons faire sentir la nécessité des tubes de sûreté dans les opérations chimiques. Que l'on fasse du feu (fig. 55, pl. 9) sous la cornue *C*, dans laquelle on a mis des substances propres à fournir un produit quelconque; et supposons qu'au lieu du tube à boule on se serve d'un tube simple, on obtiendra des gaz, des liquides, etc,; l'air de l'appareil raréfié par la chaleur se dégagera en totalité, ou du moins en grande partie, au moment où l'opération sera terminée, ou dans tout autre moment; si la température de l'appareil diminue sensiblement, une partie de l'eau qui se trouve dans la cloche O rentrera rapidement dans le ballon B, et, de celui-ci, passera dans la cornue; non seulement les produits de l'opération pourront être altérés ou perdus, mais encore l'appareil pourra être brisé par son contact subit avec un liquide froid; ce phénomène dépend du refroidissement de l'appareil, qui peut être considéré comme étant vide; alors, en vertu de la pression atmosphérique sur le liquide de la cloche, ce liquide s'introduit dans le ballon, etc.: or, le tube à boule empêche cet effet. Voyons comment il agit: à mesure que le gaz de l'intérieur de l'appareil se condense par le refroidissement, et que le liquide de la cloche tend à monter dans la branche $T x$ du tube, à raison de la pression de l'air extérieur, l'air atmosphérique presse avec la même force sur le liquide contenu dans la branche $R r$ du tube, et le fait descendre autant qu'il le fait monter dans la branche $T x$; un moment arrive où l'eau de la branche $R r$ est poussée par l'air jusqu'en q; alors l'air, beaucoup moins pesant que l'eau, traverse le liquide contenu dans la boule du tube de sûreté et se rend dans le ballon: en sorte que le gaz de celui-ci n'est plus aussi raréfié qu'il était. Cet effet se succède sans cesse, et bientôt l'intérieur de l'appareil se trouve contenir de l'air qui pèse autant que celui du dehors.

Tubes de sûreté droits (pl. 9, fig. 58). On peut remplacer les tubes à boule par des tubes droits $x x$, qui plongent d'une ou de deux lignes dans l'eau; à mesure que le refroidissement de l'appareil a lieu, l'air extérieur entre par ces tubes, et s'oppose à l'absorption de l'eau du flacon C dans celle du flacon B.

ÉLÉMENS

DE

CHIMIE MÉDICALE.

PREMIÈRE PARTIE.

Notions préliminaires sur les Corps et sur les parties qui les composent.

On donne le nom de *corps* à tout ce qui frappe un ou plusieurs de nos sens. Les corps se présentent sous trois états; ils sont ou solides, ou liquides, ou aériformes; ils sont élémentaires ou composés : les premiers, appelés encore *principes* ou *élémens*, ne renferment qu'une sorte de matière; ainsi, quelle que soit la manière dont on s'y prenne, on ne retire que des parties de plomb ou d'or d'un morceau de l'un ou de l'autre de ces métaux que l'on regarde comme des élémens : les corps composés, au contraire, renferment au moins deux sortes de matière. Supposons que l'on ait fondu ensemble du plomb et de l'or, la masse que l'on a obtenue contient ces deux métaux.

Les anciens ne reconnaissaient que quatre corps élémentaires, l'eau, l'air, la terre et le feu; aujourd'hui on en connaît cinquante et un; parmi lesquels on ne compte plus avec raison ni l'eau, ni l'air, ni la terre, que d'on a démontré

1. I

être des corps composés. Si l'on admet, ce qui est réel, que ces divers élémens puissent s'unir deux à deux, trois à trois, quatre à quatre, on concevra sans peine la possibilité de donner naissance à tous les corps composés que l'on trouve dans la nature.

Un corps *élémentaire* doit être considéré comme étant formé d'une multitude de très-petites parties semblables ou homogènes et invisibles, que l'on désigne sous le nom de *molécules intégrantes* ou de *particules*. Il en est de même d'un corps composé : ainsi, par exemple, le composé d'or et de plomb dont nous venons de parler résulte de l'assemblage d'un très-grand nombre de molécules intégrantes. Mais chacune de ces molécules en renferme deux autres de différente nature, l'une d'or, l'autre de plomb, que l'on désigne sous le nom de *constituantes*.

On ne peut expliquer les divers phénomènes naturels sans admettre l'existence d'une force que Newton a appelée *attraction*. Cette force agit sur les molécules des corps, mais à des distances trop petites pour être saisies par nos sens : on lui donne le nom de *cohésion* lorsqu'elle réunit des molécules intégrantes ou homogènes, et celui d'*affinité* lorsqu'elle s'exerce entre des molécules constituantes ou hétérogènes. Il est donc évident que lorsque deux corps différens s'uniront pour en former un troisième, ce sera en vertu de l'*affinité* ; on dit, dans ces cas, les *deux corps se sont combinés, ils ont réagi*, ou bien *ils ont exercé l'un sur l'autre une action, en vertu de leur affinité réciproque*, etc.

De la Cohésion.

La force de cohésion n'est pas la même dans les différens corps ; elle est plus grande dans les solides que dans les liquides, et nulle dans ceux qui sont aériformes. On peut en quelque sorte la mesurer par l'effort qu'il faut faire pour désunir les molécules intégrantes des corps. Il est évident que c'est à cette force que l'on doit attribuer leur solidité, puisqu'il suffit de la diminuer pour les rendre liquides, et de la détruire pour les faire passer à l'état aériforme.

De l'Affinité.

1°. L'affinité ou la force qui réunit les molécules constituantes des corps ne s'exerce qu'entre deux, trois ou quatre espèces de molécules différentes. En effet, on ne connaît guère de composé plus compliqué que le *quaternaire*; mais elle peut s'exercer entre des corps qui sont tous solides, liquides, ou aériformes, ou bien entre des corps solides et des corps liquides, entre des corps solides et des corps aériformes, ou enfin entre ceux-ci et des corps liquides. On ne peut pas dire qu'un corps *A* ait de l'affinité pour tous les corps connus; mais on peut affirmer qu'il en a pour un certain nombre.

2°. Lorsque les corps se combinent, il se produit presque toujours de la chaleur ou du froid, et souvent il se dégage de la lumière. Il suffit, pour expliquer ce dégagement de lumière, de savoir que tous les corps sont lumineux lorsqu'ils sont exposés à une chaleur cinq fois aussi forte que celle de l'eau bouillante.

3°. Souvent un composé *A B* jouit de propriétés différentes de celles de *A* et de *B*; souvent ces propriétés sont simplement modifiées. Ainsi, il peut arriver que le composé *A B* soit solide, tandis que ses élémens *A* et *B* sont gazeux ou liquides; qu'il ait une saveur caustique et une couleur remarquable, tandis que *A* et *B* sont insipides et incolores; enfin qu'il ait une saveur salée, agréable, nullement malfaisante, tandis que celle de *A* et de *B* est des plus caustiques et des plus meurtrières. Quelquefois cependant les propriétés des composés diffèrent très-peu

de celles des composans : c'est ce qui arrive lorsque ceux-
ci ont peu d'affinité.

4°. Un corps A peut se combiner en diverses proportions avec un autre corps B, et donner des composés différens ; ainsi, le produit formé de A et d'une partie de B
jouira d'autres propriétés, qu'un composé d'une partie
de A, et de deux ou de trois parties de B.

5°. Lorsque les corps ont beaucoup d'affinité entre eux,
ils se combinent dans un très-petit nombre de proportions
et dans un rapport fort simple. Ils peuvent, au contraire,
se combiner en un très-grand nombre de proportions s'ils
ont peu d'affinité, comme on le voit en mettant diverses
quantités de sucre dans l'eau.

6°. L'affinité d'un corps A pour une série d'autres corps
n'est pas la même ; ainsi, il pourra en avoir beaucoup pour
un corps B, moins pour C, D, etc.

7°. Deux corps solides doués d'un certain degré
d'affinité l'un pour l'autre, se combineront en général
avec d'autant plus de facilité, qu'ils auront moins de cohésion : nous pouvons citer pour exemple l'or et le plomb,
que l'on ne peut pas combiner lorsqu'ils sont en poudre
fine, et dont la combinaison s'opère aisément lorsqu'ils ont
été fondus. Il en est de même, en général, de la combinaison d'un corps solide avec un corps liquide ou aériforme.

8°. La *chaleur*, qui diminue la cohésion des corps, doit
donc, dans un très-grand nombre de circonstances, favoriser l'affinité, et par conséquent les combinaisons. Cependant on serait induit en erreur si l'on admettait ce principe
comme général ; en effet, il arrive souvent qu'un corps A
qui se combine très-bien à froid avec un corps B, non-seulement n'agit point sur lui si on l'échauffe ; mais encore que
le composé AB, soumis à l'action de la chaleur, se décompose en A et en B. La *lumière* agit, dans un très-grand
nombre de cas, comme la chaleur. Il en est à-peu-près de

même de l'électricité. Nous reviendrons plus particulièrement sur ces objets lorsque nous aurons fait l'histoire particulière de tous les corps.

9°. Les *liquides* pouvant, dans un très-grand nombre
de cas, diminuer la *cohésion* des solides en les dissolvant,
doivent, comme la chaleur, favoriser l'affinité et les combinaisons : deux corps solides A et B, qui n'exercent aucune action l'un sur l'autre, peuvent se combiner aisément
lorsqu'on les dissout dans l'eau.

10°. Si l'on suppose qu'un corps A puisse se combiner
avec trois proportions de B, de manière à former trois
composés AB, ABB, $ABBB$; dans le premier composé, B sera beaucoup plus fortement attiré par A que
dans le second, et à plus forte raison que dans le troisième :
l'*affinité* qui s'exerce entre ces deux corps variera donc
suivant qu'il y aura une, deux ou trois *quantités* de B.

Il résulte de ce qui vient d'être établi que, lorsque les
corps réagissent l'un sur l'autre pour se combiner, on doit,
pour concevoir les phénomènes qu'ils présentent, avoir
égard, 1° à leur *affinité*; 2° au degré de *cohésion* de leurs
molécules, et à celui du composé auquel ils donnent naissance; 3° à leurs *quantités*; 4° à leur degré de *chaleur*;
5° à leur état *électrique*, et souvent même au degré de *pression* auquel ils sont soumis.

Ces données, dont la plupart sont dues au savant auteur
de la *Statique chimique*, nous conduisent naturellement
à donner une définition de la science que nous desirons
faire connaître. La chimie *a pour objet de déterminer
l'action que les corps simples ou composés exercent les
uns sur les autres en vertu d'un certain nombre de forces,
les moyens de les obtenir et de faire connaître leur nature.*

On a donné le nom de *synthèse* à l'opération qui consiste
à combiner les corps pour en faire d'autres plus composés ;

tandis qu'on a appelé *analyse* l'opération inverse dans laquelle on obtient les élémens d'un composé en le décomposant.

1°. Si l'on met un corps composé *A B* en contact avec un autre corps *C*, on observera l'un des trois phénomènes suivans : *C* pourra se combiner avec *A B*, et donner naissance à un composé plus complexe *A B C*, ou bien il n'exercera aucune action sur *A B*, ou enfin il le décomposera. Supposons ce dernier cas, *C* pourra s'emparer de *A*, former un composé *A C* et mettre *B* à nu ; *vice versâ*, il pourra s'emparer de *B*, donner naissance à un produit *B C*, et séparer *A*. Si le corps séparé a beaucoup de cohésion, et ne peut rester uni avec le nouveau composé formé, il se précipitera, tandis qu'il se volatilisera si ses molécules jouissent d'une grande force expansive ; il pourra même rester en dissolution si l'on opère sur un liquide et qu'il y soit soluble.

2°. Supposons maintenant un composé *A B* sur lequel les corps *C* et *D*, pris isolément, n'aient aucune espèce d'action ; réunissons *C* à *D*, de manière à avoir le composé *C D*. Ce composé peut encore être sans action sur *A B* ; mais il peut souvent en exercer une très-remarquable. Il peut, en se décomposant, décomposer *A B*.

$$A\ B$$
$$C\,D.$$

En effet, il peut en résulter deux nouveaux composés *A D*, *C B*, ou bien deux autres *A C*, *B D*, etc.

Nous croyons inutile de répéter que ces diverses décompositions ont lieu en vertu de deux, trois ou un plus grand nombre des forces dont nous avons parlé ; notre intention ici est d'énoncer simplement le fait, parce qu'il nous sera utile par la suite. Nous reviendrons, à la fin de cet ouvrage, sur chacune de ces forces, sur leur degré d'énergie, et sur les lois qui président à la composition et à la décomposition des corps. Nous croyons pouvoir le faire alors d'une manière assez simple, et nullement abstraite ; avantage que nous n'aurions pas dans ce moment.

De la Cristallisation.

La *cristallisation* est une opération dans laquelle les molécules des corps liquides ou aériformes se rapprochent de manière à donner naissance à un solide régulier que l'on nomme *cristal;* d'où il suit que la cohésion, ou l'attraction des molécules intégrantes, joue un très-grand rôle dans la cristallisation. Si le rapprochement de ces molécules se fait d'une manière brusque et irrégulière, loin d'obtenir un cristal, il ne se forme qu'une masse confuse à laquelle on donne quelquefois le nom de *précipité.*

1°. On n'est pas encore parvenu à faire cristalliser tous les corps ; mais un très-grand nombre de ceux que l'on ne peut pas obtenir sous cet état se trouvent parfaitement cristallisés dans la nature.

2°. Si la substance que l'on veut faire cristalliser est solide, il faut la rendre liquide ou aériforme, au moyen du feu, de l'eau, de l'esprit-de-vin ou d'un autre liquide.

3°. La cristallisation par le *feu* peut avoir lieu de deux manières différentes : ou la substance se transforme en vapeurs, se volatilise et ne cristallise qu'à mesure que ces vapeurs se condensent et passent à l'état solide ; ou bien, après avoir été fondue, elle se refroidit lentement et donne des cristaux réguliers ; dans ce cas, le refroidissement commence par la surface du liquide qui forme une espèce de croûte : on doit percer celle-ci aussitôt qu'elle se produit, et décanter les parties internes encore liquides, pour obtenir sous la forme de cristaux réguliers, celles qui restent dans le vase où la fusion a été opérée.

4°. La cristallisation par les *liquides* peut également se faire par deux procédés distincts : ou bien le solide est dissous dans le liquide bouillant, et alors il peut cristalliser par refroidissement ; ou bien la dissolution est abandonnée à elle-même ou soumise à une douce chaleur ; par ce moyen le liquide s'évapore, les molécules solides se rapprochent et donnent des cristaux réguliers. En général, les solides qui cristallisent dans l'eau en retiennent une portion.

5°. Le même corps peut, en cristallisant, donner des solides dont la forme varie ; ainsi, le corps *A B* pourra cristalliser en rhombes, en prismes hexaèdres, en dodécaèdres, etc. On désigne ces formes sous le nom de *formes secondaires.* Chacun de ces cristaux maintenant pourra être transformé, par la division mécanique, en une forme qui sera la même pour tous, et que l'on connaît sous le nom de *forme primitive* ; ainsi, on pourra retirer, dans quelques cas, un rhomboïde du prisme hexaèdre, du dodécaèdre, et du rhomboïde dont nous venons de parler. Le cristal qui constitue la forme primitive peut encore être subdivisé, et fournir de plus petits cristaux que l'on appelle *molécules intégrantes* : la forme de ces molécules peut être différente de celle de la forme primitive. C'est dans l'ouvrage de M. Haüy, l'illustre auteur de la *cristallographie*, que l'on trouvera des détails sur cette belle partie de l'*histoire naturelle.*

Après ces notions préliminaires, nous devons commencer l'histoire des corps élémentaires, que nous diviserons en *pondérables* et en *impondérables.*

CHAPITRE PREMIER.

Des Fluides impondérables.

Ces fluides sont :

1°. Le calorique;
2°. La lumière;
3°. Le fluide électrique :
4°. Le fluide magnétique.

Si nous préférons commencer par l'exposition des phénomènes développés par ces fluides impondérables, cela doit être attribué à l'influence qu'ils exercent sur les autres corps de la nature, et surtout à ce que leur histoire, qui est plutôt du ressort de la physique que de la chimie, établit un passage naturel de la première à la dernière de ces sciences. L'impossibilité de peser et de saisir ces fluides en a fait nier l'existence à quelques physiciens; mais la plupart d'entre eux s'accordent à l'admettre, parce qu'elle facilite l'étude des phénomènes qui composent leur histoire. Nous sommes loin de vouloir entretenir le lecteur sur les discussions établies à cet égard entre les physiciens; les détails dans lesquels nous serions obligés d'entrer seraient déplacés dans un ouvrage de ce genre, et peu propres à répandre quelque jour sur le fond de la question. Aussi allons-nous aborder individuellement leur histoire, en nous réservant cependant de faire connaître, à la fin de l'article *Calorique*, les principales hypothèses sur la *cause de la chaleur.*

ARTICLE PREMIER.

Du Calorique.

1. Le calorique est un fluide extrêmement subtil, faisant partie constituante de tous les corps, et dont les caractères

principaux sont : 1° de se mouvoir sous forme de rayons lorsqu'il est libre ; 2° de produire, par son accumulation sur tous les corps, une dilatation plus ou moins sensible, suivie quelquefois de décomposition ; 3° d'agir par conséquent en sens contraire de l'attraction ; 4° de nous faire éprouver, lorsqu'il est en contact avec nos organes, une sensation particulière connue sous le nom de *chaleur* ; 5° enfin, de déterminer, par sa soustraction, des effets inverses aux précédens, savoir, la contraction et le sentiment de froid. Nous allons donner quelque développement à chacun de ces cinq caractères.

Le calorique se meut sous la forme de rayons lorsqu'il est libre. On peut démontrer la certitude de cette proposition à l'aide de deux réflecteurs concaves. *Expérience* (*Voyez* pl. 5, fig. 42.). Si l'on place, à cinq ou six pieds de distance l'un de l'autre, les deux miroirs concaves de cuivre *A* et *B*, dont la concavité est parfaitement polie, et dont les parties concaves sont en regard, on remarquera, si les axes *D D* se confondent, qu'un morceau d'amadou placé au foyer *f* du miroir *B* s'allumera presqu'aussitôt après que l'on aura rempli de charbons incandescens un réchaud placé au foyer *F* du miroir *A*. Ce fait ne peut s'expliquer que par l'une ou l'autre de ces hypothèses : ou le calorique émané des charbons rouges disposés en *F* se communique de proche en proche jusqu'à l'amadou, par le moyen des couches d'air intermédiaires, ou bien il s'élance de ces mêmes charbons sur le miroir *A*, sous la forme de rayons, est réfléchi par ce même miroir qui le renvoie sur l'autre *B*, d'où il est de nouveau réfléchi pour se porter en *f*, foyer où se trouve l'amadou. La première de ces hypothèses n'est pas admissible ; car les points *P P*, beaucoup plus proches des charbons incandescens que le foyer *f*, ne sont pas à beaucoup près aussi chauds que l'est ce foyer, ce qui devrait être si on l'admettait : nous devons donc embrasser la seconde hypothèse, celle qui suppose le rayonnement du calorique. Voici maintenant comment se comporte un des rayons calorifiques émanés des charbons incandescens : ce que nous dirons de celui-ci doit s'entendre de tous ceux qui tombent près de l'axe DD. Le rayon Fs tombe sur le point S du miroir A, sous un angle Fsg fait avec la tangente tg. Si la face concave de ce miroir n'était pas très-polie, ce rayon serait absorbé par lui et y resterait en combinaison ; mais, en vertu du brillant dont elle est douée, ce rayon est réfléchi parallèlement à l'axe DD, sous un angle tso égal à l'angle d'incidence Fsg. Parvenu sur le point O de la face concave du miroir B, où il ne peut pas être absorbé parce que cette surface est très-polie, il est de nouveau réfléchi en f, sous un angle fOr fait avec la tangente er et égal à l'angle eOs.

Si, au lieu de charbons incandescens, on place au foyer F un boulet métallique que l'on a fait chauffer, un vase contenant de l'eau bouillante ou tout autre corps chaud, on remarque des phénomènes analogues ; la substance disposée en f, moins chaude que celles dont nous parlons, s'échauffe par degrés et à mesure qu'elle reçoit les rayons calorifiques réfléchis. Nous aurons occasion de revenir sur l'emploi de ces miroirs.

Propriétés du Calorique rayonnant.

1°. Comme nous venons de le prouver, le calorique rayonnant est susceptible de se réfléchir lorsqu'il tombe sur la surface de certains corps, principalement de ceux qui sont polis ; alors il ne se combine pas avec eux : si la surface des corps est raboteuse, loin d'être réfléchi par elle, il est absorbé et l'échauffe. 2° Il traverse l'air avec rapidité et ne se combine pas sensiblement avec lui. Schéele fit des expériences avec des miroirs concaves dans un appartement très-froid, et il observa que l'haleine des animaux placés à peu de distance du foyer du miroir où l'on avait enflammé le soufre au moyen du calorique rayonnant, était visible ; ce qui ne serait pas arrivé si l'air se fût échauffé. 3°. La marche des rayons calorifiques n'est pas gênée dans son mouvement par un courant d'air. En effet, ce même physicien observa que la combustion du soufre placé au foyer d'un miroir avait constamment lieu, quelles que fussent l'intensité et la direction du vent, pourvu que la porte du poêle allumé qui devait fournir le calorique rayonnant fût ouverte. 4°. Le calorique rayonnant paraît susceptible d'être réfracté, d'après les expériences de Herschell.

Le calorique produit, par son accumulation sur tous les corps organiques et inorganiques, une dilatation plus ou moins sensible. Plusieurs expériences viennent à l'appui de cette proposition.

A (Voyez pl. 6, fig. 43). Si l'on prend un poids métallique *P*, et qu'on le fasse rougir, on observera qu'il ne peut plus entrer dans l'anneau *C*, tandis qu'il parcourait librement cet anneau avant d'avoir été chauffé, et qu'il pourra y entrer également lorsqu'il sera refroidi ; le poids métallique a donc éprouvé une dilatation de la part du calorique ; *mais cette dilatation n'a pas été portée assez loin pour que ses molécules soient devenues fluides.* L'instrument qui sert à faire cette expérience porte le nom d'*anneau de S'Gravesande.*

B. Si l'on accumule du calorique (au moyen de charbons ardens) sur une petite quantité d'*éther* liquide placé à la partie supérieure d'une longue cloche remplie de mercure, et renversée sur une cuve du même métal, de manière à ce que l'ouverture de cette cloche soit en bas, on remarque que l'éther se dilate, chasse le mercure qui remplissait la cloche dans la cuve, perd l'état liquide et ressemble à de l'air ; mais si on cesse d'accumuler du calorique, bientôt l'appareil et l'éther se refroidissent, le mercure rentre de nouveau dans la cloche, et l'éther contracté reprend sa forme liquide. Ici, la dilatation a été portée assez loin pour que les molécules de l'éther soient devenues aériformes. On donne à ce nouvel état des molécules le nom d'état *gazeux*.

C. Le *thermomètre*, instrument connu de tout le monde, est une nouvelle preuve de la dilatation que le calorique fait éprouver aux liquides ; en effet, la quantité de mercure ou d'esprit-de-vin renfermée dans cet instrument est la même, qu'il fasse très-chaud ou très-froid ; elle paraît seulement plus grande lorsqu'il fait chaud, parce que le calorique agit sur elle et la dilate plus qu'il ne dilate le verre qui la contient.

D. Si l'on chauffe avec précaution une vessie renfermant une certaine quantité d'air, et dont le col est parfaitement serré, on observera que ce fluide aériforme se dilate par degrés, la vessie se distend et peut même se déchirer si l'on accumule assez de calorique.

Nous venons d'établir, à l'aide d'expériences décisives, que l'accumulation du calorique dans un corps en détermine la dilatation. Nous prouverons bientôt que cette dilatation diffère pour les corps solides, liquides ou gazeux, soumis au même degré de chaleur.

Le calorique agit en sens inverse de l'attraction. Il suffit ici du plus léger raisonnement pour être convaincu. L'attraction est une force qui tend sans cesse à rapprocher les molécules ; le calorique, au contraire, cherche constamment à les éloigner : c'est du rapport qui existe entre ces deux forces que dépendent les états *solide*, *liquide* et *gazeux* sous lesquels tous les corps se présentent.

Le calorique nous fait éprouver, lorsqu'il est en contact avec nos organes, une sensation particulière connue sous le nom de chaleur. Ainsi l'on ne confondra pas ce deux expressions. La chaleur est un effet produit par le *calorique*, que nous devons regarder comme la cause de cet effet. Plus cette cause agit avec force, plus l'effet est marqué, toutes choses égales d'ailleurs. On appelle *température* le degré appréciable de cette chaleur. On dit que la température d'un corps est plus élevée que celle d'un autre lorsqu'il produit sur nous une plus vive sensation de chaleur.

Le calorique détermine par sa soustraction des effets inverses aux précédens, savoir, la contraction et le sentiment de froid. La contraction des corps qui perdent du calorique est prouvée par toutes les expériences qui précèdent. Quant au sentiment de froid, quelques physiciens pensent devoir l'attribuer à un fluide particulier qu'ils nomment *frigorifique*, plutôt qu'à l'absence du calorique : nous admettons, au contraire, cette dernière hypothèse, parce qu'elle rend raison de tous les phénomènes, et qu'elle nous dispense d'adopter sans nécessité l'existence d'un nouveau fluide impondérable.

Après avoir exposé les divers caractères du calorique, nous allons donner une idée de plusieurs instrumens *propres à nous faire connaître la différence qui existe entre la température de deux corps inégalement chauffés.* Ces instrumens sont appelés *thermomètres.*

Des Thermomètres.

2. Puisque tous les corps sont dilatés ou contractés par les variations de température, ils pourraient tous servir, à la rigueur, à indiquer ces variations, et par conséquent à la construction des thermomètres ; mais les uns sont peu dilatables, et ne nous permettent pas d'observer facilement le changement que leur volume éprouve lors de ces variations : tels sont les solides ; les autres se dilatent tellement par les plus légères variations de chaleur, qu'ils

seraient d'un usage trop incommode quand la température serait très-élevée : tels sont les gaz. Les liquides sont de tous les corps ceux qui offrent le plus d'avantage ; car ils se dilatent plus que les solides et moins que les gaz : aussi les emploie-t-on de préférence pour la construction de ces instrumens. Il en est un surtout , le mercure , qui réunit à l'avantage d'être sensible aux légères variations de température , celui de se dilater régulièrement , et à-peu-près d'une manière proportionnelle à celle des corps solides et gazeux placés dans les mêmes circonstances. Il peut en outre supporter un assez grand degré de chaleur sans bouillir , et un froid assez marqué sans se geler.

Du Thermomètre à mercure.

3. *Manière de faire ce thermomètre.* On prend un tube de verre cylindrique dont l'ouverture soit capillaire ou n'ait qu'un très-petit diamètre; on attache avec soin l'une de ses extrémités à l'ouverture d'une bouteille de gomme élastique; l'autre extrémité est chauffée à la flamme de la lampe jusqu'à ce que le verre soit ramolli ; on l'arrondit en bouton au moyen d'une petite tige métallique; on la chauffe jusqu'au rouge blanc ; on dispose le tube de manière à ce que le bouton se trouve en haut, et on presse avec la main sur la bouteille de gomme élastique : par ce moyen, le tube se trouve soufflé en boule , sans contenir d'humidité , comme cela arriverait s'il avait été soufflé avec la bouche.

Ce premier objet étant rempli, on doit s'occuper de chasser une grande partie de l'air du petit appareil et d'y introduire le métal : pour cela, on fait chauffer la boule, et l'on plonge l'extrémité du tube dans du mercure parfaitement pur et bien sec. A mesure que l'appareil se refroidit, la petite quantité d'air qui le remplissait et qui avait été dilaté par la chaleur se contracte, et il s'y forme un vide : alors, en vertu de la pression atmosphérique, le mercure s'élance pour remplir ce vide, et parvient peu à peu jusque dans la boule : on chauffe de nouveau la boule et le mercure qu'elle contient; on porte même celui-ci jusqu'à l'ébullition : la vapeur mercurielle formée chasse une nouvelle quantité de l'air qui restait dans l'appareil ; en sorte que l'on peut de nouveau remettre l'extrémité du tube dans le mercure pour faire entrer une nouvelle quantité de ce métal : on répète ces opérations deux ou trois fois, jusqu'à ce que toute la capacité du petit appareil en soit remplie; dans cet état, on s'occupe de chasser celui qui est superflu; pour cela, on chauffe de nouveau la boule jusqu'à ce que les deux tiers du mercure contenu dans le tube soient expulsés à l'état de vapeur; alors, le mercure étant encore bouillant, on fait fondre l'extrémité du tube à la lampe, on l'effile et on le ferme hermétiquement; par ce moyen, il ne reste plus d'air dans l'appareil, et les deux tiers supérieurs, presque vides, peuvent permettre la dilatation du métal soumis à l'action du calorique.

Si l'on ne peut pas se procurer un tube cylindrique, on choisira celui qui approchera le plus de cette forme, et on le partagera en divisions d'égale capacité, d'après la méthode de M. Gay-Lussac (*Voyez* les ouvrages de physique.)

Graduation du Thermomètre. On entoure de glace fondante la boule et la partie du tube qui contient le mercure ; on marque le point où celui-ci s'arrête au bout de quelques minutes ; on retire l'appareil de la glace et on le plonge dans la vapeur de l'eau distillée bouillante. Pour cela, on fait chauffer un peu d'eau dans un vase *métallique* plus long que le thermomètre, muni d'un couvercle percé de deux trous, dont l'un donne issue à la vapeur de l'eau, et l'autre sert à laisser passer la partie supérieure du tube, de manière que la partie à laquelle on soupçonne le point d'ébullition soit juste en vue. Le mercure, enveloppé de vapeurs aqueuses, s'élève graduellement dans le tube, et lorsqu'il devient stationnaire, on marque la place où il s'arrête. Il importe beaucoup que la hauteur du baromètre qui indique la pression de l'atmosphère soit de soixante-seize centimètres (28 pouces). Ces deux points étant donnés, savoir, celui de la glace fondante et celui de l'eau bouillante, on divise l'intervalle en cent parties égales que l'on nomme *degrés*, si l'on veut avoir le thermomètre centigrade; et en quatre-vingts, si l'on veut obtenir le thermomètre de Deluc, vulgairement dit de *Réaumur*. Le point qui correspond à la glace fondante est le 0° du thermomètre; l'autre est le 100°, ou le 80°.

La longueur d'un degré étant connue par ce moyen, on peut pousser la division au-dessous de zéro, et au-dessus du point donné par l'ébullition. On exprime par le signe — les degrés au-dessous de zéro, et par le signe + ceux qui sont au-dessus. On voit, par ce qui précède, que des thermomètres gradués ainsi dans différentes parties du monde doivent être comparables entre eux; puisque la glace fond par-tout à la même température, et que l'eau entre toujours en ébullition au même degré, si toutefois la pression de l'atmosphère est comme nous l'avons indiqué.

4. Les points fixes du thermomètre de Fahrenheit sont, d'une part, l'eau bouillante, et de l'autre le froid produit par un mélange de sel marin et de neige. Le nombre de degrés compris entre ces deux points est de deux cent douze: 9° de ce thermomètre équivalent à 5° du thermomètre centigrade, et à 4° de celui de Deluc, dit de *Réaumur*. Enfin, le 0° correspond au point donné par le froid artificiel, et le 32° au 0° du thermomètre centigrade.

5. Le thermomètre de Delisle est aussi à mercure; mais il n'a qu'un point fixe, celui de la chaleur de l'eau bouillante, désigné par 0°; au-dessous de ce point l'on

observe cent cinquante divisions qui sont les degrés ; le 150ᵉ répond au 0° du thermomètre centigrade ; 7°,5 de ce thermomètre équivalent à 5° du thermomètre centigrade, et à 4° de celui de Deluc.

6. Les thermomètres à mercure ne sont pas les seuls employés ; on est quelquefois obligé de faire usage de l'alcool (esprit-de-vin), par exemple, lorsque la température que l'on cherche à connaître est bien au-dessous de zéro, car alors le mercure tend à se solidifier, tandis que l'esprit-de-vin ne se gèle pas, même lorsqu'on l'expose à l'action de mélanges frigorifiques très-intenses. En général, ces deux sortes d'instrumens ne s'emploient que pour les températures moyennes ; trop peu sensibles à l'action des petites quantités de calorique, ils ne peuvent rien indiquer lorsque la température est peu élevée ; tandis qu'ils seraient brisés et leurs liquides vaporisés si on les mettait en contact avec des corps dont la température fût très-élevée.

7. *Pyromètres*, instrumens solides propres à faire connaître les températures les plus élevées. Celui de Wedgwood est fondé sur la propriété qu'a l'argile de se contracter par l'action de la chaleur, 1° parce qu'elle se dessèche, 2° parce que les élémens qui la composent se combinent plus intimement. Cet instrument est tellement défectueux que nous ne croyons pas devoir en faire la description ; en effet M. Hall a prouvé que l'argile se contractait autant lorsqu'on la chauffait pendant long-temps jusqu'au rouge cerise, que lorsqu'elle était soumise, pendant un temps beaucoup plus court, à l'action d'une température plus élevée, par exemple, au rouge blanc.

On ne connaît pas de corps plus propres à mesurer les hautes températures des fourneaux que les métaux. On peut voir, dans l'ouvrage de physique de M. Biot, une description détaillée du pyromètre métallique de Lavoisier et de M. Laplace (tome 1) : nous nous bornerons ici à faire connaître celui dont fait usage M. Brogniard à la manufacture de porcelaine de Sèvres, et qui ne sert qu'à déterminer des termes fixes dans les hautes températures (fig. 44). *DD* est une barre métallique qui s'appuie sur un obstacle fixe *CC* par une de ses extrémités ; l'autre extrémité pousse le bout *L* d'un levier coudé *LEB*, mobile autour du centre fixe *E*, et dont la branche *EB* sera cent fois plus longue que *EL*. *AA* est une division circulaire placée à l'extrémité du bras *EB*. Supposons maintenant que l'on échauffe la barre *DD* de manière à la dilater d'un millimètre ; le bout du levier *L* marchera de cette quantité, et par suite l'extrémité *B* de l'aiguille parcourera cent millimètres, ou un espace cent fois plus grand. Si l'on suppose maintenant que la chaleur soit assez forte pour opérer dans la barre *DD* une dilatation double ; l'aiguille *B* parcourera un espace de deux cents millimètres. On peut en dire autant des autres degrés de chaleur auxquels la barre est soumise. Il est donc évident que toutes les fois que la chaleur sera telle que nous venons de l'indiquer, l'aiguille *B* reviendra à la même division.

7. *Thermomètre à air.* Le plus avantageux de tous ceux qui sont connus, est le *thermomètre différentiel de M. Leslie.* Pour le construire, on prend deux tubes dont la longueur peut être inégale, d'un diamètre un peu plus grand que celui des thermomètres ordinaires, terminés chacun par une boule creuse de quatre à sept dixièmes de pouce de diamètre ; on introduit dans l'une des boules une petite quantité d'acide sulfurique teint avec du carmin ; on joint ensemble les deux tubes à la flamme d'un chalumeau, et on les recourbe de manière à leur faire prendre la forme de la lettre *U* (*Voyez* pl. 6, fig. 45). La distance d'une boule à l'autre est d'environ 2 à 4 pouces ; le tube plus court *D C*, auquel on fixe l'échelle, doit avoir un diamètre intérieur bien égal et d'un quinzième, même d'un seizième de pouce ; l'autre tube *E F* n'a

pas besoin d'être aussi régulier, mais il doit être plus large : leur hauteur peut être de trois à six pouces. La boule *B* prend le nom de *boule focale*; *E* représente le niveau des liquides dans la boule *B*, et *M* le représente dans le tube *D C*.

8. *Graduation de ce thermomètre*. Les deux boules étant à la même température, on note le point où s'arrête le liquide dans le tube *D C*: ce point est le 0°; on entoure de glace fondante la boule *D*; on place l'instrument dans une chambre à 10°, ou à tout autre degré; on sépare l'une de l'autre les deux boules au moyen d'un écran : alors la boule *B* se trouve à 10°; l'air qu'elle renferme, plus dilaté que celui de la boule *D*, pousse le liquide en avant, et le fait élever dans la branche *D C* jusqu'à une certaine hauteur que l'on note. L'intervalle compris entre ce point et le 0° est divisé en cent parties égales. Si l'on voulait avoir des degrés au-dessous de 0°, on ferait une opération inverse, en entourant la boule *B* de glace et en chauffant la boule *D*. Dix degrés de ce thermomètre correspondent à un degré du thermomètre centigrade. En se servant de cet instrument, on doit avoir présent à l'esprit que le liquide coloré montera d'autant plus dans la branche *C D*, que l'air de la boule *B* sera plus échauffé par rapport à celui que contient l'autre boule : ce thermomètre indique donc la différence de température des deux espaces occupés par les boules *B D* : c'est ce qui lui a valu le nom de *thermomètre différentiel* : il sert à mesurer les températures très-basses. Rumford inventa, après M. Leslie, un instrument qu'il appela *thermoscope*, et qui n'est que le thermomètre différentiel construit sur de plus grandes proportions, et dans lequel l'alcool (esprit-de-vin) fut substitué à l'acide sulfurique.

De la Dilatation des corps par le calorique.

9. Nous avons prouvé que les corps sont tous dilatés par le calorique. Nous devons maintenant examiner si la dilatation est la même pour les corps solides, liquides ou gazeux, soumis aux mêmes températures.

La dilatation des corps solides est peu marquée, et diffère à-peu-près dans chacun d'eux ; ainsi le fer et le charbon, chauffés au même degré, se dilatent inégalement. Mais si l'on considère isolément un de ces corps, savoir, le fer, on observe que sa dilatation, entre les termes de la glace fondante et de l'eau bouillante, est sensiblement proportionnelle à celle du mercure ; ce n'est guère qu'au moment où le métal est prêt à fondre que ce rapport cesse d'exister, et que la dilatation prend un accroissement sensible. La dilatation dans les métaux paraît d'autant plus grande qu'ils sont plus fusibles.

10. *La dilatation des liquides* de différente nature, soumis à la même température, varie comme celle des solides : pour le prouver on prend plusieurs boules de verre vides et surmontées de tubes de la même matière; on introduit dans l'une d'elles de l'esprit-de-vin, et dans les autres de l'eau, de l'huile ou du mercure; on note la hauteur du tube à laquelle chacun de ces fluides correspond, puis on les expose dans un vase contenant de l'eau chaude : on ne tarde pas à observer que la dilatation éprouvée par ces substances est inégale. Mais il y a cette différence entre les corps solides et les corps liquides (si toutefois on en excepte le mercure), que ceux-ci ne se dilatent pas d'une manière uniforme, surtout lorsqu'ils approchent du point de l'ébullition ou de celui de la congélation : ainsi, par exemple, l'eau ne se dilatera pas de la même quantité pour passer de 10° à 20° que lorsqu'elle montera de 70° à 80°.

11. *Dilatation des gaz*. Il résulte des expériences faites par MM. Gay-Lussac et Dalton, que tous les gaz se dilatent également : ainsi l'air atmosphérique et la vapeur de l'éther, chauffés à un même degré, se dilateront d'une quantité égale. Indépendamment de cette propriété commune, les dilatations de chacun d'eux, entre les termes de la glace fondante et de l'eau bouillante, sont sensiblement proportionnelles à celles du mercure, comme nous l'avons dit en parlant des solides. L'expérience prouve qu'une partie d'un gaz quelconque, chauffée depuis le degré de glace fondante jusqu'à celui de l'ébullition de l'eau, se dilate de 0,375 de son volume. Nous tirerons parti de cette proposition, que nous nous contentons d'indiquer ici, en nous réservant d'y revenir à l'article *Analyse des gaz*.

Causes de l'état et du changement d'état des corps.

12. Nous avons vu, 1° que les molécules intégrantes des corps tiennent entre elles en vertu de la force de cohésion ou d'attraction; 2° qu'on peut les éloigner les unes des autres en les soumettant à l'action du calorique, de manière à opérer dans les corps dont elles font partie une plus ou moins grande dilatation. Nous avons conclu de ces faits que l'état solide, liquide ou gazeux des différentes substances dépend du rapport qui existe entre ces deux forces : ainsi, supposons pour un instant que la chaleur du globe est extrême ; la dilatation sera telle que tous les corps seront gazeux; si elle est nulle ou presque nulle, l'attraction deviendra tellement prépondérante qu'il n'y aura que des solides; enfin si chacune de ces forces agit modérément, nous pouvons concevoir qu'il y aura des substances solides, liquides et gazeuses. Ces considérations nous permettent d'établir que *le passage d'un corps solide à l'état liquide d'abord, puis à l'état gazeux, ne peut*

avoir lieu sans que le corps absorbe le calorique néces-
saire pour vaincre sa force de cohésion, et vice versâ ; *que*
lorsque de gazeux il devient liquide ou solide, il doit
perdre du calorique, puisque ses molécules se rapprochent.
Nous devons maintenant étudier les phénomènes que présentent les corps dans ces différens passages.

13. *Fusion des corps par le calorique.* Lorsqu'on soumet à l'action du calorique un corps solide susceptible de
fondre, tel que le plomb, on remarque qu'il s'échauffe
de plus en plus jusqu'à ce qu'il commence à fondre ; dès
cet instant la température reste la même, et ce n'est que
lorsque toute la masse a été fondue qu'elle commence de
nouveau à s'élever. Voici un fait qui met cette vérité hors
de doute. Que l'on chauffe une livre de glace dont la température est à 10° au-dessous de zéro, sa température s'é-
lèvera ; si lorsqu'elle est parvenue à zéro, degré auquel
elle commence à fondre, on la mêle avec une livre d'eau
à 75°+ 0, la livre de glace absorbe le calorique de l'eau
chaude, passe de l'état solide à l'état liquide, et la température reste toujours à 0°. Les physiciens ont désigné sous
le nom de *calorique latent* cette quantité de calorique
qui n'est pas sensible au thermomètre, et qui, dans ce cas, est
employée à opérer le passage de l'état solide à l'état liquide,
tandis qu'ils ont donné le nom de *calorique libre* ou *sensible* à celui qui agit sur le thermomètre, élève la température des corps et nous échauffe.

On est loin de pouvoir affirmer que tous les corps se
dilatent en passant de l'état solide à l'état liquide ; en effet,
plusieurs d'entr'eux occupent un volume plus petit après
ce passage : tels sont la glace, le fer, le bismuth, l'antimoine,
presque tous les sels qui cristallisent en prismes, etc. On a
observé depuis long-temps que tous ces corps se dilatent
sensiblement en passant de l'état liquide à l'état solide, au
point que les vaisseaux de verre remplis de ces liquides se

brisent ordinairement lorsque la solidification a lieu. On a expliqué ce phénomène en disant que les molécules de ces corps à l'état solide sont disposées entre elles de manière à occuper un plus grand espace que lorsqu'elles sont liquides.

14. La fusion des divers corps solides s'opère à des températures différentes : on a appelé *très-fusibles* ceux que la plus légère chaleur suffit pour fondre, et on a donné le nom d'*infusibles* à ceux dont la fusion ne peut s'obtenir dans le meilleur feu de nos forges ; mais il est évident qu'il n'existe point de corps infusibles. Ceux qui ont été regardés comme tels fondent facilement si on les soumet à un degré de chaleur supérieur à celui de nos forges : c'est ainsi que, dans ces derniers temps, on est parvenu à en fondre un très-grand nombre au moyen d'un chalumeau inventé par Brooks, et dont nous donnerons la description à l'article *Hydrogène*.

De la transformation des liquides en gaz.

15. Nous avons dit que les molécules d'un très-grand nombre de corps pouvaient être assez éloignées par le calorique pour passer à l'état aériforme ou de *gaz*. On appelle *gaz permanent* celui qui ne change point d'état, lors même qu'il est soumis à un refroidissement et à une pression considérables : tel est, par exemple, l'air atmosphérique. On donne le nom de *gaz non permanent* ou de *vapeur* à celui qui devient liquide ou solide lorsqu'on le refroidit ou qu'on le soumet à une pression convenable. Nous ne devons nous occuper ici que des vapeurs, et nous croyons devoir exposer leurs propriétés avant d'examiner les phénomènes de leur formation.

Des Propriétés des vapeurs.

A Les vapeurs parfaitement formées sont pour la plupart invisibles (1). On peut se servir, pour prouver ce fait, de la vapeur de l'eau qui se trouve constamment dans l'air. Il ne restera aucun doute sur son invisibilité si nous démontrons qu'elle existe dans l'atmosphère lorsque celle-ci n'offre aucun nuage, et que l'air est invisible et parfaitement transparent (2). *Expérience.* Que l'on fasse un mélange de sel commun et de neige ou de glace pilée ; qu'on l'expose à l'air dans une terrine, bientôt la surface externe de celle-ci se recouvrira d'une couche blanche qui n'est autre chose que la vapeur aqueuse de l'air solidifiée ; en effet, le mélange dont nous parlons a la faculté de produire un refroidissement de plusieurs degrés au-dessous de zéro, et par conséquent d'enlever du calorique à tous les corps environnans, parmi lesquels se trouve la vapeur contenue dans l'air. Ce fait nous permet d'expliquer un phénomène connu, savoir, que les caves fument en hiver. La température de ces lieux est constamment de $10^o + o$; en hiver, l'air de la cave, plus chaud et plus dilaté que celui de l'atmosphère, cherche à en sortir, et se trouve en contact avec de l'air froid ; celui-ci absorbe du calorique à la vapeur qu'il con-

(1) Nous disons pour la plupart, car la vapeur de l'iode est violette, et la vapeur nitreuse est jaune orangée.

(2) Rigoureusement parlant, on ne peut pas dire que l'air soit invisible, car il est bleu ; mais cette couleur n'est sensible que lorsqu'il est en masse, comme, par exemple, dans ce que l'on appelle *ciel*. Il est même probable que l'air qui se trouve dans une chambre nous paraîtrait bleu si la lumière réfléchie par les autres corps ne nous empêchait pas de voir sa couleur, qui est excessivement faible.

tient, la condense et la fait paraître sous la forme d'un nuage ou de fumée. 2°. Lorsqu'on expose à l'air parfaitement transparent des substances sèches et avides d'eau, elles ne tardent pas à s'humecter et à se dissoudre : la pierre à cautère (potasse), le chlorure de calcium (muriate de chaux), la terre foliée de tartre (acétate de potasse) sont dans ce cas.

B. La vapeur occupe un espace beaucoup plus grand que celui du liquide qui a servi à la former : ainsi, un pouce cube d'eau liquide à 4° + 0 occupe 1698 pouces cubes lorsqu'il est à l'état de vapeur. *Expérience.* M. Gay-Lussac a prouvé ce fait en réduisant en vapeur une quantité déterminée d'eau contenue dans un petit tube qu'il avait placé dans une cloche graduée pleine de mercure et renversée sur un bain de ce métal. Il est évident qu'au moment de la vaporisation de l'eau, le tube a été brisé, et le mercure de la cloche refoulé en bas : alors on a pu déterminer quel était l'espace occupé par la vapeur, puisque la cloche était graduée.

C. La vapeur a exactement la même température que celle du liquide qui la fournit et qui est en ébullition. On peut s'en convaincre en plongeant un thermomètre dans la vapeur qui se forme lorsque l'on fait bouillir un peu d'eau dans un grand vase.

D. La vapeur jouit d'une force expansive extraordinaire que l'on a appelée *tension.* Vauban a trouvé, par des expériences qui demanderaient à être répétées, que 140 livres d'eau en vapeur produisent une explosion capable de faire sauter une masse de 77,000 livres ; tandis que 140 livres de poudre ne produisent le même effet que sur une masse de 30,000 livres. La tension ou la pression de la vapeur varie suivant les températures. D'après M. Dalton, celle de l'eau à 0 thermomètre centigrade n'est que de 0,00508 mètre, tandis qu'à 30° elle est 0,03073 mètre.

E. La vapeur contient une très-grande quantité de calorique. MM. Clément et Désormes on fait voir qu'un kilogramme de vapeur d'eau à 100°, mis en contact avec 5 kil., 66 d'eau à 0°, élève la température des 6 kil., 66 résultans à 100°, pourvu qu'il n'y ait point de perte.

F. La vapeur peut aussi passer à l'état liquide par la compression. Supposons qu'un espace rempli de vapeur soit diminué de moitié, la moitié de la vapeur se condensera; si l'espace est réduit au tiers, les deux tiers de la vapeur seront condensés; enfin, si la compression a lieu dans le vide, et qu'elle soit assez forte, la condensation sera totale.

G. Il n'en est pas de même lorsque la vapeur est mêlée à l'air; quelque grande que soit alors la force comprimante, la vapeur n'est jamais condensée en entier.

De la Formation des vapeurs dans le vide.

16. Si l'on place un liquide dans un espace vide, par exemple, sous le récipient de la machine pneumatique (1), il se forme aussitôt une certaine quantité de vapeur, quelle que soit la température de ce liquide. La quantité de vapeur produite sera d'autant plus grande, 1° que l'espace dans lequel elle se forme sera plus considérable, 2° que la température du liquide sera plus élevée. Ainsi de l'eau à 10° + 0 fournira, dans un espace *E*, moitié moins de

(1) On fait le vide au moyen d'une machine que l'on nomme *pneumatique*, dont on trouve la description dans tous les ouvrages de physique. Il y a beaucoup de rapport entre la manière dont on vide l'air d'une cloche au moyen de cette machine, et la manière dont on vide l'eau d'un vase au moyen d'une seringue : lorsqu'on tire à soi le piston d'une seringue, le corps de pompe se remplit d'eau; dans la machine pneumatique, lorsqu'on fait mouvoir le piston, le corps de pompe se remplit d'air, qui s'échappe dans l'atmosphère par des ouvertures munies de soupapes.

vapeur que dans un espace double 2 E, pourvu que la température soit la même. D'un autre côté, de l'eau à 12° fournira plus de vapeur que celle qui n'est qu'à 10°, si toutefois l'espace dans lequel elle se forme ne varie pas. Nous devons encore ajouter que la quantité de vapeur formée augmente dans un plus grand rapport que la température : ainsi il s'en formera davantage de 10° à 20° qu'il ne s'en produit de 0° à 10°.

La nature des liquides influe aussi sur la quantité de vapeur formée : l'acide sulfurique, l'éther et l'eau, par exemple, placés dans un espace de même grandeur et à la même température, fourniront des quantités inégales de vapeur. On a cru pendant un certain temps qu'il s'en formait d'autant plus, ou que la vapeur était d'autant plus dense, que le liquide entrait plus difficilement en ébullition ; mais cette loi, qui est vraie pour un grand nombre de liquides, se trouve en défaut lorsqu'on l'applique au carbure de soufre, liquide moins volatil que l'éther, et cependant dont la vapeur est plus légère.

Comment se fait-il que de l'eau à 10°, placée dans le vide, donne de la vapeur qui, comme nous l'avons dit, renferme une si grande quantité de calorique ? quel est le corps qui fournit ce calorique ? L'eau elle-même. Supposons, pour concevoir ce phénomène, que l'on emploie 100 grains d'eau à 10°, et qu'il y en ait 20 grains de vaporisés, les 80 autres ont fourni le calorique nécessaire pour former la vapeur, en sorte qu'au bout d'un certain temps leur température se trouvera à 6° ou à 4°, et même à un degré inférieur.

M. Leslie a fait dans ces derniers temps une application fort intéressante de ces données. *Expérience.* On place sous le récipient de la machine pneumatique deux capsules éloignées l'une de l'autre : la première contient de l'eau, l'autre renferme de l'acide sulfurique concentré, qui a beaucoup d'affinité pour ce liquide. On fait le vide ; une partie de l'eau s'évapore, occupe l'espace auparavant vidé, mais ne tarde pas à être absorbée par l'acide qui s'échauffe ; le récipient se trouve vide de nouveau ; l'évaporation et l'absorption recommencent jusqu'à ce que l'eau de la capsule ait assez cédé de calorique à celle qui s'est vaporisée pour passer à l'état solide. Dans cette expérience l'acide sulfurique s'échauffe et s'affaiblit.

M. Configliachi, professeur de Pavie, est parvenu depuis à congeler de l'eau dont il avait imbibé une éponge, en faisant le vide et sans ajouter d'acide sulfurique : la température de l'air extérieur était à 18° thermomètre centigrade ; elle était, sous le récipient, à 3° — o. Il a remarqué que cette congélation était précédée d'un abaissement du thermomètre de quelques degrés au-dessous de zéro ; mais que lorsqu'elle commençait le mercure montait à zéro ; point auquel il restait pendant tout l'acte de la congélation.

De la Formation des vapeurs à l'air libre.

17. Muschenbroek, Leroy de Montpellier, et plusieurs autres savans, avaient imaginé que la vapeur se forme dans l'air en vertu de l'affinité de ce gaz pour l'eau ; dans ce cas, il devrait s'en former davantage dans un espace rempli d'air que dans celui qui est vide : or, l'expérience prouve le contraire, comme l'a fort bien établi M. Dalton.

Expérience. On prend un ballon à deux tubulures AB (pl. 6, fig. 46) ; l'une d'elles livre passage à un baromètre EF ; à l'autre sont adaptés deux robinets CD, séparés l'un de l'autre par un petit espace. Après avoir fait le vide dans le ballon, on ouvre le robinet C ; on introduit de l'eau dans l'espace compris entre les deux robinets ; on ferme le robinet C et on ouvre le robinet D ; l'eau tombe dans le ballon : or, comme celui-ci est vide, une portion du liquide se vaporise, presse la surface du mercure *E*, qui était presqu'au niveau de celui que contenait la branche *F*, et celui-ci monte : on note avec soin le degré auquel il parvient. On répète la même expérience après avoir rempli le ballon d'air parfaitement sec ou d'un autre gaz qui soit sans action sur l'eau, et l'on voit que l'élévation du mercure dans la branche *F*, déterminée par la vapeur qui s'est formée, est la même que dans le cas où le ballon était vide, si toutefois on y ajoute celle que produit l'air dont le ballon est rempli.

La quantité des vapeurs formées dans l'air dépend donc également de l'espace, de la température et de la nature du liquide. Il n'y a d'autre différence entre ce mode de formation et celui qui a lieu dans le vide, si ce n'est que dans celui-ci la vaporisation est plus prompte ; d'où il suit que la pression de l'air, ou de tout autre gaz, n'exerce aucune action sur la vapeur qu'il peut contenir.

De l'Ebullition des liquides.

18. Les liquides soumis l'action du calorique se dilatent, s'échauffent, et lorsque la température est arrivée à un certain degré, qui varie pour chacun d'eux, et suivant les circonstances où ils sont placés, se transforment rapidement en vapeur et s'agitent ; leurs molécules sont soulevées, heurtent les parois des vases qui les contiennent, et font entendre un bruit plus ou moins remarquable : c'est l'ensemble de ces phénomènes qui constitue l'*ébullition*.

1°. Aussitôt qu'un liquide entre en ébullition, sa température cesse de s'élever, quel que soit le degré de chaleur du fourneau sur lequel le vase est placé ; tout le calorique alors est employé à transformer l'eau en vapeur ; il se combine avec elle et devient latent. D'après les expériences de M. Gay-Lussac, la vapeur de l'eau, comme nous l'avons dit, occupe un espace 1698 fois plus considérable que celui qu'elle offrait à l'état liquide : l'on concevra donc sans peine qu'il faut une quantité prodi-gieuse de calorique pour opérer une pareille dilatation. Voici un fait qui prouve évidemment que la vapeur for-mée absorbe beaucoup de calorique : que l'on mêle en-semble 2 livres d'eau à 100° et 16 livres de limaille de fer à 150°, la température du mélange sera de 100°, et il se formera un très-grande quantité de vapeur : or, les 16 li-vres de limaille ont perdu beaucoup de calorique, puis-que, de 150°, elles ont baissé à 100°, et l'on voit qu'il ne peut y avoir que la vapeur qui ait absorbé ce calorique.

2°. L'ébullition des liquides a lieu d'autant plus facile-ment que la pression à laquelle ils sont soumis est moindre : ainsi l'eau ne bout qu'à la température de 100° lors-qu'elle supporte tout le poids de l'atmosphère ; dans le vide, elle peut bouillir à 40°, et même au-dessous ; et l'on sait parfaitement qu'elle exige beaucoup moins de 100° pour bouillir lorsqu'on fait l'expérience sur la cime d'une montagne, où la pression de l'atmosphère est moindre qu'à la surface de la terre. Un effet inverse a lieu, si on soumet le liquide à une pression très-forte. Que l'on introduise de l'eau dans un cylindre de fer ou de laiton, dont le couvercle est assujetti par une forte vis, le liquide pourra supporter une chaleur rouge sans entrer en ébullition ; mais si on supprime la pression, tout-à-coup il se réduit en vapeurs. Ce cylindre porte le nom de *mar-mite de Papin.*

3°. La nature des vases influe aussi sur le degré de chaleur nécessaire pour faire bouillir les liquides, comme l'a prouvé Achard. M. Gay-Lussac a remarqué que l'eau, qui n'exige que 100° pour entrer en ébullition dans un vase métallique, ne bout qu'à 101°,3 dans un vase de verre, à moins qu'on ne mette dans celui-ci des métaux pulvé-risés.

4°. Enfin l'ébullition des liquides est *presque cons-tamment* retardée par les substances salines, sucrées ou autres qu'ils tiennent en dissolution.

Maintenant que nous connaissons les principales propriétés du calorique rayonnant, les degrés de dilatation qu'il détermine lorsqu'il pénètre les corps, et les instrumens propres à mesurer les températures, nous devons étudier les phénomènes que présentent ces mêmes corps lorsqu'on veut les échauffer : or, ces phénomènes varient suivant qu'ils sont plongés dans le foyer d'où émane le calorique, ou qu'ils en sont à une certaine distance.

§ Ier. *Effets du Calorique sur les corps qui sont immé-diatement en contact avec le foyer d'où il émane.*

19. On sait que des corps de différente nature, mis pendant un temps donné dans un fourneau rempli de charbons ardens, s'échauffent d'une manière différente : ainsi, que l'on recouvre de charbons ardens une des extrémités de deux cylindres égaux, l'un de fer, l'autre de résine; au bout de deux minutes le premier paraîtra très-chaud dans tous les points de sa surface, tandis que l'autre le sera à peine. En général, *les corps s'échaufferont d'autant plus vite qu'ils seront meilleurs conducteurs du calorique, et que leur capacité pour cet agent sera moindre.*

De la Faculté conductrice des corps pour le calorique.

Il existe des corps qui laissent passer facilement le calorique, d'autres qui ne le propagent qu'avec la plus grande difficulté : les premiers portent le nom de *conducteurs*; les autres sont appelés *mauvais conducteurs*. Nous allons examiner cette faculté dans les corps solides, liquides et gazeux.

20. *Faculté conductrice des corps solides.* La plupart des métaux sont d'excellens conducteurs du calorique. D'après

Ingenhouz, l'argent est meilleur conducteur que l'or; celui-ci l'est plus que le cuivre et l'étain, qui sont à-peu-près égaux; enfin viennent le platine, le fer, l'acier et le plomb, qui sont bien inférieurs aux autres. Ces expériences, qui ont sans doute besoin d'être répétées, ne s'accordent guère avec les sentimens des physiciens qui pensent que plus les métaux sont pesans, et plus, à quelques exceptions près, ils sont bons conducteurs du calorique. Le verre, le bois, le charbon, les résines, etc., sont *mauvais conducteurs* du calorique : si l'on prend deux tiges d'égale longueur et d'égale épaisseur, l'une de verre, l'autre de fer; si l'on recouvre de cire une de leurs extrémités, on observe, en accumulant du calorique sur les extrémités non couvertes, que la cire portée par la tige de verre ne commence pas encore à entrer en fusion lorsque l'autre est entièrement fondue; ce qui prouve combien la faculté conductrice du fer est supérieure à celle du verre; d'ailleurs, personne n'ignore que l'artiste qui souffle le verre tient impunément ce corps entre les doigts, près de la partie qui est rouge, tandis qu'il serait brûlé s'il touchait une barre de fer près du point rougi.

Les corps solides, conducteurs du calorique le transmettent dans toutes les directions, de bas en haut, de haut en bas, et latéralement sans que leurs molécules soient sensiblement déplacées. Ainsi, quelle que soit la partie d'une barre de fer soumise à l'action du calorique, elle ne tardera pas à être échauffée dans tous ses points; et il nous aura été impossible d'apercevoir le moindre changement dans la position des molécules intégrantes; il n'en est pas de même des liquides.

Plus les corps solides sont bons conducteurs du calorique, plus ils nous paraissent froids quand nous les touchons, parce que, dans un temps donné, toutes choses égales d'ailleurs, ils enlèvent à nos organes une plus

I.   3

grande quantité de calorique. A la vérité, la densité des corps influe aussi sur cette sensation. Plus ils sont denses, plus ils nous paraissent froids, parce qu'ils nous touchent par un plus grand nombre de points, et nous enlèvent par conséquent plus de calorique.

21. *Faculté conductrice des corps liquides.* Rumford pensait que ces corps ne sont pas conducteurs du calorique; mais cette opinion a été combattue avec succès par MM. Thomson et Murray; et aujourd'hui on s'accorde généralement à les regarder comme des conducteurs lents et imparfaits. Que l'on introduise, par exemple, du mercure dans un vase de verre, et que l'on verse par-dessus une certaine quantité d'eau chaude; celle-ci restera à la surface en raison de sa légèreté, et le mercure ne s'échauffera que lentement, tandis qu'il ne devrait pas s'échauffer du tout si l'opinion de Rumford était exacte. Si l'on fait geler dans le fond d'un tube de verre une certaine quantité d'eau, et que l'on remplisse le tube avec de l'eau liquide et à la température ordinaire, on observera que l'on peut faire bouillir fortement le liquide qui est à la partie supérieure, sans que la glace fonde ni s'échauffe sensiblement.

Ces deux expériences suffisent pour prouver combien l'eau est mauvais conducteur du calorique; mais, objectera-t-on, de l'eau placée sur le feu s'échauffe et bout en quelques minutes: peut-on concevoir ce phénomène sans admettre la conductibilité de ce liquide? Nous répondrons par l'affirmative. L'eau et les liquides en général, placés dans cette circonstance, s'échauffent en vertu du déplacement qu'éprouvent leurs parties: ainsi la première couche, occupant le fond du vase, est échauffée, se dilate, devient plus légère, s'élève, et est remplacée par une autre plus froide, qui à son tour devenue première, est dilatée et élevée; d'où l'on voit qu'il s'établit deux courans; l'un de couches dilatées et chaudes qui s'élèvent, l'autre de couches froides qui descendent. C'est le premier courant qui échauffe principalement la masse du liquide, en communiquant une portion de son calorique aux molécules d'eau moins chaudes qu'il traverse. Il est donc évident que cette masse est échauffée, 1° par l'élévation non interrompue des couches chaudes ; 2° par une quantité de calorique excessivement faible, transmise directement de bas en haut, en rapport avec le peu de conductibilité de l'eau ; d'où il résulte qu'il est impossible d'échauffer rapidement un liquide dont la surface supérieure seule est échauffée : en effet, la couche supérieure se dilate, devient plus légère, et, loin de pouvoir descendre pour échauffer les couches soujacentes, se transforme en vapeur et se répand dans l'air. Il ne reste donc plus, pour échauffer ces couches, que le calorique transmis directement de haut en bas, et qui est en très-petite quantité, parce que les liquides sont de mauvais conducteurs.

22. *Faculté conductrice des corps gazeux.* Plus mauvais conducteurs encore que les liquides, les gaz s'échauffent pourtant rapidement, parce qu'ils ont peu de capacité pour le calorique, et que leurs molécules, excessivement mobiles, permettent facilement la circulation des courans ascendans chauds et des courans descendans froids.

De la Capacité des corps pour le calorique.

23. Deux corps de différente nature, égaux en poids, par exemple, une livre d'étain et une livre de cuivre à zéro, placés dans un vase contenant de l'eau bouillante, ne tardent pas à être à la même température que l'eau, c'est-à-dire, à 100° thermomètre centigrade ; mais il est aisé de prouver que ces deux corps, pour arriver à la même température, absorbent des quantités de calorique différentes. En effet, si immédiatement après les avoir retirés de l'eau bouillante, on les entoure de glace fondante, ils reviennent à 0°, et perdent le calorique qui avait élevé

leur température depuis 0° jusqu'à 100°. Or, ce calorique, devenu libre, fondra une quantité de glace qui n'est pas la même pour l'un que pour l'autre de ces deux corps, ce qui devrait arriver si le calorique qu'ils émanent était en égale quantité. On désigne sous le nom de *calorique spécifique* cette quantité de calorique que deux corps de poids égal exigent pour passer d'un degré à un autre; et l'on nomme *capacité des corps pour le calorique* la faculté qu'ils ont d'absorber une plus ou moins grande quantité de cet agent pour s'élever à la même température. Un corps à 0° parvient d'autant plus vite à 100°, ou s'échauffe d'autant plus rapidement, que sa capacité pour le calorique est moindre, toutes choses égales d'ailleurs. Peut-on déterminer qu'elle est la capacité des différens corps pour le calorique? On a proposé plusieurs méthodes propres à remplir cet objet : nous allons faire connaître les principales, en commençant par celle de Crawford.

Corps de nature différente n'exerçant pas entre eux une action chimique. Si ces corps sont liquides, on les mêle deux à deux sous des poids égaux, et à des températures différentes ; on note la température du mélange, et on juge par là de leur capacité pour le calorique : par exemple, un mélange fait avec une livre de mercure à 0° et une livre d'eau à 34°, marque au thermomètre 33°; le mercure passe donc de 0° à 33°, tandis que l'eau descend de 34° à 33°, d'où l'on doit conclure qu'il n'a fallu à la livre de mercure, pour passer de 0° à 33°, que la quantité de calorique capable de faire monter l'eau d'un degré, c'est-à-dire, de 33° à 34° : donc la capacité du mercure est $\frac{1}{33}$ de celle de l'eau.

Corps de nature différente exerçant entre eux une action chimique. Il est impossible de parvenir à un résultat exact si on mêle des corps qui, par leur action réciproque, dégagent ou absorbent du calorique ; dans ce cas, il faut les mêler avec d'autres corps sur lesquels ils n'exercent aucune action, et dont la capacité pour le calorique soit connue. Les vases dans lesquels on opère et l'air ambiant doivent être à la même température que le mélange ; et celui-ci doit être fait promptement afin qu'il n'y ait point de calorique absorbé ou cédé par lui.

Lavoisier et M. de Laplace ont inventé un instrument, le *calorimètre*, à l'aide duquel on a déterminé la capacité des corps de nature différente pour le calorique. Le principe sur lequel repose l'opération est fondé sur un fait que nous avons déjà indiqué : savoir, que lorsqu'on mêle une livre de glace à 0°, qui par conséquent est sur le point de fondre, avec une livre d'eau à 75° thermomètre centigrade, la glace passe de l'état solide à l'état liquide, en absorbant le calorique qui avait élevé la livre d'eau depuis 0° jusqu'à 75°, et l'on obtient deux livres d'eau liquide à 0°. Maintenant, si l'on a trois corps, A, B, C, chauffés également à 75° thermomètre centigrade, et pesant chacun une livre ; si on les entoure de glace fondante, et que A fonde deux livres de glace en se refroidissant jusqu'à 0°, que B en fonde trois, C quatre, on en conclura, en regardant la capacité de la livre d'eau comme 1, que celle de A sera 2, celle de B 3, et celle de C 4. Nous ne donnerons pas la description de cet appareil, parce qu'il est fort peu employé, et qu'il ne fournit de résultats un peu satisfaisans qu'autant que l'on a pris un très-grand nombre de précautions qui le rendent d'un usage trop incommode.

Rumford a imaginé un autre calorimètre pour parvenir avec facilité à déterminer le calorique qui se dégage pendant la combustion du bois, des huiles et de quelques autres corps ; il s'agit de faire passer les produits provenant de cette opération dans un serpentin aplati placé dans une caisse de fer-blanc, de manière à pouvoir être entouré

d'eau distillée froide : il est évident que ces produits échaufferont l'eau différemment, suivant qu'ils seront fournis par
tel ou par tel autre corps ; et l'on pourra déterminer, au
moyen d'un calcul très-simple, la quantité de calorique
dégagé par la combustion du corps. La température de
l'eau de la caisse doit être au-dessous de celle de l'air
ambiant.

24. Les expériences tentées jusqu'à ce jour nous permettent
d'établir : 1° que les capacités pour le calorique varient dans
les différens corps ; 2° qu'elles varient encore dans le même
corps suivant qu'il est à l'état solide, liquide ou gazeux : ainsi
la capacité de l'eau liquide n'est pas la même que celle de
l'eau à l'état solide ; 3° qu'elle est *à-peu-près* la même pour
un corps qui ne change pas de forme ; par exemple, une
livre d'eau à 20°+0 et une autre à 50°+0, mêlées, donne-
ront deux livres d'eau à 35° ; 4° enfin, que la capacité des
gaz pour le calorique diffère dans chacun d'eux.

§ II. *Effets du calorique sur les corps qui sont à une certaine*
distance du foyer d'où il émane.

25. Tout le monde sait que les corps placés à une certaine
distance d'un foyer chaud finissent par s'échauffer. Examinons, 1° la manière dont le calorique lancé par le
foyer chaud se comporte dans l'air jusqu'à ce qu'il soit arrivé près de la surface de ces corps ; 2° les phénomènes qu'il
présente par son action sur ces surfaces.

1°. *Le calorique est lancé par le foyer chaud* sous la forme
de rayons qui traversent l'air avec beaucoup de vitesse,
sans se combiner avec lui. Si le foyer est incandescent,
rouge, les rayons calorifiques sont mêlés avec les rayons
lumineux : dans le cas contraire, il n'y a que les premiers.
Cependant les couches d'air qui entourent immédiatement le
foyer échauffé s'échauffent elles-mêmes, sont dilatées, s'é-

lèvent, et communiquent ainsi, de proche en proche, une portion de calorique à d'autres couches; en sorte qu'au bout d'un certain temps toute la masse d'air qui se trouve entre le foyer et les corps que nous supposons placés à une certaine distance est échauffée; mais cet effet ne s'opère que lentement, et l'on peut affirmer que l'élévation de température des corps éloignés du foyer doit être principalement attribuée aux rayons calorifiques lancés par le foyer.

2°. *Phénomènes que le calorique rayonnant émané du foyer présente, par son action, sur les surfaces de ces corps.*
A. Il existe des corps doués à un très-haut degré de la faculté de réfléchir les rayons calorifiques; ces corps, dès l'approche de ces rayons, les rejettent en quelques sorte, s'échauffent à peine, ou ne s'échauffent pas du tout: les métaux éminemment polis sont dans ce cas; nous pouvons en donner une preuve en rappelant l'expérience faite avec les deux réflecteurs parfaitement polis (*Voy*. pag. 10). Aucun de ces réflecteurs ne s'échauffe sensiblement, quoique leurs foyers soient occupés par des corps très-chauds. On observe encore une très-grande force réfléchissante parmi les corps blancs : Francklin étala sur la surface de la neige quatre morceaux de drap de dimensions égales, mais d'une couleur différente : l'un était blanc, les autres étaient brun, bleu et noir; le premier, doué d'une grande force réfléchissante, absorba à peine des rayons calorifiques, ne s'échauffa que très-peu et resta à la surface de la neige, tandis que les autres, principalement le morceau noir, absorbèrent du calorique, fondirent de la neige et s'enfoncèrent beaucoup au-dessous de la surface. M. H. Davy varia cette expérience en substituant aux morceaux de drap six feuilles de cuivre différemment colorées, et obtint des résultats analogues. Si la réflexion des rayons calorifiques dans les corps doués de cette faculté suit, comme il est probable, la même loi que celle de la lumière, elle sera à son *maxi-*

mum lorsque le corps sera dans une position perpendiculaire.

B. Ces corps blancs, polis, doués d'une grande force réfléchissante, perdent cette faculté, en totalité ou en partie, si on les noircit ou qu'on les rende raboteux par un moyen quelconque. *Expérience*. 1º. Les réflecteurs enduits de suie noire, et placés d'ailleurs dans les mêmes circonstances qu'auparavant, absorbent un très-grand nombre de rayons calorifiques, s'échauffent et jouissent à peine de la faculté réfléchissante : il en est de même si on les dépolit en les rayant avec du sable. 2º. Si l'on couvre d'encre de la Chine la boule d'un thermomètre, et qu'on l'expose au soleil lorsque cette couche noire sera sèche, le thermomètre s'élèvera de 5º à 6º de plus qu'un autre thermomètre dont la boule n'aura été recouverte d'aucune matière noire. Ces faits nous portent à conclure que *plus le pouvoir réfléchissant d'un corps est augmenté, plus son pouvoir absorbant est diminué ; et vice versâ.*

Du Refroidissement des Corps.

26. Après avoir exposé en détail les circonstances qui influent sur l'échauffement des corps que l'on plonge dans un foyer ardent, et de ceux qui en sont à une certaine distance, nous devons examiner celles qui agissent sur un corps échauffé par l'un ou l'autre de ces moyens, et qui vient à se refroidir. Ces circonstances sont : 1º la capacité de ce corps pour le calorique ; 2º sa faculté conductrice ; 3º l'état poli ou terne de sa surface ; 4º sa couleur ; 5º enfin, l'état tranquille ou agité de l'air qui l'entoure.

Capacité du corps pour le calorique et faculté conductrice. Toutes choses égales d'ailleurs, le corps se refroidira d'autant plus vite qu'il aura moins de capacité pour le calorique, et qu'il sera meilleur conducteur.

État poli ou terne de sa surface. Les corps excessive-

ment polis émettent difficilement le calorique qu'on leur
a accumulé, et par conséquent se refroidissent difficilement.
Expériences : 1° deux vases de même nature et de même
dimension ; l'un bien poli, l'autre raboteux, remplis
d'eau bouillante, se refroidissent dans des temps inégaux ;
celui qui est poli est encore chaud lorsque l'autre est déjà
refroidi ; 2° un vase cubique de fer-blanc dont une des faces
reste brillante et dont les trois autres sont recouvertes, l'une
de papier, l'autre de noir de fumée, l'autre enfin d'une
couche de vernis, présentent des phénomènes analogues :
en effet, lorsqu'on le remplit d'eau bouillante, on observe
que le rayonnement du calorique diffère dans chacune de ces
faces : il est tellement abondant du côté noir, qu'il est même
sensible à la main ; tandis que le thermomètre placé à côté
de la face brillante monte à peine. La face recouverte d'une
couche de vernis se refroidit plus vite que la face brillante,
parce que le vernis la rend moins polie. Si l'on applique
sur cette face deux autres couches de vernis, le refroidissement est encore plus rapide ; enfin, si le nombre des couches
s'élève jusqu'à huit, le refroidissement est plus prompt qu'il
ne l'est par la face brillante ; mais il est plus lent que lorsqu'il n'y avait que six couches, ce qui dépend de la nature
des substances qui composent les vernis ; en effet, ces substances sont résineuses, peu conductrices du calorique, et
doivent finir, lorsqu'on les accumule, par s'opposer à l'é-
mission de ce fluide. Ces faits nous portent à conclure que,
*plus le pouvoir réfléchissant d'un corps augmente, plus son
pouvoir émissif diminue, et vice versâ.*

Couleur. Les corps blancs se refroidissent beaucoup plus
lentement que les corps noirs ; en effet, l'expérience prouve
que leur pouvoir réfléchissant l'emporte de beaucoup sur
leur pouvoir émissif.

État tranquille ou agité de l'air. M. Leslie remplit
d'eau à 20° deux globes creux de métal, d'un diamètre

égal : l'un de ces globes *A* était brillant, l'autre *B* était noir.
Il les exposa à un léger vent frais ; le globe brillant était
à 10° au bout de quarante-quatre minutes , tandis que l'autre
n'avait besoin que de 35 min. Exposés à une bise assez forte,
A était à 10° au bout de 23 min., et *B* au bout de 20 min.
15 secondes ; enfin , soumis à l'action d'un vent violent, *A*
n'était à 10° qu'au bout de 9 m. $\frac{1}{2}$; tandis que *B* était à cette
température au bout de 9 minutes ; d'où l'on doit con-
clure , 1° que , pour l'un et l'autre globe , le refroidissement est d'autant plus rapide que l'air est plus agité ou re-
nouvelé ; 2° que le globe noirci se refroidit plus vite que
celui qui est brillant.

De l'Equilibre du calorique.

27. Nous avons établi qu'un corps chaud placé dans l'air
lançait un certain nombre de rayons de calorique : or, nous
pouvons considérer tous les corps de la nature comme
étant chauds par rapport à d'autres plus froids ; en effet,
une livre d'eau bouillante est chaude si on la compare à
une livre d'eau liquide à 10° ; mais cette dernière devra
être regardée comme chaude si on la compare à une livre
de glace à 0° ; d'où nous devons conclure que tous les corps
rayonnent ou émettent un certain nombre de rayons de
calorique. Si le corps est très-chaud , l'émission sera considérable ; tandis qu'elle sera faible si sa température est
peu élevée ; et l'expérience prouve que ces deux corps
inégalement chauffés , *mis en contact* , ou *placés à une
certaine distance* , ne tardent pas à acquérir la même température : on dit alors qu'ils contiennent des quantités de
calorique qui se font *équilibre*.

L'équilibre au contact s'opère par le passage immédiat
du calorique du corps plus chaud dans celui qui l'est moins,
passage dont la rapidité varie suivant la capacité des corps

pour le calorique et leur faculté conductrice ; on ignore si, dans ce cas, il y a rayonnement.

Il n'en est pas de même de l'*équilibre à distance.* Imaginons deux corps inégalement chauffés, *A* et *B* ; tous les deux émettent des rayons calorifiques. *A*, dont la température est plus élevée, absorbe le peu de rayons lancés par *B* ; mais il en émet un très-grand nombre que *B* absorbe ; en sorte qu'au bout d'un certain temps, la température de *B* se trouve égale à celle de *A* ; alors les quantités émises et les quantités absorbées par le même corps sont égales, et l'*équilibre* est établi. Il est évident qu'un pareil rayonnement s'établirait dans un appartement où il y aurait 30, 50 corps inégalement chauffés, et que ces corps finiraient par être à la même température, dans lequel cas le rayonnement continuerait encore.

Des principales Hypothèses sur la cause de la chaleur.

28. *Aristote* et les Péripatéticiens définissaient la chaleur (calorique) une qualité ou un accident qui réunit ou rassemble des matières homogènes, et qui dissocie ou sépare des matières hétérogènes. Suivant les *Epicuriens*, la chaleur (calorique) n'est que la substance volatile du feu, émanée des corps ignés par un écoulement continuel et réduite en atomes. *Démocrite, Boerhaave, Homberg, Lemery, Gravesande* pensaient que le feu est une matière créée dès l'origine du monde, inaltérable dans sa nature, uniformément répandue dans toutes les parties de l'espace, et formée d'une multitude de petits ballons comprimés qui cherchent à s'étendre de toutes parts. D'autres physiciens, à la tête desquels on doit placer *Bacon, Macquer, Rumford* et *Scherer* nient l'existence du calorique ; ils pensent que la chaleur n'est autre chose qu'une modification des corps, une de leur manière d'être, un simple mouvement excité dans leurs parties constituantes par une impulsion

quelconque que *Rumford* attribue à un *éther* particulier.
Voici ce qui se passe suivant eux lorsqu'un corps chaud *A*
est en présence d'un corps froid *B*. Les vibrations plus rapides
des molécules de *A* transmises par l'éther qui, suivant
Rumford, se trouve dans l'atmosphère, aux molécules du
corps *B*, accélèrent leurs vibrations; et, par un effet contraire, les vibrations plus lentes des molécules du corps *B*,
auxquelles l'éther sert aussi de véhicule, ralentissent celles
des molécules du corps *A*. Les températures sont égales
lorsque les vibrations de part et d'autre sont devenues
isochrones. Cette hypothèse a aujourd'hui un assez grand
nombre de partisans. Les physiciens qui ne l'adoptent pas
ont cherché à déterminer la matérialité du calorique au
moyen de la balance; mais il faut avouer qu'on n'est jamais parvenu à le peser. Tout ce que *Boyle* a écrit dans
son article *de Ponderabilitate flammæ* est loin de pouvoir
établir le poids de cet agent; il en est de même des expériences faites dans ces derniers temps avec l'eau et l'huile
de vitriol (*acide sulfurique*). *Schéele* et *Bergman* ne se
bornent pas à regarder le calorique comme un fluide particulier; ils le croient composé de phlogistique et d'oxigène. *Deluc* pense qu'il est formé de lumière et d'une base
particulière; mais ces opinions nous paraissent un peu trop
hasardées.

Applications des faits précédemment établis à plusieurs
phénomènes connus.

29. Lorsqu'on veut préserver de l'action du froid les fleurs
et les fruits, on les recouvre d'un corps mauvais conducteur du calorique, tel que la paille; il en est de même de
la neige ou de la glace que l'on renferme dans des souterrains et qui doivent être à l'abri de l'action du calorique
extérieur. La laine que nous mettons sur la peau est éga-

lement un mauvais conducteur et s'oppose à l'émission du calorique dans les parties recouvertes.

Une personne qui sort du bain éprouve du froid parce que l'humidité qui est à la surface du corps passe de l'état liquide à l'état de vapeur, passage qui s'opère aux dépens d'une portion du calorique de notre corps : par la même raison, on éprouve une sensation analogue lorsqu'on verse sur la main un liquide facilement vaporisable, tel que l'éther, l'esprit-de-vin, etc. Nous conservons de l'eau fraîche en Espagne au moyen de vases très-poreux nommés *alcarazas*, dont la surface externe est mouillée ; on place ces vases à l'ombre au milieu d'un courant d'air ; l'eau appliquée à cette surface est vaporisée aux dépens du calorique de l'air ambiant, et de l'eau contenue dans le vase.

L'art de faire de bonnes cheminées repose en entier sur ce que nous avons établi : en effet, une cheminée remplira d'autant mieux son but, toutes choses égales d'ailleurs, qu'elle enverra, dans un temps donné, une plus grande quantité de calorique à la personne qui se chauffe : or, on peut disposer cette cheminée de manière à offrir une plaque métallique parfaitement polie, d'une couleur blanchâtre, inclinée de manière à réfléchir la plus grande quantité de calorique possible ; alors la personne recevra nonseulement les rayons directement lancés par le foyer enflammé, mais encore beaucoup d'autres qui auraient été perdus pour elle, et qui, au moyen de cette disposition très-favorable, seront réfléchis de son côté. Les bonnes cheminées doivent encore remplir deux conditions ; celle de ne pas fumer, et celle de chauffer aussi également que possible. *A.* On les empêchera de fumer, 1º en activant la combustion du bois au moyen de l'air que l'on fera arriver par deux tuyaux qui viendront aboutir aux parties latérales de la cheminée ; car le bois ne fume que parce qu'il est imparfaitement brûlé , comme nous le démontrerons plus tard ; 2° en diminuant le diamètre du tuyau par lequel s'élève la fumée produite. *B.* Un autre inconvénient des cheminées mal construites consiste dans la manière dont l'air parvient au foyer qu'il alimente. En effet, à mesure que les rayons de calorique lancés par ce foyer arrivent au-devant de la personne qui se chauffe, l'air extérieur froid s'introduit par les portes ou par les fissures, et glace les parties postérieures qu'il touche : on peut obvier à cet inconvénient au moyen des deux tuyaux dont nous avons parlé, et qui sont placés aux parties latérales de la cheminée. Les cheminées bien construites doivent encore offrir plusieurs tuyaux dans lesquels la fumée puisse circuler ; ces tuyaux s'échauffent par ce moyen et rayonnent à leur tour, ce qui contribue nécessairement à élever la température de la masse d'air au milieu de laquelle on est plongé.

Sources du Calorique.

3o. Le calorique, comme nous le dirons à l'article *lumière*, fait toujours partie des rayons lumineux lancés par le soleil, qui jouissent à un très-haut degré de la faculté de dilater et d'échauffer les corps ; mais, indépendamment du soleil, tous les corps placés dans des circonstances convenables peuvent dégager une plus ou moins grande quantité de calorique : ce dégagement a tantôt lieu par leur compression, tantôt par leur combinaison entre eux.

Compression. On sait qu'il suffit de frotter un corps contre un autre, de le percuter, pour élever sa température, et quelquefois même pour l'enflammer ; le rapprochement des molécules, et par conséquent le dégagement du calorique, sont la suite nécessaire de toute compression ; si cette assertion avait besoin d'appui, nous pourrions citer un fait généralement connu : l'usage du briquet avec lequel on percute le caillou pour allumer l'amadou.

Combinaison. Dans une multitude de circonstances, les molécules des corps qui se combinent intimement se rapprochent, et dégagent une plus ou moins grande quantité de calorique, et souvent même de la lumière. La combustion du bois et des autres corps inflammables n'est autre chose qu'un phénomène de ce genre, dans lequel deux, trois, ou un plus grand nombre de corps s'unissent entre eux et donnent naissance à divers composés.

Action du Calorique sur l'économie animale.

31. Le calorique doit être rangé parmi les substances excitantes; il peut être employé à l'intérieur ou à l'extérieur: dans le premier cas, on l'introduit à l'aide de certains corps liquides ou solides, tels que les boissons et les alimens. Nous devons seulement nous occuper ici de son emploi extérieur.

Effets du calorique appliqué extérieurement. S'il agit sur toute la surface du corps, par exemple, lorsque l'individu est placé dans une étuve sèche à 75° thermomètre centigrade, on éprouve un sentiment de cuisson dans plusieurs parties, mais principalement aux mamelons, aux paupières et aux narines; la peau se tuméfie et rougit légèrement; la chaleur cutanée augmente; le pouls s'accélère; il survient une anxiété générale; la respiration est plus ou moins gênée; la surface de la peau se couvre de sueur; la chaleur générale devient plus intense; on éprouve de la soif; la face est gonflée; les yeux sont saillans; la céphalalgie, des étourdissemens et même la syncope, viennent quelquefois se joindre à ces symptômes. Si le calorique agit seulement sur une partie, on observe la rubéfaction, la vésication et même l'escharification.

On applique tantôt le calorique sans lumière, tantôt il est combiné avec la lumière. *Application du calorique non lumineux.* 1°. A l'aide de briques chaudes, de plaques métalliques et de linges secs. Poutcau, Fabrice de Hilden et quelques autres praticiens ont employé ce moyen avec succès dans certains rhumatismes chroniques, dans des engorgemens froids des articulations, et dans certains cas de colique flatulente. 2°. A l'aide du sable et d'autres substances pulvérulentes. Le bain de sable général est en usage dans les départemens maritimes de la France : on s'en sert dans certains cas d'œdème, d'anasarque, de paralysie, de rhumatisme chronique, etc. 3°. A l'aide de l'eau liquide ou en vapeur, ce qui constitue les bains (*V.* art. *Eau*). 4°. A l'aide de l'air, par exemple, dans les étuves sèches : ce moyen est peu usité parce qu'on lui préfère les étuves humides : il paraît cependant exciter davantage la tonicité et l'action des vaisseaux capillaires de l'organe cutané, sans agir autant sur l'excrétion qui s'y opère. *Application du calorique lumineux.* 1°. A l'aide des rayons du soleil. Ces rayons peuvent tomber directement sur les parties, ou bien on peut les concentrer au moyen d'une lentille : dans ce cas, il faut agir avec prudence, car l'activité des rayons solaires concentrés est assez forte pour déterminer l'eschare. Faure et M. Lapeyre rapportent des exemples de vieux ulcères guéris par l'insolation ; et M. Lecomte assure avoir employé avec succès les rayons solaires concentrés dans un ulcère cancéreux à la lèvre. On fait particulièrement usage de l'insolation dans les affections lentes du système lymphatique, dans les maladies scrophuleuses, l'anasarque et les suppressions atoniques. 2°. A l'aide d'un charbon ardent que l'on approche et que l'on éloigne alternativement de la partie que l'on veut exciter. On l'emploie particulièrement dans les engelures et dans certaines névralgies de la face. Faure a guéri, par ce moyen, plusieurs anciens ulcères, un engorgement glanduleux du sein, une dartre fort ancienne, purement locale. Enfin, on peut s'en servir dans les contusions, les ecchy-

moses ; etc. 3°. A l'aide du fer rouge blanc, ou du cautère *objectif :* ce moyen est d'autant moins douloureux
que le fer est plus chaud ; il a été employé avec succès
par Hippocrate dans les caries humides des os spon-
gieux, dans les tophus osseux, et pour arrêter le sang après
l'excision des hémorrhoïdes. Faute en a retiré des avantages dans certains cas de tumeurs cancéreuses, et d'autres
qui étaient molles, fongueuses et indolentes. Petit rapporte
des observations d'exostoses vénériennes qui n'ont cédé qu'au
fer rouge. On l'emploie pour arrêter l'hémorrhagie des
artères sous-linguales, celle qui provient des petits vaisseaux
qui avoisinent les os cassés et déplacés. Il a été quelquefois
utile dans l'épilepsie, en convertissant en eschare le siége
de l'*aura epileptica.* On s'en sert fréquemment pour cautériser les plaies venimeuses, les anthrax, les charbons
et les bubons pestilentiels. Fabrice de Hilden et plusieurs
autres praticiens en ont retiré des avantages dans la gan-
grène humide, etc., etc. 4°. A l'aide du moxa. Indépendamment des diverses maladies où le cautère transcurrent est
utile, le moxa est encore avantageux dans certaines cépha-
lalgies chroniques, dans certains cas de surdité et de mutité
accidentelles ; mais principalement dans les sciatiques invétérées, dans la gibbosité vertébrale, vulgairement connue
sous le nom de *maladie de Pott ;* dans les névralgies, les
tumeurs blanches des articulations, etc. En général, le
moxa doit être appliqué sur les endroits les plus voisins du
siége de la maladie.

Du Froid.

32. D'après l'hypothèse que nous avons adoptée, le froid
est une sensation produite par la soustraction du calorique
de nos organes. Plusieurs physiciens ont pensé qu'il était
le résultat de l'action d'un fluide particulier qu'ils ont appelé *frigorifique.*

I. 4

Voici l'expérience sur laquelle ils ont cherché à appuyer cette opinion. (*Voyez* pl. 5, fig. 43.) Si au lieu d'un corps chaud on place de la neige au foyer *F*, un thermomètre à air disposé à l'autre foyer *f* descendra et la neige fondra : il existe donc, disent ces physiciens, un fluide frigorifique dont les rayons émanent de la neige, se réfléchissent sur le miroir *A*, sont réfléchis de nouveau sur le miroir *B* et ensuite sur *f*. Mais nous pouvons nous dispenser d'admettre ce fluide pour expliquer le phénomène. En effet, le thermomètre et la neige lancent des rayons calorifiques, qu'ils s'envoient mutuellement ; le premier de ces corps en émet beaucoup plus qu'il n'en absorbe, parce que sa température est plus élevée, donc il doit baisser : du reste, la majeure partie des rayons émis par le thermomètre n'arrive à la neige qu'après avoir été réfléchis par les miroirs.

De la Lumière.

33. 1°. La lumière tend toujours à se mouvoir en ligne droite sous la forme de rayons et avec une vitesse prodigieuse, puisqu'elle parcourt plus de quatre millions de lieues par minute. 2°. Les rayons lumineux traversent certains corps que l'on nomme *milieux* : ceux qui tombent obliquement d'un milieu rare dans un milieu dense, par exemple, de l'air dans le verre, changent de direction, et se rapprochent de la perpendiculaire élevée au point d'immersion : le contraire a lieu s'ils passent d'un milieu dense dans un milieu rare. Cette déviation de la lumière est connue sous le nom de *réfraction*, et c'est sur elle que sont basées les théories des lentilles, des miroirs ardens, des microscopes, des lunettes, des télescopes, etc. Soit *A B* le rayon lumineux qui tombe sur une lame de verre *C D* (*Voyez* fig. 47); ce rayon, loin de suivre la direction *B E*, se réfractera en traversant la lame, et se rappro-

chera de la perpendiculaire *P R*. Les milieux ne se bornent pas à dévier le rayon lumineux, ils le décomposent en sept rayons différens, comme on peut s'en assurer en le faisant tomber sur l'angle réfringent d'un prisme. Ce rayon ira toujours projeter sur un écran le spectre solaire composé des sept rayons suivans, *rouge, orangé, jaune, vert, bleu, indigo, violet*. Il y a des corps qui font éprouver à la lumière une *double réfraction*. 3°. Les rayons lumineux sont *réfléchis* par la surface de tous les corps, et, dans ce cas, l'angle d'incidence est égal à l'angle de réflexion. Nous aurons occasion d'appliquer ces données par la suite.

La lumière solaire, comme le calorique, détermine la dilatation et l'échauffement des corps, phénomènes qui depuis long-temps ont conduit les physiciens à admettre qu'elle renfermait du calorique. Aujourd'hui on s'accorde à regarder un rayon lumineux solaire comme formé, 1° de plusieurs rayons lumineux ; 2° de rayons calorifiques obscurs susceptibles d'échauffer et de dilater les corps ; 3° d'autres rayons capables de produire des effets chimiques, tels que la coloration en violet du chlorure d'argent (muriate).

Les rayons calorifiques obscurs susceptibles d'échauffer et de dilater les corps, ne jouissent pas des mêmes propriétés que ceux qui émanent des corps terrestres non incandescens ; en effet, ils traversent une lame de verre sans se combiner avec elle, sans l'échauffer sensiblement ; tandis que le calorique émané des corps terrestres l'échauffe, comme l'a prouvé depuis long-temps Mariotte. (*Traité des couleurs.*) *Expérience.* Si l'on dispose un miroir métallique concave à quelque distance d'un poêle allumé dont la porte est ouverte, et que l'on place au foyer de ce miroir un morceau de soufre, celui-ci ne tarde pas à s'enflammer par l'action des rayons calorifiques ré-

fléchis; mais si l'on met une lame de verre entre le foyer et
la porte du poêle, on s'aperçoit que cette lame s'échauffe, et
le soufre ne s'enflamme plus; il se forme seulement au foyer
un point lumineux : la lame de verre opère l'analyse du calorique lumineux, retient le calorique et livre passage
à la lumière, qui, réfléchie par le miroir, forme au
foyer le point lumineux dépourvu de calorique. Ce calorique obscur est en outre réfracté par le prisme, comme
on peut s'en assurer en plaçant un thermomètre au de-
là de la portion rouge du spectre solaire, tandis qu'il
n'est pas prouvé que le calorique émané des corps terrestres jouisse de cette propriété.

Quant aux rayons obscurs susceptibles de produire des
effets chimiques, on sait qu'ils sont également réfractés
par le prisme, qu'ils ne produisent point de chaleur,
et qu'ils se trouvent au-delà de la portion violette du
spectre solaire.

Du Fluide électrique.

34. La plupart des physiciens admettent, pour expliquer
les phénomènes électriques, deux espèces de fluides;
l'un que l'on appelle *fluide électrique vitré*; l'autre qui
porte le nom de *fluide électrique résineux*.

1°. Tous les corps de la nature contiennent à-la-fois
du fluide vitré et du fluide résineux. Ces deux fluides
sont combinés et se neutralisent tellement, qu'au premier abord on ne se douterait pas de leur existence dans
les corps. 2°. On connaît plusieurs moyens propres à
détruire leur combinaison : alors l'un deux ou tous les
deux à-la-fois deviennent sensibles. Ces moyens sont le
frottement, la chaleur et le contact. 3°. Quel que soit
le mode employé pour les mettre en liberté, ils jouissent
toujours des mêmes propriétés, savoir, celle d'attirer d'a-
bord et de repousser ensuite les corps légers. Le fluide

vitré attire en outre le fluide résineux et en est attiré, tandis
que les fluides de même nom se repoussent. 4°. Ces fluides
peuvent être transmis par certains corps que l'on appelle
conducteurs, par exemple, les métaux, les animaux, etc. ;
d'autres au contraire ne leur livrent point passage, et
portent le nom *d'idioélectriques*, ou non conducteurs :
tels sont les huiles, les résines, le verre, etc. 5°. Les
fluides vitré ou résineux élèvent assez la température de
certains corps pour les fondre et les enflammer.

Le fluide électrique joue un très-grand rôle en chimie ;
c'est un des agens les plus puissans que l'on connaisse pour
opérer la décomposition des corps : aussi cette science a-t-elle
fait des progrès immenses depuis que son application est devenue plus générale. On a principalement employé la pile
électrique, instrument précieux, dans lequel le fluide électrique est développé par le contact de deux corps de nature
différente. La *pile* ordinaire doit être regardée comme une
série d'élémens *A A* (*Voyez* fig. 48), formés chacun d'une
plaque circulaire ou carrée de zinc et de cuivre soudés
entre eux : ces élémens sont placés de champ et horizontalement dans une caisse de bois *B B B B*, à une certaine
distance les uns des autres : ils doivent être séparés inférieurement et latéralement par des corps non conducteurs et du mastic, de manière à ce que la pile soit isolée, et à produire des auges *o o*, dans lesquelles on met
de l'eau acidulée avec de l'eau forte (acide nitrique),
qui est un excellent conducteur. Pour concevoir les effets
de la pile, voyons d'abord ce qui se passe dans un de
ses élémens. Par le contact des deux métaux différens, la
combinaison de leurs fluides électriques, vitré et résineux, est détruite ; chacun d'eux devient libre ; le zinc
est électrisé vitreusement ; le cuivre l'est résineusement ;
mais comme la pile se compose d'un certain nombre d'é-
lémens communiquant entre eux au moyen de l'eau aci-

dulée, il est aisé d'admettre que la plaque de zinc Z est très-chargée de fluide vitré, tandis que celle de cuivre C l'est fortement de fluide résineux (*voyez* les ouvrages de physique pour la manière dont la pile parvient à se charger) : on dit alors que la pile a deux poles, l'un vitré et l'autre résineux, correspondans aux plaques zinc et cuivre dont nous parlons ; en sorte que si l'on plonge deux conducteurs métalliques $T\,T$, terminés par des lames de laiton, d'un côté dans les auges extrèmes de la pile, et de l'autre dans une capsule E, un corps placé dans cette capsule sera soumis à l'influence des deux fluides vitré et résineux. Si l'effet que l'on cherche à produire ne pouvait pas être obtenu avec une seule pile, on en réunirait plusieurs au moyen de conducteurs : l'appareil serait alors connu sous le nom de *batterie*. Dans tous les cas, il faut renouveler de temps en temps l'eau acidulée qui remplit les auges, sans quoi la pile perd de sa force.

Nous aurons le plus grand soin de faire connaître par la suite l'action que ces fluides exercent sur les différens corps simples ou composés ; mais nous pouvons énoncer d'une manière générale que si, dans un corps $A\,B$, les molécules de A peuvent se constituer dans un état d'électricité vitrée, et celle de B dans un état d'électricité résineuse, il sera possible de les séparer les unes des autres au moyen de la pile, quelle que soit leur affinité réciproque : en effet, le fluide vitré de la pile attirera les molécules résineuses B, tandis que les molécules A seront attirées par le fluide résineux.

35. Le fluide électrique est rangé parmi les excitans. On l'a employé avec succès dans un très-grand nombre de cas : 1° dans certaines paralysies ; 2° dans le rhumatisme simple et goutteux ; 3° dans la surdité qui n'est pas de naissance ; 4° dans l'amaurose ; 5° enfin dans la suppression des rè-

gles... Il faut pourtant convenir que ce moyen n'a été suivi d'aucun succès chez plusieurs individus atteints des maladies que nous venons de nommer. Les observations médicales relatives à l'emploi de ce moyen ne sont pas assez nombreuses pour nous permettre de déterminer les cas où il faut s'en servir. Le fluide électrique peut être communiqué au corps, 1° au moyen du bain; 2° par les pointes; 3° par frictions à travers la flanelle; 4° par décharge au moyen de la machine électrique; 5° par la bouteille de Leyde; 6° par la pile.

Du Fluide magnétique.

36. On a été obligé, pour expliquer les propriétés extraordinaires de l'aimant, d'admettre dans les corps magnétiques l'existence de deux fluides, l'un *boréal*, l'autre *austral*, dont les propriétés sont analogues à celles des fluides électriques vitré et résineux: ainsi, le fluide boréal repousse le fluide du même nom et en est repoussé; tandis qu'il attire le fluide austral et en est attiré. Parmi les corps simples, le fer, le nickel et le cobalt sont seuls susceptibles d'être attirés par l'aimant, et de le devenir eux-mêmes. Nous reviendrons sur cette propriété, qui est entièrement du ressort de la physique, en parlant de ces métaux.

CHAPITRE II.

Des Substances simples pondérables.

37. Ces substances, au nombre de quarante-sept, sont divisées en *métalliques* et en *non métalliques*.

Substances simples non métalliques.

1° Oxigène ;
2° Hydrogène ;
3° Bore ;
4° Carbone ;
5° Phosphore ;

6° Soufre ;
7° Iode ;
8° Chlore ;
9° Azote.

Substances simples métalliques.

10° le Silicium ;
11° le Zirconium ;
12° l'Aluminium ;
13° l'Yttrium ;
14° le Glucinium ;
15° le Magnésium ;
16° le Calcium ;
17° le Strontium ;
18° le Barium ;
19° le Sodium ;
20° le Potassium ;
21° le Manganèse ;
22° le Zinc ;
23° le Fer ;
24° l'Étain ;
25° l'Arsenic ;
26° le Molybdène ;
27° le Chrome ;
28° le Tungstène ;

29° le Columbium ;
30° l'Antimoine ;
31° l'Urane ;
32° le Cérium ;
33° le Cobalt ;
34° le Titane ;
35° le Bismuth ;
36° le Cuivre ;
37° le Tellure ;
38° le Plomb ;
39° le Mercure ;
40° le Nickel ;
41° l'Osmium ;
42° l'Argent ;
43° l'Or ;
44° le Platine ;
45° le Palladium ;
46° le Rhodium ;
47° l'Iridium.

Avant de faire l'histoire de ces substances, nous allons exposer les principes de la nomenclature chimique actuelle.

De la Nomenclature.

38. Les noms de la plupart de ces substances simples sont *insignificatifs*, et l'on est tellement habitué à les employer,

qu'il serait inconvenant de leur en substituer d'autres qui exprimassent quelques-unes de leurs propriétés. Nous dirons même plus ; il est de la plus haute importance, si l'on veut avoir une bonne nomenclature, de faire disparaître un certain nombre de noms significatifs généralement adoptés, qui, comme nous le ferons voir, sont plus propres à induire en erreur qu'à donner au langage chimique toute la précision qu'il devrait avoir. Il n'en est pas de même des composés auxquels ils donnent naissance ; ces composés sont trop nombreux pour que la mémoire la plus heureuse puisse se rappeler les dénominations arbitraires, insignifiantes et absurdes par lesquelles les anciens chimistes les désignaient. Tout esprit juste sentira la nécessité de leur donner des noms qui expriment, autant que possible, la nature des élémens qui entrent dans leur composition, ainsi que les proportions dans lesquelles ces élémens sont combinés.

On est convenu d'appeler *oxides* les composés formés par l'oxigène et par une substance simple, qui ne rougissent point l'infusum de tournesol et qui sont en général insipides, ou du moins qui n'ont pas une saveur aigre. On a appelé *acides* les composés d'oxigène d'une, de deux ou de trois substances simples qui rougissent l'infusum de tournesol et qui ont une saveur aigre.

Oxides. Comme l'oxigène peut se combiner en différentes proportions avec la même substance simple, on a désigné les produits sous les noms de *protoxide*, de *deutoxide* ou de *tritoxide*, suivant que l'oxigène y entre en une, en deux ou en trois proportions ; et on a appelé *peroxide* celui qui était le plus oxidé : ainsi le premier oxide de plomb (massicot) est le protoxide ; le second (minium) est le deutoxide, et le troisième (oxide puce) est le tritoxide ou le peroxide. Si la substance simple ne peut former avec l'oxigène qu'un seul oxide, on la désigne alors sous le simple nom d'*oxide*. Lorsque l'oxide est combiné avec l'eau, on donne au composé le nom d'*hydrate*.

Si l'oxigène, en se combinant avec une ou plusieurs substances simples, forme un seul acide, on le désigne par le nom de cette substance, auquel on ajoute la terminaison *ique* : ainsi on dit *acide carbonique*, *acide borique*. S'il peut, au contraire, donner naissance à deux acides en se combinant en diverses proportions avec la même substance, le plus oxigéné est terminé en *ique*, et celui qui l'est moins en *eux* : ainsi lorsqu'on dit *acide chlorique* et *acide chloreux*, on indique que les deux acides sont formés par le chlore et par l'oxigène, mais que le dernier est moins oxigéné que le premier.

L'*hydrogène* jouit, comme l'oxigène, de la propriété de se combiner avec un certain nombre de substances simples, et de donner naissance à des produits qui, tantôt sont acides, tantôt ne le sont pas. *Produits acides.* Pour les distinguer des précédens on les a désignés par le mot *hydro*, auquel on a ajouté le nom de la substance simple, que l'on a également terminé en *ique* : c'est ainsi que l'on appelle *acide hydro-chlorique* l'acide qui résulte de la combinaison de l'hydrogène avec le chlore. Nous nous servirons de ces dénominations, parce qu'elles sont généralement reçues ; mais nous devons faire sentir qu'elles sont loin d'être exactes. En effet, en analysant le mot *hydro - chlorique*, on le trouve composé de ὕδωρ, qui signifie *eau*, et de *chlorique*, qui désigne un acide formé d'oxigène et de chlore ; or, dans l'acide hydro-chlorique sec, il n'y a ni eau ni acide chlorique. Nous pouvons en dire autant des acides hydro-sulfurique, hydro-iodique, etc. La plus légère attention suffira pour prouver que le vice de ces dénominations disparaîtrait si, au lieu de conserver à l'hydrogène un nom qui rappelle l'eau, on lui en substituait un autre, quand même il serait insignifiant, et si l'on changeait la terminaison en *ique*. Un pareil changement, quoique léger en apparence, fournirait à une multitude de composés des noms rigoureux qui faciliteraient singulièrement l'étude de la chimie. *Produits non acides* formés par l'hydrogène et une substance simple. Si ces produits sont solides, on les appelle *hydrures*; s'ils sont gazeux, on indique d'abord le nom du gaz hydrogène, puis celui de la substance simple que l'on termine en *é* : ainsi on dit *gaz hydrogène carboné, phosphoré, arsenié,* etc.

Lorsque deux autres substances simples se combinent entr'elles, le nom du composé est terminé en *ure*. Par exemple, on dira *chlorure de phosphore, de fer, de plomb; sulfure d'iode, d'arsenic de mercure*; et si le chlore ou le soufre peuvent se combiner en deux proportions avec ces substances, on désignera les composés par les noms de *protochlorure, protosulfure, deutochlorure, deutosulfure,* etc., suivant qu'ils renferment plus ou moins de chlore ou de soufre. Ce principe de nomenclature ne s'étend pas cependant aux produits que donnent les métaux en se combinant entre eux : ainsi on ne dit pas *argenture d'or,* etc.; on conserve à ces composés le nom général d'*alliage*, que l'on désigne plus particulièrement sous celui d'*amalgame* lorsque le mercure en fait partie.

Les sels, produits très-nombreux, composés d'un acide et d'un ou de deux oxides métalliques, sont désignés par des noms qui expriment leur nature. Si l'acide est terminé en *ique*, on change sa terminaison en *ate*, et en *ite* s'il est terminé en *eux* : ainsi les sels formés par les acides sulfurique et sulfureux porteront le nom de *sulfates* et de *sulfites*, noms auxquels on ajoutera celui de l'oxide, par exemple, *sulfate de protoxide, de deutoxide ou de tritoxide de fer,* et, pour abréger, *proto-sulfate, deuto-sulfate, trito-sulfate de fer; proto-sulfite de plomb,* etc. Les sels composés par un des acides formés par l'hydrogène, dont la terminaison est toujours en *ique*, seront également terminés en *ate* : par exemple, *proto-hydro-chlorate de fer*, *deuto-hydro-chlorate*, etc.

Si les sels sont avec excès d'acide, on les appelle *sur-sels* : ainsi on dit *sur-deuto-sulfate* de deutoxide de potassium. On désigne, au contraire, sous le nom de *sous-sels* ceux qui sont avec excès *d'oxide*. Nous ne dirons rien de la nomenclature des matières végétales et animales, parce qu'elle n'est pas fondée sur des principes rigoureux.

Guyton de Morveau eut la gloire de créer cette belle nomenclature dont l'objet principal est de donner aux composés des noms qui indiquent les élémens qui entrent dans leur composition. Lavoisier, Fourcroy et M. Berthollet y firent quelques changemens, de concert avec l'auteur. Long-temps après, M. Thompson proposa les dénominations de protoxide, de deutoxide, etc. ; enfin, dans ces derniers temps, M. Thénard en a fait de nombreuses et belles applications à des corps inconnus à l'époque où Morveau conçut cette idée heureuse.

ARTICLE PREMIER.

Des Substances simples non métalliques.

39. Ces substances simples sont, comme nous l'avons déjà dit, au nombre de neuf : l'oxigène, l'hydrogène, le bore, le carbone, le phosphore, le soufre, l'iode, le chlore et l'azote. La plupart des chimistes ont regardé, jusque dans ces derniers temps, l'oxigène comme le seul principe pouvant servir à la combustion, et lui ont conservé l'épithète de comburent, qui lui avait été donnée par les créateurs de la nomenclature chimique, tandis qu'ils ont continué à appeler *combustibles* toutes les autres substances élémentaires. Suivant eux, la combustion *est une opération dans laquelle l'oxigène se combine avec une ou plusieurs des*

substances appelées combustibles , toujours avec dégagement de calorique , et quelquefois avec dégagement de lumière.

L'état actuel de nos connaissances ne nous permet plus d'admettre de pareilles divisions. En effet, on observe tous les phénomènes de la *combustion* dans la formation d'une multitude de produits où l'oxigène n'entre pas : ainsi, que l'on introduise de l'arsenic pulvérisé dans une cloche remplie de chlore gazeux , ces deux substances simples se combineront même à froid ; il y aura dégagement de calorique et de lumière , et formation d'un liquide qui sera le chlorure d'arsenic. Des phénomènes analogues auront lieu si l'on substitue le phosphore à l'arsenic, etc. D'un autre côté, on n'observe aucun phénomène de *combustion* dans un grand nombre de cas où l'oxigène se combine avec des substances simples : citons pour exemple l'oxidation du fer que l'on expose à l'air : on ne remarque aucun dégagement sensible de calorique ni de lumière ; le fer se combine pourtant avec l'oxigène.

Nous regardons donc la combustion comme un phénomène très-général qui a lieu toutes les fois que deux ou plusieurs corps se combinent avec dégagement de calorique et de lumière : nous avouons cependant que l'oxigène est , parmi les substances connues , celle qui donne le plus souvent lieu à ce dégagement lorsqu'elle s'unit à d'autres.

Nous allons étudier chacune des neuf substances simples non métalliques dans l'ordre suivant : oxigène, hydrogène , bore , carbone , phosphore , soufre , iode , chlore et azote. Cet ordre est propre à rappeler un fait important, savoir : que l'affinité dont chacune d'elles est douée pour l'oxigène est d'autant plus grande, en général, qu'elle est plus immédiatement placée à côté de lui : ainsi l'hydrogène occupera le premier rang , l'azote le dernier.

De l'Oxigène.

40. L'oxigène est, parmi les substances simples dont nous parlons, celle qui est le plus généralement répandue dans la nature : à l'état *solide*, il entre dans la composition des substances végétales et animales solides, et d'une multitude de produits minéraux ; plusieurs *liquides* sont également formés par une plus ou moins grande quantité de ce principe : tels sont l'eau, l'acide nitrique (eau forte), etc. Enfin il fait partie constituante d'un très-grand nombre de gaz, tels que l'air atmosphérique, le gaz acide carbonique, le gaz acide sulfureux, etc., etc. Jusqu'à présent il a été impossible d'obtenir l'oxigène pur autrement qu'à l'état de gaz : il est donc important de l'étudier sous cet état.

Du Gaz oxigène.

41. *Propriétés.* Le gaz oxigène est incolore, inodore et insipide ; sa pesanteur spécifique, d'après MM. Biot et Arago, est de 1,1036, celle de l'air étant prise pour l'unité. Lorsqu'on le comprime fortement dans un cylindre de verre creux, dont les parois sont très-épaisses, on remarque qu'il s'échauffe comme tous les autres gaz, et il se dégage une très-grande quantité de lumière. Il ne partage cette dernière propriété, suivant M. Saissy, qu'avec le chlore gazeux et l'air atmosphérique, qui ne la possèdent pourtant qu'à un degré moindre. Quelque violens que puissent être les moyens compressifs qui ont été mis en usage jusqu'à ce jour, on n'est jamais parvenu à solidifier le gaz oxigène, propriété qu'il partage avec tous les autres gaz permanens.

La lumière le traverse et se réfracte ; la puissance réfractive de l'air atmosphérique étant 1, celle du gaz oxigène est de 0,86161. Soumis à l'action de la pile, l'oxigène se porte au pole vitré.

Caractères essentiels. 1°. Tous les corps simples ou

composés, tels que le soufre, le fer, le bois, la cire, dont la température a été élevée, plongés dans le gaz oxigène, l'absorbent rapidement et avec un grand dégagement de calorique et de lumière ; il suffit même qu'ils présentent un de leurs points en ignition pour que ce phénomène se vérifie. C'est en vertu de cette propriété que l'oxigène a été regardé, jusque dans ces derniers temps, comme un agent indispensable à la combustion ; 2°. Le gaz oxigène est très-peu soluble dans l'eau. Il fut découvert en 1774 par Priestley.

Les *usages* de l'oxigène sont excessivement nombreux : nous en parlerons à mesure que nous ferons l'histoire des corps avec lesquels on le combine. Il doit être regardé comme un excitant ; lorsqu'on le respire pur, il détermine à-peu-près les effets dont nous avons parlé à l'article *Calorique.* Lors de sa découverte, plusieurs médecins conçurent l'espoir de diminuer l'intensité des symptômes de la phthisie pulmonaire en le faisant respirer ; mais il détermina une excitation telle dans les organes pulmonaires, qu'on fut obligé d'y renoncer. Il paraît agir avantageusement dans l'asthme humide, dans la chlorose, dans les affections scrophuleuses, les empâtemens du bas-ventre, dans certaines affections lentes des poumons et des viscères abdominaux, dans le commencement du rachitis, le scorbut ; mais principalement dans l'asphyxie par défaut d'air, et par les gaz nuisibles à cause de leur non respirabilité.

De l'Hydrogène.

42. L'hydrogène se trouve très-abondamment dans la nature ; il entre dans la composition de toutes les substances végétales et animales, de l'eau, des acides hydro-chlorique, hydriodique et hydro-sulfurique, de l'ammoniaque et de tous les sels ammoniacaux, etc. Son existence dans les régions supérieures de l'atmosphère est loin d'être prouvée, puisque

M. Gay-Lussac, qui a fait l'analyse de l'air qu'il avait recueilli à une très-grande hauteur, n'en a pas trouvé un atome. Les assertions des physiciens qui ont admis ce principe gazeux dans l'atmosphère sont donc prématurées et sans appui. L'hydrogène, isolé des divers corps avec lesquels il est uni, est toujours gazeux : nous devons par conséquent l'examiner sous cet état.

Du Gaz hydrogène (air inflammable).

43. *Propriétés*. Le gaz hydrogène *pur* est incolore, insipide et inodore; sa pesanteur spécifique, comparée à celle de l'air, n'est que de 0,07321 ; la *lumière* le traverse et se réfracte considérablement; la puissance réfractive de l'air étant 1,00000, celle du gaz hydrogène pur est 6,61436, toutes les circonstances étant égales d'ailleurs. Cette grande force de *réfrangibilité* dépend de ce que l'hydrogène est un corps très-avide d'oxigène ; en effet, on a parfaitement démontré que la puissance réfractive est en général en rapport avec la densité des corps et avec leur degré d'affinité pour l'oxigène. *Le fluide électrique* n'altère point le gaz hydrogène.

Le gaz *oxigène* exerce une action remarquable sur le gaz hydrogène lorsque la température est élevée. *Expérience*. 1°. On remplit de gaz hydrogène une vessie à laquelle on a adapté un tube de cuivre terminé par un très-petit trou ; on presse la vessie et on enflamme le gaz ; alors on introduit le petit tube dans une cloche parfaitement sèche et pleine de gaz oxigène ; cette cloche est placée sur la cuve à mercure, et penchée de manière à ce que l'un de ses bords soit hors du métal ; on ne tarde pas à remarquer qu'il se forme de l'eau par la combinaison de ces deux gaz, car elle tapisse les parois de la cloche et ruisselle bientôt après.

2°. On commence par remplir d'eau un flacon à l'émeri, en le plongeant dans la partie inférieure d'une cuve pneu-

mato-chimique; lorsqu'il est plein on le renverse, et on le
porte à la surface du liquide, jusqu'à ce que les cinq sixièmes
environ se trouvent dans l'atmosphère; on y introduit assez
de gaz oxigène pour que le tiers de l'eau dont il est rempli
soit expulsé; on y fait entrer un volume double de gaz hydrogène, qui chasse l'eau qui y restait encore; on le bouche
en le tenant toujours plongé dans le liquide, puis on le retire; on enveloppe d'un lingetoute sa surface, excepté l'extrémité du goulot; on le débouche et on approche aussitôt
son ouverture d'une bougie enflammée : à peine le mélange des deux gaz est-il en contact avec le calorique, que
l'on entend une vive détonnation, et que l'on aperçoit une
lumière plus ou moins intense.

3°. Si le mélange de deux parties de gaz hydrogène et
d'une de gaz oxigène se trouve dans une vessie munie
d'un robinet auquel on a adapté un bouchon percé
pour recevoir un tube de verre effilé à la lampe, et que
l'on comprime la vessie, afin de faire passer le gaz à travers
une dissolution de savon épaisse, préalablement disposée
dans un mortier de fer, on remarque que les bulles du gaz
font mousser le savon, le dilatent et lui donnent une forme
plus ou moins globuleuse. Si dans cet état on retire la vessie
et le tube, et qu'on approche une allumette enflammée de la
surface du savon, on détermine une vive détonnation.

4°. Lorsqu'on dispose dans l'eudiomètre de Volta le mélange de ces deux gaz dans le rapport indiqué ci-dessus,
on observe plusieurs phénomènes propres à jeter du jour
sur la cause de leur production. Nous allons d'abord décrire l'instrument. (*Voyez* fig. 49). On peut le regarder
comme formé de trois parties, une moyenne, une inférieure et l'autre supérieure; la partie moyenne se compose d'un tube de verre très-épais $T\,T$, terminé inférieurement et supérieurement par une virole V attachée
avec du mastic et se vissant au robinet R. La partie infé-

rieure est formée d'un pied de verre ou de cuivre jaune *P*, qui est constamment creux, d'une virole *V'* et d'un robinet *R*, dont la tige creuse se visse à la virole *V'*. La partie supérieure offre la même disposition que l'inférieure, excepté que le bassin *B* est moins large que le pied *P*. Vers l'extrémité supérieure du tube *T T*, se trouve une petite tige de cuivre horizontale *C H*, attachée à la virole dont nous avons parlé, et se terminant intérieurement très-près de la surface interne de la virole. Cette tige est en partie contenue dans un petit tube de verre *t t*, dont la surface externe est enduite de résine : elle est par conséquent isolée de manière à pouvoir transmettre une certaine quantité de fluide électrique dans l'intérieur du tube *T T*. L'intérieur de l'instrument présente des ouvertures tellement disposées, que lorsque les robinets sont ouverts, l'eau que l'on ferait entrer par le bassin *B* sortirait par le pied *P*.

Si après avoir rempli d'eau cet instrument plongé perpendiculairement dans la cuve pneumato-chimique, on ferme le robinet supérieur, on pourra, en ouvrant le robinet inférieur, introduire dans le tube *T T* deux parties d'hydrogène et une partie d'oxigène en volume. Si l'on fait passer alors l'étincelle électrique à travers le mélange, en approchant de la tige de cuivre *C H*, préalablement essuyée, une bouteille de Leyde chargée, ou le plateau de l'électrophore électrisé par le frottement, on remarquera une lumière et une détonnation plus ou moins vives ; la colonne d'eau contenue dans le tube *T T* sera refoulée en bas et remontera subitement, en sorte que le tube se trouvera rempli de liquide ; enfin les deux gaz auront disparu. Si au lieu de laisser le robinet inférieur *R* ouvert, on le ferme avant de faire passer l'étincelle électrique, il se formera un vide qui sera immédiatement rempli par l'eau si on rouvre le robinet. *Théorie.* Il se forme de l'eau par la combinaison de l'hydrogène avec l'oxigène : cette eau est transformée en vapeur par la grande quantité de calorique dégagé dans l'expérience : or, la vapeur résultante occupe un espace plus grand que celui qu'occupaient les deux gaz ; elle doit donc refouler en bas le liquide contenu dans le tube TT ; mais comme la vapeur se trouve alors en contact avec un corps froid, elle passe à l'état liquide ; presque tout l'espace qu'elle occupait se trouve vide, et l'eau doit remonter pour remplir ce vide. Ces deux effets étant presque instantanés, on conçoit qu'il résulte un double choc capable de rendre raison de la détonnation qui les accompagne. La même théorie peut être appliquée aux expériences 2ᵉ et 3ᵉ, avec cette différence que c'est l'air atmosphérique qui est refoulé, d'abord en avant, puis en arrière.

5°. M. Biot a prouvé qu'un mélange de deux parties de gaz hydrogènet et d'une de gaz oxigène, comprimé fortement dans une seringue métallique très-épaisse, garnie d'un verre au fond, se combinaient, formaient de l'eau, et il y avait détonnation et dégagement d'une lumière très-vive : dans cette expérience, qui n'est pas sans danger, le verre est projeté au loin.

L'action du gaz hydrogène sur le gaz oxigène, à la température ordinaire, est loin d'offrir des phénomènes aussi complexes : les deux gaz, d'une pesanteur spécifique très-différente, se mêlent intimement et forment un tout homogène. *Expérience.* Lorsqu'on prend deux fioles d'égale capacité, munies chacune d'un bouchon percé d'un trou, et qu'on les remplit, l'une de gaz oxigène, et l'autre de gaz hydrogène, on remarque, en les faisant communiquer ensemble à l'aide d'un tube de verre d'environ un pied de long, et en les tenant dans une direction perpendiculaire, que la fiole pleine de gaz oxigène, qui est la plus inférieure, cède une portion de gaz à la fiole supé-

rieure, et qu'une partie de l'hydrogène de celle-ci passe
à son tour dans la fiole inférieure, en sorte qu'au bout
de deux ou trois heures les gaz sont mêlés, et l'on peut
enflammer le mélange dans chacune des fioles, en les séparant et en les approchant d'une bougie allumée. M. Dalton, à qui nous devons un travail sur cet objet, a conclu,
après avoir fait un très-grand nombre d'expériences, *qu'un
fluide élastique plus léger ne peut rester sur un autre plus
pesant sans s'y mêler.*

Caractères essentiels. 1°. Lorsqu'on approche une bougie allumée du gaz hydrogène contenu dans une éprouvette dont l'ouverture est en bas, le gaz se combine avec
l'oxigène de l'air, et il se produit une flamme blanche d'autant plus bleue que le gaz hydrogène est moins pur; il y a
aussi une légère détonnation, et il ne se forme que de
l'eau; car, après l'expérience, l'eau de chaux n'est point
troublée par son agitation avec l'air de la cloche, ce qui
arriverait s'il s'était formé du gaz acide carbonique.
2°. Si au lieu de laisser la bougie à la surface de la cloche,
on la plonge dans l'intérieur, elle s'éteint après avoir mis
le feu aux premières couches de gaz. 3°. Ce gaz est très-
léger. *Expérience.* 1°. Que l'on prenne deux cloches à-peu-
près égales, l'une remplie d'air atmosphérique et dont l'ouverture sera en haut; l'autre pleine de gaz hydrogène et
dont l'ouverture sera en bas; que l'on adapte l'une à l'autre
ces deux ouvertures, puis que l'on change la position en
renversant les cloches, afin que celle qui contient le gaz
hydrogène se trouve inférieure à l'autre; quelques instans
après on pourra s'assurer, à l'aide d'une bougie allumée,
que la majeure partie de l'hydrogène a passé dans la
cloche auparavant remplie d'air atmosphérique. 4°. Si on
remplit une éprouvette de gaz hydrogène, et qu'on la renverse de manière à ce que son ouverture soit en haut, en
approchant immédiatement après une bougie allumée, on

observera que la détonnation sera plus vive, et le dégagement de calorique et de lumière plus intense que lorsque
l'ouverture de l'éprouvette était en bas : dans le premier cas le
gaz hydrogène, à raison de sa légèreté et de la position de
la cloche, s'élance subitement dans l'air ; celui-ci, au contraire, beaucoup plus pesant, se précipite dans la cloche, en
sorte que les gaz sont parfaitement mêlés. On se sert du
gaz hydrogène pour faire l'analyse de l'air et pour remplir
les ballons aérostatiques.

M. Clarke, professeur de minéralogie à Cambridge, vient
de prouver, par une nombreuse série d'expériences, que
lorsqu'on met le feu à un mélange de deux parties en volume de gaz hydrogène, et d'une de gaz oxigène pur, préalablement condensés dans un réservoir, il se produit une
chaleur capable de fondre en quelques instans les substances regardées jusqu'à ce jour comme les plus infusibles.
Déjà, en 1802, Robert Hare, physicien d'Amérique, avait
publié quelques données sur cet objet. M. Clarke s'est servi
dans ses expériences du chalumeau de Brooks, dont voici
la description (*Voyez* fig. 50).

E est une vessie contenant le mélange gazeux avant
la condensation. *F* est une espèce de corps de pompe dans
lequel se meut le piston *D*, qui sert à condenser les gaz.
C est un réservoir pour le gaz condensé. *AB* est un petit tube
de verre, et mieux de métal, de $\frac{1}{80}$ de pouce de diamètre
et de trois pouces de longueur, qui sert à donner issue au
gaz condensé. On enflamme ce gaz à mesure qu'il sort par
l'orifice *A*. La flamme ne se produit qu'à une certaine distance de cet orifice, sans cela le tube serait rapidement
fondu. Il est évident que si le diamètre de ce tube était
considérable, il se produirait une vive détonnation suivie
de beaucoup de danger.

Suivant M. Chaussier, la respiration du gaz hydrogène
communique une teinte bleuâtre au sang et aux autres

parties ; on peut le respirer pendant quelques instans sans danger ; mais il finit par déterminer l'asphyxie. On ne l'a jamais employé en médecine.

Du Bore.

44. Le bore est un corps simple qui ne se trouve jamais pur dans la nature, mais qui fait partie de trois composés naturels, savoir : de l'acide borique (boracique), du borax (sous-borate de soude) et du borate de magnésie.

Le bore est une substance solide, pulvérulente, très-friable, insipide, inodore, d'un brun verdâtre et plus pesante que l'eau. Le *calorique* ne lui fait éprouver aucun changement; la *lumière* et le *fluide électrique* n'exercent sur lui aucune action marquée.

P E. Lorsqu'on le met en contact avec le *gaz oxigène* et qu'on le chauffe jusqu'un peu au-dessous de la chaleur rouge, il se combine avec ce gaz, et forme de l'acide borique qui entre en fusion; il se dégage dans cette opération une partie du calorique et de la lumière qui tenaient l'oxigène à l'état de gaz; cependant tout le bore ne se transforme pas en acide borique, parce qu'à mesure que celui-ci est produit, il recouvre les couches intérieures de bore qui ne se trouvent plus en contact avec le gaz. Si on dissout dans l'eau l'acide borique formé, il reste une poudre d'une couleur plus foncée que celle du bore, que M. Davy regarde comme de l'oxide de *bore*. A la température ordinaire, le bore n'éprouve aucune altération de la part du gaz *oxigène* ni du gaz *hydrogène*: il est sans usage. M. Davy observa en 1807 que l'acide borique pouvait être décomposé, au moyen de la pile, en oxigène et en une matière brune. MM. Gay-Lussac et Thenard, en 1809, décomposèrent le même acide au moyen du potassium, décrivirent les propriétés du bore, et prouvèrent qu'on pouvait le transformer en acide borique au moyen du gaz oxigène.

Du Carbone.

Le carbone est très-répandu dans la nature : tantôt on le trouve pur, comme dans le diamant; tantôt il est uni à d'autres principes, comme dans toutes les substances végétales et animales, dans le charbon ordinaire, dans la plombagine, l'antracite, etc. : cette dernière est quelquefois formée de carbone presque pur; enfin, il existe souvent dans l'atmosphère combiné avec l'oxigène ou avec l'hydrogène, à l'état de gaz acide carbonique ou de gaz hydrogène carboné.

45. Le diamant ou le carbone pur se trouve dans les Indes orientales, principalement dans le royaume de Golconde et de Visapur; on en a aussi découvert dans la Serra do Frio, district du Brésil. Le diamant se présente ordinairement sous la forme de cristaux très-brillans, limpides, transparens, incolores, qui sont des octaèdres ou des dodécaèdres, ou des sphéroïdes à 48 faces triangulaires, curvilignes; quelquefois ces cristaux sont roses, orangés, jaunes, verts, bleus ou noirs; leur pesanteur spécifique varie depuis 3,5 jusqu'à 3,55; leur dureté est telle qu'ils ne sont rayés que par leur propre poudre.

Soumis à l'action du *calorique* dans des vaisseaux fermés, le diamant n'éprouve aucune altération; il réfracte fortement la lumière : la puissance réfractive de l'air étant 1,0000, celle du diamant est 3,1961. Le diamant *s'électrise* vitreusement lorsqu'on le frotte.

P E. Le gaz *oxigène* n'exerce aucune action sur lui à froid; mais si on élève la température, le diamant se combine avec ce gaz, et donne pour produit de l'acide carbonique. En 1797, Guyton de Morveau exposa au foyer d'une très-forte lentille un diamant placé sous une cloche remplie de gaz oxigène pur; il fit tomber les rayons solaires, et il remarqua que la surface du diamant ne tarda

pas à noircir : on voyait çà et là des points brillans en état
d'ébullition. Il intercepta la lumière au moyen d'un corps
opaque; alors le diamant parut rouge et transparent; son
poids était évidemment diminué; deux jours après, l'expérience fut continuée, et le diamant disparut en entier en
moins de 20 minutes. Le gaz contenu dans la cloche fut
analysé, et l'on vit qu'il était composé de gaz acide carbonique, dont les élémens sont l'oxigène et le carbone; en
outre, son volume était le même que celui du gaz
oxigène employé. On peut encore varier cette expérience
en faisant passer à plusieurs reprises du gaz oxigène pur à
travers le *diamant* contenu dans un tube de porcelaine que
l'on fait rougir en le plaçant dans un fourneau à réverbère;
il suffit pour cela d'adapter à l'une des extrémités du tube
une vessie pleine de gaz oxigène, et à l'autre extrémité une
vessie vide. On n'a pas encore déterminé si le gaz *hydrogène*
peut dissoudre le carbone pur ou le diamant; on sait cependant qu'il existe plusieurs variétés d'un gaz formé d'hydrogène et de carbone dont nous ferons l'histoire, et que
l'on obtient sans le secours du diamant. On ne connaît pas
l'action du *bore* sur le carbone pur.

Le diamant est un objet de luxe; on peut s'en servir pour
rayer les autres corps, et surtout pour couper le verre.

Du Charbon.

46. Le charbon ordinaire renferme du carbone, de l'hydrogène, un peu d'oxigène et une plus ou moins grande
quantité de substances salines qui constituent les cendres.
Le charbon est toujours solide, noir, inodore, insipide,
fragile, et plus ou moins poreux; les molécules dont il
est formé sont assez dures pour servir à polir les métaux;
sa pesanteur spécifique est un peu plus considérable que
celle de l'eau : cependant il surnage assez ordinairement ce
liquide, à raison de l'air contenu dans ses pores. Si on le

laisse pendant quelque temps en contact avec l'eau, la majeure partie de l'air se dégage, et alors le charbon se précipite : cette expérience se fait très-bien avec une cloche remplie d'eau et renversée sur la cuve pneumato-chimique.

Le charbon est très-mauvais conducteur du *calorique*. Guyton de Morveau a démontré que le calorique traverse le charbon plus lentement que le sable dans le rapport de trois à deux : lorsqu'on le chauffe fortement dans des vaisseaux fermés, il donne une certaine quantité d'un gaz qui paraît être composé d'hydrogène, d'oxigène et de carbone. M. Berthollet a prouvé qu'il se dégage aussi de l'azote ; du reste il n'y a ni fusion ni volatilisation du charbon. Il agit sur la *lumière* comme tous les corps opaques noirs ; exposé à l'action du *fluide électrique*, il devient plus dur ; mais il ne se transforme pas en diamant, comme l'avait annoncé il y a quelque temps un chimiste allemand. Mêlé à de l'eau et à de l'acide nitrique (eau forte), le charbon a la faculté de dégager une certaine quantité de fluide électrique : aussi peut-on construire une pile avec ces trois substances. Gautherot en a formé une avec du charbon et de la pyrite de fer (composé de soufre et de fer).

Si après avoir fait rougir du charbon de buis, on l'éteint dans le mercure et qu'on le plonge dans du gaz *oxigène* contenu dans une cloche placée sur la cuve hydrargiro-pneumatique (cuve à mercure), on remarque qu'il y a dégagement de calorique, absorption d'oxigène et formation de gaz acide carbonique, quelque basse que soit la température. Une mesure de charbon de buis absorbe, selon M. Théodore de Saussure, 9,25 mesures de gaz oxigène. On observera le même phénomène si, au lieu de faire rougir le charbon, on le prive de tout l'air qu'il renferme par la machine pneumatique. Plusieurs des gaz dont nous parlerons par la suite sont également susceptibles d'être absorbés par le charbon, et en général l'absorption est d'autant plus grande *que la température est plus basse, la pression plus forte, le charbon moins pulvérisé, plus sec et plus dense, à moins cependant que la densité ne soit telle que les gaz ne puissent plus pénétrer dans leurs pores.* P E. Lorsqu'on introduit du charbon qui présente un ou deux points en ignition dans une éprouvette remplie de *gaz oxigène,* ces deux corps se combinent; il y a dégagement de calorique et de beaucoup de lumière, et il se forme du gaz *acide carbonique,* qui occupe précisément le même volume que celui qu'occupait le gaz oxigène qui entre dans sa composition; il y a aussi formation d'une petite quantité d'eau qui provient de l'union de l'oxigène avec l'hydrogène du charbon. Si le charbon employé était en excès, et que la température fût très-élevée, on obtiendrait un mélange de gaz acide carbonique et de gaz oxide de carbone, produits dont nous ferons l'histoire en parlant des corps oxidés.

47. Le *gaz hydrogène* est absorbé par le charbon. Une mesure de charbon de buis peut, d'après M. de Saussure, absorber 1,75 mesures de ce gaz qui, du reste, n'éprouve d'autre altération qu'une condensation plus ou moins marquée. Lorsqu'on fait passer du gaz hydrogène à travers du charbon rouge contenu dans un tube de porcelaine, une portion du charbon est dissoute par le gaz, et il en résulte du gaz hydrogène plus ou moins carboné. L'action du *bore* sur le carbone n'est point connue. Le charbon a fait particulièrement l'objet des recherches de Lavoisier.

Usages. Il fait partie de la poudre à canon, de l'encre d'imprimerie, de l'acier; on s'en sert beaucoup dans les mines pour enlever l'oxigène aux oxides métalliques; on polit avec lui plusieurs métaux : les peintres se servent du charbon de fusain pour esquisser leurs dessins. Le charbon ordinaire est employé avec succès pour priver les substances végétales et animales qui commencent à se putréfier, de leur odeur et de leur saveur désagréables ; on peut rendre potable l'eau de marre chargée de débris d'animaux au moyen des fontaines épuratoires de MM. Smith et Ducommun, qui ne sont autre chose que des filtres de charbon ; les tonneaux charbonnés à l'intérieur conservent l'eau pour les marins ; la viande faisandée perd son mauvais goût lorsqu'on la fait bouillir dans de l'eau avec une certaine quantité de charbon. Un très-grand nombre de liquides peuvent être décolorés par cette substance, phénomène dont on doit la découverte à M. Lowitz. Plusieurs médecins emploient le charbon comme anti – putride. M. Récamier, qui l'a quelquefois administré avec succès dans des fièvres bilieuses rémittentes, a observé qu'il avait la propriété de détruire la mauvaise odeur des matières excrémentitielles. Réduit en poudre et mêlé avec du sucre, il est un très-bon dentrifique ; uni à un mucilage et à un aromate, il est propre à former des pastilles qui corrigent la mauvaise haleine ; on le conseille pour absorber la matière des flatuosités et de la tympanite ; on peut l'employer pour mondifier les ulcères de mauvais caractère, quoique le quinquina jouisse de cette propriété à un degré supérieur. Il a été utile dans la teigne : on l'applique sur la tête du malade préalablement débarrassée des croûtes, et nettoyée au moyen de l'eau de savon. En général, le charbon doit être lavé et tamisé avant son administration : la dose est de 20, 30, 40 grains, un gros, etc. ; on le fait prendre aux malades sous le nom de *magnésie noire*.

Du Phosphore.

Le phosphore n'a jamais été trouvé pur dans la nature ; il entre dans la composition de plusieurs produits minéraux et animaux ; combiné avec l'oxigène, le carbone, l'azote et l'hydrogène, il constitue la laitance de carpe et une partie de la matière cérébrale et des nerfs ; uni à l'oxigène et à la chaux, il fait la base de la portion dure du squelette des animaux et de toutes les parties ossifiées. Le phosphate de chaux, que l'on rencontre si abondamment en Estramadure, province méridionale de l'Espagne, et plusieurs autres phosphates métalliques que l'on trouve dans la nature, contiennent également du phosphore.

48. *Propriétés.* Le phosphore est un corps solide, transparent ou demi-transparent, incolore, légèrement brillant, flexible, et assez mou pour céder au couteau ; on le raie facilement avec l'ongle ; il a une odeur d'ail très-sensible ; il paraît insipide lorsqu'il est pur ; sa pesanteur spécifique est de 1,770. Il ne contient pas de carbone s'il a été bien purifié.

Si on met du phosphore au fond d'une fiole contenant de l'eau, et qu'on élève la *température* jusqu'au 43e degré du thermomètre centigrade, il entre en fusion et il est transparent comme une huile blanche ; si on le laisse refroidir très-lentement, il conserve sa transparence, et se solidifie : quelque brusque que soit le refroidissement, il ne devient jamais noir s'il est pur ; si on rompt la pellicule qui se forme à sa surface au moment où il va se figer, et que l'on fasse écouler les parties encore liquides, les autres cristallisent en aiguilles ou en octaèdres. Si lorsqu'il est fondu dans l'eau chaude, on agite pendant quelque temps la fiole qui le contient, il se convertit en une poudre plus ou moins fine que l'on a employée en médecine. Soumis

à une température plus élevée, le phosphore se volatilise
et peut être distillé. Cette expérience se fait dans une cornue à laquelle on adapte un récipient contenant de l'eau;
on introduit un peu de phosphore et de l'eau dans la cornue, et on la dispose de manière à ce que son bec plonge
dans le liquide du récipient : par ce moyen le phosphore
volatilisé peut se condenser sans avoir le contact de l'air,
qui l'enflammerait.

La lumière solaire change en rouge la couleur blanche
du phosphore pur, renfermé dans de l'eau privée d'air,
dans de l'huile d'olive, de l'esprit-de-vin, ou de l'é-
ther, etc., sans que le phosphore passe à l'état d'acide. Le
même phénomène a lieu lorsque le phosphore est placé sous
une cloche vide, ou dans le vide d'un baromètre : dans
ce dernier cas, il se dépose en paillettes brillantes contre
les parois de l'instrument. Parmi les divers rayons qui
composent le spectre prismatique de la lumière solaire,
le violet est celui qui produit le plus promptement ce
phénomène : aussi le phosphore rougit-il plus vite dans
des verres violets que dans des verres rouges. M. Vogel a prouvé que, dans ces différentes circonstances, le
phosphore passe à l'état d'oxide rouge. Mais comment concevoir l'oxidation du phosphore dans le vide ? La flamme
bleue du soufre brûlant et la flamme blanche du feu blanc
des Indiens ne produisent rien de semblable sur lui. Le
fluide électrique agit sur le phosphore qui a le contact de
l'air comme le calorique.

49. Le *gaz oxigène* n'exerce aucune action sur lui à la
température ordinaire, ce qui dépend de la grande force
de cohésion qui unit ses molécules entre elles; mais si on
le fait fondre dans une petite coupelle, et qu'on l'introduise dans une éprouvette à pied remplie de gaz oxigène, il se dégage beaucoup de calorique et de lumière:
l'oxigène est absorbé et solidifié par le phosphore, et il

en résulte un nuage dense d'une couleur blanche, qui n'est autre chose que de l'acide phosphorique susceptible de rougir la teinture de tournesol. Une portion du phosphore employé passe à l'état d'oxide rouge, et tapisse l'intérieur de la coupelle. Cet acide et cet oxide sont les seuls produits qui résultent de l'action directe du phosphore sur le gaz oxigène : on connaît cependant plusieurs autres composés de phosphore et d'oxigène que l'on obtient par des moyens indirects : tels sont les acides hypophosphoreux, phosphoreux, et phosphatique.

Le phosphore, mis en contact avec le *gaz hydrogène*, passe rapidement au rouge, et les parois des flacons qui le contiennent se tapissent de cristaux rouges étoilés ; une portion de phosphore est dissoute par le gaz, qui se transforme en gaz hydrogène phosphoré ; les cristaux rouges sont de l'oxide de phosphore formé aux dépens de l'oxigène de l'eau contenue dans le gaz (Vogel). L'action du *bore* sur le phosphore n'est pas connue ; il en est de même de celle du *carbone* pur.

5o. Le *charbon* ne se combine pas directement avec le phosphore ; cependant il existe un composé de ces deux élémens, d'une couleur rouge, que l'on peut obtenir en distillant du phosphore impur, celui, par exemple, qui contient du carbone. Le phosphore a été découvert par Brandt, en 1669.

Usages. Il est employé pour faire l'analyse de l'air, et pour la construction des briquets phosphoriques. Parmi les moyens proposés pour faire ces briquets, le plus simple consiste à remplir d'eau à 70° ou à 80° un petit flacon de cristal, et à y introduire de petits fragmens de phosphore : ceux-ci fondent, occupent la partie inférieure du flacon, et chassent l'eau. Lorsque la majeure partie de celle-ci est expulsée, le petit appareil se trouve presque rempli de phosphore fondu : alors on le laisse refroidir en tenant le flacon dans l'eau, et on le bouche lorsqu'il est froid. Chaque fois que l'on veut se servir de cet instrument, on introduit dans le flacon l'extrémité d'une allumette soufrée afin de détacher quelques molécules de phosphore ; on frotte cette extrémité sur un bouchon de liége : par ce moyen la température se trouve élevée, et le phosphore s'enflamme.

Action du Phosphore sur l'économie animale. Le phosphore, à petite dose, doit être regardé comme un excitant volatil puissant, dont l'action est très-prompte, très-intense, mais peu durable ; il augmente l'activité de tous les systèmes de l'économie animale, et principalement du système nerveux. Les expériences d'Alphonse-Leroy, Pelletier et Bouttatz prouvent qu'il irrite les organes de la génération, et éveille singulièrement l'appétit vénérien. Administré convenablement, il peut être utile dans les maladies asthéniques aiguës ou chroniques, où il ne faut exciter que momentanément, mais d'une manière très-intense : ainsi son emploi a été suivi de succès dans les fièvres ataxiques et adynamiques avec prostration extrême des forces vitales, dans les différentes complications de ces mêmes fièvres, dans les fièvres intermittentes opiniâtres, les affections rhumatismales et goutteuses, la suppression des règles, la chlorose et les infiltrations avec atonie de la fibre ; mais particulièrement dans les maladies nerveuses, telles que l'apoplexie, la syncope, la paralysie, les convulsions épileptiques, la manie, la céphalalgie opiniâtre, la goutte sereine et la cardialgie. La dose de ce médicament ne doit pas être portée au-delà d'un grain dans les vingt-quatre heures, et l'on doit rejeter les préparations où il n'est que suspendu, telles que les pilules, les loochs, les électuaires, les émulsions, les conserves, etc., etc. La manière la plus convenable de l'administrer est de le faire dissoudre dans de l'éther sulfurique., en y ajoutant un peu d'huile distillée aromatique. On doit suspendre son usage s'il fait éprouver une ardeur à l'estomac, ou s'il occasionne des vomissemens. Pris à forte dose, le phosphore détermine tous les symptômes d'une vive inflammation, qui ne tardent pas à être suivis de la mort.

Du Soufre.

Le soufre doit être rangé parmi les substances simples. Les expériences ingénieuses de H. Davy et de Berthollet fils, tendent à prouver qu'il renferme de l'hydrogène, de l'oxigène et une base particulière qui n'a pas encore été séparée ; cependant comme ces données ne sont pas encore généralement admises, nous continuerons à le regarder comme un élément.

51. Le soufre est une substance très-répandue dans la nature ; on le trouve à l'état natif, principalement aux environs des volcans ; tantôt il est critallisé en octaèdres, tantôt il est en masse ou en poussière fine ; on le rencontre aussi combiné avec des métaux, comme dans les pyrites de fer, de cuivre, etc. Il fait partie des sulfates de chaux (plâtre), de magnésie (sel d'Epsom) et de tous les autres sulfates, sels excessivement communs ; enfin il entre dans la composition de la matière cérébrale et de quelques eaux minérales.

Le soufre est solide, d'une couleur jaune citron, inodore, insipide, transparent ou opaque, suivant qu'il est cristallisé ou non. Il est dur, et tellement fragile que le plus léger choc suffit pour le briser ; sa cassure est luisante ; sa pesanteur spécifique est de 1,93. Lorsqu'on le soumet à l'action d'une douce *chaleur*, ou qu'on le presse entre les mains, il craque et souvent se rompt. Il fond à la température de 170° centigrades, et devient rougeâtre. Si cette opération se fait dans un alambic de verre placé sur un bain de sable, le soufre ne tarde pas à se sublimer, et vient se condenser dans le chapiteau sous la forme de petits cristaux soyeux, d'un beau jaune, qui portent le nom de *fleurs de soufre non lavées* : on doit les agiter avec de l'eau pour séparer l'acide sulfureux soluble qu'elles renferment, et qui provient de la combinaison d'une portion de soufre avec l'oxigène de l'air contenu dans l'alambic. Si le soufre a été fondu dans un creuset, et qu'on l'ait laissé refroidir lentement, on observe qu'il se forme une pellicule à la surface ; en perçant d'un trou cette croûte solidifiée, on peut vider les portions intérieures qui sont encore fluides ; alors toutes les parties adhérentes au creuset se trouvent cristallisées en aiguilles jaunâtres. Si, lorsque le soufre est fondu dans le creuset, on continue à le chauffer sans le contact de l'air, et qu'on le décante dans l'eau froide pour le figer, il acquiert une couleur rouge hyacinthe, devient tenace comme de la cire, et on peut l'employer pour prendre des empreintes de pierres gravées : en effet, il se durcit beaucoup par le refroidissement.

La *lumière* qui traverse les cristaux de soufre éprouve une double réfraction. Par le frottement il se développe dans le soufre du *fluide électrique résineux*, et il acquiert de l'odeur ; il est probable que c'est au développement de ce fluide dans les molécules du soufre qu'il faut attribuer la difficulté que l'on éprouve à les détacher du mortier qui a servi à les triturer et auquel elles adhèrent : l'eau qui, dans ce cas, favorise leur détachement, agirait en s'emparant du fluide électrique.

52. Le *gaz oxigène* n'exerce sur le soufre aucune action marquée à la température ordinaire ; mais si l'on introduit un morceau de soufre qui présente un ou deux points en ignition, dans une éprouvette à pied remplie de ce

gaz, il l'absorbe avec dégagement de calorique et d'une lumière blanche-bleuâtre, et passe à l'état de gaz acide sulfureux, facile à reconnaître à son odeur piquante, qui est la même que celle du soufre que l'on fait fondre avec le contact de l'air.

Le *gaz hydrogène* peut dissoudre le soufre à l'aide du calorique et donner naissance à du gaz acide hydro-sul-furique (gaz hydrogène-sulfuré). Ce fait peut être démon-tré en remplissant une cloche de gaz hydrogène, et en y introduisant du soufre que l'on place au foyer d'un miroir ardent sur lequel tombent les rayons lumineux, ou bien encore en faisant passer du gaz hydrogène à travers du soufre placé dans un tube de porcelaine rouge : aucun de ces moyens n'est cependant usité pour préparer le gaz acide hydro-sulfurique dont nous ferons l'histoire plus tard. Le *bore* se combine lentement avec le soufre fondu qui acquiert une couleur olive.

53. L'action du *carbone pur* sur le soufre n'est pas con-nue. Il n'en est pas de même de celle qu'exerce le charbon calciné. Ces deux corps peuvent se combiner et former un liquide transparent, incolore, doué d'une odeur fétide, d'une saveur âcre et dont la pesanteur spécifique est de 1,263 ; il bout à 45° du thermomètre centigrade, et il n'est point décomposé par le calorique, quelle que soit la température à laquelle il ait été soumis ; il n'a point la faculté de faire passer au rouge le phosphore pur avec lequel on le met en contact, ce qu'il faut attribuer à la présence du soufre qui entre dans sa composition (Vogel) ; il est très-avide d'oxigène ; car lorsqu'on le réduit en vapeur et qu'on le mêle avec ce gaz, il s'en empare aussitôt qu'on fait passer un courant de fluide électrique, s'enflamme vivement, détonne et se transforme en gaz acide carbonique et en gaz acide sulfureux. M. Vauquelin, qui a fait une analyse très-exacte de ce produit, l'a trouvé formé de 14 à 15 par-

ties de carbone et de 86 à 87 de soufre. Il a été découvert
en 1796 par Lampadius, et décrit depuis sous le nom
de *liquide de Lampadius*. Il existe encore d'autres composés de soufre et de carbone qui sont solides, et dans
lesquels ce dernier principe n'entre que pour une très-
petite partie.

54. Le *phosphore* peut se combiner avec le soufre en diverses proportions, et il en résulte des produits qui sont
plus fusibles que le phosphore. Pour obtenir ces *phosphures* on commence par faire fondre un peu de phosphore
dans un tube, puis on y introduit un peu de soufre ; lorsque la combinaison est opérée, ce que l'on reconnaît au
bruit qui l'accompagne, on y ajoute un nouveau fragment de soufre. Si l'on agissait sur quelques grammes de
phosphore et de soufre aussi desséché que possible, il y
aurait une vive détonnation avec dégagement de chaleur et
de gaz acide hydro-sulfurique, et le phosphure formé rou-
girait la teinture de tournesol. Ces faits se concevront facilement en réfléchissant que le phosphore retient toujours
de l'eau qui se décompose; son hydrogène se porte sur
une partie du soufre pour former du gaz acide hydro-
sulfurique; tandis que l'oxigène s'empare d'une portion
de phosphore et forme de l'acide phosphorique. M. Vogel
a remarqué que le phosphure de soufre exposé au soleil sous
l'eau, ne devient rouge qu'à l'époque où la plus grande
partie du soufre s'est combinée avec l'hydrogène de l'eau qui
se décompose.

Usages. Le soufre fait partie constituante de la poudre à
canon; on l'emploie pour soufrer les allumettes et pour faire
les acides sulfureux et sulfurique, dont on fait une grande
consommation dans les arts. Le soufre paraît être un excitant des fonctions du système exhalant : aussi l'emploie-t-on
avec succès dans le traitement de la gale, des dartres, de la
teigne : on l'applique sous la forme d'onguent préparé avec

de la graisse de porc ou avec du cérat ; quelquefois aussi ,
pour guérir la gale, on se sert d'un liniment fait avec parties
égales de soufre et de chaux vive parfaitement triturés et
incorporés dans de l'huile d'olive ou d'amandes douces.
Administré à l'intérieur, le soufre est regardé comme purgatif à la dose d'un à trois gros ; mais à petite dose on doit le
considérer comme excitant, spécialement dans les affections
chroniques du poumon et des viscères abdominaux. On
le donne avec des extraits, ou bien sous la forme de bols ,
de pastilles, d'électuaire, ou en suspension dans du lait :
la dose est de 12, 20, 40, 72 grains par jour ; on l'emploie
aussi sous la forme de *baumes ,* qui ne sont autre chose que
du soufre dissous dans des huiles essentielles : ainsi on donne
de 20 à 24 gouttes *de baume de soufre térébenthiné, de baume
de soufre anisé ;* enfin il fait partie des fameuses pilules
de Morton, si souvent employées par cet auteur dans la
phthisie pituitaire, et qui ne paraissent réussir que dans les
catarrhes chroniques.

De l'Iode.

L'iode, dérivé de ιωδης, *violaceus ,* qui ressemble à la
violette , est un corps simple , découvert dans ces derniers
temps par M. Courtois , et que l'on n'a pas encore trouvé
pur dans la nature : il fait partie des eaux mères de la
soude , fournie par certains *fucus ,* et que l'on appelle
soude de varec.

55. L'iode est solide à la température ordinaire : il se
présente sous la forme de petites lames d'une couleur
grise noirâtre , d'un éclat métallique , d'une faible ténacité , et ayant l'aspect de la plombagine ; son odeur est
analogue à celle du chlorure de soufre (liqueur de Thompson) ; sa pesanteur spécifique est de 4,946 ; il détruit les
couleurs végétales , et il colore la peau et le papier en
jaune ; mais cette couleur ne tarde pas à disparaître.

P E. L'iode, mis en contact avec le *calorique*, fond : la température de 107° thermomètre centigrade suffit pour produire ce phénomène; il se volatilise à environ 175°, et il répand des vapeurs violettes très-belles, que l'on peut apercevoir facilement en mettant une certaine quantité d'iode sur une plaque de fer ou dans un ballon de verre que l'on a fait chauffer. Lorsqu'on recueille ces vapeurs dans une cloche ou dans un récipient, on remarque qu'elles se condensent pour former de nouveau les lames cristallines dont nous venons de parler. La *lumière* n'altère point l'iode. Soumis à l'action de la *pile* électrique, il se porte, comme l'oxigène, au pole positif. Le gaz *oxigène* ne peut pas se combiner directement avec lui ; cependant il existe un produit que nous ferons connaître sous le nom d'*acide iodique*, qui est formé d'oxigène et d'iode. Le gaz *hydrogène* n'exerce aucune action sur l'iode à froid ; mais à une température rouge il peut se combiner avec lui, et donner naissance à du gaz acide hydriodique. L'action du *bore* et du *carbone* pur sur l'iode n'est pas connue : le charbon n'en exerce aucune.

56. Le *phosphore* s'unit à l'iode en diverses proportions : tantôt il y a dégagement de chaleur et de lumière, tantôt il se produit seulement de la chaleur. Lorsqu'on met ensemble, dans un tube de verre, une partie de phosphore et 8 parties d'iode, on obtient un phosphure d'un rouge orangé brun, fusible à environ 100°, et volatil à une température plus élevée : nous emploierons ce phosphure en parlant de la préparation de l'acide hydriodique.

57. Le *soufre* forme avec l'iode, à l'aide d'une légère chaleur, une combinaison faible, d'un gris noir, fusible, cristallisable, et dont on dégage l'iode en la distillant avec de l'eau.

L'iode n'a point d'usages. A la dose d'un gros, un gros et demi, il détermine l'ulcération de la membrane muqueuse de l'estomac, et la mort.

Du Chlore (gaz muriatique oxigéné).

Le chlore est un corps simple, qui a été regardé à tort, jusque dans ces derniers temps, comme formé d'acide muriatique et d'oxigène. Il ne se trouve jamais pur dans la nature, mais on le rencontre souvent uni à des métaux à l'état de *chlorure* et d'hydrochlorate. Lorsqu'on cherche à séparer le chlore des composés qui le renferment, on l'obtient gazeux : il est donc important de l'examiner sous cet état.

Du Chlore gazeux.

58. Le chlore est un gaz d'une couleur jaune verdâtre, d'une saveur désagréable, d'une odeur piquante et tellement suffocante, qu'il est impossible de le respirer, même lorsqu'il est mêlé à l'air, sans éprouver un sentiment de strangulation et un resserrement dans la poitrine, suivis de vives douleurs, quelquefois d'hémoptysie, et toujours de l'épaississement des mucosités qui tapissent les voies aériennes. Sa pesanteur spécifique est de 2,470 : loin de rougir la teinture de tournesol, comme le font les acides, il la détruit en la jaunissant ; il éteint les bougies allumées après avoir fait prendre à la flamme un aspect pâle d'abord, ensuite rouge.

Exposé à l'action du *calorique* dans des vaisseaux fermés, le chlore gazeux n'éprouve aucune altération lorsqu'il est parfaitement sec. *Expérience* (fig. 51). Si l'on introduit dans une grande fiole *A*, placée sur un fourneau *F*, le mélange nécessaire pour qu'il se dégage du *chlore* gazeux (*voyez* à la fin de l'ouvrage, article *Préparations*) ; si l'on adapte à cette fiole, à l'aide d'un bouchon percé, un tube convenablement recourbé *T*, qui se rend dans un long cylindre de verre *C*, rempli de chlorure de calcium (muriate de chaux desséché), matière capable d'absorber toute l'humidité contenue dans le chlore ; si de l'extrémité *T* de ce cylindre part un autre tube *S*, recourbé de manière à pouvoir se rendre dans un tuyau de porcelaine vide placé dans un fourneau à réverbère *M*, et que l'on entoure de charbon ; enfin, si de l'extrémité *E* du tuyau de porcelaine part un troisième tube *R* qui va se rendre dans une cloche *P*, disposée sur la cuve pneumato-chimique, on pourra démontrer l'assertion que nous venons d'établir. En effet, que l'on commence par allumer le charbon contenu dans le fourneau à réverbère afin de faire rougir le tuyau de porcelaine ; lorsque ce tuyau sera rouge, que l'on chauffe légèrement la fiole *A*, le chlore se dégagera, traversera le cylindre *C*, cédera son humidité au *chlorure de calcium*, à travers lequel il passera pour se rendre dans le tuyau de porcelaine rouge de feu, puis se dégagera par le tube *R* pour remplir la cloche *P* sans qu'il ait subi la moindre altération. Lorsqu'au lieu de chauffer ce gaz, on le refroidit, il ne change point d'état s'il est parfaitement sec, du moins il résiste à un froid de 50° au-dessous de zéro ; mais s'il est humide, il se congèle au-dessus de zéro, et ressemble, par ses ramifications, à la glace qui se dépose sur la surface des carreaux pendant la gelée.

Le chlore gazeux parfaitement sec n'éprouve aucune action de la part de la *lumière* ; s'il contient de l'eau, celle-ci est décomposée, le chlore s'unit à l'hydrogène pour former de l'acide *hydro-chlorique* (acide muriatique), et l'autre principe constituant de l'eau, l'oxigène, se dégage en partie, tandis qu'une autre partie forme avec le chlore de l'acide chlorique (M. Gay-Lussac). La pile *électrique* la plus forte n'altère point le chlore ; le gaz *oxigène* n'exerce aucune action sur lui ; il existe cependant deux combinaisons d'oxigène et de chlore, connues sous les noms d'*acide chloreux* et d'*acide chlorique*, que nous ferons connaître.

59. Le gaz *hydrogène* peut se combiner avec le chlore, et donner naissance à un acide que nous désignerons sous le nom d'acide *hydro-chlorique* (muriatique). L'expérience doit se faire ou à la lumière diffuse, ou à une température élevée, car elle ne réussit pas à la température ordinaire et dans un lieu obscur. *A la lumière diffuse.* Que l'on fasse arriver du chlore gazeux desséché au moyen du *chlorure de calcium*, dans un flacon tubulé rempli d'air, bientôt le chlore, à raison de son poids, se précipitera dans le flacon et en chassera tout l'air ; qu'on le bouche après en avoir retiré peu à peu le tube ; qu'on remplisse de gaz hydrogène desséché par le même moyen, un ballon tubulé plein de mercure, et dont la capacité est égale à celle du flacon ; si, après avoir débouché celui-ci, on introduit dans son goulot le col du ballon usé de manière à ce qu'il s'adapte parfaitement à sa tubulure ; et que l'on entoure de mastic fondu les parties qui établissent la communication de ces deux instrumens, on remarquera qu'au moyen de la lumière diffuse, le mélange des deux gaz ne tardera pas à s'effectuer ; au bout de quelques jours le chlore sera décoloré, et l'appareil ne contiendra plus qu'un volume de gaz acide *hydro-chlorique* égal à celui des deux gaz employés ; il sera transparent, incolore, fumant à l'air et rougira la teinture de tournesol ; la décoloration du chlore ne saurait être complète si, vers le deuxième ou le troisième jour, l'appareil n'était exposé pendant 20 ou 25 minutes à l'action directe des rayons solaires. *A une température élevée.* Si on remplit un flacon contenant de l'eau d'un mélange fait avec parties égales de chlore et d'hydrogène gazeux, et qu'on l'enflamme à l'aide d'une bougie allumée, il y a sur-le-champ détonnation et formation d'une fumée blanche qui indique l'existence du gaz *acide hydro-chlorique* (muriatique). Si le mélange de ces deux gaz est renfermé dans un flacon bouché et qu'il soit exposé à la lumière solaire, tout-à-coup

il se produit une vive détonnation ; le flacon est brisé et l'opérateur court les plus grands dangers , à moins que le flacon ne soit presque entièrement enveloppé dans une serviette, ou mieux encore qu'il ne soit disposé dans un local que l'on puisse éclairer à volonté par une lumière diffuse ou par une lumière solaire. Nous devons les détails de ces expériences intéressantes à MM. Gay-Lussac et Thenard.

Le *bore* et le *carbone* pur n'exercent aucune action sur le chlore gazeux sec, quelle que soit la température : on peut s'en convaincre en plaçant du bore ou du carbone pur dans un tuyau de porcelaine, et en y faisant passer un courant de chlore au moyen de l'appareil décrit en parlant de l'action du calorique sur ce corps, pag. 86. Si au lieu de carbone pur on met dans le tuyau de porcelaine du *charbon ordinaire* , le chlore s'empare de l'hydrogène que celui-ci contient, et il se forme du gaz acide hydro - chlorique jusqu'à ce que le charbon ne renferme plus d'hydrogène ; le même phénomène a lieu , à la température ordinaire , si l'on introduit dans un flacon plein de chlore des fragmens de charbon ordinaire.

60. Lorsqu'on met dans une éprouvette remplie de chlore gazeux un petit morceau de *phosphore* , on remarque , quelques instans après , qu'il y a dégagement de calorique et de lumière , et production de vapeurs blanches , épaisses, formées par du *chlorure* de *phosphore* au maximum de chlore ; en effet le chlore passe de l'état de gaz à l'état solide, et se combine avec le phosphore ; le calorique et la lumière qui le tenaient à l'état de gaz doivent donc se dégager. Il existe un autre *chlorure de phosphore* dans lequel il y a moins de chlore. Il est liquide, incolore, transparent , fumant, nullement acide lorsqu'il est pur , récemment préparé et qu'il n'a pas absorbé l'humidité de l'air ; le fer le décompose à une température élevée , s'empare à la fois du chlore et du phosphore , et il se forme du phosphure et du

chlorure de fer. Un morceau de papier joseph imbibé de cette liqueur brûle comme le phosphore aussitôt qu'on l'expose à l'air. Si on le mêle avec de l'eau, celle-ci est subitement décomposée; son hydrogène s'empare du chlore pour former de l'acide hydro-chlorique; tandis que l'oxigène se porte sur le phosphore et le fait passer à l'état d'acide phosphoreux; on observe les mêmes phénomènes s'il est exposé à l'air humide et qu'il en attire l'humidité: dans ce cas il rougit le papier de tournesol; mais il ne le rougit pas s'il est parfaitement privé d'eau et que le papier ait été bien desséché.

61. Le *soufre* divisé se combine avec le chlore à toutes les températures, et il en résulte constamment un chlorure liquide, connu sous le nom de liqueur de *Thompson*, qui l'a découvert: il est d'un rouge brun, très-volatil, doué d'une odeur piquante, excessivement désagréable; il ne rougit pas le papier de tournesol parfaitement desséché; mais si on l'agite avec de l'eau, il la décompose, passe à l'état d'acide hydro-chlorique et d'acide sulfureux ou sulfurique, susceptibles de rougir fortement cette couleur: sa pesanteur spécifique à 10° est de 1,7.

62. Le chlore gazeux et sec peut se combiner avec l'*iode* en deux proportions, et former deux chlorures: si l'iode prédomine, le produit est rouge; dans le cas contraire il est jaune. La découverte du chlore est due à Schéele, qui l'appela *acide muriatique déphlogistiqué*. On s'en sert principalement pour blanchir, et pour désinfecter l'air corrompu par des miasmes: nous renvoyons à la chimie végétale et animale pour les détails relatifs à son emploi dans ces circonstances. Respiré pur, le *chlore gazeux* est excessivement irritant, et ne tarde pas à occasionner la mort. Mêlé avec de l'air, il provoque la toux, et détermine une affection catarrhale, suivie quelquefois d'hémoptysie, d'où il résulte qu'on ne l'emploie jamais dans cet état. Dis-

sous dans l'eau, il agit encore comme irritant si la dissolution est concentrée : aussi les animaux qui en ont pris une certaine quantité ne tardent-ils pas à périr, et l'on trouve après la mort une vive inflammation des tissus du canal digestif avec lesquels il a été en contact. Il parait cependant qu'il peut être utile dans certaines circonstances, s'il est convenablement administré : M. Braithwate dit l'avoir employé avec succès dans la scarlatine et dans d'autres phlegmasies cutanées aiguës ; il faisait prendre dans la journée deux gros de chlore liquide étendus de huit onces d'eau ; mais il préférait encore l'employer en frictions sur la gorge. M. Estribaut s'en est servi avec avantage, à la dose de six à huit gros, chez des prisonniers espagnols atteints de fièvre putride. M. Nysten l'a administré avec succès et à l'état liquide dans des diarrhées et des dysenteries chroniques qui paraissaient entretenues par l'état d'atonie de la membrane muqueuse intestinale. Enfin, MM. Thenard et Cluzel ont reconnu que les immersions des mains dans ce liquide suffisaient pour guérir la gale la plus invétérée.

De l'Azote.

L'azote est un corps simple très-répandu dans la nature : à l'état solide, il fait partie de presque toutes les substances animales, d'un très-grand nombre de substances végétales, de tous les nitrates et de tous les sels ammoniacaux ; il se trouve à l'état de gaz dans l'atmosphère dont il fait à-peu-près les quatre cinquièmes, et dans le gaz ammoniac : lorsqu'il est pur, il est toujours gazeux.

Du Gaz azote.

63. Le gaz azote est incolore, inodore, transparent, et plus léger que l'air atmosphérique ; sa pesanteur spécifique est de 0,96913. La *lumière* est réfractée par ce

gaz ; sa puissance réfractive est de 1,03408. Le *fluide électrique* n'exerce point d'action chimique sur lui. Le gaz *oxigène* ne peut se combiner directement avec le gaz azote que lorsqu'on fait passer à travers le mélange une grande quantité d'étincelles électriques , et il se forme de l'acide *azoteux* , désigné improprement sous le nom d'*acide nitreux* ; il se produit au contraire de l'acide *nitrique* si l'on a ajouté de l'eau ou du deutoxide de potassium , substances avec lesquelles l'acide nitrique a beaucoup d'affinité. On peut encore obtenir deux autres produits composés d'oxigène et d'azote , le protoxide et le deutoxide ; mais ils ne résultent jamais de l'action directe des deux gaz qui les composent. Le gaz *hydrogène* ne peut pas se combiner directement avec le gaz azote : cependant il est des circonstances particulières où ces deux corps s'unissent intimement et forment le gaz ammoniac. On croit que le *bore* a la faculté d'absorber le gaz azote.

Le *carbone pur* n'a point d'action sur lui ; le *charbon* ordinaire, au contraire, l'absorbe avec dégagement de calorique ; selon M. Théodore de Saussure , une mesure de charbon de buis absorbe 7,5 mesures de gaz azote. M. Gay-Lussac a fait connaître dans ces derniers temps un gaz composé de carbone et d'azote , auquel il a donné le nom de *cyanogène* (générateur de bleu) , et que nous décrirons à l'article *Acide hydro-cyanique* (prussique).

64. Le *phosphore* parfaitement blanc passe au rouge dans le gaz azote , fond facilement , et les parois du flacon se tapissent de cristaux rouges étoilés (Mémoire de M. Vogel) ; il se forme du gaz azote légèrement phosphoré. Six litres de gaz azote peuvent dissoudre cinq centigrammes de phosphore. Le gaz azote phosphoré, mis en contact avec le gaz oxigène , se décompose sur-le-champ , cède le phosphore à l'oxigène pour former de l'acide phosphoreux , et repasse à l'état d'azote. Le *soufre* ne se combine pas

avec lui ; il en est de même de l'*iode* et du *chlore* : cependant il existe des combinaisons d'iode et d'azote, de chlore et d'azote, connues sous les noms d'*iodure* et de *chlorure d'azote*, mais qui ne doivent pas nous occuper ici, parce qu'elles ne sont pas le résultat de l'action directe de ces deux corps sur l'azote. (*Voyez* article *Ammoniaque.*)

On pourra facilement distinguer le gaz azote de tous ceux que l'on connaît aujourd'hui aux caractères suivans : 1° Il est incolore ; 2° il éteint les corps enflammés ; 3° il ne rougit pas la teinture de tournesol ; 4° il ne se dissout pas dans l'eau ; 5° il ne trouble point l'eau de chaux.

Le gaz azote est employé pour conserver certaines substances qui absorbent facilement l'oxigène de l'air, par exemple, le potassium et le sodium. Il asphyxie les animaux qui le respirent en s'opposant à la transformation du sang veineux en sang artériel ; la respiration devient gênée ; on éprouve des vertiges et de la céphalalgie ; les lèvres et le visage prennent une teinte livide : ces symptômes ne tardent pas à être suivis de la mort si on continue à le respirer. L'asphyxie des fosses d'aisance, connue sous le nom de *plomb*, est quelquefois occasionnée par ce gaz. On a conseillé de faire respirer le gaz azote mêlé à de l'air dans les maladies caractérisées par une très-grande activité de la circulation et de la respiration ; mais on ne sait pas encore jusqu'à quel point ce moyen peut être avantageux.

Après avoir fait l'histoire des corps simples non métalliques, nous devons examiner les produits qu'ils peuvent former en se combinant entre eux.

ARTICLE II.

De la Combinaison des Corps simples non métalliques, entre eux.

65. L'*oxigène* peut s'unir avec chacun de ces corps simples et former des oxides ou des acides. Les premiers sont au nombre de cinq : l'oxide d'hydrogène (eau) ; le gaz oxide de carbone, l'oxide rouge de phosphore et les gaz protoxide et deutoxide d'azote ; les autres, au nombre de treize, sont : les acides borique, carbonique, hypo-phosphoreux, phosphoreux phosphatique, phosphorique, sulfureux, sulfurique, iodique, chloreux, chlorique, azoteux (nitreux) et azotique (nitrique).

L'*hydrogène* peut se combiner avec quelques-uns de ces élémens et former des composés binaires : tels sont les acides hydro-chlorique, hydriodique et hydro-sulfurique, l'oxide d'hydrogène (eau), les gaz hydrogène, carboné, phosphoré et azoté : ce dernier est l'ammoniaque.

En examinant l'action des élémens non métalliques les uns sur les autres, nous nous sommes bornés à indiquer l'existence des composés dont nous venons de parler, en nous réservant de consacrer à leur histoire, qui est de la plus haute importance, deux sections particulières. Il n'en est pas de même des autres composés binaires dans lesquels l'oxigène ou l'hydrogène n'entrent pas : la plupart d'entre eux offrent peu d'intérêt ; et nous avons cru devoir les décrire en parlant de chaque corps simple. Nous allons cependant en faire l'énumération.

Le *bore* peut se combiner avec le soufre. (*Voyez* pag. 82.)

Le *charbon* s'unit dans certaines circonstances avec le phosphore, avec le soufre et avec l'azote. (*V.* pag. 78, 82 et 92.)

Le *phosphore* se combine avec le soufre, l'iode, le chlore et l'azote. (*Voyez* pag. 83, 85, 89 et 92.)

Le *soufre* s'unit au chlore et à l'iode. (*Voyez* p. 85 et 90.)

L'iode peut se combiner avec le chlore et avec l'azote. (*Voyez* pag. 90 et 93.)

Enfin le *chlore* peut également s'unir à l'azote. (*Voyez* pag. 93.) Nous devrions maintenant décrire les composés formés par l'oxigène et chacun des autres corps simples ; mais, comme l'air atmosphérique joue un grand rôle parmi les agens chimiques, et qu'il est considéré par quelques physiciens comme un simple mélange presqu'entièrement formé de gaz oxigène et de gaz azote, il nous paraît utile de placer ici son histoire, d'autant mieux que nous connaissons déjà les principaux élémens qui le constituent.

De l'Air atmosphérique.

66. L'air atmosphérique ne se trouve dans la nature qu'à l'état gazeux ; comme son nom l'indique, il constitue l'atmosphère dont la hauteur paraît être d'environ quinze à seize lieues ; on le voit aussi dans des lieux souterrains et dans les fissures de plusieurs minéraux. L'analyse la plus sévère n'a démontré jusqu'à présent dans l'air pur que du gaz azote, du gaz oxigène, du gaz acide carbonique, de l'eau, du fluide électrique, et le calorique et la lumière nécessaires pour tenir ces substances à l'état gazeux. (*Voyez Analyse de l'air* à la fin de l'ouvrage.) Cependant il est facile de prévoir que l'on doit rencontrer souvent dans l'atmosphère des matières étrangères à celles dont nous venons de parler, par exemple, toutes celles qui se volatilisent journellement à la surface de la terre.

67. *Propriétés physiques.* L'air atmosphérique est fluide, invisible lorsqu'il est en petite masse, insipide, inodore, pesant, compressible et parfaitement élastique. *Fluidité de l'air.* Cette propriété, qui n'a pas besoin d'être prouvée, est le résultat de la dissolution des principes constituans de l'air dans le calorique. *Invisibilité de l'air.* Les molécules de ce fluide sont tellement ténues, qu'elles ne peuvent pas

réfléchir une assez grande quantité de rayons lumineux
pour devenir sensibles à côté d'objets qui, au contraire,
en réfléchissent beaucoup; lorsque plusieurs couches d'air
sont accumulées, cette réflexion est plus marquée et ce
fluide devient visible, comme, par exemple, dans la portion
bleue que l'on appelle *Ciel*. *Défaut de saveur et d'odeur*.
Nous ne pouvons pas affirmer que l'air pur soit insipide
et inodore; peut-être a-t-il de la saveur et de l'odeur, dont
les impressions sur nos organes deviennent nulles par l'effet
de l'habitude. *Pesanteur de l'air*. Aristote observa un des
premiers qu'une vessie pleine d'air pèse davantage que
lorsqu'elle est vide. Galilée fit voir long-temps après, en
injectant de l'air dans un vase, que le poids de celui-ci
était plus considérable lorsqu'on avait injecté beaucoup
d'air, que dans le cas contraire; enfin Torricelli, disciple
de Galilée, et l'illustre Pascal firent des expériences ingénieuses qui mirent la pesanteur de l'air hors de doute.
Après ce court exposé sur l'historique de la découverte de
la pesanteur de l'air, nous allons prouver, 1° que l'air est
pesant; 2° qu'il pèse en tous sens. *Expériences*. *A*. Que l'on
fasse le vide dans un grand ballon de verre et que l'on note
son poids; qu'on pèse de nouveau le ballon après l'avoir
rempli d'air : il pésera davantage. *B*. lorsqu'on a fait le
vide dans une cloche posée sur le plateau de la machine
pneumatique, on voit qu'il est impossible de l'enlever,
parce que l'air extérieur pèse avec force sur les parois
externes de la cloche; si on laisse rentrer l'air, la cloche
se remplit et on peut l'enlever avec la plus grande facilité;
le fluide aériforme de l'intérieur établissant alors par son
ressort l'équilibre avec la colonne extérieure. *C*. si l'on
prend un tube de verre scellé hermétiquement à l'une de
ses extrémités, long d'environ trente pouces et de six à
huit lignes de largeur, et qu'on le remplisse de mercure
par l'extrémité ouverte, on remarquera, en bouchant celle-

ci avec le doigt et en renversant l'instrument dans une cuve pleine du même métal, que le mercure s'écoule en partie aussitôt qu'on enlève le doigt ; que la majeure partie reste, oscille pendant quelque temps ; enfin qu'il s'arrête à-peu-près à la hauteur de 28 pouces : dans cet instrument le poids de la colonne de mercure fait équilibre au poids de la colonne d'air ; celui-ci, par une cause quelconque, devient-il plus pesant, le mercure monte dans le tube d'une, deux, trois, quatre lignes ; le poids de l'air, au contraire, diminue-t-il, la colonne de mercure descend. Si au lieu d'employer ce métal on se servait d'un liquide environ quatorze fois plus léger, tel que l'eau, celle-ci monterait quatorze fois autant, ce que l'on concevra facilement en faisant attention que le poids de la colonne d'air qui détermine l'ascension reste le même : c'est d'après ces principes que l'on a construit le baromètre, instrument fort utile, et dont l'objet principal est de déterminer les variations qu'éprouve le poids de l'air. *D.* Nous pouvons encore fournir, comme preuve de la pesanteur de l'air, le fait suivant : le mercure que contient le tube barométrique dont nous parlons s'élève moins sur la cime qu'au pied des montagnes, parce que, dans ce dernier cas, la couche d'air qui comprime le métal est beaucoup plus considérable. Perrier fit le premier cette expérience sur le Puy-de-Dôme, d'après l'invitation de son ami le célèbre Pascal. On a trouvé, par des expériences exactes, qu'un litre d'air à la température de zéro et à la pression correspondante à une colonne de vingt-huit pouces de mercure environ, était de 1,300 gramme. Voici maintenant une expérience qui établit la pression de l'air dans tous les sens : si l'on prend un tube de verre semblable à celui dont nous venons de parler, qui présente en outre une ouverture latérale vers la moitié de sa longueur ; si on bouche parfaitement cette ouverture avec un morceau de vessie mouillée attaché tout autour du tube, on verra,

après avoir rempli celui-ci de mercure et l'avoir disposé comme dans l'expérience précédente, qu'en perçant la vessie avec une épingle, l'air s'introduira avec force dans le tube, exercera une pression *latérale*, partagera la colonne de mercure en deux portions : l'une, pressée de *bas en haut*, ira frapper la partie supérieure du tube ; et l'autre, refoulée de *haut en bas*, se précipitera dans la cuve. *Compressibilité de l'air.* L'air peut être comprimé : alors il se resserre et diminue d'autant plus de volume que le poids dont il est chargé est plus grand, en sorte que le volume de l'air est en raison inverse de la pression à laquelle il est soumis. *Expérience.* Que l'on prenne un tube de verre *A B C* (fig. 52), recourbé en *B*, ouvert en *A*, fermé hermétiquement en *C*, et fixé sur une planche convenablement graduée de l'un et de l'autre côté du tube ; que l'on introduise par l'ouverture *A* un peu de mercure qui remplira la courbure et dépassera les branches du tube en se mettant au niveau : dans cet état, l'air contenu dans la branche *B C* fait équilibre par son ressort à la colonne d'air de toute l'atmosphère qui pèse sur le mercure de la branche *A B*. Supposons que cette pression soit égale à celle que déterminerait une colonne de mercure dont le diamètre serait le même, et qui aurait vingt-huit pouces de hauteur ; si on ajoute dans la branche *A B* du mercure jusqu'à ce qu'il ait atteint la hauteur de vingt-huit pouces, l'air de la branche *B C*, pressé alors, 1° par les vingt-huit pouces de mercure, 2° par l'atmosphère, qui représente le même poids, n'occupera que la moitié du volume primitif. Si l'on verse du mercure jusqu'à la hauteur de quatre-vingt-quatre pouces (c'est-à-dire trois fois vingt-huit), l'air de la branche *B C*, pressé quatre fois autant qu'il l'était d'abord, puisqu'il faut y ajouter le poids de l'atmosphère, n'occupera que le quart de son volume primitif, et le mercure sera remonté dans la petite branche jusqu'en *F*. Cette belle expérience est due à Boyle et à Mariotte. *Elasticité de l'air*. Si après avoir fait l'expérience précédente, on fait sortir une portion du mercure contenu dans la branche *A B*, on verra que l'air qui avait été comprimé dans la branche *B C* se dilate : donc il est élastique.

68. *Propriétés chimiques de l'air*. Exposé à l'action du *calorique*, l'air atmosphérique se dilate dans le rapport indiqué § 11 ; mais il ne subit aucune décomposition. La *lumière* le traverse et se réfracte : on a désigné par 1,00000 sa puissance réfractive, et on lui a comparé la force réfringente des autres fluides élastiques. L'air sec n'est point conducteur du *fluide électrique* ; il lui livre passage au contraire lorsqu'il est humide. Soumis pendant long-temps à l'action des étincelles électriques, il se transforme en acide *azotique* (nitrique), qui n'est qu'une combinaison d'oxigène et d'azote : cette expérience ne réussit qu'autant que l'on ajoute de l'eau ou un autre corps avec lequel l'acide puisse se combiner.

69. Le gaz *oxigène* ne fait que se mêler à l'air atmosphérique. Presque tous les corps étudiés précédemment le décomposent à froid ou à chaud ; lui enlèvent l'oxigène, et l'azote reste libre. Le gaz *hydrogène* ne lui fait éprouver aucune altération à froid ; mais si on élève la température, il s'empare de l'oxigène, avec lequel il forme de l'eau, et l'azote est mis à nu. Ce fait peut être prouvé en faisant les expériences rapportées à l'article : *Hydrogène*, avec cette différence qu'on substituera au gaz oxigène de l'air atmosphérique ; et comme celui-ci ne contient que 21 p. ⁰⁄₀ de gaz oxigène, il faudra, pour obtenir des effets analogues, employer trois ou quatre parties d'air contre une partie de gaz hydrogène : par ce moyen, le gaz oxigène se trouvera toujours dans le rapport de un à deux, rapport nécessaire pour qu'il se forme de l'eau.

On peut encore ajouter l'expérience suivante : que l'on place dans une petite fiole munie d'un bouchon percé, qui donne passage à un long tube tiré à la lampe par son extrémité supérieure, le mélange propre à fournir du gaz hydrogène (voyez *Préparations*) ; au bout de deux ou trois minutes, lorsque tout l'air contenu dans la fiole se sera dégagé, que l'on approche une bougie allumée du gaz qui sort par l'extrémité effilée du tube, ce gaz s'enflammera, et produira un jet lumineux qui durera autant que le dégagement du gaz hydrogène aura lieu : cet appareil est connu sous le nom de *lampe philosophique*. Il y aurait du danger à mettre le feu au gaz hydrogène avant que l'air atmosphérique ne fût expulsé, car celui-ci ferait détonner le gaz qui serait contenu dans la capacité de la fiole.

70. Lorsqu'on met du *bore* en contact avec l'air atmosphérique à une chaleur rouge, celui-ci cède son oxigène ; l'azote est mis à nu, et il se forme de l'acide borique *solide* : aussi y a-t-il dans cette expérience dégagement de calorique et de lumière (*voyez* pag. 3.) ; à froid, il n'y a point d'action entre ces deux corps. Le *carbone pur* ou le diamant ne subit aucune altération de la part de l'air à la température ordinaire ; mais si on expose des diamans au foyer d'un miroir ardent, dans des cloches pleines d'air, ou qu'on les chauffe fortement avec le contact de ce fluide, ils en absorbent l'oxigène, et se transforment en gaz acide carbonique ; l'azote de l'air est mis à nu. La consomption du diamant placé au foyer des rayons lumineux avait été aperçue, dès l'année 1694, par les académiciens de Florence, chargés par Cosme III, grand duc de Toscane, d'examiner ce phénomène. Le *charbon* absorbe l'air atmosphérique à la température ordinaire, et il y a dégagement de calorique et formation d'acide carbonique. L'inflammation spontanée des charbonnières qui a lieu

quelquefois auprès de l'eau, reconnaît pour cause principale l'absorption de l'air atmosphérique et de l'humidité qu'il contient. Lorsqu'on élève la température du charbon exposé à l'atmosphère, il en absorbe l'oxigène, se consume et ne laisse que des cendres : il y a pendant cette opération dégagement de calorique et de lumière, et formation de gaz acide carbonique; l'azote de l'air est mis à nu. Si la température était très-élevée, et qu'il y eût un excès de charbon, il se produirait une très-grande quantité de gaz oxide de carbone.

71. Le *phosphore*, qui n'exerce, à la température ordinaire, aucune action sur le gaz oxigène, est attaqué par l'air atmosphérique sec ou humide. *Expérience*. Que l'on introduise dans une éprouvette remplie de mercure et renversée sur la cuve hydrargiro-pneumatique, 100 parties d'air atmosphérique; que l'on y fasse passer ensuite un petit fragment de phosphore humecté; dans le même instant une petite partie de phosphore sera dissoute par le gaz azote (pag. 92), et l'oxigène s'en emparera pour former de l'acide phosphatique qui paraîtra sous la forme de vapeur que l'eau ne tardera pas à dissoudre; si l'expérience se fait dans l'obscurité, on apercevra une faible lumière, et lorsqu'elle sera terminée, il ne restera dans la cloche que les 79 parties de gaz azote de l'air employé, contenant un atome de phosphore en dissolution. On peut maintenant concevoir pourquoi le gaz oxigène pur ne transforme pas le phosphore en acide phosphatique à la température ordinaire, tandis que l'air atmosphérique jouit de cette propriété; c'est que celui-ci est mêlé à du gaz azote qui éloigne les molécules de phosphore, les dissout, et favorise leur union avec celles du gaz oxigène. Si l'air atmosphérique était sec, il serait également décomposé par le phosphore à la température ordinaire; mais la décomposition s'arrêterait au bout d'un

certain temps, parce que l'acide phosphatique formé, ne pouvant pas être dissous, recouvrirait le phosphore non attaqué; et l'empêcherait de se trouver en contact avec l'air, comme l'a démontré M. Thenard. Il résulte des expériences récentes faites par M. Vogel, qu'il ne se forme jamais de gaz acide carbonique dans l'opération que nous venons de décrire. L'action de l'*air* sur le *phosphore* à une température élevée est la même que celle du gaz oxigène, excepté qu'elle est moins vive, et qu'il y a du gaz azote mis à nu (§ 49).

72. Le *soufre* n'agit sur l'air atmosphérique que lorsqu'il a été fondu : alors il s'empare de son oxigène, répand une flamme bleuâtre, et se transforme en gaz acide sulfureux, doué d'une odeur excessivement piquante; et le gaz azote est mis à nu. L'*iode* est inaltérable à l'air. Le *chlore* et l'*azote* gazeux peuvent se mêler avec l'air atmosphérique en toutes proportions, sans exercer sur lui la moindre action chimique.

ARTICLE II.

Des Combinaisons de l'oxigène avec les corps simples précédemment étudiés.

Les composés dont nous devons étudier les propriétés sont des oxides ou des acides : nous allons commencer par les premiers, qui sont au nombre de cinq : savoir, l'oxide d'hydrogène (eau), le gaz oxide de carbone, l'oxide rouge de phosphore, le protoxide et le deutoxide d'azote.

Des Oxides non métalliques.

Ces oxides ne rougissent point l'*infusum* de tournesol ; ils n'ont point de saveur et ne peuvent point former des sels lorsqu'on les unit avec les acides. Nous allons étudier d'abord ceux dont le corps simple a plus d'affinité pour l'oxigène.

1°. De l'Oxide d'hydrogène (Eau).

L'eau est un liquide très-répandu dans la nature ; à l'état solide il constitue la glace ou la neige, que l'on trouve constamment sur les hautes montagnes et sous les poles : à l'état liquide, il recouvre une assez grande partie de la surface du globe, mais il n'est jamais pur ; l'eau de la mer, des rivières, etc. contient toujours des substances étrangères ; enfin, à l'état de vapeur, l'eau fait partie de l'atmosphère.

73. *Propriétés physiques.* L'eau pure est un liquide transparent, incolore, inodore, susceptible de mouiller et de dissoudre une quantité innombrable de corps ; sa pesanteur a été déterminée avec soin : à la température de 4°+0 th. centig., un centilitre pèse un gramme. L'eau est-elle compressible ? Cette question ne nous paraît pas parfaitement décidée ; en effet, nous allons rapporter quatre faits dont les deux premiers semblent prouver son incompressibilité, tandis que les deux autres ne peuvent être expliqués qu'en la supposant compressible. 1°. Les académiciens de Florence, après avoir rempli d'eau une sphère d'or, la pressèrent tellement qu'elle se déforma, et sa capacité fut diminuée : loin de se comprimer, l'eau, ne pouvant plus être contenue en totalité, suinta à travers les pores du métal et se rassembla à la surface. 2°. Si on met de l'eau dans la branche *B C* du tube de Mariotte.

(fig. 53) et que l'on verse du mercure dans la branche *A B* , le liquide n'éprouvera aucune compression ,
lors même que la colonne de mercure sera de 7 pieds ;
son volume ne sera pas diminué, phénomène opposé à
celui que nous avons fait connaître pag. 98 , en parlant de
l'air. 3°. L'eau transmet les sons : donc elle est élastique ;
mais l'élasticité ne suppose-t-elle pas la compressibilité ?
4°. Que l'on introduise de l'eau privée d'air dans un
corps de pompe de cristal dont les parois sont excessivement épaisses ; que l'on abaisse subitement et fortement
le piston afin que l'eau reçoive un choc violent ; si l'expérience se fait dans l'obscurité on apercevra de la lumière : ce fait , communiqué par M. Desaignes , s'explique
aisément en admettant que l'eau a été comprimée , et que
le calorique dégagé par le rapprochement des molécules
est devenu lumineux....

Avant de parler des propriétés chimiques de l'eau , nous
allons démontrer , à l'aide d'une expérience compliquée
et rigoureuse , qu'elle est formée d'oxigène et d'hydrogène,
et par conséquent que l'opinion d'Aristote et des anciens
philosophes, qui la regardaient comme un élément, est erro-
née. Nous emprunterons à M. Thenard la description de
l'appareil dans lequel l'expérience doit être faite. (*Voyez*
planche 8 *B* , fig. 1 , ballon de verre de 10 à 12 litres.

c c , virole en cuivre mastiquée au col du ballon ;

c' c' , pièce de cuivre vissée sur la virole *c c* ,'et à laquelle
se trouvent soudés trois conduits de cuivre munis chacun
d'un robinet , savoir :

1°. Le conduit *d d f* , terminé par une petite boule
percée d'un trou , dans lequel passerait à peine une aiguille très-fine ;

2°. Le conduit *d' d'* ;

3°. Enfin , le conduit *d'' d''* , fig. 2.

m m' , tige de cuivre recourbée inférieurement , terminée par une petite boule de cuivre m', et destinée à faire passer des étincelles électriques de m' en f.

$o\,o$, bouchon de cuivre rodé, entrant à frottement dans la pièce de cuivre $c'\,c'$, et traversé par le tube de verre $P\,P$, fig. 3, qui l'est lui-même par la tige $m\,m'$ à laquelle il sert d'isoloir. On consolide la tige $m\,m'$ dans le tube, et le tube dans le bouchon, avec du mastic.

$\nu\,\nu'$, $\nu\,\nu'$, fig. 1re, tubes creux de verre, communiquant avec les tubes $d\,d$ et $d'\,d'$, et contenant de l'eau de manière que leurs boules en soient à moitié pleines.

$n'\,n'$, colonnes en bois servant à maintenir les trois conduits soudés à la virole $c\,c'$ du ballon, au moyen de vis $u''\,u''$ aussi en bois.

$h\,h'$, fig. 2, tuyau flexible de cuir verni que l'on adapte au tuyau $d''\,d''$ par son extrémité h', et à la platine de la machine pneumatique, par son extrémité de verre h.

$C\,A\,C$, fig. 1, gazomètre destiné à mesurer la quantité de gaz oxigène que l'on introduit dans le ballon, et composé des pièces suivantes.

L, grande cloche graduée de verre mobile et soutenue par le contre-poids K, au moyen d'une corde passant sur les poulies $i\,i$.

E, cylindre intérieur de fer verni, arrondi supérieurement et fermé de tous côtés.

$C\,C$, cylindre extérieur séparé du cylindre E par un intervalle $g\,g$ d'environ 12 centimètres, que l'on remplit d'eau pour faire l'expérience.

$g'\,g'$, fond de la cavité circulaire $g\,g$.

$a\,a$, rebord du cylindre extérieur servant à recevoir l'eau dont le niveau s'élève à mesure que la cloche L descend entre les deux cylindres.

γ, robinet placé immédiatement au-dessus du fond $g'\,g'$, et servant à vider l'eau contenue dans la cavité circulaire $g\,g$.

y', tuyau horizontal muni d'un robinet, et servant à introduire le gaz oxigène dans la cloche L, au moyen du tuyau vertical u' avec lequel il communique.

y'', autre tuyau horizontal muni d'un robinet, et s'adaptant d'une part au tuyau vertical u' et de l'autre au tuyau SS' qui se rend dans le conduit $d'd'$.

PP, montant de cuivre fixé au cylindre extérieur par la vis nn, et servant de support aux poulies ii.

zz, vis destinées à mettre l'instrument de niveau.

a, fig. 4, extrémité conique du tube zz, rodée et entrant à frottement dans une cavité b également conique et rodée, où elle est maintenue par une vis circulaire creuse C.

C'est ainsi que s'adaptent le tube SS' avec les tubes y'', $d'd'$; le tube TT' avec les tubes x', dd, fig. 1; et le tube hh' avec le tube $d''d''$, fig. 2.

$C'A'C'$, fig. 1, gazomètre semblable en tout au gazomètre CAC, destiné à conduire le gaz hydrogène, et communiquant avec le ballon B par le conduit $x''TT''$.

D'après cette disposition, on concevra facilement la manière de faire l'expérience. On remplit la cloche L de gaz oxigène, ce qui se fait très-facilement en adaptant au tuyau y' le tube d'une cornue d'où l'on fait dégager ce gaz, et tenant le robinet y'' fermé. On a soin de mettre des poids dans le bassin K, pour élever la cloche L à mesure qu'elle se remplit de gaz, et maintenir l'équilibre entre la pression intérieure et celle de l'atmosphère. Après avoir rempli de la même manière la cloche L' de gaz hydrogène, on fait le vide dans le ballon B en adaptant l'extrémité h' du tuyau flexible hh' au tuyau $d''d''$, et l'extrémité h du même tuyau à la platine de la machine pneumatique. Le vide étant fait, et les robinets $e''e''$ et y' étant fermés, on ouvre peu à peu les robinets e et y'' : à l'instant même le gaz de la cloche L passe dans le ballon et le remplit. A mesure que cet effet a lieu, on abaisse la cloche ; puis après on la remplit de nouveau gaz oxigène, comme nous venons de le dire. Cela étant fait, et les robinets γ'' et e étant ouverts, on fait passer continuellement des étincelles électriques de m' en f, en mettant la partie supérieure de la tige $m\,m'$ en communication avec la machine; ensuite, après avoir fermé le robinet x', on ouvre les robinets x'' et e', et l'on presse assez fortement avec les mains sur la cloche L' : de cette manière le gaz hydrogène qu'elle contient se rend dans le ballon par l'extrémité f du tuyau dd, et s'enflamme par l'effet de l'étincelle électrique. Alors on cesse d'exciter des étincelles et on diminue la pression jusqu'à ce qu'elle ne soit plus égale qu'à trois à quatre centimètres d'eau : on en exerce une en même temps sur le gaz oxigène de la cloche L; mais celle-ci ne doit être que de sept à huit millimètres. Ces pressions constantes s'obtiennent en retirant de temps en temps des poids des bassins K et K', et se mesure par l'ascension de l'eau dans les branches v'', v', des tubes vv', vv'. En satisfaisant à toutes ces conditions, l'expérience se fait très-bien ; la combinaison du gaz hydrogène avec l'oxigène est continue ; elle n'est ni trop rapide ni trop lente, et l'eau qui en est le produit se condense toute entière dans le ballon. Lorsque la cloche L ou L' est presque pleine d'eau, on arrête l'opération en fermant le robinet e' ; on remplit cette cloche du gaz qu'elle est destinée à contenir, et on allume de nouveau l'hydrogène par l'étincelle, etc., en se conformant à tout ce qui a été dit précédemment.

L'expérience étant entièrement terminée, on ferme le robinet e', et on mesure ce qui reste de gaz oxigène et hydrogène dans les cloches $L\,L'$, en notant avec soin la température et la pression. On détermine également ce que le ballon peut renfermer de gaz oxigène ; et retranchant les quantités d'hydrogène et d'oxigène restantes, des quantités d'hydrogène et d'oxigène sur lesquelles on a opéré à une température et à une pression données, on a celles qui ont été consumées ; enfin , l'on pèse exactement l'eau produite : l'on trouve ainsi , 1° qu'il se consume deux fois autant de gaz hydrogène que de gaz oxigène en volume ; 2° que ces gaz, en raison de leur pesanteur spécifique , se combinent en poids dans le rapport de 11,71 d'hydrogène à 88,29 d'oxigène ; 3° que le poids de l'eau produite est égal au poids d'oxigène et d'hydrogène consumés , et que par conséquent l'eau n'est formée que d'hydrogène et d'oxigène dans les rapports que nous venons d'établir en volume en poids. On peut encore prouver par l'analyse que l'eau est formée d'oxigène et d'hydrogène. (Voyez *Analyse de l'eau* , à la fin de l'ouvrage.)

Propriétés chimiques. Si l'on fait chauffer de l'eau à 10° + o, elle se dilate, comme nous l'avons établi en parlant de la dilatation des liquides (*Voyez* pag. 10); sa température s'élève, et lorsqu'elle est parvenue à 100° thermomètre centigrade , la pression de l'air étant de vingt - cinq pouces environ , elle passe rapidement à l'état de vapeur , bout , et son volume devient 1698 fois plus grand. En faisant l'expérience dans des vaisseaux fermés , la vapeur peut être recueillie , et l'on voit que l'eau n'a subi aucune décomposition. Lorsqu'au lieu de soumettre l'eau à 10° à l'action du calorique , on la place dans un lieu froid , on remarque qu'elle se refroidit et se contracte jusqu'à ce qu'elle soit parvenue à environ 4° + o thermomètre centigrade ; alors elle reste stationnaire pendant quelques instans , et si on continue à la refroidir , elle se *dilate* et se congèle après avoir perdu l'air qu'elle contient , en sorte qu'au moment de la congélation , elle se trouve au-dessus de son premier niveau : elle porte alors le nom de *glace*, qui, suivant M. Blagden, occupe un septième de plus en volume que l'eau liquide à zéro :

d'où il résulte que la glace doit être plus légère que l'eau liquide.

La *lumière* est en partie réfléchie par l'eau sur laquelle elle tombe : aussi ce liquide peut-il servir jusqu'à un certain point de miroir ; la quantité de rayons réfléchis varie suivant le degré d'obliquité sous lequel ils tombent ; ceux qui ne sont pas réfléchis et qui tombent obliquement sur l'eau, la traversent et sont réfractés en se rapprochant de la perpendiculaire. L'eau pure n'est point conducteur du *fluide électrique.* Il n'en est pas de même lorsqu'elle contient un peu d'acide ou de sel : dans ce cas, elle le conduit très-bien, et peut même être décomposée en oxigène et en hydrogène. MM. Dieman et Van Troostwick ont opéré cette décomposition au moyen de décharges électriques multipliées ; mais elle réussit beaucoup plus facilement à l'aide de la pile voltaïque. *Expérience.* On prend un entonnoir de verre B (pl. 9 fig. 54) dont on ferme le sommet du pavillon et du bec avec un bouchon qui offre deux trous à travers lesquels passent deux fils d'or FO convenablement recourbés pour communiquer, l'un avec le pôle vitré de la pile, l'autre avec le pôle résineux ; ces deux fils pénètrent dans l'entonnoir et dépassent le bouchon de trois ou quatre lignes. On recouvre de cire à cacheter la partie interne et la partie externe du bouchon ; on met de l'eau dans l'entonnoir jusqu'à la moitié de sa hauteur, puis on place au-dessus des deux fils deux petites cloches CD remplies d'eau et renversées ; les fluides électriques vitré et résineux ne tardent pas à se dégager de la pile avec laquelle on fait communiquer les fils FO ; ces fluides traversent l'eau contenue dans l'entonnoir, la décomposent, et il en résulte du gaz oxigène qui se rend à l'extrémité du fil vitré, et du gaz hydrogène qui se porte sur l'autre fil.

74. Cent mesures d'eau à la température de 18° ther-

momètre centigrade, et à la pression de vingt-huit pouces de mercure, peuvent dissoudre 5 , 6 mesures de *gaz oxigène*, d'après M. Théodore de Saussure : dans le vide elle n'en dissout pas un atome. Le gaz *hydrogène* peut également se dissoudre dans ce liquide ; 100 mesures d'eau absorbent, à la même température, 4 , 6 mesures de ce gaz. Le *bore* placé dans un tuyau de porcelaine *rouge* décompose l'eau, lui enlève l'oxigène, se transforme en acide borique, et il se dégage du gaz hydrogène : du reste, le bore est insoluble dans l'eau. On ne connaît point l'action du *carbone* pur sur ce liquide. Le *charbon* ordinaire est insoluble dans l'eau ; mais il peut en absorber, et les gaz contenus dans le charbon se dégagent : ce dégagement est d'autant plus marqué que les gaz sont moins solubles dans l'eau. Si l'on fait passer de l'eau en vapeur à travers du charbon rouge, l'eau est décomposée, et il en résulte du gaz acide carbonique ou du gaz oxide de carbone, et du gaz hydrogène carboné. Cette expérience peut aussi être faite en plongeant des charbons rouges dans des cloches pleines d'eau et renversées sur la cuve.

Le *phosphore*, mis en contact avec de l'eau distillée parfaitement privée d'air et exposée au soleil pendant une heure, devient rouge et s'oxide, comme nous l'avons déjà dit : suivant M. Vogel, l'eau est décomposée, et l'on obtient, outre l'oxide rouge de phosphore, du gaz hydrogène phosphoré qui reste en dissolution : il ne se forme pas un atome d'acide phosphoreux ; mais si l'eau dans laquelle on met le phosphore contient de l'air, il se produit entre ces corps un acide formé par le phosphore et par l'oxigène. Si au lieu de faire cette expérience à la lumière solaire, on couvre avec un papier noir le flacon contenant le phosphore et l'eau distillée qui a bouilli, ce liquide se décompose lentement, et il se forme du gaz hydrogène phosphoré qui reste en dissolution, et un acide composé de phosphore et d'oxigène :

le phosphore conserve sa couleur et sa transparence. Lorsqu'on expose à la lumière diffuse un flacon contenant du phosphore et rempli d'eau ordinaire aérée, le phosphore devient opaque, d'un blanc terreux, et se transforme, suivant quelques chimistes, en oxide blanc : en même temps l'eau devient acide, et il paraît se former un peu d'hydrogène phosphoré, phénomènes faciles à expliquer par la décomposition de l'air contenu dans l'eau et d'une partie de ce liquide.

Le *soufre* est insoluble dans l'eau et n'agit sur elle à aucune température ; mais lorsqu'on met ensemble trois grammes de soufre, deux grammes de phosphore et de l'eau, et que l'on chauffe jusqu'à 40° ou 50°, celle-ci se décompose ; l'oxigène se porte sur le phosphore pour former de l'acide phosphoreux ou phosphorique qui reste dans la liqueur, et l'hydrogène s'unit au soufre, avec lequel il forme du gaz acide hydro-sulfurique.

75. L'*iode* est à peine soluble dans l'eau, à laquelle il communique une légère teinte de jaune d'ambre ; il la décompose à froid, suivant M. Gay-Lussac, et il se forme d'une part de l'acide *iodique*, et de l'autre de l'acide *hydriodique* : lorsqu'on chauffe le mélange d'eau et d'iode, celui-ci se volatilise au-dessous de 100°, par conséquent avant de fondre. L'eau dissout une fois et demie son volume de *chlore* gazeux à la température de 20° thermomètre centigrade, et à la pression de vingt-huit pouces de mercure : elle porte alors le nom de *chlore liquide* (acide muriatique oxigéné liquide.) (Voyez *Préparation du chlore.*) Le chlore liquide a l'odeur, la couleur et la saveur du chlore gazeux ; comme lui il détruit les couleurs végétales et animales ; exposé à l'action du calorique dans un tuyau de porcelaine, il se décompose ; l'hydrogène de l'eau se combine avec le chlore et forme du gaz acide hydro-chlorique, tandis que l'autre principe de

l'eau, l'oxigène, se dégage. Cette expérience réussit très-bien en faisant passer à travers le tuyau de porcelaine de l'eau en vapeur et du chlore gazeux, pourvu que le tuyau soit bien rouge, que la vapeur d'eau soit assez abondante, et que le courant de chlore ne soit pas très-rapide. Si au lieu d'accumuler du calorique sur la dissolution de chlore on en soustrait, elle fournit des cristaux lamelleux d'un jaune foncé, même lorsque la température est à 2° + 0° : ces cristaux contiennent plus de chlore et moins d'eau que la solution. La lumière décolore le chlore liquide et agit sur lui comme sur le chlore gazeux humide ; il faut donc le conserver à l'abri de cet agent. Si on fait chauffer l'*iode* avec une dissolution de chlore, l'eau est décomposée ; son oxigène forme avec l'iode de l'acide iodique, tandis que l'hydrogène transforme le chlore en acide hydro-chlorique. Le gaz *azote* est presqu'insoluble dans l'eau : cent mesures de ce liquide privé d'air absorbent, à la température de 18° thermomètre centigrade, 4, 2 mesures de gaz.

76. L'eau exerce sur l'air une action remarquable ; cent mesures absorbent cinq mesures d'air, dont la composition diffère de celle de l'air atmosphérique : en effet, il est formé de 32 parties de gaz oxigène et 68 de gaz azote, tandis que dans l'air atmosphérique il n'y a que 21 parties de gaz oxigène ; ce phénomène dépend de ce que l'eau dissout plus facilement le gaz oxigène que le gaz azote. *Expérience.* On prend une grande fiole munie d'un bouchon percé pour donner passage à un tube recourbé qui doit se rendre sous une cloche pleine d'eau, et renversée sur la table de la cuve pneumato-chimique ; on remplit la fiole et le tube d'eau ; on bouche le vase et on le lute, puis on chauffe graduellement jusqu'à l'ébullition : l'air contenu dans l'eau ne tarde pas à se dégager et à se rendre dans la cloche ; on en fait l'analyse après avoir mesuré son volume. (Voyez *Analyse.*) Il

est évident que l'air obtenu par ce mo~ ~éro se solidifie sur-
dissolution dans l'eau, puisque la fiole et l~ la congélation,
entièrement remplis par ce liquide; les premières ~st un petit
dégagées sont moins oxigénées que les dernières, phéno. du vase
qui dépend de la plus grande solubilité de l'oxigène que ~ de
l'azote. On peut encore démontrer l'existence de l'air dans
l'eau, en plaçant sur la machine pneumatique un vase
qui contient une certaine quantité de ce liquide; à mesure
qu'on fera le vide, l'air se trouvera moins comprimé et
se dégagera de l'eau sous la forme de bulles.

77. L'eau est potable lorsqu'elle offre les caractères suivans : elle doit être fraîche, vive, limpide, inodore et
aérée; elle doit dissoudre le savon sans former de gru-
meaux et bien cuire les légumes (1); elle ne doit se trou-
bler que très-légèrement par le nitrate d'argent et par l'hydro-chlorate de baryte (2). L'eau distillée est lourde, parce
qu'elle est privée d'air et d'une petite portion de sel. L'eau de
pluie est celle qui approche le plus de l'état de pureté.
M. Chaptal a observé que celle qui accompagne les orages
est plus mélangée que celle d'une pluie douce, et que
cette dernière devient plus pure pendant la durée de la
pluie. L'eau de rivière tient en dissolution plusieurs matières salines, et en particulier des molécules calcaires;
celle qui coule dans le sein de la terre forme des incrus-
tations de ces mêmes molécules, tantôt à l'intérieur des
canaux qui la reçoivent, tantôt autour des corps orga-
nisés qui y sont plongés.

---

(1) Les eaux qui contiennent du plâtre (sulfate de chaux)
ne cuisent pas bien les légumes, et décomposent le savon,
comme nous le démontrerons plus tard.

(2) Réactifs dont nous ferons l'histoire : si l'eau est fortement
troublée par eux, c'est parce qu'elle contient des hydro-chlorates et des sulfates, sels qui altèrent sa pureté.

De l'Eau à l'état solide.

78. En parlant de l'action du calorique sur l'eau liquide, nous avons exposé les phénomènes qui précèdent la formation de la glace obtenue par le simple refroidissement de l'eau, page 108 ; il importe maintenant de faire connaître les causes qui empêchent l'eau liquide à zéro de se solidifier ; pour les apprécier il faut avoir égard au degré de pureté du liquide, et à l'état d'agitation ou de repos dans lequel il se trouve. 1°. Le *degré de pureté*. M. Blagden a remarqué que l'eau distillée que l'on avait fait bouillir peut descendre, sans se congeler, jusqu'à 5° —o R, et jusqu'à 10 —o si on couvre sa surface d'une couche d'huile ; tandis que l'eau distillée qu'on n'a pas fait bouillir ne se conserve liquide que jusqu'à 3 $\frac{5}{9}$ — o. L'eau non distillée, mais limpide, se solidifie tantôt à 2° $\frac{1}{2}$ —o, tantôt à 2° —o°, tantôt à 1° —o° ; enfin celle qui est chargée de particules limoneuses se congèle toujours à zéro. Ce savant a conclu de ces faits que plus l'eau est pure, plus elle peut s'abaisser au-dessous de zéro sans se congeler. On pourra cependant objecter que l'eau ordinaire qui a bouilli se solidifie plus facilement que celle qui n'a point été exposée au feu. M. Blagden répond à cela que si l'eau ordinaire contient du carbonate de chaux en dissolution, comme cela a souvent lieu, ce carbonate se précipite par l'effet de l'ébullition, trouble la transparence de l'eau, qui alors se trouve à-peu-près dans le même cas que l'eau limoneuse, et à une plus grande tendance à se congeler. 2°. Le *repos*. L'influence du repos et de l'agitation sur l'eau prête à se solidifier est connue depuis long-temps. M. Blagden a remarqué qu'en frappant légèrement sur une table avec le fond du vase qui contient l'eau, ou en frottant les parois intérieures de ce vase avec un tube ou avec

une plume, l'eau liquide au-dessous de zéro se solidifie sur-
le-champ; mais de tous les excitateurs de la congélation,
celui qui manque le plus rarement son effet est un petit
morceau de cire avec lequel on frotte les parois du vase
dans quelques points inférieurs au niveau de l'eau, de
manière à faire naître des espèces de vibrations sonores;
on voit paraître à l'instant une croûte de glace à l'endroit
du vase situé au-dessous de la cire : le mouvement im-
primé par l'un ou par l'autre de ces moyens favorise le rapprochement des molécules par les faces qui se conviennent
le mieux, et par conséquent la cristallisation. Il est encore
un autre moyen de hâter la congélation de l'eau, c'est de
la mettre en contact avec un petit morceau de glace, que
l'on peut considérer comme un noyau qui attire à lui les
molécules aqueuses.

79. La glace pure est transparente, incolore et douée
d'une saveur vive; elle réfracte fortement la lumière, et
on peut la faire servir à la construction des lentilles ardentes : sa transparence et sa force de réfrangibilité sont
d'autant plus grandes que l'eau d'où elle provient était
plus pure; elle est très-élastique, comme on peut s'en
convaincre en la jetant sur un plan, car alors elle se réflé-
chit; sa dureté et sa tenacité sont très-considérables. Lorsqu'elle est bien cristallisée, elle offre un assortiment d'aiguilles qui ont une grande tendance à se réunir sous l'angle de 120° ou de 60°; elle est plus légère que l'eau : aussi
avons-nous dit que l'eau liquide augmente de volume en
passant de $4° + o$ à l'état solide : ce phénomène ne peut
être expliqué sans admettre que la disposition des molécules de la glace est telle qu'elles ne peuvent plus être contenues dans l'espace qui les renferme lorsqu'elles sont
liquides; il faut même supposer que ce changement dans
la disposition des parties commence à avoir lieu à $4° + o$.

L'augmentation du volume de l'eau qui se solidifie nous

permet d'expliquer l'expérience suivante, rapportée par M. Biot. On remplit d'eau un canon de fer épais d'un doigt, on le ferma exactement et on l'exposa à un froid très-vif; douze heures après on le trouva cassé en deux endroits : nous pourrions accumuler un très-grand nombre de faits de ce genre. On avait attribué pendant quelque temps à l'air atmosphérique retenu par l'eau qui se congèle, la cause de cette dilatation ; mais l'expérience prouve que l'eau qui a bouilli et qui par conséquent est privée d'air, occupe un plus grand espace à l'état solide qu'à l'état liquide.

Exposée à l'air la glace s'évapore. Cavendish est le premier chimiste qui ait annoncé d'une manière positive que l'eau est formée d'oxigène et d'hydrogène. Les *usages* de l'eau solide, liquide et à l'état de vapeur sont tellement nombreux et si généralement connus, que nous croyons inutile de les énumérer.

De l'Eau considérée sous le rapport médical. Nous nous bornerons à donner quelques aperçus sur les bains d'eau douce. *Bains froids* de 0° à 19° thermomètre centigrade. En entrant dans l'eau très-froide on éprouve un saisissement universel plus ou moins désagréable, un tremblement général et un resserrement spasmodique de la peau : celle-ci, d'abord pâle, devient d'un rouge livide; elle offre des aspérités ; les bulbes des poils se montrent à travers l'épiderme, en sorte que la peau ressemble à de la chair de poule ; la respiration, d'abord pénible, fréquente et courte, se ralentit quelques instans après ; le pouls est précipité au moment de l'immersion ; mais il ne tarde pas à devenir plus lent et plus petit; la transpiration est supprimée ; la sécrétion de l'urine augmente ; on entend un claquement des mâchoires : les individus faibles éprouvent en outre des crampes, des engourdissemens, de la pesanteur de tête ; enfin les lèvres se décolorent, l'engourdissement devient général, et la mort peut être le résultat de l'administration d'un bain froid trop prolongé. Si ce bain est de peu de durée, il jouit en général d'une vertu tonique et fortifiante ; si son action se prolonge davantage, il détermine une sédation plus ou moins forte du système nerveux et le ralentissement de la circulation. On l'a employé avec succès, 1° pour prévenir ou pour détruire les épanchemens séreux dans la fièvre cérébrale ; 2° dans les typhus ; 3° Samoïlowits s'est servi de la glace en friction dans la peste de Moscou ; 4° dans certaines douleurs de tête opiniâtres et sans inflammation ; 5° dans plusieurs maladies nerveuses, telles que la manie, l'hypochondrie, l'hystérie ; 6° dans quelques cas de débilité générale ; 7° enfin dans certains spasmes, et dans quelques maladies convulsives qui sont l'écueil des praticiens. Le corps peut être mis en contact avec l'eau froide par des moyens différens que le médecin varie suivant les circonstances : ces moyens sont l'immersion, l'affusion, les douches et des serviettes contenant de la glace, que l'on applique plus particulièrement sur la tête, sous la forme de bandeau.

Bains tièdes de 30° à 36° thermomètre centigrade. Parmi les effets produits par les bains tièdes, les plus remarquables sont le ralentissement de la circulation et de la respiration, la plus grande activité de l'absorption cutanée, de la perspiration et de la sécrétion de l'urine. On emploie les bains tièdes locaux ou généraux dans les phlegmasies des reins, de la vessie, du péritoine, de la plèvre et des poumons ; 2° dans les phlegmasies chroniques de la peau, telles que les dartres, la gale, etc. ; 3° pour faciliter l'éruption de la petite-vérole ; 4° comme un des meilleurs anti-spasmodiques dans une infinité de maladies nerveuses ; 5° dans les douleurs des voies urinaires occasionnées par des calculs de vessie, la gonorrhée, etc., etc.

Bains chauds au-dessus de 36° thermomètre centigrade. Les effets produits par cette espèce de bain ont le plus grand rapport avec ceux que détermine le calorique lorsqu'il est appliqué sur toute la surface du corps (*voyez* pag. 47); ce bain est en effet un irritant très-actif et un puissant sudorifique ; il peut déterminer la mort, 1° par apoplexie, 2° par les troubles du cœur, 3° par brûlure. Le bain chaud général n'est guère employé en médecine ; on en fait usage cependant pour favoriser certaines éruptions à la peau et dans quelques engorgemens chroniques. Il n'en est pas de même du bain chaud partiel, connu sous le nom de *pédiluve* ou bain de pied, dont les succès autorisent chaque jour davantage l'emploi. Les pédiluves simples, ou ceux qui sont rendus plus irritans par l'addition de la moutarde, d'une certaine quantité de sel commun ou d'acide hydro-chlorique (muriatique) sont recommandés 1° dans tous les cas où il faut rappeler aux extrémités inférieures la *goutte*, qui s'est déplacée et portée sur quelqu'un des organes essentiels ; 2° lorsqu'il faut opérer une dérivation, comme dans certains maux de tête, de gorge, dans quelques cas de suppression des règles qui ne dépend pas d'un engorgement sanguin de la matrice, etc.

Bains de vapeurs. Ces bains peuvent être rangés parmi les médicamens sudorifiques les plus énergiques : aussi les emploie-t-on avec succès pour augmenter la transpiration cutanée ; ils sont utiles dans les maladies cutanées chroniques, dans certains cas d'endurcissement de la peau, dans les scrophules indolens, dans quelques engourdissemens des membres, dans certains rhumatismes chroniques, etc.

2°. *Du Gaz oxide de carbone.*

89. L'oxide de carbone est un produit de l'art : jusqu'à présent il n'a été obtenu qu'à l'état gazeux ; il est incolore, transparent, élastique, insipide, sans action sur l'*infusum* de tournesol et plus léger que l'air ; sa pesanteur spécifique est de 0,9569 ; il n'est point décomposé par le calorique, la *lumière* ni le *fluide électrique.*

81. Le gaz *oxigène* n'a d'action sur lui qu'à une température rouge ; que l'on fasse passer un courant de fluide électrique à travers un mélange de 100 parties de gaz oxide de carbone et de 50 parties de gaz oxigène en volume, placé dans l'eudiomètre à mercure, on obtiendra 150 parties de gaz acide carbonique. Le gaz *hydrogène* ne le décompose point ; on ne connaît point l'action qu'exercent sur lui *le bore* et le *carbone pur.* Le *charbon* ordinaire ne lui fait éprouver aucune altération ; cependant une mesure de charbon de buis peut en absorber 9,42 mesures. Il n'est décomposé ni par le *phosphore,* ni par le *soufre,* ni par l'*iode.*

82. Le *chlore* gazeux exerce une action remarquable sur le gaz oxide de carbone : on prend un ballon d'une capacité déterminée, on y fait le vide et on y introduit successivement parties égales de ces deux gaz parfaitement secs ; on bouche le ballon et on l'expose au soleil ; 15 ou 20 minutes après, l'expérience étant terminée, on débouche le ballon dans une cuve à mercure, et l'on remarque que le métal pénètre dans l'intérieur et remplit la moitié de la capacité du ballon : donc, par l'action que les gaz ont exercée l'un sur l'autre, leur volume a été diminué de moitié, et la pesanteur spécifique du produit doit être très-considérable. Ce produit gazeux, découvert par le docteur John *Davy,* qui l'a appelé *phosgène* (engendré par la lumière), rougit fortement l'*infusum* de tournesol, et paraît porter aujourd'hui le nom de *chlorure d'oxide de carbone.*

Il est incolore et doué d'une odeur suffocante ; il irrite la conjonctive et augmente la sécrétion des larmes ; il éteint les corps enflammés ; sa pesanteur spécifique est de 3,3894 ; il n'est point décomposé par les corps simples étudiés précédemment ; l'étain, le zinc, etc., lui enlèvent le chlore à une température élevée, forment des chlorures (muriates secs), et le gaz oxide de carbone est mis à nu ; il ne répand point de vapeurs à l'air ; mis en contact avec l'eau, il est décomposé, même à la température ordinaire : en effet, le chlore s'unit à l'hydrogène de l'eau et donne naissance à de l'acide hydro-chlorique (muriatique) ; tandis que l'oxide de carbone, saturé par l'oxigène de l'eau, passe à l'état d'acide carbonique. *L'azote* n'agit point sur le gaz oxide de carbone.

P. E. Lorsqu'on approche une bougie allumée de l'ouverture d'une cloche remplie de ce gaz et exposée à l'air atmosphérique, il absorbe l'oxigène de celui-ci, produit une flamme bleue et se change en gaz acide carbonique : aussi l'eau de chaux versée dans la cloche après l'évaporation est-elle troublée. Il n'est pas sensiblement soluble dans l'eau.

Le gaz oxide de carbone a été découvert par Cruicksanck en Angleterre, et par MM. Clément et Désormes en France ; il est formé de 43 parties de carbone et de 57 d'oxigène en poids, ou de 100 de gaz oxide de carbone et de 50 d'oxigène en volume ; il est sans usages. Injecté dans les veines il brunit beaucoup plus le sang que le gaz acide carbonique ; il asphyxie les animaux qui le respirent.

3°. *De l'Oxide rouge de phospore.*

83. Cet oxide de phosphore est constamment un produit de l'art ; il est d'un rouge foncé ; sa pesanteur spécifique est inférieure à celle du phosphore ; il est beaucoup moins fusible que ce corps, car il exige pour sa fusion une tempé-

rature bien au-dessus de 100° thermomètre centigrade ; il
est insoluble dans le carbure de soufre, tandis que le phosphore s'y dissout rapidement. (*Voyez* §. 53.) Il n'est point
lumineux lorsqu'on l'expose à l'air dans l'obscurité , et il ne
s'enflamme pas au-dessous de la température de l'eau bouillante ; chauffé dans une capsule de platine , il absorbe lentement l'oxigène de l'air, produit une belle flamme jaunâtre ; mais il cesse d'être lumineux aussitôt qu'on retire la
capsule du feu.

Plusieurs chimistes regardent comme un oxide blanc de
phosphore la croûte blanche terne qui recouvre les cylindres de phosphore que l'on a laissés pendant quelque
temps dans l'eau et à la lumière. L'expérience n'a pas encore
prononcé sur la véritable nature de cette matière, considérée par quelques savans comme du phosphore divisé.

4°. *Du Protoxide d'azote* (*oxidule d'azote*).

84. Le protoxide d'azote est un produit de l'art : il est ordinairement à l'état de gaz ; cependant on peut le dissoudre
dans l'eau et l'avoir liquide. Le protoxide d'azote gazeux
est incolore et inodore ; il a une saveur douceâtre ; sa pesanteur spécifique est de 1,5204. Il est décomposé par le
calorique et par le fluide *électrique,* qui le changent en azote
et en deutoxide d'azote. Il est sans action sur le *gaz oxigène* ; cependant lorsqu'on fait passer un mélange de ces
deux gaz à travers un tuyau de porcelaine rouge , on observe que le protoxide est décomposé par le calorique
comme s'il eût été seul ; et alors le deutoxide d'azote résultant s'unit avec l'oxigène pour former de l'acide nitreux.
Lorsqu'on fait passer une étincelle électrique à travers un
mélange de protoxide d'azote et de gaz hydrogène contenus
dans un eudiomètre à mercure , l'oxigène du protoxide se
combine avec l'hydrogène, forme de l'eau , et l'azote est
mis a nu ; il y a dégagement de calorique et de lumière.

Le *bore* s'empare de l'oxigène du protoxide d'azote, pourvu que la température soit élevée; il se forme de l'acide borique, et l'azote est mis à nu. On ne connaît point l'action du carbone pur sur ce gaz. Le *charbon* rouge et éteint dans le mercure l'absorbe, et le décompose en partie en lui enlevant son oxigène; en sorte qu'on peut retirer de ce charbon du gaz acide carbonique, du gaz azote et du protoxide d'azote non décomposé; la décomposition du gaz sera complète si on le met en contact avec du charbon rouge; il se formera du gaz acide carbonique et il y aura dégagement de calorique et de lumière. Le *phosphore* allumé enlève presque tout l'oxigène au protoxide d'azote, passe à l'état d'acide phosphorique, et il se dégage aussi beaucoup de calorique et de lumière; tandis que le phosphore fondu et non enflammé n'agit point sur lui. Le *soufre*, fondu et enflammé par le moyen du gaz oxigène, décompose le protoxide d'azote, se transforme en gaz acide sulfureux et met l'azote à nu; il n'y a pas un plus grand dégagement de calorique et de lumière que lorsque le soufre fondu est en contact avec l'air. L'*iode*, le *chlore* et l'*azote* n'exercent aucune action sur ce gaz. L'air *atmosphérique* agit sur lui comme le gaz oxigène. Cent mesures d'*eau* bouillie peuvent absorber 77 mesures de ce gaz à la température de 18 degrés.

P. E. Lorsqu'on plonge dans une cloche remplie de gaz protoxide d'azote une bougie qui présente quelques points en ignition, elle se rallume avec éclat; le gaz est décomposé, et l'azote est mis à nu. Cette propriété, jointe à la faculté qu'il a de se dissoudre dans l'eau, ne permet pas de le confondre avec aucun autre gaz. Le protoxide d'azote a été découvert par Priestley en 1772. Il est formé de 100 parties d'oxigène et de 175,63 d'azote en poids, ou de 50 parties d'oxigène et de 100 d'azote en volume. Il est sans usages. On a souvent remarqué chez les individus qui l'ont respiré un rire insolite et une gaîté extraordinaire qui lui ont fait donner le nom de gaz *hilariant* ; mais souvent aussi il a déterminé chez d'autres individus des vertiges, la céphalalgie, la syncope, etc. ; et il finirait par asphyxier si on continuait à le respirer pendant quelques minutes.

5°. Du Deutoxide d'azote (gaz nitreux).

85. Le deutoxide d'azote est toujours un produit de l'art : il est constamment à l'état de gaz ; il est incolore, transparent, élastique et plus pesant que l'air ; sa pesanteur spécifique est de 1,0388 ; il ne rougit point l'*infusum* de tournesol ; il éteint tous les corps enflammés, excepté le phosphore ; on ne sait pas s'il est odorant. Si on le fait passer à travers un tube de verre dépoli dans lequel on ait mis préalablement des fils de platine afin d'augmenter la surface, le gaz deutoxide d'azote sera décomposé et transformé en gaz azote et en gaz acide nitreux, si la température du tube est *rouge* ; le poids du platine n'augmente pas. (M. Gay-Lussac.) Il est également décomposé par le fluide *électrique* lorsqu'il est placé sur le mercure ; l'oxigène se porte sur le métal et l'azote est mis à nu.

86. Uni avec deux fois son volume de gaz oxigène bien sec il se transforme en acide nitreux liquide si la température est à 20° — o ; il se produit au contraire une vapeur rouge d'acide nitreux si l'on agit à la température ordinaire : cette dernière expérience ne saurait être faite dans des cloches placées sur l'eau ou sur le mercure, car l'eau dissout l'acide nitreux à mesure qu'il se forme, et le mercure le décompose. On prend un grand ballon en cristal dont la capacité est connue et dont le col est muni d'un robinet également en cristal ; on en retire l'air au moyen de la machine pneumatique ; on introduit dans une cloche graduée pleine de mercure, et renversée sur la cuve hydrargiro-pneumatique, assez de gaz oxigène pour pouvoir remplir la moitié du ballon ; la partie supérieure de cette cloche se trouve

disposée de manière à ce que le ballon puisse y être vissé ; elle offre en outre un robinet ; on visse le ballon sur la cloche, et on ouvre les robinets pour que le gaz oxigène passe dans le ballon ; ceci étant fait, on ferme les robinets et on introduit dans la cloche, qui se trouve de nouveau remplie de mercure, quatre ou cinq fois autant de deutoxide d'azote sec que l'on a employé de gaz oxigène ; on rouvre les robinets d'une très-petite quantité, et aussitôt on aperçoit des vapeurs rouges formées par l'union du gaz oxigène avec le deutoxide d'azote qui a pénétré dans le ballon : à mesure que ce phénomène se produit, le mercure monte dans la cloche en vertu de la pesanteur de l'atmosphère ; mais il cesse de s'élever dès l'instant où l'oxigène du ballon est saturé de deutoxide d'azote ; alors on ferme les robinets ; on mesure le deutoxide d'azote qui reste dans la cloche, pour savoir combien il y en a eu d'absorbé. Si au lieu d'agir ainsi on met du gaz deutoxide d'azote en contact avec un excès de gaz oxigène sur l'eau, il en absorbe la moitié de son volume et passe à l'état d'acide azotique (nitrique) soluble dans l'eau.

87. Le gaz *hydrogène* n'agit point sur le deutoxide d'azote à une chaleur rouge cerise ; mais si l'on ajoute au mélange une assez grande quantité de gaz protoxide d'azote et qu'on l'électrise, la décomposition a lieu. L'action du *bore* et du *carbone* pur sur ce gaz est inconnue. Il est décomposé par le *charbon* rouge ; son oxigène forme avec ce corps simple du gaz acide carbonique ou du gaz oxide de carbone, et l'azote est mis à nu. Le *phosphore* enflammé absorbe l'oxigène de ce gaz et passe à l'état d'acide phosphorique ; il y a dégagement de calorique et de beaucoup de lumière. Le *soufre* allumé s'éteint dans le gaz deutoxide d'azote. L'*iode* et l'*azote* ne se combinent pas avec lui. Il en est de même du *chlore* gazeux si les deux gaz sont parfaitement secs ; mais s'ils contiennent de l'eau, celle-ci est décomposée ; le chlore s'empare de son hydrogène pour

former de l'acide hydro-chlorique, tandis que le deutoxide d'azote s'unit avec l'oxigène et passe à l'état d'acide azoteux ou nitreux. *P. E.* L'*air atmosphérique* agit sur lui comme le gaz oxigène ; il le fait passer à l'état d'acide azoteux (nitreux) rougeâtre et odorant ; plusieurs chimistes ont attribué à tort cette odeur au deutoxide d'azote, tandis qu'elle appartient à l'acide qui se forme.

Cent mesures d'*eau* bouillie absorbent, suivant M. Davy, 11,8 mesures de ce gaz. Il a été découvert par Hales, et il est formé de 100 parties d'oxigène et 87,815 d'azote en poids, ou de parties égales de l'un et de l'autre de ces deux gaz en volume. Il est employé pour faire l'analyse de l'air ; il asphyxie sur-le-champ les animaux qui le respirent ; mais c'est au gaz acide nitreux que l'on doit attribuer les effets que détermine la respiration du gaz deutoxide d'azote toutes les fois qu'il a été mêlé avec l'air.

ARTICLE IV.

Des Acides composés d'oxigène et d'un des corps simples précédemment étudiés.

On donne le nom d'*acide* à des substances solides, liquides ou gazeuses, douées *en général* d'une saveur aigre, de la propriété de faire disparaître en tout ou en partie les caractères de certains oxides appelés *alcalis*, de la faculté de rougir l'*infusum* bleu de tournesol et la teinture de violette, ainsi que de jaunir ou de rougir l'hématine. Il y a des substances regardées comme acides qui pourtant ne jouissent pas de tous ces caractères ; cependant il n'en est aucune qui ne puisse se combiner avec les alcalis. En général, les chimistes regardent le tournesol comme le réactif des acides ; cette teinture est, en effet, composée d'une couleur rouge et de sous-carbonate de potasse que l'on peut regarder comme un alcali : or, l'acide s'empare de l'alcali et met la couleur rouge à nu.

Tous les acides ont la plus grande tendance à se porter vers les surfaces électrisées vitreusement ; ceux qui sont formés par l'oxigène et par un corps simple sont décomposés par la pile voltaïque ; l'oxigène se porte au pole vitré, et le corps simple au pole résineux. Ils sont presque tous solubles dans l'eau ; ils peuvent se combiner avec un plus ou moins grand nombre d'oxides métalliques et donner naissance à des sels.

Il n'y a pas encore long-temps que les chimistes, pensant que l'oxigène entrait dans la composition de tous les acides, le regardaient comme le seul principe acidifiant ; cette opinion n'est plus admissible depuis que l'existence d'un certain nombre d'acides sans oxigène est parfaitement établie. Ces acides sans oxigène sont au nombre de sept ; cinq d'entr'eux sont formés par l'hydrogène et par un ou deux corps simples : tels sont les acides hydro-chlorique, hydriodique, hydro-sulfurique, hydro-phtorique (fluorique) et hydro-cyanique (prussique) ; les deux autres sont composés l'un de phtore et de bore, et l'autre de phtore et de silicium (1).

Mais peut-on regarder actuellement comme seuls principes acidifians l'oxigène, l'hydrogène et le *phtore*, les deux premiers parce qu'ils entrent dans la composition d'un très-grand nombre d'acides, et le dernier parce qu'il en forme deux ? Nous croyons que la dénomination de *principe acidifiant* est inutile, et doit être rejetée parce qu'elle peut induire en erreur. Il suffit de la plus légère attention pour voir que, lorsque deux, trois ou quatre corps simples se réunissent pour former un acide, celui-ci ne doit pas ses propriétés à un de ses élémens exclusivement ; elles résultent

---

(1) Le phtore est un corps particulier dont nous parlerons à l'article *Acide fluorique* ou *hydro-phtorique*.

de la réunion de tous, et de la manière dont les molécules sont arrangées.

Les acides dont nous devons nous occuper dans cet article sont au nombre de douze, savoir : les acides borique, carbonique, hypo-phosphoreux, phosphoreux, phosphorique, sulfureux, sulfurique, iodique, chloreux, chlorique, nitreux, nitrique.

Action des Acides sur l'économie animale.

88. Les acides affaiblis doivent être considérés comme des toniques qui, loin d'augmenter la température organique comme les huiles volatiles, donnent lieu à un sentiment de fraîcheur générale; ils sont en outre anti-putrides et astringens. Administrés convenablement, ils ralentissent la circulation, étanchent la soif, augmentent la sécrétion de l'urine et le ton de l'estomac ; cependant les individus qui en abusent éprouvent des symptômes fâcheux, tels que la destruction de l'émail des dents, un sentiment de constriction et d'âcreté dans la gorge, la cardialgie, la toux, l'amaigrissement qui est la suite de l'altération des digestions, et le racornissement du canal digestif, des glandes lymphatiques et de quelques autres organes.

On les emploie avec le plus grand succès dans les fièvres bilieuses, principalement celles qui sont continues ou rémittentes, dans les fièvres adynamiques et putrides, dans le scorbut avec ou sans dévoiement, dans les diarrhées bilieuses très-considérables, dans celles qui sont anciennes, dans les hémorrhagies passives du poumon, de l'utérus, de la vessie urinaire, du conduit alimentaire; dans les catarrhes chroniques de ces divers organes, dans les hydropisies atoniques. Sydenham et quelques autres auteurs en ont obtenu de très-bons effets dans la petite-vérole, lorsque la suppuration languit, qu'elle est d'un mauvais caractère, et qu'il se développe des pétéchies dans l'intervalle des

boutons. Ils sont contre-indiqués au debut de la phthisie
pulmonaire et dans les phlegmasies aiguës, principalement dans celles du thorax. Pour les administrer on les
mêle avec de l'eau jusqu'à ce que celle-ci ait un degré
d'acidité agréable au goût, et on fait prendre plusieurs
verres de ce liquide dans la journée.

Les acides affaiblis sont employés à l'extérieur comme
astringens, dans les hémorrhagies des petits vaisseaux, et
dans les écoulemens passifs ou par relâchement; on s'en
sert aussi quelquefois comme répercussifs dans certaines
éruptions cutanées ; mais la répercussion qu'ils déterminent
peut souvent être dangereuse.

Les acides concentrés agissent tous comme de puissans
escharotiques ; ils irritent, enflamment, ulcèrent les parties avec lesquelles on les met en contact, et donnent lieu
aux symptômes de l'empoisonnement produit par les poisons corrosifs et âcres. (*Voyez ma Toxicologie générale.*)
Cependant les médecins les prescrivent quelquefois avec
succès à l'extérieur : ainsi ils sont avantageux pour détruire les poireaux, les verrues, la pustule maligne, etc. ;
ils entrent dans la composition de certains onguens dont
on se sert pour exciter la peau dans quelques maladies
chroniques de cet organe.

De l'Acide borique.

L'acide borique se trouve pur dans la nature : on le
rencontre dans les lacs de Castelnuovo, de Montecerboli,
et de Cherchiajo en Toscane ; il se trouve aussi dans plusieurs lacs des Indes ; mais alors il est uni à la soude.

89. L'acide borique pur est solide, et peut être obtenu
sous deux états, 1°. fondu et privé d'eau ; 2°. combiné
avec ce liquide à l'état d'hydrate. *Acide borique privé
d'eau.* Il est sous la forme d'un verre transparent, incolore, inodore, et doué d'une légère saveur acide ; sa pe-

santeur spécifique est de 1,803. Il est fusible et n'éprouve aucune autre altération de la part du calorique. Exposé à l'action d'une forte pile *électrique*, il est décomposé en petite quantité; l'oxigène se rend au pole vitré, et le bore au pole résineux. Aucun des corps simples précédemment étudiés n'a d'action sur lui, tant l'affinité qui réunit ses élémens est considérable. Il attire assez fortement l'humidité de l'air, et se recouvre d'écailles opaques pulvérulentes, composées d'acide borique et d'eau. Il ne se dissout que dans cinquante parties environ d'eau bouillante : ce *solutum* dépose par le refroidissement une grande partie de l'acide hydraté sous la forme d'écailles blanches; si on le fait évaporer, il cristallise en lames hexagonales; il rougit l'*infusum* de tournesol et n'a aucune action sur la teinture de violette.

Acide borique combiné avec l'eau. Il est formé, suivant M. Davy, de 100 parties d'acide, et de 132,55 parties d'eau; il est sous la forme de petites paillettes ou d'écailles blanches, douces au toucher; sa pesanteur spécifique est de 1,479; lorsqu'on le chauffe, il se fond et perd l'eau qui, en se vaporisant, entraîne une portion d'acide; la volatilisation de cet acide au moyen de ce liquide peut être encore plus facilement démontrée, en mettant dans une cornue une pâte faite avec de l'acide hydraté et un peu d'eau : à mesure que l'on chauffe le vase, l'acide vient cristalliser dans le récipient.

Il ne se combine avec aucun des *oxides* dont nous avons parlé jusqu'à présent. Il a été découvert en 1702 par Homberg. Il est quelquefois employé dans l'analyse des pierres. Plusieurs médecins l'ont préconisé comme un très-bon calmant dans les spasmes, les douleurs nerveuses, l'épilepsie, la manie, etc., et l'ont administré en poudre, en pilules ou dissous dans l'eau à la dose de 3,7 ou 10 grains; mais il est aujourd'hui presqu'entièrement abandonné.

I.

De l'Acide carbonique.

L'acide carbonique existe très-abondamment dans la nature : à l'état de gaz il entre pour une très-petite partie dans la composition de l'air atmosphérique ; on le rencontre aussi sous cet état dans certaines grottes des pays volcaniques, comme, par exemple, dans la grotte du chien, près de Pouzzole, dans le royaume de Naples ; à l'état liquide il se trouve dans un très-grand nombre d'eaux minérales ; enfin il fait partie d'une multitude de substances solides, principalement des carbonates, des enveloppes des mollusques, des crustacés, etc. Lorsqu'il est dégagé des corps avec lesquels on se le procure, il est gazeux : nous allons donc l'étudier sous cet état.

Du Gaz acide carbonique.

90. Le gaz acide carbonique est incolore, élastique, transparent, doué d'une saveur légèrement aigrelette et d'une odeur piquante ; sa pesanteur spécifique est de 1,5196 : il éteint les corps enflammés ; que l'on prenne deux éprouvettes, l'une pleine de gaz acide carbonique et dont l'ouverture soit en bas, l'autre remplie d'air atmosphérique, et dans une position opposée ; que l'on adapte l'une à l'autre les deux ouvertures ; quelques instans après on remarquera que le gaz acide carbonique s'est précipité en vertu de son poids dans la cloche inférieure, tandis que la cloche supérieure contiendra de l'air atmosphérique : aussi une bougie allumée continuera-t-elle à brûler dans celle-ci, et elle sera éteinte dans l'autre.

91. Il n'est point décomposé par le *calorique*. Il réfracte la *lumière* ; sa puissance réfractive est de 1,00476. Soumis à un courant d'étincelles *électriques*, il est décomposé suivant M. Henry, et il fournit du gaz oxigène et du gaz oxide de carbone. Il n'éprouve aucune

altération de la part du *gaz oxigène*. Lorsqu'on fait passer à travers un tube de porcelaine rouge un mélange de deux parties de *gaz hydrogène* et d'une partie de gaz *acide carbonique*, celui-ci est décomposé, et il se forme de l'eau et du gaz oxide de carbone. L'action du *bore* sur ce gaz est inconnue.

92. Le *charbon* que l'on a éteint dans le mercure après l'avoir fait rougir, absorbe trente-cinq fois son volume de gaz acide carbonique. Si l'on fait passer à plusieurs reprises ce gaz à travers du charbon rouge, placé dans un tube de porcelaine, il perd une partie de son oxigène qui se porte sur le charbon, et l'on n'obtient que du gaz oxide de carbone. *Expérience.* On prend une vessie que l'on remplit de gaz acide carbonique; on l'adapte à l'une des extrémités d'un tuyau de porcelaine disposé dans un fourneau à réverbère et contenant du charbon; lorsque celui-ci est rouge, on presse doucement la vessie afin de faire passer le gaz à travers le charbon et le faire rendre dans une vessie vide qui se trouve à l'autre extrémité du tuyau; aussitôt que celle-ci est remplie par le gaz on la presse pour le faire repasser dans la première, et ainsi de suite, jusqu'à ce que l'on ait obtenu du gaz oxide de carbone.

93. Le *soufre*, l'*iode*, le *chlore* et l'*azote* n'exercent sur lui aucune action chimique. L'air *atmosphérique* peut se mêler avec lui.

P. E. L'eau dissout son volume de gaz acide carbonique à la température et à la pression ordinaires; elle en dissout cinq à six fois autant lorsqu'on augmente convenablement la pression, pourvu que la température reste la même : dans tous les cas, le produit est de l'acide carbonique liquide, incolore, inodore, et doué d'une saveur aigrelette; chauffé, il bout promptement et perd le gaz qui peut être recueilli dans des cloches pleines d'eau ou de mercure; le même phénomène a lieu lorsqu'on le place dans le vide. Les *oxides* précédemment étudiés, et l'acide *borique*, n'exercent aucune action sur le gaz acide carbonique. Il est formé de 27,376 de carbone, et de 72,624 d'oxigène.

L'acide carbonique n'est guère employé qu'en médecine. Les animaux qui le respirent sont asphyxiés au bout de quelques minutes : aussi voit-on les accidens les plus graves se manifester quelquefois chez les brasseurs, dans les celliers au-dessus des cuves en fermentation, dans les fours à chaux, et par-tout où il est mis à nu. On a proposé de le faire inspirer dans certains cas d'irritation pulmonaire où il serait utile de ralentir la conversion du sang veineux en sang artériel, mais on s'en sert rarement. Les eaux minérales acidules, naturelles et factices, sont formées par cet acide liquide que l'on doit regarder comme un excellent diurétique ; il est aussi rafraîchissant et anti-spasmodique. Il peut être employé avec le plus grand succès pour prévenir la formation du gravier et pour favoriser la dissolution de celui qui est déjà formé. Nous avons vu souvent certaines douleurs néphrétiques, calculeuses, très-aiguës, diminuer singulièrement d'intensité par l'usage de ce médicament. Il convient encore dans tous les cas où les acides affaiblis sont indiqués (*Voyez* p.127). La dose est d'un ou de deux verres par jour.

De l'Acide hypo-phosphoreux.

Cet acide vient d'être découvert par M. Dulong ; il est constamment le produit de l'art ; lorsqu'il est concentré, il est sous la forme d'un liquide visqueux fortement acide et incristallisable. Soumis à l'action d'une température élevée dans un vaisseau de verre, il se décompose ; l'hydrogène de l'eau qu'il renferme s'empare d'une portion de phosphore, forme du gaz hydrogène phosphoré ; un peu de phosphore se sublime, et l'acide hypo-phosphoreux ayant perdu par ce

moyen une assez grande quantité de phosphore et ayant absorbé, d'ailleurs, l'oxigène de l'eau décomposée, se trouve
transformé en acide phosphorique qui se combine en grande
partie avec le verre. Il forme avec les oxides métalliques des
sels excessivement solubles. Il paraît composé de 100 parties de phosphore et de 37,44 d'oxigène. Il est sans usages.

De l'Acide phosphoreux.

94. Cet acide a été découvert par M. Davy dans ces
derniers temps ; il ne se trouve pas dans la nature. Il
paraît formé de 100 parties de phosphore et de 74,88
d'oxigène. M. Dulong a prouvé qu'il forme avec les
oxides métalliques des phosphites, sels particuliers distincts des phosphates et des hypo-phosphites. Il est sans
usages.

De l'Acide phosphorique.

95. L'acide phosphorique n'a jamais été trouvé pur
dans la nature. Il y existe souvent combiné avec des oxides
métalliques, par exemple, dans le phosphate de chaux, de
plomb, etc.

L'acide phosphorique est solide, incolore, inodore,
très-sapide et plus pesant que l'eau. Soumis à l'action du
calorique dans un creuset de platine, il fond, se vitrifie et
se volatilise si la température est assez élevée : ce dernier phénomène n'aurait pas lieu si l'on faisait usage d'un
creuset de terre, parce qu'alors l'acide se combinerait avec
quelques-uns des élémens du creuset et formerait des composés fixes. Ainsi vitrifié l'acide phosphorique contient une
quantité d'eau dont l'oxigène est le tiers de celui qui entre
dans la composition de l'acide. Il est parfaitement transparent
et réfracte la *lumière*. Lorsqu'on l'humecte légèrement
et qu'on l'expose à un courant de fluide électrique, il est
décomposé en oxigène et en phosphore qui se rendent, le
premier au pole vitré, et le dernier au pole résineux.

96. Le gaz *oxigène* n'exerce aucune action sur lui. Si l'on fait passer du gaz *hydrogène* à travers un tuyau de porcelaine incandescent, contenant de l'acide phosphorique, celui-ci est décomposé; il se forme de l'eau, du gaz hydrogène phosphoré, et il y a du phosphore mis à nu. On ne connaît point l'action du *bore* sur cet acide.

97. Le *charbon* lui enlève son oxigène à une température élevée, et il en résulte du gaz acide carbonique, du gaz oxide de carbone et du phosphore. Cette expérience peut être faite dans un creuset avec une partie d'acide vitrifié en poudre, et trois parties de charbon; on ne tarde pas à voir le phosphore s'enflammer; mais on la pratique ordinairement dans une cornue de grès à laquelle on adapte une allonge, un récipient contenant de l'eau, et un tube qui se rend dans la cuve pneumato-chimique: l'acide et l'eau qu'il renferme sont décomposés; l'oxigène forme avec le charbon du gaz oxide de carbone ou du gaz acide carbonique, tandis que l'hydrogène donne naissance à du gaz hydrogène carboné et à du gaz hydrogène phosphoré. Le *phosphore*, le *soufre*, l'*iode*, le *chlore* et l'*azote* n'ont point d'action sur l'acide phosphorique. Exposés à l'*air* atmosphérique, l'acide phosphorique floconneux et celui qui a été vitrifié attirent rapidement l'humidité et deviennent liquides s'ils sont purs; il n'en est pas de même lorsque l'acide vitrifié renferme de la chaux; dans ce cas il l'absorbe lentement.

Si l'on met dans l'*eau* les flocons d'acide phosphorique obtenus au moyen du phosphore et du gaz oxigène, ils s'y dissolvent rapidement, avec dégagement de calorique, et produisent un bruit analogue à celui que fait naître un fer rouge plongé dans le même liquide. Une partie d'eau peut dissoudre 4 à 5 parties d'acide phosphorique, qui porte alors le nom d'*acide liquide*. Les *oxides* et les *acides* étudiés précédemment n'exercent sur lui aucune action chimique. L'acide phosphorique est formé, d'après M. Thompson, de 100 parties de phosphore et de 121,28 d'oxigène ; et, d'après M. Dulong, de 100 de phosphore et de 124,8 d'oxigène. On l'emploie quelquefois dans l'analyse des pierres gemmes. Il a été administré dans la carie vénérienne , dans la phthisie pulmonaire et dans les cas d'épuisement par l'abus des plaisirs vénériens ; mais il faut de nouvelles et nombreuses observations pour adopter l'opinion de Lentin, qui le regarde comme un excellent médicament dans ces maladies. On en donne de 20 à 25 gouttes par jour dans un verre d'eau sucrée.

De l'Acide phosphatique.

98. M. Dulong vient d'appeler ainsi l'acide qui se trouve décrit dans les ouvrages de chimie sous le nom d'*acide phosphoreux*. Il pense que cet acide n'est autre chose qu'une combinaison d'acide phosphorique et de l'acide phosphoreux découvert par M. Davy : ces deux acides seraient combinés entre eux comme les élémens d'un sel.

L'acide phosphatique est toujours un produit de l'art ; on n'a pu l'obtenir jusqu'à présent qu'à l'état liquide et combiné avec de l'eau.

99. Il est incolore, visqueux, doué d'une forte saveur et d'une odeur légèrement alliacée ; il est plus pesant que l'eau. Soumis à l'action du *calorique* dans une petite fiole, il s'épaissit, perd une portion de l'eau qu'il renferme, s'enflamme, répand une odeur alliacée et passe à l'état d'acide phosphorique solide ; si l'expérience se fait dans des vaisseaux fermés, on voit qu'il se dégage du gaz hydrogène phosphoré. Il est évident qu'une portion de l'eau est décomposée à cette température ; l'hydrogène dissout un peu de phosphore, et forme du gaz hydrogène phosphoré susceptible de s'enflammer à l'air , tandis

que l'oxigène porte le phosphore au maximum d'oxidation et le change en acide phosphorique. *Le fluide électrique* et les autres corps étudiés précédemment, excepté l'iode, agissent sur l'acide phosphatique comme sur l'acide phosphorique. *L'iode* décompose l'eau qui entre dans sa composition, s'empare de son hydrogène pour former de l'acide hydriodique, tandis que l'oxigène fait passer l'acide phosphatique à l'état d'acide phosphorique. Le *chlore* exerce-t-il la même action ?.... L'acide phosphatique a été examiné d'abord par M. Sage ; il est formé, d'après M. Thompson, de 100 parties de phosphore et de 110,39 d'oxigène. Suivant M. Dulong, il contiendrait 100 de phosphore et 112,4 d'oxigène.

Du Gaz sulfureux.

Le gaz acide sulfureux se trouve rarement dans la nature ; on ne le rencontre qu'aux environs des volcans, là où le soufre brûle.

100. Il est incolore, élastique, transparent, doué d'une saveur forte, désagréable et d'une odeur suffocante qui le *caractérise* : en effet, elle est la même que celle du soufre enflammé ; sa pesanteur spécifique est de 2,1930 ; il fait passer d'abord au rouge la couleur bleue de l'*infusum* de tournesol, mais il ne tarde pas à la jaunir. Il est indécomposable par le *calorique*, et il ne change pas d'état par un froid de 50° — 0. Il réfracte la *lumière* ; mais sa puissance réfractive n'est point connue. *Le fluide électrique* agit sur lui comme sur l'acide sulfurique. Il n'éprouve aucune action de la part du gaz *oxigène*, et si l'on parvient à le combiner avec lui et à en faire de l'acide sulfurique, c'est à l'aide d'un troisième corps dont nous parlerons plus bas.

101. Aucune des substances simples non métalliques n'agit sur lui à froid ; cependant il en est un certain nombre qui le décomposent complètement si on élève la température

en le faisant passer dans un tube de porcelaine incandescent. Le gaz *hydrogène*, par exemple, lui enlève son oxigène, forme de l'eau, et le soufre est mis à nu. Lorsque le gaz hydrogène est en excès et que la température n'est pas très-élevée, on obtient du gaz acide hydro-sulfurique (hydrogène et soufre). Le *bore* n'a pas été mis en contact avec le gaz acide sulfureux; il est probable qu'il peut s'emparer aussi de son oxigène. Le *charbon,* à une température rouge, le décompose, se combine avec l'oxigène, passe à l'état de gaz acide carbonique ou de gaz oxide de carbone, et met le soufre à nu; une mesure de charbon de buis absorbe 65 mesures de gaz acide sulfureux. On ne connaît pas l'action qu'exerce sur lui le *phosphore.* S'il est parfaitement sec, il n'éprouve aucune altération de la part du *soufre*, de l'*iode*, du *chlore* gazeux et de l'*azote*; l'*iode* et le *chlore* agissent au contraire sur lui s'il est humide ou dissous dans l'eau, comme nous le dirons en parlant de l'acide sulfureux liquide; il n'est pas altéré par l'*air* parfaitement sec, et il n'y répand pas de vapeurs.

102. L'*eau,* à la température de 20° et à la pression de 28 pouces, peut dissoudre 37 fois son volume de gaz acide sulfureux. Un fragment de glace introduit dans une cloche remplie de ce gaz et disposée sur la cuve à mercure, ne tarde pas à se liquéfier. L'acide *sulfureux liquide* concentré a la même saveur et la même odeur que le gaz; il s'affaiblit par l'action de la chaleur, qui en dégage presque tout l'acide. L'*iode* le transforme en acide sulfurique et passe à l'état d'acide hydriodique; d'où l'on voit que l'eau de l'acide sulfureux est décomposée par le concours de deux forces, savoir, l'affinité de l'iode pour l'hydrogène et celle de l'acide sulfureux pour l'oxigène. Il en est à-peu-près de même du chlore : en effet, en vertu des mêmes forces il se forme de l'acide sulfurique d'une part, et de l'acide hydro-chlorique de l'autre. Mis en contact avec le gaz

óxigène, il l'absorbe et passe à l'état d'acide sulfurique; il agit de même sur l'air atmosphérique.

Le gaz acide *sulfureux* n'éprouve aucune altération de la part du *protoxide* et du *deutoxide d'azote*. On ignore quelle est son action sur le gaz *oxide de carbone* et sur l'*oxide de phosphore*. Les acides *borique*, *carbonique*, *phosphorique* et *phosphoreux*, ne paraissent pas agir sur lui. Stahl considéra le premier l'acide sulfureux comme un corps particulier. Il est formé, d'après M. Gay-Lussac, de 100 parties de soufre, et de 92 parties d'oxigène en poids. M. Berzelius y admet au contraire 97,96 d'oxigène.

On emploie le gaz acide sulfureux pour désinfecter les vêtemens et l'air des espaces circonscrits non habités; des expériences récentes prouvent qu'il doit être préféré au chlore et au vinaigre pour parfumer les lettres qui viennent des endroits pestiférés; il sert à blanchir la soie et à enlever les taches de fruits sur le linge. *Action sur l'économie animale*. Ce gaz doit être regardé comme un excitant énergique; il irrite les surfaces avec lesquelles il est mis en contact et détermine l'éternuement, le larmoiement, la toux, la suffocation, etc. suivant qu'il est appliqué sur la membrane pituitaire, sur la conjonctive, ou qu'il pénètre dans les bronches; son impression sur la peau est moins vive que sur les autres tissus. S'il est pur il peut déterminer l'asphyxie et la mort. Le gaz acide sulfureux constitue à lui seul les fumigations sulfureuses dont l'emploi devient si général dans les maladies cutanées chroniques: les gales les plus invétérées cèdent à ce traitement, qui n'exige du reste aucune sorte de régime; certaines affections pédiculaires, des dartres, même héréditaires; des pustules syphilitiques, le prurigo, la teigne, invétérés et regardés comme incurables, ont souvent été guéris par ces fumigations; des douleurs sciatiques, arthritiques et rhumatismales chroniques ; des paralysies locales , des engorgemens scrophuleux , ont été combattus avec le plus grand succès par ce médicament. On peut l'employer dans les amauroses commençantes , dans les défaillances , les syncopes et les asphyxies. En général , on prépare ce gaz pour l'usage médical , en faisant fondre le soufre avec le contact de l'air.

De l'Acide sulfurique.

L'acide sulfurique a été trouvé dans plusieurs grottes , dans les environs de certains volcans et dans quelques eaux minérales ; mais le plus ordinairement on le rencontre uni à la chaux , la potasse , la soude , etc. Lorsqu'il a été préparé convenablement , il contient toujours de l'eau et se présente sous la forme d'un liquide incolore , inodore , d'une consistance oléagineuse et d'une saveur acide très-forte ; sa pesanteur spécifique est plus grande que celle de l'eau : le plus concentré pèse environ 1.85. Il noircit et réduit en bouillie la majeure partie des substances végétales et animales.

103. Soumis à l'action du *calorique* dans des vaisseaux fermés , il bout à 300° thermomètre centigrade et peut être distillé : pour cela on prend une cornue de verre recouverte d'un lut de terre glaise et de sable , on y introduit de l'acide sulfurique concentré et deux ou trois petits fragmens de verre hérissés de pointes ; on la place dans un fourneau à réverbère ; on en fait rendre le col dans un récipient et on la chauffe graduellement : l'acide entre en ébullition , se vaporise et vient se condenser dans le récipient. Cette opération est dangereuse surtout par les soubresauts qui ont lieu dans la cornue lorsqu'on n'a pas mis de verre , et par le refroidissement subit qu'éprouve la vapeur acide en tombant dans le col de la cornue et dans le récipient ; les vases ne doivent pas être

lutés, et l'on doit éviter l'emploi des bouchons de liége; car ils seraient charbonnés par l'acide. Si l'on fait passer l'acide sulfurique à travers un tube de verre incandescent, il se décompose et se transforme en gaz oxigène et en gaz acide sulfureux. Si au lieu de chauffer cet acide on le refroidit, il se congèle et cristallise, propriété qu'il doit à l'eau qui entre dans sa composition; ce phénomène a même lieu au-dessus de zéro lorsque l'acide est étendu d'un peu d'eau. La *lumière* ne lui fait éprouver aucune action chimique. Le fluide *électrique* le décompose et en sépare du soufre qui se rend au pole résineux, et de l'oxigène qui se combine avec un peu d'acide sulfurique et avec le fil de platine qui représente le pole vitré. Le gaz *oxigène* est sans action sur l'acide sulfurique.

104. Le gaz *hydrogène* ne le décompose qu'à une température élevée; par exemple, dans un tube de porcelaine chauffé au rouge, il se forme alors de l'eau, du gaz acide sulfureux ou du soufre; quelquefois aussi il y a production de gaz acide hydro-sulfurique, principalement lorsque le gaz hydrogène est en excès et que la température n'est pas très-élevée. Le *bore* décompose probablement l'acide sulfurique; mais l'expérience n'a pas encore été faite.

P. E. Si l'on fait chauffer dans une petite fiole du *charbon* pulvérisé et de l'acide sulfurique concentré, celui-ci perd une partie de son oxigène, se transforme en gaz acide sulfureux, facile à reconnaître à son odeur piquante, qui est la même que celle du soufre enflammé, et le charbon passe à l'état de gaz acide carbonique. Si la température est beaucoup plus élevée et le charbon en excès, l'acide est complètement décomposé, et il en résulte du soufre et du gaz oxide de carbone; enfin il peut arriver que l'eau de l'acide soit également décomposée par le charbon : dans ce cas on obtient du gaz hydrogène carboné, et une nouvelle quantité de gaz oxide de carbone. Cette expérience peut être faite dans un tube de porcelaine. Le *phosphore*, à la température de 100° à 150° enlève également à l'acide sulfurique une partie de son oxigène, le fait passer à l'état de gaz acide sulfureux, et se transforme en acide phosphoreux ou phosphorique. Le *soufre* n'exerce aucune action sur l'acide sulfurique à froid ; mais si on élève la température jusqu'à 200° ; il lui enlève assez d'oxigène pour le faire passer et pour passer lui-même à l'état de gaz acide sulfureux. L'*iode*, le *chlore* et l'*azote* ne décomposent point cet acide.

105. L'acide sulfurique concentré et pur, exposé à l'air, en attire l'humidité et s'affaiblit ; il change en outre de couleur, brunit et finit par noircir : ce phénomène dépend de ce qu'il absorbe les molécules végétales et animales suspendues dans l'atmosphère, et qu'il les charbonne en les décomposant : du reste nous donnerons plus de détails sur cette décomposition en faisant l'histoire des substances végétales.

106. *P. E.* Si l'on mêle parties égales d'*eau* et d'acide sulfurique concentré, la température s'élève à 84° th. cent. ; 4 parties du même acide et 1 partie d'eau font monter le même thermomètre à 105° : dans l'un et dans l'autre cas le volume du mélange diminue très-sensiblement, comme on peut s'en convaincre par l'expérience suivante : On introduit dans un tube de verre long de 30 pouces et bouché par l'une de ses extrémités, assez d'acide sulfurique concentré pour le remplir jusqu'à moitié ; le tube étant tenu perpendiculairement, on y verse de l'eau jusqu'à ce qu'il soit plein ; on le bouche, et on le renverse de manière à ce que le bouchon se trouve en bas ; l'eau, plus légère que l'acide, ne tarde pas à s'élever ; les deux liquides se mêlent et s'échauffent au point que le tube ne peut plus être tenu entre les mains : au bout de quelques minutes, on remarque, à la partie supérieure du tube, un

espace vide qui prouve la diminution de volume des deux liquides, puisqu'il ne s'en est pas écoulé une seule goutte pendant l'expérience. Le thermomètre monte encore de plusieurs degrés lorsqu'on mêle 4 parties d'acide concentré et une partie de glace pilée ; il descend au contraire à — 20° en mêlant 4 parties de glace et une partie d'acide : ce dernier phénomène dépend de ce que la glace absorbe beaucoup de calorique aux corps qui l'environnent, pour passer de l'état solide à l'état liquide. A la fin de ces expériences, l'acide sulfurique se trouve plus ou moins affaibli, et on peut le ramener à son degré primitif de concentration, qui est de 66° à l'aréomètre de Baumé, au moyen de l'ébullition.

Le gaz *oxide* de *carbone* peut enlever à l'acide sulfurique une portion de son oxigène, pourvu que la température soit assez élevée ; il en est probablement de même de l'*oxide* de *phosphore*. Le gaz *protoxide* d'*azote* n'exerce aucune action sur cet acide.

107. L'acide *borique* peut se combiner avec l'acide sulfurique, et donner naissance à un produit que M. Thenard a proposé d'appeler acide *sulfuro-borique* : ce composé, solide, brillant et comme nacré, est sous la forme de larges écailles ; chauffé dans un creuset, il répand des vapeurs blanches, piquantes, formées par l'acide sulfurique qui se dégage. Les acides *carbonique* et *phosphorique* sont sans action sur l'acide sulfurique.

108. Lorsqu'on fait passer un courant de gaz acide *sulfureux* à travers de l'acide *sulfurique* blanc et très-pur, celui-ci acquiert une odeur forte et une couleur jaune brunâtre ; il fume quand on l'expose à l'air, et devient solide par une diminution moyenne de température : on l'appelle acide sulfurique *glacial*. Cet acide, que l'on regarde comme de l'acide sulfurique chargé de gaz acide sulfureux, plus concentré que l'acide sulfurique ordinaire, laisse sublimer par l'ac-

tion de la chaleur, des cristaux composés, d'après M. Dulong, d'acide sulfurique et d'une très-petite quantité d'eau.

Bazile Valentin est le premier qui ait parlé de l'acide sulfurique. Lavoisier en a fait connaitre la nature. Plusieurs chimistes ont cherché à déterminer les proportions de soufre et d'oxigène qui entrent dans sa composition ; il est formé, d'après M. Gay-Lussac, de 2 parties de gaz acide sulfureux et d'une partie de gaz oxigène en volume ; de 100 parties de soufre , et de 138 parties d'oxigène en poids.

Usages. L'acide sulfurique sert à préparer la plupart des acides, l'alun, la soude, l'éther, le sublimé corrosif, etc. ; il est employé pour dissoudre l'indigo ; les tanneurs s'en servent pour gonfler les peaux ; enfin il est d'un usage commun comme réactif. Ses propriétés médicales ont été exposées en parlant des acides en général ; mais nous devons ajouter qu'il est le plus astringent de tous, qu'il fait partie de l'eau de Rabel (voyez *Alcool*), qu'il entre pour un dixième dans une pommade résolutive dont on se sert avec succès dans le cas d'ecchymoses et dans les gales chroniques, enfin qu'il suffit de l'étendre de beaucoup d'eau pour avoir la *limonade minérale,* qui est une boisson fort agréable, et dont on peut tirer parti dans beaucoup de fièvres.

De l'Acide iodique.

109. L'acide iodique est constamment le produit de l'art ; il est solide, blanc, demi-transparent, inodore, plus pesant que l'acide sulfurique, et doué d'une saveur fort aigre et astringente ; il rougit d'abord les couleurs bleues végétales et les détruit ensuite. Si on élève sa *température* jusqu'à 200° environ, il se décompose entièrement et se transforme en iode et en gaz oxigène. Chauffé avec du *charbon* ou du *soufre,* il est décomposé, cède son oxigène

à ces corps simples, et il se produit une détonnation. Il est inaltérable dans un air sec, légèrement déliquescent dans un air humide et très-soluble dans l'eau. Sa dissolution évaporée devient pâteuse, et donne de l'acide iodique solide privé d'eau.

110. L'acide *borique* solide se dissout à l'aide de la chaleur dans la dissolution de cet acide. L'acide *phosphoreux* le décompose en partie, et passe à l'état d'acide phosphorique; pourvu qu'on élève un peu la température; il se dégage de l'iode, et la portion d'acide non décomposée se combine avec l'acide phosphorique produit. Si l'on verse de l'acide *sulfurique* ou *phosphorique* goutte à goutte dans une dissolution concentrée et chaude d'acide iodique, il se forme un précipité solide, composé d'eau, d'acide iodique, et de l'un ou de l'autre des acides ajoutés; ce précipité est fusible par la chaleur, et donne par le refroidissement des cristaux d'une couleur jaune pâle. *P. E.* L'acide *sulfureux*, versé dans la dissolution de cet acide, le décompose, lui enlève son oxigène et en sépare l'*iode* instantanément. L'acide iodique est sans usages. Il a été découvert en 1814 par M. Gay - Lussac; mais ce savant ne l'avait obtenu qu'à l'état liquide et combiné avec un peu d'acide sulfurique. M. H. Davy a décrit le premier les propriétés de l'acide iodique pur, privé d'eau.

De l'Acide chloreux.

111. Cet acide n'existe dans la nature ni libre ni combiné; il est désigné dans différens ouvrages sous les noms d'*euchlorine*, d'*oxide* de *chlore* et d'*acide muriatique suroxigéné*. Obtenu par l'art, il se présente sous la forme d'un gaz d'une couleur jaune verdâtre très-foncée qui le caractérise, doué d'une odeur qui tient en partie de celle du chlore et du sucre brûlé; il rougit l'*infusum* de tournesol; mais il ne

tarde pas à en détruire la couleur : sa pesanteur spécifique est de 2,41744.

112. *P. E.* Le calorique le décompose et le transforme
en chlore, et en gaz oxigène ; ce phénomène a lieu avec
détonnation et à une température très-basse ; la chaleur de
la main suffit quelquefois pour le produire ; 100 parties de
ce gaz décomposé donnent 80 parties de chlore et 40
parties de gaz oxigène ; d'où il résulte que son volume est
moindre que celui des gaz qui entrent dans sa composition.

113. Le gaz acide chloreux est décomposé lorsqu'on en
fait détonner une partie avec deux parties de gaz *hydrogène* ;
celui-ci s'empare de son oxigène pour former de l'eau ;
tandis que le chlore, en s'unissant à une autre portion d'hydrogène, donne naissance à de l'acide hydro-chlorique.
L'action du *bore* sur ce gaz est inconnue. Le *charbon*
rouge lui enlève l'oxigène et ne tarde pas à s'éteindre : il
en résulte du chlore et du gaz acide carbonique. Le *phosphore* s'empare aussi de son oxigène avec explosion et
avec un grand dégagement de lumière ; il se forme de l'a-
cide phosphorique et du chlorure de phosphore (chlore
et phosphore). Le *soufre* plongé dans ce gaz ne produit
d'abord aucun phénomène ; mais tout-à-coup l'action la
plus violente se manifeste, et il y a formation de gaz acide
sulfureux et de chlorure de soufre (chlore et soufre).
L'*iode* le décompose même à froid, s'empare de son
oxigène, passe à l'état d'acide iodique anhydre blanc,
et le chlore, en se combinant avec une portion d'iode,
forme un composé orangé volatil. Le *chlore* n'exerce sur
lui aucune action. L'*eau*, à la température de 20° et à la
pression de 28 pouces, peut dissoudre huit à dix fois son
volume de ce gaz ; le *solutum* constitue l'acide chloreux
liquide. Il est probable que les *acides* sulfureux et phophoreux
dissous dans l'eau passent à l'état d'acide sulfurique et
phosphorique au moyen de l'oxigène de l'acide chloreux.

La possibilité d'obtenir cet acide avec les chlorates (muriates suroxigénés) avait été pressentie par M. Berthollet; mais c'est M. Davy qui l'a préparé le premier. Il est composé, d'après ce chimiste, de 100 parties de chlore et de 22,79 d'oxigène en poids. Il est sans usages.

114. M. Davy a fait connaître, en mai 1815, un autre gaz composé aussi d'oxigène et de chlore, auquel il n'a pas donné de nom; il offre une couleur plus brillante que le précédent; il est plus soluble dans l'eau; sa dissolution aqueuse est d'un jaune foncé et a une saveur extrêmement astringente et corrosive; il a une odeur particulière beaucoup plus aromatique; il ne rougit point les couleurs bleues, mais les détruit; sa pesanteur spécifique paraît être de 2,3144; il fait explosion avec plus de violence que le précédent lorsqu'on le chauffe à-peu-près jusqu'à la température de l'eau bouillante. Le phosphore paraît être, parmi les corps simples non métalliques, le seul qui puisse le décomposer à froid.

De l'Acide chlorique.

L'acide chlorique, découvert par M. Gay-Lussac en 1814, ne se trouve jamais dans la nature, mais il fait partie constituante des *chlorates*, sels préparés par l'art, et connus jusqu'à ce jour sous le nom de *muriates suroxigénés*.

115. L'acide chlorique pur est toujours liquide et incolore; il n'a pas sensiblement d'odeur, à moins qu'on ne le chauffe un peu; quand il est concentré sa consistance est un peu oléagineuse; sa saveur est très-acide; il rougit fortement l'*infusum* de tournesol, et en détruit la couleur au bout de quelques jours. Par une douce *chaleur* on peut le concentrer sans qu'il se décompose et sans qu'il se volatilise; chauffé plus fortement, une partie se décompose et donne de l'oxigène et du chlore; l'autre se volatilise sans changer de nature. La *lumière* ne l'altère pas; il ne paraît

pas éprouver de changement à l'*air*. *P. E.* L'acide *sulfu-*
reux le décompose même à froid, lui enlève son oxigène,
et le chlore est mis à nu. Il est formé, d'après M. Gay-
Lussac, de 1 de chlore et de 2,5 d'oxigène en volume; ou
de 100 de chlore et de 113,95 d'oxigène en poids; il ne sert
qu'à former les chlorates.

De l'Acide nitreux.

Cet acide est constamment le produit de l'art; on peut
l'obtenir sous deux états différens, 1° à l'état liquide, sans
eau ou anhydre; 2° à l'état gazeux, et alors il est mêlé
avec quelques gaz.

116. *De l'Acide nitreux liquide sans eau.* Cet acide a
été remarqué pour la première fois par M. Berzelius, étudié ensuite par M. Gay-Lussac; enfin M. Dulong vient de
faire sur lui un travail très-intéressant.

Il se présente sous la forme d'un liquide dont la couleur
varie suivant la température; il est jaune orangé entre les
limites de 15° à 28°+0 th. c.; il est jaune fauve à 0°; il est
presque incolore à — 10°; il est sans couleur à — 20°; au-
dessus de 28°+0 il devient rouge, et cette couleur est encore
plus foncée si on élève davantage sa température; sa pesanteur spécifique est de 1,451; il est doué d'une saveur
caustique très-forte et d'une odeur désagréable.

117. Il entre en ébullition à la température de 28°, la
pression de l'air étant égale à 76 centimètres de mercure,
et il se transforme en gaz acide nitreux d'un rouge très-
foncé; soumis à un froid artificiel de — 10°, il se congèle
en une masse blanche parfaitement transparente qui répand
des vapeurs orangées lorsqu'on la met en contact avec l'air
dont la température est à 4° ou 5° + 0 (1). En le faisant

(1) Nous avons constaté ce phénomène avec de l'acide nitreux
anhydre préparé en décomposant le nitrate de plomb.

passer à travers des fils de fer ou de cuivre très-fins chauffés jusqu'au rouge, il se décompose, cède son oxigène à l'un ou à l'autre de ces métaux, et il se dégage du gaz azote; on obtient à peine du gaz hydrogène; ce qui prouve que cet acide ne renferme pas d'eau.

118. Lorsqu'on l'agite avec une grande quantité d'*eau*, il se décompose, perd une grande partie de gaz nitreux qui se dégage, et passe à l'état d'acide nitrique blanc. Si au contraire on verse un peu de cet acide goutte à goutte dans une masse d'*eau*, le mélange acquiert une couleur verte foncée, sans qu'il se dégage du gaz nitreux (deutoxide d'azote); voici ce qui se passe dans ce cas : une partie d'acide nitreux sec se décompose en acide nitrique qui se dissout dans l'eau, et en gaz nitreux qui se combine avec l'autre portion d'acide sec non décomposé; en sorte que le mélange vert doit être considéré comme formé, 1° d'acide nitrique blanc, 2° d'acide nitreux sec combiné avec du gaz nitreux. Enfin, si l'on verse dans une quantité déterminée d'*eau* diverses portions d'acide nitreux sec, on remarque d'abord que le mélange se colore en bleu verdâtre, et il se dégage beaucoup de gaz nitreux; puis il passe au vert, qui devient de plus en plus foncé, et le dégagement de gaz nitreux diminue; enfin il devient jaune orangé, et alors il ne se dégage plus de gaz nitreux. *Vice versâ*, si on prend de l'acide nitreux liquide sec, jaune orangé, et qu'on y verse de l'eau, il passera successivement au vert foncé, au vert clair, au bleu, au bleu verdâtre, et enfin au blanc si on a mis assez d'eau : dans cette expérience le dégagement du gaz nitreux (deutoxide d'azote) ira toujours en diminuant de plus en plus. Il suit de tout ce qui vient d'être établi qu'on ne doit considérer comme de l'acide nitreux pur que celui qui est jaune orangé et qui ne contient pas d'eau; les variétés bleues, vertes ou jaunes orangées qui ont été préparées en ajoutant de l'eau à l'acide anhydre,

sont formées par une plus ou moins grande quantité d'acide nitrique, d'eau, d'acide nitreux et de gaz nitreux.

119. Lorsqu'on mêle l'acide nitreux liquide sans eau avec l'acide sulfurique concentré ou même un peu délayé, à une température peu élevée, on obtient des prismes quadrilatères allongés, qui sont assez volumineux; ces cristaux, formés par les deux acides, donnent, lorsqu'on les met dans de l'eau, du gaz acide nitreux. Cet acide est sans usages; il est formé, suivant M. Dulong, de 100 parties d'azote et de 233,8 d'oxigène en poids.

Du Gaz acide nitreux (vapeur nitreuse, gaz rutilant).

120. Ce gaz est constamment le produit de l'art; il est toujours mêlé avec d'autres gaz; il a une couleur rouge orangée qui le *caractérise*; son odeur est forte et nauséabonde, et sa saveur très-âcre; il rougit sur-le-champ et avec énergie *l'infusum* de tournesol; sa pesanteur spécifique est de 3,1764, d'après M. Gay-Lussac.

Il éprouve de la part du calorique une action difficile à constater; on ignore si cet agent le décompose en oxigène et en gaz deutoxide d'azote; mais toujours est-il vrai que si cette décomposition a lieu, les deux gaz qui en résultent se réunissent au-dessous de la chaleur rouge cerise pour reformer du gaz acide nitreux. Exposé à un froid de 20°—0, après avoir été parfaitement desséché, il se condense en un liquide jaune orangé qui n'est autre chose que l'acide nitreux sans eau ou anhydre; cette condensation est d'autant plus difficile à obtenir que le gaz acide se trouve mêlé avec une plus grande quantité de gaz oxigène ou de gaz nitreux; ce qui explique pourquoi il ne se condense pas à la température ordinaire; on ne doit donc plus regarder ce produit comme un gaz permanent (M. Dulong). Il n'éprouve aucune altération de la part du gaz *oxigène* parfaitement sec ; mais si le mélange est en contact avec l'eau, il absorbe la quatrième partie de son volume de ce gaz et forme de l'acide nitrique.

121. Le gaz *hydrogène* lui enlève de l'oxigène et le ramène à l'état de deutoxide d'azote ou d'azote. Le *soufre* et même *le phosphore* exigent pour s'y enflammer une température plus élevée que dans l'oxigène pur. L'*iode* peut être sublimé dans ce gaz sans lui faire éprouver la moindre altération. Il est très-soluble dans l'*eau*.

122. Le gaz acide *sulfureux* n'a aucune action sur lui, pourvu que l'un et l'autre soient parfaitement secs ; mais si on ajoute une petite quantité d'eau, on observe plusieurs phénomènes remarquables : le gaz acide sulfureux enlève une certaine quantité d'oxigène à une portion de gaz acide nitreux, et le ramène à l'état de gaz deutoxide d'azote, tandis qu'il passe à l'état d'acide sulfurique ; celui-ci absorbe alors l'acide nitreux non décomposé, et il se produit dans le même instant une multitude de flocons blancs qui s'attachent aux parois du ballon sous la forme d'aiguilles cristallines ; ces flocons sont formés d'acide sulfurique concentré et d'acide nitreux anhydre ; veut-on les faire disparaître, on n'a qu'à les mettre en contact avec l'eau, qui s'empare de l'acide sulfurique et met l'acide nitreux à nu. Ces faits nous serviront à expliquer la théorie de la préparation de l'acide sulfurique.

L'acide nitreux est sans usages. Respiré pur, il irrite fortement la poitrine, détermine un sentiment pénible de constriction, suivi très - promptement de la mort.

De l'Acide nitrique ou azotique (eau forte).

L'acide nitrique n'a jamais été trouvé pur dans la nature ; on le rencontre cependant combiné avec la chaux, la po-

tasse et la magnésie. Il est composé d'azote et d'oxigène ;
cependant il nous sera commode, dans plusieurs circonstances, de le regarder comme formé de protoxide d'azote et
d'oxigène, ou bien de deutoxide d'azote et d'une moindre
quantité d'oxigène, ou bien encore de gaz acide nitreux
et d'une plus petite quantité d'oxigène. Comme pour l'a-
cide sulfurique, on n'a jamais pu l'obtenir privé d'eau.

123. Il est liquide, incolore, transparent, doué d'une
odeur particulière désagréable et d'une saveur excessivement acide ; il rougit l'*infusum* de tournesol avec la plus
grande énergie, et tache la peau en *jaune* avant de la dé-
sorganiser ; sa pesanteur spécifique, lorsqu'il est très-concentré, est de 1,554.

124. A la *température* de 150° thermomètre centigrade,
l'acide nitrique entre en ébullition et donne des vapeurs
qui, étant condensées dans un récipient, constituent l'acide
nitrique distillé ; mais si, à l'aide d'un appareil convenable,
on fait passer ces vapeurs à travers un tube de porcelaine ou
de verre luté et incandescent, on les décompose et l'on obtient
du gaz deutoxide d'azote et du gaz oxigène : ces deux gaz se
combinent de nouveau pour former du gaz acide nitreux
lorsque la température est sensiblement diminuée. Exposé à
un froid de 50° à 55° — 0, l'acide nitrique le plus concentré peut être gelé, comme il résulte des expériences faites
en l'an 6 par M. Vauquelin ; alors il jaunit, acquiert la
consistance du beurre, et laisse dégager quelques vapeurs
orangées. La *lumière* solaire décompose en partie l'acide
nitrique ; la portion décomposée se transforme en gaz oxigène qui se dégage, et en gaz acide nitreux qui reste dissous
dans l'acide nitrique non décomposé et qu'il colore d'abord
en jaune, puis en orangé foncé.

125. Le gaz *oxigène* n'exerce aucune action sur cet
acide ; il n'en est pas de même de la majeure partie des
corps simples non métalliques précédemment étudiés ; pres-

que tous le décomposent, et lui enlèvent d'autant plus d'oxigène que leur affinité pour cet agent est plus forte, la température plus élevée, et que l'acide est plus concentré. Si l'on fait passer ensemble et avec précaution de la vapeur d'acide nitrique et un excès de *gaz hydrogène* dans un tube de porcelaine rouge, on obtient de l'eau et du gaz azote; si la quantité du gaz hydrogène employé est moindre, il n'en résulte que de l'eau et du gaz deutoxide ou protoxide d'azote. En chauffant doucement une fiole dans laquelle on a mis du *bore* et de l'acide nitrique, il se forme de l'acide borique, et l'acide nitrique se trouve réduit à de l'azote, ou à du gaz protoxide ou deutoxide d'azote. *P. E.* En substituant le charbon au bore, on obtient du gaz acide carbonique, et du gaz deutoxide d'azote incolore; mais celui-ci ne tarde pas à absorber l'oxigène de l'air, passe à l'état de gaz acide *nitreux* orangé, en sorte que la fiole se trouve remplie par des vapeurs de cette couleur. Parmi les acides incolores, l'acide nitrique seul donne des vapeurs *orangées* lorsqu'il est chauffé avec le charbon pulvérisé. L'action du *phosphore* sur l'acide nitrique est analogue à celle du bore et du charbon; seulement elle est plus vive, parce que le phosphore fond avec la plus grande facilité et présente plus de surface; il en résulte de l'acide phosphorique et du gaz azote, deutoxide d'azote, etc. Le *soufre* chauffé avec cet acide passe à l'état d'acide sulfurique, et il se dégage du gaz deutoxide d'azote. Ce corps simple agit avec moins d'énergie sur l'acide nitrique que ceux dont nous venons de parler. L'*iode* n'exerce aucune action à froid sur l'acide nitrique; si on élève la température, il se volatilise sous la forme de vapeurs violettes, et l'acide n'est point décomposé. Le *chlore* et l'*azote* n'agissent point sur cet acide. Exposé à l'*air humide*, il répand des vapeurs blanches.

126. Lorsqu'on mêle une partie d'*eau* et deux parties d'acide nitrique concentré, la température s'élève de 40°

à 46° th. cent.; en ajoutant une plus grande quantité d'eau, la température baisse : dans tous les cas l'acide se trouve affaibli, et peut être ramené à son degré primitif de concentration par la chaleur. Le gaz *oxide de carbone* et l'*oxide de phosphore* enlèvent une certaine quantité d'oxigène à l'acide nitrique. Lowitz a mis cette propriété à profit pour priver le phosphore d'une certaine quantité d'oxide : en effet, si l'on traite ce phosphore en partie oxidé par l'acide nitrique, les molécules oxidées se trouvant très-divisées, sont plutôt attaquées par l'acide et transformées en acide phosphorique que celles du phosphore pur.

Le gaz *deutoxide d'azote* exerce sur lui une action remarquable. Si l'on fait arriver pendant plusieurs jours ce gaz bulle à bulle dans de l'acide nitrique pur, très-concentré et à la température ordinaire, on remarque que celui-ci est en partie décomposé; la liqueur devient bleue, passe ensuite au vert; et si l'opération est continuée, finit par devenir jaune orangée. Ces liquides diversement colorés sont formés par une plus ou moins grande quantité d'acide nitrique, d'eau, d'acide nitreux et de gaz nitreux (deutoxide d'azote). *Théorie.* L'acide nitrique décomposé peut être considéré comme formé

d'acide nitreux $+$ oxigène.

On y fait arriver du gaz........ deutoxide d'azote.

ce gaz s'empare de l'oxigène, au-dessous duquel nous l'avons placé, ramène l'acide nitrique à l'état d'acide nitreux et y passe lui-même; l'acide nitreux résultant reste uni avec l'eau, avec l'acide nitrique non décomposé, et avec une partie du gaz nitreux ajouté.

127. Les acides *borique*, *carbonique* et *phosphorique* sont sans action sur l'acide nitrique. L'acide *sulfurique*

concentré le décompose à la température de cent et quelques degrés, s'empare de son eau, et l'acide nitrique ne pouvant pas rester seul se transforme en gaz acide nitreux et en gaz oxigène; l'expérience peut être faite en mêlant dans une cornue 4 parties d'acide sulfurique et une d'acide nitrique. Les acides *phosphoreux* et *sulfureux*, chauffés avec l'acide nitrique, se combinent avec une portion de son oxigène et passent à l'état d'acide phosphorique et sulfurique. L'acide nitrique, versé dans une dissolution concentrée d'acide *iodique*, forme des cristaux rhomboïdaux aplatis, composés des deux acides. Raimond Lulle découvrit cet acide en 1225; il est formé, suivant M. Gay-Lussac, de 100 parties en volume de gaz azote, et de 250 d'oxigène.

Usages. Il est employé pour dissoudre les métaux, pour laver les boiseries, et comme réactif. Il a été regardé pendant quelque temps comme un puissant anti-vénérien, et administré comme tel à la dose d'un à 4 gros par jour dans une pinte d'eau; mais l'expérience n'a pas tardé à prouver qu'il était inférieur à un très-grand nombre d'autres préparations anti-vénériennes. Il entre dans la composition de la pommade oxigénée, que l'on a également préconisée comme anti-vénérienne. (Voyez *Graisse.*) Uni à l'alcool, il constitue l'esprit de nitre dulcifié; du reste il peut être utile dans tous les cas où nous avons conseillé les acides. (*Voyez* § 88.)

C'est, parmi les acides, celui qui donne le plus souvent lieu à l'empoisonnement; les symptômes qu'il détermine sont les mêmes que ceux qui sont développés par les autres substances corrosives et âcres; mais il colore souvent en jaune la peau des lèvres et quelques parties du canal digestif; cependant ce caractère manque quelquefois, surtout dans l'estomac, dont les membranes fortement enflammées offrent une couleur rouge de sang. Parmi les remèdes proposés pour neutraliser l'acide et combattre l'empoisonnement, le plus efficace et le moins dangereux est la magnésie calcinée et délayée dans une grande quantité d'eau ; en effet, elle forme avec l'acide un nitrate qui exerce à peine de l'action sur l'économie animale. On peut, à défaut de magnésie, employer avec succès l'eau de savon, le carbonate de chaux, les yeux d'écrevisse, etc. (*Voyez* ma *Toxicologie générale*, tome II ; Ire édition.)

ARTICLE V.

Des Combinaisons de l'hydrogène avec les corps simples précédemment étudiés.

Les composés dont nous devons étudier les propriétés sont au nombre de huit : quatre sont acides, savoir : l'acide hydro-chlorique, l'acide hydriodique, l'acide hydro-sulfurique et l'acide hydro-phtorique : on les désigne sous le nom général d'*hydracides* ; les quatre autres sont les gaz hydrogène carboné, hydrogène proto et deuto-phosphoré ; enfin le gaz hydrogène azoté (ammoniac). Nous allons commencer par les hydracides, afin de ne pas interrompre la série des acides formés par les corps simples non métalliques.

Des Hydracides.

De l'acide hydro-chlorique (*muriatique*). L'acide hydro-chlorique se rencontre dans un assez grand nombre d'eaux thermales de l'Amérique ; mais il se trouve principalement combiné avec des oxides métalliques à l'état d'hydro-chlorate. Séparé des substances qui peuvent le fournir, il est gazeux.

128. *Gaz acide hydro-chlorique.* Il est incolore, transparent, élastique, doué d'une odeur suffocante, et d'une saveur âcre, caustique ; il rougit fortement l'*infusum* de

tournesol et éteint les bougies : avant que la flamme dispa-
raisse, la partie supérieure devient verdâtre. Sa pesanteur
spécifique est de 1,2474.

Il n'est point décomposé par le *calorique*, et il ne change
point d'état lors même qu'il est exposé à un froid de 50°
— o. Il réfracte la *lumière*; son pouvoir réfringent est de
1,19625. Soumis à un courant d'étincelles *électriques*,
il est décomposé en hydrogène et en chlore gazeux. Quelle
que soit sa température, il est sans action sur le gaz *oxigène*
et sur les substances *simples non métalliques* pures. Une
mesure de *charbon* de buis absorbe 85 mesures de gaz acide
hydro-chlorique. *P. E.* Exposé à l'air humide, il se combine avec l'eau suspendue dans l'atmosphère, et répand
des vapeurs blanches assez épaisses, douées d'une odeur
piquante.

129. *P. E.* Si l'on débouche un flacon rempli de gaz
acide hydro-chlorique, après l'avoir plongé perpendiculairement dans de l'*eau* contenue dans une terrine, le liquide
s'élance avec force dans le flacon, dissout en un clin d'œil
la totalité du gaz et remplit le flacon. Un morceau de glace
introduit dans une cloche pleine de ce gaz est fondu avec
autant de rapidité que par des charbons rouges, et le gaz
se trouve absorbé en quelques instans. On a prouvé que
l'eau, à la température de 20° et à la pression de 28 pouces
de mercure, pouvait dissoudre 464 fois son volume de gaz
acide hydro-chlorique, ou les $\frac{77}{100}$ de son poids. Ainsi dissous dans l'eau, il constitue l'acide hydro-chlorique liquide, incolore, dont la pesanteur spécifique, d'après
M. Thompson, est de 1,203 lorsqu'il a été saturé à 15°,5.
Exposé à l'air, cet acide liquide concentré perd une portion du gaz et répand des vapeurs blanches; il en perd
davantage lorsqu'on le chauffe : dans l'un et dans l'autre
cas il s'affaiblit. Les oxides de *carbone*, de *phosphore* et
d'*azote* sont sans action sur le gaz acide hydro-chlo-

rique; il en est de même des acides *borique*, *carbonique*, *phosphorique* et *phosphoreux*.

130. L'acide *sulfurique* très-concentré, mêlé avec l'acide hydro-chlorique liquide également très-concentré, s'empare de l'eau qu'il renferme, la température s'élève, et il en résulte une vive effervescence due au dégagement du gaz acide hydro-chlorique. L'acide *iodique* le décompose sur-le-champ en se décomposant lui-même; l'oxigène de l'un s'empare de l'hydrogène de l'autre, tandis que l'iode se combine avec le chlore. Les acides *chlorique* et *chloreux* décomposent cet acide à froid; l'oxigène se porte sur l'hydrogène de l'acide hydro-chlorique, forme de l'eau, tandis que le chlore des deux acides est mis à nu.

131. L'action de l'acide *nitrique* sur ce corps est très-importante. Si les deux acides sont affaiblis, ils ne font que se mêler à froid; mais s'ils sont concentrés ils se décomposent en partie même à froid, soit qu'on les emploie à l'état liquide, ou que l'acide hydro-chlorique soit à l'état de gaz, et il en résulte un acide liquide d'un rouge jaunâtre, connu depuis long-temps sous le nom d'*eau régale*, parce qu'il dissout l'or, que l'on appelait autrefois le *roi des métaux*. Les produits de cette décomposition sont de l'eau, du chlore et du gaz acide nitreux. *Théorie*. L'acide nitrique est formé

d'oxigène $+$ acide nitreux.

et l'acide hydro-chlorique

d'hydrogène $+$ chlore.

l'oxigène de l'un se combine avec l'hydrogène de l'autre et forme de l'eau; une partie du chlore mis à nu se dégage à l'état de gaz, l'autre partie reste dans le liquide; il en est de même de l'acide *nitreux*; mais la quantité de cet acide qui reste en dissolution dans le liquide est d'autant plus grande que l'on a employé plus d'acide nitrique, d'où il résulte que l'eau régale est formée d'acide nitreux, de chlore, d'eau, et des acides nitrique et hydro-chlorique non décomposés. Le gaz acide *nitreux* n'exerce aucune action sur l'acide hydro-chlorique. La découverte de cet acide paraît être due à *Glauber*. Il est formé de parties égales en volume de gaz hydrogène et de chlore gazeux.

Usages. On emploie cet acide pour faire l'eau régale et plusieurs hydro-chlorates, pour analyser un très-grand nombre de minéraux, et pour séparer la chaux de l'indigo que l'on retire du pastel, etc. On s'en sert en médecine, 1° dans tous les cas où les acides sont indiqués; 2° pour préparer des pédiluves irritans; 3° pour toucher les aphthes gangreneuses : on le mêle à cet effet avec deux fois son poids de miel, et on applique une petite quantité du mélange à l'aide d'un pinceau fait avec du linge effilé; 4° on l'emploie encore, dans cette même maladie, sous la forme de gargarisme : dans ce cas il doit être étendu d'eau; 5° enfin, on prétend avoir traité la teigne avec succès à l'aide d'un onguent fait avec l'axonge et cet acide.

De l'Acide hydriodique.

L'acide hydriodique, découvert en 1814 par M. Gay-Lussac, se présente sous la forme d'un gaz incolore, dont l'odeur ressemble à celle du gaz acide hydro-chlorique; sa saveur est très-acide, piquante et astringente; sa pesanteur spécifique est de 4,4430; il rougit l'*infusum* de tournesol et éteint les corps enflammés. Il se décompose en partie à une *température* rouge; mais sa décomposition est complète s'il est mêlé avec le gaz *oxigène :* alors il se forme de l'eau, et l'iode est mis à nu.

P. E. Le *chlore* le décompose sur-le-champ, lui enlève l'hydrogène, avec lequel il produit de l'acide hydro-chlorique, et l'iode paraît sous la forme de belles vapeurs pourpres, qui se précipitent peu à peu et qui se redissolvent dans un excès de chlore. L'*eau* dissout une très - grande quantité de ce gaz, ce qui constitue l'acide liquide. Cet acide, comme l'acide sulfurique, perd une portion de son eau et se concentre par l'action de la chaleur; au-delà de 125° th. c., il commence à distiller, et il bout à 128°. Exposé à l'air, cet acide liquide, concentré, répand des vapeurs comme l'acide hydro-chlorique, se colore en rouge brun, et s'altère; en effet, l'oxigène de l'air est absorbé par l'hydrogène avec lequel il forme de l'eau, et l'iode, au lieu de se précipiter, se dissout dans la portion d'acide non décomposée et la colore, d'où il suit que l'*iode* a beaucoup d'affinité pour l'acide hydriodique. L'acide *sulfureux* ne lui fait éprouver aucune altération. L'acide *iodique* le décompose en se décomposant lui-même; il cède son oxigène à l'hydrogène de l'acide hydriodique pour former de l'eau, et l'iode appartenant aux deux acides se précipite. Les acides *sulfurique*, *nitrique* et *nitreux* concentrés le décomposent également et en précipitent l'iode. Suivant M. Gay-Lussac, il est formé en poids de 100 parties d'iode et de 0,849 hydrogène. Il est sans usages.

De l'*Acide hydro - sulfurique* (*hydrogène sulfuré*).

L'acide hydro-sulfurique se trouve dans certaines eaux minérales; il se produit souvent dans les lieux où il y a des matières animales en putréfaction; enfin il se rencontre dans les fosses d'aisance. Obtenu par l'art, il est gazeux.

132. *Gaz acide hydro - sulfurique.* Il est incolore, transparent, élastique, doué d'une odeur fétide très-désagréable, analogue à celle des œufs pourris; il éteint les corps enflammés et rougit l'*infusum* de tournesol; il décolore une multitude de substances végétales, telles que la dissolution d'indigo dans l'acide sulfurique, l'orseille, plusieurs

décoctions , l'*infusum* de tournesol lui-même qu'il rougît
d'abord , etc. : dans toutes ces circonstances la couleur est
masquée et non détruite , puisqu'il suffit de volatiliser le
gaz en le chauffant pour faire reparaître la couleur primitive. Sa pesanteur spécifique est de 1,1912.

Lorsqu'on le fait passer à travers un tube de porcelaine
rouge, il est en partie décomposé en hydrogène et en soufre ; il est probable qu'il le serait complètement si on le
soumettait à l'action d'un feu très-vif. *Lumière* : son pouvoir réfringent est inconnu. Un courant d'étincelles élec-
triques , suivant M. Henry , en sépare l'hydrogène et il se
précipite du soufre.

133. Le gaz *oxigène* n'agit pas sur lui à froid ; mais si
on élève la température, il s'empare à la fois de l'hydrogène, avec lequel il forme de l'eau, et du soufre qu'il transforme en gaz acide sulfureux : cette expérience peut être faite
dans l'eudiomètre à mercure. L'*hydrogène* et le *bore* sont
sans action sur cet acide. Une mesure de *charbon* de buis
peut absorber 55 mesures de gaz acide hydro-sulfurique.
Le *soufre* ne peut pas se combiner directement avec lui ; il
existe cependant un liquide de consistance oléagineuse,
connu sous le nom d'*hydrure* de *soufre*, qui paraît résulter
de la dissolution du soufre extrêmement divisé dans ce gaz
acide. *P. E.* L'*iode* le décompose, s'empare de son hydrogène
pour former de l'acide hydriodique , et met le soufre à nu.
P. E. Si l'on mêle à la température ordinaire parties égales
en volume de *chlore* gazeux et de ce gaz , la décomposition
a lieu sur-le-champ avec dégagement de calorique et sans
lumière ; il se forme de l'acide hydro-chlorique, et le soufre
se précipite ; si le chlore est plus abondant, on obtient,
outre ces produits, une certaine quantité de chlorure de
soufre. L'*azote* est sans action sur lui. *P. E.* Lorsqu'on
approche une bougie allumée de l'ouverture d'une cloche
remplie de gaz acide hydro-sulfurique , celui-ci s'enflamme,

et les parois de la cloche ne tardent pas à être tapissées de soufre d'une couleur jaune ; l'oxigène de l'air se combine de préférence avec l'hydrogène, forme de l'eau ; il s'unit aussi avec une portion de soufre qu'il fait passer à l'état d'acide sulfureux ; l'autre portion de soufre se dépose.

134. *L'eau*, à la température ordinaire, peut dissoudre trois fois son volume de ce gaz, ce qui constitue l'acide hydro-sulfurique liquide. On n'a pas encore déterminé s'il exerce quelque action sur les acides *borique*, *carbonique*, *phosphorique*, *phosphoreux* et *sulfurique* ; il est probable qu'il en décompose quelques - uns à une température élevée, principalement ceux dont le corps simple a peu d'affinité pour l'oxigène.

Si l'on introduit dans une cloche placée sur le mercure 2 parties et $\frac{1}{4}$ environ de gaz acide hydro-sulfurique, et une partie de gaz acide *sulfureux*, ces deux acides se décomposent sur-le-champ s'ils sont humides, et très-lentement s'ils sont parfaitement secs ; l'oxigène de l'acide sulfureux forme de l'eau avec l'hydrogène de l'acide hydro - sulfurique, et le soufre faisant partie de l'un et de l'autre de ces gaz se précipite. Il enlève de l'oxigène à l'acide *nitreux*, et le soufre se précipite, même à la température ordinaire. Il est formé de 93,855 parties de soufre, et de 6,145 d'hydrogène en poids.

Usages. Cet acide est employé dans les laboratoires pour distinguer les unes des autres plusieurs dissolutions métalliques, et quelquefois même pour en séparer les métaux. Son action sur l'économie animale est des plus nuisibles ; il asphyxie et tue subitement les animaux qui le respirent, même lorsqu'il est mêlé avec beaucoup d'air. Suivant MM. Dupuytren et Thenard, il suffit de $\frac{1}{1000}$ de ce gaz dans l'atmosphère pour faire périr les oiseaux qu'on y plonge ; $\frac{1}{100}$ et souvent $\frac{1}{300}$ donnent la mort aux chiens les plus robustes. L'asphyxie connue sous le nom de *plomb*, à

laquelle sont exposés les vidangeurs qui entrent dans les
fosses d'aisance, doit être principalement attribuée à ce
gaz. Il suffit, comme l'a prouvé M. Chaussier, d'exposer
une partie quelconque de la surface du corps à son action
pour en éprouver les effets délétères ; il en est de même lorsqu'on l'injecte dans le tissu cellulaire, l'estomac, les gros
intestins, la plèvre, les vaisseaux, etc. ; dans ces différentes
circonstances, le gaz acide hydro-sulfurique plonge tous
les organes dans un état adynamique. Il n'est jamais employé en médecine à l'état de gaz. Le meilleur moyen pour
désinfecter une atmosphère où il est répandu consiste à
faire des fumigations de *chlore* (acide muriatique oxigéné),
qui, comme nous l'avons dit, a la propriété de le transformer en gaz acide hydro-chlorique, et d'en précipiter le
soufre. Son action sur l'économie animale est beaucoup
moins forte lorsqu'il est à l'état liquide : dans ce cas il se
borne à exciter la peau et à modifier ses propriétés vitales :
aussi l'emploie-t-on avec le plus grand succès dans une
foule d'exanthèmes chroniques. Les eaux minérales sulfureuses de Barège, de Coterets, de Bagnères, de Luchon, de
Bonnes, etc., doivent leurs principales propriétés à cet
acide, et l'on sait combien leur usage a été avantageux aux
personnes atteintes de maladies chroniques de la peau,
de scrophules, de rhumatismes *chroniques*, d'engorgemens
rhumatiques, de paralysie, d'anciens ulcères opiniâtres,
d'hydropisie des articulations, de suppurations internes,
et principalement de celles des organes du bas-ventre.
N'a-t-on pas vu dans le début de certaines phthisies, dans
quelques cas d'oppressions nerveuses de la poitrine, l'administration de ces eaux couronnée du plus grand succès?
On les fait prendre à l'intérieur coupées avec du lait ou avec
une décoction émolliente ; on commence ordinairement
par une pinte de cette boisson ; ou bien on les emploie
sous la forme de bains ou de douches. Les eaux sulfureuses

artificielles, convenablement préparées, remplissent les mêmes indications.

De l'Acide fluorique ou hydro-phtorique.

La plupart des chimistes s'accordent aujourd'hui à regarder cet acide, d'après les expériences de M. H. Davy, comme formé d'hydrogène et d'un radical particulier auquel on a donné le nom de *fluor*. M. Ampère, qui a indiqué le premier la composition de l'acide fluorique, a proposé d'appeler son radical *phtore*, de l'adjectif grec φθόριος, *délétère, qui a la force de ruiner, de détruire, de corrompre*; en effet ce corps, que l'on suppose simple, jouit exclusivement de la propriété de détruire tous les vases où l'on veut le renfermer, et de former avec l'hydrogène l'acide hydro-phtorique (fluorique), dont l'action caustique est excessivement intense.

Il a été impossible d'obtenir jusqu'à présent le *phtore* à l'état de pureté, tant il agit sur les vases qui le contiennent; cependant nous allons exposer un certain nombre de faits propres à donner une idée de son histoire. Le *phtore* se trouve dans la nature combiné avec le calcium ou avec l'aluminium; ces *phtorures* ont été connus sous les noms de *fluate de chaux*, ou de *spath fluor* et de *fluate d'alumine*; tous les composés que les chimistes ont appelés *fluates secs* sont formés de phtore et d'un métal. Uni au *bore* par des moyens particuliers, il constitue un acide que l'on doit appeler *phtoro-borique*, et que l'on a connu jusqu'à présent sous le nom d'acide *fluo-borique*; il forme avec le *silicium* un autre acide appelé *phtoro-silicique* (acide fluorique silicé). Ces acides ne contiennent ni oxigène ni hydrogène. Le *phtore* paraît avoir moins d'affinité pour plusieurs métaux que le chlore; cependant il s'y unit avec énergie et forme des composés binaires neutres. Comme le chlore et l'oxigène il jouit de propriétés électriques résineuses , et par conséquent est attiré par le fluide vitré de la *pile*. Il est inaltérable à l'air. M. Ampère croit devoir le ranger entre le chlore et l'iode.

135. L'*acide hydro-phtorique* (*fluorique*) n'a jamais été trouvé dans la nature. Préparé par l'art , il se présente sous la forme d'un liquide incolore , d'une odeur très-pénétrante , et d'une saveur caustique insupportable ; il rougit l'*infusum* de tournesol avec beaucoup d'énergie ; on ignore quelle est sa pesanteur spécifique.

Il entre en ébullition à environ 30° , et il ne se congèle pas à 40° — o. Le gaz oxigène et les substances *simples non métalliques* n'exercent sur lui aucune action. Exposé à l'air , il répand des vapeurs blanches très-épaisses. L'eau se combine avec lui en toutes proportions ; chaque goutte d'acide que l'on fait tomber dans ce liquide développe une chaleur telle , que l'on entend un bruit semblable à celui qui se produirait si l'on y plongeait un fer rouge , en sorte qu'il y aurait du danger à verser dans de l'eau une certaine quantité d'acide hydro-phtorique à-la-fois. Il n'agit point sur les *oxides de carbone ,* de *phosphore et d'azote* , ni sur les acides précédemment étudiés. Si l'on soumet à l'action de la pile voltaïque l'acide *hydro-phtorique* liquide privé d'eau , il répand des vapeurs épaisses et se décompose ; le gaz hydrogène se porte vers le pole résineux , tandis que le phtore , attiré par le fluide vitré , se combine avec le fil de platine qui est à l'extrémité de ce pole , le corrode , et forme une poudre couleur de chocolat , composée sans doute de phtore et de platine.

Schéele est le premier chimiste qui ait parlé de l'acide fluorique ; mais il n'avait pas été obtenu concentré avant les recherches de MM. Gay-Lussac et Thenard. M. Ampère a indiqué qu'il était formé par l'hydrogène et un radical, et M. Davy a fait un très-grand nombre d'expériences à l'appui de cette assertion. Il est employé pour graver sur le verre. (Voyez *Verre*.)

Des Produits non acides formés par l'hydrogène et par un des corps simples précédemment étudiés.

Du gaz hydrogène carboné. Le gaz hydrogène peut se combiner avec des quantités différentes de carbone, et former plusieurs gaz plus ou moins carbonés ; nous nous occuperons seulement de celui qui contient le plus de carbone ; on ne le trouve jamais dans la nature ; celui que l'on rencontre dans la vase des marais et des eaux stagnantes n'est pas saturé de carbone, et il est constamment mêlé avec 14 ou 15 centièmes d'azote.

Le gaz *hydrogène percarboné*, connu aussi sous le nom de *gaz oléfiant*, est incolore, insipide, doué d'une odeur empyreumatique désagréable, et sans action sur l'*infusum* de tournesol ; il éteint les corps enflammés ; sa pesanteur spécifique est de 0,9784.

136. Soumis à l'action du *calorique* dans un tube de porcelaine, il est décomposé, perd une portion de carbone et augmente de volume : l'augmentation de volume et le dépôt de carbone sont d'autant plus considérables que la température est plus élevée, en sorte qu'en graduant la chaleur, on peut obtenir une série de gaz plus ou moins carbonés (Berthollet). *Lumière.* Son pouvoir réfringent est de 1,81860 ; s'il est moins carboné, il est de 2,09270. Le fluide *électrique* agit sur lui comme le calorique.

137. Le gaz *oxigène* ne l'altère pas à froid ; mais si on élève la température d'un mélange d'une partie en volume de ce gaz et de cinq parties en volume de gaz oxigène, celui-ci est absorbé avec dégagement de calorique et de

lumière, et il se produit de l'eau et du gaz acide carbonique; on peut s'assurer par cette expérience, qui peut être faite dans un eudiomètre à mercure, que le gaz hydrogène percarboné, pour être complètement décomposé, exige trois fois son volume de gaz oxigène; il faut cependant mettre un excès de ce dernier pour éviter la rupture de l'instrument, qui aurait lieu à raison de l'expansion et de la prompte condensation de l'eau formée. Une mesure de *charbon* de buis absorbe 35 mesures de ce gaz.

Le *chlore* lui enlève l'hydrogène, forme de l'acide hydrochlorique, et le carbone est mis à nu, pourvu toutefois que le mélange soit placé dans les circonstances que nous avons indiquées en parlant de l'action du gaz hydrogène sur le chlore. (*Voyez* § 59.) Si l'on fait arriver dans un ballon du *chlore* gazeux et du gaz hydrogène percarboné à la température ordinaire, on remarque, au bout d'un certain temps, qu'il se forme un liquide plus ou moins coloré qui ruisselle de toutes parts en stries fort déliées et qui va se réunir à la partie inférieure du ballon; ce liquide, regardé par les chimistes hollandais comme une huile, a le plus grand rapport avec l'éther hydro-chlorique; il est formé, suivant MM. Collin et Robiquet, de parties égales en volume de chlore et d'hydrogène percarboné, et porte aujourd'hui le nom d'*éther du gaz oléfiant*. (Voyez *Ether hydro-chlorique*, tome II.) On ignore quelle est l'action des autres substances simples non métalliques sur le gaz hydrogène percarboné.

P. E. Si l'on approche une bougie allumée d'une cloche remplie de ce gaz, il s'enflamme lentement et donne naissance à de l'eau et à du gaz acide carbonique. Il peut être regardé comme insoluble dans l'*eau*. Si on le fait passer à travers un tube de porcelaine rouge avec de la vapeur d'eau, celle-ci est décomposée; on concevra facilement ce phénomène en se rappelant que dans cette opération le gaz dépose du charbon qui s'empare de l'oxigène de l'eau. Ceux des *acides* formés par l'oxigène qui sont susceptibles d'être décomposés par l'hydrogène ou par le carbone, le sont également par le gaz hydrogène percarboné. Ce gaz a été découvert par les chimistes hollandais. Il est formé, suivant M. Théodore de Saussure, de 86 parties de carbone et de 14 parties d'hydrogène en poids. Il agit sur l'économie animale à-peu-près comme le gaz hydrogène et le gaz azote. On ne s'en sert pas en médecine. On emploie aujourd'hui avec succès dans l'éclairage, un gaz dans la composition duquel entre une des variétés du gaz hydrogène carboné. (*Voyez*, t. II, *Action du calorique sur les matières végétales.*)

Du Gaz hydrogène perphosphoré.

Le gaz hydrogène perphosphoré est constamment un produit de l'art. On suppose pourtant qu'il y en a quelquefois dans l'atmosphère près des cimetières humides, et qu'il produit les feux follets en s'enflammant spontanément; il proviendrait dans ce cas de la putréfaction des matières animales ; mais cette assertion est loin d'être prouvée.

138. Ce gaz pur est incolore, sans action sur l'*infusum* de tournesol, d'une odeur semblable à celle des oignons et d'une saveur amère ; sa pesanteur spécifique, d'après M. Thomas Thompson, est de 0,9022.

Si on le fait passer à travers un tube de porcelaine rouge, il se décompose et laisse déposer du phosphore. Le même phénomène a lieu si on le soumet à un courant d'étincelles *électriques* : dans ce cas on obtient un volume de gaz hydrogène parfaitement égal au volume primitif de gaz hydrogène phosphoré employé, et tout le phosphore est séparé. *Lumière*. On ignore quelle est sa puissance réfractive.

139 Mêlé dans un tube de verre *étroit* avec la moitié de

son volume de gaz *oxigène*, à la température ordinaire, il est décomposé; l'oxigène se combine avec le phosphore; on aperçoit une fumée blanche acide; le volume des gaz diminue, et il reste à la fin de l'expérience un volume de gaz hydrogène égal à celui du gaz hydrogène phosphoré employé; *il ne se produit point de flamme*; mais si ces deux gaz sont mêlés en toute sorte de proportions dans un vase large et à la température ordinaire; la décomposition est beaucoup plus rapide et accompagnée d'une lumière très-blanche, comme on peut s'en assurer en introduisant bulle à bulle du gaz hydrogène perphosphoré dans une cloche contenant du gaz oxigène. Si l'on a employé un volume de gaz oxigène contre un volume de gaz hydrogène phosphoré, il se forme de l'eau et de l'acide phosphoreux; on obtient au contraire de l'eau et de l'acide phosphorique si l'on s'est servi d'un volume et demi de gaz oxigène: dans tous les cas il est évident que le gaz oxigène se combine à la fois avec l'hydrogène et avec le phosphore. L'*air atmosphérique* agit de la même manière sur ce gaz, mais avec moins d'intensité; lorsqu'on le laisse échapper bulle à bulle dans l'atmosphère, il se produit, outre la flamme, une fumée blanche circulaire, ayant la forme d'un anneau horizontal qui s'élargit à mesure qu'elle s'élève, si toutefois l'atmosphère est tranquille; cette fumée est composée de l'eau et de l'acide phosphorique qui résultent de l'action qu'exerce l'oxigène de l'air sur le gaz hydrogène et sur le phosphore. M. Thomas Thompson, à qui nous devons une partie de ces résultats, assure que la combinaison des deux gaz n'est accompagnée de flamme qu'autant qu'il se produit assez de chaleur pour que la température soit au moins à 64° $\frac{4}{9}$ thermomètre centigrade.

Le *soufre* fondu décompose le gaz hydrogène perphosphoré, forme avec l'hydrogène de l'acide hydro-sulfurique, et le phosphore mis à nu se combine avec une portion de soufre. (Voyez *Phosphure de soufre*, § 54.)

Lorsqu'on mêle sur l'eau trois volumes de *chlore* gazeux et un volume de gaz hydrogène perphosphoré, celui-ci est décomposé, et l'on obtient de l'acide hydro-chlorique, et une substance brune qui est du chlorure de phosphore au maximum de chlore. (*Voyez* § 60.) L'*iode* décompose aussi le gaz hydrogène perphosphoré.

Suivant M. Dalton, 100 mesures d'*eau* privée d'air peuvent dissoudre 3,7 mesures de ce gaz; le liquide obtenu est jaune, doué d'une saveur très-amère, de la même odeur que le gaz et sans action sur le tournesol. M. Th. Thompson assure que le gaz hydrogène perphosphoré pur n'est point décomposé par son contact avec de l'eau distillée qui a bouilli; tandis qu'il l'est avec rapidité par l'eau imprégnée d'air. Nous n'avons pas répété ces expériences avec le gaz préparé avec le phosphure de chaux et l'acide hydro-chlorique, comme l'indique M. Thompson; mais nous pouvons affirmer que celui que l'on obtient par les procédés ordinaires est décomposé par l'eau distillée qui a bouilli. Ainsi, que l'on prenne trois cloches à moitié pleines de ce gaz et renversées sur la cuve à mercure; que l'on introduise dans l'une d'elles de l'eau aérée, et dans une autre de l'eau distillée qui a bouilli, le gaz qui est en contact avec l'eau aérée sera décomposé en très-peu de temps, déposera du phosphore, et ne s'enflammera plus spontanément au bout de 18 à 20 heures; la décomposition sera moins avancée dans le gaz qui est en contact avec l'eau privée d'air; elle aura pourtant lieu; du phosphore sera déposé, mais le gaz conservera encore la faculté de s'enflammer spontanément à l'air, au bout de 18 ou 20 heures. Enfin, le gaz placé sur le mercure sans addition d'eau, conservera sa transparence et la propriété de s'enflammer spontanément, même quelques jours après avoir été préparé.

140. Si l'on mêle trois volumes de gaz protoxide d'azote ou de gaz deutoxide d'azote (gaz nitreux), et un volume de

gaz hydrogène perphosphoré, et que l'on fasse passer une
étincelle électrique, il se produit une forte explosion accompagnée d'une vive lumière ; l'oxigène des gaz oxidés
transforme l'hydrogène en eau et le phosphore en acide
phosphorique ; l'azote est mis à nu ; mais il en reste trois volumes si l'on a employé le protoxide d'azote, et un volume
et demi si l'on s'est servi de gaz nitreux. Si l'on introduit
dans une petite cloche 20 mesures de gaz hydrogène per-
phosphoré, et 52 mesures de gaz nitreux, et qu'on fasse
arriver dans le mélange 4 mesures de gaz oxigène, il se produit immédiatement une vive explosion accompagnée d'une
belle lumière, et il y a formation d'eau et d'acide phosphorique ; dans cette brillante expérience, que l'on doit
toujours faire avec de petites quantités, le gaz nitreux cède
son oxigène au gaz hydrogène perphosphoré, et l'azote est
mis à nu.

Ce gaz a été découvert par Gengembre en 1783 ; il est
composé, d'après M. Thomas Thompson, d'une partie
d'hydrogène et de 12 parties de phosphore en poids. Injecté
dans les veines il occasionne la mort des animaux ; il agirait
encore avec plus d'énergie s'il était respiré : on ne lui connaît aucun usage.

Du Gaz hydrogène proto-phosphoré.

Les propriétés physiques de ce gaz sont les mêmes que
celles du précédent ; on peut le conserver plusieurs jours
dans des cloches sans qu'il laisse déposer du phosphore.
On ignore l'effet que produit sur lui l'action d'une *température* élevée.

141. *P. E.* Mis en contact avec le gaz *oxigène* ou avec
l'*air* à froid, il ne s'enflamme pas spontanément comme
l'hydrogène perphosphoré ; mais si on approche une bougie
allumée de l'ouverture de la cloche qui le renferme, il ab-

sorbe l'oxigène de l'air avec dégagement de calorique et de lumière ; il se décompose, et donne, comme le précédent, de l'eau et de l'acide phosphorique. Le *chlore* lui enlève également son hydrogène. Il a été étudié par MM. Gay-Lussac et Thenard ; il est sans usages.

De l'Hydrogène azoté (ammoniaque).

L'ammoniaque ne se trouve jamais pure dans la nature, on la rencontre souvent combinée avec des acides, dans l'urine de l'homme, dans les excrémens des chameaux, dans les produits de la putréfaction d'un très-grand nombre de substances animales ; enfin, dans quelques mines d'alun. Séparée par l'art des composés qui la renferment, l'ammoniaque se présente à l'état gazeux (1).

142. *Le gaz ammoniac* est incolore, doué d'une odeur forte, pénétrante qui le *caractérise*, et d'une saveur assez caustique ; il est beaucoup plus léger que l'air, sa pesanteur spécifique est de 0,596 ; il *verdit le sirop de violette* avec beaucoup d'énergie et éteint les corps enflammés. Le gaz ammoniac parfaitement sec ne se congèle pas par un froid de 48° — o. Si après l'avoir bien desséché au moyen du chlorure de calcium (muriate de chaux), on le fait passer dans un tube de porcelaine chauffé au-dessus du rouge cerise, verni intérieurement, luté extérieurement, et qui ne renferme dans sa capacité aucun fragment de

---

(1) Quelques chimistes ont pensé que l'ammoniaque est formée d'oxigène et d'un métal particulier qu'ils ont appelé *ammonium*, et ont proposé de la ranger parmi les oxides métalliques : cette opinion est loin d'être généralement reçue, parce qu'elle n'est pas appuyée sur des preuves décisives ; c'est ce qui nous engage à faire ici l'histoire de ce produit dont on obtient, par l'analyse, de l'hydrogène et de l'azote.

bouchon, une très-petite quantité du gaz se décompose et donne du gaz hydrogène et du gaz azote ; si le tube de porcelaine dans lequel le gaz doit passer contient des fils métalliques de fer, de cuivre, d'argent, de platine ou d'or, il se décompose en totalité ou en grande partie ; la portion décomposée est également transformée en hydrogène et en azote dans le rapport de 3 à 1, et l'expérience prouve, 1° que le poids des métaux employés n'augmente ni ne diminue s'ils sont purs ; 2° que le fer et le cuivre jouissent de cette propriété à un plus haut degré que les autres, puisqu'il faut huit fois plus de platine que de fer pour produire le même effet ; 3° que plusieurs d'entre eux changent de propriétés physiques : le fer, par exemple, et le cuivre deviennent cassans ; 4° qu'il ne se forme aucun composé solide ni liquide ; 5° enfin, que leur action est d'autant plus grande que la température est plus élevée. Quelle est l'action exercée dans cette circonstance par les métaux ? On l'ignore, mais il est probable qu'ils favorisent la décomposition du gaz, d'abord en augmentant la surface ; l'on sait effectivement que cette décomposition s'opère à merveille en substituant aux métaux du sable, des fragmens de cailloux, de porcelaine, etc. ; ou bien en faisant passer le gaz à travers cinq ou six tubes longs, dont l'intérieur est parfaitement poli, et ne contient aucun corps étranger ; on pense en outre que ces différens corps métalliques cèdent au gaz ammoniac le calorique nécessaire pour séparer ses élémens.

Lumière. Le pouvoir réfringent de ce gaz est de 2,16851. En faisant passer, au moyen de la bouteille de Leyde, deux ou trois cents décharges *électriques* à travers une petite quantité de gaz ammoniac, on le décompose en gaz hydrogène et en gaz azote.

143. A la température ordinaire, le gaz *oxigène* n'agit point sur lui ; mais si on chauffe le mélange au moyen d'une bougie allumée ou d'une étincelle électrique, il est

décomposé ; l'oxigène s'empare de son hydrogène pour former de l'eau ; une petite partie du gaz azote s'unit aussi avec l'oxigène pour former de l'acide nitrique ; mais la majeure partie du gaz azote est mise à nu. *L'hydrogène* est sans action sur le gaz ammoniac. On ignore comment le *bore* agit sur lui. Une mesure de *charbon* de buis en absorbe 90 mesures à la température ordinaire; mais si le charbon est rouge, il le décompose et donne naissance à du gaz hydrogène carboné, à du gaz azote et à du gaz acide hydro-cyanique ou prussique (acide formé d'hydrogène, de carbone et d'azote). Si l'on fait arriver dans un tube de porcelaine rouge du gaz ammoniac et du *soufre* en vapeur, celui-ci le décompose également et il en résulte, 1° un mélange de gaz hydrogène et de gaz azote ; 2° un composé d'acide hydro-sulfurique (hydrogène + soufre) et d'ammoniaque non décomposée; 3° ce dernier composé contenant du soufre.

144. Si l'on met en contact de l'*iode* et du gaz ammoniac parfaitement secs, ces deux substances se combinent, et l'on obtient sur - le - champ un liquide visqueux, d'un aspect métallique, qui est de l'iodure d'ammoniaque ; cet iodure ne tarde pas à s'emparer d'une nouvelle quantité de gaz ammoniac, et donne naissance à un liquide moins visqueux, d'un rouge brun, qui est un iodure avec excès d'ammoniaque. Aucun des deux n'est détonnant ; mais si on les verse dans l'eau, on obtient de *l'iodure d'azote* sous la forme d'une poudre fulminante, et de l'hydriodate d'ammoniaque. *Théorie.* Nous pouvons représenter les élémens de l'iodure d'ammoniaque par

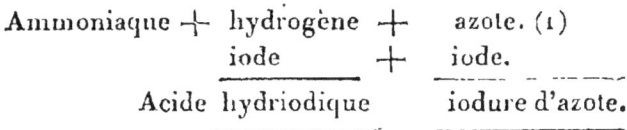

Ammoniaque +	hydrogène	+	azote. (1)
	iode	+	iode.
	Acide hydriodique		iodure d'azote.

---

(1) Il est indifférent de représenter l'ammoniaque par ce nom,

L'eau détermine la décomposition d'une portion d'ammoniaque ; l'hydrogène provenant de cette décomposition s'unit à une partie de l'iode et donne naissance à de l'acide hydriodique, dont l'ammoniaque non décomposée s'empare pour former l'hydriodate, tandis que l'autre portion d'iode se combine avec l'azote qui résulte de la décomposition de l'ammoniaque et forme l'iodure d'azote.

Cet iodure desséché détonne spontanément ; il détonne même lorsqu'il est humide ou qu'il est sous l'eau, pourvu qu'on le presse légèrement : ces détonnations sont accompagnées de lumière que l'on aperçoit très-bien dans l'obscurité. Il est aisé de concevoir, d'après ce que nous venons de dire, qu'on doit former cet iodure avec facilité en versant sur l'iode de l'ammoniaque liquide. (Note de M. Collin, *Annales de Chimie*, t. xci.)

Si l'on introduit quelques bulles de *chlore* gazeux dans une cloche presque pleine de gaz ammoniac parfaitement sec, disposée sur la cuve à mercure, celui-ci est rapidement absorbé et décomposé en partie ; il y a dégagement de calorique et de lumière ; l'hydrogène de la portion de gaz ammoniac décomposée forme avec le *chlore* de l'acide hydro-chlorique, qui, se combinant dans le même instant avec l'ammoniaque non décomposée, donne naissance à des *vapeurs blanches, épaisses* d'hydro-chlorate d'ammoniaque ; l'azote provenant du gaz ammoniac décomposé est mis à nu et reste dans la cloche. On obtient les mêmes produits si l'on met ensemble l'ammoniaque et le *chlore*, l'un et l'autre à l'état liquide ; seulement, dans ce cas, il n'y a aucun dégagement de lumière, et l'hydro-chlorate d'ammoniaque reste en dissolution dans l'eau ; enfin on peut déterminer cette

---

ou par ses élémens *hydrogène* + *azote* ; il l'est également de représenter la quantité d'iode qui se trouve dans l'iodure d'ammoniaque par iode + iode.

décomposition, et la formation des mêmes produits, en faisant passer du chlore gazeux à travers un flacon plein d'ammoniaque liquide, et pour peu que le lieu soit obscur, on aperçoit un dégagement de lumière assez marqué. *L'azote* est sans action sur le gaz ammoniac.

Exposé à *l'air*, ce gaz ne subit aucune altération à froid et ne répand point de vapeurs, quoiqu'il soit excessivement soluble dans l'eau. Si la température est élevée, on observe les mêmes phénomènes que ceux que produit sur lui le gaz oxigène, mais à un degré plus faible. *L'eau*, à la température et à la pression ordinaires, peut en dissoudre 430 fois son volume, ce qui fait à-peu-près le tiers de son poids. On peut prouver cette grande solubilité du gaz ammoniac par les moyens employés pour prouver celle du gaz acide hydro-chlorique. (*Voyez* page 156.) Il est aisé de prévoir qu'un morceau de glace doit être liquefié par ce gaz aussi vite que par des charbons ardens. L'ammoniaque liquide, connue aussi sous les noms d'*alcali volatil*, d'*alcali fluor*, d'*esprit de sel ammoniac*, est incolore ; son odeur, sa saveur et son action sur le sirop de violette sont les mêmes que celles du gaz. Si elle est très-concentrée on peut la solidifier et l'obtenir cristallisée en aiguilles, en la soumettant à un froid de 56° — o (Vauquelin) ; chauffée, elle laisse dégager presque tout le gaz et s'affaiblit ; sa pesanteur spécifique est de 0,9054 lorsqu'elle est formée de 25,37 de gaz ammoniac et de 74,63 parties d'eau ; elle est, au contraire, de 0,9713 si le gaz ammoniac dissous n'est que 7,17, et l'eau 92,83.

L'action de l'oxide de *carbone* et de l'oxide de *phosphore* sur ce gaz est inconnue. Le *protoxide* et le *deutoxide d'azote* le décomposeraient probablement à une température élevée.

Les *acides* précédemment étudiés peuvent se combiner tous avec l'ammoniaque et donner naissance à des produits qui, par leur analogie avec ceux qui sont formés d'un acide et d'un oxide métallique, portent le nom de *sels*. M. Gay-Lussac a prouvé que les combinaisons du gaz ammoniac avec les acides gazeux avaient lieu dans des rapports très-simples, comme nous le dirons en parlant des proportions dans lesquelles les corps peuvent s'unir. Priestley et M. Berthollet sont les premiers qui ont fait connaître la composition de l'ammoniaque. On l'emploie dans les laboratoires comme réactif.

L'ammoniaque exerce sur l'économie animale une action très-énergique ; elle enflamme fortement les tissus avec lesquels on la met en contact, et paraît agir comme un puissant stimulant du système nerveux. Respiré à l'état de gaz, ou introduit dans l'estomac, ce corps ne tarde pas à développer des symptômes inflammatoires et nerveux qui sont bientôt suivis de la mort, s'il a été employé en assez grande quantité et à un certain degré de concentration. Son action est beaucoup moins vive lorsqu'on le prend affaibli : dans ce cas, il augmente la chaleur générale, la fréquence du pouls et la transpiration ; il provoque la sueur, et fait souvent reparaître des phlegmasies qui étaient supprimées. Les médecins peuvent, par conséquent, s'en servir avec succès lorsqu'il est administré avec prudence. Tantôt on l'introduit dans l'estomac, tantôt on l'applique à l'extérieur, tantôt enfin on l'emploie à l'état de gaz. On le fait prendre *intérieurement* dans certaines fièvres putrides accompagnées d'affaissement, afin de déterminer la crise par les sueurs ; dans certaines fièvres ataxiques lentes, dans les maladies éruptives rentrées ou dans celles dont l'éruption est difficile, dans les affections rhumatismales lentes, dans les piqûres de divers reptiles et insectes venimeux ; on l'associe, suivant l'indication que l'on veut remplir, à des potions toniques ou sudorifiques, et on en met 20 ou 30 gouttes dans 5 ou 6 onces de potion que l'on fait prendre par cuillerées ; il vaudrait même mieux, attendu la grande volatilité de ce médicament, ne le mêler à la potion qu'au moment où le malade doit en prendre une cuillerée. On l'applique à l'*extérieur* dans les brûlures récentes, afin d'empêcher l'inflammation et les phlyctènes de se développer ; dans plusieurs maladies lentes des muscles, des glandes lymphatiques ; dans le rhumatisme chronique ; dans les engorgemens laiteux des mamelles qui ne sont pas anciens ; dans la gale, les dartres, l'œdème. On l'injecte quelquefois dans le vagin pour exciter la membrane muqueuse et rappeler une phlegmasie locale supprimée : dans ces circonstances on emploie l'ammoniaque liquide étendue d'eau, ou bien un liniment préparé avec une partie d'ammoniaque et dix d'huile ; ou bien enfin on se sert de sachets remplis d'une poudre composée de trois parties de chaux et d'une de sel ammoniac, mélange dont il se dégage de l'ammoniaque. On fait usage de ce médicament liquide concentré pour brûler les morsures des reptiles venimeux et les piqûres de certains insectes. A l'état de *gaz*, il a été employé dans l'amaurose imparfaite, sous la forme de fumigations ; on le fait respirer dans la syncope, l'asphyxie, pour prévenir les attaques d'épilepsie, etc. En général, dans la plupart des cas, il suffit d'approcher du nez un flacon contenant de l'ammoniaque liquide, et il faut suspendre l'emploi de ce médicament aussitôt que le malade revient à lui-même, crainte d'enflammer par l'action trop prolongée du caustique la membrane muqueuse pulmonaire.

De l'Acide phtoro-borique (fluo-borique.)

Outre les acides formés par un des corps simples précédemment étudiés et l'oxigène ou l'hydrogène, on en admet aujourd'hui un autre composé de *phtore* et de *bore*, qui

I. 12

a été connu jusqu'à présent sous le nom d'acide *fluo-bori-que*, et que nous appellerons *phtoro-borique*. Le gaz acide *phtoro-borique* est constamment un produit de l'art; il est incolore, doué d'une odeur piquante et suffocante, analogue à celle du gaz acide hydro-chlorique; il rougit l'*infusum* de tournesol avec énergie, et éteint les corps enflammés; sa pesanteur spécifique est de 2,371.

Il n'est altéré par aucun des fluides impondérables, ni par l'oxigène, ni par aucun des corps simples étudiés jusqu'ici. *P. E.* Exposé à l'air ou à l'action de tout autre gaz humide, il s'empare avec avidité de l'eau qu'ils contiennent et produit des vapeurs excessivement épaisses, en sorte qu'il peut servir avec le plus grand succès pour déterminer si un gaz est sec ou humide. L'*eau*, à la température et à la pression ordinaires, peut dissoudre, d'après M. John Davy, 700 fois son volume de ce gaz, ce qui fait environ deux fois son poids; d'où il résulte qu'il est beaucoup plus soluble que le gaz acide *hydro-chlorique*. L'acide phtoro-borique liquide concentré est limpide, fumant et très-caustique; il perd un cinquième du gaz qu'il renferme lorsqu'on le chauffe. Les oxides de *carbone*, de *phosphore* et d'*azote*, ainsi que les *acides* précédemment étudiés, n'agissent point sur lui. Il a été découvert en 1809 par MM. Gay-Lussac et Thenard. Il est sans usages.

CHAPITRE III.

Des Substances simples métalliques, ou des Métaux.

On donne le nom de *métal* à toute substance simple solide ou liquide, presque complètement opaque, en général beaucoup plus pesante que l'eau(1), douée d'un

(1) Nous disons en général, car on n'en connaît que deux qui soient plus légères que ce liquide.

brillant considérable, à moins qu'elle ne soit en poussière excessivement ténue , susceptible d'un grand degré de poli , conductrice du calorique et du fluide électrique , pouvant se combiner , en une ou en plusieurs proportions, avec l'oxigène , et donner naissance tantôt à des produits acides qui *rougissent l'infusum* de tournesol , mais le plus souvent à des oxides qui *n'altèrent* point cette couleur ni celle de la violette , ou bien à d'autres qui *verdissent* le sirop de violette.

Les métaux se trouvent dans la nature, 1° à l'état natif, 2° combinés avec l'oxigène ou à l'état d'oxide, 3° unis au soufre , au chlore ou à d'autres métaux , 4° à l'état de sel , produits qui , comme nous l'avons dit , sont presque toujours formés d'un acide et d'un oxide métallique.

Les métaux parfaitement connus aujourd'hui sont au nombre de trente-deux ; on en admet six autres par analogie. Plusieurs classifications ont été proposées pour faciliter leur étude ; aucune, à notre avis , n'a rempli cet objet d'une manière aussi satisfaisante que celle du professeur Thenard , qui se compose de six classes fondées sur le degré d'affinité de ces substances pour l'oxigène. Les caractères de plusieurs de ces classes ont le grand avantage d'appartenir à tous les métaux qui les composent, et d'être choisis parmi ceux qu'il importe le plus de retenir , en sorte qu'en se les rappelant , les histoires particulières des substances métalliques sont beaucoup plus courtes et moins fastidieuses ; c'est ce qui nous engage à adopter cette classification.

Noms des Métaux.

PREMIÈRE CLASSE.

Admis par analogie.

Silicium.	Yttrium.
Zirconium.	Glucinium.
Aluminium.	Magnésium.

IIe CLASSE.

Calcium.	Sodium.
Strontium.	Potassium.
Barium.	

IIIe CLASSE.

Manganèse.	Fer.
Zinc.	Etain.

IVe CLASSE.

Arsenic.	Urane.
Molybdène.	Cerium.
Chrome.	Cobalt.
Tungstène.	Titane.
Columbium.	Bismuth.
Antimoine.	Plomb.
Tellure.	Cuivre

Ve CLASSE.

Nickel.	Osmium.
Mercure.	

VIe CLASSE.

Argent.	Palladium.
Or.	Rhodium.
Platine.	Iridium.

Les métaux de la première classe, admis seulement par analogie, sont caractérisés par la grande affinité qu'ils ont pour l'oxigène; cette affinité est tellement forte qu'il a été impossible jusqu'à présent de l'enlever à leurs oxides (1).

Les métaux de la seconde classe absorbent le gaz oxigène à toutes les températures; ils décomposent rapidement l'eau, même à froid, s'emparent de son oxigène, et l'hydrogène est mis à nu avec effervescence.

Dans la troisième classe on range les métaux qui ne dé-

---

(1) Si, comme on l'a annoncé dans ces derniers temps, on peut séparer le silicium et le magnésium de leurs oxides, il faudra ranger ces deux métaux dans une autre classe.

composent pas l'eau à froid, ou qui ne la décomposent que très-lentement, mais qui en opèrent la décomposition à une chaleur rouge : ils absorbent l'oxigène à froid et à la température la plus élevée (1).

On place dans la quatrième classe les métaux qui ne décomposent l'eau ni à chaud ni à froid lorsqu'ils agissent seuls, mais qui absorbent le gaz oxigène à toutes les températures.

La cinquième classe est formée par les métaux qui ne décomposent l'eau à aucune température, et qui n'absorbent le gaz oxigène qu'à un certain degré de chaleur, passé lequel ils abandonnent celui avec lequel ils s'étaient combinés.

Enfin les métaux de la sixième classe sont ceux qui ne peuvent opérer la décomposition de l'eau, ni absorber l'oxigène à aucune température : toutefois il faut en excepter l'argent, qui, à l'état de vapeur, peut se combiner avec ce gaz.

145. *Propriétés physiques des métaux.* La *couleur* et l'*éclat* des métaux varient presque dans chacun d'eux. Ils ne sont pas parfaitement *opaques*, d'après les expériences de Newton, puisque la lumière passe à travers une feuille très-mince d'or, qui, après le platine, est le métal le plus pesant; cependant leur opacité est très-grande. Leur *densité* varie depuis 0,86507, la plus faible que l'on connaisse, celle du potassium, jusqu'à 20,98, la plus forte de toutes, celle du platine. Il en est de même de la *ductilité* et de la *malléa-*

(1) L'objection qui a été faite à M. Thenard, relativement à cette classe, n'a aucune valeur; on aurait voulu que le manganèse et le fer eussent été placés ailleurs, parce que leurs oxides au *maximum* perdent de l'oxigène lorsqu'on les chauffe au-dessus du rouge cerise; mais M. Thenard ne dit pas que ces métaux peuvent se saturer d'oxigène à toutes les températures; il dit seulement qu'ils peuvent en absorber, ce qui est extrêmement exact.

bilité, propriétés que certains métaux partagent à un très-haut degré, et dont plusieurs autres ne jouissent pas : on dit qu'ils sont *ductiles* lorsqu'on peut en faire des fils plus ou moins minces en les passant à la filière ; ils sont *malléables* s'ils se laissent aplatir et donnent des lames par le choc du marteau, ou par la pression du laminoir : l'une et l'autre de ces propriétés augmentent si on chauffe les métaux. La *ténacité*, cette faculté qu'ont les fils métalliques d'un petit diamètre de supporter un certain poids sans se rompre, varie aussi dans les différens métaux. Il en est de même de la *dureté*. L'*élasticité* et la *sonorité* des métaux sont en rapport avec leur dureté. Ils sont tous bon *conducteurs* du calorique et du fluide électrique, et susceptibles d'être plus *dilatés* par cet agent que les autres corps solides. Ils ont une *structure* lamelleuse, fibreuse, ou granuleuse. Enfin quelques-uns d'entre eux sont *odorans*, principalement lorsqu'on les frotte.

146. *Propriétés chimiques.* L'action du *calorique* sur les métaux varie : les uns sont facilement fusibles, les autres le sont difficilement ; ceux-là seulement cristallisent assez aisément. Il y en a qui sont volatils, d'autres qui sont fixes. Le *fluide électrique* agit sur eux comme le calorique.

Le gaz *oxigène* peut se combiner directement avec tous les métaux, excepté les cinq derniers de la *sixième classe* : cette combinaison a lieu tantôt à froid, tantôt à chaud ; elle est souvent accompagnée d'un grand dégagement de calorique et de lumière. Les métaux peuvent s'unir à l'oxigène en une, en deux, ou en trois proportions, et donner naissance à un *protoxide*, à un *deutoxide*, ou à un *tritoxide* ; il y en a qui ne forment qu'un seul oxide, d'autres qui en donnent deux, d'autres enfin qui en forment trois.

L'*hydrogène*, le *bore* et le *carbone* ont fort peu de tendance à s'unir avec les métaux ; le premier ne se combine qu'avec le potassium, le tellure et l'arsenic; le second, avec le fer et le platine, et le troisième, avec le fer. Il n'en est pas de même du *phosphore*, qui peut se combiner avec un très-grand nombre d'entre eux, tantôt par des moyens directs, tantôt par des moyens indirects. Tous les *phosphures* sont solides, inodores, et plus ou moins fusibles; aucun ne se trouve dans la nature. Le *soufre* peut également s'unir avec beaucoup de métaux, et donner des sulfures solides, cassans, inodores, plus ou moins fusibles, susceptibles d'absorber le gaz oxigène ou l'air atmosphérique à une température élevée, et de se décomposer en donnant naissance à différens produits. L'*iode* se combine, à l'aide de la chaleur, avec tous les métaux, et forme des iodures que l'on peut décomposer au moyen du *chlore*, qui s'empare du métal et met l'iode à nu.

Le *chlore* gazeux s'unit à tous les métaux, même à la température ordinaire, et donne des chlorures que l'on a regardés, jusque dans ces derniers temps, et que quelques chimistes continuent encore à regarder comme des *muriates secs*. Les phénomènes qui accompagnent la formation de ces chlorures diffèrent : tantôt elle a lieu avec dégagement de calorique et de lumière; tantôt elle n'est accompagnée d'aucune flamme. Parmi les chlorures métalliques il en est un certain nombre qui n'exercent aucune action sur l'eau et ne s'y dissolvent pas; mais la majeure partie la décomposent, s'y dissolvent, et donnent un sel composé d'acide hydro-chlorique et de l'oxide du métal. *Théorie*. On peut représenter le chlorure par

$$\text{chlore} \quad + \quad \text{métal.}$$

L'eau peut être représentée par.......... hydrogène $+$ oxigène.

Acide hydro-chlorique $+$ oxide métallique.

La décomposition de l'eau est sollicitée, d'une part, par

le chlore, qui tend à se combiner avec l'hydrogène, et de l'autre, par le métal, dont l'affinité pour l'oxigène est plus ou moins grande (1).

Le gaz *azote* n'exerce aucune action sur les métaux; on peut cependant, par des moyens indirects et à l'aide de l'ammoniaque, le combiner avec le potassium ou le sodium. L'*air atmosphérique* agit sur eux comme le gaz oxigène, mais avec moins d'énergie; en outre, comme l'air contient un peu d'acide carbonique, l'oxide métallique formé l'absorbe dans certaines circonstances et passe à l'état de carbonate. Les métaux sont insolubles dans l'*eau*; plusieurs la décomposent, comme nous l'avons dit en exposant les caractères de chacune des six classes.

Les *acides formés par l'oxigène* et un radical quelconque, par exemple, les acides borique, carbonique, phosphorique, sulfurique, sulfureux, nitrique, etc., ne peuvent se combiner avec les métaux qu'autant que ceux-ci sont oxidés à un degré déterminé. Il est des acides qui peuvent oxider un certain nombre de métaux à toutes les températures; par exemple, l'acide nitrique; quelques-uns n'en déterminent l'oxidation qu'à un certain degré de chaleur; enfin il en est qui n'agissent point sur ces substances. Lorsqu'un de ces acides, privé d'eau, cède de l'oxigène à un métal, cet oxigène provient nécessairement d'une portion d'acide qui a été décomposée; tandis que si l'acide contient de l'eau, l'oxigène qui se porte sur le métal peut appartenir à l'acide, à l'eau, ou à tous les deux à-la-fois.

---

(1) Quelques chimistes pensent que les chlorures métalliques solubles se dissolvent dans l'eau sans la décomposer, et par conséquent ils n'admettent pas la formation d'un hydro-chlorate; mais nous croyons qu'il y a plus de probabilité en faveur de la théorie que nous avons donnée, parce qu'elle explique mieux les faits.

L'oxide résultant de ces actions diverses peut être au premier, au second ou au troisième degré d'oxidation, et être susceptible ou non de se combiner avec la portion d'acide non décomposée. Il est des acides liquides formés par l'oxigène, par exemple, certains acides végétaux, qui dissolvent quelques métaux sans leur céder de l'oxigène; mais alors le métal s'oxide aux dépens de l'air atmosphérique. On donne le nom de *sel* à tout corps composé d'un ou de deux acides et d'un ou de deux oxides métalliques; d'où il résulte qu'il n'y a que des sels *métalliques*, si toutefois l'on en excepte les sels ammoniacaux. Nous indiquerons incessamment tout ce que nous croyons devoir dire de général sur les sels.

Les *acides gazeux formés par l'hydrogène* et un radical non métallique, par exemple, les gaz acides hydro-chlorique, hydriodique et hydro-sulfurique, ne peuvent pas oxider les métaux, puisqu'ils ne contiennent pas d'oxigène lorsqu'ils sont parfaitement secs: aussi ne forment-ils jamais avec eux des sels métalliques; cependant, chauffés avec certains métaux, ils se décomposent; l'hydrogène est mis à nu, et le chlore, l'iode ou le soufre se combinent avec les métaux pour former des *chlorures*, des *iodures* ou des *sulfures*. Il n'en est pas de même quand ces acides sont dissous dans l'eau: alors celle-ci peut être décomposée par quelques métaux qui s'emparent de son oxigène pour se combiner ensuite avec l'acide, et donner naissance à un sel métallique.

Plusieurs métaux peuvent s'unir entre eux et former des *alliages*.

Des Oxides métalliques.

147. Les oxides appelés *chaux* par les anciens sont des composés solides, d'une couleur variable, presque toujours

différente de celle du métal qui entre dans leur composition.
Ils sont en général ternes et pulvérulens.

Chauffés dans des vaisseaux fermés, quelques oxides abandonnent tout leur oxigène; d'autres n'en perdent qu'une portion et passent à un degré d'oxidation inférieur; enfin il en est qui ne se décomposent pas. La *lumière* n'en décompose qu'un très-petit nombre. Soumis à l'action de la *pile* voltaïque, ils sont tous décomposés, excepté ceux de la première classe; l'oxigène se porte au pole vitré ou positif, et le métal est attiré par le pole résineux. Ceux qui sont déjà saturés d'*oxigène* n'éprouvent aucune altération de la part de cet agent ni de celle de l'*air*; un très-grand nombre de ceux qui sont peu oxidés absorbent l'oxigène à des températures variables.

Le gaz *hydrogène*, le *carbone* et le *chlore* peuvent décomposer un plus ou moins grand nombre d'oxides à l'aide de la chaleur; les deux premiers s'emparent en général de l'oxigène, donnent naissance à de l'eau, à du gaz acide carbonique, ou à du gaz oxide de carbone, et le métal est mis à nu; le chlore en dégage l'oxigène, et s'unit au métal qu'il transforme en *chlorure*. Tantôt le *soufre* se combine avec le métal pour former un sulfure, et l'oxigène se dégage à l'état de gaz acide sulfureux; tantôt il s'unit à l'oxide et forme un oxide sulfuré; tantôt enfin il se produit un sulfate. Il existe un certain nombre d'oxides qui se combinent avec le *phosphore* et donnent naissance à des oxides phosphurés (phosphures). Plusieurs oxides peuvent absorber l'*eau*, se combiner avec elle, et former des *hydrates* secs et pulvérulens dont la couleur diffère presque toujours de celle des oxides : ainsi l'hydrate d'oxide de calcium (chaux) est blanc, tandis que l'oxide sec est d'un blanc grisâtre; l'hydrate de protoxide de cobalt est rose, et l'oxide pur est bleu; celui de deutoxide de cuivre est bleu, tandis que le deutoxide sec est brun noirâtre.

Il existe un très-grand nombre d'oxides qui se combinent avec les *acides* sans éprouver ni leur faire éprouver la moindre décomposition ; d'autres, trop oxidés, ne peuvent se combiner avec cette classe de corps sans perdre de l'oxigène; enfin il en est qui, étant peu oxidés, absorbent de l'oxigène à l'acide ou à l'eau qu'il renferme pour passer à l'état d'oxidation convenable pour entrer en combinaison. En général, la tendance des oxides pour s'unir avec les acides est d'autant plus grande qu'ils sont moins oxidés : dans tous les cas, ces combinaisons portent, comme nous l'avons déjà dit, le nom de *sel*.

L'*ammoniaque* a la propriété de dissoudre un certain nombre d'oxides métalliques des quatre dernières sections. Le produit, appelé *ammoniure*, jouit quelquefois de la propriété de cristalliser.

Plusieurs oxides peuvent se combiner entre eux ; quelques-uns peuvent même être dissous par d'autres : c'est ainsi que les deutoxides de potassium ou de sodium dissolvent à merveille les oxides d'arsenic, de zinc, de titane, etc. Enfin il existe des *métaux* doués de la faculté de décomposer certains oxides en s'emparant de leur oxigène.

Des Sels.

Les sels admis aujourd'hui par les chimistes sont ou ammoniacaux ou métalliques : les premiers, peu nombreux, sont formés par un acide et par l'ammoniaque ; les autres sont composés, comme nous venons de le voir, d'un acide et d'un ou de deux oxides métalliques, que l'on désigne généralement sous le nom de *base*. On appelle *sel double* celui qui renferme deux oxides ; sel *neutre* celui qui ne rougit point l'*infusum* de tournesol et ne verdit pas le sirop de violette ; *sur-sel* celui qui rougit l'*infusum* de tournesol ; enfin, sel *avec excès de base*, ou *sous-sel*, celui qui verdit le sirop de violette et ramène au bleu l'*infusum* de tournesol rougi par un acide. Nous examinerons ailleurs jusqu'à quel point ces caractères sont propres à établir la neutralité, l'acidité ou l'alcalinité des sels. (Voyez *Lois de composition*, etc., à la fin du tom. II.)

Propriétés physiques des sels. On ne connaît aucun sel gazeux; il y en a un petit nombre de liquides; mais la plupart sont solides, d'une couleur et d'une cohésion variables, cristallisés ou pulvérulens, inodores, excepté cinq, sapides ou insipides, et plus pesans que l'eau.

148. *Propriétés chimiques. Action de l'eau sur les sels.* Les sels sont solubles ou insolubles dans l'eau : en général ceux-ci sont insipides, les autres ont de la saveur. La solubilité d'un sel dans l'eau dépend de son affinité pour ce liquide et de sa cohésion; il sera d'autant plus soluble que cette affinité sera plus grande et la cohésion moins forte, et *vice versâ*. De deux sels ayant la même affinité pour l'eau, le plus soluble sera celui qui a moins de cohésion. Il arrive quelquefois qu'un sel qui a moins d'affinité pour l'eau qu'un autre se dissout plus facilement, parce que sa force de cohésion est beaucoup moindre. Lorsqu'un sel a été dissous dans l'eau, celle-ci perd en général la propriété d'entrer en ébullition à 100° (la pression de l'air étant à 76 centimètres), et en exige 102°, 104°, 106, 108°, etc. Plus l'affinité du sel pour l'eau est grande, plus la température doit être élevée pour que le liquide entre en ébullition; on peut donc déterminer l'affinité de plusieurs sels pour l'eau en en mettant quantités égales dans ce liquide, et en examinant le degré auquel il bout. L'eau qui est déjà saturée d'un sel peut encore dissoudre une certaine quantité d'un autre sel soluble, pourvu que les deux sels ne se décomposent pas.

149. Presque toujours la dissolution d'un sel s'opère

lus facilement et plus abondamment dans l'eau chaude que dans l'eau froide : aussi lorsqu'on a dissous dans de l'eau bouillante tout le sel dont elle pouvait se charger, une partie cristallise-t-elle par le refroidissement, si ce sel est cristallisable ; mais il est presque impossible d'obtenir par ce moyen des cristaux réguliers. Voici comment on doit procéder pour avoir de beaux cristaux : 1° on fera dissoudre 7 à 8 livres de sel dans une assez grande quantité d'eau bouillante pour qu'il ne s'en dépose pas beaucoup par le refroidissement ; 2° après avoir décanté la dissolution, on la déposera dans des vases à fond plat, sur lesquels elle ne puisse exercer aucune action chimique, et qui soient dans un lieu tranquille ; 3° lorsque, par l'évaporation spontanée de l'eau, il se sera formé des cristaux au bout de quelques jours, on choisira les plus gros et les plus réguliers, et on les placera dans un autre vase pareil dans lequel on mettra une nouvelle dissolution de sel préparée de la même manière ; on les retournera chaque jour, et on les verra grossir par toutes leurs faces et d'une manière régulière. Il faudra recommencer la même opération jusqu'à ce que les cristaux aient acquis un volume assez considérable ; alors on n'en mettra qu'un dans chaque vase contenant la dissolution : quelques semaines suffiront pour obtenir des cristaux très-volumineux. Ce procédé est dû à M. Leblanc. Il arrive quelquefois que les dissolutions salines, même les plus concentrées, ne cristallisent qu'autant qu'on les agite ou qu'on les renferme dans un vase lorsqu'elles sont encore très-chaudes. On a donné le nom d'*eau mère* à la dissolution saline qui reste sur les cristaux après leur formation : cette eau contient encore du sel, mais elle n'en est pas saturée.

Les cristaux salins renferment très-souvent de l'eau : tantôt elle est combinée avec chacune des molécules intégrantes du sel, et porte le nom d'*eau de cristallisation*; elle fait quelquefois la moitié du poids du cristal, et celui-ci lui doit sa transparence, puisqu'il suffit de la lui faire perdre pour le rendre opaque; tantôt elle est libre, placée entre les molécules intégrantes, et n'influe en aucune manière sur la transparence : on peut l'absorber facilement en pressant le cristal pulvérisé entre deux feuilles de papier joseph.

Les cristaux ainsi formés sont-ils composés des mêmes principes que la dissolution qui les a fournis? On peut répondre par l'affirmative pour tous les sels, excepté peut-être pour quelques hydro-chlorates et pour un certain nombre d'hydriodates, qu'il suffit de faire cristalliser, suivant M. Gay-Lussac, pour les transformer en chlorures; ce qui ne peut s'expliquer sans admettre qu'au moment de la formation des cristaux, l'hydrogène de l'acide hydro-chlorique se combine avec l'oxigène de l'oxide pour former de l'eau, et que le chlore s'unit avec le métal provenant de l'oxide décomposé : tel serait, par exemple, l'hydro-chlorate de soude (dissolution de sel commun). Ce fait n'est pas encore généralement admis.

Action de la glace sur les sels solubles. Lorsqu'on mêle promptement et dans des proportions convenables, de la glace pilée ou de la neige avec un sel soluble *cristallisé* ou peu *desséché*, le mélange devient liquide et il se produit un froid plus ou moins considérable; d'où il suit qu'il y a eu du calorique absorbé aux corps environnans pour liquéfier les deux solides, phénomène qui ne peut dépendre que de l'affinité qui existe entre ces deux corps à l'état liquide. On peut, en mêlant trois parties d'hydro-chlorate de chaux et une partie de neige, faire descendre le thermomètre jusqu'à 58°,33 — o; tandis que deux parties de neige et une partie d'hydro-chlorate de soude (sel commun) ne produisent qu'un froid de 20°,55 au-dessous de zéro. Il est évident que le refroidissement sera d'autant plus considérable, toutes choses égales d'ailleurs, que le sel employé aura plus d'affinité pour l'eau.

150. *Action du gaz oxigène sur les sels.* Les sels dont l'acide et l'oxide sont au *summum* d'oxidation n'éprouvent aucune altération de la part de cet agent : parmi ceux qui ne sont pas dans ce cas, il en est qui l'absorbent. L'*air* atmosphérique agit de la même manière.

151. *Action hygrométrique de l'air à la température ordinaire.* Indépendamment de l'action dont nous venons de parler, l'air en exerce une autre qu'il nous importe beaucoup de connaître. Les sels insolubles sont inaltérables à l'air; ceux qui sont solubles et placés dans un air très-humide, en attirent l'humidité, et passent à l'état liquide : on les appelle *déliquescens.* Si l'air dans lequel se trouvent les sels solubles est peu humide, il en est qui sont encore *déliquescens;* par exemple, ceux qui ont beaucoup d'affinité pour l'eau, d'autres qui n'éprouvent point d'altération, d'autres enfin qui perdent leur transparence, leur eau de cristallisation, et se transforment en une poudre blanche. Ces sels, que l'on appelle improprement *efflorescens,* ont peu d'affinité pour l'eau, et n'ont presque pas de cohésion, ce qui explique leur grande solubilité. En général, les sels déliquescens ou efflorescens contiennent une très-grande quantité d'eau de cristallisation.

152. *Action du calorique sur les sels solides.* Les sels *efflorescens,* et ceux qui sont très-*déliquescens* fondent dans leur eau de cristallisation lorsqu'on les chauffe : on dit alors qu'ils éprouvent la fusion *aqueuse;* mais comme cette eau ne tarde pas à être entièrement volatilisée, ils se dessèchent; si on continue à les chauffer, plusieurs d'entre eux sont de nouveau fondus par le feu : on désigne cette fusion sous le nom d'*ignée.* Les sels qui ne sont ni efflo-

rescens ni déliquescens dans un air peu humide, et qui cependant contiennent un peu d'eau, *décrépitent*, pétillent, ou font entendre un bruit que l'on attribue à la vaporisation de l'eau, et à la séparation des petites molécules salines; il y a cependant quelques sels qui décrépitent et qui ne contiennent pas d'eau : tel est, par exemple, le sulfate de deutoxide de *potassium* : dans ce cas la décrépitation doit être attribuée à la séparation brusque des molécules opérée par le calorique. Plusieurs de ces sels peuvent éprouver après la fusion ignée. Il existe des sels qui peuvent être fortement chauffés sans éprouver la moindre décomposition et qui ne se volatilisent que très-difficilement; d'autres qui sont volatils et qui ne tardent pas à se sublimer ; enfin d'autres qui se décomposent avant ou après avoir éprouvé l'une ou l'autre des fusions dont nous avons parlé.

153. *Action du fluide électrique sur les sels.* Tous les sels peuvent être décomposés par le courant de fluide électrique qui se produit dans la pile de Volta, pourvu qu'ils soient humides ou dissous ; mais tous ne donnent pas les mêmes produits. Quelquefois l'oxide métallique est attiré par le pole résineux ou négatif, et l'acide par le pole vitré ou positif; mais le plus souvent le métal seul se porte sur le pole résineux, et l'oxigène et l'acide sur le pole vitré : dans ce cas si le métal que l'on doit obtenir a de la tendance à s'amalgamer avec le mercure, on favorise singulièrement la décomposition du sel en le mettant en contact avec ce métal. Dans quelques circonstances, très-rares à la vérité, les acides et les bases sont décomposés. L'eau qui humectait les sels ou qui les tenait en dissolution, est également décomposée; l'hydrogène est attiré par le pole résineux et l'oxigène par le pole vitré.

La décomposition par le fluide électrique peut s'opérer sans que les fils de la pile soient en contact avec le sel : ainsi, que

l'on introduise une dissolution de sulfate de potasse (1)
dans un vase; que l'on fasse communiquer ce liquide, à l'aide
de deux fils d'amiante, avec de l'eau contenue dans deux
tubes de verre placés aux parties latérales et à une certaine
distance du vase où se trouve le sulfate de potasse; que
l'on soumette l'eau des deux tubes à l'action de la pile de
Volta, de manière à ce qu'elle soit en contact, d'un côté
avec le pole vitré, et de l'autre avec le pole résineux, on
observera au bout de quelque temps que cette dernière
contient de la potasse, tandis que l'autre renferme de l'acide
sulfurique. Pour que cette expérience réussisse il faut que
le niveau de l'eau dans les deux tubes soit au-dessus du
niveau de la dissolution de sulfate de potasse.

154. *Action de la lumière et du fluide magnétique.* La
lumière n'agit que sur quelques sels de la cinquième et de
la sixième section dont elle change la couleur. L'action du
barreau aimanté est nulle.

155. *Action des corps simples non métalliques.* Plusieurs
d'entre eux peuvent décomposer un très-grand nombre de
sels à l'aide de la chaleur; mais en général ils agissent peu
sur leurs dissolutions.

156. *Action des acides sur les sels.* Les sels peuvent
être décomposés par certains acides, à des températures variables : tantôt l'acide s'empare en totalité de l'oxide métallique, et forme un nouveau sel ; alors l'acide du sel décomposé se dégage à l'état de gaz, ou reste dissous, ou
se précipite, suivant qu'il est gazeux, liquide ou solide,
et qu'il est plus ou moins soluble dans l'eau; tantôt l'a-
cide décomposant ne s'empare que d'une portion d'oxide :

---

(1) Nous emploierons souvent les mots *chaux*, *baryte*, *strontiane*, *potasse* et *soude*, comme synonymes d'oxide de calcium,
de protoxide de barium, d'oxide de stroutium, et des deutoxides de potassium et de sodium.

alors on obtient deux sels; tantôt enfin il y a décomposition de l'acide décomposant et de l'oxide du sel; c'est
ce qui arrive lorsqu'on verse les acides hydro-sulfurique
et hydriodique dans certaines dissolutions salines : éclair-
cissons ce dernier fait par un exemple : supposons que l'on
verse de l'acide hydro-sulfurique dans une dissolution de
nitrate de protoxide de plomb; nous pouvons représenter ce
sel par

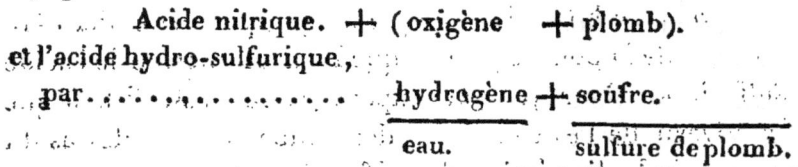

        Acide nitrique. **+** (oxigène **+** plomb).
et l'acide hydro-sulfurique,
   par . . . . hydrogène **+** soufre.
                  eau.   sulfure de plomb.

L'hydrogène de l'acide hydro-sulfurique forme de l'eau
avec l'oxigène du protoxide de plomb, tandis que le
soufre s'unit avec le plomb et donne naissance à un sulfure insoluble.

  L'acide sulfurique décompose en totalité ou en partie
tous les sels connus, excepté les sulfates; quant aux autres
acides, nous ne pouvons rien dire de général; il en est
qui décomposent certains sels et qui ne peuvent pas en décomposer d'autres.

   Presque tous les sels insolubles dans l'eau peuvent se dissoudre dans les acides nitrique, hydro-chlorique, etc.; cependant dans la plupart des cas, la dissolution ne s'opère
que parce qu'il y a décomposition du sel; nous citerons
deux exemples pour éclaircir ce fait : le carbonate de chaux
ne se dissout dans l'acide nitrique qu'après avoir été décomposé et transformé en nitrate de chaux soluble; le
phosphate de chaux se dissout également dans le même
acide, après avoir été changé en phosphate acide de
chaux et en nitrate, tous les deux solubles dans l'eau.

   157. *Action de l'ammoniaque sur les sels.* L'ammoniaque décompose en totalité ou en partie tous les sels

formés par les métaux de la première et des quatre dernières classes ; elle s'empare de l'acide avec lequel elle forme un sel soluble, tandis que l'oxide métallique est précipité ; souvent cet oxide est redissous par un excès d'ammoniaque, et il se produit alors un sel double soluble ; quelquefois aussi on obtient un sel double insoluble.

158. *Action des métaux sur les sels desséchés.* Cette action est trop variée pour pouvoir être détaillée dans les généralités. Si le métal et le sel appartiennent à l'une des quatre dernières classes, et que le sel soit en dissolution, il arrive souvent qu'il est décomposé, par exemple, lorsque le métal dont on se sert n'a pas beaucoup de cohésion, et qu'il a plus d'affinité pour l'oxigène et pour l'acide que n'en a celui qui entre dans la composition du sel ; alors le métal de la dissolution est précipité, et le métal précipitant forme avec l'oxigène et avec l'acide un nouveau sel métallique ; tantôt le métal précipité se dépose seul sous la forme d'une poudre terne, ou de cristaux brillans ; tantôt il s'unit au métal précipitant, et produit quelquefois des cristallisations métalliques plus ou moins belles ; tantôt enfin il se combine avec l'hydrogène de l'eau de la dissolution ou avec l'oxigène de l'acide : nous reviendrons sur ces divers phénomènes en faisant l'histoire particulière des sels.

159. *Action des oxides métalliques ou des bases.* Les sels peuvent être décomposés par certains oxides à des températures variables ; tantôt l'oxide décomposant s'empare en totalité de l'acide, et il en résulte un nouveau sel ; alors l'oxide du sel décomposé se précipite, ou reste en dissolution, ou se volatilise ; tantôt il ne s'en empare qu'en partie et il se forme un *sel double* ou à double oxide. Il n'existe pas un seul oxide qui puisse décomposer tous les sels, en sorte qu'on ne peut établir rien de général à cet égard.

160. *Action des sels solubles les uns sur les autres.* Toutes les fois qu'on met ensemble deux sels dissous, et

que ces sels renferment les élémens capables de donner naissance à un sel soluble et à un sel insoluble, ou bien à deux sels insolubles, leur décomposition a nécessairement lieu, à moins qu'il ne puisse se former un sel double; on observe le même phénomène s'il peut se produire un sel soluble et un corps insoluble qui ne soit pas un sel; ce fait, dont nous devons la découverte à M. Berthollet, est de la plus haute importance; l'art de formuler peut en tirer de grands avantages; ainsi l'on se gardera bien de prescrire ensemble de l'*hydro-chlorate de baryte* (muriate) et un *sulfate* soluble, par exemple, celui de *soude*, car les deux sels seraient décomposés et transformés en *sulfate de baryte* insoluble, et en *hydro-chlorate de soude* soluble; la même décomposition aurait lieu si l'on prescrivait à-la-fois l'*acétate de plomb* (sel de Saturne) et un *sulfate* soluble, ou bien le *nitrate d'argent* et un *hydro-chlorate* soluble, par exemple, celui de *potasse* (muriate de potasse).

Si les deux sels solubles que l'on a mêlés ne sont pas de nature à pouvoir donner un sel soluble et un sel insoluble, la dissolution n'est pas troublée; il peut même arriver qu'il n'y ait eu aucune décomposition. Si l'on évapore la liqueur, il se forme des cristaux, ou il se dépose un précipité, et si on continue à évaporer, on obtient encore des cristaux qui peuvent être d'une autre nature que les premiers; la même chose a lieu si on pousse encore plus loin l'évaporation : dans ces cas, les deux sels peuvent finir par se décomposer: ainsi, par exemple, que l'on mêle parties égales de *sulfate de potasse* et d'*hydro-chlorate* de *magnésie* en dissolution, la liqueur ne se troublera pas; si l'on fait évaporer, il se déposera d'abord des cristaux de sulfate de potasse; en continuant l'évaporation on obtiendra de l'hydro-chlorate de potasse, du sulfate de potasse, et du sulfate de potasse et de magnésie; enfin, si l'on continue à faire évaporer, il se formera de l'hydro-chlorate de potasse et du sulfate de magnésie, et l'eau mère contiendra un peu de chaque sel. Ce fait et une multitude d'autres que nous passons sous silence, nous permettent d'affirmer que les phénomènes que présentent les deux sels solubles, dans ce cas particulier, varient suivant la concentration de la liqueur, les proportions dans lesquelles les sels sont mêlés, et l'action qu'ils exercent entre eux.

161. *Action des sels solubles sur les sels insolubles.* Toutes les fois qu'un sel soluble et un sel insoluble renferment les élémens propres à donner naissance à deux sels insolubles, la décomposition est forcée.

Tous les sels insolubles récemment précipités, ou réduits en poudre impalpable, sont en partie décomposés par les *carbonates*, ou les sous-carbonates de potasse ou de soude dissous dans l'eau, pourvu qu'on fasse bouillir le mélange pendant une heure : ainsi le *sulfate de baryte*, sel très-insoluble, sera décomposé par le *sous-carbonate de potasse*, et il en résultera du sous-carbonate de baryte insoluble et du sulfate de potasse soluble ; mais on ne pourra jamais décomposer la totalité du sulfate de baryte employé.

162. *Action des sels à l'état solide les uns sur les autres.* Lorsqu'on chauffe ensemble deux sels, dont les élémens peuvent donner lieu à un sel fixe et à un sel volatil, la décomposition est forcée; ainsi, par exemple, l'hydrochlorate d'ammoniaque et le sous-carbonate de chaux se transforment, à une température élevée, en sous-carbonate d'ammoniaque volatil, et en hydro-chlorate de chaux fixe (1); cette décomposition a même lieu dans le cas où il peut se former un ou deux sels fusibles.

Après avoir examiné l'action des divers agens étudiés jusqu'ici sur les sels en général, nous devons faire connaître la

(1) Celui-ci passe à l'état de chlorure lorsqu'il a été fondu.

marche que nous nous proposons de suivre dans leur histoire particulière. On a remarqué depuis long-temps que les sels formés par un même acide jouissaient d'un certain nombre de propriétés communes, et pouvaient former un groupe plus ou moins naturel auquel on a donné le nom de *genre*. Nous allons exposer succinctement les caractères de chacun de ces groupes, avant de parler de chaque sel en particulier.

Caractères du genre sous-borate.

Soumis à l'action du *calorique*, la majeure partie des sous-borates fondent et se vitrifient sans se décomposer. Il en est un certain nombre dont l'oxide se décompose : tels sont ceux de la sixième classe et celui de mercure. L'action de l'*eau* sur les sous-borates varie ; mais ils sont en général peu solubles. Tous les *acides* précédemment étudiés, excepté les acides carbonique et borique, et peut-être l'acide chloreux, décomposent les sous-borates à la température de l'ébullition ; l'acide employé s'empare de l'oxide du borate, et l'acide borique est mis à nu ; si le borate est soluble dans l'eau, on verse l'acide décomposant sur le solutum, et l'on obtient des écailles d'acide borique ; si le borate est peu soluble, on le réduit en poudre et on le traite par l'acide étendu d'eau. A une température rouge, les borates ne sont décomposés que par les acides fixes, tels que l'acide phosphorique.

Caractères du genre sous-carbonate.

Tous les sous-carbonates sont décomposés par le feu, excepté trois, ceux de potasse, de soude et de baryte, dont on peut obtenir la décomposition par le feu au moyen de la vapeur de l'eau ; les produits que l'on obtient sont, le gaz acide carbonique, le métal ou l'oxide métallique, ou bien cet oxide, du gaz oxide de carbone et de l'oxigène. Tous les sous-carbonates sont insolubles dans *l'eau*, excepté ceux de potasse, de soude et d'ammoniaque; plusieurs de ceux qui sont insolubles dans l'eau se dissolvent dans l'acide carbonique liquide. Tous les *acides* contenant de l'eau décomposent les carbonates à froid, et en dégagent le gaz acide carbonique avec effervescence et sans vapeur (1). Les sous-carbonates insolubles sont tous décomposés à chaud par les sels à base de potasse ou de soude dont l'acide peut former un sel insoluble avec la base de ces carbonates : citons pour exemple le sous-carbonate de baryte et le sulfate de potasse; il se forme dans ce cas du sulfate de baryte insoluble et du sous-carbonate de potasse soluble, mais cette décomposition n'est pas complète. (M. Dulong.)

Caractères du genre sous-phosphate.

Les phosphates se comportent au feu comme les borates. Si l'on chauffe ceux des quatre dernières classes avec du *charbon*, ils sont décomposés; l'oxigène de l'acide et celui de l'oxide transforment le charbon en gaz acide carbonique, ou en gaz oxide de carbone, et il se forme un phosphure métallique; ceux des deux premières classes, dont les oxides ne sont pas réductibles par le charbon, ne se décomposent pas en totalité; il n'y a qu'une partie de l'acide qui cède son oxigène au charbon. On ignore quelle est l'action des autres corps simples sur les phosphates. *L'eau* ne dissout facilement que les phosphates de potasse, de soude et d'ammoniaque; mais l'acide phosphorique dissout tous les phosphates insolubles. Presque tous les *acides* forts ont la propriété de transformer les phosphates en phosphates acides, en se combinant avec une portion de leur oxide; quelques-

---

(1) Quelquefois on observe une légère vapeur formée par l'acide qui décompose le carbonate.

uns des ces acides peuvent même enlever tout l'oxide à certains phosphates. L'acide nitrique dissout presque tous les phosphates insolubles, après les avoir décomposés. (*Voyez* pag. 194.)

Caractères du genre phosphite et hypo-phosphite.

Les phosphites, exposés à l'action d'une température élevée, se décomposent et donnent du gaz hydrogène phosphoré, un peu de phosphore qui se sublime, et de l'acide phosphorique. Ils sont ou solubles ou insolubles dans l'eau.

Les *hypo-phosphites* fournissent les mêmes produits lorsqu'on les chauffe; mais ils sont remarquables par leur extrême solubilité dans l'eau.

Caractères du genre sulfate.

Soumis à l'action du *calorique* les sulfates se comportent d'une manière variable; ceux de la seconde classe et celui de magnésie ne se décomposent pas ; tous les autres se décomposent et se transforment en acide sulfurique et en oxide, ou en acide sulfureux, en oxigène et en oxide, ou bien en acide sulfureux et en oxide plus oxidé; quelquefois aussi l'oxide est entièrement réduit. Le *carbone* et l'*hydrogène* enlèvent l'oxigène à l'acide de tous les sulfates à une température élevée; ils s'emparent en outre de l'oxigène des oxides des sulfates des quatre dernières classes; le soufre résultant de la décomposition de l'acide s'unit quelquefois au métal mis à nu comme, par exemple, dans les sulfates des quatre dernières classes ; il se combine au contraire avec l'oxide si le sulfate appartient à la deuxième classe, tandis qu'il reste mêlé avec l'oxide des sulfates de la première section, si toutefois on en excepte la magnésie, avec laquelle il peut former un oxide sulfuré. Tous les sulfates sont solubles dans l'*eau*, excepté ceux de baryte, d'étain, d'antimoine, de plomb, de mercure et de bismuth, qui sont insolubles, et ceux de strontiane, de chaux, de zircone, d'yttria, de cérium et d'argent, qui sont peu solubles. Tous les sulfates sensiblement solubles sont troublés par le *protoxide de barium* (baryte) dissous dans l'eau ; le précipité est insoluble dans l'eau et dans l'acide nitrique pur. Aucun sulfate n'est complètement décomposé à la température ordinaire par les *acides*, excepté le sulfate d'argent, qui l'est par l'acide hydro-chlorique. Les acides phosphorique et borique solides peuvent au contraire les décomposer tous à une chaleur rouge et former des phosphates et des borates.

Caractères du genre sulfite.

Tous les sulfites sont décomposés au *feu* ; la plupart d'entre eux se convertissent en acide sulfureux et en oxide métallique ou en métal ; ceux de la seconde classe et celui de magnésie se transforment en sulfate, et il se volatilise du soufre. Les sulfites exposés à l'*air* en attirent l'oxigène, et passent à l'état de sulfate d'autant plus promptement, toutes choses égales d'ailleurs, qu'ils sont plus solubles dans l'eau et plus divisés. Il n'y a guère que les sulfites de potasse, de soude et d'ammoniaque qui soient très-solubles dans l'*eau*. Les *sulfites* sont décomposés avec effervescence par un grand nombre d'acides, tels que les acides sulfurique, hydro-chlorique, etc., et il se dégage du gaz acide sulfureux dont l'odeur est caractéristique. Plusieurs sulfites peuvent se combiner avec le soufre très-divisé et donner naissance à des sulfites sulfurés.

Sulfites sulfurés.

Les sulfites sulfurés sont aussi décomposés par le *feu* ; l'*air* ne les transforme en sulfates qu'avec la plus grande difficulté. L'*eau* ne dissout guère que ceux de potasse ; de soude et d'ammoniaque ; les autres se dissolvent dans un excès d'acide sulfureux et peuvent même cristalliser. Ils sont décomposés par les *acides* qui décomposent les sulfites, et il se forme, outre le gaz acide sulfureux qui se dégage, un dépôt de soufre et un nouveau sel.

Caractères du genre iodate.

Tous les iodates sont décomposés à une chaleur rouge obscure ; il n'y en a qu'un très-petit nombre qui fusent sur les charbons ardens. Ils sont en général peu solubles dans l'*eau*. Les acides sulfureux et hydro-sulfurique les décomposent, s'emparent de l'oxigène de l'acide iodique et en séparent l'iode.

Caractères du genre chlorate.

Tous les chlorates sont décomposés par le feu et transformés en gaz oxigène et en sous-chlorure métallique, ou en gaz oxigène et en chlorure métallique, plus une portion d'oxide du chlorate : il est évident que dans cette décomposition l'oxigène provient et de l'acide chlorique et de l'oxide métallique. La plupart des chlorates étudiés jusqu'à présent *fusent* sur les *charbons* ardens, et produisent une flamme d'une couleur variable; l'acide chlorique dans ce cas cède de l'oxigène au charbon. Mêlés avec des substances avides d'oxigène, telles que le charbon, le phosphore, le soufre, les sulfures d'antimoine, d'arsenic, etc., certains chlorates, et principalement celui de potasse, forment des poudres que l'on désigne sous le nom de *fulminantes*, qui détonnent toutes avec plus ou moins de violence par l'action de la chaleur, et que le choc seul suffit le plus souvent pour enflammer : la plus forte de toutes ces poudres est sans contredit celle que l'on fait avec le phosphore. On emploie généralement pour les

préparer 3 parties de chlorate et une partie du corps avide
d'oxigène ; on triture ces matières séparément pour ne pas
courir le risque de produire la détonnation par le choc du
pilon ; ensuite on les mêle (1) ; l'acide chlorique des chlorates se décompose lorsque la température du mélange est
un tant soit peu élevée, cède son oxigène au corps avec
lequel il est uni, et il en résulte des produits qui varient suivant la nature de ce corps, mais qui, en général, sont solides et gazeux, ce qui explique la détonnation. Tous les chlorates connus sont solubles dans l'eau,
excepté le proto-chlorate de mercure. Les *acides* forts paraissent pouvoir les décomposer tous, mais à des températures diverses et avec des phénomènes variables.

Caractères du genre nitrate.

Soumis à l'action du *calorique*, tous les nitrates sont
décomposés : tantôt on obtient l'oxide et l'acide nitrique ;
tantôt l'oxide et les élémens de l'acide ; tantôt enfin l'oxide
peu oxidé du nitrate absorbe une certaine quantité d'oxigène à l'acide nitrique et s'oxide davantage. Mis sur les
charbons ardens, les nitrates fusent, et l'oxigène de l'a-
cide est absorbé par le charbon. La plupart des *corps simples* et plusieurs corps *composés* avides d'oxigène, décomposent les nitrates à une température élevée, s'emparent
de l'oxigène de l'acide, et donnent lieu à des produits
variables ; en général, l'absorption de l'oxigène a lieu avec
dégagement de calorique et de lumière. L'*eau* dissout tous
les nitrates ; quelques-uns cependant ne se dissolvent que
dans un excès d'acide. L'*acide* sulfurique décompose com-

(1) Pour faire la poudre à base de phosphore, on prend le
phosphore pulvérisé (*voyez* § 48), on le recouvre d'essence
de térébenthine, et on le mêle avec le chlorate.

plètement tous les nitrates à froid, et il se dégage de très-
légères vapeurs blanches d'acide nitrique, si le nitrate est
pur. Les acides phosphorique, fluorique et arsenique opèrent également cette décomposition à des températures
différentes; enfin l'acide hydro-chlorique ne les décompose
qu'en partie et forme de l'eau régale. (*Voyez* § 131.)

Caractères du genre nitrite.

Tous les nitrites sont décomposés par le *feu* et donnent
des produits variables. L'air *atmosphérique* n'agit pas sur
eux à la température ordinaire; il paraît au contraire les
transformer en nitrate et en sous-nitrate si on les chauffe.
Tous les nitrites connus sont solubles dans l'*eau*. Plusieurs acides liquides décomposent les *nitrites*, et en dégagent du gaz acide nitreux jaune orangé : tels sont les
acides sulfurique, nitrique, phosphorique, hydro-chlorique, hydro-phtorique, etc. Les corps simples et composés
avides d'oxigène agissent sur les nitrites comme sur les
nitrates.

Caractères du genre hydro-chlorate.

Il existe un certain nombre d'hydro-chlorates décomposables par le *feu* en oxide et en acide hydro-chlorique,
et qui, par conséquent, ne se transforment pas en *chlorures* lorsqu'on les chauffe : nous citerons pour exemple
l'hydro-chlorate de magnésie. Tous les autres passent à
l'état de *chlorure* lorsqu'on les chauffe fortement; plusieurs
de ces chlorures sont volatils. Enfin, suivant M. Gay-
Lussac, il en est qu'il suffit de faire cristalliser pour les
changer en chlorures : tels sont les hydro-chlorates de baryte, de potasse et de soude; nous les regarderons cependant comme des hydro-chlorates tant qu'ils n'auront pas
été fortement chauffés. Voici comment on peut concevoir

la formation d'un de ces chlorures : on peut représenter un hydro-chlorate par

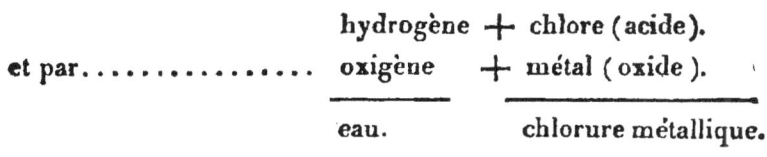

	hydrogène + chlore (acide).
et par...............	oxigène + métal (oxide).
eau.	chlorure métallique.

A mesure que l'on dessèche le sel, l'hydrogène de l'acide hydro-chlorique s'unit avec l'oxigène de l'oxide pour former de l'eau qui se vaporise, et le chlore se combine avec le métal.

)L'action des corps *simples* sur les hydro-chlorates est trop variée pour pouvoir être exposée d'une manière générale. L'*eau* dissout tous les hydro-chlorates ; les chlorures d'argent, les proto-chlorures de mercure et de cuivre, que l'on a regardés jusqu'à présent comme des muriates et qui sont insolubles dans ce liquide, ne sont pas de véritables sels. Les hydro-chlorates de bismuth, d'antimoine, de tellure, etc., sont décomposés par l'eau. Les *acides* privés d'eau n'altèrent aucun hydro-chlorate solide ; plusieurs acides liquides les décomposent au contraire, s'emparent de l'oxide, et le gaz acide hydro-chlorique se dégage sous la forme de vapeurs blanches assez épaisses, d'une odeur piquante : tel est l'acide sulfurique, par exemple. Tous les hydro-chlorates liquides sont décomposés à froid par la dissolution du nitrate d'argent, sel formé, comme son nom l'indique, d'oxide d'argent et d'acide nitrique ; il en résulte un nitrate soluble, et du chlorure d'argent (muriate d'argent) blanc, caillebotté, lourd, noircissant à la lumière, insoluble dans l'eau, dans l'acide nitrique, et soluble dans l'ammoniaque. Nous allons exposer la théorie de ce phénomène, l'un des plus importans de l'his-

toire de ce genre de sels. On peut représenter l'hydro-
chlorate par

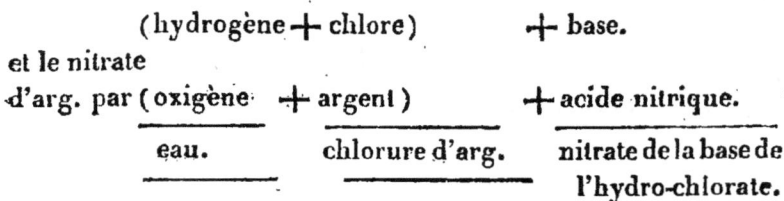

(hydrogène + chlore)   + base.

et le nitrate
d'arg. par (oxigène + argent)   + acide nitrique.

eau.   chlorure d'arg.   nitrate de la base de
l'hydro-chlorate.

Les deux sels solubles mêlés peuvent donner naissance à
un sel soluble et à un corps insoluble : la décomposition est
donc forcée (*voyez* § 160); l'hydrogène de l'acide hydro-
chlorique se combine avec l'oxigène de l'oxide pour former
de l'eau, tandis que l'argent s'unit avec le chlore et donne
naissance au chlorure insoluble; il est évident que l'acide
nitrique doit se porter sur la base de l'hydro-chlorate : c'est
en vertu de ces affinités et de la cohésion du chlorure d'argent que la décomposition a lieu.

Caractères du genre hydriodate.

Les hydriodates se comportent au *feu*, suivant M. Gay-
Lussac, comme les hydro-chlorates. Tous les hydriodates
formés par les métaux qui décomposent l'eau, paraissent
être solubles; les autres paraissent insolubles; mais comme
ces derniers sont considérés par M. Gay-Lussac comme des
iodures, on pourrait dire qu'il n'y a point d'hydriodate insoluble. Le *chlore* décompose tous les hydriodates, s'empare de l'hydrogène de l'acide, et met l'iode à nu. Les
acides sulfurique et nitrique opèrent aussi cette décomposition. Le *nitrate d'argent* précipite tous les hydriodates
en blanc; mais le précipité, composé d'iode et d'argent,
est insoluble dans l'ammoniaque. Tous les hydriodates dissolvent l'iode, se colorent en rouge brun et passent à l'état
d'hydriodates iodurés.

Hydriodates iodurés.

Ces sels, d'un rouge brun, ne retiennent l'iode qu'avec peu de force; ils l'abandonnent par l'ébullition et par leur exposition à l'air quand ils sont desséchés; l'iode n'altère point leur neutralité.

Caractères du genre hydro-sulfate (hydro-sulfure).

Soumis à l'action du *calorique*, tous les hydro-sulfates sont décomposés et donnent des produits qui varient suivant la nature de l'oxide. Il n'y a que ceux formés par les oxides de la seconde classe, celui de magnésie et celui d'ammoniaque qui soient solubles dans l'*eau*. Le soufre, surtout à l'aide de la chaleur, peut se combiner avec plusieurs hydro-sulfates et former des *hydro-sulfates sulfurés*. Tous les hydro-sulfates solubles dans l'eau sont décomposés, et transformés en hydro-chlorates par le *chlore* qui s'empare de l'hydrogène de l'acide hydro-sulfurique et précipite le soufre. L'*air atmosphérique* décompose les hydro-sulfates ; son action est surtout très-marquée sur ceux qui sont dissous. *Théorie*. L'oxigène commence par s'emparer d'une portion d'hydrogène pour former de l'eau, alors le soufre se trouve prédominer, et l'hydro-sulfate passe à l'état d'hydro-sulfate sulfuré jaune soluble ; bientôt après l'oxigène se porte nonseulement sur l'hydrogène, mais encore sur le soufre, et il se forme, outre l'eau, de l'acide sulfureux qui, en se combinant avec du soufre et une portion de la base de l'hydrosulfate, donne un sulfite sulfuré incolore, qui reste en dissolution s'il est soluble dans l'eau, et qui cristallise ou se précipite s'il est peu soluble ; en sorte que l'hydro-sulfate qui d'abord avait jauni, est incolore lorsque le sulfite sulfuré a été formé; il y a aussi une portion de soufre en excès qui se précipite. Tous les hydro-sulfates solubles sont décomposés par les *acides* un peu forts, qui s'emparent de la base

et mettent à nu le gaz acide hydro-sulfurique, sans précipiter du soufre; les acides nitrique et nitreux employés en
trop grande quantité pourraient cependant céder une portion
de leur oxigène à l'hydrogène de l'acide hydro-sulfurique
et en déposer du soufre. Les *sels* des deux premières classes,
excepté ceux de zircone et d'alumine, n'exercent aucune
action sur les hydro-sulfates; tous les autres décomposent
les hydro-sulfates solubles, donnent des produits divers,
et il se forme constamment un précipité blanc ou coloré,
qui est tantôt un *hydro-sulfate* plus ou moins sulfuré,
tantôt un *sulfure*. Examinons d'abord le cas le plus
simple, celui dans lequel il y a formation d'un hydro-
sulfate insoluble. On peut représenter les deux sels par

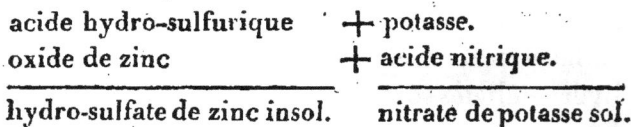

acide hydro-sulfurique	$+$ potasse.
oxide de zinc	$+$ acide nitrique.
hydro-sulfate de zinc insol.	nitrate de potasse sol.

Il est évident qu'il y a ici échange de base et d'acide, par
cela même que ces deux sels solubles mêlés peuvent donner
naissance à un sel soluble et à un sel insoluble (*voy.* § 160);
quelquefois l'hydro-sulfate précipité contient un excès de
soufre. Examinons maintenant le cas le plus compliqué,
celui où le précipité est un sulfure. Nous pouvons représenter les deux sels par

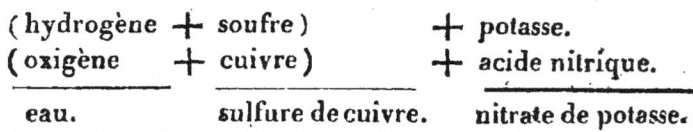

(hydrogène $+$ soufre)	$+$ potasse.
(oxigène $+$ cuivre)	$+$ acide nitrique.
eau. sulfure de cuivre.	nitrate de potasse.

On voit que l'acide nitrique du nitrate de cuivre s'empare
de la potasse, tandis que l'acide hydro-sulfurique et l'oxide
de cuivre mis à nu se décomposent mutuellement; l'hydrogène du premier forme de l'eau avec l'oxigène du second,
et le soufre s'unit au cuivre.

Hydro-sulfates sulfurés.

Les hydro-sulfates sulfurés qui contiennent beaucoup de soufre, ont été appelés à tort *sulfures hydrogènes*; ils ont une couleur jaune beaucoup plus foncée que ceux qui renferment peu de soufre. Tous les hydro-sulfates sulfurés sont décomposés avec effervescence par les acides un peu forts ; il se dégage du gaz acide hydro-sulfurique et il se précipite du soufre mêlé quelquefois d'hydrure de soufre. L'acide *hydrosulfurique* dissous dans l'eau (hydrogène sulfuré) jouit également de la propriété de décomposer ces corps ; il en précipite du soufre et les change en véritables hydro-sulfates.

Caractères du genre hydro-phtorate.

M. Davy regarde les corps que l'on a appelés jusqu'à présent *fluates privés d'eau*, comme des composés de *phtore* et d'un métal ; il ne les considère donc plus comme des sels ; vient-on à dissoudre dans l'eau ceux de ces *phtorures* qui y sont solubles, le liquide est décomposé comme par les chlorures, et il se produit de l'acide hydro-phtorique et un oxide métallique qui se combinent et forment un véritable sel. (Voyez *Action de l'eau sur les chlorures*, pag. 183.) Quoi qu'il en soit, nous allons exposer les caractères des *phtorures* et des *hydro-phtorates*.

Les *phtorures* (fluates anhydres ou secs) sont indécomposables par le feu ; quelques-uns d'entre eux peuvent être décomposés s'ils sont humides, phénomène qui dépend de ce que l'eau est également décomposée ; en effet, l'hydrogène se combine avec le phtore pour former de l'acide hydro-phtorique, tandis que l'oxigène se porte sur le métal et l'oxide. L'acide borique *vitrifié* est le seul, parmi ceux qui ne contiennent pas d'eau, susceptible de décomposer les phtorures

I. 14

à une température élevée ; mais il se décompose lui-même ; le bore et le phtore s'unissent pour former de l'acide phtoro-borique (fluo-borique. *Voy.* page 177), tandis que l'oxigène de l'acide borique se combine avec le métal qui entre dans la composition du phtorure (fluate sec). Les acides *sulfurique, phosphorique* et *arsénique* contenant de l'eau, décomposent les phtorures (fluates secs) ; il se dégage de l'acide hydro-phtorique sous la forme de vapeurs blanches, piquantes, *ayant de l'action sur le verre* ; on voit que dans ce cas l'eau de l'acide employé est décomposée, son hydrogène transforme le phtore en acide hydro-phtorique, l'oxigène oxide le métal, et l'oxide formé se combine avec l'acide sulfurique, phosphorique ou arsénique.

On ne connaît que quatre *hydro-phtorates* neutres (fluates) solubles dans l'eau, ceux de potasse, de soude, d'ammoniaque et d'argent ; les autres se dissolvent dans un excès d'acide. Les hydro-phtorates solubles décomposent tous les sels calcaires et les précipitent en blanc ; le précipité, regardé jusqu'à présent comme du fluate de chaux, est du *phtorure* de *calcium*. On peut concevoir sa formation en représentant l'hydro-phtorate, que nous supposons être celui de potasse, par

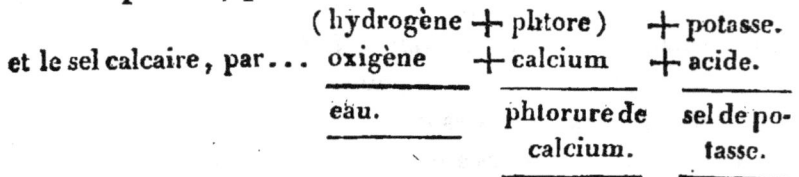

et le sel calcaire, par...

(hydrogène $+$ phtore)	$+$ potasse.
oxigène $+$ calcium	$+$ acide.
eau.	phtorure de calcium.	sel de potasse.

L'acide du sel calcaire se combine avec la potasse pour former un sel soluble, tandis que l'oxigène de l'oxide s'unit à l'hydrogène, et le calcium au phtore ; ce caractère peut servir à distinguer les hydro-phtorates des hydro-clorates.

Les hydro-phtorates sont décomposés par les acides sulfurique, phosphorique et arsénique, qui s'emparent de l'oxide et mettent l'acide à nu.

On n'a pas encore assez de données pour établir les caractères du genre *phtoro-borates* (fluo-borates.)

Des Métaux de la première classe.

Ces métaux, au nombre de six, ne sont encore admis que par analogie ; ils ont une telle affinité pour l'oxigène qu'il a été impossible de décomposer leurs oxides. Les travaux de MM. Davy, Berzelius, Stromeyer et Clarke nous permettent de soupçonner que l'on peut en obtenir deux, le silicium et le magnésium. Mais en attendant que de nouvelles expériences confirment ces résultats, nous continuerons à les ranger dans la classe de ceux que l'on n'a pas pu séparer de leurs oxides.

Des Oxides de la première classe.

Ces oxides, au nombre de six, la silice, la zircone, l'alumine, la glucine, l'yttria et la magnésie, sont désignés dans plusieurs ouvrages sous le nom de *terres*. Ils sont tous solides, insipides, insolubles ou presqu'insolubles dans l'eau, et sans action sur l'*infusum* de tournesol ; ils ne verdissent pas le sirop de violette, si toutefois l'on en excepte l'oxide de magnésium (magnésie). Ils ont beaucoup moins d'affinité pour la plupart des acides que les oxides de la seconde classe ; la magnésie en a plus qu'aucun des autres ; la glucine et l'yttria paraissent devoir occuper le deuxième et le troisième rang ; mais on a fait fort peu d'expériences sur cet objet.

Des Sels de la première classe.

Ils sont tous décomposés par les oxides de la seconde classe ; ils le sont en totalité ou en partie par l'*ammoniaque* liquide ; le précipité est constamment formé par l'oxide de la première classe que l'acide a abandonné. Les sous-carbonates de potasse, de soude et d'ammo-

niaque pouvant donner lieu , avec les sels de cette classe ,
à un sel insoluble et à un sel soluble, les décomposent
à l'aide de la chaleur et forment des précipités blancs
qui sont des sous-carbonates d'alumine , de magnésie ,
de zircone , etc. (*Voyez* § 160).

Du Silicium.

163. Suivant M. Clarke , ce métal aurait été obtenu en
fondant la silice au moyen du chalumeau à gaz de Brooks ;
il aurait un grand éclat métallique , et il serait plus blanc
que l'argent.

On a connu jusqu'à présent , sous le nom de *gaz fluorique silicé* , un acide qui , suivant M. Davy , doit être
regardé comme formé de *phtore* et de *silicium* , et que
l'on appelle aujourd'hui *acide phtoro-silicique*. Ce composé né se trouve jamais dans la nature ; il se présente sous
la forme d'un gaz incolore , transparent , doué d'une odeur
analogue à celle du gaz acide hydro-chlorique , d'une
saveur très-acide , rougissant l'*infusum* de tournesol , et
éteignant les corps enflammés ; sa pesanteur spécifique est
de 3,574. Il n'est pas décomposé par le calorique , ni par les
corps simples précédemment étudiés. Il répand des vapeurs
blanches épaisses lorsqu'il est exposé à l'*air*. L'*eau* peut en
absorber 265 fois son volume ; mais elle le décompose et le
transforme en *hydro-phtorate* acide de silice soluble , et en
sous-hydro-phtorate insoluble , qui se précipite sous la
forme de gelée ; d'où il suit que l'eau est également
décomposée ; son hydrogène s'unit au phtore avec lequel
il forme de l'acide hydro-phtorique , tandis que l'oxigène
se combine avec le silicium qu'il fait passer à l'état de silice. L'acide phtoro-silicique , analysé par M. John Davy à
l'époque où il était regardé comme composé de silice
et d'acide fluorique , fournit 61,4 de silice et 38,6 d'acide
fluorique. Il n'a point d'usages.

Oxide de silicium (silice).

164. Cet oxide constitue presqu'à lui seul les différentes espèces de quartz , telles que le cristal de roche , la pierre à fusil , les cailloux , les sables , etc. , substances excessivement répandues dans la nature ; il fait partie de toutes les pierres gemmes ; on le trouve dans certaines eaux d'Islande , dans la plupart des végétaux , etc. Lorsqu'il est pur , il est d'une couleur blanche , rude au toucher et inodore ; sa pesanteur spécifique est de 2,66. Soumis à une température élevée , par exemple, à celle que l'on peut produire au moyen du chalumeau de Brooks , il fond dans le même instant, et donne un verre de couleur orange qui paraît se volatiliser en partie. Les autres fluides impondérables , les corps simples précédemment étudiés , et l'air, n'exercent sur lui aucune action.

L'eau en dissout une très-petite quantité , d'après les expériences de Kirwan et de M. Barruel. Aucun des acides précédemment étudiés , excepté l'acide hydro-phtorique (fluorique), ne peut se combiner avec cet oxide à la température ordinaire. Les acides borique et phosphorique solides s'y combinent à une température rouge. On l'emploie dans la fabrication du verre, de la poterie et des mortiers ; le sable sert à filtrer les eaux , et le cristal de roche à faire de très-beaux lustres.

Des Sels de silice.

165. Les sels de silice ont été fort peu étudiés ; il n'y en a qu'un très-petit nombre de connus, et, par conséquent, on ne peut pas établir leurs caractères d'une manière générale. Nous dirons cependant que la silice , fondue avec deux fois son poids de potasse (hydrate de deutoxide de potassium), donne une masse qui , étant dissoute dans une très-grande

quantité d'eau, peut être combinée avec divers acides et former des sels doubles de potasse et de silice solubles dans beaucoup d'eau; ces sels doubles ont pour caractère de se décomposer, et de laisser précipiter la silice sous forme de gelée, lorsqu'on les concentre par l'évaporation.

Le *borate* et le *phosphate de silice* sont le produit de l'art; ils sont vitrifiés, transparens, insipides, inaltérables à l'air, insolubles dans l'eau, indécomposables par les acides et par les oxides des métaux de la deuxième classe.

Hydro-phtorate acide de silice (fluate). Ce sel est soluble dans l'eau; il est décomposé par l'acide borique qui en précipite la silice; les oxides des métaux de la 2e classe le décomposent également et y font naître un précipité blanc gélatineux, qui est presque toujours un sel double formé par l'hydro-phtorate de silice et l'oxide employé. Il est sans usages.

Du Zirconium.

166. Ce métal est inconnu.

Oxide de zirconium (zircone). On n'a encore trouvé cet oxide que dans le zircon, pierre de couleur variable, que l'on rencontre dans le sable de quelques rivières, à Ceylan et à Expailly. Il est blanc et insipide; sa pesanteur spécifique est de 4,3. On ignore s'il est fusible à une haute température; mais le zircon a été fondu au moyen du chalumeau à gaz de Brooks. Il est sans action sur les autres fluides impondérables, sur les corps simples précédemment étudiés. Il peut se combiner avec plusieurs *acides*, lorsqu'il n'a pas été calciné; il n'agit point sur la silice. Il a été découvert en 1789 par M. Klaproth et n'a point d'usages.

Des Sels de zircone.

167. On ne connaît qu'un très-petit nombre de sels de zircone; ils sont insolubles ou peu solubles dans l'*eau*, ex-

cepté l'hydro-chlorate. Ils sont tous décomposés par la *potasse* ; la zircone déposée est insoluble dans un excès de potasse. Le solutum de *sous-carbonate d'ammoniaque*, qui les précipite à l'état de sous-carbonate blanc, redissout le précipité lorsqu'il est employé en assez grande quantité. Les hydro-sulfates de potasse, de soude et d'ammoniaque les décomposent et y font naître un précipité blanc de zircone, tandis que l'acide hydro-sulfurique se dégage. Aucun des sels de zircone n'est employé.

Sous-carbonate de zircone. Il est le produit de l'art; il est insoluble dans l'eau, insipide, inaltérable à l'air et décomposable au feu.

Le *phosphate de zircone* ne se trouve pas dans la nature ; il est insipide, insoluble dans l'eau et inaltérable à l'air.

Le *sulfate de zircone* est un produit de l'art ; il est blanc, pulvérulent, insipide, inaltérable à l'air, insoluble dans l'eau, soluble dans l'acide sulfurique et susceptible de donner par l'évaporation des cristaux transparens ; il est décomposable au feu.

Nitrate de zircone. Ce sel est un produit de l'art ; il cristallise en aiguilles, mais très-difficilement ; sa saveur est astringente, styptique; il rougit l'*infusum* de tournesol; chauffé, il se transforme en acide nitrique et en zircone; il est peu soluble dans l'eau, et il s'y dissout d'autant mieux qu'il contient plus d'acide.

Hydro-chlorate de zircone (*muriate de zircone*). On ne le trouve pas dans la nature; il cristallise en aiguilles blanches, douées d'une saveur astringente, rougissant l'*infusum* de tournesol; il se décompose au feu en acide hydro-chlorique et en zircone, en sorte qu'il ne se transforme pas en chlorure ; il est très-soluble dans l'eau.

De l'Aluminium.

168. Ce métal est inconnu. On rencontre dans la nature un produit auquel on a donné le nom de *fluate d'alumine*, et que l'on croit être composé de phlore et d'aluminium.

Oxide d'aluminium (alumine.) L'alumine paraît se trouver en petite quantité en Saxe, en Silésie, en Angleterre et près de Véronne; elle entre dans la composition des argiles; on la trouve aussi combinée avec l'acide sulfurique.

L'alumine pure est blanche, douce au toucher, insipide, mais elle happe à la langue; sa pesanteur spécifique est de 2,00. Exposée à l'action du chalumeau à gaz, elle fond très-rapidement en globules d'un verre transparent tirant sur le jaune. Les autres fluides impondérables, les corps simples précédemment étudiés, et l'air, n'exercent sur l'alumine aucune action; elle forme pâte avec l'eau et la retient très-fortement. L'*hydrate* d'alumine est blanc, pulvérulent, et paraît formé de cent parties d'alumine et de cinquante-quatre parties d'eau. L'*ammoniaque* caustique dissout l'alumine en quantité sensible (Berzelius). Plusieurs acides peuvent se combiner avec elle, surtout lorsqu'elle n'a pas été calcinée. Un mélange d'alumine et de *zircone* est susceptible d'être fondu. On n'emploie l'alumine à l'état de pureté que dans les laboratoires; les usages de l'argile, au contraire, sont très-nombreux.

Des Sels d'alumine.

169. On est loin d'avoir étudié tous les sels d'alumine; leurs dissolutions sont précipitées en blanc par la *potasse*; l'alumine déposée se dissout dans un excès de potasse; elles ont en général une saveur styptique astringente. Le sous-carbonate d'ammoniaque ne redissout pas le précipité qu'il forme dans leurs dissolutions. Les hydro-sulfates solubles se comportent avec elle comme avec les sels de zircone.

L'oxalate d'ammoniaque ne les précipite pas (1). Aucun de ces sels, excepté le sulfate, n'est employé.

Borate d'alumine. Il est presque insoluble dans l'eau.

Sous-carbonate d'alumine. Il est blanc, insoluble dans l'eau, insipide, inaltérable à l'air et décomposable au feu.

Phosphate d'alumine. Il est le produit de l'art, d'une couleur blanche, pulvérulent, insoluble dans l'eau, et donne un verre transparent lorsqu'on le fond au chalumeau.

Sulfate acide d'alumine. Il est constamment le produit de l'art; il rougit l'*infusum* de tournesol; on peut l'obtenir cristallisé en houppes soyeuses, ou en lames flexibles, nacrées et brillantes, douées d'une saveur aigre, styptique, attirant l'humidité de l'air, et se dissolvant dans un poids d'eau moindre que le sien; chauffé, il perd l'excès de son acide, devient neutre, et peut même être décomposé en totalité si la chaleur est très-intense; uni au sulfate de potasse ou d'ammoniaque, il forme de l'alun (voyez *Sulfate d'ammoniaque.*); on ne lui connait pas d'autre usage.

Sous-sulfate d'alumine. Il existe dans les mines de la Tolfa; il est blanc, insipide et insoluble dans l'eau.

Sulfite d'alumine. Il est incristallisable, insoluble dans l'eau, et fort peu soluble dans l'acide sulfureux; il est décomposé par le feu.

Nitrate acide d'alumine. On ne le trouve pas dans la nature. On peut l'obtenir cristallisé en lames ductiles et peu consistantes, mais ce n'est qu'avec la plus grande difficulté; il a une saveur aigre, très-astringente; il est déliquescent et excessivement soluble dans l'eau; chauffé, il se transforme en acide nitrique et en alumine.

---

(1) L'acide oxalique est un acide végétal dont nous ferons l'histoire plus tard; il forme avec l'ammoniaque un sel soluble que nous emploierons souvent comme réactif.

Hydro - chlorate acide d'alumine. Il est le produit de l'art; il a une saveur salée, acide, styptique; il rougit l'*infusum* de tournesol; il est incristallisable, et donne par l'évaporation une masse gélatineuse, demi-transparente, attirant fortement l'humidité de l'air, excessivement soluble dans l'eau, et se transformant par l'action du feu en gaz acide hydro-chlorique et en alumine.

Hydro-phtorate d'alumine (fluate). On ne le trouve pas dans la nature; il a une saveur acide, astringente, et forme avec la silice et la soude des sels doubles.

De l'Yttrium.

170. Ce métal est inconnu.

Oxide d'yttrium (yttria ou gadolinite). On n'a rencontré cet oxide qu'à Ytterby en Suède; il entre dans la composition de l'ytterbite et de l'yttro-tantalite, pierres dont la première est noire, d'une cassure vitreuse éclatante, et l'autre grise et sous la forme de morceaux de la grosseur d'une noisette. L'*yttria* est blanche et insipide; sa pesanteur spécifique est de 4,842; on ignore si elle est fusible, mais l'ytterbite fond rapidement et donne un verre noir, luisant comme du jais, d'un éclat très-vif, lorsqu'on la soumet à l'action du chalumeau à gaz de Brooks; les autres fluides impondérables, les corps simples précédemment étudiés, et l'eau, n'exercent aucune action sur elle : peut-être faut-il en excepter le soufre et le gaz acide hydro-sulfurique. Exposée à l'air elle en absorbe l'acide carbonique. Elle est sans usages, et a été découverte en 1794 par M. Gadolin.

Des Sels d'yttria.

171. Ces sels, pour la plupart inconnus, ont une saveur sucrée lorsqu'ils sont solubles dans l'eau; leurs dissolutions se comportent avec la *potasse* et avec le *sous-carbonate d'ammoniaque* comme celles de zircone (*Voyez*

p. 215) ; les *hydro-sulfates* solubles ne les troublent point.
Ils n'ont point d'usages et ne se trouvent pas dans la nature.

Le *carbonate d'yttria* est insipide, insoluble dans l'eau,
inaltérable à l'air, et décomposable au feu.

Sulfate d'yttria. On l'obtient cristallisé en petits grains
brillans, d'une saveur sucrée, astringente, d'une couleur
blanche, solubles dans quarante ou cinquante parties d'eau,
plus solubles dans un excès d'acide.

Nitrate acide d'yttria. Sa saveur est douce et astringente; il rougit l'*infusum* de tournesol, attire l'humidité de l'air et se dissout très-bien dans l'eau ; on ne peut
le faire cristalliser qu'avec la plus grande difficulté; il est
décomposé par le feu; l'acide sulfurique transforme sa dissolution en sulfate, qui se précipite sous la forme de petits
cristaux.

Hydro-chlorate d'yttria. Son histoire est la même que
celle du nitrate.

Du Glucinium.

172. Ce métal n'a pas encore été obtenu.

Oxide de glucinium (glucine). Il ne se trouve que
dans trois pierres gemmes, l'émeraude, l'aigue-marine et
l'euclase. On a découvert près de Limoges une mine très-
abondante d'aigue-marine. Il est blanc et insipide; sa pesanteur spécifique est de 2,967. Il n'a pas encore été fondu,
mais il est probable qu'il le sera au moyen du chalumeau
à gaz de Brooks : la fusion de l'émeraude du Pérou a été
opérée avec la plus grande rapidité à cette température.
Il n'a point d'action sur les autres fluides impondérables,
ni sur les corps simples précédemment étudiés, excepté
peut-être sur le soufre. Exposé à l'air, il en attire le gaz
acide carbonique; il se combine avec tous les acides ; l'eau
ne le dissout pas; il a été découvert en 1798 par M. Vauquelin ; il est sans usages.

Des Sels de glucine.

173. Les sels de glucine solubles ont une saveur sucrée ; leurs dissolutions sont précipitées par la *potasse* et par le *sous-carbonate d'ammoniaque* ; le précipité de glucine ou de sous-carbonate de glucine se redissout dans un excès de l'un ou de l'autre de ces réactifs. Ils ne sont pas troublés par les hydro-sulfates solubles. Aucun de ces sels n'est employé ; ils sont tous le produit de l'art.

Le *sous-carbonate de glucine* est insipide, insoluble dans l'eau, inaltérable à l'air et décomposable au feu.

Phosphate de glucine. Il est également insipide, inaltérable à l'air et insoluble dans l'eau ; il se dissout dans un excès d'acide phosphorique. Il fond au chalumeau et donne un globule vitreux qui conserve sa transparence même après le refroidissement.

Sulfate de glucine. Il est cristallisé en aiguilles douées d'une saveur sucrée astringente ; il attire légèrement l'humidité de l'air et se dissout très-bien dans l'eau. Exposé au feu, il fond dans son eau de cristallisation, se boursoufle, se dessèche et finit par se décomposer ; sa dissolution est précipitée en blanc jaunâtre par l'*infusum* de noix de galle (1).

Nitrate acide de glucine. Il a la même saveur que le sulfate ; il rougit l'*infusum* de tournesol ; évaporé, il donne une masse pâteuse, incristallisable, qui attire fortement l'humidité de l'air, est très-soluble dans l'eau, et qui se décompose au feu ; sa dissolution est précipitée en jaune grisâtre par la noix de galle.

Hydro-chlorate acide de glucine. On peut l'obtenir cristallisé ; sa saveur est sucrée ; il rougit l'*infusum* de tourne-

---

(1) L'*infusum* de noix de galle est principalement formé par deux matières végétales connues sous les noms d'*acide gallique* et de *tannin* ; il suffit pour l'obtenir de verser de l'eau bouillante sur la noix de galle concassée.

sol, se dissout très-bien dans l'eau, et se transforme par l'action du feu en acide hydro-chlorique et en glucine.

Du Magnésium.

Ce métal n'est pas encore connu. M. Davy a cependant annoncé l'avoir obtenu en décomposant le sulfate de magné-sie au moyen de la pile voltaïque et du mercure.

174. *Oxide de magnésium* (magnésie). On ne le trouve jamais pur dans la nature ; il y est toujours combiné avec un acide à l'état de sel, ou avec d'autres oxides. Il est blanc, doux au toucher, insipide et *verdit le sirop de violette* ; sa pesanteur spécifique et de 2,3. Soumis à l'action d'une température élevée à l'aide du chalumeau de Brooks, cet oxide fond avec flamme et donne un verre poreux, si léger, qu'il est emporté par le gaz. Les autres fluides impondé-rables, l'oxigène, l'hydrogène, le bore, le carbone, le phosphore et l'azote ne lui font éprouver aucune altération. Le *soufre* peut se combiner avec lui et donner naissance à un oxide sulfuré. Mis en contact avec l'*iode* et de l'eau, il se forme de l'iodate de magnésie peu soluble qui se préci-pite, et de l'hydriodate de magnésie soluble ; d'où il faut conclure que l'eau a été décomposée, et que l'iode s'est transformé en acide iodique et en acide hydriodique. Si l'on fait passer du *chlore* gazeux à travers de la magnésie chauffée jusqu'au rouge, il se produit du chlorure de magné-sium et il se dégage du gaz oxigène. Exposé à l'air il en absorbe l'acide carbonique. Cent parties de cet oxide peu-vent absorber quarante-quatre parties d'eau et donner nais-sance à un *hydrate* blanc pulvérulent, insoluble dans l'eau. Il se dissout très-bien dans les acides. Ce n'est qu'avec la plus grande difficulté qu'on parvient à fondre dans nos fourneaux un mélange de magnésie et de *silice*. L'*alumine* n'a aucune action sur la magnésie.

La magnésie n'est employée qu'en médecine. On s'en

sert, 1° comme contre-poison des acides : un assez grand
nombre d'observations et plusieurs expériences faites sur
les animaux prouvent que la magnésie est le meilleur antidote des acides ; en effet, elle se combine avec eux, les
neutralise, et par conséquent les empêche d'agir comme
caustiques ; on peut, dans ces sortes de cas, la donner, à la
dose de plusieurs gros, délayée dans de l'eau ; 2° pour combattre les calculs vésicaux d'acide urique, et même pour en
prévenir la formation ; les succès obtenus dans ces derniers
temps par MM. Home et Brande ne laissent aucun doute
sur l'avantage que l'on peut retirer de ce médicament dans
ces sortes d'affections ; la dose est de 15 à 20 grains deux
fois par jour ; 3° pour neutraliser les acides qui se développent souvent dans les premières voies, surtout chez les
femmes enceintes et les jeunes enfans : la dose, dans ce cas,
est depuis 6 jusqu'à 30 grains ; 4° comme purgatif chez les
individus qui sont à l'usage du lait, ou qui ont éprouvé de
violens accès de goutte ou de rhumatisme : on l'administre
dans ce cas jusqu'à la dose d'une demi-once. En général, les
médecins ne doivent prescrire que la magnésie calcinée,
parfaitement débarrassée d'acide carbonique.

Des Sels de magnésie.

175. Les sels de magnésie sont entièrement décomposés par
la *potasse* (hydrate de deutoxide de potassium) et par les *sous-
carbonates* de potasse et de soude ; la magnésie, ou le sous-
carbonate de magnésie, précipités, ne se dissolvent pas dans
un excès du réactif décomposant. Les dissolutions de magnésie
ne sont pas précipitées à froid par le *carbonate saturé de potasse* ni par le sous-carbonate d'ammoniaque, parce que ces
carbonates renferment assez d'acide carbonique pour tenir la
magnésie en dissolution ; mais si on chauffe le mélange,
l'excès d'acide carbonique se dégage, et le sous-carbonate
de magnésie blanc se précipite. L'*ammoniaque* ne décom-

pose jamais complètement ces dissolutions ; elle n'en précipite qu'une portion de magnésie ; l'autre portion reste dans la liqueur et forme avec l'ammoniaque un sel double soluble. Les *hydro-sulfates* ne précipitent pas les dissolutions de magnésie. Il en est de même de l'*oxalate d'ammoniaque*.

Borate de magnésie. On le trouve près de Lunebourg. Il est en petits cristaux cubiques dont les arêtes et quatre angles solides opposés sont remplacés par des facettes. Ils sont tantôt transparens , tantôt opaques : dans ce cas ils contiennent de la chaux ; ils sont très-durs, insipides, insolubles dans l'eau et inaltérables à l'air ; chauffés au chalumeau, ils se boursoufflent et donnent un émail jaunâtre, hérissé de petites pointes qui sautent par l'action du feu. Si on élève convenablement la température de ces cristaux, ils deviennent électriques dans huit points : quatre sont électrisés vitreusement, les quatre autres résineusement. Le borate de magnésie est sans usages.

Sous-carbonate de magnésie. On rencontre ce sel à l'état solide en Moravie ; il paraît aussi entrer dans la composition de quelques pierres que les minéralogistes appellent *magnésites*. On le trouve dans le commerce sous la forme de pains légers, d'un blanc de neige, et doux au toucher ; chauffé, il perd l'acide carbonique, et le résidu porte le nom de *magnésie calcinée* ; il est insipide, inaltérable à l'air et insoluble dans l'eau ; mais il peut se dissoudre dans un excès de gaz acide carbonique, et former le carbonate de magnésie saturé. Il sert à préparer la magnésie. M. Edmund Davy a annoncé dans ces derniers temps que le carbonate de magnésie bien mêlé avec les farines nouvelles, dans la proportion de 20 à 40 grains par livre de farine, leur communique la propriété de faire un meilleur pain : on ignore comment il agit dans cette circonstance.

Carbonate de magnésie. Il existe dans certaines eaux. Il est sous la forme de cristaux prismatiques très-transparens ;

il s'effleurit à l'air; chauffé, il décrépite et perd l'acide carbonique; il est peu soluble dans l'eau, et se précipite à mesure que l'on chauffe la dissolution, parce que l'acide carbonique se volatilise. Il est sans usages.

Phosphate de magnésie. On trouve ce sel dans quelques graines céréales. Il cristallise en prismes héxaèdres irréguliers terminés par des extrémités obliques, ou en aiguilles très-fines qui, par leur entrelacement, ressemblent à des étoiles; il est efflorescent, insipide, très-peu soluble dans l'eau; chauffé, il donne un verre qui conserve sa transparence, même après qu'il a été refroidi. Il est sans usages.

Phosphite de magnésie. Il est peu soluble dans l'eau, ne se trouve pas dans la nature, et n'a point d'usages.

Sulfate de magnésie (sel d'Epsom, sel d'Egra, de Sedlitz, sel cathartique amer, vitriol de magnésie). On le trouve en dissolution dans les eaux de la mer, de plusieurs fontaines salées, et dans les eaux mères de l'alun; on le rencontre aussi quelquefois effleuri dans certains terrains schisteux. Il cristallise en prismes à quatre pans, terminés par des pyramides à quatre faces, ou par un sommet dièdre; quelquefois aussi il est sous la forme de masses composées d'une multitude de petites aiguilles; sa saveur est amère, désagréable et nauséabonde. Exposé à l'air sec, il s'effleurit si la *température est élevée*. L'eau à 15° dissout son poids de sulfate de magnésie; deux parties d'eau bouillante en dissolvent trois parties; chauffé, il éprouve successivement la fusion aqueuse et la fusion ignée. Traité par le charbon à une chaleur rouge, il se décompose et se transforme en sulfure qui passe à l'état d'hydro-sulfate sulfuré soluble, lorsqu'on le met dans l'eau. (Voyez *Action du soufre sur les oxides de la deuxième classe*, pag. 227.) On l'emploie pour préparer la magnésie et le carbonate de magnésie. Il est souvent administré comme purgatif, à la dose de 4, 6, 8 gros dissous dans deux ou trois verres de liquide; il fait partie d'une multitude d'eaux minérales naturelles et artificielles, dont on fait un très-grand usage pour exciter modérément les évacuations alvines.

Sulfite de magnésie. Il est le produit de l'art; il cristallise en tétraèdres; il a une saveur terreuse et sulfureuse; il s'effleurit légèrement à l'air et ne se transforme en sulfate que très-lentement. Vingt parties d'eau froide dissolvent une partie de ce sel; il est décomposé par le feu, et n'a point d'usages.

Chlorate de magnésie. On ne le trouve pas dans la nature; il est amer, déliquescent, très-soluble dans l'eau, difficile à cristalliser et sans usages.

Nitrate de magnésie. Il n'existe jamais pur dans la nature; il entre dans la composition des eaux mères du salpêtre; il cristallise en prismes rhomboïdaux à quatre faces, terminés par des pointes obliques et tronquées, ou en aiguilles très-fines, groupées en faisceaux. Il a une saveur très-amère et piquante; il attire l'humidité de l'air, et se dissout à froid dans la moitié de son poids d'eau. Chauffé, il donne du gaz oxigène, du deutoxide d'azote, de l'acide nitrique et de la magnésie. Il est sans usages.

Hydro-chlorate de magnésie. Ce sel ne se trouve jamais pur dans la nature; il existe mêlé à d'autres dans certaines eaux salées, dans les matériaux salpêtrés, etc.; il a une saveur amère, désagréable; il attire l'humidité de l'air, se dissout très-bien dans l'eau, et ne cristallise qu'avec la plus grande difficulté : chauffé, il se décompose, perd l'acide hydro-chlorique, et l'on obtient de la magnésie. Il est sans usages.

Hydriodate de magnésie. Il est le produit de l'art, cristallise difficilement et attire l'humidité de l'air : chauffé jusqu'au rouge sans le contact de l'air, la magnésie abandonne l'acide, comme cela a lieu avec l'hydro-chlorate. Il est sans usages.

Hydro-sulfate de magnésie. On sait qu'il existe, qu'il est soluble dans l'eau et sans usages.

Hydro-phtorate de magnésie (fluate). Il est le produit de l'art, et cristallise, suivant Bergman, en prismes hexaèdres, terminés par une pyramide composée de trois rhombes. Il est soluble dans un excès d'acide hydro-phtorique et sans usages.

Des Métaux de la deuxième classe.

Ces métaux sont au nombre de cinq : le calcium, le strontium, le barium, le sodium et le potassium. Ils offrent des propriétés communes que nous avons exposées en énumérant les caractères des six classes. (*Voyez* pag. 180.)

Des Oxides de la deuxième classe.

176. Ces oxides sont au nombre de dix ; savoir : l'oxide de calcium, celui de strontium, deux de barium, trois de potassium et trois de sodium. Ils sont tous solides, doués d'une saveur âcre, plus ou moins caustique. Cinq d'entre eux se dissolvent dans l'eau sans éprouver ni faire éprouver à ce liquide la moindre décomposition : tels sont les oxides de calcium et de strontium, le protoxide de barium et les deutoxides de potassium et de sodium. On les appelait autrefois *alcalis,* groupe auquel on ajoutait encore l'ammoniaque. Deux de ces oxides ne peuvent se dissoudre dans l'eau qu'après l'avoir décomposée et lui avoir enlevé de l'oxigène : tels sont les protoxides de potassium et de sodium, qui passent alors à l'état de deutoxide ; enfin les trois autres, savoir, le deutoxide de barium, et les tritoxides de potassium et de sodium, ne se dissolvent dans ce liquide qu'autant qu'ils perdent de l'oxigène et se changent, le premier en protoxide de barium, et les deux autres en deutoxide de potassium et de sodium.

177. Ainsi dissous et transformés en *alcalis,* ils verdissent

le sirop de violette, rougissent la couleur jaune du curcuma, et ramènent au bleu la couleur de l'*infusum* de tournesol rougie par les acides. Ils ont la plus grande tendance à s'unir avec les acides, dont ils font disparaître, en tout ou en partie, les caractères ; et on peut dire que les cinq d'entre eux qui constituent les alcalis enlèvent complètement, ou presque complètement, les acides à toutes les dissolutions salines formées par les oxides métalliques de la première et des quatre dernières classes, et par l'ammoniaque.

Ceux qui constituent les alcalis, et que l'on connaît sous les noms de *potasse*, de *soude*, de *baryte*, de *stron-tiane* et de *chaux*, sont susceptibles de se combiner avec le soufre, et de former des produits que l'on a appelés *foies de soufre*, parce que leur couleur ressemble assez à celle du foie de certains animaux : on ne peut les obtenir que par la voie sèche en faisant chauffer le soufre et l'alcali.

178. *Foies de soufre faits par la voie sèche.* On n'est pas d'accord sur la composition de ces produits ; plusieurs chimistes les regardent comme formés de soufre et de l'oxide employé, et les désignent sous le nom d'*oxides sulfurés*; d'autres pensent qu'ils ne renferment que du soufre et le métal : dans ce cas l'oxide aurait été désoxidé par l'action de la chaleur et du soufre, et on devrait les appeler *sulfures de potassium, de sodium*, etc. ; d'autres enfin croient qu'ils renferment du soufre et un oxide métallique moins oxidé que celui dont on s'est servi pour les obtenir : par exemple, celui que l'on prépare avec la potasse (deutoxide de potassium) serait composé de soufre et de protoxide de potassium.

Les *foies de soufre alcalins* préparés par la voie sèche sont d'une couleur jaune, plus ou moins rougeâtre et même brune. Ils sont indécomposables par la chaleur. Mis en contact avec l'eau, ils la décomposent, se dissolvent plus ou moins facilement, la colorent en jaune rougeâtre, et se trans-forment en hydro-sulfates sulfurés solubles (16), pag. 209), et en sulfites sulfurés ou en sulfates de l'oxide, qui sont solubles ou insolubles dans l'eau (1). Il est évident que, dans ce cas, l'acide hydro-sulfurique a été formé aux dépens de l'hydrogène de l'eau ; mais qu'est devenu l'oxigène de ce liquide ? En regardant les foies de soufre comme formés de soufre et de métal, celui-ci absorbe l'oxigène et passe à l'état d'oxide, qui se combine avec l'acide hydro-sulfurique : dans ce cas, le sulfite sulfuré se produit pendant leur préparation et aux dépens du soufre, de l'oxigène de l'oxide, et d'un peu d'oxide. Si on les considère, au contraire, comme composés de soufre et de l'oxide employé, l'oxigène de l'eau se porte alors sur le soufre et le transforme en acide sulfureux ou en acide sulfurique, en sorte que, dans cette hypothèse, le sulfite sulfuré, ou le sulfate dont nous avons parlé plus haut, ne se formerait qu'au moment où l'on mettrait le foie de soufre en contact avec l'eau.

179. Lorsqu'on fait bouillir de l'eau, du *soufre* et un de ces *alcalis*, on obtient un véritable hydro-sulfate sulfuré, et un sulfite sulfuré soluble ou insoluble.

180. Si l'on fait passer du *chlore* gazeux parfaitement desséché à travers un tube de porcelaine contenant l'un ou l'autre de ces dix oxides, il se forme une chlorure métallique et l'oxigène de l'oxide se dégage. Les phénomènes varient si on fait arriver le courant de gaz dans de l'eau tenant l'oxide en dissolution ou en suspension à la température ordinaire ; il se produit alors un chlorate et un hydrochlorate, ce qui peut s'expliquer aisément en admettant la décomposition de l'eau, dont l'oxigène se porte sur le chlore pour former de l'acide chlorique, tandis que l'hydrogène donne naissance à de l'acide hydro-chlorique.

_____

(1) On doit cependant excepter le sulfure de chaux, qui est très-peu soluble dans l'eau, et qui se change en hydro-sulfate *in-colore*, et en une très-petite quantité de sulfite sulfuré insoluble.

181. L'action de l'*iode* sur ces oxides dissous ou suspendus dans l'eau est analogue à celle du chlore; il se forme de l'iodate peu soluble, et de l'hydriodate très-soluble. Exposés à l'*air*, ces oxides alcalins en attirent rapidement l'humidité et passent à l'état d'hydrate; bientôt après ils absorbent le gaz acide carbonique, et se transforment en sous-carbonates. Ils se combinent à merveille avec tous les *acides*, et forment des sels qui sont solubles ou insolubles dans l'eau. Ils n'ont point d'action sur l'ammoniaque.

Des Sels de la deuxième classe.

182. Les dissolutions des sels de la seconde classe ne sont décomposées ni troublées par l'ammoniaque, ni par les hydro-sulfates solubles, ni par l'hydro-cyanate de potasse et de fer (prussiate de potasse et de fer): ces caractères suffisent pour les distinguer des sels des autres classes.

Du Calcium.

183. Le calcium ne se trouve jamais pur dans la nature; on le rencontre à l'état d'oxide combiné avec divers acides, c'est-à-dire, à l'état de *sel*. Ce métal n'a été obtenu qu'en très-petite quantité, en sorte qu'il a été impossible d'étudier ses propriétés : on sait seulement qu'il est blanc, très-brillant, et qu'il absorbe l'oxigène avec beaucoup de rapidité pour passer à l'état d'oxide. Il paraît n'être susceptible que d'un seul degré d'oxidation. Il forme avec le chlore un *chlorure* désigné jusqu'à présent sous le nom de *muriate de chaux fondu*. Ce chlorure, chauffé dans un creuset, entre en fusion, et constitue le phosphore de Homberg : on l'a appelé ainsi parce qu'après avoir été fondu et refroidi, il devient lumineux par le frottement, surtout dans l'obscurité; dans cet état il est demi-transparent, lamelleux, fixe, et ne conduit point l'élec-

tricité; il se dissout dans le quart de son poids d'eau à 15°, et il n'exige que la moitié de son poids du même liquide à 0°; il attire puissamment l'humidité de l'air, ce qui le rend d'un très-grand usage pour dessécher les gaz : liquefié par l'un ou par l'autre de ces moyens, il se trouve transformé en hydro-chlorate, d'où il suit qu'il a décomposé l'eau. Il paraît formé de 100 parties de chlore et de 61,29 de calcium. (Voyez *Action de l'eau sur les chlorures*, pag. 183.) Le calcium a été découvert par M. Davy; il n'a point d'usages.

De l'Oxide de calcium.

184. La chaux est un des produits que l'on trouve le plus abondamment dans la nature, quoiqu'on ne la rencontre jamais pure : le plus souvent elle est combinée avec les acides carbonique, sulfurique, phosphorique et nitrique.

La chaux pure, privée d'eau, est une substance d'une couleur blanche grisâtre, et blanche lorsqu'elle contient de l'eau, douée d'une saveur âcre, caustique; verdissant fortement le sirop de violette, et rougissant la couleur du curcuma, Sa pesanteur spécifique est de 2,3. Si on élève fortement la température au moyen du chalumeau à gaz de Brooks, elle fond et donne des globules vitrifiés qui ont la couleur de la cire jaune; cette fusion est accompagnée d'une flamme de couleur pourpre. Soumise à l'action de la pile voltaïque, la chaux se décompose en oxigène et en calcium, surtout à l'aide du mercure, qui s'empare du calcium. Elle est sans action sur les gaz oxigène et hydrogène, sur le bore et sur le charbon. A une température rouge, elle se combine avec le *phosphore*, et donne un oxide de calcium phosphoré d'un rouge brun (phosphure de chaux), susceptible de décomposer l'eau et de se transformer en phosphate de chaux insoluble, en hypophosphite de chaux soluble, et en gaz hydrogène perphosphoré, qui se dégage et s'enflamme spontanément lors-

qu'il est en contact avec l'air , d'où il suit que le phosphore du phosphure s'empare à-la-fois de l'oxigène et de
l'hydrogène de l'eau. Le *soufre* se combine également
avec la chaux que l'on a fait rougir , et donne un produit que l'on a appelé *sulfure de chaux* , contenant à-peu-
près 25 parties de soufre et 75 de chaux ; il a aussi la
faculté de décomposer l'eau et de donner un hydro-sulfate de chaux soluble , nullement sulfuré , tandis que
celui que l'on obtient en faisant bouillir la chaux et le
soufre avec de l'eau est un véritable hydro-sulfate sulfuré , et renferme par conséquent beaucoup plus de soufre.
La chaux se combine avec l'*iode* sans donner du gaz oxigène ; il en résulte un sous-iodure de chaux qui verdit
fortement le sirop de violette. Si l'on fait passer du
chlore gazeux parfaitement sec à travers de l'oxide de calcium , dont la température a été élevée dans un tube de
porcelaine , on obtient du gaz oxigène et du chlorure de
calcium (muriate de chaux sec). L'azote est sans action
sur la chaux. Exposée à l'*air* , la chaux vive commence
par se combiner avec l'humidité , puis elle absorbe le gaz
acide carbonique , et se transforme en sous-carbonate mêlé
d'*hydrate* (chaux éteinte).

Si l'on verse sur de la chaux vive quelques gouttes
d'*eau* , celle-ci est rapidement absorbée , sans que la chaux
paraisse mouillée ; le mélange s'échauffe ; il s'exhale de
la vapeur ; la chaux se fendille , acquiert un plus grand
volume , blanchit et se réduit en poudre : on dit alors
que la chaux est *délitée* ou éteinte ; elle est à l'état d'*hydrate*. Dans cette expérience la température s'élève jusqu'à
300° ; c'est à l'aide de cette chaleur qu'une portion d'eau se
réduit en vapeur au centre même du morceau de chaux ,
et c'est à l'effort que fait cette vapeur pour se dégager qu'il
faut attribuer la division de cet oxide ; la température du
mélange est plus que suffisante pour déterminer la fusion

du soufre qui recouvre l'extrémité des allumettes soufrées :
aussi quelques-unes de ces allumettes, plongées dans le
sein d'un morceau de chaux divisé par l'eau, s'enflamment
aussitôt qu'on les met en contact avec l'air, pourvu que le
morceau sur lequel on opère soit assez gros. Lorsque la chaux
a été réduite en poudre par ce moyen, on peut la faire dissoudre dans 400 à 450 parties d'eau à 10°; la dissolution porte
le nom d'*eau de chaux*. On distingue dans les pharmacies
l'eau de chaux *première, seconde,* etc.; ordinairement
celle-ci est moins caustique que l'autre, parce qu'elle ne
contient pas de potasse, tandis que la première en renferme
7 pour 100, suivant M. Descroizilles (1); mais il est évident que si la chaux est pure et dissoute en assez grande
quantité pour saturer l'eau, ces liqueurs ne doivent pas dif-
férer entre elles. L'eau de chaux enfermée dans un récipient
de verre et placée à côté d'un vase contenant de l'acide sulfurique concentré, donne de petits cristaux transparens qui
sont des hexaèdres réguliers, coupés perpendiculairement
à leur axe. On ne pourrait obtenir que très-difficilement
l'hydrate de chaux cristallisé, en faisant évaporer la dissolution à l'air, parce que l'eau de chaux en attirerait l'acide
carbonique et se transformerait en carbonate (crême de
chaux) insoluble. On peut aussi faire cristalliser parfaitement la chaux hydratée en décomposant un sel calcaire au
moyen de la pile électrique (Riffault et Chompré).

    P. E. L'acide sulfurique concentré ne trouble pas l'eau
de chaux, phénomène qui tient à ce que le sulfate de chaux
formé est plus soluble que la chaux, et par conséquent
trouve assez d'eau pour être tenu en dissolution. Les oxides
de *carbone,* de *phosphore* et d'*azote* sont sans action sur la
chaux. Il n'en est pas de même des acides; tous peuvent se

_____

(1) Les $\frac{7}{100}$ de potasse proviennent du bois qui a servi à la
préparation de la chaux.

combiner avec la chaux et donner naissance à des sels calcaires. On ignore quelle est l'action des *métaux* de la première classe sur cet oxide.

Lorsqu'on fait chauffer dans un creuset parties égales de chaux et de *silice*, on obtient, si la température est assez élevée, une masse blanche, fondue, demi-transparente sur ses bords, tenant le milieu entre la porcelaine et l'émail, et faisant feu avec le briquet, quoique faiblement (Kirwan). Si l'on verse de l'eau de chaux dans une dissolution de *potasse silicée* (liqueur de cailloux), il se forme un précipité composé de silice et de chaux (stuc). On peut également fondre complètement à une température élevée, un mélange de 33, de 25, ou de 20 parties de chaux, avec 66, 75, ou 80 parties d'*alumine* (Herman). Si l'on chauffe fortement dans un creuset de terre un mélange de 30 parties de chaux et de 10 parties de magnésie, on obtient un beau verre jaune verdâtre; mais le creuset est corrodé de toutes parts. On peut aussi faire fondre un mélange de 3 parties d'*alumine*, de 2 parties de *magnésie*, et d'une ou de 2 parties de *chaux*: le produit est de la *porcelaine*.

Suivant M. Berzelius, la chaux est formée de 100 parties de calcium et de 39,86 d'oxigène; l'*hydrate* est composé de 100 parties de chaux et de 32,1 d'eau.

On emploie la chaux pour préparer la potasse, la soude et l'ammoniaque caustiques, pour chauler le blé et pour boucher les fissures qui se forment quelquefois dans les bassins pleins d'eau. Unie au sable et à de l'eau, elle constitue les mortiers dont on fait usage comme ciment dans la bâtisse, et qui ont la propriété de se durcir en se séchant, et par conséquent d'adhérer fortement aux surfaces des pierres auxquelles ils servent seuls de liaison; on se sert encore de la chaux comme engrais et comme réactif. Son action sur l'économie animale mérite de fixer notre attention. Avalée en poudre, à la dose d'un ou de deux gros, elle détermine l'empoisonnement, à la manière des substances âcres et corrosives ; les animaux ne tardent pas à succomber, et l'on trouve après la mort une vive inflammation des tissus du canal digestif. On employait autrefois la chaux à l'état solide pour cautériser ; mais on l'a abandonnée depuis que l'on fait un si grand usage de la pierre à cautère, de la pierre infernale, etc. *L'eau de chaux* est souvent administrée avec succès, suivant Whytt, pour combattre la formation de la gravelle. M. Andry l'a vu réussir dans certaines tympanites ; on en a retiré des avantages dans la diarrhée, le hoquet, les éructations, et dans tous les cas où il se développe un acide dans l'estomac ; on en donne 6, 8, 10 onces par jour avec autant de lait ou d'une décoction mucilagineuse. Injectée dans l'anus, dans le vagin ou dans l'urètre, elle a été quelquefois utile pour arrêter les anciennes dysenteries muqueuses, certaines diarrhées, des gonorrhées passives, virulentes, les flueurs blanches, les suppurations de la vessie, etc. On l'a employée extérieurement pour laver les ulcères sordides, dont les bords sont mous et infiltrés, et pour résoudre les engorgemens des articulations. M. Giuli dit avoir obtenu le plus grand succès des bains d'eau de chaux dans les rhumatismes aigus et dans la goutte ; la température de ces bains doit être plus élevée que celle des bains tièdes. On se sert avec avantage d'un mélange d'eau de chaux et d'acétate de plomb (sel de Saturne) contre les brûlures. Enfin l'eau de chaux paraît avoir réussi dans la gale, la teigne et dans quelques autres maladies de la peau. Elle entre dans la composition de l'eau phagédénique.

Des Sels calcaires.

185. Les dissolutions calcaires sont toutes précipitées par les sous-carbonates de potasse, de soude ou d'ammoniaque ; le précipité obtenu en vertu de la loi dont nous avons parlé § 160, est du sous-carbonate de chaux blanc qu'il suffit de

sécher et de calciner pour en obtenir la chaux vive. L'acide oxalique décompose toutes les dissolutions des sels calcaires, et se précipite avec la chaux ; le précipité, incolore, insoluble dans un excès d'acide oxalique , se décompose par la calcination et laisse de la chaux vive ; l'oxalate d'ammoniaque opère encore mieux cette décomposition.

Sous-Borate de chaux.

Le sous-borate de chaux est un produit de l'art ; il est insoluble dans l'eau et sans usages.

Sous-Carbonate de chaux.

Ce sel se trouve très-abondamment dans la nature ; il constitue la craie, la pierre à chaux, les marbres, les stalactites, les albâtres, et une foule de variétés de cristaux qui ornent les cabinets de minéralogie; il fait partie de tous les terrains cultivés, des enveloppes des mollusques, des crustacés, des radiaires, et des nombreux polypiers; enfin il entre dans la composition de quelques eaux de source, où il est tenu en dissolution par un excès d'acide carbonique. Il est insoluble dans l'eau, et par conséquent insipide ; soluble dans un excès d'acide carbonique, inaltérable à l'air, et décomposable, par la simple action de la chaleur, en gaz acide carbonique et en chaux. Il partage avec les autres carbonates les propriétés déjà exposées (voy. pag. 198); on s'en sert pour préparer la chaux vive , pour bâtir, etc. ; tout le monde connaît les nombreux usages du marbre et de l'albâtre. Le carbonate de chaux doit être regardé comme absorbant; les yeux d'écrevisses, les écailles d'huîtres , les coquilles d'œufs, les coraux, etc. , tant vantés par les anciens médecins, et que l'on emploie aujourd'hui encore pour absorber les acides qui se développent dans l'estomac , ne doivent leurs vertus qu'au carbonate de chaux qui entre dans leur composition ; on peut faire usage de ces substances dans les cas où la magnésie est indiquée. (*Voyez* pag. 221.)

Phosphate de chaux.

Ce sel existe dans les os de tous les animaux, et dans toutes les matières végétales et animales; il constitue la chrysolite; il fait quelquefois partie des calculs vésicaux; on le rencontre très-abondamment à Logrosan dans l'Estrémadure, où il est employé comme pierre à bâtir; enfin il se trouve à Schlagenwald sous la forme de masses rayonnées. Le phosphate de chaux pur peut être fondu en un verre transparent, tandis que, s'il contient un excès de chaux, il ne donne après la fusion qu'une masse opaque. Il est insoluble dans l'eau et par conséquent insipide. Traité à froid par l'acide sulfurique concentré, il cède à cet acide la majeure partie de la chaux qu'il renferme, et se transforme en phosphate acide de chaux soluble que l'on peut séparer du sulfate de chaux au moyen de l'eau. Le phosphate de chaux sert à la préparation du phosphate acide que l'on emploie dans l'extraction du phosphore. On n'emploie jamais ce sel à l'état de pureté. On administrait autrefois dans l'angine l'*album græcum* ou l'excrément des chiens auxquels on avait fait ronger des os, et qui est principalement composé de phosphate de chaux : ce sel fait partie de la poudre de James; il constitue presque à lui seul la *corne de cerf* calcinée au blanc, avec laquelle on prépare le plus souvent la décoction blanche de Sydenham employée avec tant de succès comme adoucissant dans les anciens dévoiemens, les ténesmes, les épreintes de la dysenterie, la phthisie, etc.

Sur-phosphate de chaux (phosphate acide).

Il est constamment le produit de l'art; il est déliquescent et par conséquent très-soluble dans l'eau; il cristallise en lames micacées. Exposé à l'action du calorique, il se dessèche, se boursoufle et donne un verre insipide, insoluble, sans action sur l'*infusum* de tournesol. Le charbon le décompose à une température élevée, s'empare de l'oxigène de l'acide et le phosphore est mis à nu. L'ammoniaque, la potasse, la soude et leurs sous-carbonates versés dans une dissolution de ce sel, en saturent l'excès d'acide, et le phosphate de chaux se précipite. L'eau de chaux le transforme entièrement en phosphate insoluble. On fait usage de ce sel pour extraire le phosphore.

Phosphite de chaux. Ce sel est le produit de l'art; il est peu soluble dans l'eau; il cristallise par évaporation spontanée, et si on chauffe sa dissolution, il se transforme en sous-phosphite insoluble qui se présente sous la forme de petits cristaux nacrés, et en phosphite acide soluble qui cristallise plus difficilement (Dulong). Il est sans usages.

Hypo-phosphite de chaux. Il est très-soluble dans l'eau, sans usages et ne se trouve jamais dans la nature.

Sulfate de chaux (plâtre, gypse, sélénite, etc.). Ce sel se trouve très-abondamment dans la nature; tantôt il est cristallisé, tantôt amorphe; les cristaux de sulfate de chaux contiennent ordinairement 20 à 21 pour cent d'eau de cristallisation; il en est cependant qui n'en renferment pas un atôme; on rencontre assez souvent ce sel en dissolution dans les eaux de puits. Lorsqu'il a été purifié, il se présente sous la forme d'aiguilles blanches, satinées, peu consistantes, presqu'insipides, solubles dans 300 ou 350 parties d'eau, plus solubles dans de l'eau chargée d'acide sulfurique. Soumis à l'action du calorique, les cristaux de sulfate de chaux décrépitent, et deviennent opaques. Chauffé dans un creuset, le sulfate de chaux fond et donne un émail blanc. Exposé à l'air, il en attire l'humidité, s'il a été préalablement desséché; mais il ne tombe pas en *deliquium*.

Usages. Il sert pour faire le plâtre. Lorsque celui-ci est destiné aux objets de sculpture, il suffit de calciner le sulfate de chaux pur pour le priver de l'eau qu'il renferme, et de le tamiser; mais si l'on veut s'en servir pour les objets de construction, il faut, après l'avoir calciné, le mêler avec un dixième de son poids environ de chaux, si toutefois le sulfate dont on se sert ne contient pas de carbonate de chaux; par ce moyen le plâtre absorbe plus d'eau en se solidifiant, acquiert plus de dureté et de ténacité, Le sulfate de chaux sert encore pour faire le stuc, composition qui imite parfaitement le marbre; on la prépare en gâchant le plâtre avec une dissolution de gélatine (colle forte) et en ajoutant au mélange encore en bouillie des substances colorées : on l'applique lorsqu'elle est sèche, et on la polit après l'avoir appliquée sur les objets que l'on veut en recouvrir. Le sulfate de chaux dissous dans l'eau est laxatif : on sait que les eaux de puits ou de sources chargées de sélénite sont crues, pesantes, et occasionnent quelquefois le dévoiement.

Sulfite de chaux. Il est constamment le produit de l'art; il est insoluble dans l'eau; on s'en sert pour muter le marc de raisin ou en arrêter la fermentation.

Iodate de chaux. Il ne se trouve jamais dans la nature; il est ordinairement pulvérulent; mais on peut l'obtenir cristallisé en petits prismes quadrangulaires, lorsqu'il a été mêlé avec l'hydro-chlorate de chaux, qui augmente sa solubilité. Cent parties d'eau à 18° dissolvent 22 parties de ce sel (Gay-Lussac). Il est sans usages.

Chlorate de chaux. Il est le produit de l'art; il ne cristallise qu'avec la plus grande difficulté; il attire l'humidité de l'air, et se dissout parfaitement dans l'eau; sa saveur est âcre et amère. Il n'a point d'usages.

Nitrate de chaux. Ce sel fait partie des plâtras et des divers matériaux salpêtrés dont on se sert pour faire le nitrate de potasse. Il est déliquescent et par conséquent très-soluble dans l'eau ; une partie de ce liquide suffit pour en dissoudre 4 ou 5 parties ; cette dissolution cristallise très-difficilement ; on peut cependant obtenir le nitrate de chaux cristallisé en le faisant dissoudre dans l'alcool (esprit-de-vin), ou en agissant comme nous l'avons dit (pag. 189) ; sa saveur est très-âcre. Le *phosphore de Baudouin*, qui a la propriété de luire dans l'obscurité, n'est autre chose que ce sel parfaitement desséché. Il ne sert qu'à la formation du salpêtre.

Hydro-chlorate de chaux (muriate). Ce sel se trouve dans les eaux de plusieurs fontaines, et dans les matériaux salpêtrés ; il a une saveur âcre, très-piquante et amère ; il est très-déliquescent. L'eau à 0° en dissout deux parties ; à 15°, elle en dissout quatre parties. Evaporé, il fournit des cristaux qui ont la forme de prismes à six pans, striés et terminés par des pyramides aiguës. Chauffé dans un creuset, il perd l'eau qu'il renferme, éprouve la fusion ignée et se transforme en chlorure de calcium. (*Voyez* pag. 205.) La grande affinité de ce sel pour l'eau le fait employer pour obtenir des froids artificiels et pour dessécher un très-grand nombre de gaz. Fourcroy l'a proposé comme fondant, et il a été depuis employé dans les engorgemens et les tumeurs squirrheuses ; mais il est rarement administré aujourd'hui.

Hydriodate de chaux. Ce sel est un produit de l'art ; il est extrêmement déliquescent. Desséché, il se tranforme en *iodure de calcium* qui fond au-dessus de la chaleur rouge (Gay-Lussac) ; il est sans usages.

Hydro-sulfate de chaux (*hydro-sulfure*). Ce sel ne se trouve pas dans la nature ; on ne l'a obtenu que sous la forme d'un liquide incolore. Nous verrons, en parlant du sulfure de potasse, que le sulfure de chaux qui se transforme en hydro-sulfate par l'action de l'eau peut être souvent employé en médecine avec succès.

Fluate de chaux (phtorure de calcium, spath fluor). On le rencontre très-abondamment dans la nature ; tantôt il est pur, incolore, cristallisé en cubes ou en octaèdres ; mais le plus souvent il est combiné avec du silex, de l'argile, etc. : alors il est coloré en bleu, en violet, en jaune ou en rose ; on le trouve en France, en Saxe et en Angleterre. Il est insoluble dans l'eau, insipide et inaltérable à l'air ; il se dissout dans l'acide hydro-phtorique. Si l'on jette sur des charbons rouges les cristaux cubiques fournis par la nature, ils décrépitent légèrement ; chauffés plus fortement ils fondent et donnent un verre transparent. On l'emploie dans la préparation des acides hydro-phtorique, phtoro-borique et phtoro-silicique, etc. Suivant M. Davy, il ne doit plus être rangé parmi les sels ; il doit au contraire être considéré comme un composé de *phtore* et de calcium. (*Voyez*, pour les autres propriétés de ce corps, les *caractères des phtorures*, pag. 209.)

Du Strontium.

186. Le strontium ne se trouve dans la nature qu'à l'état de sel. La difficulté qu'il y a à le séparer des produits qui le renferment fait que l'on n'a pas encore pu l'étudier avec soin ; il est brillant et conserve son éclat pendant plusieurs heures ; cependant il finit par absorber l'oxigène de l'air, et former un oxide terreux connu sous le nom de *strontiane*. Combiné avec le *chlore*, il donne du *chlorure de strontium* solide (muriate de strontiane) qui, mis dans l'eau, la décompose et passe à l'état d'hydro-chlorate soluble ; il a été découvert par M. Davy.

De l'Oxide de strontium (strontiane).

La strontiane n'existe pas dans la nature à l'état de pureté ; mais elle s'y trouve combinée avec les acides sulfurique, carbonique, ou avec le carbonate de chaux ; dans ce dernier cas elle constitue un très-grand nombre de variétés d'*aragonite*.

187. Privée d'eau, la strontiane est d'une couleur grisâtre ; elle est blanche lorsqu'elle a absorbé ce liquide ; sa saveur est plus caustique que celle de la chaux ; elle verdit fortement le sirop de violette et rougit la couleur du curcuma ; sa pesanteur spécifique est de 4.

Si on élève sa *température* au moyen du chalumeau à gaz de Brooks, la strontiane produit une belle flamme ondoyante de couleur pourpre ; le centre du morceau est en pleine fusion ; le reste n'est qu'à demi fondu. Le fluide *électrique* la décompose et agit sur elle comme sur la chaux. L'*oxigène*, l'*hydrogène*, le *bore* et le *charbon* ne lui font éprouver aucune altération. Elle se comporte avec le *phosphore*, l'*iode*, le *chlore*, l'*azote*, et l'*air* atmosphérique comme la chaux. Le *soufre* agit sur elle comme nous l'avons dit (§ 178). Mise en contact avec une petite quantité d'*eau*, elle se boursoufle comme la chaux, donne lieu aux mêmes phénomènes ; mais avec un plus grand dégagement de calorique, et il en résulte un *hydrate* sec ; 40 parties de ce liquide à 10° dissolvent une partie de strontiane, tandis qu'il n'en faut que 15 ou 20 d'eau bouillante : aussi une dissolution concentrée de cet oxide faite à chaux donne-t-elle par le refroidissement des cristaux de strontiane sous la forme de lames minces, à bords terminés par deux facettes qui se joignent et forment un angle aigu ; quelquefois l'on obtient des cubes. Les cristaux de strontiane paraissent formés de 68 parties d'eau et de 32 de strontiane.

P.E. Une goutte d'acide sulfurique versée dans de l'eau saturée de strontiane y fait naître un précipité blanc de sulfate de strontiane insoluble dans l'eau. Si la dissolution de strontiane est très-affaiblie, il n'y a point de précipité, parce que le sulfate qui en résulte trouve assez d'eau pour être dissous. L'*iode* agit sur cette dissolution comme sur l'eau de chaux. Les oxides de *carbone*, de *phosphore* et d'*azote* sont sans action sur la strontiane. Il n'en est pas de même des *acides* : tous peuvent se combiner avec elle et donner des sels. On ignore comment la strontiane agit sur les *métaux* précédemment étudiés. Chauffée fortement dans un creuset avec le quart de son poids de *silice*, elle se transforme en une matière d'un vert pâle, fondue sur les bords, et tenant le milieu entre la porcelaine et l'émail. L'eau de strontiane, versée dans une dissolution de *potasse silicée* (liqueur de cailloux), donne un précipité composé de strontiane et de silice (Morveau). La strontiane n'est employée que dans les laboratoires de chimie, comme réactif.

Des Sels de strontiane.

188. Les sels de strontiane, solubles dans l'eau, précipitent par les sous-carbonates de potasse, de soude ou d'ammoniaque; le précipité de carbonate de strontiane est décomposé par une chaleur rouge, et fournit de la strontiane facile à reconnaître. (*Voyez* pag. 241.) Les sels de strontiane colorent en pourpre la flamme d'une bougie.

189. *Sous-borate de strontiane.* Il ne se trouve pas dans la nature ; il est insoluble dans l'eau et sans usages.

190. *Sous-carbonate de strontiane.* On le rencontre, sous la forme de fibres convergentes, à Strontiane en Ecosse, au Pérou, etc. ; il est insoluble dans l'eau, inaltérable à l'air, décomposable, à une température au-dessus du rouge cerise, en gaz acide carbonique et en strontiane. Il est sans usages: on pourrait s'en servir pour préparer la strontiane s'il était plus abondant.

191. *Sous-phosphate de strontiane.* Il est constamment le produit de l'art. Il est insoluble dans l'eau, inaltérable à l'air et sans usages.

192. *Phosphite de strontiane.* On ne le rencontre pas

dans la nature. Comme le phosphite de chaux, il est peu soluble dans l'eau, et donne, par l'évaporation, de petits cristaux de sous-phosphite de strontiane insoluble, et du phosphite acide soluble, qui cristallise plus difficilement (Dulong). Il est sans usages.

193. *Hypo-phosphite de strontiane.* Il est constamment le produit de l'art; il est très-soluble dans l'eau, et ne cristallise que très-difficilement. Il est sans usages.

194. *Sulfate de strontiane.* On le trouve en masses opaques à Montmartre, à Menilmontant près Paris, et en beaux cristaux prismatiques en Sicile; on le rencontre encore à Saint-Médard et à Beuvron, département de la Meurthe. Il est blanc, fusible à une haute température, insipide, et presque insoluble dans l'eau; en effet, une partie exige près de 4000 parties de ce liquide pour se dissoudre. L'acide sulfurique concentré le dissout mieux que l'eau, et on peut l'obtenir cristallisé en faisant évaporer la dissolution. On l'emploie pour préparer la strontiane.

195. *Sulfite de strontiane.* Il est insoluble dans l'eau, sans usages, et ne se trouve jamais dans la nature.

196. *Iodate de strontiane.* Il est le produit de l'art : on l'obtient en petits cristaux qui, vus à la loupe, paraissent être des octaèdres; il est décomposé par la chaleur et donne de l'oxigène, de l'iode et de la strontiane sensiblement pure. Cent parties d'eau à 15° dissolvent 24 parties de ce sel (Gay-Lussac). Il est sans usages.

197. *Chlorate de strontiane.* On ne le rencontre jamais dans la nature; il a une saveur piquante et un peu astringente; il ne cristallise que quand sa dissolution est très-concentrée; sa solubilité est très-grande; il est même déliquescent; il fuse sur les charbons ardens avec beaucoup de rapidité, et donne une flamme purpurine très-belle. (Vauquelin.)

198. *Nitrate de strontiane.* Il ne se trouve pas dans la nature; il cristallise en octaèdres ou en prismes irréguliers; il a

une saveur âpre, piquante; la chaleur rouge suffit pour le fondre; si on continue à le chauffer il se décompose comme tous les nitrates; il s'effleurit à l'air. L'eau à 15.° en dissout environ son poids; à 100° elle en dissout le double. Il suffit de le calciner pour en avoir la strontiane.

199. *Hydro-chlorate de strontiane*. Il est le produit de l'art; il cristallise en aiguilles longues qui sont des prismes hexaèdres, doués d'une saveur âcre et piquante. Chauffé jusqu'au rouge, il se décompose et se transforme en chlorure de strontium. (*Voyez* pag. 205.) Une partie et demie d'eau à 15° peut dissoudre une partie de ce sel; 4 parties d'eau bouillante peuvent en dissoudre 5 parties, etc. Il est sans usages.

200. *Hydriodate de strontiane*. Il est le produit de l'art; il est très-soluble dans l'eau; il fond au-dessous de la temérature rouge, et se trouve transformé en *iodure de strontium*. Il est sans usages.

201. *Sous-hydro-sulfate de strontiane*. On ne le trouve jamais dans la nature. Il cristallise en lames blanches semblables à des écailles; il se dissout beaucoup mieux à chaud qu'à froid, et se transforme en hydro-sulfate neutre par l'addition d'une suffisante quantité d'acide hydro-sulfurique. Il est sans usages.

202. *Fluate de strontiane*. Il est le produit de l'art, sans usages, et insoluble dans l'eau. Suivant M. Davy, ce produit est composé de phtore et de *strontium*.

Du Barium.

203. Le barium ne se trouve dans la nature qu'à l'état de sel. Il est solide, plus brillant qu'aucun autre métal, et aussi ductile que l'argent (Clarke); sa pesanteur spécifique est de 4, celle de l'eau étant prise pour unité. Exposé à l'air il s'oxide dans l'espace de trois minutes; mais on

en renouvelle l'éclat métallique par l'action de la lime. Il est fixe : il paraît s'allier avec l'argent, le palladium et le platine. M. Clarke, qui annonce avoir obtenu ce métal au moyen du chalumeau à gaz de Brooks, a proposé de l'appeler *plutonium*.

Des Oxides de barium.

204. On connaît deux oxides de ce métal, le protoxide et le deutoxide.

Protoxide de barium, *baryte*, *barote* ou *terre pesante*. La baryte ne se trouve pas dans la nature à l'état de pureté; mais on la rencontre combinée avec l'acide carbonique, et principalement avec l'acide sulfurique. Elle est solide, poreuse, d'une couleur grise, plus caustique que la strontiane; elle verdit le sirop de violette, et rougit la couleur de curcuma; sa pesanteur spécifique est de 4.

Soumise à l'action du chalumeau à gaz de Brooks, la baryte donne une sorte de scorie métallique qui ressemble au plomb; suivant M. Clarke elle est décomposée, et le barium est mis à nu. On peut également en opérer la décomposition au moyen de la *pile électrique*; il suffit pour cela de l'humecter légèrement et de la mêler avec le quart de son poids de peroxide de mercure; on creuse dans le mélange une petite cavité dans laquelle on met du mercure métallique; aussitôt que la pile est en activité, l'oxigène des deux oxides est attiré par le pole vitré, tandis que le barium, uni au mercure, se porte vers le pole résineux.

Le gaz *oxigène* est absorbé par le protoxide de barium soumis à une chaleur rouge, et il en résulte du deutoxide. L'hydrogène, le bore et le charbon sont sans action sur la baryte. Le *phosphore* se combine avec elle à une chaleur rouge, et donne un phosphure d'un rouge brun qui jouit, comme celui de chaux et de strontiane, de la propriété de décomposer l'eau. Le *soufre* s'y unit aussi à une tempéra-

ture élevée, et forme un sulfure jaune qui se change
en sulfate lorsqu'on le chauffe avec le contact de l'air. Si
l'on fait passer de l'*iode* sur de la baryte rouge de feu, l'on
obtient un *sous-iodure de baryte*. Si, au lieu d'*iode*, on
fait passer du *chlore* gazeux, le protoxide de barium est
décomposé, et l'on obtient du gaz oxigène et du *chlorure
de barium* incolore, transparent, fixe, doué d'une saveur
amère, et formé, suivant M. Davy, de 100 parties de
barium et de 51,53 de chlore. Soumis à l'action d'une
chaleur rouge, ce chlorure entre en fusion, et donne par
le refroidissement des lames brillantes; mis en contact avec
l'eau, il se dissout et se transforme en hydro-chlorate de
protoxide.

Exposé à l'air à la température ordinaire, le protoxide
de barium en attire d'abord l'humidité, puis l'acide carbonique passe à l'état de proto-carbonate, augmente de
volume, acquiert une couleur blanche, et se réduit en
poudre. Si on élève sa température, il absorbe à-la-fois
l'oxigène et l'acide carbonique de l'air, passe en partie à
l'état de deutoxide de barium et en partie à l'état de proto-
carbonate; mais si on continue à le chauffer, le deutoxide
de barium formé se décompose et redevient protoxide qui
s'unit encore avec l'acide carbonique de l'air, en sorte que
le tout finit par se transformer en proto-carbonate de barium indécomposable par la plus haute chaleur.

La baryte se boursouffle et donne lieu aux mêmes phénomènes que la strontiane lorsqu'on la met en contact
avec une petite quantité d'*eau*; l'hydrate blanc qui en
résulte, exposé à une chaleur rouge, fond sans se décomposer. Il suffit de cinquante parties d'eau à 15°, et de dix
parties d'eau bouillante pour dissoudre une partie de baryte; plusieurs chimistes prétendent même qu'il ne faut
que 2 parties d'eau à 100° pour opérer cette dissolution;
quoi qu'il en soit, il est évident que le solutum con-

centré de baryte fait à chaud doit déposer par le refroidissement une certaine quantité de ce protoxide hydraté; il se sépare alors sous la forme de cristaux indéterminables ou de prismes hexagones, terminés à chaque extrémité par une pyramide tétraèdre; quelquefois aussi on obtient des octaèdres : ils paraissent formés de cinquante-trois parties d'eau et de quarante-sept de baryte; ils fondent dans leur eau de cristallisation à une température peu élevée, et se dissolvent dans dix-sept parties et $\frac{1}{2}$ d'eau froide. L'iode agit sur l'eau de baryte comme sur l'eau de chaux. *P. E.* Une goutte d'acide sulfurique versée dans une dissolution *très-étendue* de baryte la trouble sur-le-champ, et ne tarde pas à y former un précipité blanc de sulfate de baryte insoluble dans l'eau et dans l'acide nitrique, ce qui n'arriverait pas avec une faible dissolution de strontiane.

Les oxides de *carbone*, de *phosphore* et d'*azote* sont sans action sur la baryte. Les acides, au contraire, se combinent tous avec elle, et donnent des sels dont nous nous occuperons après avoir fait l'histoire du deutoxide.

La baryte est formée, suivant M. Berzelius, de 100 parties de barium et de 11,732 d'oxigène. Schéele en fit la découverte en 1774. Elle n'est employée que dans les laboratoires de chimie, comme réactif. Son action sur l'économie animale est très-meurtrière; elle est rapidement absorbée lorsqu'on l'applique sur le tissu cellulaire, agit sur le système nerveux, et ne tarde pas à déterminer la mort.

205. *Deutoxide de barium.* Il est constamment le produit de l'art; sa couleur est grise verdâtre; il est caustique, et verdit le sirop de violette; si on le chauffe fortement, il se décompose en oxigène et en protoxide. Tous les corps *simples* non métalliques, excepté l'azote, le décomposent à une température élevée, lui enlèvent une portion de son oxigène, et le transforment en protoxide (baryte). Que

l'on fasse chauffer, par exemple, ce deutoxide avec du gaz
hydrogène, il y aura dégagement de chaleur et de lumière,
absorption du gaz et formation d'un hydrate de protoxide ;
d'où il suit que l'hydrogène s'est combiné avec une portion
d'oxigène du deutoxide pour former de l'eau, qui s'est
unie au protoxide résultant. L'*eau*, à raison de son affinité pour le protoxide de barium, agit sur lui de la même
manière, avec cette différence que le gaz oxigène abandonné par le deutoxide se dégage. Ces caractères suffisent
pour distinguer ce corps de tous les autres. Il est sans usages.
Les deux oxides de barium agissent sur la silice comme
la strontiane.

Des Sels de baryte.

206. Les sels de baryte sont formés par un acide et par le
protoxide de barium (baryte) ; le deutoxide ne peut se combiner avec les acides sans se transformer en protoxide.

Les sels de baryte solubles dans l'eau précipitent en
blanc par les sous-carbonates de potasse, de soude ou d'ammoniaque ; le carbonate de baryte déposé est indécomposable par la chaleur seule, mais il se décompose parfaitement si on le fait chauffer avec du charbon, et donne de
la baryte ; l'acide sulfurique et les sulfates solubles y font
également naître un précipité de sulfate de baryte blanc,
insoluble dans l'eau et dans l'acide nitrique. Aucun de
ces sels ne colore en pourpre la flamme d'une bougie.

207. *Sous-borate de baryte.* Il est le produit de l'art,
ne se dissout pas dans l'eau, et n'est d'aucune utilité.

208. *Sous-carbonate de baryte.* Ce sel se trouve en
Angleterre, dans la haute Styrie, en Sibérie et dans le
pays de Galles ; il est tantôt sous la forme de masses cel-
luleuses ou rayonnées, tantôt translucide et d'un gris
jaunâtre. Il est indécomposable par le feu, insoluble dans

l'eau et inaltérable à l'air. Il est sans usages. Introduit dans l'estomac, il se transforme, à la faveur de l'acide contenu dans les voies digestives, en acétate ou du moins en un sel soluble, et agit comme la baryte.

209. *Sous-phosphate de baryte.* Ce sel est un produit de l'art; il est insoluble dans l'eau, inaltérable à l'air, et sans usages.

210. *Phosphite de strontiane.* On ne trouve jamais ce sel dans la nature : comme les phosphites de chaux et de strontiane, il est peu soluble dans l'eau, et donne, par l'évaporation, de petits cristaux de sous-phosphite de baryte insoluble, et du phosphite acide soluble qui cristallise plus difficilement. (Dulong.) Il est sans usages.

211. *Hypo-phosphite de baryte.* Il est constamment le produit de l'art; il est très-soluble dans l'eau, et ne cristallise que très-difficilement. Il est sans usages.

212. *Sulfate de baryte.* Il se trouve assez abondamment dans la nature; on le rencontre en France dans les départemens du Puy-de-Dôme et du Cantal; en Hongrie et près de Bologne; tantôt il est cristallisé, tantôt il est en masses compactes, tuberculeuses ou sous la forme de rognons. Il est insoluble dans l'eau, insipide, inaltérable à l'air; et susceptible de fondre lorsqu'il est fortement chauffé. Il se dissout dans l'acide sulfurique concentré; et le solutum est décomposé par l'eau, qui s'empare de l'acide et précipite le sulfate; on peut, en évaporant cette dissolution, en obtenir des cristaux. Mêlé avec de l'eau et de la farine, il peut former une pâte que l'on réduit en gâteaux minces, et qui a la propriété de luire dans l'obscurité lorsqu'on l'a chauffée jusqu'au rouge: on la désignait autrefois sous le nom de *phosphore de Bologne.* On ignore quelle est au juste la composition du produit de cette calcination, ainsi que la cause de sa phosphorescence. On emploie ce sel pour préparer la baryte, et comme fondant dans les fon-

deries de cuivre de Birmingham. En Angleterre, on s'en sert comme mort aux rats. Nous l'avons souvent fait prendre à des chiens à la dose de deux onces sans qu'ils aient éprouvé la moindre incommodité.

213. *Sulfite de baryte.* Il est insoluble dans l'eau, insipide, sans usages, et ne se trouve jamais dans la nature.

214. *Iodate de baryte.* Ce sel est constamment le produit de l'art ; il est sous la forme pulvérulente ; il ne fuse point sur les charbons ; il fait seulement apercevoir quelquefois une légère lueur ; il est décomposé par le feu en oxigène, en iode, et en baryte sensiblement pure. Cent parties d'eau à 18° n'en dissolvent que 3 parties ; la même quantité d'eau bouillante en dissout 16 parties. Il est sans usages.

215. *Chlorate de baryte.* On ne le trouve pas dans la nature. Il est sous la forme de prismes carrés, terminés par une surface oblique, et quelquefois perpendiculaire à l'axe du cristal ; sa saveur est piquante et austère ; il se dissout dans 4 parties d'eau à 10°. Si après l'avoir desséché on le chauffe jusqu'à ce qu'il soit entièrement décomposé, on obtient les $\frac{39}{100}$ de son poids d'oxigène : le résidu de cette décomposition est du chlorure de barium (muriate de baryte), plus de la baryte (Vauquelin). Il est employé pour préparer l'acide chlorique.

216. *Nitrate de baryte.* On n'a jamais trouvé ce sel dans la nature. Il cristallise en octaèdres demi-transparens ; sa saveur est âcre ; chauffé jusqu'au rouge dans un creuset, il décrépite, se décompose comme tous les nitrates, et se transforme en gaz oxigène, en gaz acide nitreux, et en baryte ou en deutoxide de barium. Douze parties d'eau à 15° en dissolvent une partie, tandis qu'il ne faut que 3 ou 4 parties d'eau bouillante. On s'en sert pour préparer la baryte, et comme réactif.

217. *Nitrite de baryte.* Il est peu connu ; on sait qu'il

est soluble dans l'eau, et qu'on ne le rencontre pas dans la nature. Il est sans usages.

218. *Hydro-chlorate de baryte.* Ce sel est un produit de l'art; il cristallise en prismes à quatre pans très-larges et peu épais, doués d'une saveur amère très-piquante. Projeté sur les charbons ardens, il décrépite, se dessèche et finit par fondre : alors il se trouve transformé en chlorure de barium. (*Voyez* pag. 205.) Suivant M. Gay-Lussac, il suffit de le faire évaporer et cristalliser pour opérer cette décomposition : dans ce cas, l'hydro-chlorate n'existerait qu'à l'état liquide. Il se dissout dans deux parties et demie d'eau à 15°, tandis qu'il n'en faut que deux d'eau bouillante; on l'emploie dans les laboratoires comme réactif.

L'hydro-chlorate de baryte est un des poisons les plus violens; appliqué sur le tissu cellulaire à la dose de quelques grains, il est rapidement absorbé, et détermine des convulsions qui ne tardent pas à être suivies de la mort; il exerce, indépendamment de cette action, une irritation locale capable de produire l'inflammation des parties avec lesquelles il a été en contact. Le meilleur antidote de ce sel et des autres préparations de baryte est sans contredit la dissolution d'un sulfate, tel que celui de soude, de magnésie ou de potasse; en effet, ces sels ont la propriété de décomposer tous ces poisons et de les transformer en sulfate de baryte insoluble qui est sans action sur l'économie animale. L'hydro-chlorate de baryte a été prôné par M. Crawford comme un excellent remède contre les scrophules : nous l'avons souvent employé et vu employer sans succès; il peut cependant être utile dans quelques circonstances : on doit l'administrer à la dose de 4, 6, 8 gouttes dans une tasse d'eau distillée.

219. *Hydriodate de baryte.* On n'a pas encore trouvé ce sel dans la nature. Il cristallise en prismes très-fins,

semblables aux précédens. A une température rouge et même au-dessous il est converti en iodure de barium : quoique très-soluble dans l'eau, il n'est que faiblement déliquescent. Exposé à l'air, il se décompose en partie, et se transforme en hydriodate coloré par l'iode ; il est évident que l'oxigène de l'air s'empare de l'hydrogène de l'acide hydriodique. Il est sans usages.

220. *Sous-hydro-sulfate de baryte.* Il est constamment le produit de l'art. Il cristallise en lames blanches, comme le sous hydro-sulfate de strontiane ; il se dissout beaucoup mieux à chaud qu'à froid, et se transforme en hydro-sulfate neutre par l'addition d'une suffisante quantité de gaz acide hydro-sulfurique. Il est sans usages.

221. *Fluate de baryte.* On ne l'a pas encore trouvé dans la nature : il est insoluble dans l'eau, insipide et sans usages. M. Davy le regarde comme formé de phtore et de barium.

Du Potassium.

222. Le potassium ne se trouve jamais pur dans la nature ; on le rencontre combiné avec l'oxigène dans certains sels et dans quelques produits volcaniques. Il est solide, très-ductile, plus mou que la cire : lorsqu'on le coupe on voit que la section est lisse, et qu'il est doué d'un grand éclat métallique qu'il perd par le contact de l'air ; sa texture est cristalline ; sa pesanteur spécifique est de 0,865 à la température de 15°.

223. Si l'on *chauffe* le potassium placé dans de l'huile de naphte, il fond à la température de 58°, th. c. ; si on le met dans une petite cloche de verre et qu'on le chauffe jusqu'au rouge, il se volatilise et donne des vapeurs vertes.

Mis en contact avec le gaz *oxigène* il s'en empare subitement, même à la température ordinaire ; il passe d'abord à l'état de protoxide bleuâtre, puis à l'état de deutoxide blanc; enfin il finit par se transformer en tritoxide d'un jaune verdâtre; cette oxidation s'observe principalement à la surface du métal. Si on élève sa température jusqu'à le faire fondre, l'absorption de l'oxigène est rapide et se fait avec dégagement de calorique et de lumière; il en résulte du tritoxide de potassium. L'air atmosphérique agit sur lui à chaud, à-peu-près comme le gaz oxigène, mais avec moins d'énergie: il le fait passer à l'état de deuto-carbonate à la température ordinaire.

224. Lorsqu'on élève un peu la température du potassium, et qu'on l'agite dans du gaz *hydrogène*, on obtient un hydrure de potassium solide, gris, sans apparence métallique, inflammable à l'air et au contact du gaz oxigène. Cet hydrure est sans usages. Suivant M. Sementini, on doit admettre deux autres composés d'hydrogène et de potassium; ils sont gazeux: le premier est le gaz *hydrogène per-potassié*; il est incolore, plus pesant que le gaz hydrogène, s'enflamme spontanément à l'air, exhale une odeur de lessive, et se transforme en eau et en deutoxide de potassium; il perd cette propriété au bout d'une heure parce qu'il laisse déposer un peu de potassium; l'eau le change en gaz hydrogène *proto-potassié*. Ce dernier gaz ne s'enflamme que par l'approche d'une bougie allumée; mais il fournit les mêmes produits que le précédent; d'où l'on voit qu'il y a beaucoup d'analogie entre la manière dont ces deux gaz et les gaz hydrogène per et protophosphoré se comportent l'un par rapport à l'autre. (*Voy.* § 138.)

225. Le *bore* et le *charbon* n'exercent point d'action sur le potassium. Le *phosphore*, chauffé avec ce métal dans des vaisseaux fermés, donne un phosphure caustique, terne, brun marron, et facile à réduire en poudre. On peut aussi combiner directement le *soufre* et le potassium au

moyen de la chaleur; cette combinaison se fait avec un grand dégagement de calorique et de lumière; le sulfure qui en résulte est solide, d'une couleur jaune ou rougeâtre, semblable au *foie de soufre* fait par la voie sèche; cependant lorsqu'on le met dans l'eau, il ne fournit pas de sulfite sulfuré de potasse; il passe seulement à l'état d'hydrosulfate sulfuré. (*Voy.* pag. 209.) L'*iode* s'unit au potassium avec beaucoup de chaleur et avec dégagement de lumière; l'iodure qui en résulte a une apparence nacrée et cristalline; il paraît formé de 100 de potassium et de 319,06 d'iode.

226. Lorsqu'on agite le potassium dans un flacon plein de chlore gazeux, celui-ci est absorbé et solidifié, d'où il résulte qu'il y a dégagement de calorique et de lumière. Il se forme du *chlorure* de *potassium.* Ce chlorure, appelé jusque dans ces derniers temps *muriate de potasse,* est solide, blanc, fusible, soluble dans trois parties d'eau froide et dans deux parties d'eau bouillante; ainsi dissous il est à l'état d'hydro-chlorate. L'*azote* est sans action sur le potassium, en sorte que l'on peut très-bien conserver ce métal si oxidable dans ce gaz; cependant il existe une combinaison d'azote, d'ammoniaque et de potassium que l'on prépare par des moyens particuliers.

Si l'on introduit un peu d'*eau* dans une éprouvette pleine de mercure, renversée sur la cuve de ce métal, et qu'on y fasse entrer un petit fragment de potassium, la décomposition de l'eau aura lieu dans l'instant même où le métal sera en contact avec elle; le gaz hydrogène sera mis à nu, et le potassium, en s'emparant de l'oxigène, passera à l'état de deutoxide susceptible de verdir le sirop de violette. Si au lieu de faire réagir ces deux corps sans le contact de l'air, on jette quelques fragmens de potassium dans une terrine pleine d'eau, le métal tourne, s'agite en tous sens, court à la surface du liquide, le décompose et fait une petite explosion. Il se dégage assez de chaleur dans cette expérience pour que le gaz hydrogène qui provient de la décomposition de l'eau s'enflamme. Les oxides de *carbone*, de *phosphore* et d'*azote*, sont décomposés, à une température élevée, par le potassium, qui s'empare de leur oxigène et passe à l'état d'oxide.

Les *acides* solides et gazeux, parfaitement desséchés, formés par l'oxigène et par un corps simple, tels que les acides borique, phosphorique, sulfureux, etc., sont décomposés en totalité ou en partie, à une température élevée, par le potassium, qui leur enlève tout l'oxigène qu'ils renferment. Il en résulte des produits variables : l'acide *borique*, par exemple, donne du bore et du sous-borate de deutoxide de potassium ; avec l'acide carbonique on obtient du carbone et du deutoxide de potassium ; l'acide *phosphorique* fournit du deutoxide de potassium phosphoré si le potassium est en excès ; dans le cas contraire, du phosphate de deutoxide de potassium et du phosphore ; le gaz acide *sulfureux* transforme le potassium en deutoxide et le soufre est mis à nu ; le gaz acide *nitreux* donne du deutoxide de potassium et du gaz azote, etc. Si les acides formés par l'oxigène contiennent de l'eau, celle-ci est décomposée, même à la température ordinaire, et il se forme du deutoxide de potassium hydraté (potasse), qui se combine avec l'acide non décomposé.

Les gaz acides *hydro-chlorique*, *hydriodique* et *hydro-sulfurique* sont décomposés à chaud par le potassium ; l'hydrogène est mis à nu, tandis que le chlore, l'iode ou le soufre forment avec le métal un chlorure, un iodure ou un sulfure : ce dernier absorbe, à la vérité, une quantité variable d'acide hydro-sulfurique. Si l'on met peu à peu l'acide *hydro-phtorique* liquide sur du potassium, l'eau qu'il renferme est décomposée ; le gaz hydrogène se dégage, et il se forme de l'hydro-phtorate de deutoxide de potassium ; la quantité d'hydrogène et de calorique dégagés est tellement grande et subite, qu'il y aurait une vive détonnation si on employait beaucoup d'acide. Le potassium, à une température élevée, décompose le gaz *phtoro-borique* (fluo-borique), et il en résulte du bore et du phtorure de potassium. On ignore quelle est l'action de ce métal sur le gaz hydrogène carboné ; il décompose à chaud le gaz hydrogène phosphoré, met l'hydrogène à nu, et forme avec le phosphore un phosphure de couleur chocolat. En faisant fondre du potassium dans une petite cloche courbe de verre contenant du gaz *ammoniac*, on observe que celui-ci est en partie décomposé, et en partie absorbé ; l'hydrogène de la portion décomposée est mis à nu, tandis que l'azote s'unit au potassium : c'est cet azoture de potassium qui, en absorbant le gaz ammoniac non décomposé, forme l'azoture ammoniacal de potassium d'une couleur verte.

On ne connaît pas l'action de ce métal sur le calcium, le strontium ni le barium. Il est employé pour analyser plusieurs corps oxidés, et pour préparer l'acide borique. Il a été découvert par M. Davy.

Des Oxides de potassium.

Ces oxides sont au nombre de trois.

227. Le *protoxide* est constamment le produit de l'art ; il est gris bleuâtre, terne, caustique, et verdit le sirop de violette. Chauffé avec le gaz *oxigène*, il s'enflamme et passe à l'état de tritoxide ; cette oxidation a lieu même à froid, mais plus lentement. L'*air* atmosphérique, à la température ordinaire, lui cède de l'oxigène et de l'acide carbonique, et le transforme en carbonate de deutoxide *déliquescent*. Il ne se dissout dans les acides qu'après avoir

passé à l'état de deutoxide. Il est formé de 100 parties de potassium et de 10 parties d'oxigène.

228. *Deutoxide de potassium* (1). Ce deutoxide ne se trouve jamais pur dans la nature; on le rencontre toujours combiné avec des acides ou avec d'autres oxides métalliques, comme dans certains produits volcaniques. Lorsqu'il a été convenablement purifié et fondu, il est solide, d'une belle couleur blanche, très-caustique et plus pesant que le potassium; il verdit fortement le sirop de violette, et rougit la couleur du curcuma. Il fond un peu au-dessus de la chaleur rouge, et ne peut être décomposé à aucune *température*. On peut en séparer l'oxigène et le potassium à l'aide du fluide *électrique* de la pile, surtout si l'on ajoute un peu de mercure, qui tend à s'emparer du potassium. Le gaz *oxigène* le transforme en tritoxide de potassium à une haute température. L'*hydrogène*, le *bore* et le *carbone* n'exercent aucune action sur lui. Le *phosphore* et le *soufre* s'y unissent, et donnent un oxide de potassium phosphoré ou sulfuré, dont les propriétés sont analogues à celles du phosphure de chaux.

Si l'on fait passer de la vapeur d'*iode* ou du *chlore gazeux* parfaitement sec à travers ce deutoxide chauffé jusqu'au rouge obscur, il est décomposé, et l'on obtient du gaz oxigène, et de l'iodure, ou du chlorure de potassium. Si l'on fait un mélange d'eau, d'*iode* et de ce deutoxide, l'eau se décompose; il se forme de l'acide iodique et de l'acide hydriodique, qui, en se combinant avec le deutoxide, donnent naissance à de l'iodate et à de l'hydriodate

_____

(1) Le deutoxide de potassium dont nous allons faire l'histoire est parfaitement sec, tandis que la potasse la plus pure et la mieux fondue contient toujours le quart de son poids d'eau; c'est ce qui lui a fait donner le nom d'*hydrate* de *deutoxide de potassium* (*potasse*).

de potasse. L'eau saturée de deutoxide de potassium est également décomposée par le *chlore ;* son hydrogène forme avec ce corps de l'acide hydro-chlorique, tandis que son oxigène donne naissance à de l'acide chlorique, et l'on obtient par conséquent du chlorate et de l'hydro-chlorate de potasse. (*Voyez* § 180.) L'*azote* est sans action sur le deutoxide de *potassium*. L'*air* atmosphérique, à la température ordinaire, lui cède de l'eau et de l'acide carbonique, en sorte qu'il se forme du carbonate de deutoxide de potassium déliquescent ; mais si la température est élevée, il passe à l'état de tritoxide qui ne tarde pas à être décomposé par l'acide carbonique, et il se produit encore le même sel. L'*eau* est absorbée par ce deutoxide avec dégagement de chaleur, et il en résulte de l'hydrate de deutoxide de potassium (potasse) qui retient le quart de son poids d'eau. lors même qu'il a été fondu. Le deutoxide de potassium sec est formé de 100 parties de potassium et de 19,945 d'oxigène.

De la Potasse (*hydrate de deutoxide de potassium*).

229. La potasse jouit des mêmes propriétés physiques que le deutoxide de potassium ; elle fond au-dessous de la chaleur rouge. Chauffée à l'*air*, elle perd une portion de son eau, et passe à l'état de tritoxide. Le *charbon*, à une température rouge cerise, décompose l'eau qu'elle renferme, et donne du gaz hydrogène carboné et du gaz acide carbonique qui s'unit à la potasse ; si la chaleur est rouge blanc, la potasse est également décomposée, et l'on obtient du gaz hydrogène carboné, du gaz oxide de carbone et du potassium. Si l'on chauffe du *phosphore* et de la potasse, l'eau que celle-ci renferme est décomposée, et il se forme de l'hydrogène phosphoré et de l'acide phosphoreux ou phosphorique, qui s'unit avec l'alcali.

230. Le *soufre* se combine avec la potasse à la chaleur rouge brun, et donne un oxide de potassium sulfuré solide, connu sous le nom de *foie de soufre*. Cet oxide sulfuré est d'une couleur brune; il est dur, fragile, et vitreux dans sa cassure; il est doué d'une saveur âcre, caustique et amère; il verdit le sirop de violette; exposé à l'air, il en attire l'humidité, la décompose, devient jaune ou jaune verdâtre, et passe à l'état d'hydro-sulfate sulfuré de potasse, et de sulfite sulfuré. Il est très-soluble dans l'eau, et il éprouve subitement, de la part de ce liquide, la même altération que de la part de l'air; d'où il suit qu'il ne peut exister qu'à l'état solide. (*Voyez* § 178.)

Le sulfure de potasse doit être regardé comme un des médicamens les plus importans; pris à petite dose, il augmente la chaleur générale et les sécrétions muqueuses, qui deviennent plus fluides; il produit souvent des nausées, des vomissemens, etc.; à la dose de deux ou trois gros, il agit comme un des plus violens caustiques s'il n'est pas vomi; il irrite, enflamme, ulcère et perfore les tissus du canal digestif; par conséquent son administration exige beaucoup de prudence. Il est employé avec le plus grand succès dans une foule de maladies cutanées, dartreuses, psoriques et autres; dans les scrophules, dans le croup, l'asthme et la coqueluche: la dose est de quatre, six ou huit grains, deux fois par jour. On l'administre rarement dissous dans l'eau, à cause de son odeur et de sa saveur désagréables. M. Chaussier a fait préparer un sirop qui peut être très-avantageux: on dissout deux gros de ce sulfure dans huit onces d'eau distillée de fenouil; on filtre la dissolution, et on y ajoute quinze onces de sucre : une once de ce sirop contient six grains de sulfure. On peut aussi donner le sulfure de potasse dans du miel. On l'emploie souvent à l'extérieur; il fait la base du liniment sulfureux antipsorique de M. Jadelot; il sert à préparer les douches et les bains sulfureux; il suffit, pour cela, d'en faire dissoudre une partie sur mille parties d'eau. Navier l'avait proposé comme contre-poison des dissolutions d'arsenic, de plomb, de cuivre, de mercure, etc.; mais nous avons prouvé que non-seulement il ne s'opposait pas aux effets de ces poisons, mais qu'il était dangereux de l'administrer, à raison de ses propriétés caustiques. L'expérience nous démontre chaque jour que l'*hydro-sulfate sulfuré de chaux*, obtenu en faisant bouillir parties égales de soufre et de chaux vive dans l'eau, peut remplacer à merveille celui de potasse dont nous venons de faire l'histoire, surtout pour les applications externes; son emploi devrait donc devenir plus général puisqu'il est moins dispendieux. Le *sulfure de soude* agit sur l'économie animale comme le sulfure de potasse, et peut être employé dans les mêmes circonstances et aux mêmes doses : c'est avec lui que l'on prépare les *eaux artificielles de Barèges* pour les bains.

231. La potasse absorbe l'*eau* avec dégagement de calorique et s'y dissout en très-grande quantité; la dissolution est incolore, caustique, et très-difficile à faire cristalliser; elle s'empare subitement du gaz acide carbonique de l'atmosphère, et se transforme en sous-carbonate. Les acides peuvent se combiner avec elle, et former des sels de potasse que nous examinerons après avoir fait l'histoire du tritoxide. Le *potassium* ramène la potasse à l'état de protoxide.

232. Lorsqu'on chauffe dans un creuset trois parties de potasse et une partie de silice divisée (sable fin), l'eau de la potasse se dégage, et l'on obtient une masse très-fusible, vitrifiable, déliquescente, et par conséquent très-soluble dans l'eau : cette dissolution de *potasse silicée* portait autrefois le nom de *liqueur de cailloux*. Étendue d'une certaine quantité d'eau, et abandonnée à elle-même dans un vase fermé par une simple feuille de papier, elle est sus-

ceptible de produire à sa surface et au bout de quelques
années, une croûte transparente qui renferme de la silice
cristallisée en pyramides tétraèdres groupées, parfaitement
transparentes, et assez dures pour faire feu avec le briquet.
(Seigling.)

Si au lieu de trois parties de potasse et d'une de *silice*, on
fait chauffer un mélange d'une partie de potasse et de trois
parties de silice, on obtient une masse fusible, transparente, insoluble dans l'eau, et inattaquable par l'air : cette
masse est le *verre*. Nous indiquerons, en faisant l'histoire
des préparations, celle que l'on doit suivre pour obtenir les
diverses espèces de verre blanc, le cristal, les verres colorés, etc.; nous devons maintenant nous occuper de l'action qu'exerce l'acide hydro-phtorique (fluorique) lorsqu'il est employé pour graver sur le verre. On met dans
un petit vase de plomb le mélange propre à dégager cet
acide (fluate de chaux et acide sulfurique); d'une autre part,
on applique sur la lame de verre sur laquelle on veut graver, une couche de mastic composé de 3 parties de cire et
d'une partie de térébenthine; aussitôt que cette couche est
refroidie, on trace avec un burin le dessin que l'on se pro-
pose d'obtenir ; pour cela on enlève une portion de mastic,
afin de mettre à nu les parties du verre qui doivent donner
ce dessin ; alors on recouvre avec la lame de verre le vase
de plomb d'où se dégagent les vapeurs d'acide hydro-phtorique; celui-ci n'attaque que les portions de verre décou-
vertes ; il les dépolit et les décompose ; on fait fondre
le mastic pour le détacher, et l'on achève les traits du
dessin avec le burin. *Théorie.* Si l'on considère l'acide
fluorique comme un corps indécomposé, on dira qu'il
s'empare de la silice du verre, la dissout et se transforme
en fluate acide de silice ; mais si l'on regarde cet acide
comme composé d'hydrogène et de phtore, on sera obligé
d'admettre que son hydrogène se combine avec l'oxigène

de la silice pour former de l'eau, tandis que le phtore, s'unissant au silicium, donne naissance à de l'acide phtoro-silicique. (*Voyez* § 163.)

233. L'*alumine* se dissout à merveille dans la dissolution de potasse ; ce solutum, mêlé et agité avec celui de potasse silicée, ne tarde pas à donner une gelée consistante composée de silice et d'alumine ; si on la fait sécher et calciner à une très-forte chaleur, on obtient une espèce d'émail. La porcelaine, la poterie, les briques, les tuiles, etc., sont principalement formées par des composés de cette espèce, dans des proportions variables. On peut également combiner l'*alumine* et la potasse solides, en les faisant chauffer dans un creuset.

En ajoutant de l'eau de chaux, de l'eau de baryte, ou de l'eau de strontiane au mélange de potasse silicée et de potasse aluminée, on obtient des précipités composés de silice, d'alumine et de chaux, ou de baryte, ou de strontiane.

234. La *glucine* se dissout très-bien dans la potasse ; il n'en est pas de même de la zircone, de l'yttria, de la magnésie, de la chaux, de la strontiane et de la baryte.

235. La potasse pure est composée de 100 parties de deutoxide de potassium et de 25 parties d'eau ; elle est souvent employée dans les laboratoires comme réactif. Son action caustique est tellement forte qu'on ne l'emploie jamais en médecine ; celle dont on se sert pour ouvrir les cautères, et qui, par cela même, porte le nom de *pierre à cautère*, contient : 1° potasse pure ; 2° sous-carbonate, sulfate et hydro-chlorate de potasse ; 3° silice ; 4° oxide de fer et de manganèse.

236. *Du tritoxide de potassium.* Il est constamment le produit de l'art ; sa couleur est jaune verdâtre ; il est caustique et verdit le sirop de violette ; tous les corps simples non métalliques, excepté l'azote, le décomposent à une tem-

pérature élevée, se combinent avec une portion de son oxigène, et le ramènent à l'état de deutoxide. L'eau, même à la température ordinaire, lui fait perdre une portion de son oxigène, et se combine avec le deutoxide résultant, avec lequel elle a beaucoup d'affinité, comme nous l'avons déjà dit. Ces caractères suffisent pour distinguer ce corps de tous les autres. Il est sans usages.

Des Sels de potasse.

237. Les sels de potasse sont constamment formés par le deutoxide de potassium ; le protoxide et le tritoxide ne peuvent se combiner avec les acides, le premier sans absorber, l'autre sans perdre de l'oxigène. Ils sont tous solubles dans l'eau ; ils ne sont pas précipités par les sous-carbonates de potasse, de soude et d'ammoniaque ; ils ne dégagent point d'ammoniaque lorsqu'on les triture avec un des oxides de la deuxième classe ; ils sont tous précipités en jaune serin par la dissolution d'hydro-chlorate de platine ; le précipité, composé d'acide hydro-chlorique, de potasse et de platine, ne se formerait pourtant pas si les dissolutions étaient très-étendues ; agités avec une dissolution concentrée de sulfate d'alumine, les sels de potasse dissous se troublent et se transforment en alun (sulfate d'alumine et de potasse) qui se précipite sous la forme de petits cristaux. Les sels de potasse jouissent d'ailleurs, comme tous les autres sels de cette classe, des propriétés indiquées (§ 182).

238. *Sous-borate de potasse.* Ce sel n'a pas encore été trouvé dans la nature ; on l'a à peine étudié ; on sait qu'il est soluble dans l'eau et sans usages.

239. *Sous-carbonate de potasse.* Il est très-répandu dans la nature ; il entre dans la composition des cendres de presque tous les végétaux, particulièrement de ceux qui sont ligneux, soit qu'il existe tout formé dans les plantes,

soit qu'il se produise pendant leur incinération ; il fait la base des diverses espèces de potasses du commerce, connues sous les noms de *potasse de Russie*, d'*Amérique*, de *Trèves*, de *Dantzick*, des *Vosges*, enfin de *potasse perlasse* ; il est solide, d'une couleur blanche ; sa saveur est âcre et caustique ; il verdit le sirop de violette ; il est très-soluble dans l'eau ; il est même déliquescent ; il décompose le sulfate de magnésie et en précipite du sous-carbonate de magnésie blanc ; on n'a pas encore pu le faire cristalliser ; il est susceptible d'absorber une assez grande quantité de gaz acide carbonique, qui sature la potasse et lui fait perdre presque toute sa causticité ; il est fusible un peu au-dessus de la chaleur rouge, et ne se décompose pas à une température élevée ; il est employé dans les laboratoires. La potasse du commerce, dont il fait la majeure partie, a des usages nombreux ; on s'en sert dans la fabrication du verre, du savon mou, de l'alun, du salpêtre, du bleu de Prusse, enfin dans l'opération de la lessive. Le sous-carbonate de potasse est regardé par les médecins comme apéritif, diurétique et fondant ; il est utile dans les fièvres quartes avec engorgement des viscères du bas-ventre, dans l'hydropisie passive atonique, principalement quand le malade urine peu ; dans les engorgemens de la rate, du foie ; dans ceux des mamelles, surtout lorsqu'ils sont anciens ; dans les scrophules, le carreau ; dans la goutte et les rhumatismes anciens, etc. On l'administre aux adultes depuis 18, 20 grains, jusqu'à un gros, un gros et demi, dans du vin blanc ou dans d'autres boissons apéritives ; 8, 10, 12 gouttes suffisent quand on veut le donner en potion, surtout aux enfans. Pris en dissolution concentrée, il est vénéneux, même à petite dose, propriété qu'il doit à l'excès de potasse qu'il renferme.

240. *Carbonate de potasse.* Ce sel est un produit de l'art ; il est sous la forme de prismes tétraèdres rhomboïdaux, incolores, terminés par des sommets dièdres. Sa

saveur est faible; il verdit légèrement le sirop de violette;
il n'exige que 4 parties d'eau à 15° pour se dissoudre; il
est inaltérable à l'air; chauffé à l'état solide, il perd une
portion d'acide carbonique et devient sous-carbonate; il
en perd aussi, mais moins, lorsqu'on chauffe sa dissolution.
Il dissout à merveille le sous-carbonate de magnésie, ce
qui explique pourquoi il ne précipite pas à froid les dissolutions de magnésie. (*Voyez* § 175.) Il est employé
comme réactif. On s'en sert rarement en médecine, et cependant il devrait être préféré au précédent, 1° parce qu'il
jouit des mêmes propriétés médicales à un plus haut degré;
2° parce qu'étant presque saturé d'acide carbonique, il
n'agit point comme caustique. Il a été administré avec succès, ainsi que le précédent, pour prévenir la formation des
calculs vésicaux et même pour dissoudre le gravier. Il est
purgatif à la dose de quelques gros.

241. *Phosphate de potasse.* On le trouve dans les graines
céréales; sa saveur est salée, un peu douceâtre; il est très-
soluble dans l'eau, déliquescent et difficile à faire cristalliser; chauffé jusqu'au rouge, il éprouve d'abord la fusion
aqueuse, puis la fusion ignée. Calciné dans un creuset de
platine avec de la potasse pure, il devient pulvérulent,
insipide, insoluble dans l'eau froide; mais il se dissout
dans l'eau bouillante, et se précipite, par le refroidissement, sous la forme d'une poudre graveleuse. Il n'est pas
employé.

242. *Phosphate acide de potasse.* Ce sel, découvert
par M. Vitalis, est constamment le produit de l'art. Il cristallise en prismes à quatre pans égaux, incolores, terminés par des pyramides à quatre faces, correspondantes aux
pans du prisme. Il a une saveur très-acide et rougit fortement le tournesol; il est inaltérable à l'air; chauffé dans
un creuset il se fond en un verre clair qui cristallise et qui
devient opaque par le refroidissement; alors il ne se dissout

plus aussi facilement dans l'eau. La potasse le transforme en phosphate incristallisable. Il est sans usages.

243. *Phosphite de potasse.* Il est constamment le produit de l'art, très-soluble dans l'eau, très-déliquescent, incristallisable, mais insoluble dans l'alcool. Il est sans usages. (Dulong.)

244. *Hypo-phosphite de potasse.* Ce sel ne se trouve pas dans la nature; il est très-soluble dans l'eau et dans l'alcool très-rectifié; il est beaucoup plus déliquescent que le chlorure de calcium (muriate de chaux). Il est sans usages. (Dulong.)

245. *Sulfate de potasse, sel de duobus, sel polychreste de Glazer, arcanum duplicatum, potasse vitriolée,* etc. On le trouve dans les cendres des végétaux ligneux, dans les mines d'alun de la Tolfa et de Piombino, dans quelques eaux minérales et dans quelques fluides animaux. Il est sous la forme de cristaux blancs, qui sont des prismes courts à six ou à quatre pans, surmontés de pyramides à six ou à quatre faces; sa saveur est légèrement amère. Il est inaltérable à l'air; il fond au-dessus du rouge cerise après avoir décrépité: 16 parties d'eau à 15° dissolvent une partie de ce sel, tandis qu'il n'en faut que 5 d'eau bouillante. Combiné avec le sulfate acide d'alumine il forme de l'alun; il sert encore dans la fabrication du salpêtre pour transformer le nitrate de chaux en nitrate de potasse. On l'emploie en médecine, à la dose de deux ou trois gros dissous dans une tisane acidule, comme purgatif, principalement dans les métastases laiteuses; on le donne aussi quelquefois en lavemens, à la dose de six gros ou une once. Il fait partie de la poudre tempérante de Stahl.

246. *Sulfate acide de potasse (sur-sulfate.)* Ce sel est le produit de l'art; il a une saveur aigre piquante; il rougit fortement les couleurs bleues végétales; il cristallise en aiguilles fines et brillantes; chauffé, il entre en fusion,

perd une portion d'acide sulfurique et repasse à l'état de sulfate neutre; il est soluble dans deux parties d'eau froide. Il est sans usages.

247. *Sulfite de potasse* (*sel sulfureux de Stahl*). On ne le trouve pas dans la nature; il est sous la forme de petites aiguilles ou lames rhomboïdales transparentes, blanches, d'une saveur vive, piquante et comme sulfureuse; il s'effleurit à l'air et se transforme rapidement en sulfate, surtout s'il a été préalablement dissous dans l'eau; il n'exige que son poids de ce liquide, à la température ordinaire, pour se dissoudre. Exposé au feu il décrépite et perd une portion d'acide sulfureux. Il a été employé pour blanchir la soie et la laine, dont il détruit la couleur jaune; il a l'avantage de ne pas répandre de mauvaise odeur et de ne pas attaquer ces substances. On ne s'en sert plus en médecine.

248. *Iodate de potasse.* On ne le trouve pas dans la nature. Il n'a été obtenu qu'en petits cristaux grenus qui se groupent à-peu-près sous la forme de cubes. Il fuse sur les charbons comme le nitre; chauffé un peu fortement il se décompose, donne du gaz oxigène, et se transforme en iodure de potassium. Il est inaltérable à l'air. Cent parties d'eau à 14° en dissolvent 7,43. Lorsqu'il est mélangé avec du soufre, il détonne, mais faiblement, par la percussion. La potasse le transforme en sous-iodate cristallisable. (Gay-Lussac.) Il est sans usages.

249. *Chlorate de potasse* (*muriate suroxigéné de potasse*). Ce sel est constamment le produit de l'art; il est sous la forme de lames rhomboïdales, fragiles, brillantes, d'une belle couleur blanche; sa saveur est fraîche, piquante et un peu acerbe. Soumis à l'action du feu, dans une cornue de verre à laquelle on adapte un tube recourbé pour recueillir les gaz, il entre en fusion, bout, laisse dégager une très-grande quantité de gaz oxigène, et il ne reste dans la cornue que du *chlorure de potassium*,

d'où il suit que l'oxigène obtenu provient à-la-fois de l'acide chlorique et de la potasse; 100 parties de ce sel fournissent 38,88 de ce gaz. Il est inaltérable à l'air, à moins que celui-ci ne soit très-humide : dans ce cas, il s'humecte un peu et jaunit. Mis sur les charbons rouges, il en active la flamme en leur cédant de l'oxigène. Dix-huit parties d'eau à 15° dissolvent une partie de ce sel, tandis qu'il n'en faut que deux et demie d'eau bouillante. On l'emploie, 1° pour obtenir le gaz oxigène; 2° les briquets oxigénés, qui ne sont que des allumettes soufrées avec une pâte préparée avec parties égales de ce sel et de soufre et une dissolution de gomme : il suffit de plonger l'extrémité de ces allumettes dans de l'acide sulfurique concentré pour qu'elles prennent feu; 3° pour faire une poudre fulminante dont on fait usage, comme amorce, dans les armes à feu auxquelles on a ajouté de nouvelles platines : cette poudre se compose de 100 parties de chlorate de potasse, de 55 de nitre (nitrate de potasse), de 33 de soufre, de 17 de bois de bourdaine râpé et passé au tamis de soie, et de 17 de lycopode. Il serait dangereux de substituer le chlorate de potasse au nitre pour préparer la poudre ordinaire, parce que le moindre choc ou le moindre frottement en déterminerait l'inflammation avec une vive explosion. 4° Enfin, pour obtenir le gaz acide chloreux. On l'a proposé comme anti-syphilitique; mais il est aujourd'hui généralement abandonné.

250. *Nitrate de potasse* (*nitre*, *salpêtre*). On trouve ce sel dans la nature : quoique peu abondant, il est disséminé çà et là, ce qui fait qu'on le rencontre souvent; il existe dans différentes parties de l'Espagne, de l'Amérique, et principalement de l'Inde, à la surface des murs humides et dans les lieux bas, obscurs et exposés aux émanations des animaux, tels que le sol des écuries, les bergeries, etc. Suivant l'abbé Fortis, il se trouve dans la pierre calcaire

des grottes del Pulo de Molfeta. Il entre dans la composition de plusieurs plantes appelées *nitreuses* : telles sont la
bourrache , la buglose , la ciguë , la pariétaire , etc.

Le nitrate de potasse purifié est blanc, inodore ; sa saveur, fraîche, piquante, finit par laisser un arrière-goût
amer. Il cristallise en prismes à six pans terminés tantôt
par des sommets dièdres , tantôt par des pyramides hexaèdres , ou en octaèdres cunéiformes ; ces cristaux, demi-
transparens , offrent souvent des cannelures. Il est inaltérable à l'air. Lorsqu'on le chauffe il entre en fusion bien
avant de rougir : on a donné à cette masse fondue et
refroidie le nom de *cristal minéral* et de *sel de prunelle*.
Si la température à laquelle il est soumis est plus élevée,
il se transforme d'abord en nitrite , en perdant du gaz
oxigène, puis se décompose complètement et donne du
gaz oxigène , du gaz azote et de la potasse. Cinq parties
d'eau à 15° dissolvent une partie de ce sel , tandis qu'une
partie d'eau bouillante peut en dissoudre quatre parties. Il
active singulièrement la flamme de divers corps avides
d'oxigène , comme nous l'avons dit en parlant des nitrates.

Usages. On se sert du nitre pour obtenir les acides
nitrique et sulfurique et plusieurs préparations antimoniales
employées en médecine, telles que l'antimoine diaphorétique , le fondant de Rotrou , etc. ; pour préparer le
flux blanc et le flux noir (mélange de nitre et de tartre);
on l'emploie encore dans l'analyse de quelques mines ;
enfin il sert à faire la poudre. Il est regardé par les médecins, lorsqu'il est étendu de beaucoup d'eau , comme
un très-bon rafraîchissant et diurétique. On l'emploie avec
succès dans les fièvres ardentes , dans les fièvres intermittentes, principalement dans les vernales , dans certains
cas d'ictère , dans la deuxième période des inflammations aiguës et intenses des voies urinaires , dans les
commencemens des gonorrhées bénignes , etc. On le fait

prendre ordinairement depuis 6, 10, 15, 20, 30 grains, jusqu'à un gros, dans une pinte de petit-lait, de chicorée, d'oseille, etc.; quelquefois aussi, dans les fièvres aiguës, on donne quatre ou cinq fois par jour un bol composé de deux grains de nitre et de quatre grains de camphre. Le cristal minéral est quelquefois substitué au nitre dans ces sortes de prescriptions. Nous pensons qu'il est très-imprudent d'administrer le nitre à la dose de plusieurs gros à-la-fois dissous dans peu de véhicule; des expériences faites sur les animaux, et plusieurs observations cliniques ont mis hors de doute les propriétés vénéneuses de ce sel; il produit alors des évacuations par haut et par bas; il agit puissamment sur le système nerveux en déterminant la paralysie, des convulsions et l'inflammation des tissus du canal digestif. (*Voyez* ma *Toxicologie générale.*)

De la Poudre.

On connaît plusieurs espèces de poudre, celle de guerre, de chasse, de mine, de fusion, etc.; elles doivent toutes être considérées comme des mélanges de nitre, de soufre et de charbon, dans des proportions diverses : voici ces proportions.

	poudre de guerre.	poudre de chasse.	poudre de mine.
Salpêtre	75,0	78	65
Charbon	12,5	12	15
Soufre	12,5	10	20

251. Après avoir fait choix de nitre pur non déliquescent, de soufre qui a été distillé, et de charbon sec, sonore, léger et récent, comme celui de bourdaine, de peuplier, de tilleul, de marronnier, de sapin, etc., on en pèse les quantités nécessaires, et on les tamise; alors on procède aux diverses opérations. 1°. *Mélange.* Il se pratique dans un atelier qui porte le nom de *moulin à pilon,* et qui offre plusieurs mortiers dans lesquels on humecte

d'abord également le charbon ; on introduit ensuite le salpêtre et le soufre , et on ajoute une certaine quantité d'eau qui s'oppose à la volatilisation des matières pulvérisées ; on remue le tout avec la main , et on procède au battage au moyen de pilons que l'on met en mouvement par un courant d'eau. M. Proust pense que le charbon de chenevotte doit être préféré aux autres espèces , parce qu'il est moins cher ; et qu'il se mêle plus facilement avec le nitre et le soufre. 2°. *Grenage*. Lorsque la poudre a subi l'opération que l'on appelle *rechange* , qu'elle a été battue pendant quatorze heures environ (suivant M. Proust, deux heures de battage suffisent) , et qu'elle est sous la forme d'une pâte humide , on la grène ; on la fait sécher pendant un jour ou deux, et on la fait passer successivement dans deux tamis de peau , dont le premier est appelé *guillaume* et le second *grenoir* : celui-ci offre des trous dont le diamètre est égal à celui des grains de poudre que l'on cherche à obtenir ; enfin , on la fait passer dans un troisième tamis appelé *égalisoir* , et même dans un quatrième; ces tamis ne livrent passage qu'au poussier et au fin grain. 4°. *Séchage*. On étend une couche de poudre d'une certaine épaisseur sur des toiles placées dans une chambre dont la température est à 50 ou 60° , et dans laquelle on fait arriver de l'air. La poudre de mine n'est soumise à aucune autre opération ; il n'en est pas de même de celle de chasse et de guerre. 5°. *Epoussetage*. On fait passer la poudre ainsi desséchée à travers un tamis de crin très-fin pour la débarrasser du poussier qui s'est formé pendant la dessiccation. Ici se bornent les manipulations propres à fournir la poudre de guerre. Il n'en est pas de même de la poudre de chasse. 6°. *Lissage*. Avant d'être lissée , cette poudre , qui n'a été que grenée , est soumise à une dessiccation superficielle en l'exposant pendant une heure au soleil ; on l'époussète , puis on la place dans des tonnes qui tournent sur leur axe, et qui sont mises en mouvement par un courant d'eau. Ces tonnes offrent à leur intérieur quatre barres carrées qui servent à augmenter les frottemens du grain.

252. Que se passe-t-il dans la détonnation de la poudre ?... Lorsque sa température est assez élevée, l'acide nitrique du nitrate de potasse est décomposé par le charbon et par le soufre, qui lui enlèvent une plus ou moins grande quantité d'oxigène, le transforment en gaz deutoxide d'azote et en gaz azote, et passent à l'état de gaz acide carbonique, de gaz acide sulfureux, et d'acide sulfurique ; les deux premiers de ces acides passent presque en totalité à l'état de gaz ; le dernier se combine au contraire avec la potasse qui résulte de la décomposition du nitrate de potasse ; enfin, l'eau de cristallisation du nitre se réduit en vapeur, et une portion du sulfate de potasse formé est transformée en sulfure solide par le charbon. Quelquefois, suivant M. Thenard, il se forme d'autres produits, tels que du gaz hydrogène carboné et sulfuré, du gaz acide nitreux, oxide de carbone, du nitrite et du prussiate de potasse. C'est à la rapidité avec laquelle ces substances solides passent à l'état de gaz, et par conséquent à leur augmentation de volume, qu'il faut attribuer la force avec laquelle la poudre lance le mobile.

253. Lorsqu'on fait une mélange de trois parties de nitrate de potasse, deux parties de sous-carbonate de la même base (potasse du commerce), et une partie de soufre, on obtient une espèce de *poudre fulminante*, qu'il suffit de faire chauffer pendant quelques minutes dans une cuiller à projection pour faire détonner ; cette explosion est due principalement au dégagement subit du gaz azote, du gaz oxide d'azote, du gaz acide carbonique et de la vapeur de l'eau, produits dont on concevra la formation en se rappelant la théorie que nous venons de donner.

254. Si on fait un mélange de 3 parties de nitrate de potasse, d'une partie de soufre et d'une partie de sciure de bois, on obtient la *poudre de fusion*, ainsi appelée parce qu'il suffit d'en recouvrir un morceau de cuivre et de la mettre en contact avec un corps enflammé pour que le métal soit fondu dans le même instant. Il y a dans cette expérience dégagement de beaucoup de chaleur, production de flamme et formation de sulfure de cuivre (soufre + cuivre), plus fusible que le métal.

255. *Nitrite de potasse.* Il est constamment le produit de l'art; on le connaît à peine; il est soluble dans l'eau et sans usages.

256. *Hydro-chlorate de potasse* (sel fébrifuge de Sylvius, muriate de potasse). Il se trouve dans quelques liqueurs animales, dans les cendres de plusieurs végétaux et dans quelques eaux minérales. Il cristallise en prismes à quatre pans, d'une saveur piquante, amère, peu altérables à l'air; ils décrépitent au feu, fondent si on les chauffe assez fortement, et se transforment en chlorure de potassium. Trois parties d'eau froide dissolvent une partie de ce sel, tandis qu'il n'en faut pas même deux d'eau bouillante. On l'a employé comme fondant dans la fabrication du verre; il a été regardé pendant long-temps comme apéritif, digestif, désobstruant, etc.; mais il est presque entièrement abandonné aujourd'hui.

257. *Hydriodate de potasse.* Ce sel est constamment un produit de l'art; il est toujours liquide, et lorsqu'on l'évapore, il donne des cristaux qui, étant desséchés, ne sont que de l'iodure de potassium (Gay-Lussac). Ces cristaux se fondent aisément et se volatilisent à la température rouge; ils sont déliquescens; 100 parties d'eau à 18° en dissolvent 143 parties. Cet hydriodate et cet iodure sont sans usages.

258. *Hydro-sulfate de potasse.* On ne trouve jamais ce sel

I.   18

dans la nature. Il cristallise en prismes à quatre pans, terminés par des pyramides à quatre faces, doués d'une saveur âcre et amère. Chauffé dans des vaisseaux fermés, il se transforme, d'après des expériences récentes faites par M. Vauquelin, en eau et en foie de soufre, produit qui, comme nous l'avons dit, est considéré, par quelques chimistes, comme du sulfure de potassium, mais qui cependant est généralement regardé comme de l'oxide de potassium sulfuré. Cet hydro-sulfate se dissout très-bien dans l'eau; sa dissolution perd, par l'action de la chaleur, une partie de l'acide hydro-sulfurique et se transforme en sous-hydro-sulfate; exposée à l'air elle jaunit, se décompose, absorbe l'oxigène et passe d'abord à l'état d'hydro-sulfate sulfuré jaune, puis à l'état de sulfite sulfuré incolore, et il se dépose du soufre. Les cristaux d'hydro-sulfate de potasse, exposés à l'air, éprouvent à leur surface une altération analogue, mais avec beaucoup de lenteur. Ce sel est un réactif précieux pour distinguer les unes des autres diverses dissolutions métalliques.

259. *Hydro-phtorate de potasse* (fluate). Il est constamment le produit de l'art; il est déliquescent, excessivement soluble dans l'eau, doué d'une saveur piquante, et ne cristallise qu'avec la plus grande difficulté; fondu dans un creuset de platine, il se transforme en *phtorure* de potassium; il est sans usages.

Du Sodium.

260. Le sodium ne se trouve pas dans la nature à l'état de pureté; il fait partie de quelques sels de soude que l'on rencontre assez abondamment.

Il jouit des mêmes propriétés physiques que le potassium, excepté que sa couleur ressemble à celle du plomb, et que sa pesanteur spécifique est de 0,972. Il

fond à la *température* de 90°. On ignore s'il est volatil ;
il a fort peu d'action sur le gaz *oxigène* à froid ; mais si
on élève la température, il fond, absorbe ce gaz avec dégagement de calorique et de lumière, et passe à l'état de
tritoxide jaune : son action sur l'*air* est la même que
celle qu'exerce le potassium, mais elle est moins vive ; il
faut, pour la constater, l'agiter dans un têt que l'on a fait
chauffer ; en outre le deuto-carbonate de sodium qui se produit est efflorescent, tandis que celui de potassium est
déliquescent. L'*hydrogène*, le *bore* et le *carbone* ne se
combinent pas avec le sodium ; le *phosphore* et le *soufre*
agissent sur lui comme sur le potassium.

Lorsqu'on élève la température du sodium et qu'on
le met en contact avec du *chlore* gazeux, il s'en empare,
passe à l'état de *chlorure*, et il y a dégagement de calorique et de lumière. Le *chlorure* (muriate de soude fondu)
est solide, blanc, fusible un peu au-dessus de la chaleur
rouge, et très-sapide ; une partie d'eau à 15° peut en dissoudre deux parties et demie ; il est presque aussi soluble à chaud qu'à froid ; ainsi dissous, il est transformé
en hydro-chlorate, d'où il suit que l'eau a été décomposée (voyez *Chlorures*, pag. 183) ; nous parlerons de ses
usages à l'article *Hydro-chlorate de soude*.

L'*azote* agit sur le sodium comme sur le potassium. Il en
est de même de l'*eau*, excepté que la chaleur développée
par le *sodium* n'est pas assez considérable pour déterminer
l'inflammation du gaz hydrogène qui se dégage dans l'air,
comme cela a lieu pour le potassium. Le sodium décompose à une température élevée les *oxides de carbone*, de
phosphore, et le *protoxide d'azote*, et s'empare de leur
oxigène ; il n'agit point sur le *deutoxide d'azote* à la chaleur
de la lampe ; il est à-peu-près certain qu'il doit le décomposer à une température plus élevée ; il se comporte avec
les *acides* précédemment étudiés comme le potassium ;

il agit de même sur le gaz hydrogène carboné et phosphoré. Le gaz ammoniac exerce sur lui la même action que sur le potassium, mais il est absorbé et décomposé en plus grande quantité.

On ignore comment le sodium se comporte avec le *calcium*, le *strontium* et le *barium*; chauffé avec du *potassium* dans une capsule contenant de l'huile de naphte, il donne un alliage qui est toujours plus fusible que le sodium; et qui, suivant les proportions des métaux qui le composent, peut être liquide à 0° et plus léger que l'huile de naphte. Cet alliage exposé à l'air en attire l'oxigène; mais le potassium absorbe beaucoup plus rapidement ce gaz que le sodium, en sorte que l'on peut mettre cette propriété à profit pour débarrasser le sodium d'une petite quantité de potassium qu'il contient quelquefois. Le *sodium* a été découvert par M. Davy; il a les mêmes usages que le potassium.

Des Oxides de sodium.

On connaît trois oxides de sodium.

261. *Protoxide de sodium.* Son histoire est la même que celle du protoxide de potassium, excepté que lorsqu'il est exposé à l'air il se transforme en deuto-carbonate de sodium efflorescent, tandis que celui de potassium est déliquescent; il contient plus d'oxigène que le protoxide de potassium; il est sans usages.

262. *Deutoxide de sodium sec.* Il entre dans la composition de plusieurs sels que l'on trouve dans la nature, mais il n'y existe jamais pur. Ses propriétés physiques, son action sur les fluides impondérables et sur les corps simples non métalliques, ne diffèrent pas de celles du deutoxide de potassium sec. Exposé à l'air, il s'empare de l'humidité et de l'acide carbonique, et passe à l'état de deuto-carbonate de sodium qui ne tarde pas à s'effleurir. Il absorbe l'eau avec dégagement de calorique, et se transforme en hydrate de

deutoxide de sodium (soude). Il est formé de 100 parties
de sodium et de 33,995 d'oxigène.

263. *Soude.* Les propriétés physiques de la soude ne
diffèrent pas de celles de la potasse : elle se comporte aussi
de la même manière avec les agens pondérables ou impondérables précédemment étudiés, excepté que le sous-carbonate de soude formé par l'exposition de la soude à l'air
est efflorescent, tandis que celui de potasse est déliquescent.
La soude est composée de 75 parties de deutoxide de sodium
et de 25 parties d'eau. On ne l'emploie que dans les laboratoires, comme réactif.

264. *Tritoxide de sodium.* Son histoire est la même
que celle du tritoxide de potassium, si ce n'est qu'il renferme plus d'oxigène. Il est formé de 100 parties de métal
et de 67,990 d'oxigène.

Des Sels de soude.

Le sodium ne peut former des sels avec des acides
qu'autant qu'il est oxidé au deuxième degré ; s'il l'est moins,
il doit absorber de l'oxigène pour pouvoir se combiner
avec eux ; il doit, au contraire, en perdre s'il l'est davantage.

265. Tous les sels de soude sont solubles dans l'eau ; ils ne
dégagent point d'ammoniaque lorsqu'on les triture avec
les oxides de la deuxième section ; ils ne sont point précipités par les sous - carbonates de potasse, de soude et
d'ammoniaque, ni par l'hydro-chlorate de platine ; ils ne se
troublent point et ne donnent point d'alun lorsqu'on agite
leurs dissolutions concentrées avec du sulfate d'alumine :
ces deux derniers caractères établissent une grande différence entre ces sels et ceux de potasse. Ils jouissent d'ailleurs, comme tous les autres sels de cette section, des propriétés indiquées (§ 182).

266. *Sous-borate de soude (borax).* Ce sel se trouve dans

la province de Potosi au Pérou, dans plusieurs lacs de l'Inde, dans l'île de Ceylan, dans la Tartarie méridionale, en Transylvanie, en basse Saxe, etc. Lorsqu'il a été purifié, il se présente sous la forme de prismes hexaèdres comprimés et terminés par des pyramides trièdres, incolores et translucides, verdissant le sirop de violette (1); doués d'une saveur styptique, alcaline, légèrement efflorescens à l'air et solubles dans l'eau. Deux parties d'eau bouillante en dissolvent une de ce sel, tandis qu'il en faut sept ou huit d'eau froide. Chauffé dans un creuset, le borax éprouve d'abord la fusion aqueuse, se dessèche et fond de nouveau si la température est de 300°, (fusion ignée); alors il est sous la forme d'un verre limpide qui devient opaque à l'air; ce phénomène paraît dépendre de ce qu'il absorbe l'humidité. On se sert du borax, 1° dans l'analyse des oxides métalliques; il se combine avec la plupart d'entre eux, en facilite la fusion, et se colore souvent en bleu, en vert, en violet, etc, suivant la nature de l'oxide, ce qui sert à les distinguer, comme nous le dirons par la suite; 2° pour souder les métaux : en effet, les deux bouts d'un métal ne sauraient être soudés s'ils étaient oxidés, ou si la soudure qui sert à les réunir, en facilitant leur fusion, l'était aussi; or, le borax que l'on met en contact avec l'alliage fusible qui constitue la soudure, s'oppose à l'oxidation des métaux en les enveloppant, et même s'empare des oxides qui peuvent ternir leur surface; 3° dans les laboratoires, on l'emploie pour préparer l'acide borique, les borates, et, suivant M. Doe-

(1) M. Meyrac a prouvé que lorsqu'on verse de l'eau dans une dissolution concentrée de borate de soude, de potasse ou d'ammoniaque, avec excès d'acide, et par conséquent rougissant l'*infusum* de tournesol, on la transforme en sous-borate, qui, loin de rougir le tournesol, verdit le sirop de violette.

béreiner, le *bore*. Le borax, employé autrefois en médecine comme fondant dans les engorgemens de la matrice,
dans la suppression des règles, etc., n'est plus administré
à l'intérieur. Il entre dans la composition des gargarismes
détersifs, principalement du *linctus ad aphtas*, composé
d'une once de sirop de mûres et d'un gros de borax. On
emploie aussi quelquefois sa dissolution pour toucher les
ulcères rongeans, les verrues, les condylômes. On peut s'en
servir pour rendre la crème de tartre soluble.

267. *Sous-carbonate de soude*. Presque toutes les cendres
des plantes qui croissent sur les bords de la mer, et particulièrement le *salsola soda* de L., contiennent ce sel; il
entre pour beaucoup dans la composition du *natron*, produit salin que l'on trouve dans quelques lacs d'Egypte,
de Hongrie, etc.; il constitue presque à lui seul l'*urao*,
matière très-abondante, qui se trouve dans les eaux d'un
lac de l'Amérique du sud (province de Maracaybo);
on le rencontre effleuri sur les murs de plusieurs souterrains; enfin, il existe dans quelques eaux minérales.
Il est solide, d'une couleur blanche; sa saveur est âcre,
légèrement caustique; il verdit le sirop de violette;
convenablement évaporé, il fournit des cristaux qui sont
des prismes rhomboïdaux, ou des pyramides quadrangulaires appliquées base à base et à sommets tronqués. Exposés à l'air, ces cristaux s'effleurissent; chauffés dans un
creuset, ils éprouvent successivement la fusion aqueuse
et la fusion ignée sans se décomposer, à moins qu'on ne
les mette en contact avec de la vapeur aqueuse. Deux parties d'eau à 10° suffisent pour en dissoudre une partie;
l'eau bouillante en dissout beaucoup plus : à une température élevée le phosphore le décompose, s'empare de
l'oxigène de l'acide carbonique, passe successivement à
l'état d'acide phosphorique et de phosphate de soude, et le
charbon est mis à nu. Il est susceptible d'absorber une assez

grande quantité de gaz acide carbonique qui sature la
soude et lui fait perdre presque toute sa causticité. On
ne l'emploie que dans les laboratoires et en médecine ;
mais les diverses soudes d'Alicante, de Carthagène , de Ma-
laga, de Narbonne (salicor), d'Aigue-mortes (blanquette),
de Normandie (varec), et celles que l'on prépare artifi-
ciellement, le contiennent en plus ou moins grande quantité , et ont des usages nombreux. On se sert de ces soudes
dans la fabrication du savon dur, du verre, pour couler
les lessives et pour diverses opérations de teinture. On emploie particulièrement la soude de varec pour préparer
l'*iode ;* on l'administre en médecine dans les mêmes circonstances que le sous-carbonate de potasse ; mais on le donne
ordinairement à l'état solide avec des extraits à la dose de
6, 8, 10 ou 12 grains par jour.

268. *Carbonate de soude.* Son histoire est la même que
celle du carbonate de potasse. (*Voyez* pag. 264.)

269. *Sous-phosphate de soude* (sel microscomique ou fusible, sel admirable perlé). Ce sel se trouve dans l'urine ,
dans le sérum du sang, et dans quelques autres matières
animales. Il cristallise en rhomboïdes oblongs, ou en prismes rhomboïdaux , ou en petites lames brillantes et nacrées ; il est blanc , doué d'une faible saveur salée ; nullement amère ; il verdit le sirop de violette ; il s'effleurit
rapidement à l'air et se dissout très-bien dans l'eau. Trois
parties de ce liquide en dissolvent une partie à la température
ordinaire ; l'eau bouillante en dissout beaucoup plus. Les
acides sulfurique, nitrique et hydro-chlorique s'emparent
d'une portion de la soude qu'il renferme, et le transforment
en phosphate acide de soude. Chauffé dans un creuset , il
éprouve successivement la fusion aqueuse et la fusion ignée,
et donne un verre opaque et laiteux. Il est employé dans
les laboratoires pour préparer les divers phosphates insolubles , et en médecine , comme purgatif ; on l'administre

ordinairement à la dose d'une ou de deux onces dans une
pinte de bouillon aux herbes : cette boisson purge très-bien,
et n'est point désagréable.

270. *Phosphate acide de soude* (acide *perlé* de Bergman,
acide *ourétique* de Morveau). Il est le produit de l'art. On
peut l'obtenir en écailles fines, semblables à l'acide borique hydraté ; il est plus soluble dans l'eau que le précédent et cristallise moins facilement. Il n'a point d'usages.

271. *Phosphite de soude.* Il est constamment le produit
de l'art, très-soluble dans l'eau, et cristallise en rhomboïdes
voisins du cube. Il est sans usages (Dulong).

272. *Hypo-phosphite de soude.* Son histoire est la même
que celle de l'hypo-phosphite de potasse, excepté qu'il
est moins déliquescent.

273. *Sulfate de soude* (sel de Glauber, sel admirable,
soude vitriolée, alcali minéral vitriolé). On rencontre ce sel
dans certaines eaux de source, par exemple, à Dieuze, à
Château-Salin, etc., dans les cendres des plantes marines,
enfin combiné avec le sulfate de chaux, en Espagne. Il
est sous la forme de prismes à six pans, cannelés, terminés par un sommet dièdre, transparens, excessivement dia-
phanes, d'une belle couleur blanche, doués d'une saveur
amère, fraîche, salée, efflorescens et très-solubles dans l'eau.
Trois parties de ce liquide à 15° dissolvent une partie de
ce sel, tandis que l'eau bouillante en dissout un peu plus
que son poids : d'où il résulte qu'il doit se former des cristaux par le refroidissement de la liqueur. Cependant si la
dissolution, ainsi saturée et bouillante, est enfermée dans
un tube de verre d'où l'on ait chassé l'air, elle ne cristallise plus, lors même qu'elle est agitée ; mais il suffit
d'y faire entrer une bulle d'air ou d'un gaz quelconque
pour que la cristallisation ait lieu ; on ignore quelle peut
être la cause de ce phénomène. Chauffé dans un creuset,
le sulfate de soude éprouve successivement la fusion

aqueuse et la fusion ignée ; si on le refroidit après l'avoir fondu, il a l'aspect d'un émail. On l'emploie pour préparer la soude artificielle, et, suivant Gehlen, on peut s'en servir avec avantage dans la fabrication du verre. On l'administre en médecine comme purgatif, à la dose d'une once ou d'une once et demie, dans trois verres de bouillon aux herbes ou d'une autre tisane; il est très-usité, comme apéritif et fondant, dans les maladies cutanées, dans les jaunisses de longue durée, etc.

274. *Sulfite de soude.* Ce sel est un produit de l'art; on l'obtient cristallisé en prismes transparens à quatre ou à six pans, plus larges les uns que les autres, terminés par un sommet dièdre, d'une saveur fraîche et sulfureuse, efflorescens, se dissolvant dans 4 parties d'eau à 15°, tandis que l'eau bouillante en dissout plus que son poids. Chauffé, il éprouve la fusion aqueuse et se décompose. Il est sans usages.

275. *Iodate de soude.* On n'a pas encore trouvé ce sel dans la nature; il cristallise en petits prismes, ordinairement réunis en houppes ou en petits grains qui paraissent cubiques. Il fuse sur les charbons ardens; si on le chauffe jusqu'au rouge obscur, il se décompose. Cent parties d'eau à 14° $\frac{1}{4}$ en dissolvent 7,3 ; il est inaltérable à l'air; la soude le transforme en *sous-iodate* qui cristallise en petites aiguilles soyeuses, réunies en houppes. Ce sous-iodate peut pourtant être obtenu en mettant de l'iode dans une dissolution de soude; alors il est sous la forme de prismes hexaèdres, coupés perpendiculairement à leur axe (Gay-Lussac). Il est sans usages.

276. *Chlorate de soude* (muriate sur-oxigéné de soude). Il est constamment le produit de l'art : il ne cristallise que lorsque sa solution a une consistance presque sirupeuse ; les cristaux qu'il fournit sont des lames carrées, d'une saveur fraîche et piquante, non déliquescens et très-

solubles dans l'eau ; ils fusent rapidement sur les charbons allumés, produisent une lumière jaunâtre, et se fondent en globules. Chauffé dans une cornue, ce sel fournit
beaucoup de gaz oxigène mêlé d'un peu de chlore, et se
transforme en chlorure de sodium sensiblement alcalin.
(Vauquelin.)

277. *Nitrate de soude.* Il est constamment le produit de
l'art ; on l'obtient cristallisé en prismes rhomboïdaux incolores, d'une saveur fraîche, piquante et amère, légèrement
déliquescens, solubles dans 3 parties d'eau à 15°, tandis
que l'eau bouillante en dissout à-peu-près son poids ; il est
moins fusible que le nitrate de potasse. Il est sans usages.

278. *Nitrite de soude.* Il est peu connu ; on sait qu'il
est soluble dans l'eau, et qu'on ne le rencontre pas dans
la nature. Il n'est pas employé.

279. *Hydro-chlorate de soude* (muriate de soude, sel
de cuisine, sel gemme, sel commun, sel gris). On le
rencontre abondamment dans les eaux de la mer, de certains
lacs et d'un très-grand nombre de sources ; on en trouve des
masses en Pologne, en Hongrie, en Russie, en Espagne,
en Angleterre, en Allemagne, etc. ; dans ces cas, il est
presque toujours coloré en jaune, en rouge, en brun, en
violet, etc. Il cristallise en cubes qui, suivant M. Gay-
Lussac, sont formés de chlore et de sodium. (*Voy.* pag. 204.)
Il a une saveur fraîche, salée ; il est inaltérable à l'air lorsqu'il est pur ; chauffé, il décrépite, fond un peu au-
dessus de la chaleur rouge, et se transforme en chlorure.
(*Voy.* pag. 205.) Une partie d'eau à 15° en dissout 2 parties et demie ; il n'est guère plus soluble dans l'eau bouillante. On l'emploie pour saler les viandes et les mets,
pour préparer la soude artificielle, l'acide hydro-chlorique, le chlore, le sel ammoniac ; on s'en sert aussi comme
engrais, comme vernis pour certaines poteries, etc. On
l'administre en médecine comme fondant, à la dose d'un

gros ou d'un gros et demi dans une pinte d'eau ; il a été
utile dans les engorgemens du foie, de la rate, du mésen-
tère, et dans une foule d'affections scrophuleuses, dans les
maladies cutanées, etc. Nous l'avons vu quelquefois réussir,
sous la forme de lavemens, dans les douleurs rhumatismales des lombes.

280. *Hydriodate de soude.* Il est constamment le produit
de l'art ; on l'obtient cristallisé en prismes rhomboïdaux,
aplatis, striés et assez volumineux. Il est très-déliquescent. Cent parties d'eau à 14° en dissolvent 173 ; chauffé
dans un creuset, il fond, devient un peu alcalin, et se
transforme en iodure de sodium, suivant M. Gay-Lussac.
Il est sans usages.

281. *Hydro-sulfate de soude.* Il cristallise moins facilement que l'hydro-sulfate de potasse ; du reste son histoire
est la même.

282. *Hydro-phtorate de soude* (fluate). Ce sel est un
produit de l'art ; il est sous la forme de petits cristaux très-
durs, inaltérables à l'air, peu sapides, plus solubles dans
l'eau chaude que dans l'eau froide ; il décrépite lorsqu'on
le chauffe, et fond au-dessous de la chaleur rouge ; ainsi
fondu, il est transformé en phtorure de potassium. Il est
sans usages.

On trouve dans le Groenland un produit que l'on a appelé *fluate d'alumine et de soude*, qui est sous la forme de
masses translucides, d'un blanc laiteux et d'une cassure
lamelleuse ; il est insoluble dans l'eau, mais ce liquide le
rend transparent ; il est très-fusible et n'a point d'usages.
Ce corps paraît être formé de phtore, d'aluminium et de
sodium.

Des Sels ammoniacaux.

Les sels ammoniacaux étant les seuls qui ne soient pas
composés d'un acide et d'un oxide métallique, devraient

faire une classe à part; cependant nous les rangeons ici pour ne pas interrompre la série des sels formés par les *alcalis*, et pour nous conformer à l'usage généralement reçu de faire leur histoire après celle des sels de potasse et de soude.

283. Les sels ammoniacaux sont en général solubles dans l'eau; leurs dissolutions ne sont pas précipitées par les sous-carbonates de potasse, de soude et d'ammoniaque, ni par les hydro-sulfates, ni par le prussiate de potasse (hydro-cyanate); comme ceux à base de potasse, ils sont tous précipités en jaune serin par l'*hydro-chlorate de platine* (*voy.* § 237); ils se troublent aussi comme eux lorsqu'on les agite avec une dissolution concentrée de sulfate acide d'alumine et forment de l'alun; *triturés avec de la potasse, de la soude, de la chaux, de la baryte ou de la strontiane, ils sont décomposés et laissent dégager de l'ammoniaque facile à reconnaître à son odeur.* Quelques-uns d'entre eux sont très-volatils; mais la majeure partie sont décomposés par le feu.

284. *Sous-borate d'ammoniaque.* Il est constamment le produit de l'art; il a une saveur âcre, piquante, urineuse; il verdit le sirop de violette; on peut l'obtenir cristallisé; ses cristaux brunissent à l'air et perdent leur forme; ils se décomposent à une chaleur rouge et laissent dégager toute l'ammoniaque; ils se dissolvent beaucoup mieux dans l'eau chaude que dans l'eau froide. Ce sel est sans usages.

285. *Sous - carbonate d'ammoniaque* (alcali volatil concret, sel volatil d'Angleterre). On ne le trouve que dans certaines matières animales pourries; il se développe quelquefois dans l'urine soumise encore à l'influence de la vie; nous avons vu chez deux individus atteints d'ictère symptomatique, cette liqueur excrémentitielle, loin d'être acide, contenir du sous-carbonate d'ammoniaque au moment même où elle était rendue. Ce sel est solide et sous la forme de petits cristaux qui imitent en se réunissant

les feuilles de fougère ou les barbes d'une plume; il a une saveur caustique, piquante, urineuse; son odeur est ammoniacale; il verdit le sirop de violette; il est tellement volatil, qu'il se transforme en gaz lorsqu'on l'expose à l'air à la température ordinaire, et à plus forte raison lorsqu'on le chauffe dans une cornue, ou qu'on cherche à le dissoudre dans de l'eau bouillante; d'où il suit qu'il ne peut être dissous dans ce liquide à la température de l'ébullition. Deux parties d'eau à 10° en dissolvent une partie, et beaucoup plus si elle est à 40°; cette solution, évaporée avec ménagement, fournit des cristaux octaédriques; elle peut absorber du gaz acide carbonique et se transformer en carbonate; elle dissout à merveille les sous-carbonates de zircone, d'yttria et de glucine, et les laisse précipiter lorsqu'on la fait bouillir. On emploie ce sous-sel comme réactif. Son action sur l'économie animale est à-peu-près la même que celle de l'ammoniaque, excepté qu'elle est moins forte. Peyrilhe le regardait à tort comme un puissant anti-syphilitique; on l'a employé dans ces derniers temps avec succès dans le croup; tantôt on l'a fait respirer pour provoquer la toux; tantôt on l'a appliqué au cou comme rubéfiant; tantôt enfin on l'a administré à l'intérieur. M. Réchou, qui s'en est servi souvent dans cette maladie, fait prendre de temps en temps, et par cuillerées, un sirop préparé avec une partie de ce sel et 24 parties de sirop de guimauve; il administre en même temps une boisson adoucissante ou de l'eau de chiendent pour étancher la soif, et il évite avec raison l'emploi des acides, qui décomposeraient le sous-carbonate. Indépendamment de l'administration dont nous venons de parler, M. Réchou applique sur les parties latérales et antérieures du cou, un mélange fait avec un gros de sous-carbonate d'ammoniaque et deux onces de cérat; il met sur ce mélange un sachet de cendre chaude, et il le renouvelle toutes les quatre heures; la

peau se couvre de boutons ; on éprouve un sentiment de
prurit et de cuisson pendant deux ou trois jours ; l'épiderme se détache et tombe promptement en desquama-
tion. En général, on ne doit donner à-la-fois que 6,
8 ou 10 grains de sous-carbonate d'ammoniaque à l'intérieur ; car il agit comme un violent poison lorsqu'il est
imprudemment administré.

286. *Carbonate d'ammoniaque.* Il est constamment le
produit de l'art ; il est inodore, suivant M. Berthollet ; du
reste, son histoire est la même que celle des carbonates de
soude et de potasse. Il est sans usages.

287. *Phosphate d'ammoniaque.* On le trouve dans l'urine
de l'homme, combiné avec le phosphate de soude, dans certains calculs vésicaux, uni au phosphate de magnésie ; enfin dans les concrétions intestinales des animaux. Il cristallise en prismes à quatre pans, terminés par des pyramides à quatre faces, ou en aiguilles ; sa saveur est salée,
piquante et urineuse ; il est inodore ; il verdit le sirop de
violette ; il est décomposé par le feu en ammoniaque qui se
dégage, et en acide phosphorique qui se vitrifie si la température est assez élevée ; cependant ce verre retient toujours un peu d'ammoniaque. Il est inaltérable à l'air ;
quatre parties d'eau froide suffisent pour le dissoudre ;
l'eau bouillante le dissout mieux. On l'emploie en minéralogie comme fondant ; il sert aussi dans la fabrication des
pierres précieuses artificielles.

288. *Phosphate ammoniaco-magnésien.* Il se trouve
dans quelques calculs de la vessie de l'homme, où il est
souvent parfaitement cristallisé. Il est insipide, presque
insoluble dans l'eau, inaltérable à l'air, et décomposable
au feu. Il est sans usages.

289. *Phosphate ammoniaco-de-soude* (sel microscomique). Il existe dans l'urine, verdit le sirop de violette,
se dissout très-bien dans l'eau, et peut être obtenu cristal-

lisé; il s'effleurit à l'air, perd l'ammoniaque et se transforme en phosphate acidule de soude. Il est sans usages.

290. *Phosphite d'ammoniaque*. Il est constamment le produit de l'art, très-soluble dans l'eau et sans usages (Dulong).

291. *Hypo-phosphite d'ammoniaque*. On ne le trouve jamais dans la nature. Il est excessivement soluble dans l'eau et dans l'alcool très-rectifié. Il est sans usages.

292. *Sulfate d'ammoniaque* (sel ammoniacal secret de Glauber). On ne le trouve qu'en petite quantité, combiné avec le sulfate d'alumine. Il cristallise en petits prismes hexaèdres, terminés par des pyramides à six faces, ou en lames, ou en filamens soyeux, ou en aiguilles, d'une saveur très-amère et très-piquante; chauffé, il décrépite légèrement; il éprouve ensuite la fusion aqueuse, perd une portion d'ammoniaque, et se transforme en sulfate acide; à une chaleur voisine du rouge cerise, il se décompose complètement, et ne donne que des produits volatils; il se dégage du gaz azote, de l'eau formée aux dépens d'une portion de l'oxigène de l'acide sulfurique, et de l'hydrogène de l'ammoniaque, et des vapeurs blanches de sulfite acide d'ammoniaque. Il est inaltérable à l'air, à moins que celui-ci ne soit très-humide : dans ce cas, il se ramollit un peu; il se dissout dans deux parties d'eau à 15°, et beaucoup plus dans celle qui est bouillante. On l'emploie, dans le commerce, pour préparer l'alun.

293. *Sulfate ammoniaco-de soude*. Il cristallise régulièrement, n'éprouve aucune altération à l'air, et décrépite légèrement lorsqu'on l'expose au feu; sa saveur est un peu piquante et amère. (Link.)

294. *Sulfate ammoniaco-de-potasse*. Suivant Link, on peut obtenir ce sel en saturant le sur-sulfate de potasse par l'ammoniaque. Il est en lames brillantes, d'une saveur amère, inaltérable à l'air.

295. *Sulfate ammoniaco-magnésien.* Il est constamment le produit de l'art; il cristallise ordinairement en octaèdres d'une saveur âcre et amère; il est inaltérable à l'air, soluble dans l'eau, mais moins que chacun des sels dont il est composé; il éprouve, lorsqu'on le chauffe, la fusion aqueuse, et se décompose ensuite. Il est sans usages.

296. *De l'Alun.* La composition de l'alun varie : tantôt ce sel est un *sulfate acide d'alumine et de potasse,* tantôt un *sulfate acide d'alumine et d'ammoniaque,* tantôt enfin et le plus souvent un *sulfate acide d'alumine, de potasse et d'ammoniaque :* dans ce dernier cas, il constitue véritablement un *sel triple* : cette diversité dans sa composition nous engage à lui conserver le nom d'*alun.* On ne le rencontre guère tout formé qu'en dissolution dans certaines eaux minérales et aux environs des volcans, principalement à la Solfatara; mais on trouve très-abondamment du *sous-sulfate d'alumine et de potasse;* il constitue des collines entières à la Tolfa, près de Civita-Vecchia et à Piombino.

L'alun cristallise en octaèdres réguliers, transparens, incolores, et légèrement efflorescens; quelquefois aussi on l'obtient en cubes : il porte alors le nom d'*alun cubique.* Ce phénomène paraît dépendre de ce qu'on a mis un excès de potasse dans le liquide qui a cristallisé. L'alun octaédrique a une saveur douceàtre et très-astringente; il rougit l'*infusum* de tournesol. Chauffé, il fond très-facilement dans son eau de cristallisation et donne une masse connue autrefois sous le nom d'*alun de roche.* Si la température est plus élevée, il se boursoufle, perd son eau et devient opaque : il constitue alors l'*alun calciné* ou *brûlé,* que l'on emploie quelquefois comme corrosif, et qui, étant plus fortement chauffé, se décompose et donne du gaz oxigène, du gaz acide sulfureux, de l'alumine et du sulfate de potasse si l'alun est à base de potasse; au con-

traire , il ne laisse que de l'alumine s'il est à base d'ammoniaque, phénomène dont on se rendra facilement compte
en se rappelant que le sulfate d'ammoniaque est entièrement transformé par la chaleur en produits volatils.
(Voyez *Sulfate d'ammoniaque*). L'alun se dissout dans
quatorze ou quinze fois son poids d'eau à 15°, tandis qu'il
n'exige pas même son poids d'eau bouillante ; s'il est à
l'état d'alun calciné, il résiste long-temps à l'action de
l'eau. Chauffé jusqu'au rouge avec du *charbon* très-divisé,
l'alun à base de potasse se décompose et se transforme en une
matière connue depuis long-temps sous le nom de *pyrophore
de Homberg*, qui paraît formée de sulfure de potasse ,
d'alumine et de charbon ; d'où il suit que l'acide sulfurique a été décomposé par le charbon (voyez *Sulfates*,
page 200) : l'alun à base d'ammoniaque ne fournit pas ce
produit, comme Schéele l'a prouvé. Le *pyrophore* est solide, d'un brun jaunâtre ou noirâtre , suivant qu'il a été
plus ou moins chauffé ; sa saveur est analogue à celle des
œufs pourris. Il est inaltérable à l'air sec ; mais *il prend
feu à la température ordinaire lorsqu'il est en contact avec
l'air humide* : dans ce cas le sulfure de potasse s'empare
de la vapeur aqueuse, la solidifie et s'échauffe ; alors le
charbon et le soufre absorbent l'oxigène de l'air avec dégagement de calorique et de *lumière* et se transforment en gaz
acide carbonique , en gaz acide sulfureux et en acide
sulfurique ; ce dernier se combine même avec une portion
d'alumine et de potasse pour former de nouveau de l'alun.
Traité par l'*eau*, le pyrophore est décomposé ; le sulfure
de potasse seul est dissous et transformé en hydro-sulfate
sulfuré de potasse (*voyez* § 230), tandis que le charbon et l'alumine restent à l'état pulvérulent. Il est également décomposé par tous les *acides* ; la vapeur nitreuse
(gaz acide nitreux) lui cède facilement de l'oxigène et l'enflamme comme l'air. Le *pyrophore* n'est guère employé

depuis que l'on a introduit l'usage des briquets phosphoriques et des allumettes oxigénées. Si on fait bouillir une
dissolution d'alun avec de l'*alumine* pure, il se précipite
une poudre blanche, insipide, insoluble dans l'eau, inaltérable à l'air et incristallisable, qui est connue sous le nom
d'*alun saturé de sa terre*. L'alun a de nombreux usages : on
s'en sert souvent comme mordant dans la teinture; il rend
le suif plus dur, propriété qui le fait rechercher par les
chandeliers; il est employé pour passer les peaux et les préserver des vers, etc. Il doit être regardé comme un excellent
astringent dont on peut tirer parti dans les hémorrhagies
abondantes, continues et passives, principalement dans
celles de l'utérus; dans les écoulemens atoniques muqueux
et séreux; on l'administre à l'intérieur depuis un jusqu'à 8
grains par jour, associé à quelque extrait astringent ou dans
une potion, et on augmente la dose jusqu'à un demi-gros,
un gros, etc.; les pilules *teintes anti-hémorrhagiques*
d'Helvétius sont composées d'alun et de sang-dragon. On
emploie quelquefois l'alun en injection; il entre dans la
composition de certains gargarismes toniques propres à
raffermir les gencives et à faire cesser les angines catarrhales
et atoniques; il fait aussi partie de quelques collyres.

297. *Sulfite d'ammoniaque.* On ne trouve pas ce sel dans
la nature; il cristallise en prismes hexaèdres terminés par
des pyramides hexaèdres, ou en tables carrées avec des bords
taillés en biseaux, d'une saveur fraîche, piquante et comme
sulfureuse, s'humectant à l'air et se transformant rapidement en sulfate d'ammoniaque beaucoup moins déliquescent que le sulfite; il est soluble dans son poids d'eau à 12°,
et beaucoup plus à la température de 100°; chauffé dans des
vaisseaux fermés, il donne de l'eau, de l'ammoniaque, et
passe à l'état de sulfite acide volatil; la magnésie le transforme, à la température ordinaire, en *sulfite ammoniaco-
magnésien*. Ces deux sels sont sans usages.

298. *Iodate d'ammoniaque.* Il n'existe pas dans la nature ; on l'obtient sous la forme de petits cristaux grenus. Chauffé sur une plaque de fer, ou mis sur les charbons ardens, il détonne avec sifflement et donne une faible lumière violette et des vapeurs d'iode. Il est sans usages. (Gay-Lussac.)

299. *Chlorate d'ammoniaque* (muriate sur-oxigéné d'ammoniaque). Il est constamment le produit de l'art, et cristallise en aiguilles fines douées d'une saveur extrêmement piquante ; il paraît être volatil. Chauffé, il se décompose et donne du chlore, du gaz azote et *fort peu de gaz oxigène* ; il se forme en même temps de l'eau et de l'acide hydro-chlorique qui s'unit à une portion d'ammoniaque non décomposée. Ces résultats sont faciles à expliquer, en admettant que l'acide chlorique, composé d'oxigène et de chlore, est entièrement décomposé, et que l'ammoniaque, formée d'hydrogène et d'azote, ne l'est qu'en partie. Il fulmine sur un corps chaud et produit une flamme rouge. Il est sans usages. (Vauquelin.)

300. *Nitrate d'ammoniaque* (*nitrum flammans*). On ne le trouve pas dans la nature ; il cristallise en aiguilles prismatiques ou en longs prismes à six pans, flexibles, satinés et cannelés, terminés le plus souvent par des pyramides à six faces, doués d'une saveur fraîche, âcre, piquante, urineuse, légèrement déliquescens et solubles dans deux parties d'eau à 15° : ce liquide, à la température de 100°, peut en dissoudre deux fois son poids. Si on le chauffe dans une cornue de verre munie d'un tube recourbé, propre à recueillir les gaz, il fond dans son eau de cristallisation, perd une portion d'ammoniaque, et se transforme en eau et en gaz protoxide d'azote. *Théorie.* Nous pouvons représenter les élémens de ce sel par :

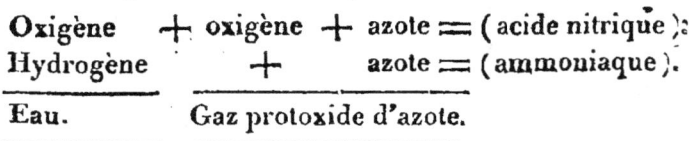

Oxigène	+ oxigène	+ azote = (acide nitrique):
Hydrogène	+	azote = (ammoniaque).
Eau.	Gaz protoxide d'azote.	

La majeure partie de l'oxigène de l'acide nitrique s'empare de l'hydrogène de l'ammoniaque, forme de l'eau ; tandis que les deux quantités d'azote appartenant à l'acide et à l'ammoniaque s'unissent avec l'autre portion d'oxigène de l'acide nitrique, et donnent naissance à du gaz protoxide d'azote, qui paraît pourtant contenir un peu d'azote, de deutoxide d'azote et de gaz acide nitreux. Si le nitrate d'ammoniaque est projeté dans un creuset rouge, il s'enflamme, se décompose, et donne de l'eau, du gaz azote et du gaz deutoxide d'azote (gaz nitreux). On n'emploie ce sel qu'à la préparation du protoxide d'azote.

3o1. *Nitrate ammoniaco-magnésien.* Il est constamment le produit de l'art ; il est moins déliquescent et moins soluble que les sels qui le composent. Il est sans usages.

3o2. *Nitrite d'ammoniaque.* Il est peu connu, soluble dans l'eau, sans usages, et n'existe pas dans la nature.

3o3. *Hydro-chlorate d'ammoniaque* (sel ammoniac). On le rencontre dans l'urine de l'homme, dans la fiente des chameaux et de quelques autres animaux, aux environs des volcans, dans quelques montagnes de la Tartarie et du Thibet ; enfin, dans quelques lacs. Il est solide, blanc, doué d'une saveur âcre, piquante, urineuse ; il est un peu élastique, ductile et inaltérable à l'air. Il se dissout dans un peu moins de 3 parties d'eau à 15° ; l'eau bouillante en dissout beaucoup plus. En évaporant cette dissolution on obtient des prismes aiguillés, groupés comme les barbes d'une plume. Exposé à l'action du calorique, il fond et se sublime sous la forme de rhomboïdes si l'opération se fait lentement ; dans le cas contraire, il se condense en une masse plus ou moins épaisse. Si après l'avoir pulvérisé on le mêle avec une partie et demie de carbonate de chaux, réduit en poudre, et qu'on introduise le mélange dans une cornue de grès lutée, à laquelle on a adapté un long récipient en verre ou en terre, et qui est placée dans un fourneau à réverbère, on remarque, en chauffant la cornue, que les deux sels se décomposent : l'acide carbonique forme avec l'ammoniaque du sous-carbonate volatil qui se dégage sous la forme de vapeurs blanches, et dont on facilite la condensation dans le ballon en entourant celui-ci de linges mouillés : la chaux s'unit avec l'acide hydro-chlorique, passe à l'état d'hydro-chlorate, qui, à cette température, se décompose et se change en chlorure de calcium fixe (muriate de chaux fondu). Le sous-carbonate obtenu sera d'autant plus blanc que le sel ammoniac employé sera moins coloré. Un kilogramme de ce sel peut fournir 7 à 800 grammes de sous-carbonate d'ammoniaque.

304. Si l'on fait arriver du chlore gazeux dans une solution de sel ammoniac préparée avec une partie de sel et 20 parties d'eau, le chlore est d'abord absorbé ; quelque temps après la dissolution se trouble ; il se dégage une multitude de petites bulles de gaz et il se forme des gouttes d'un liquide oléagineux d'une couleur fauve, d'une odeur piquante, insupportable, dont la pesanteur spécifique est de 1,653. Ce liquide a été découvert par M. Dulong ; il est composé de *chlore* et d'*azote ;* il est très-volatil et détonne avec la plus grande violence et avec dégagement de calorique et de lumière, lorqu'on l'expose à la température de 30°, ou qu'on le met en contact avec du phosphore. *Théorie de sa formation.* Une portion de l'ammoniaque du sel employé est décomposée par le *chlore* qui s'empare de son hydrogène ; l'azote mis à nu s'unit à une certaine quantité de chlore et produit ce liquide détonnant. On ne pourrait pas l'obtenir si on se bornait à saturer de chlore une solution de sel ammoniac contenue dans une éprouvette, parce que ce sel le décompose. On doit disposer l'appareil de manière à ce que le chlorure soit séparé de la solution à mesure qu'il se forme. (Voyez *Préparations.*)

305. Si l'on introduit dans une cornue de verre parfaite-

ment sèche un mélange fait avec une partie de sel ammoniac, une partie de chaux vive et demi-partie de soufre ; si on place cette cornue dans un fourneau à réverbère, et que l'on fasse communiquer son col avec une
allonge et un récipient bitubulé également desséchés ; si
l'une des tubulures du récipient reçoit un tube très-élevé
qui ne permette pas à l'air extérieur d'entrer dans l'appareil, on remarquera, lorsque la chaleur aura été graduellement portée jusqu'au rouge, qu'il se produit un liquide
jaune volatil qui vient se condenser dans le récipient, que
l'on refroidit au moyen de linges mouillés. Ce liquide,
agité pendant sept à huit minutes avec du soufre en poudre,
dissout ce corps, s'épaissit, acquiert une couleur plus
foncée, et constitue l'*hydro-sulfate sulfuré d'ammoniaque*
(liqueur fumante de Boyle) ; il reste dans la cornue, d'après
M. Vauquelin, du chlorure de calcium (muriate de chaux),
du sulfure de chaux, et du sulfate ou du sulfite de chaux.
Théorie. Avant d'exposer ce qui se passe dans cette opération compliquée, nous devons faire remarquer, 1° que
l'hydro-chlorate d'ammoniaque dont on se sert ne contient pas un atôme d'eau ; 2° que l'ammoniaque de cet hydro-
chlorate n'est pas décomposée, puisqu'il ne se dégage pas
une bulle d'azote ; 3° qu'il est impossible de faire la
liqueur de Boyle en substituant à l'hydro-chlorate d'ammoniaque un sel ammoniacal qui ne contienne pas d'acide
hydro-chlorique : tel serait, par exemple, le sulfate d'ammoniaque (Vauquelin). Ces considérations nous forcent
d'admettre que l'acide hydro-sulfurique qui se trouve composer en partie la liqueur de Boyle, ne peut avoir été
formé qu'aux dépens de l'hydrogène, de l'acide hydro-
chlorique, du sel ammoniac, qui s'est décomposé. Voici
maintenant comment on peut concevoir les phénomènes
de cette opération : la chaux décompose l'hydro-chlorate
d'ammoniaque, met l'ammoniaque à nu et se transforme

en hydro-chlorate de chaux, que nous pouvons représenter
par :

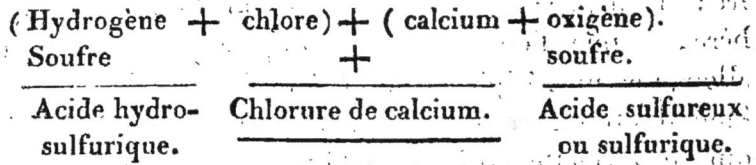

(Hydrogène + chlore) + (calcium + oxigène).		
Soufre	+	soufre.
Acide hydro-sulfurique.	Chlorure de calcium.	Acide sulfureux ou sulfurique.

L'acide hydro-chlorique et une *portion* de chaux (oxide
de calcium) sont décomposés ; le soufre qui fait partie du
mélange s'empare, d'une part, de l'hydrogène de l'acide
pour former de l'acide hydro-sulfurique qui s'unit avec
l'ammoniaque; il se combine, d'une autre part, avec l'oxigène de l'oxide de calcium pour donner naissance à l'a-
cide sulfureux ou à de l'acide sulfurique ; le chlore et le
calcium s'unissent et constituent le chlorure que nous avons
dit former la majeure partie du résidu ; enfin, une autre
portion de soufre se porte sur de la chaux non décomposée,
et la transforme en sulfure de chaux. Cette théorie, bien
différente de celle qui a été donnée jusqu'à ce jour, nous
paraît être l'expression des faits observés par M. Vauquelin.
(Voyez *Hydro-sulfate sulfuré d'ammoniaque*, pour les
propriétés de la liqueur de Boyle.)

On emploie le sel ammoniac pour décaper les métaux, dans
la teinture, etc. ; il sert à préparer l'ammoniaque, le sous-carbonate d'ammoniaque, la liqueur fumante de Boyle, etc. Il
doit être regardé comme stimulant, fondant et sudorifique.
Associé au quinquina ou à l'extrait de gentiane, à la dose de
24 ou de 36 grains, il est souvent employé avec succès pour
combattre les fièvres intermittentes, principalement les
fièvres quartes ; dissous dans des tisanes sudorifiques, il
augmente la transpiration cutanée. On s'en sert à l'extérieur, comme résolutif, dans un très-grand nombre d'affections cutanées, dans des rhumatismes chroniques, dans les

engorgemens atoniques des articulations, dans les anciennes
gouttes où il n'y a cependant pas de tophus formés, etc. ;
il est généralement abandonné dans les maladies syphilitiques. Il entrait autrefois dans la composition de la pierre
infernale de *Fallope*, dans l'onguent cathérétique de Bar-
bette, quoique par lui-même il n'ait pas de vertu corrosive.
M. Smith a prouvé que son application sur le tissu cellulaire des chiens était suivie de vomissemens, des symptômes
qui constituent l'ivresse, et de la mort ; un gros 20 grains
de ce sel sur la cuisse d'un petit chien d'un pied de haut,
suffirent pour le faire périr au bout de douze heures ; à
l'ouverture du cadavre, on trouva une multitude de petites ulcérations gangreneuses dans la membrane muqueuse
de l'estomac.

306. *Hydro-chlorate ammoniaco-magnésien.* On ne
trouve jamais ce sel dans la nature. Il a une saveur amère
et urineuse ; il est déliquescent, très-soluble dans l'eau,
décomposable au feu, et sans usages.

307. *Hydriodate d'ammoniaque.* Il est constamment
le produit de l'art ; on l'obtient cristallisé en cubes ; il est
très-soluble et déliquescent ; chauffé dans des vaisseaux fermés, il se décompose et se sublime en partie. La portion
sublimée est d'un gris blanc. Cette décomposition est beaucoup plus marquée si le sel est en contact avec l'air. Il
est sans usages.

308. *Hydro-sulfate d'ammoniaque.* Ce sel paraît être
un produit de l'art ; celui qui se trouve dans les fosses d'aisance est à l'état d'hydro-sulfate sulfuré. Il cristallise en aiguilles ou en lames cristallines ; il est très-soluble dans l'eau,
principalement lorsqu'il contient un excès d'ammoniaque ;
il est très-volatil ; exposé à l'air, il absorbe l'oxigène, jaunit, et passe à l'état d'hydro-sulfate sulfuré. On s'en sert
comme réactif.

309. *Hydro-sulfate sulfuré d'ammoniaque* (liqueur

fumante de Boyle). Il est liquide, d'une couleur brune rougeâtre, d'une consistance presque sirupeuse, d'une saveur et d'une odeur désagréables. Mis en contact avec l'air ou avec le gaz oxigène sec ou humide, il répand des vapeurs blanches plus ou moins épaisses, tandis que ce phénomène n'a presque pas lieu si on le place dans une cloche remplie de gaz hydrogène ou de gaz azote; il paraît donc que la formation de ces vapeurs dépend du gaz oxigène. On ignore comment ce sel agit sur ces gaz : peut-être se transforme-t-il en sulfite d'ammoniaque. Il est employé comme réactif.

310. *Hydro-phtorate d'ammoniaque* (fluate). On ne le trouve pas dans la nature; il est excessivement soluble dans l'eau; difficile à cristalliser, et doué d'une saveur très-piquante. Lorsqu'on le chauffe, il passe à l'état d'hydrophtorate acide qui ne tarde pas à se volatiliser. Il est sans usages.

311. *Phtoro-borate d'ammoniaque* (fluo-borate). On connaît trois espèces de ce sel; l'une solide, et les deux autres liquides : celles-ci contiennent plus d'ammoniaque : aussi se solidifient-elles lorsqu'on vient à en dégager ce corps par l'action de la chaleur.

Des Métaux de la troisième classe.

Ces métaux, au nombre de quatre, savoir, le manganèse, le zinc, le fer et l'étain, décomposent *l'eau* à une chaleur rouge; les trois premiers la décomposent aussi à froid; la décomposition par le manganèse, à la température ordinaire, est même assez rapide. Ils absorbent *l'oxigène* à toutes les températures, et donnent des oxides dont la couleur varie, et qui sont irréductibles *par la chaleur de nos fourneaux*. L'acide *sulfurique* concentré n'agit point sur eux à froid ; mais si on élève la température, il se décompose en partie, leur cède une portion de son oxigène, passe à l'état de gaz acide sulfureux, et l'oxide formé se combine avec la portion d'acide sulfurique non décomposée. L'acide *nitrique* concentré agit rapidement sur tous les métaux de cette classe, se décompose en partie, les oxide, et dissout *le plus souvent* l'oxide formé. Pour concevoir ce qui se passe dans cette opération, on peut représenter l'acide nitrique par :

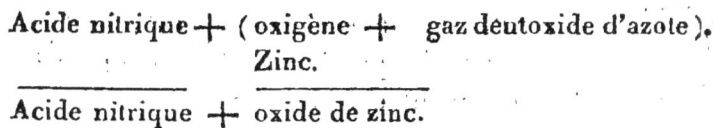

Acide nitrique + (oxigène + gaz deutoxide d'azote).
Zinc.
_____
Acide nitrique + oxide de zinc.

Le métal décompose une portion d'acide nitrique, s'empare de son oxigène, et l'oxide formé se combine avec l'acide nitrique non décomposé, tandis que le gaz deutoxide d'azote (gaz nitreux) provenant de la portion d'acide décomposée se dégage, absorbe l'oxigène de l'air, et passe à l'état de gaz acide nitreux jaune-orangé (vapeur nitreuse). Il arrive quelquefois que l'oxide formé n'est pas susceptible de se combiner avec l'acide nitrique ; enfin, nous verrons dans les histoires particulières de ces métaux que, dans certaines circonstances, l'eau qui entre dans la composition de l'acide, est également décomposée, et alors il se produit du nitrate d'ammoniaque. L'acide *hydro-chlorique* liquide dissout ces métaux après les avoir oxidés ; en effet, l'eau se décompose, son oxigène se combine avec le métal, et l'hydrogène se dégage.

Des Oxides de la troisième classe.

Ces oxides sont au nombre de neuf : trois sont formés par le manganèse, un par le zinc, trois par le fer, et les deux autres par l'étain ; ils sont tous solides, d'une couleur variable ; ils sont insolubles dans l'eau, sans action sur l'*infusum* de tournesol et sur le sirop de violette. Ils sont tous solubles dans la potasse ou dans la soude, excepté ceux de fer. L'action qu'ils exercent sur les acides varie.

Des Sels de la troisième classe.

Les sels solubles de cette classe sont tous précipités par la potasse, la soude et l'ammoniaque. Les hydro-sulfates solubles, et l'hydro-cyanate de potasse et de fer (prussiate de potasse et de fer) les précipitent également, et les précipités sont diversement colorés.

Du Manganèse.

312. Le manganèse n'a jamais été trouvé dans la nature à l'état natif; il y existe, 1° combiné avec l'oxigène; 2° avec l'oxigène et l'acide carbonique ou l'acide phosphorique. Il est solide, d'une couleur blanche jaunâtre, beaucoup plus brillante que celle du fer; très-cassant, très-dur et grenu. Sa pesanteur spécifique est de 6,85.

Chauffé dans des vaisseaux fermés, le manganèse n'entre en fusion qu'à la température de 160° du pyromètre de Wedgwood. S'il a le contact de l'*air* ou du gaz *oxigène*, il s'oxide avec dégagement de calorique et de lumière, lance en tous sens des étincelles, et se transforme en deutoxide si la température est très-élevée. Ces gaz humides le font également passer à l'état d'oxide à la température ordinaire, mais beaucoup plus lentement et sans dégagement sensible de calorique et de lumière.

L'*hydrogène*, le *bore* et le *carbone* n'exercent sur lui aucune action. Le *phosphore* peut se combiner avec lui à une température élevée, et donner un phosphure blanc, brillant, très-cassant, plus fusible que le manganèse, qui se transforme en phosphate lorsqu'on le fait chauffer avec du gaz oxigène ou de l'air. On ne parvient qu'avec la plus grande difficulté à combiner directement le *soufre* avec le manganèse ; cependant il existe un sulfure de manganèse que l'on peut obtenir par un autre procédé. Ce sulfure est terne, insipide, plus fusible que le manganèse, inaltérable à l'air, indécomposable par la chaleur, à moins qu'il ne soit en contact avec l'air ou avec le gaz oxigène; car alors il passe à l'état de sulfate ou de deutoxide, suivant que la température est plus ou moins élevée, et il se dégage du gaz acide sulfureux. Il est formé, suivant M. Vauquelin, de 100 parties de métal et de 34,23 de soufre. On ignore comment l'*iode* agit sur ce métal.

Chauffé et mis en contact avec du *chlore* gazeux, il l'absorbe, rougit, et se transforme en *chlorure* de manganèse squammeux, brillant, composé de 100 parties de manganèse et de 85 de chlore, susceptible de décomposer l'eau, et de passer à l'état de proto-hydro-chlorate soluble. Le manganèse est sans action sur l'*azote*.

Il décompose l'*eau* à toutes les températures et s'oxide : la décomposition de ce liquide s'opère au bout de quelques minutes, même à froid, si le métal est finement pulvérisé. Il n'agit point sur le gaz *oxide de carbone*; mais il enlève l'oxigène au *protoxide d'azote*, et il exerce probablement la même action sur le deutoxide d'azote. Il ne paraît point décomposer l'acide *borique*. On ignore comment il agit sur le gaz acide *carbonique*; il s'empare de l'oxigène de l'acide *phosphorique* à une température élevée. Il ne décompose l'acide *sulfurique* concentré qu'à l'aide de la chaleur; et il en résulte du gaz acide sulfureux et du proto-sulfate de manganèse. On obtient le même sulfate en employant l'acide sulfurique affaibli; mais dans ce cas l'eau est décomposée, et par conséquent il y a dégagement de gaz hydrogène. On ignore comment les acides *sulfureux*, *iodique* et *chlorique* agissent sur ce métal; l'acide *nitrique* est en partie décomposé par lui, et le transforme en protoxide qui se dissout dans la portion d'acide non décomposée. Le gaz acide *hydro-chlorique* est également décomposé par ce métal à une température élevée; il se forme du chlorure de manganèse, et l'hydrogène est mis à nu. Si l'acide est dissous dans l'eau, celle-ci est décomposée; le métal s'oxide pour se dissoudre dans l'acide, et l'hydrogène se dégage à l'état de gaz. Le manganèse est sans usages.

Des Oxides de Manganèse.

On connaît trois oxides de manganèse.

3,13. *Protoxide.* Il est le produit de l'art; il est vert quand il est sec, mais il ne tarde pas à passer au brun; sa couleur est blanche lorsqu'il est uni à l'eau; il absorbe facilement le gaz oxigène et brunit; on peut le réduire en oxigène et en manganèse au moyen du chalumeau à gaz de Brooks (Clarke). Il se dissout dans les acides sulfurique, nitrique et hydro-chlorique, et forme des sels. Il est composé, suivant M. Berzelius, de 100 parties de métal et de 28,1077 d'oxigène. Il n'a point d'usages.

314. *Deutoxide.* On ne le trouve pas dans la nature; il est d'un rouge brun, décomposable par la chaleur qui se produit au moyen du chalumeau de Brooks (suivant M. Clarke), susceptible d'absorber de l'oxigène et de passer à l'état de tritoxide à une chaleur voisine du rouge brun; traité par l'acide sulfurique ou nitrique, il se décompose, se transforme en protoxide qui se dissout dans les acides pour former du proto-sulfate ou du proto-nitrate, et en peroxide qui se précipite. L'acide hydro-chlorique est en partie décomposé par lui, et le décompose; l'hydrogène de l'acide se combine avec une portion de l'oxigène du deutoxide pour former de l'eau; le chlore se dégage, et le protoxide résultant se dissout dans l'acide non décomposé. Il est formé, suivant M. Berzelius, de 100 parties de métal et de 42,16 d'oxigène. On ne l'emploie que dans les laboratoires.

315. *Tritoxide de manganèse.* Cet oxide est très-répandu dans la nature. Il existe sous la forme d'aiguilles brillantes dans le département de la Moselle, en Bohême, en Saxe, au Hartz ; sous la forme de masses près de Périgueux, dans le département des Vosges, près de Mâcon, etc. ; il est rarement pur ; les substances qui l'accompagnent le plus souvent sont les carbonates de chaux, de fer, la silice, quelquefois la baryte, l'eau et le fluate de chaux. Il est brun noirâtre, sans action sur l'air et sur le gaz oxigène ; il se transforme en deutoxide et en gaz oxigène au-dessus du rouge cerise, et, d'après M. Clarke, en manganèse et en oxigène s'il est exposé à l'action du chalumeau à gaz. Il est décomposé par le soufre à une température élevée, et il se forme du gaz acide sulfureux et du sulfure de manganèse. Il se dissout à froid dans l'acide sulfurique concentré ou peu délayé. Traité par l'acide hydro-chlorique, il passe à l'état de protoxide comme le précédent, et se dissout dans l'acide non décomposé.

Schéele a prouvé le premier que lorsqu'on fait chauffer une partie de peroxide de manganèse avec 7 ou 8 parties de potasse, le mélange fond, et donne, au bout de 20 ou 25 minutes, une masse verte qu'il a appelée *caméléon minéral.* Cette masse, obtenue avec l'oxide de manganèse pur, n'est pas entièrement soluble dans l'eau ; il y a toujours une quantité assez considérable d'oxide qui ne se dissout pas ; la portion dissoute donne au liquide une couleur *verte ;* conservée dans des flacons fermés, cette liqueur passe au *bleu* et laisse déposer une poudre fine jaune. Si, lorsqu'elle est encore *verte,* on la mêle avec l'eau froide, ou, mieux encore, avec l'eau bouillante ou avec l'acide carbonique, le carbonate de potasse ou le sous-carbonate d'ammoniaque, elle passe au rouge et présente une série de couleurs qui sont dans l'ordre des anneaux colorés, savoir : le vert, le bleu, le violet, l'indigo, le pourpre et le rouge

(M. Chevreul). Si , quand elle est rouge , on la met en contact avec l'air pendant quelques jours , elle devient incolore , et laisse déposer de l'oxide de manganèse noir; lorsqu'elle est *verte* ou *rouge* , les acides la rendent toujours rose.

Jusqu'à présent les chimistes ont pensé que le caméléon était composé de potasse et d'un oxide de manganèse beaucoup moins oxidé que le peroxide dont on se sert pour le préparer ; ils ont même cru pouvoir expliquer les divers changemens qu'il éprouve à l'air en admettant que l'oxide peu oxidé s'emparait de l'oxigène de l'atmosphère. Des expériences récentes et inédites, faites par MM. Edwards et Chevillot , prouvent que cette opinion est dénuée de fondement. Voici quelques-uns de leurs principaux résultats : 1°. Lorsqu'on chauffe dans un tube recourbé de la potasse pure et du peroxide de manganèse également pur , et sans le contact de l'*air* ou du gaz *oxigène* , il ne se forme que peu ou point de caméléon vert. 2°. Si l'on chauffe dans une petite cloche courbe , contenant du gaz oxigène , de la potasse caustique à l'alcool , et du peroxide de manganèse pur , le caméléon se forme de suite à une douce chaleur ; il y a absorption de gaz oxigène , et l'eau de la potasse se dégage ; la quantité d'oxigène absorbé augmente jusqu'à de certaines limites , à mesure que l'on augmente la quantité de peroxide de manganèse (1). Le caméléon est donc formé de *peroxide de manganèse* , d'*oxigène* , de *potasse* et d'*eau* , quel que soit d'ailleurs le mode de combinaison de ces substances. 3°. Lorsqu'on dissout ces divers produits dans l'eau, on obtient des teintes

_____

(1) Pour éviter toute source d'erreur , MM. Edwards et Chevillot se sont assurés que la même quantité de potasse , chauffée au même degré , absorbe moins d'oxigène que quand elle est mêlée avec le peroxide de manganèse.

différentes, depuis le vert jusqu'au rouge; chacune de ces teintes dépend du rapport dans lequel la potasse, le peroxide de manganèse, l'oxigène et l'eau sont unis; ainsi elle est *verte* lorsqu'il y a peu de peroxide de manganèse et d'oxigène, et *rouge* quand ces substances s'y trouvent en plus grande quantité. 4°. En évaporant le *caméléon rouge*, on obtient des aiguilles plus ou moins longues, dont la couleur varie : tantôt elle est violette et brillante, tantôt elle est brunâtre. Ces aiguilles restent long-temps à l'air sans se décomposer; mises dans l'eau, elles lui communiquent une belle teinte violette; quelques atômes suffisent pour colorer une grande quantité de liquide; la potasse caustique, ajoutée en grande quantité à cette dissolution rouge, la fait passer au vert, ce qui est d'accord avec les faits précédemment exposés, savoir que le caméléon vert contient plus de potasse et moins de peroxide de manganèse et d'oxigène que le caméléon rouge. L'acide sulfurique, versé dans la dissolution rouge dont nous parlons, n'en change pas la couleur et il n'y a point effervescence, phénomène qui prouve que la potasse n'y est pas à l'état de carbonate. Enfin, lorsqu'on soumet ces aiguilles à une douce chaleur dans un tube recourbé, elles se décomposent en eau, en gaz oxigène, en peroxide de manganèse et en caméléon vert; à la vérité, il reste toujours un peu de caméléon rouge.

Le peroxide de manganèse est formé, suivant M. Berzelius, de 100 parties de métal et de 56,215 d'oxigène. Il est employé, 1°. pour préparer le gaz oxigène, le chlore et plusieurs sels de manganèse; 2°. pour la construction des piles sèches de M. Zamboni; 3°. dans la fabrication du verre. On se sert en médecine d'un onguent composé de 2 parties et demie de peroxide de manganèse et de 5 parties d'axonge; on l'emploie dans les maladies chroniques de la peau, telles que la gale, les dartres, la teigne, etc.

M. Jadelot en a obtenu des succès marqués contre la dernière de ces affections. M. Denis Morelot pense qu'il est
plus utile dans les dartres ulcérées que dans celles qui sont
miliaires et écailleuses.

Des Sels formés par le protoxide de manganèse.

316. Ces sels sont incolores lorsqu'ils ont été convenablement purifiés. Ceux qui sont solubles dans l'eau sont précipités en blanc : 1° par la potasse, la soude et l'ammoniaque;
l'oxide précipité ne tarde pas à jaunir, et finit par noircir
en absorbant l'oxigène de l'air; on peut le faire passer
sur-le-champ au noir en y versant une dissolution de chlore :
dans ce cas, l'eau sera décomposée; son oxigène transfor-
mera le protoxide en tritoxide noir, et l'hydrogène fera
passer le chlore à l'état d'acide hydro-chlorique. Si l'on
verse sur le protoxide précipité un excès d'ammoniaque,
il sera dissous, et l'on obtiendra un sel double de manganèse et d'ammoniaque; 2°. par les hydro-sulfates de
potasse, de soude et d'ammoniaque; le précipité est de
l'hydro-sulfate de manganèse plus ou moins sulfuré; 3° par
l'hydro-cyanate de potasse et de fer (prussiate); 4° par
les carbonates et les sous-carbonates de potasse et de
soude; le carbonate précipité ne change pas de couleur;
5° par les phosphates et les borates solubles. L'eau saturée
d'acide hydro-sulfurique ne les trouble point.

317. *Carbonate de protoxide de manganèse*. On le trouve
en Transylvanie; il est plus dur que le verre; sa couleur est blanche, rose ou jaune; celui qui est le produit
de l'art est constamment blanc; il est insipide et insoluble
dans l'eau; chauffé dans un petit tube sans le contact de
l'air, il se décompose en gaz acide carbonique et en protoxide vert; s'il a, au contraire, le contact de l'air, il fournit du deutoxide de manganèse rouge brun. Il est sans
usages.

318. *Proto-phosphate de manganèse.* On le trouve près de Limoges, combiné avec une très-grande quantité de phosphate de fer, qui lui donne une couleur brune ou rougeâtre ; du reste, il a été peu étudié.

319. *Proto-sulfate de manganèse.* Il est le produit de l'art : on l'obtient en prismes rhomboïdaux transparens, d'une couleur blanche, doués d'une saveur amère, styptique, décomposables par le feu et très-solubles dans l'eau. Il n'a point d'usages. Le *borate*, le sulfite, le phosphite, l'hypo-phosphite, l'iodate, le chlorate, le nitrite et l'hydriodate de protoxide de manganèse, sont inconnus.

320. *Proto-nitrate de manganèse.* On ne le trouve pas dans la nature ; il est blanc, déliquescent, très-soluble dans l'eau, cristallise difficilement et n'a point d'usages.

321. *Proto-hydro-chlorate de manganèse.* Il est le produit de l'art : sa couleur est blanche, sa saveur styptique ; il cristallise lorsqu'il est abandonné à lui-même ; il attire l'humidité de l'air, et se dissout très-bien dans l'eau ; desséché, il se transforme en chlorure. Il n'est pas employé.

322. *Proto-hydro-sulfate.* On ne le trouve pas dans la nature ; il est blanchâtre, insipide, insoluble dans l'eau et sans usages.

On ne connaît point de sels de deutoxide de manganèse. (Voyez *Deutoxide.*)

Des Sels formés par le tritoxide de manganèse (Peroxide).

323. On ne peut combiner cet oxide qu'avec l'acide sulfurique concentré ou légèrement étendu d'eau ; plusieurs chimistes pensent même que la dissolution que l'on obtient ne renferme pas le peroxide, mais qu'elle est formée par le deutoxide. Quoi qu'il en soit, cette dissolution est

colorée en rouge violet; elle est précipitée en jaune brun par l'eau, surtout lorsqu'elle a été préparée à l'aide d'une douce chaleur; l'acide nitreux concentré, l'acide sulfureux, l'acide hydro-sulfurique et l'hydro-chlorate de protoxide d'étain, la décolorent sur-le-champ, s'emparent d'une portion d'oxigène de l'oxide, et la ramènent à l'état de sulfate de protoxide de manganèse.

Du Zinc.

On ne trouve jamais ce métal dans la nature à l'état de pureté; on le rencontre, 1° à l'état de calamine, qui n'est autre chose que de l'oxide de zinc hydraté uni quelquefois à la silice; 2° à l'état de blende (sulfure de zinc et de fer). M. Macquart a trouvé en Sibérie un mine de zinc que M. Vauquelin a reconnu être du carbonate. Le zinc est un métal solide, d'une couleur blanche bleuâtre, d'une structure lamelleuse, ductile, et surtout malléable, peu dur. Sa pesanteur spécifique est de 7,1.

324. *Chauffé* dans une cornue de grès sans le contact de l'air, il fond au-dessous de la chaleur rouge, et ne tarde pas à se volatiliser si on le chauffe davantage; la vapeur qui en résulte se condense en partie dans le col de la cornue, en partie dans le récipient dans lequel on a mis de l'eau. Si le zinc fondu est en contact avec le gaz *oxigène* et qu'on l'agite, il absorbe ce gaz avec énergie et le solidifie : il y a dégagement de calorique et il se produit une belle flamme blanche un peu bleuâtre, extrêmement éclatante : le zinc passe à l'état d'oxide blanc. L'*air atmosphérique* agit sur lui de la même manière; mais avec moins d'intensité, comme on peut s'en assurer en faisant fondre ce métal dans un creuset ouvert et en l'agitant; l'oxide blanc formé est entraîné par l'air dans l'atmosphère en raison de sa légèreté; il est évident que, dans cette

expérience, l'azote est mis à nu. L'*hydrogène*, le *bore* et le *carbone* n'exercent aucune action sur le zinc.

325. Le *phosphore* ne paraît pas avoir la plus grande tendance à s'unir avec ce métal ; cependant on peut opérer cette combinaison, en jetant peu à peu du phosphore et une petite quantité de résine sur du zinc fondu ; celle-ci s'oppose à l'oxidation du métal ; le *phosphure* qui en résulte est brillant, d'un blanc de plomb, presque aussi fusible que le zinc, et répand une odeur alliacée lorsqu'on l'aplatit sous le marteau. Le *soufre*, à une température élevée, peut se combiner avec ce métal et donner naissance à un sulfure solide, terne, sans saveur, moins fusible que le métal, décomposable par la chaleur, et qui s'empare de l'oxigène de l'air à une température élevée. Le sulfure naturel, que l'on trouve principalement en France, dans les départemens de l'Isère, du Pas-de-Calais, des Côtes-du-Nord et des Hautes-Pyrénées, et qui porte le nom de *blende*, est jaune, roussâtre, brun ou noir, suivant la quantité d'oxide de fer qu'il renferme ; il perd le soufre lorsqu'on le soumet à l'action du chalumeau de Brooks (Clarke) ; le métal s'oxide et se volatilise. Il est formé de 59,09 de zinc, de 28,86 de soufre et de 12,05 de fer. (Thompson.) On s'en sert pour préparer en grand le *sulfate* de zinc. L'*iode* se combine facilement avec ce métal réduit en poudre, même à une température peu élevée ; l'*iodure* de zinc est très-fusible, et se volatilise en beaux prismes quadrangulaires, aciculaires ; il est déliquescent et très-soluble dans l'eau, mais il décompose ce liquide ; en effet le zinc s'empare de son oxigène, passe à l'état d'oxide, et l'iode forme avec l'hydrogène de l'acide hydriodique qui dissout l'oxide métallique.

326. Le zinc dont la température a été élevée absorbe rapidement le *chlore*, le solidifie et se transforme en *chlorure* ; il y a dans cette expérience dégagement de ca-

lorique et de lumière ; le chlorure obtenu est blanc,
fusible, volatil au-dessous de la chaleur rouge, et composé de 100 parties de zinc et de 102 parties de chlore. Il
se dissout dans l'eau, et passe à l'état d'hydro-chlorate.
L'*azote* n'exerce aucune action sur ce métal. Si l'on fait
passer de l'*eau* en vapeur dans un tube de porcelaine rouge
contenant du zinc, celui-ci en absorbe l'oxigène, et l'hydrogène est mis à nu ; la décomposition de l'eau a également
lieu à froid, mais beaucoup plus lentement. Le gaz *oxide*
de carbone est sans action sur ce métal ; on ignore comment l'*oxide de phosphore* agit sur lui ; il décompose le
protoxide d'azote à une température élevée, et il est probable qu'il opère aussi la décomposition du deutoxide d'a-
zote (gaz nitreux.)

Il est sans action sur l'acide *borique ;* on ignore comment il agit sur le gaz acide *carbonique*, mais il est probable qu'il le décompose ; lorsqu'on le met en contact avec
l'acide *carbonique* dissous dans l'eau, celle-ci est rapidement décomposée, il se dégage du gaz hydrogène et le
métal oxidé se dissout dans l'acide. A une température très-
élevée, il enlève l'oxigène à l'acide *phosphorique*. L'acide
sulfurique concentré cède une portion de son oxigène au
zinc lorsqu'on chauffe le mélange, et se transforme en gaz
acide sulfureux, tandis que le métal oxidé passe à l'état de
sulfate en se combinant avec l'acide non décomposé. Si
l'acide sulfurique est très-affaibli par de l'eau, celle-ci est
rapidement décomposée à froid ; il y a dégagement de gaz
hydrogène et formation de sulfate de zinc. On ignore comment le gaz acide *sulfureux* agit sur ce métal. L'acide
chlorique le dissout sans qu'il se dégage aucun gaz ; l'eau
n'est pas décomposée ; ne pourrait-on pas, comme le dit
M. Vauquelin, supposer que le zinc a été oxidé par
l'oxigène d'une portion d'acide chlorique qui se décomposerait, et regarder ce produit comme une combinaison

triple de chlore, d'acide chlorique et d'oxide de zinc ? . . .
L'acide *nitrique* est en partie décomposé par ce métal, qui
lui enlève une certaine quantité d'oxigène, et met de l'azote,
du deutoxide et du protoxide d'azote à nu ; l'oxide de zinc
formé se combine avec l'acide nitrique non décomposé et se
transforme en nitrate. L'acide *nitreux* est également décompo-
posé en partie, et il se forme, à la température ordinaire, du
nitrite de zinc. Le gaz acide *hydro-chlorique* sec, chauffé
avec ce métal, le fait passer à l'état de *chlorure*, et l'hydrogène est mis à nu. Si l'acide hydro-chlorique contient de
l'eau, celle-ci seulement est décomposée ; le gaz hydrogène
se dégage, et l'oxigène fait passer le zinc à l'état d'oxide, qui
se dissout dans l'acide hydro-chlorique. Le zinc décompose
le gaz acide *hydro-sulfurique*, s'empare du soufre, et l'hydrogène est mis à nu.

L'*ammoniaque* liquide et concentrée exerce sur ce métal
une action remarquable dont nous devons les détails à
Delassonne. A l'aide d'une légère chaleur, et même à froid,
l'eau de l'ammoniaque est décomposée, son oxigène se
porte sur le métal, l'hydrogène se dégage, et l'oxide formé
se dissout dans l'ammoniaque ; cette dissolution, évaporée,
fournit des cristaux d'où l'on peut dégager l'ammoniaque
par la chaleur. Le zinc est employé pour faire des conduits,
des gouttières, des baignoires, des couvertures de toits ; on
s'en sert aussi pour faire des casseroles et plusieurs autres
ustensiles ; mais nous pensons qu'il est imprudent d'en faire
usage dans les cuisines ; car il est parfaitement prouvé que
les dissolutions de sel commun, d'acide acétique, d'acide
oxalique, citrique, qui entrent dans la composition de plusieurs alimens, facilitent son oxidation et sa dissolution ;
or, l'ingestion d'une préparation de zinc peut, dans quelques circonstances, être suivie d'accidens fâcheux ; le beurre
fondu dans des vases de zinc les attaque également, favorise l'oxidation du métal et dissout l'oxide. On emploie

encore le zinc pour la construction de la pile de Volta, pour préparer l'oxide blanc (fleurs de zinc), le gaz hydrogène, le laiton et un alliage d'étain dont on fait usage pour frotter les coussins des machines électriques.

De l'Oxide de zinc (fleurs de zinc, *pompholix*, *nihil album, lana philosophica*).

327. On trouve cet oxide dans la nature ; il entre pour beaucoup dans la composition de la calamine et du zinc gahnite ; on le rencontre quelquefois sous la forme de petits cristaux limpides. L'oxide de zinc est blanc, doux au toucher, fixe lorsqu'on le chauffe dans des vaisseaux fermés, décomposable par la pile ; il absorbe, à la température ordinaire, l'acide carbonique de l'air ; fortement chauffé avec du charbon, il perd son oxigène et il se forme du gaz oxide de carbone. Il se combine parfaitement avec les acides, et se dissout à merveille dans la potasse, la soude ou l'ammoniaque. Il est composé de 100 parties de métal et de 24,47 d'oxigène. Il doit être regardé comme un excellent anti-spasmodique ; il a été surtout excessivement utile dans l'épilepsie, où il a été quelquefois employé seul et avec le plus grand succès : on peut l'administrer depuis 6, 8 grains par jour, jusqu'à un demi-gros, mêlé avec du sucre, de la gomme ou toute autre poudre, et divisé en plusieurs prises ; on le donne quelquefois associé à la jusquiame noire et à la valériane, pour combattre certaines névralgies faciales rebelles ; on fait prendre ordinairement deux pilules par jour, composées d'un grain d'oxide de zinc et d'une égale quantité d'extrait de jusquiame et de valériane, et on augmente progressivement la dose. La *tuthie*, qui est de l'oxide de zinc grisâtre et impur, fait partie de certains collyres fortifians, du baume vert, de l'opodeldoch, etc. ; on compose avec elle et du

sucre candi, une poudre que l'on souffle dans les yeux pour dissiper les taies ; il serait préférable d'employer de l'oxide de zinc pur.

Des Sels de zinc.

328. Ces sels sont incolores lorsqu'ils sont purs ; leurs dissolutions sont précipitées en *blanc*, 1° par la potasse, la soude ou l'ammoniaque, qui en séparent l'oxide ; celui-ci se redissout dans un excès de l'un ou de l'autre de ces alcalis concentrés ; 2° par les hydro-sulfates solubles et par l'acide hydro-sulfurique, qui en précipitent un hydro-sulfate de zinc plus ou moins sulfuré ; 3° par l'hydro-cyanate de potasse et de fer (prussiate) ; 4° par les carbonates, les sous-carbonates, les phosphates et les borates solubles.

329. *Sulfate de zinc* (couperose blanche, vitriol blanc). Ce sel se trouve dans la nature, mais en petite quantité. Il cristallise en prismes à quatre pans incolores, terminés par des pyramides à quatre faces, doués d'une saveur âcre, styptique, efflorescens, solubles dans 2 parties et demie d'eau à 15°, et plus solubles dans l'eau bouillante ; ils éprouvent la fusion aqueuse lorsqu'on les chauffe. On vend dans le commerce du sulfate de zinc en masses, d'un blanc sale, tachées çà et là en brun rougeâtre : ce sel contient du sulfate de fer et quelquefois un peu de sulfate de cuivre. Le sulfate de zinc a été administré dans les mêmes circonstances que l'oxide ; mais il ne paraît pas être aussi avantageux ; il est employé par quelques praticiens comme émétique à la dose de douze ou quinze grains dissous dans l'eau distillée ; on s'en sert souvent et avec succès dans les dernières périodes des ophthalmies et des leucorrhées : dans le premier cas, on en fait dissoudre un ou 2 grains dans une once d'eau de roses à laquelle on ajoute 8 ou 10 gouttes de laudanum, et on fait tomber une ou 2 gouttes de solutum

entre les paupières : dans le second cas , on l'administre
en injection et étendu de beaucoup d'eau , de crainte d'ir-
riter trop fortement la membrane muqueuse.

330. *Iodate de zinc*. Il est le produit de l'art ; on l'obtient
sous la forme d'une poudre peu soluble , qui fuse faiblement sur les charbons. Il est sans usages.

331. *Chlorate de zinc*. On ne le trouve pas dans la nature :
celui qui a été préparé directement avec l'acide chlorique
et le zinc a une saveur astringente , se dissout très-bien
dans l'eau , et ne cristallise qu'avec la plus grande difficulté ; mis sur un charbon allumé , il détonne comme les
chlorates , et produit une belle lumière verte jaunâtre. Celui qui résulte de l'action de cet acide sur le carbonate de
zinc a une saveur très-astringente , et cristallise en octaèdres surbaissés ; il fuse sur les charbons ardens , et produit une lumière jaune sans détonner. Il existe encore
d'autres différences entre ces deux chlorates... quelle peut
en être la cause?... (Vauquelin). Ce sel est sans usages.

332. *Nitrate de zinc*. Il est le produit de l'art ; son histoire est la même que celle du sulfate , excepté qu'il est
légèrement déliquescent.

333. *Hydro-chlorate de zinc* (muriate). On ne le rencontre pas dans la nature. Comme le nitrate et le sulfate , il
est blanc , très-soluble dans l'eau et doué d'une saveur styptique ; il cristallise ; on peut le volatiliser dans une cornue , après l'avoir bien desséché , et il constitue alors le
beurre de zinc , qui n'est que du *chlorure de zinc* : il
n'est pas employé.

334. *Hydriodate de zinc*. Il est le produit de l'art ; on n'a
jamais pu l'obtenir cristallisé , parce qu'il est extrêmement
déliquescent ; exposé à l'action du calorique , il fond et
se volatilise en beaux cristaux prismatiques ; lorsqu'il est
desséché , il ne diffère pas de l'iodure de zinc. On ne lui
connaît aucun usage.

335. *Hydro-sulfate de zinc.* On ne le trouve pas dans la nature ; il est blanc , insoluble dans l'eau et sans usages.

Du Fer.

Ce métal se trouve dans la nature, 1° à l'état natif, dans des filons auprès de Grenoble, à Kamsdorf en Saxe, en Amérique, suivant M. Proust ; ou bien en masses considérables : on en a rencontré une à *Olumpa* , lieu de l'Amérique méridionale, dont le poids s'élevait à 1500 myriagrammes ; d'autres ont été trouvées en Sibérie, à Aken près de Magdebourg en Bohème , et il en existe , suivant M. de Humboldt, au Pérou et au Mexique ; 2° combiné avec diverses proportions d'oxigène ; 3° avec des corps simples, tels que le soufre, l'arsenic et quelques autres métaux ; 4° enfin avec l'oxigène et un acide, ce qui constitue des sels ferrugineux.

336. Le fer est un métal solide, d'une couleur grise bleuâtre , d'une structure granuleuse , un peu lamelleuse , malléable, et surtout très-ductile : on sait qu'il a été réduit en fils assez minces pour pouvoir en faire des perruques ; sa tenacité est extrême ; on ne peut rompre un fil de fer de deux millimètres de diamètre qu'en lui faisant supporter un poids de 242 kilogrammes, 659 ; il est très-dur et répand une odeur sensible lorsqu'on le frotte ; il jouit à un très-haut degré de la propriété magnétique , en sorte qu'on l'emploie pour faire des aimans artificiels (1) ; il ne partage cette propriété qu'avec le nickel et le cobalt, qui la possèdent à un degré beaucoup plus faible. Sa pesanteur spécifique est de 7,788.

---

(1) Les aimans naturels sont principalement formés par du protoxide de fer.

337. Soumis à l'action du calorique, le fer entre en fusion à 130° du pyromètre de Wedgwood, température excessivement élevée. S'il est en contact avec l'air atmosphérique, et à plus forte raison avec le gaz oxigène, il s'oxide, augmente de poids, et donne lieu à un grand dégagement de calorique et de lumière ; il passe successivement à l'état d'oxide noir et d'oxide rouge, si toutefois la température n'est pas rouge blanc ; les battitures qui se détachent du fer que l'on a fait rougir et que l'on bat après, ne sont que de l'oxide noir de fer. A la *température* ordinaire, le gaz oxigène humide le transforme aussi en oxide ; il en est de même de l'air atmosphérique qui n'a pas été desséché ; celui-ci le fait passer en outre à l'état de carbonate, de tritoxide (safran de mars apéritif). Le gaz *hydrogène* paraît dissoudre un peu de *fer* : en effet, en laissant sur l'eau distillée le gaz hydrogène préparé avec ce métal, on remarque qu'il se forme, à la surface du liquide, une pellicule ferrugineuse. On ignore quel est le résultat de l'action directe du *bore* sur lui ; mais il existe un borure de fer que l'on obtient en chauffant fortement, dans un creuset brasqué, un mélange de charbon, d'acide borique, et de fer très-divisé et épaissi par de l'huile grasse ; d'où l'on voit que l'acide borique est décomposé par le charbon qui s'empare de son oxigène ; ce borure est solide, cassant, inodore, insipide et fusible. (Descostils.)

Le *carbone* et le fer peuvent s'unir en diverses proportions et donner naissance à des carbures connus sous les noms d'*acier*, de *plombagine* (mine à crayon), etc. ; les différentes variétés de fonte paraissent aussi contenir une grande quantité de ce carbure. L'*acier* est constamment un produit de l'art : on en distingue trois espèces, l'acier d'Allemagne, de cémentation, et l'acier fondu ; elles sont presque entièrement formées par du fer, car elles ne contiennent que depuis un millième jusqu'à 20 millièmes de leur poids de charbon; les meilleures sont celles dans la composition desquelles il n'entre que 7 à 8 millièmes de charbon.

L'acier est brillant, susceptible d'être poli, insipide, inodore, très-malléable, très-ductile, d'une structure granuleuse et un peu moins pesant que le fer. Si après l'avoir fortement chauffé on le refroidit subitement en le plongeant dans de l'eau froide, dans du mercure, dans des acides, dans des huiles, etc., il acquiert de l'élasticité, de la dureté, et devient cassant; il perd par conséquent sa ductilité et sa malléabilité; son tissu est plus serré et plus fin : on désigne cette opération sous le nom de *trempe*. L'acier trempé peut être *détrempé* et reprendre ses propriétés primitives, si on le fait rougir et qu'on le laisse refroidir lentement. M. le professeur Thenard attribue les propriétés de l'acier trempé à l'état de tension où se trouvent ses particules. M. Biot, après avoir établi par des faits que l'acier trempé occupe un volume plus considérable qu'auparavant, la température étant la même, s'exprime ainsi sur le phénomène de la trempe : « Il paraît qu'à l'instant où l'acier fortement échauffé est précipité subitement dans une température très-basse, le refroidissement, qui saisit les couches extérieures de la masse plus aisément que le centre, les force de se mouler pour ainsi dire sur ce centre échauffé et dilaté ; ce qui leur fait prendre des dimensions plus grandes qu'elles n'auraient eues si elles avaient été abandonnées graduellement à elles-mêmes. Bientôt les molécules placées plus près du centre se refroidissent à leur tour; mais les couches extérieures, déjà parvenues à un état fixe, les retiennent par leur attraction, déterminent le volume qu'elles doivent remplir, et les empêchent ainsi de se rapprocher autant qu'elles l'auraient pu faire si elles eussent été abandonnées librement à un refroidissement graduel. La dilatation définitive deviendra donc

plus grande à mesure que la différence de température
entre les couches extérieures et intérieures de la masse
métallique sera plus considérable et pourra se soutenir plus
long-temps. Cela explique avec beaucoup de vraisemblance
pourquoi la dilatation est moindre dans les petites masses,
que le refroidissement pénètre avec plus de promptitude ».
(Voyez *Ouvrage de physique*, t. 1.) Les propriétés chimiques de l'acier sont à peu de chose près les mêmes que
celles du fer. Il sert à faire une multitude d'instrumens. La
plombagine ou la mine à crayon se trouve en France,
en Espagne, en Bavière, en Angleterre et en Norwège ;
elle est formée de 8 à 10 parties de fer, et de 90 à 92
parties de charbon : ses propriétés physiques sont généralement connues : soumise à l'action du gaz oxigène à une
température élevée, elle se transforme en gaz acide carbonique et en oxide de fer. Mêlée avec l'argile, on l'emploie
pour faire des crayons, des creusets, etc.

Le *phosphore* peut s'unir directement avec le fer et donner un phosphure composé de 20 parties de phosphore
et de 80 parties de fer ; il est blanc, brillant, cassant, plus
fusible que le fer, attirable à l'aimant et peut cristalliser
en prismes rhomboïdaux ; il n'a point d'usages. Bergman
l'avait regardé comme un métal particulier auquel il avait
donné le nom de *siderum*.

Le *soufre* se combine en différentes proportions avec le
fer ; nous ne parlerons que des deux variétés que l'on rencontre dans la nature. *Per-sulfure de fer* (pyrite de fer).
Ce sulfure se trouve très-abondamment dans la nature ; il
est formé de 117 parties de soufre et de 100 parties de fer ;
il est très-brillant, d'une couleur jaunâtre et nullement
magnétique ; chauffé dans des vaisseaux fermés, il perd environ 22 parties de soufre et se fond ; mais s'il a le contact
de l'air ou du gaz oxigène, et que sa température soit très-
élevée, il absorbe l'oxigène avec dégagement de calorique

et de lumière, et se transforme en gaz acide sulfureux et en tritoxide rouge de fer; si la chaleur est moins forte, il passe à l'état de sulfate de fer et il se forme du gaz acide sulfureux; enfin, il se change lentement en sulfate par l'action de l'oxigène ou de l'air humide à la température ordinaire; on l'emploie dans certains pays pour préparer le soufre et le sulfate de fer (couperose verte). *Proto-sulfure de fer.* Ce sulfure se trouve plus rarement dans la nature que l'autre; il paraît formé de 100 parties de fer et de 58,75 de soufre; il est magnétique, indécomposable au feu; son action sur l'oxigène et sur l'air, à une température élevée, est la même que celle du précédent.

L'*iode* agit sur le fer comme sur le zinc; l'iodure de fer est brun, fusible à la température rouge, soluble dans l'eau, et susceptible de la décomposer à froid et de passer à l'état d'hydriodate de fer, d'une couleur verte.

Un fil de fer dont la température a été élevée, absorbe le *chlore* gazeux, rougit et se transforme en per-chlorure de fer, d'un jaune brun, brillant et cristallisé; on obtient le même composé, mais d'une couleur plus foncée, en faisant arriver à la température ordinaire un excès de chlore gazeux sur du fer divisé. Ce per-chlorure (muriate de fer) est volatil et se transforme dans l'eau en hydro-chlorate de tritoxide de fer jaune, soluble; il paraît composé de 100 parties de chlore et de 51,5 de fer. L'*azote* n'agit point sur ce métal.

Si on met dans un flacon de la limaille de fer très-divisée et de l'*eau*, et que l'on agite de temps en temps le mélange, le liquide est décomposé; il se dégage du gaz hydrogène, et le métal passe à l'état de deutoxide de fer (æthiops martial). Si au lieu d'agir ainsi on fait passer de la vapeur d'eau à travers du fer chauffé jusqu'au rouge dans un tube de porcelaine, il se forme sur-le-champ une très-grande quantité de ce deutoxide gris noir; cette décomposition s'opère, comme l'a prouvé M. Gay-Lussac, depuis le *rouge obscur* jusqu'au *rouge blanc*, et en proportion croissante avec la température. Lorsqu'on laisse le fer et l'eau en contact avec l'air, à la température ordinaire, l'oxide formé se dissout dans l'acide carbonique, surtout si on renouvelle l'air, en sorte que l'eau tient réellement du carbonate de fer en dissolution; l'eau *ferrugineuse*, *chalybée*, etc., se prépare ainsi, en faisant digérer des vieux clous dans ce liquide exposé à l'air. On ignore quelle est l'action des oxides de *carbone* et de *phosphore* sur le fer. Il décompose le protoxide d'azote à une température élevée; il agit probablement de même sur le gaz deutoxide d'azote. Il n'altère point l'acide *borique*; il transforme, au contraire, le gaz acide *carbonique* en gaz oxide de carbone, et passe à l'état d'oxide de fer, pourvu que la température soit assez élevée. L'eau saturée de ce gaz dissout peu à peu la limaille de fer et la fait passer à l'état de carbonate; le métal s'oxide aux dépens du liquide. Il opère la décomposition de l'acide *phosphorique* à une température rouge; il agit sur l'acide *sulfurique* comme le zinc, et passe à l'état de proto-sulfate si l'acide est affaibli. L'acide chlorique attaque le fer, le dissout sans dégagement de gaz et produit une chaleur très-sensible. Suivant M. Vauquelin, l'oxigène de cet acide oxide le métal, et il se forme un composé de chlore et de tritoxide de fer.

338. L'acide *nitrique* concentré agit fortement sur le fer, se décompose en partie, lui cède une portion de son oxigène, et se transforme en gaz azote, en protoxide d'azote, ou en deutoxide d'azote; le fer passe à l'état de peroxide rouge qui se précipite en grande partie sous la forme de flocons, et qui se dissout en partie dans l'acide non décomposé; il se forme en outre du nitrate d'ammoniaque. *Théorie.*

L'acide nitrique le plus concentré contient de l'eau; on peut donc représenter l'acide par :

	Gaz deutoxide d'azote + oxigène.
	Acide nitrique.
	Azote + oxigène.
et l'eau par........	Hydrogène + oxigène.
	Nitrate d'ammoniaque. fer.
	Tritoxide.

Une portion d'acide nitrique est décomposée par le métal en gaz deutoxide d'azote qui se dégage, et en oxigène qui l'oxide; une autre portion d'acide nitrique est décomposée en oxigène et en azote; enfin l'eau est également décomposée. L'hydrogène et l'azote provenant de ces décompositions forment de l'ammoniaque qui se combine avec une partie d'acide non décomposé, et donne naissance à du nitrate d'ammoniaque; le fer se trouve oxidé par toutes les quantités d'oxigène au-dessous desquelles nous l'avons placé. Si l'acide nitrique est affaibli, il transforme le fer en deutoxide, qui se dissout dans la portion d'acide non décomposée.

L'acide nitreux agit aussi avec beaucoup d'énergie sur le fer. Les acides hydro-chlorique et hydro-sulfurique exercent sur lui la même action que sur le zinc. Les usages de ce métal précieux sont innombrables et généralement connus.

Des Oxides de fer.

On admet trois oxides de fer.

339. *Protoxide.* On ne le trouve jamais pur dans la nature; on ne peut pas l'obtenir à l'état sec, car il s'oxide davantage lorsqu'on essaye de le dessécher; il est blanc, absorbe rapidement le gaz oxigène à froid et se dissout dans l'ammoniaque; il se produit toutes les fois que le fer se dissout

dans les acides sulfurique et hydro-chlorique faibles. Il est composé, suivant M. Gay-Lussac, de 100 parties de fer et de 28,3 d'oxigène. MM. Thenard et Chenevix l'ont fait connaître.

340. *Deutoxide* (éthiops martial). On le trouve cristallisé en octaèdres ou en dodécaèdres en Corse et en Suède; il existe plus souvent sous la forme sablonneuse sur les bords de l'Elbe, près de Naples, en Suède, en France; enfin on le rencontre en masses plus ou moins considérables en Norwège, en Sibérie, en Bohême, en Sicile, en Corse, etc. L'aimant est entièrement formé par lui. Il est gris noir quand il est en masses; lorsqu'on le précipite de ses dissolutions il paraît brun foncé, et vert quand il est très-divisé et qu'il n'en reste que quelques molécules en suspension; il est très-magnétique; sa densité et de 5,1072. Chauffé dans des vaisseaux fermés, il fond et ne se décompose pas; s'il est en contact avec le gaz oxigène ou avec l'air, il passe à l'état de tritoxide, pourvu qu'il ne soit pas chauffé jusqu'au rouge blanc (1). Le gaz hydrogène le décompose depuis le rouge obscur jusqu'au rouge blanc, s'empare de son oxigène et le ramène à l'état métallique, fait d'autant plus surprenant, que nous venons de voir que le fer décompose l'eau et lui enlève son oxigène, précisément à la même température (M. Gay-Lussac) : on ne connaît pas encore la cause de cette anomalie. Mis pendant quelques mois en contact avec l'acide nitrique concentré, il passe au troisième degré d'oxidation, se dissout lentement, et le trito-nitrate cristallise en prismes carrés incolores et terminés par un biseau (Vauquelin).

Lorsqu'on le fait bouillir avec de l'acide sulfurique

---

(1) En effet, nous verrons bientôt que le tritoxide chauffé au rouge blanc perd de l'oxigène, et passe à l'état de deutoxide noir.

étendu de deux fois son poids d'eau, on obtient un deuto-sulfate dont la couleur varie suivant la quantité de l'oxide dissous : il est d'abord jaune citrin, puis jaune verdâtre, jaune brun, jaune rougeâtre, et enfin rouge brun foncé, lorsque l'acide est complètement saturé. Il est soluble dans l'ammoniaque ; mais il se dépose facilement lorsque cette dissolution est en contact avec l'air. Il est formé, d'après les dernières expériences de M. Gay-Lussac, de 100 parties de fer et de 38,o d'oxigène. On l'emploie pour obtenir le fer.

34 1. *Tritoxide* ou *peroxide de fer* (safran de mars astrin-gent, rouge d'Angleterre, colcothar). Il existe très-abondamment dans la nature, et se présente sous diverses formes. Il est rouge violet, sans action sur l'aimant, à moins qu'il ne soit en grandes masses, plus fusible que le fer ; chauffé jusqu'au rouge blanc il est décomposé et trans-formé en gaz oxigène et en deutoxide de fer ; le gaz *oxigène* ne lui fait éprouver aucune altération. Exposé à l'*air* à la température ordinaire, il en absorbe l'acide carbonique. Le *chlore*, placé dans des circonstances particulières (voy. *Chlorate de tritoxide de fer*), peut s'unir avec cet oxide et former un chlorure de peroxide rouge. Il est décomposé par le *soufre* à une température élevée, et il se forme du gaz acide sulfureux et du sulfure de fer. Chauffé avec l'a-cide *sulfurique* concentré, il donne un sulfate incolore plus ou moins acide, contenant peu d'eau. Il est composé, suivant M. Gay-Lussac, de 100 parties de fer et de 50 parties d'oxi-gène. On l'emploie pour extraire le métal.

Des Sels de fer.

342. Chacun des trois oxides de fer connus peut se combiner avec un certain nombre d'acides, et former des sels, qui seront au premier, au second ou au troisième degré d'oxidation.

Des Sels formés par le protoxide de fer.

Les dissolutions de ces sels sont légèrement colorées en vert ; les alcalis en précipitent le protoxide blanc qui, par le contact de l'air, passe subitement au vert foncé, puis au rouge, phénomène qui dépend de ce que le protoxide absorbe l'oxigène de l'air et se transforme en deuto ou en tritoxide. L'ammoniaque dissout le protoxide précipité. Le carbonate saturé de potasse en précipite du proto-carbonate blanc qui verdit aussi par son exposition à l'air, mais avec beaucoup moins de rapidité ; il en est à-peu-près de même du précipité blanc formé par le sous-borate de soude ; celui qui est déterminé par le sous-phosphate de soude est également blanc et tarde beaucoup plus à passer au vert ; le prussiate de potasse et de fer (hydro-cyanate) y fait naître un précipité blanc, qui devient bleu aussitôt qu'il a le contact de l'air. Ces changemens de couleur et la sur-oxidation qui en est la cause, peuvent être instantanément produits par le chlore ; en effet, ce corps favorise la décomposition de l'eau en s'unissant à l'hydrogène pour former de l'acide hydro-chlorique, tandis que l'oxigène se combine avec le protoxide. Les hydro-sulfates précipitent les dissolutions de protoxide en noir ; le précipité est de l'hydro-sulfate de fer plus ou moins sulfuré. Elles absorbent le gaz nitreux (deutoxide d'azote) en assez grande quantité, et deviennent brunes.

343. *Sous-proto-carbonate de fer.* On trouve ce sel dans la nature, uni, en diverses proportions, tantôt avec de la chaux, de la magnésie, de l'oxide de manganèse et de l'eau ; tantôt avec quelques-unes de ces substances. On appelle, en minéralogie, le composé qui résulte de ces différens corps, *fer spathique* ou *mine d'acier.* On le rencontre en France, en Saxe, en Hongrie, etc. ; sa couleur

est blanche, jaune, grise ou brunâtre (1); sa texture est lamelleuse; sa pesanteur spécifique est de 3,67. Celui que l'on obtient dans les laboratoires est insoluble dans l'eau, et soluble dans un excès de gaz acide carbonique : ce *solutum* exposé à l'air se trouble et laisse précipiter du sous-carbonate de tritoxide d'un jaune rougeâtre. Le proto-carbonate entre dans la composition de plusieurs eaux minérales. On s'en sert avec grand avantage pour en extraire le fer et pour faire l'acier.

344. *Proto-sulfate de fer.* On ne trouve presque jamais ce sel à l'état de pureté dans la nature ; il y existe très-souvent mêlé avec le sous-trito-sulfate, ce qui constitue la *couperose verte* ou *vitriol vert.* Lorsqu'il a été obtenu par l'art, il se présente sous la forme de rhombes terminés par un biseau partant de la plus grande diagonale du rhombe, transparens, verts, et doués d'une saveur styptique analogue à celle de l'encre; exposés à l'air, ils s'effleurissent, et leur surface se recouvre de taches jaunâtres *ocreuses* et opaques, phénomène dû à l'absorption de l'oxigène qui transforme les molécules extérieures du sel en sous-trito-sulfate jaune. Deux parties d'eau froide dissolvent une partie de proto-sulfate, tandis qu'il n'exige que les trois-quarts de son poids d'eau bouillante pour être dissous. Ce *solutum* est transparent et d'une belle couleur verte; mais il ne tarde pas à se décomposer par le contact de l'air; il en absorbe l'oxigène, passe à l'état de sous-trito-sulfate *jaune*, insoluble, qui se précipite, et de sur-trito-sulfate rouge qui reste en dissolution. Il peut absorber le gaz deutoxide d'azote. Chauffé dans un creuset, le proto-sulfate de fer éprouve la fusion aqueuse, se boursoufle, perd son eau de cristallisation, et donne une masse

---

(1) Dans certaines variétés de fer spathique, le carbonate de fer est au deuxième, et même au troisième degré d'oxidation,

blanche opaque, que l'on peut décomposer à une température plus élevée. Les produits de cette décomposition
sont du gaz oxigène, du gaz acide sulfureux, un liquide
brun composé d'acide sulfurique et d'acide sulfureux
(acide sulfurique glacial, *voyez* § 108), enfin du tritoxide
de fer (colcothar).

Théorie. L'acide du proto-sulfate de fer desséché peut
être représenté par :

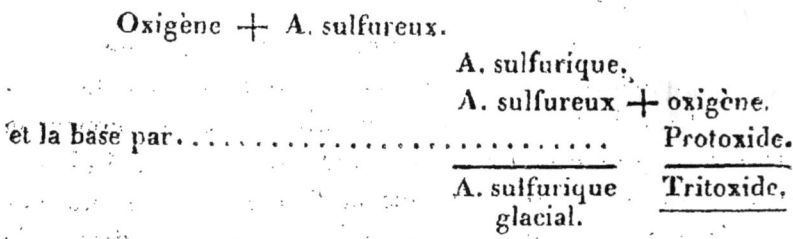

Oxigène + A. sulfureux.

	A. sulfurique.
	A. sulfureux + oxigène.
et la base par.	Protoxide.
A. sulfurique glacial.	Tritoxide.

La température étant très-élevée, une portion de l'acide
sulfurique se décompose en gaz oxigène et en gaz acide
sulfureux ; une partie de ces gaz se dégage; l'autre partie se
combine, savoir : l'oxigène avec le protoxide de fer, qu'il
fait passer à l'état de tritoxide, et le gaz acide sulfureux
avec la portion d'acide sulfurique non décomposée, qui
n'a aucune tendance à s'unir avec le tritoxide de fer, et
qui par conséquent se volatilise.

La couperose verte a des usages nombreux ; elle sert à
faire l'encre, le bleu de Prusse, les teintures en noir, en
gris, etc., à préparer l'or très-divisé que l'on emploie
pour dorer la porcelaine, le colcothar (rouge d'Angleterre), à dissoudre l'indigo, etc.

345. *Proto-hydro-chlorate de fer.* On a trouvé ce sel uni
à la silice près de Philipstadt ; les minéralogistes l'ont
désigné sous le nom de *muriate de fer silicé* ou de *py-
rodmalite*; il est sous la forme de prismes hexaèdres d'une
couleur verte. Dans les laboratoires, on l'obtient cristallisé en polyèdres d'un vert pâle, d'une saveur styptique,

très-solubles dans l'eau, et exerçant sur l'atmosphère la
même action que le proto-sulfate, par conséquent passant
à l'état de trito-hydro-chlorate. Chauffé dans des vaisseaux
fermés, il se transforme en proto-chlorure de fer-blanc
qui se sublime en petites paillettes. Il n'a aucun usage.

346. *Proto-hydriodate de fer.* On ne le trouve pas dans
la nature; il se dissout très-bien dans l'eau, qu'il colore
en vert clair. Il est sans usages.

347. Le *proto-hydro-sulfate de fer* est noirâtre, insoluble
dans l'eau, n'existe pas dans la nature, et n'a point d'usages.

Des Sels formés par le deutoxide de fer.

Les alcalis précipitent des dissolutions formées par le
deutoxide de fer, du deutoxide brun foncé verdâtre qui
passe à l'état de tritoxide rouge par l'action de l'air ou
du chlore ; les carbonates de potasse ou de soude, saturés et concentrés, les précipitent et redissolvent facilement
le précipité. Le prussiate de potasse et de fer y fait naître
un beau précipité bleu. L'*infusum* de noix de galle y produit un précipité d'un bleu violet très-intense. Ces dissolutions absorbent le gaz nitreux et deviennent brunes;
mais elles en prennent moins que les dissolutions de protoxide. L'alcool (esprit-de-vin) n'altère point leur transparence dans le même instant; mais au bout de quelques
heures, il détermine un partage dans la liqueur; il se forme
un sel de protoxide qui cristallise, et il reste en dissolution
un sel de tritoxide. Les hydro-sulfates les précipitent en noir.

Suivant M. Gay-Lussac, lorsque le deutoxide de fer se
dissout dans les acides sulfurique et hydro-chlorique, il se
fait un partage de l'oxigène, et il se forme du protoxide et
du tritoxide de fer, tous les deux solubles dans ces acides,
en sorte que l'on peut regarder le deuto-sulfate et le deuto-
hydro-chlorate résultans comme un mélange de proto et
de trito-sulfate ou de proto et de trito-hydro-chlorate.

348. Le *sulfate de deutoxide de fer* dont la couleur varie (*voyez* pag. 323), donne, lorsqu'on le fait évaporer, du sulfate de tritoxide soluble et des cristaux de proto-sulfate vert ; en outre, il se dépose souvent avec ces cristaux une poudre blanche qui est du sulfate acide contenant peu d'eau, parce que celui qui a cristallisé en contient beaucoup (Gay-Lussac). On doit attribuer ce phénomène à ce que les acides ont plus d'affinité pour les métaux peu oxidés que pour ceux qui le sont beaucoup.

349. *Deuto-chlorate de fer.* M. Vauquelin a décrit un sel résultant de l'action de l'acide chlorique sur le fer métallique qui nous paraît être celui-ci, mais que l'on peut aussi considérer comme un mélange de *proto* et de *deuto-chlorate.* « Il a une couleur verdâtre et une saveur astringente ; il précipite en vert par les alcalis, et se colore à peine par l'acide gallique ; mais il ne tarde pas à passer au rouge. » (Voyez *Annales de Chimie*, t. XLV, pag. 121). Il est sans usages.

350. *Deuto-nitrate de fer.* Il est le produit de l'art, d'un jaune verdâtre ; il absorbe avec la plus grande facilité l'oxigène de l'air, et passe à l'état de sous-trito-nitrate insoluble : on ne l'a pas encore obtenu cristallisé ; il se transforme en oxide rouge par l'action de la chaleur (safran de mars astringent). On l'a employé quelquefois pour teindre le coton en jaune.

Des Sels formés par le tritoxide de fer.

Les dissolutions formées par le peroxide de fer sont en général rouges ; les alcalis en précipitent du peroxide jaune rougeâtre ; le prussiate de potasse et de fer y fait naître un dépôt d'un bleu très-foncé ; l'*infusum* de noix de galle les précipite en violet noirâtre, et les hydro-sulfates en noir.

351. *Sous-carbonate de peroxide de fer.* Il se produit

lorsqu'on expose le fer à l'air humide; il est jaune rougeâtre, insoluble dans l'eau, insipide et très-peu soluble dans le gaz acide carbonique.

352. *Trito-sulfate acide de fer.* On le trouve à la surface des cristaux de couperose verte; il est jaune orangé, doué d'une saveur acerbe, très-styptique, incristallisable, soluble dans l'eau, plus soluble dans l'acide sulfurique; évaporé jusqu'à siccité, il donne une masse qui se dissout en partie dans l'eau; la portion dissoute est du sur-sulfate, et l'autre du sous-sulfate jaune. Il existe encore, comme nous l'avons dit (pag. 323), un *per-sulfate* blanc, peu soluble dans l'eau froide quand il contient peu d'acide; il est même décomposé par l'eau, qui lui enlève peu à peu son acide et une petite quantité d'oxide, en sorte qu'il le réduit à du peroxide jaune rougeâtre. S'il contient plus d'acide, l'eau le dissout complètement à toutes les températures. Il n'a point d'usages.

353. *Trito-iodate de fer.* Il est le produit de l'art, d'une couleur blanche, insoluble dans l'eau, soluble dans les acides et sans usages (M. Gay-Lussac).

354. *Trito-chlorate de fer.* Les expériences faites par M. Vauquelin tendent à prouver que ce sel n'existe pas : en effet, la dissolution rouge que l'on finit par obtenir en traitant le fer par l'acide chlorique est formée de chlore et de tritoxide de fer: aussi donne-t-elle par l'action de la chaleur une masse demi-transparente de couleur de sang, soluble dans l'eau, et qui ne fuse point sur les charbons ardens. Ce produit est sans usages.

355. *Trito-nitrate acide de fer.* On ne le trouve pas dans la nature; il est ordinairement liquide, d'une couleur rouge et incristallisable; on peut cependant l'obtenir incolore au moyen d'un très-grand excès d'acide. M. Vauquelin est parvenu, comme nous l'avons déjà dit (pag. 322.), à le faire cristalliser en prismes carrés, incolores, excessivement

déliquescens et très-solubles dans l'eau. Il perd son acide par l'action de la chaleur, et se transforme en tritoxide. Etendu d'eau et mêlé avec un excès de dissolution de sous-carbonate de potasse, il est décomposé et il se forme, d'une part, du nitrate de potasse soluble et du sous-trito-carbonate de fer, qui se précipite et qui peut être dissous en totalité ou en partie par un excès de sous-carbonate de potasse ; la liqueur qui en résulte et qui est composée de nitrate de potasse + de sous-trito-carbonate de fer dissous par du sous-carbonate de potasse, portait autrefois le nom de *teinture martiale alcaline* de Stahl. Cette teinture ne tarde pas à laisser déposer une grande partie du sous-carbonate de fer qui entre dans sa composition.

356. *Trito-hydro-chlorate acide de fer.* Il est le produit de l'art ; sa dissolution a une couleur jaune foncée, une saveur très-styptique, et fournit, par l'évaporation, de petites aiguilles d'un jaune serin qui attirent l'humidité de l'air ; lorsqu'on les chauffe jusqu'au rouge, on obtient du gaz acide hydro-chlorique, des cristaux qui se subliment sous la forme de paillettes et qui paraissent être du chlorure de fer ; enfin un produit fixe formé probablement de chlore et de fer en d'autres proportions. Si au lieu de chauffer seul cet hydro-chlorate, on le mêle avec du sel ammoniac solide (hydro-chlorate), il se sublime une matière jaunâtre, connue sous le nom de *fleurs martiales (ens martis)*, qui est formée de sel ammoniac et d'une petite quantité de chlorure de fer. On ne l'emploie que dans la préparation de ces fleurs.

357. *Propriétés médicinales du fer.* Les préparations ferrugineuses doivent être regardées comme toniques, astringentes et apéritives ; elles déterminent la plénitude et la turgescence des vaisseaux, accélèrent la marche des humeurs, paraissent rendre la bile plus fluide, la couleur de la peau plus intense, etc. : aussi ne les emploie-t-on

jamais dans les maladies aiguës des individus pléthoriques, principalement de ceux qui ont des affections de poitrine ou qui sont sujets à l'hémoptysie. Elles sont très-utiles, 1° dans les débilités d'estomac; 2° dans les engorgemens scrophuleux ou laiteux des glandes; 3° dans certaines hydropisies passives et dans la plupart des leucophlegmaties; 4° dans les hémorrhagies passives et dans les écoulemens atoniques du vagin, de l'urètre, des intestins, etc. : ainsi le flux abondant des menstrues occasionné par le relâchement de l'utérus et la faiblesse de tous les organes, les flueurs blanches, certaines diarrhées cèdent facilement à ces sortes de préparations; 5° dans la chlorose, désignée par les auteurs sous le nom d'*ictère blanc*, où la vitalité de toutes les parties est singulièrement diminuée; 6° dans l'anæmie ou privation de sang, maladie qui a beaucoup de rapport avec la précédente; 7° dans la suppression des règles provenant d'un défaut de ressort de la matrice; car elles seraient dangereuses dans le cas où il y aurait pléthore, pesanteur de la matrice, irritation, etc.; 8° dans les vomissemens abondans et spasmodiques : elles sont inutiles lorsque ce symptôme dépend d'une affection organique du pylore, du foie, etc.; 9° dans les affections vermineuses, suivant M. Alibert.

Parmi les préparations dont nous venons de faire l'histoire, les plus employées sont le *deutoxide noir* (éthiops martial), les safrans de mars astringent et apéritif (tritoxide et carbonate de tritoxide), et les dissolutions de carbonate ou de sulfate de fer (eaux ferrugineuses artificielles) : les deux premières s'administrent depuis 4 jusqu'à 12 ou 18 grains, sous forme sèche, et associées à divers extraits ou à des conserves toniques. Les eaux ferrugineuses se composent ordinairement avec 12 ou 15 grains de carbonate ou de sulfate de protoxide de fer, que l'on fait dissoudre dans de l'eau privée d'air : on a soin d'opérer la dissolution du carbonate à la faveur du gaz acide carbonique : l'eau ferrée est une préparation de ce genre. Des expériences récentes prouvent que la dissolution de 18 à 24 grains de sulfate de protoxide de fer dans une pinte d'eau, peut être excessivement utile pour faire cesser certaines fièvres intermittentes ; mais on ne doit jamais perdre de vue, dans l'administration de ce médicament, qu'il est vénéneux quand il est donné à forte dose. M. Smith a fait voir qu'il détermine l'insensibilité générale et la mort lorsqu'il est introduit dans l'estomac ou appliqué sur le tissu cellulaire à la dose de 2 gros. Les *fleurs martiales de sel ammoniac* sont administrées en bols ou dans un bouillon, depuis 2 jusqu'à 12 grains ; on emploie aussi, mais rarement, l'hydro-chlorate de fer (muriate), et la teinture martiale alkaline de Stahl. On fait souvent usage de la limaille de fer.

De l'Étain.

L'étain se trouve en Allemagne, en Angleterre, à Banca, à Malaca ; il existe dans le département de la Haute-Vienne une mine d'étain assez riche pour pouvoir être exploitée avec succès ; du moins tels sont les résultats de l'analyse qui en a été faite par Descostils. L'étain se rencontre toujours à l'état d'oxide ou à l'état de sulfure.

358. Il est solide, d'une couleur semblable à celle de l'argent ; il est plus dur et plus brillant que le plomb ; il est assez malléable pour qu'on puisse en obtenir des lames minces ; mais il se tire mal en fil. Sa pesanteur spécifique est de 7,291 ; il a la singulière propriété de craquer lorsqu'il est plié, phénomène que l'on désigne sous le nom de *cri de l'étain. Chauffé* dans des vaisseaux fermés, il fond à 210°, et ne se volatilise pas ; mais s'il a le contact de l'*air* ou du *gaz oxigène*, il s'oxide avec dégagement de calorique et de lumière si la température est assez élevée. A froid, ces gaz n'agissent

pas sur ce métal, que nous supposons parfaitement pur ;
car s'il contient du plomb, il ne tarde pas à être terni par
leur contact.

359. Le gaz *hydrogène*, le *bore* et le *carbone* n'exercent
aucune action sur lui. Le *phosphore* se combine avec l'étain,
et donne un phosphure mou, de la couleur de l'argent,
moins fusible que l'étain, susceptible de se transformer en
acide phosphorique et en phosphate d'étain lorsqu'on le
fait chauffer à l'air ; il paraît formé de 82 parties d'étain et
de 18 parties de phosphore. Le *soufre* s'unit directement
avec l'étain et donne deux sulfures. Le *proto-sulfure*, formé
de 100 parties de métal et de 27,2 de soufre, existe dans
la nature combiné avec du sulfure de cuivre ; il est d'un
gris noirâtre, brillant, cristallisable en lames, indécomposable par le feu ; il peut absorber de la vapeur de soufre
et passer à l'état de deuto-sulfure ; enfin, il est décomposé
par l'air et par le gaz oxigène, qui le transforment en gaz
acide sulfureux et en sulfate d'étain, ou en gaz acide sulfureux et en oxide d'étain, suivant que la température est
plus ou moins élevée. Le *deuto-sulfure d'étain* (or mussif),
composé de 100 parties de métal et de 54,4 de soufre, ne
contient pas d'oxigène. Il est le produit de l'art ; chauffé dans
des vaisseaux fermés, il donne du soufre qui se volatilise,
et du proto-sulfure noir fixe ; il ne se dégage pas un atôme
de gaz acide sulfureux ; d'ailleurs, si ce deuto-sulfure contenait de l'oxigène, comment pourrait-on l'obtenir en
chauffant parties égales d'étain et de cinabre, corps composé seulement de soufre et de mercure (MM. Berzelius
et Gay-Lussac). L'*iode* se combine avec l'étain divisé,
même à une température peu élevée ; l'*iodure d'étain* pulvérisé est jaune orangé, sale ou d'un rouge brun, suivant
les proportions d'iode et d'étain ; il est très-fusible, décompose l'eau, et donne naissance à de l'acide hydriodique et
à de l'oxide d'étain.

360. Si après avoir élevé la température de l'étain, on le met en contact avec du chlore gazeux, il rougit, s'empare du gaz et passe à l'état de *deuto-chlorure* (liqueur fumante de Libavius). Ce deuto-chlorure est liquide, transparent, et doué d'une odeur piquante très-forte; il ne rougit pas le papier de tournesol parfaitement desséché. Chauffé dans des vaisseaux fermés, il se volatilise et peut être distillé sans éprouver la moindre décomposition, pourvu qu'il ne contienne point d'eau; car, s'il en contient, celle-ci se décompose; son hydrogène forme avec le chlore de l'acide hydro-chlorique qui se volatilise, tandis que l'oxigène se combine avec l'étain et le transforme en deutoxide. Mis en contact avec l'air, ce liquide en absorbe rapidement la vapeur, la décompose, et passe à l'état de deuto-hydro-chlorate d'étain, qui se précipite sous la forme d'une fumée excessivement épaisse. Versé dans une grande quantité d'eau, il se dissout, la décompose, et le produit qui en résulte ne diffère pas du deuto-hydro-chlorate d'étain dont nous ferons l'histoire; s'il est mêlé avec très-peu d'eau, il s'y combine rapidement, cristallise, fait entendre un petit bruit, et il y a dégagement de beaucoup de calorique. Si on le fait bouillir avec de l'acide nitrique, celui-ci est décomposé; son oxigène se porte sur l'étain et forme de l'oxide qui se précipite, tandis que le gaz nitreux (deutoxide d'azote) qui résulte de cette décomposition se dégage avec le chlore du chlorure, également décomposé. Le *spiritus Libavii* ne décolore pas le sulfate rouge de manganèse; le *chlore* ne perd point la propriété de décolorer l'indigo en se dissolvant dans ce liquide (M. Gay-Lussac). Ce deuto-chlorure est formé, suivant M. John Davy, de 100 parties de chlore et de 122 d'étain. Il doit être conservé dans des flacons à l'émeri, dont le bouchon soit enduit d'une légère couche d'huile; sans cela on éprouve la plus grande difficulté à les déboucher. Il existe encore un *proto-*

chlorure d'étain que l'on peut obtenir en faisant chauffer de l'étain et du proto-chlorure de mercure (calomélas); il est solide, blanc, et se transforme en proto-hydro-chlorate lorsqu'on le met dans l'eau; il paraît composé de 62 parties de chlore et de 100 parties d'étain (John Davy). L'*azote* est sans action sur l'étain. L'*eau* est décomposée par ce métal dont la température a été élevée; on obtient du gaz hydrogène et du deutoxide d'étain. Il n'altère point le gaz *oxide de carbone*; il enlève l'oxigène au *protoxide d'azote*, et il agit probablement de même sur le gaz deutoxide.

Il n'altère point l'acide *borique*; on ignore quelle est son action sur le gaz acide *carbonique*; il s'empare de l'oxigène de l'acide *phosphorique*, pourvu que la température soit assez élevée; il n'agit pas à froid sur l'acide *sulfurique* concentré; mais si on chauffe le mélange, il y a décomposition d'une portion de l'acide, dégagement de gaz acide sulfureux et production de sulfate d'étain. On ne connaît pas l'action de l'acide *sulfureux* sur ce métal; il en est de même de celle qu'exercent les acides *iodique* et *chlorique*. L'acide nitrique concentré agit sur lui comme sur le fer; il le transforme en deutoxide blanc insoluble dans cet acide à chaud, et il y a production de nitrate d'ammoniaque. (*Voy.* pag. 321.) Si l'acide nitrique est un peu étendu d'eau et qu'on le fasse agir sur ce métal, il le fait passer à l'état de protoxide, qui se dissout en partie dans l'acide non décomposé. L'acide nitreux est rapidement décomposé par l'étain. Chauffé avec du gaz acide *hydro-chlorique*, il s'empare du chlore, et met l'hydrogène à nu; si l'acide hydrochlorique est liquide, il décompose l'eau qui entre dans sa composition, se combine avec l'oxigène pour passer à l'état de protoxide d'étain, soluble dans l'acide hydrochlorique, tandis que l'hydrogène se dégage: ce phénomène a même lieu à froid. Il décompose également le gaz acide hydro-sulfurique, se combine avec le soufre, et met le gaz hydrogène à nu. Il n'exerce aucune action sur l'acide hydro-pthorique.

L'étain peut se combiner avec plusieurs des métaux précédemment étudiés, savoir : 1° avec le potassium ; 2° avec le sodium ; 3° avec le fer. En faisant fondre 8 parties d'étain et une partie de fer, et en recouvrant le tout de verre pilé, on obtient un alliage cassant, fusible au-dessous de la chaleur rouge, que l'on peut employer pour étamer le cuivre. Le *fer-blanc* doit être considéré comme une lame de fer dont toutes les surfaces sont combinées avec de l'étain, par conséquent comme un véritable alliage.

L'étain est employé dans la préparation de l'alliage des cloches et des canons, de l'or mussif, de la potée et des divers sels d'étain ; on s'en sert pour étamer le cuivre, pour faire la soudure des plombiers, pour mettre les glaces au tain, etc. Il est regardé par plusieurs médecins comme vermifuge, et administré comme tel en limaille, à la dose de 1, 2, 3, 6 gros, dans quelques cuillerées d'un liquide anthelmintique : on l'a préconisé dans la lèpre ; enfin il entre dans la composition anti-hectique de Poterius, et dans le *lilium* de Paracelse. On a abandonné depuis long-temps les pilules anti-hystériques, joviales et autres, dont l'étain ou quelques-uns de ses sels faisaient la base.

Des Oxides d'Etain.

On connaît deux oxides d'étain.

361. *Protoxide d'étain.* Il est le produit de l'art ; blanc lorsqu'il est uni avec l'eau, gris noirâtre quand il a été desséché ; indécomposable par le feu ; il absorbe facilement le gaz oxigène pur ou celui qui est contenu dans l'air, et passe à l'état de deutoxide : cette absorption a même lieu avec dégagement de calorique et de lumière lorsque la tempé-

rature est assez élevée. Il ne peut point se transformer en carbonate à l'air. Traité par la potasse liquide, il se dissout; la dissolution, filtrée et abandonnée à elle-même dans un flacon bouché, laisse précipiter, au bout d'un certain temps, de l'étain métallique, et se trouve contenir alors du deutoxide d'étain (Proust). Ces faits prouvent que le protoxide a été décomposé par la potasse, et transformé en deutoxide d'étain soluble dans l'alcali, et en étain métallique. Il n'a point d'usages. Il est formé, d'après M. Gay-Lussac, de 100 parties de métal et de 13,6 d'oxigène.

Deutoxide d'étain. On le trouve souvent dans la nature; il existe en Angleterre, en Espagne, en Bohême, en Saxe, à Banca, à Malaca, etc. Il est blanc, et ne passe pas au noir par la dessiccation; il est fusible, indécomposable au feu, et ne peut plus absorber d'oxigène. Il se dissout très-bien dans la potasse ou la soude, au point que plusieurs chimistes le regardent comme un acide auquel ils donnent le nom d'*acide stannique*. Il est formé, suivant MM. Klaproth, Gay-Lussac et Berzelius, de 100 parties d'étain et de 27,2 d'oxigène. On se sert de l'oxide d'étain naturel pour extraire le métal. Il entre dans la composition de la potée, préparation dont on se sert pour polir les glaces, et qui est presque entièrement formée de deutoxide d'étain et de protoxide de plomb.

Des Sels formés par le protoxide d'étain.

Les dissolutions salines d'étain peu oxidé, exposées à l'air, se troublent, absorbent de l'oxigène, et donnent un précipité qui est tantôt du deutoxide, tantôt un soussel au deuxième degré d'oxidation. Le *chlore* les transforme en deuto-sels (Voy. *Action du chlore sur les sels de protoxide de fer*). L'acide sulfureux est décomposé par elles, leur cède de l'oxigène, et il y a du soufre précipité. Les hydrosulfates de potasse, de soude ou d'ammoniaque, et l'acide

I.

22

hydro-sulfurique, les décomposent et en précipitent un hydro-sulfate de protoxide couleur de chocolat. La *potasse*, la *soude* ou l'*ammoniaque*, etc., y font naître un précipité blanc de protoxide, soluble dans un excès de potasse et de soude; suivant quelques chimistes, ce précipité est composé de deutoxide d'étain et d'étain métallique (Voy. *Protoxide d'étain*). La *cochenille* y occasionne un précipité cramoisi pur; l'*hydro-cyanate* de potasse et de fer (prussiate) y fait naître un précipité blanc.

362. *Proto-sulfate d'étain*. Ce sel est un produit de l'art; il est peu soluble dans l'eau, et susceptible de donner, par une évaporation lente, des prismes longs et très-minces. Lorsqu'on le fait bouillir avec l'acide sulfurique concentré, il passe à l'état de deuto-sulfate (Berthollet fils). Il n'a point d'usages.

363. *Proto-nitrate d'étain*. On ne le trouve pas dans la nature. Il est ordinairement sous la forme d'un liquide jaunâtre, acide, incristallisable, que l'on peut transformer, par la simple évaporation, en deutoxide d'étain : dans ce cas l'acide nitrique est décomposé et cède l'oxigène au protoxide; exposé à l'air il en absorbe l'oxigène, et il se précipite du deutoxide, phénomène qui dépend de ce que l'acide nitrique ne se trouve plus assez abondant pour tenir cet oxide en dissolution. Il est sans usages.

364. *Hydro-chlorate de protoxide d'étain*. Il est le produit de l'art; on l'obtient sous la forme de petites aiguilles blanches, d'une saveur fortement styptique, rougissant l'*infusum* de tournesol, et très-solubles dans l'eau : exposé à l'air, il passe à l'état de sous-deuto-hydro-chlorate insoluble. L'eau distillée ne trouble point cette dissolution pure; mais si elle est mêlée avec l'hydro-chlorate de protoxide d'antimoine, elle est fortement précipitée par ce liquide, qui non-seulement décompose le sel d'antimoine, mais qui précipite encore une grande partie de

l'oxide d'étain, comme M. Thénard l'a prouvé. Les acides nitrique et nitreux sont décomposés par ce sel à la température ordinaire; ils lui cèdent une portion de leur oxigène, et se transforment en gaz deutoxide d'azote; la dissolution se trouble et passe à l'état de sous-deuto-hydro-chlorate d'étain insoluble. Les sels de fer très-oxidés sont aussi décomposés par cette dissolution, et ramenés à un degré d'oxidation inférieur; il en est de même de plusieurs autres préparations métalliques dont nous parlerons par la suite. L'hydro-chlorate de protoxide d'étain est rarement employé dans les arts; celui dont on se sert ordinairement est un mélange de beaucoup de proto-hydro-chlorate et de sous-deuto-hydro-chlorate. On n'en fait plus usage en médecine; il agit comme les poisons irritans, et détermine la mort au bout de 15 à 18 heures, lorsqu'il est administré à la dose d'un gros ou un gros et demi. Le lait le décompose complètement et avec la plus grande rapidité, et doit être considéré comme son antidote.

365. *Proto-hydro-sulfate d'étain.* Il est le produit de l'art, d'une couleur semblable à celle du chocolat, insoluble dans l'eau, insipide et sans usages.

Des Sels formés par le deutoxide d'étain.

Les sels solubles formés par le deutoxide d'étain étant saturés d'oxigène ne se troublent plus par leur exposition à l'air ni par leur mélange avec le chlore, l'acide sulfureux, les acides nitrique, nitreux, etc.; les hydro-sulfates solubles en précipitent de l'hydro-sulfate d'étain *jaune.* La *potasse,* la soude et l'ammoniaque en séparent le deutoxide, qui se dissout très-facilement dans un excès de potasse et de soude : la cochenille y occasionne un précipité écarlate; l'hydro-cyanate de potasse et de fer les précipite en blanc.

366. *Deuto-sulfate d'étain.* Il est le produit de l'art : on

l'obtient sous la forme d'un liquide acide et incristalli- sable : évaporé jusqu'en consistance sirupeuse, et traité par l'eau, il laisse précipiter une certaine quantité d'oxide. (Berthollet fils). Il est sans usages.

367. *Deuto-nitrate d'étain.* Peu connu; il existe pour- tant, car le deutoxide d'étain se dissout à froid dans l'acide nitrique sans dégagement de gaz nitreux. Il serait impos- sible de le former à l'aide de la chaleur, le deutoxide étant insoluble dans l'acide nitrique à une température élevée.

368. *Deuto-hydro-chlorate d'étain.* Il est le produit de l'art. Comme le proto-hydro-chlorate, il a une saveur styp- tique, cristallise en petites aiguilles et rougit l'*infusum* de tournesol ; il est déliquescent ; on s'en sert avec grand succès comme mordant dans la teinture écarlate.

369. On vend dans le commerce un *sel d'étain* que l'on emploie beaucoup dans les manufactures, et qui est composé de proto-hydro-chlorate, de sous-deuto-hydro-chlorate d'étain et d'un sel ferrugineux; il diffère du proto-hydro-chlorate par les propriétés suivantes : l'eau distillée ne le dissout ja- mais entièrement, ce qui dépend de l'insolubilité du sous- deuto-hydro-chlorate qu'il contient; les hydro-sulfates de potasse, de soude et d'ammoniaque en précipitent une poudre noirâtre, tandis que le précipité qu'ils forment dans le proto-hydro-chlorate a la couleur du chocolat, etc. On se sert de ce sel d'étain dans les manufactures de porce- laine, pour faire le pourpre de Cassius (*voyez* art. *Or*), et dans les fabriques de toiles peintes, comme nous le dirons par la suite.

Des Métaux de la quatrième section.

Les principaux caractères assignés par M. Thenard aux quatorze métaux compris dans cette classe (1) sont, 1° de

_____

(1) Nous croyons devoir ajouter aux treize métaux compris

ne décomposer l'eau ni à chaud ni à froid ; 2° d'absorber l'oxigène à une température plus ou moins élevée ; 3° de donner des oxides irréductibles par la chaleur seule. Parmi ces métaux, cinq peuvent devenir acides en se combinant avec une suffisante quantité d'oxigène ; les autres ne jouissent pas de cette propriété.

L'acide *sulfurique* agit sur eux à-peu-près comme sur les métaux de la troisième classe ; il en est de même de l'acide *nitrique*, excepté que dans quelques circonstances il les fait passer à l'état d'acide. L'acide *hydro-chlorique* liquide peut en dissoudre quelques-uns après les avoir oxidés ; en effet, l'eau se décompose ; son oxigène se combine avec le métal, et l'hydrogène se dégage ; la décomposition de l'eau qui, comme nous l'avons dit, ne serait pas opérée par le métal seul, a lieu ici en vertu d'une double affinité ; savoir, 1° celle du métal pour l'oxigène, 2° celle de l'oxide prêt à se former pour l'acide hydro-chlorique.

Des Produits oxidés de la quatrième classe.

Ces produits sont ou des acides ou des oxides. Les premiers rougissent en général l'*infusum* de tournesol et s'unissent aux alcalis pour former des sels ; les autres ne changent point la couleur du tournesol ; quelques-uns d'entre eux verdissent le sirop de violette ; enfin, il en est un certain nombre qui se combinent avec les acides pour donner naissance à des sels.

Des Sels de la quatrième classe.

On trouve dans cette classe des sels produits 1° par un des oxides de la classe et par un acide non métallique ; 2° par un acide métallique et par un oxide quelconque :

---

dans la quatrième section de l'ouvrage de M. Thenard, le *plomb*.

tels sont , par exemple, les *arseniates*. Les premiers, lorsqu'ils sont solubles , sont décomposés par la potasse, la
soude ou l'ammoniaque, par les hydro-sulfates, et presque
toujours par l'hydro-cyanate de potasse et de fer (prussiate).

Métaux susceptibles de devenir acides en se combinant
avec l'oxigène.

Ces métaux sont l'arsenic , le molybdène , le chrome ,
le tungstène et le columbium.

De l'Arsenic.

On trouve l'arsenic, 1º à l'état natif, 2º à l'état d'oxide ,
3º combiné avec le soufre et quelques métaux ; 4º enfin il
entre dans la composition de certains arseniates que l'on
rencontre quelquefois dans la nature.

370. L'arsenic est un métal solide, gris d'acier et brillant
lorsqu'il est récemment préparé ; sa texture est grenue et
quelquefois écailleuse , sa dureté peu considérable , sa fra-
gilité très – grande ; sa pesanteur spécifique est de 8,308
d'après Bergmann ; il répand une légère odeur lorsqu'on
le frotte entre les mains ; il est insipide.

Exposé à l'action du calorique dans des vaisseaux clos ,
l'arsenic se sublime à la température de 180º , et cristallise
en tétraèdres sans se fondre ni éprouver la moindre altération : il faut , pour en obtenir la fusion , le chauffer sous
une pression beaucoup plus forte que celle de l'atmosphère. Si on le met en contact avec le gaz *oxigène* , et qu'on
élève sa température , il passe à l'état d'oxide blanc (acide
arsenieux), qui se sublime ; l'absorption de l'oxigène a lieu
avec dégagement de calorique et de lumière bleuâtre. Les
mêmes phénomènes se produisent si on substitue l'*air* au
gaz oxigène , comme on peut s'en convaincre en jetant
quelques gros d'arsenic métallique dans un têt rouge et
évasé ; les vapeurs blanches qui se forment dans ces cir-

constances ont une odeur analogue à celle de l'ail, et sont très-dangereuses à respirer. Quelques chimistes pensent que l'arsenic, soumis à l'action de l'air ou du gaz oxigène humide, passe à l'état de protoxide noir qui ternit l'éclat du métal. M. Proust ne croit pas devoir admettre cet oxide, et le regarde comme formé d'arsenic métallique et d'oxide blanc, puisqu'en le chauffant directement dans des vaisseaux fermés on en retire de l'oxide blanc très-volatil (acide arsenieux), et de l'arsenic; quoi qu'il en soit, ce produit, qui ne diffère pas de la poudre aux mouches, attire promptement l'humidité de l'air, se pelotonne et prend un aspect cendré rougeâtre; s'il est accumulé en assez grande quantité, il s'échauffe, s'embrase et met le feu aux substances avides d'oxigène dans lesquelles il est enfermé. Il est arrivé un accident de cette nature dans un des magasins de la rue des Lombards.

371. Le gaz *hydrogène* peut se combiner directement avec l'arsenic; il suffit pour cela de le mettre en contact avec le gaz qui se produit en décomposant l'eau par la pile électrique; il se forme dans ce cas un *hydrure solide*. Il existe encore un produit gazeux formé aussi de ces deux élémens, que l'on ne peut pas obtenir directement, et dont nous indiquerons ailleurs le mode de préparation (Voyez *Préparations*). L'*hydrure* d'arsenic est solide, inodore, insipide, brun rougeâtre, terne et indécomposable à une chaleur voisine du rouge cerise; chauffé avec le gaz oxigène ou avec l'air, il se décompose et se transforme en eau et en oxide blanc d'arsenic: dans ce cas, l'absorption de l'oxigène a lieu avec dégagement de calorique et de lumière. Il est sans usages.

Hydrogène arsenié. On ne trouve jamais ce gaz dans la nature; il est incolore et doué d'une odeur fétide et nauséabonde. Un décimètre cube pèse, d'après M. Davy, 0,^{gr},9714; il ne rougit point les couleurs bleues végétales.

Soumis à un courant d'étincelles électriques, il paraît se décomposer en hydrure d'arsenic et en gaz hydrogène : il est probable qu'il serait également décomposé par une forte chaleur ; il peut être liquéfié, suivant M. Stromeyer, à un froid de 30° — 0°. Chauffé avec une suffisante quantité de gaz oxigène, il se transforme en eau et en oxide blanc d'arsenic, et il y a dégagement de lumière. Il est décomposé par l'eau aérée ; l'oxigène de l'air contenu dans ce liquide transforme l'hydrogène en eau et l'arsenic en oxide. *P. E.* Lorsqu'il est en contact avec l'air, il peut être enflammé au moyen d'une bougie allumée ; à mesure qu'il absorbe l'oxigène, les parois de la cloche qui le renferme se tapissent d'une matière brunâtre que M. Thenard pense être de l'hydrure d'arsenic. Il s'enflamme aussi dans le chlore, qui le décompose, et il se forme de l'acide hydro-chlorique et du chlorure d'arsenic. Il est également décomposé par le soufre, qui s'unit à l'hydrogène, et donne naissance à de l'acide hydro-sulfurique, tandis que l'arsenic passe à l'état de sulfure d'arsenic à l'aide d'une certaine quantité de soufre. Le zinc, l'étain, le potassium et le sodium le décomposent aussi à une température élevée, s'emparent de l'arsenic et mettent l'hydrogène à nu. Cent parties de ce gaz en volume contiennent 140 parties de gaz hydrogène. Son action sur l'économie animale est des plus délétères. M. Gehlen, professeur distingué de l'académie de Munich, vient de mourir empoisonné par ce gaz. Ce savant cherchait à juger par l'odeur le moment où le gaz commencerait à se dégager ; à peine une heure s'était écoulée, qu'il fut attaqué de vomissemens continuels, avec frissons et une faiblesse alarmante : il expira après neuf jours de souffrances atroces, et cependant la quantité de métal qu'il pouvait avoir inspirée était infiniment petite. Ce gaz paraît agir sur le système nerveux. Il n'est pas employé.

Le *bore* et le *carbone* n'exercent pas d'action sur l'arsenic. Le *phosphore*, chauffé avec la poudre de ce métal à l'abri du contact de l'air, se combine avec lui, et donne un phosphure brillant, cassant, décomposable par l'air ou par le gaz oxigène, à une température élevée; il se forme, dans ces cas, de l'acide phosphorique et de l'oxide blanc d'arsenic qui se volatilise, et il y a dégagement de calorique et de lumière. Ce phosphure est sans usages.

Le *soufre* peut, à l'aide de la chaleur, s'unir avec l'arsenic, et donner un sulfure transparent, d'un rouge orangé, formé de 100 parties d'arsenic et de 72,41 de soufre, ou bien de 138 d'arsenic et de 100 de soufre. On trouve dans la nature deux de ces sulfures, l'orpiment et le réalgar. 1°. *Orpiment.* Il existe en Hongrie, en Transylvanie, en Géorgie, en Valachie, en Natolie et dans diverses parties de l'Orient. Il est solide, d'une belle couleur jaune citron, insipide, inodore et lamelleux; sa pesanteur spécifique est de 3,45; il se fond plus facilement que l'arsenic et ne tarde pas à se volatiliser. L'air et le gaz oxigène le transforment en gaz acide sulfureux et en oxide blanc d'arsenic, pourvu que la température soit élevée : il est formé de 163 parties d'arsenic et de 100 parties de soufre. Il est employé dans les manufactures de toiles peintes pour dissoudre l'indigo; les peintres s'en servent aussi quelquefois. Introduit dans l'estomac des chiens, à la dose de un ou 2 gros, il détermine la mort au bout de 36 ou 48 heures, et l'on trouve les tissus du canal digestif plus ou moins enflammés. Celui qui a été préparé dans les laboratoires agit avec plus d'énergie, puisque 18 grains suffisent pour occasionner la mort des mêmes animaux en 15 ou 18 heures (expériences de M. Smith). Il entre dans la composition du baume vert, du collyre de Lanfranc, etc.; on l'emploie rarement seul; on en a cependant fait usage dans les suppurations atoniques compliquées de fongosités, dans les exanthèmes chroniques ; mais il est presque généralement abandonné. 2°. *Réalgar.* On trouve ce sulfure au Saint-Gothard, en Transylvanie, en Saxe, en Bohême ; on le rencontre presque toujours aux environs des volcans. Il est solide, d'une couleur rouge orangée, sans saveur ; il se fond plus facilement que l'orpiment, et se volatilise ; l'air et le gaz oxigène agissent sur lui comme sur le précédent. Il est formé de 233 parties d'arsenic et de 100 de soufre. Ces analyses, faites par M. Laugier, prouvent que les sulfures naturels ne sont pas formés des mêmes proportions que le sulfure artificiel. On s'en sert quelquefois en peinture ; les Chinois l'emploient pour faire des vases dans lesquels ils mettent du vinaigre qui acquiert des propriétés purgatives. Quarante grains de ce sulfure natif, appliqués sur la cuisse d'un chien de huit pouces de haut, déterminèrent la mort au bout de six jours : les intestins offraient des ulcérations miliaires et des rides noirâtres. Un gros 26 grains du même sulfure préparé dans les laboratoires, et appliqué sur la cuisse d'un autre chien, lui firent éprouver le troisième jour des convulsions qui se terminèrent le soir du même jour par la mort. On trouva, vers le pylore, des ulcérations à fond noir ; l'intérieur du rectum offrait plusieurs rides rouges et des tubercules livides. Il n'est pas employé en médecine.

On ignore comment l'iode agit sur ce métal.

Lorsqu'on projette de l'arsenic pulvérisé dans du *chlore* gazeux, ce gaz est absorbé et solidifié par le métal ; il y a dégagement de calorique et de lumière, et formation de *chlorure* d'arsenic (beurre d'arsenic), qui paraît sous la forme de fumées blanches, épaisses, qui ne tardent pas à se condenser en un liquide transparent, incolore, d'une consistance huileuse, susceptible de se congeler, volatil et très-caustique ; il se transforme en hydro-chlorate lors-

qu'on le met dans l'eau. Il est formé de 21,9 parties d'arsenic et de 33,6 de chlore. L'*azote* n'agit pas sur l'arsenic ;
il en est de même de l'*eau* et du gaz *oxide* de *carbone*.
On ne sait pas comment ce métal agit sur le gaz *proto*
et *deutoxide d'azote*.

Il n'exerce aucune action sur les acides *borique*, *carbonique* et *phosphorique*. L'acide *sulfurique* concentré est
décomposé par ce métal à l'aide de la chaleur ; il se dégage du gaz acide sulfureux, et il se forme de l'oxide
blanc qui se dissout dans l'acide non décomposé. On ne
connaît pas l'action qu'exercent sur lui les acides iodique
et chlorique ; il décompose rapidement l'acide *nitrique*
concentré, pourvu qu'on élève un peu la température, et
se transforme en une masse blanche qui paraît composée
d'oxide blanc et d'acide arsenique, d'après M. Ampère ; il
y a dégagement de gaz nitreux (deutoxide d'azote). L'a-
cide hydro-chlorique liquide dissout l'arsenic à l'aide de
la chaleur ; l'eau est décomposée et il se dégage du gaz
hydrogène arsenié (Thompson). On ignore quelle est
l'action de ce métal sur l'acide hydriodique. L'acide hydro-
phtorique ne paraît pas agir sur lui. Parmi les métaux précédemment étudiés, le potassium, le sodium, le manganèse, le zinc, le fer et l'étain peuvent se combiner avec
l'arsenic, et donner des alliages qui sont cassans, lors
même qu'ils ne renferment qu'un dixième de ce métal,
si toutefois l'on en excepte le cuivre, qui en exige davantage pour perdre sa ductilité. Ces alliages sont en général
plus fusibles et moins colorés que les métaux qui les composent ; en effet, l'arsenic jouit de la propriété de blanchir presque tous les métaux avec lesquels il se combine.
Lorsqu'on allie une partie de fer à 2 parties d'arsenic,
on obtient un produit d'un blanc grisâtre, très-cassant,
beaucoup plus fusible que le fer, nullement magnétique
et sans usages. Trois parties d'étain et une partie d'arsenic

donnent un alliage blanc, très-brillant, dont on se sert pour
préparer le gaz hydrogène arsenié; il doit être très-cassant,
puisque l'étain le devient par sa combinaison avec la
vingtième partie de son poids d'arsenic.

Usages. Allié au cuivre et au platine, l'arsenic sert à
faire les miroirs de télescopes. Réduit en poudre et mêlé
avec de l'eau aérée, il est employé pour tuer les mouches:
dans ce cas l'air contenu dans l'eau transforme le métal
en oxide qui se dissout dans le liquide. Enfin on s'en sert
dans la purification du platine, comme nous le dirons par
la suite. (Voyez *Préparations.*)

De l'Oxide blanc d'arsenic (acide arsenieux).

En attendant que de nouvelles expériences mettent hors
de doute l'existence du protoxide d'arsenic noirâtre, nous
n'admettrons que l'oxide blanc. Il existe un autre produit
formé par l'oxigène et l'arsenic, l'acide arsenique, dont
nous parlerons après avoir fait l'histoire des sels d'arsenic.

L'oxide blanc, connu aussi sous le nom d'*arsenic blanc,*
de *mort aux rats,* se trouve en Bohême sous la forme de
cristaux blancs, transparens, et en Hesse sous la forme d'une
poudre blanche. Celui que l'on débite dans le commerce s'obtient en grillant les mines de cobalt arsenical, et se présente
sous la forme de masses blanches, vitreuses, demi-transparentes et inodores; elles sont jaunes ou jaunes-rougeâtres
lorsqu'elles contiennent du sulfure d'arsenic; sa saveur est
âcre et corrosive; lorsqu'on le réduit en poudre il a quelque
ressemblance avec le sucre pulvérisé; sa pesanteur spécifique
est de 5,000. Chauffé dans un matras de verre, il se volatilise et vient se condenser à la partie supérieure sous la forme
d'une croûte blanche et de petits tétraèdres ou d'octaèdres.
Exposé sur les charbons ardens, il se volatilise également
et répand des vapeurs blanches, épaisses, d'une odeur alliacée. On peut produire le même effet en le mettant sur une

plaque de cuivre ou de fer préalablement chauffée au rouge. Une lame de cuivre placée au-dessus de ces vapeurs se recouvre d'une couche d'un *très-beau blanc*, et non pas d'un blanc noirâtre, comme on l'indique mal-à-propos : cette couche est formée par l'oxide volatilisé, et on peut l'enlever facilement avec le doigt. Il n'est point décomposé par le calorique. Le gaz *oxigène* ne lui fait éprouver aucune altération ; exposé à l'air il devient de plus en plus opaque, et toutes les parties jaunes finissent par blanchir et perdre leur transparence. Chauffé avec du soufre, il lui cède son oxigène, et l'on obtient du gaz acide sulfureux et du sulfure d'arsenic. L'oxide blanc d'arsenic réduit en poudre fine et mêlé avec son volume de charbon et de potasse, se réduit facilement par la chaleur et donne l'arsenic métallique : l'expérience peut être faite dans un tube de verre long, tiré à la lampe par une de ses extrémités, de manière à ce qu'il ne présente qu'une très-petite ouverture : l'arsenic métallique volatilisé vient adhérer aux parois internes du tube à deux ou trois pouces de son fond. Suivant Klaproth, 1000 parties d'eau bouillante dissolvent 77 $\frac{1}{4}$ parties de cet oxide ; tandis que la même quantité d'eau à 12° n'en dissout que 2 $\frac{1}{2}$ parties. Ce *solutum*, saturé à chaud, dépose par le refroidissement des prismes tétraèdres ne contenant pas d'eau, et il renferme alors 30 parties d'oxide sur 1000 parties d'eau. Ainsi dissous, l'oxide blanc d'arsenic ne rougit point l'*infusum* ni le papier de tournesol ; il verdit au contraire le sirop de violette, et rétablit la couleur du papier rougi par un acide ; il précipite l'eau de chaux en blanc et non pas en noir, comme l'indiquent presque tous les auteurs de médecine légale ; ce précipité, formé de chaux et d'oxide d'arsenic, est soluble dans un excès de ce dernier corps. Le gaz acide hydrosulfurique ou l'eau dans laquelle il est dissous, précipitent la dissolution d'oxide d'arsenic en jaune doré ; le précipité est du sulfure jaune d'arsenic, d'où l'on doit conclure que l'oxigène de l'oxide s'est combiné avec l'hydrogène de l'acide hydro-sulfurique pour former de l'eau, tandis que le soufre s'est uni à l'arsenic. On peut, à l'aide de ce réactif, découvrir l'oxide blanc d'arsenic dans un liquide qui n'en contient qu'un $\frac{1}{100000}$. Les hydro-sulfates ne troublent en aucune manière cette dissolution, à moins qu'on ne verse dans le mélange quelques gouttes d'acide nitrique, hydrochlorique, etc., qui en séparant de la base de l'hydrosulfate, mettent l'acide hydro-sulfurique à nu ; alors on obtient le même précipité jaune doré. L'oxide blanc d'arsenic se combine avec presque toutes les bases, et donne des produits analogues aux sels que l'on a nommés *arsenites*. Plusieurs de ces produits sont décomposés par le feu ; l'eau ne peut en dissoudre qu'un très-petit nombre. Ceux qui sont solubles, comme ceux de potasse et de soude, sont précipités en blanc par les acides sulfurique, nitrique, hydro-chlorique, qui forment avec la base un sel soluble, tandis que l'oxide d'arsenic se dépose (1). Cet oxide est formé, suivant M. Thenard, de 34,694 d'oxigène et de 100 parties de métal. M. Berzelius porte la quantité d'oxigène à 43,616. On l'emploie pour faire le vert de Schéele, pour purifier le platine ; quelquefois aussi on s'en sert dans la fabrication du verre pour hâter la vitrification. Son action sur l'économie animale est des plus délétères. Quel que soit le

---

(1) Nous avons cru devoir développer les caractères de cet oxide, dont les propriétés vénéneuses sont si funestes. Outre ceux dont nous avons parlé, il en est deux autres dont nous ferons mention aux articles *Cuivre* et *Argent*. Le premier consiste en ce que la dissolution aqueuse d'oxide d'arsenic précipite en vert le sulfate de cuivre ammoniacal ; et le second, dans la décomposition du nitrate d'argent liquide et de la pierre infernale par le même *solutum*, qui donne lieu à un précipité jaune.

tissu sur lequel il ait été appliqué, il est absorbé et détermine la mort en très-peu de temps, en agissant sur le système nerveux, les organes de la circulation et le canal alimentaire. (Voyez *mon Ouvrage sur les Poisons*, p. 138, t. 1.) On ne connaît pas encore d'antidote à cette substance, et le meilleur moyen que l'on puisse mettre en usage pour combattre les accidens auxquels elle donne lieu, consiste à favoriser le vomissement au moyen de boissons adoucissantes et mucilagineuses. L'oxide d'arsenic entre dans la composition de la solution minérale de Fowler, que l'on a employée quelquefois avec succès dans les fièvres intermittentes; on en administre 10, 15 ou 20 gouttes dans une demi-tasse de liquide, trois fois par jour, sans avoir égard aux heures des paroxysmes (il est inutile de faire remarquer combien ce médicament doit être employé avec prudence. (Voyez *Préparations*.) L'oxide blanc d'arsenic fait partie de la pâte arsenicale du frère Côme, dont on se sert souvent pour cautériser les ulcères cancéreux de peu d'étendue. Les expériences de M. Smith, l'observation rapportée par M. Roux, et plusieurs autres recueillies par des personnes dignes de foi, prouvent que l'application extérieure de ce médicament peut être suivie des symptômes les plus funestes et même de la mort, lorsqu'elle est employée en trop grande dose, ou qu'il entre dans sa composition une trop grande quantité d'oxide d'arsenic : c'est à tort que plusieurs praticiens s'obstinent à soutenir le contraire.

Des Sels formés par l'oxide blanc d'arsenic.

L'oxide blanc d'arsenic a plutôt de la tendance à s'unir avec d'autres oxides, vis-à-vis desquels il joue en quelque sorte le rôle d'un acide, qu'à se combiner avec les acides pour former des sels; il existe cependant un certain nombre de ces sels dont nous devons exposer les caractères; leurs dissolutions sont précipitées en blanc par l'*eau*;

l'oxide précipité se redissout dans un excès d'eau. Les *hydro-sulfates* solubles les précipitent en jaune ; le dépôt est du sulfure jaune d'arsenic. L'hydro-cyanate de potasse et de fer (prussiate) y fait naître un précipité blanc , soluble dans l'eau , et nullement mélangé de vert et de jaune.

372. *Borate d'arsenic.* Il est le produit de l'art, et se présente , d'après Bergmann , en partie sous la forme d'une poudre blanche, en partie en aiguilles. Il n'a point d'usages.

373. *Phosphate d'arsenic.* On ne le trouve pas dans la nature ; il est sous la forme de petits cristaux grenus , sans usages.

374. *Sulfate d'arsenic.* Il est le produit de l'art ; on l'obtient en petits grains cristallins ; chauffé au chalumeau, il exhale une fumée blanche , et se fond en un globule qui s'évapore lentement. Il n'est pas employé.

375. *Nitrate d'arsenic.* Il existe, suivant Bergmann , un nitrate d'arsenic qui résulte de l'action de l'oxide blanc sur l'acide nitrique étendu d'eau. Il est à peine soluble , et se comporte au chalumeau comme le précédent. Il n'a point d'usages.

376. *Hydro-chlorate d'arsenic.* On ne trouve jamais ce sel dans la nature. Lorsqu'il a été préparé en faisant dissoudre, à l'aide de la chaleur, l'oxide blanc dans l'acide hydrochlorique , il est incolore, âcre, volatil , et laisse déposer, en se refroidissant , une très-grande quantité d'oxide blanc ; la liqueur refroidie qui a ainsi déposé , laisse précipiter encore par l'eau beaucoup d'oxide. Suivant Bergmann , cet hydro-chlorate peut être obtenu cristallisé.

De l'Acide arsénique.

L'acide arsénique ne se trouve jamais pur dans la nature ; il y existe combiné avec quelques oxides métalliques à l'état d'arséniate. Il est solide, blanc, incristallisable, doué d'une saveur métallique, caustique, désagréable ; il rougit fortement l'*infusum* de tournesol; sa pesanteur spécifique est de 3,391.

Exposé à l'action du calorique dans des vaisseaux fermés, il ne se volatilise point; il fond, se vitrifie et se décompose en oxigène et en oxide blanc d'arsenic volatil. Il attire l'humidité de l'air; du reste, il n'éprouve de la part de cet agent, ni du gaz oxigène, aucune altération chimique. Mis sur les charbons ardens, il se boursouffle, perd toute son humidité et devient opaque; bientôt après il est décomposé par le charbon, qui lui enlève une partie de son oxigène et le fait passer à l'état d'oxide blanc, qui se volatilise et répand une odeur alliacée. Traité par le charbon et par la potasse, il donne, comme l'oxide blanc, de l'arsenic métallique. Il se dissout très-bien dans 2 parties d'eau froide. Le *solutum* rougit l'*infusum* de tournesol et le sirop de violette; il précipite en blanc les eaux de chaux, de baryte et de strontiane, qu'il transforme en arséniates insolubles. L'acide hydro-sulfurique gazeux ou dissous dans l'eau agit sur lui comme sur le *solutum* d'oxide blanc, mais beaucoup plus lentement. Il s'unit à la plupart des oxides métalliques des deux premières classes et forme des sels. Si on distille jusqu'à siccité une partie de limaille de *fer* et 4 parties d'acide arsénique, il y a inflammation du mélange; l'acide est en partie décomposé, l'oxigène se porte sur le fer, et il se sublime de l'arsenic et de l'oxide d'arsenic; la portion d'acide non décomposée forme avec l'oxide de fer un arséniate. Le *zinc*, mis dans l'acide arsénique liquide, décompose à-la-fois une portion de l'eau et de l'acide; il en absorbe l'oxigène et se combine avec l'acide non décomposé; il se dégage dans cette expérience du gaz hydrogène arsénié, et il se dépose une poussière noire qui est de l'arsenic métallique. Si on distille un mélange de 2 parties d'acide arsenique desséché et d'une partie de limaille de zinc, il se produit une violente détonnation au moment où la chaleur est assez forte pour que le zinc absorbe l'oxigène de l'acide arsenique. L'*étain* chauffé avec cet acide s'empare de son oxigène, et l'oxide produit se combine avec l'acide non décomposé. Il est formé, d'après M. Proust, de 100 parties de métal et de 54 parties d'oxigène. M. Berzelius ne porte la quantité d'oxigène qu'à 51,428. Il est sans usages. Son action sur l'économie animale est encore plus énergique que celle du deutoxide d'arsenic.

Des Arséniates.

L'action du *calorique* sur les arséniates est extrêmement variée; il y en a qui se décomposent en oxigène, en oxide blanc d'arsenic et en métal : tel est l'arseniate d'argent; d'autres qui fournissent de l'oxide d'arsenic et un oxide métallique plus oxidé que celui qui entrait dans la composition de l'arséniate; d'où il suit que l'oxigène de l'acide arsénique s'est porté sur cet oxide : tel est le proto-arséniate de fer; enfin il en est qui ne se décomposent pas et qui sont plus ou moins fusibles, par exemple, les arséniates de potasse et de soude. Traités par le *charbon*, à une température élevée, les arséniates sont décomposés; l'oxigène de l'acide arsenique transforme le charbon en gaz acide carbonique ou en gaz oxide de carbone, et passe à l'état d'*arsenic métallique :* tantôt l'oxide de l'arséniate reste indécomposé; tantôt, au contraire, il se décompose. Excepté les *arséniates de potasse, de soude* et *d'ammoniaque ,* tous les autres sont insolubles dans l'eau ; mais ils se dissolvent dans un excès d'acide, si toutefois l'on en excepte l'arséniate de bismuth. Les dissolutions d'arséniate précipitent en rose les sels de cobalt; le précipité, formé d'acide arsénique et d'oxide de cobalt, se dissolvant dans un excès d'acide, n'aurait pas lieu dans une dissolution de cobalt très-acide. Les arséniates dissous ne sont pas troublés par l'acide hydro-chlorique, tandis que les composés d'oxide blanc d'arsenic et d'un alcali

(arsénites) sont précipités en blanc par cet acide. Le nitrate d'argent fait naître dans les dissolutions d'arséniate
un précipité rouge brique composé d'acide arsenique et
d'oxide d'argent; enfin les sels de cuivre en précipitent
de l'arséniate de cuivre d'un blanc bleuâtre.

377. *Arséniate d'alumine*. Il est sous la forme d'une
masse épaisse, insoluble dans l'eau ; il n'existe pas dans la
nature et n'a point d'usages.

378. *Arséniate d'yttria*. Il est blanc, pulvérulent, insoluble dans l'eau, insipide, inaltérable à l'air et sans usages.

379. *Arséniate de magnésie*. Il est sous la forme d'une
masse gommeuse, incristallisable, soluble dans l'eau. On
ne le trouve jamais dans la nature.

380. *Arséniate de chaux*. Il est insoluble dans l'eau ;
mais on peut le dissoudre dans un excès d'acide, et la dissolution fournit de petits cristaux par une évaporation
lente. Il est fusible en verre et sans usages.

381. *Arséniate de baryte*. Il est blanc, pulvérulent, insoluble dans l'eau, soluble dans un excès d'acide, fusible en
verre, sans éprouver aucune décomposition. Il n'a point
d'usages.

382. *Sur-arséniate de potasse* (sel neutre arsenical de
Macquer). Il est le produit de l'art. On l'obtient cristallisé
en prismes à quatre pans, terminés par des pyramides tétraèdres. Chauffé dans un creuset de platine, il fond, perd
une portion d'acide, qui probablement se décompose, et passe
à l'état de sous-arséniate. Il est très-soluble dans l'eau ; le *solutum*, loin de verdir le sirop de violette, rougit l'*infusum*
de tournesol. Il n'est pas décomposé par les sels à base de
chaux ou de magnésie ; mais il est précipité par les eaux
de baryte, de strontiane et de chaux. Il est sans usages.

383. *Sous-arséniate de potasse*. Il est incristallisable,
déliquescent ; il verdit le sirop de violette, et n'altère point
l'*infusum* de tournesol. Chauffé jusqu'au rouge cerise dans

un creuset d'argile, il se transforme en partie en un verre blanc, cède à la silice du creuset une portion de la potasse, et passe à l'état de sur-arséniate. Les acides les plus faibles s'emparent également d'une portion de sa potasse.

384. *Arséniate neutre de soude*. On l'obtient cristallisé en prismes quadrangulaires ou hexaèdres, non déliquescens et très-solubles dans l'eau. Il a été employé à la dose d'un huitième de grain, deux ou trois fois par jour, dans les fièvres intermittentes.

385. *Sur-arséniate de soude*. Il est incristallisable et déliquescent; d'où il suit que la soude présente avec l'acide arsenique des phénomènes inverses à ceux qu'offre la potasse.

386. *Sous-arséniate d'ammoniaque*. Il est le produit de l'art. Il cristallise en prismes rhomboïdaux, verdit le sirop de violette, et abandonne, lorsqu'on le chauffe, une portion d'ammoniaque; alors il passe à l'état de sur-arséniate. Cependant si on continue à le chauffer, il est entièrement décomposé et transformé en azote, en arsenic métallique, en eau et en acide arsenique. Il n'a point d'usages.

387. *Sur-arséniate d'ammoniaque*. Il cristallise en aiguilles qui attirent l'humidité de l'air.

388. *Arséniate de zinc*. On ne le trouve pas dans la nature. Il est blanc, pulvérulent, insoluble dans l'eau, et sans usages.

389. *Arséniate de fer*. Ce sel existe dans les mines de Mutzel, dans le comté de Cornouailles; il cristallise en petits cubes dont les angles alternes se trouvent tronqués dans quelques échantillons; il est tantôt d'un vert foncé, tantôt d'un rouge brun : dans ce cas, le fer s'y trouve plus oxidé.

L'arséniate de *protoxide de fer* est décomposé par le feu; l'acide arsenique cède une partie de son oxigène au fer, le suroxide; tandis que l'oxide blanc d'arsenic se sublime, comme nous l'avons déjà dit.

390. *Arséniate d'étain.* Il est le produit de l'art, insoluble dans l'eau et sans usages.

391. *Arséniate d'arsenic.* Ce sel, formé par l'acide arsenique et par l'oxide blanc, peut être obtenu sous la forme de petits cristaux grenus, très-peu solubles dans l'eau. (Bergmann.)

Du Molybdène.

On n'a jamais trouvé ce métal à l'état de pureté; il existe dans la nature, 1° à l'état de sulfure, 2° à l'état de molybdate; mais ces produits sont excessivement rares.

Suivant M. Clarke, il ressemble, pour la couleur et pour le brillant, au fer arsenical. Hielm, qui n'avait pu l'obtenir que sous la forme de grains agglutinés, le regardait comme étant d'un jaune pâle à la surface et verdâtre à l'intérieur; il est fixe, cassant, et pèse, suivant Bucholz, 8,600. Hielm ne porte cette pesanteur qu'à 7,400.

Il a été regardé jusqu'à présent comme infusible; mais on est parvenu, dans ces derniers temps, à le séparer du sulfure, et à le fondre à l'aide du chalumeau à gaz (Clarke). On ignore comment il agit sur l'*air* et sur le gaz *oxigène* à la température ordinaire; mais si on le chauffe jusqu'au rouge, il absorbe le gaz oxigène, et se transforme en acide molybdique blanc, volatil.

Le gaz hydrogène, le bore et le carbone ne semblent pas exercer d'action marquée sur lui. Il existe un composé de *phosphore* et de molybdène que l'on prépare par des moyens particuliers, et dont les propriétés n'ont pas été décrites. Si l'on projette dans un creuset bien rouge un mélange de ce métal et de *soufre*, et que l'on continue à chauffer fortement, on obtient un sulfure de molybdène grisâtre, plus fusible que le métal, décomposable par la chaleur, suivant M. Clarke, et susceptible d'être transformé par l'oxigène en gaz acide sulfureux et en acide molybdique volatil, pourvu que la température soit élevée. Ce sulfure se trouve en petite quantité aux environs du Mont-Blanc, dans les Vosges, en Saxe, en Suède, etc.; il a la propriété de laisser sur le papier des traces d'un brun verdàtre; il est très-brillant. On ignore comment le molybdène se comporte avec l'*iode*. Le *chlore* liquide le dissout, suivant Bucholz et Gehlen, et il en résulte un liquide coloré en bleu, qui paraît être un hydro-chlorate d'oxide de molybdène; d'où l'on voit que l'eau doit être décomposée. Il n'agit point sur l'*azote*, ni sur l'*eau*, ni sur le gaz *oxide de carbone*. On ne sait pas comment il se comporte avec les gaz *protoxide* et *deutoxide d'azote*.

Les acides *borique* et *carbonique* n'exercent sur lui aucune action. Il décompose, à l'aide de la chaleur, une portion d'acide *phosphorique*, s'oxide et se combine avec la portion d'acide non décomposée. L'acide *sulfurique* concentré est également décomposé par ce métal à chaud; il se forme du gaz acide sulfureux qui se dégage, et de l'oxide de molybdène qui s'unit à l'acide non décomposé. On ne sait pas comment agissent sur lui les acides sulfureux, iodique et chlorique. L'acide nitrique étendu est décomposé par le molybdène, surtout à l'aide de la chaleur; le métal passe en partie à l'état d'oxide bleu, et en partie à l'état d'acide molybdique. Les acides *hydrochlorique* et *hydro-sulfurique* n'exercent aucune action sur lui; on ignore quelle est l'action des acides hydriodique et hydro-phtorique sur lui.

Le molybdène peut s'allier avec un très-grand nombre de métaux; mais aucun des alliages qu'il forme n'est employé.

De l'Oxide de molybdène.

Cet oxide, le seul connu, est un produit de l'art; il est bleu, difficile à fondre et susceptible d'absorber le gaz oxigène à une température élevée, et de se transformer en acide molybdique; il est soluble dans les acides sulfurique, hydro-chlorique et hydro-phtorique. Il n'a été ni employé ni analysé.

Des Sels formés par l'oxide de molybdène.

Les sels de molybdène sont tous le produit de l'art et sans usages; ils sont si peu connus qu'il ne nous est pas permis d'établir leurs caractères d'une manière générale.

Phosphate de molybdène. Il se présente sous la forme d'un liquide brun jaunâtre, auquel le molybdène métallique ne fait éprouver aucune altération. (Bucholz, Gehlen.)

Sulfate de molybdène. Il est liquide et offre la même couleur que le précédent. Mis sur du molybdène métallique, il passe au bleu, et l'oxide bleu de molybdène se précipite. (Bucholz.)

Nitrate de molybdène. Il est liquide, d'un brun jaunâtre, d'une saveur acide, amère, métallique. Le molybdène pulvérisé agit sur lui comme sur le sulfate.

Hydro-chlorate de molybdène. Il est d'un bleu foncé (1).

De l'Acide molybdique.

On ne trouve cet acide qu'en combinaison avec l'oxide de plomb : encore ce minéral est-il fort rare.

L'acide molybdique est solide, blanc, fort peu sapide,

_____

(1) L'hydro-chlorate paraît être une véritable combinaison d'acide et d'oxide de molybdène; mais dans les autres sels dont nous venons de parler, et dont l'histoire est si vague, ne trouverait-on pas souvent un mélange d'oxide de molybdène et d'acide molybdique combiné avec les acides sulfurique et nitrique ?

inodore ; il rougit l'*infusum* de tournesol ; sa pesanteur
spécifique est de 3,46. Chauffé sans le contact de l'air, il
entre en fusion et cristallise en refroidissant ; si l'opération
se fait à l'air libre, il se réduit en vapeur et donne une
fumée blanche. Il est peu soluble dans l'eau. Le *solutum*
est décomposé par un très-grand nombre de corps simples
avides d'oxigène ; ainsi le zinc, l'étain, le proto-hydro-
chlorate d'étain, etc., absorbent une portion de son
oxigène, même à froid, et le transforment en oxide de molybdène bleu qui se précipite. Il est formé, suivant M. Bucholz, de 100 parties de molybdène et de 49 parties d'oxigène. Il n'a point d'usages.

Des Molybdates.

Tous ces sels, excepté le molybdate de plomb, sont le
produit de l'art et n'ont aucun usage. Ceux de potasse, de
soude et d'ammoniaque sont solubles dans l'eau ; les autres
sont insolubles ou très-peu solubles dans ce liquide. Les
premiers ont une faible saveur métallique ; mis en contact
avec un cylindre d'étain et un peu d'acide hydro-chlorique,
ils sont décomposés ; l'étain s'empare d'une partie de l'oxigène de l'acide molybdique et l'oxide bleu se dépose ; il se
forme en même temps de l'hydro-chlorate d'étain. Ces sels
sont fort peu connus.

392. *Molybdate de magnésie.* Il est incristallisable et
soluble dans l'eau ; sa saveur est amère. (Heyer.)

393. *Molybdate de chaux.* Il est pulvérulent et insoluble
dans l'eau.

394. *Molybdate de potasse.* Il cristallise en lames rhomboïdales luisantes, plus solubles dans l'eau chaude que dans
l'eau froide, douées d'une saveur styptique, et fusibles au
chalumeau, sans éprouver la moindre décomposition.

395. *Molybdate de soude.* On l'obtient sous la forme de
cristaux transparens, très-solubles dans l'eau, inaltérables à

l'air, doués d'une saveur styptique, et fusibles au chalumeau.

396. *Molybdate d'ammoniaque.* Il est sous la forme d'une masse demi-transparente, soluble dans l'eau, douée d'une saveur styptique, piquante, incristallisable, et décomposable au feu; en effet, lorsqu'on la chauffe, une partie de l'ammoniaque se volatilise, et l'autre partie se décompose; l'hydrogène qui résulte de cette décomposition s'empare d'une portion de l'oxigène de l'acide, et le fait passer à l'état d'oxide bleu.

397. *Molybdate de zinc.* Il est blanc et insoluble dans l'eau.

Le *molybdate de fer* est brun et insoluble dans l'eau. (Schéele.)

Du Chrome.

Le chrome ne se trouve jamais dans la nature; il entre dans la composition des pierres tombées du ciel (aérolites) et du fer natif de Sibérie, comme l'a prouvé le premier M. Laugier. L'acide chromique fait partie du rubis spinelle et du plomb rouge de Sibérie; il se trouve aussi à l'état d'oxide, combiné avec l'oxide de fer. Il a été découvert par M. Vauquelin.

Le chrome est solide, d'un blanc grisâtre, très-fragile; sa pesanteur spécifique est de 5,900; suivant Klaproth. Il ne fond qu'avec la plus grande difficulté; et lorsqu'il est fortement chauffé, il donne une masse poreuse, en partie granuleuse, et en partie cristalline. Il n'agit sur le gaz oxigène et sur l'air qu'autant que la température est très-élevée : alors il se transforme en oxide vert. Parmi les corps simples non métalliques, l'*iode* seul a été combiné avec le chrome. Il n'exerce point d'action sur l'*eau*, et fort peu ou point sur les acides. On n'a pas examiné les alliages qu'il peut former avec les autres métaux. Chauffé jusqu'au rouge avec de la potasse et le contact de l'air, il se transforme en acide chromique qui s'unit à l'alcali et donne naissance à du chromate de potasse. Il est sans usages.

De l'Oxide de chrome.

Cet oxide se trouve fort rarement dans la nature. Il est d'un très-beau vert, infusible, inaltérable par le feu, par le gaz oxigène et par l'air. Chauffé jusqu'au rouge brun avec du potassium ou avec de la potasse, et exposé à l'air, il en absorbe l'oxigène et se transforme en chromate de potasse jaune serin; il se dissout difficilement dans les acides. On l'emploie pour colorer en vert la porcelaine et le verre, et pour en extraire le chrome.

Des Sels formés par l'oxide de chrome.

Ces sels sont à peine connus ; plusieurs même n'ont jamais été obtenus ; ils sont le produit de l'art et n'ont point d'usages. Suivant Richter et Godon, leurs dissolutions sont précipitées en [brun par l'*infusum* de noix de galle, en vert par l'hydro - cyanate de potasse et de fer (prussiate), et par les hydro-sulfates; le précipité formé par ce dernier réactif passe au jaune par l'addition de quelques gouttes d'acide nitrique.

De l'Acide chromique.

L'acide chromique se trouve dans la nature combiné avec l'oxide de plomb ; il existe aussi dans le rubis spinelle. Il cristallise en prismes de couleur rouge purpurine, plus pesans que l'eau, doués d'une saveur âcre et styptique, et attirant l'humidité de l'air. Il se dissout très-bien dans l'eau, à laquelle il communique sa saveur, sa couleur, et la propriété de rougir fortement l'*infusum* de tournesol. Chauffé dans des vaisseaux fermés, l'acide chromique se décompose, et donne du gaz oxigène et de l'oxide de chrome vert:

cette décomposition est plus rapide si l'acide est mêlé avec quelque corps avide d'oxigène. Il est décomposé par l'acide *hydro-chlorique* à l'aide de la chaleur ; il y a dégagement de chlore, formation d'eau et d'hydro-chlorate de chrome vert ; d'où il suit qu'une portion d'acide hydro-chlorique est également décomposée ; en effet, une partie de l'oxigène de l'acide chromique se combine avec l'hydrogène de l'acide hydro-chlorique pour former de l'eau, le chlore est mis à nu, et l'oxide de chrome résultant se dissout dans l'acide hydro-chlorique non décomposé. L'acide *sulfureux* décompose également l'acide chromique, absorbe une portion de son oxigène, et il en résulte du sulfate de chrome vert. La dissolution de *proto-hydro-chlorate d'étain* transforme aussi l'acide chromique en oxide vert qui se précipite.

Lorsqu'on verse dans de l'acide chromique de l'hydro-sulfate d'ammoniaque et un peu d'acide nitrique, l'acide chromique et l'hydro-sulfate sont décomposés, et l'on obtient un liquide vert composé de nitrate de chrome et de nitrate d'ammoniaque, et il se précipite du soufre ; il est évident que, dans cette expérience, une portion de l'acide nitrique employé s'empare de l'ammoniaque de l'hydro-sulfate, forme du nitrate d'ammoniaque, et met l'acide hydro-sulfurique à nu ; l'hydrogène de celui-ci enlève une portion d'oxigène à l'acide chromique, le fait passer à l'état d'oxide de chrome vert qui se dissout dans une portion d'acide nitrique, tandis que le soufre appartenant à l'acide hydro-sulfurique décomposé se précipite. Cet acide est sans usages.

Des Chromates.

Tous les chromates, excepté celui de plomb, sont le produit de l'art. Ils sont tous colorés en jaune ou en rouge. La plupart de ceux de la première et des quatre dernières classes sont décomposés par le feu ; l'acide chromique se trouve transformé en oxigène et en oxide de chrome vert. Ceux de potasse , de soude , d'ammoniaque , de chaux , de strontiane , de magnésie , de nickel et de cobalt , sont solubles dans l'eau : les autres sont insolubles. Les chromates dissous précipitent en *jaune serin* les sels solubles de plomb, en *rouge orangé* les sels de protoxide de mercure, et en pourpre les sels d'argent. Ces divers précipités sont formés par l'acide chromique et par l'oxide de plomb, de mercure ou d'argent. Chauffés avec l'acide hydro-chlorique , les chromates sont décomposés , et l'on obtient de l'hydro-chlorate d'oxide de chrome, et de l'hydro-chlorate de l'oxide qui constitue le chromate ; il se dégage du chlore et il se forme de l'eau ; phénomènes faciles à expliquer , en se rappelant ce que nous avons dit en parlant de l'action de l'acide hydrochlorique sur l'acide chromique. (Voyez *Acide chromique*.)

398. *Chromate de silice*. Il est pulvérulent , rouge , insoluble dans l'eau , et n'éprouve aucune altération au feu de porcelaine.

399. *Chromate de chaux*. On peut l'obtenir sous la forme de cristaux jaunes , solubles dans l'eau ; il en est de même du *chromate de strontiane*.

400. Le *chromate de baryte* est très-peu soluble dans l'eau ; il communique à la porcelaine une couleur verte jaunâtre.

401. *Chromate de potasse*. Il cristallise en prismes rhomboïdaux jaunes , très-solubles dans l'eau , que l'on emploie pour préparer tous les chromates insolubles.

402. Le *chromate de soude* peut aussi cristalliser. Il est également jaune et très-soluble dans l'eau.

403. *Chromate d'ammoniaque*. Il est à peine connu.

404. *Chromate de zinc*. Il est rouge orangé , et insoluble dans l'eau.

405. *Chromate de fer*. On trouve abondamment , dans le

département du Var, un produit connu sous le nom de *chromate de fer*, que plusieurs chimistes regardent comme formé principalement d'oxide de chrome et d'oxide de fer. Quoi qu'il en soit, il fond aisément au moyen du chalumeau à gaz, et donne un globule noir, sans éclat métallique, et fortement magnétique.

Du Tungstène (scheelium, schéelin).

On ne trouve le tungstène que dans deux minerais connus sous les noms de *tungstate de chaux* et de *tungstate de fer* : ce dernier est plus commun que le premier. Le tungstène est solide, d'un blanc grisâtre comme le fer, très-brillant, très-dur, inattaquable par la lime, et fragile ; sa pesanteur spécifique est, suivant M. d'Elhuyart, de 17,6.

Il ne paraît pas avoir été fondu, même à la température de 170° du pyromètre de Wedgwood ; on peut pourtant, lorsqu'il a été ainsi chauffé, l'obtenir par le refroidissement en petits cristaux d'une forme indéterminée (Vauquelin). Il n'agit sur le gaz oxigène et sur l'air qu'à une température élevée : alors il brunit et s'oxide. L'*hydrogène*, le *bore* et le *carbone* ne paraissent exercer aucune action sur lui. On peut, par des moyens particuliers, le combiner avec le *phosphore*. Chauffé et mis en contact avec le *chlore* gazeux, le tungstène rougit, absorbe et solidifie le gaz, et passe à l'état de *chlorure*. L'*eau* est sans action sur lui ; il en est de même des oxides de carbone et d'azote. On ne sait pas comment les acides se comportent avec ce métal, dont la rareté a empêché d'étudier les propriétés. Il est sans usages.

De l'Oxide de tungstène.

Quelques chimistes ont admis un oxide de tungstène bleu, sur lequel on n'a pas encore fait beaucoup d'expériences.

Des Sels formés par l'oxide de tungstène.

Aucun de ces sels n'a été décrit, et l'on conçoit qu'il est impossible de les admettre tant que l'existence de l'oxide ne sera pas mise hors de doute.

De l'Acide tungstique (oxide jaune de tungstène).

Cet acide, que plusieurs chimistes regardent comme un simple oxide, ne se trouve dans la nature que combiné avec la chaux ou avec l'oxide de fer. Il est solide, jaune, sans odeur, sans saveur, et plus pesant que l'eau; il ne rougit pas l'*infusum* de tournesol; le calorique, le gaz oxigène et l'air ne lui font éprouver aucune altération. Mis en contact avec de l'acide hydro-chlorique et de l'hydro-chlorate de protoxide d'étain dissous dans l'eau, il devient d'un très-beau *bleu*; on croit qu'il perd, dans ce cas, une portion d'oxigène qui se combine avec le protoxide d'étain. Il est insoluble dans l'eau; il s'unit aux dissolutions de potasse de soude, d'ammoniaque, et forme des sels solubles. Il n'a point d'usages.

Des Tungstates.

Les tungstates sont tous le produit de l'art, excepté ceux de chaux et de fer : aucun n'est employé. Ceux des deux premières classes sont incolores; les autres sont diversement colorés. Ils sont pour la plupart indécomposables par le feu; il n'y a guère que ceux dont les oxides se réduisent par la chaleur qui se décomposent. Presque tous sont insolubles dans l'eau; ceux qui se dissolvent dans ce liquide sont précipités à froid par les acides sulfurique, nitrique, hydro-chlorique, etc.; le précipité est blanc et composé de beaucoup d'acide tungstique, d'une portion de l'oxide du tungstate et d'un peu de l'acide précipitant. Si au lieu d'agir à froid on fait chauffer le mélange, on n'obtient que de l'acide tungstique jaune.

406. *Tungstate d'alumine.* Il est pulvérulent et insoluble dans l'eau.

407. *Tungstate de magnésie.* Il cristallise en paillettes brillantes, solubles dans l'eau, inaltérables à l'air et douées d'une saveur métallique; les acides versés dans la dissolution de ce sel y font naître un précipité blanc qui est un sel double.

408. *Tungstate de chaux.* Ce sel se trouve en Suède, en Saxe; en Bohême; il est presque toujours cristallisé en octaèdres translucides, d'un blanc jaunâtre, très-durs; sa pesanteur spécifique est de 6,066.

409. *Tungstate de baryte.* Il est pulvérulent et insoluble dans l'eau.

410. *Tungstate de potasse.* Ce sel a une saveur styptique, métallique et caustique; il cristallise difficilement, attire l'humidité de l'air, et se dissout très-bien dans l'eau. Il fond à une température peu élevée.

411. *Tungstate de soude.* Ce sel cristallise en lames hexaèdres allongées, solubles dans 2 parties d'eau bouillante ou dans 4 parties d'eau froide, douées d'une saveur âcre et caustique.

412. *Tungstate d'ammoniaque.* Il cristallise en petites écailles semblables à celles de l'acide borique, ou en aiguilles prismatiques tétraèdres, douées d'une saveur styptique, inaltérables à l'air, solubles dans l'eau, décomposables par le feu en ammoniaque qui se dégage, et en acide tungstique jaune qui reste dans le creuset.

413. *Tungstate de zinc.* Il est blanc et insoluble dans l'eau.

414. *Tungstate de fer* (wolfram). On le trouve dans le département de la Haute-Vienne, dans les mines d'étain de la Bohême, de la Saxe, de Poldice en Cornouailles; il con-

tient toujours de l'oxide de manganèse et un peu de silice. Il est noir, lamelleux et opaque; il peut être fondu, au moyen du chalumeau à gaz, en un culot métallique dont la surface offre un très-bel éclat. On l'emploie pour préparer l'acide tungstique.

Du Columbium (tantale).

Le columbium est excessivement rare; on ne le trouve qu'à l'état d'acide, combiné tantôt avec les oxides de fer et de manganèse, tantôt avec l'yttria.

Il est très-difficile à obtenir, et par conséquent il a été fort peu étudié; il paraît être noir, pulvérulent, terne et infusible au feu de nos meilleures forges. On ignore quelle est son action sur l'air, sur le gaz oxigène, et sur les corps simples non métalliques; il n'agit point sur l'eau. L'action des acides sur ce métal est également inconnue.

Des Oxides de columbium.

M. Hatchett, auteur de la découverte de ce métal, pense que la poudre noire que nous avons dit être le columbium n'est qu'un oxide de ce métal, auquel il accorde la propriété de pouvoir absorber diverses quantités d'oxigène, et de former un second oxide blanc, et l'acide columbique. L'expérience peut seule prononcer à cet égard.

Des Sels de columbium.

Les sels qui ont été décrits dans quelques ouvrages sous les noms de *nitrate*, de *muriate*, de *sulfate* et de *phosphate de columbium*, nous paraissent devoir être soumis à de nouvelles recherches; car il est excessivement probable que ce sont des combinaisons des acides nitriques ou sulfurique, etc., avec l'acide columbique.

De l'Acide Columbique.

Cet acide ne se trouve jamais pur dans la nature ; il y existe, comme nous l'avons dit, combiné avec quelques oxides. Il est blanc, pulvérulent, sans saveur, sans odeur, beaucoup plus pesant que l'eau ; il rougit faiblement l'*infusum* de tournesol. Le calorique, le gaz oxigène et l'air ne lui font éprouver aucune altération. Il se dissout dans les acides hydro-chlorique et sulfurique à l'aide de la chaleur ; la première de ces dissolutions précipite des flocons blancs par l'addition de l'acide phosphorique, et la seconde se prend en totalité en une gelée blanche, opaque, consistante, et insoluble dans l'eau lorsqu'on la traite par le même acide. Il se dissout en partie dans la potasse et dans la soude, et ne paraît pas se combiner avec l'ammoniaque.

Des Columbates.

Ces sels sont très-peu connus ; nous ne parlerons que du *columbate de potasse.* Il cristallise en écailles luisantes semblables à l'acide borique, inaltérables à l'air, douées d'une saveur âcre, désagréable, peu solubles dans l'eau. Ce *solutum* laisse précipiter l'acide columbique sous la forme d'une poudre blanche lorsqu'on le met en contact avec un acide puissant, tel que l'acide nitrique.

Métaux non susceptibles de devenir acides en se combinant avec l'oxigène.

Ces métaux sont : l'antimoine, le tellure, l'urane, le cérium, le cobalt, le titane, le bismuth, le cuivre et le plomb.

De l'Antimoine (régule d'antimoine).

L'antimoine se trouve, 1° à l'état natif au Hartz, près de Grenoble, et à Sahlberg en Suède ; 2° combiné avec l'oxigène ;

3° uni au soufre ; 4° enfin, combiné à-la-fois avec l'oxigène et avec le soufre.

415. L'antimoine est un métal solide, d'une couleur blanche bleuâtre, brillante, semblable à celle de l'argent ou de l'étain, qui ne se ternit que très-peu à l'air : sa texture est lamelleuse ; sa dureté assez grande ; il est très-cassant et facile à pulvériser ; frotté entre les doigts, il leur communique une odeur sensible ; sa pesanteur spécifique est de 6,7021.

Chauffé dans des vaisseaux fermés, il entre en fusion un peu au-dessous de la chaleur rouge, et si on le laisse refroidir lentement, il forme un culot dont la surface offre une cristallisation que l'on a comparée aux feuilles de fougère ; il n'est point volatil, du moins d'une manière sensible. A la température ordinaire, il n'agit point sur le gaz *oxigène* ni sur l'*air* atmosphérique parfaitement secs ; il paraît, au contraire, absorber une très - petite quantité d'oxigène si ces gaz sont humides ; mais si on élève la température, il passe à l'état de deutoxide blanc, connu autrefois sous le nom de *fleurs d'antimoine*, et il y a dégagement de calorique et de lumière, comme on peut s'en assurer en faisant fondre 8 à 10 grammes de ce métal dans un creuset, et le versant d'une certaine hauteur sur une table ou sur le carreau ; il se divise alors en une multitude de petits globules rouges enflammés, qui se transforment en oxide, que l'on voit se volatiliser dans l'air sous la forme d'une fumée blanche.

L'hydrogène, le bore et le carbone n'exercent point d'action sur l'antimoine. Le *phosphore* peut, à l'aide de la chaleur, se combiner directement avec ce métal, et donner un phosphure blanc, brillant, cassant, susceptible de se transformer en acide phosphorique et en oxide d'antimoine lorsqu'on le chauffe à l'air ou avec le gaz oxigène. Le *soufre* jouit aussi de la propriété de s'unir avec l'antimoine, à l'aide de la chaleur, et de former un sulfure dont l'histoire nous paraît assez importante pour lui consacrer un article. L'antimoine se combine avec l'*iode*, et présente les mêmes phénomènes que l'étain. (*Voyez* pag. 333.)

Lorsqu'on projette de la poudre de ce métal dans du *chlore* gazeux, celui-ci est absorbé et solidifié ; il se produit du chlorure d'antimoine, beurre d'antimoine (muriate d'antimoine) qui paraît sous la forme de fumées blanches, et il y a dégagement de calorique et de lumière. Ce chlorure est composé de 150 parties d'antimoine et de 100 de chlore (John Davy). Il est ordinairement sous la forme d'une masse épaisse, graisseuse, incolore, mais qui jaunit à l'air ; il est demi-transparent, d'une causticité extrême, susceptible de cristalliser en prismes tétraèdres lorsqu'on le fait fondre et qu'on le laisse refroidir lentement, fusible au-dessous de 100° thermomètre centigrade, volatil et attirant l'humidité de l'air ; il se décompose lorsqu'on le met en contact avec de l'eau, et fournit de l'oxide d'antimoine et de l'acide hydro-chlorique, qui se combinent pour former un sous-hydro-chlorate insoluble dans l'eau (poudre d'Algaroth) ; cette poudre se dépose sous la forme de petites paillettes brillantes, et peut être dissoute dans l'acide hydro-chlorique. Le beurre d'antimoine est employé en médecine comme caustique ; on s'en sert contre la morsure des animaux venimeux. La poudre d'Algaroth était en usage autrefois ; on l'administrait comme émétique, et on la connaissait sous les noms de *mercure de vie, mercure de mort*, etc. ; elle est généralement abandonnée aujourd'hui.

L'*azote* est sans action sur l'antimoine. Il en est de même de l'*eau* et du gaz oxide de carbone ; on ne sait pas si les gaz protoxide et deutoxide d'azote sont décomposés par ce métal.

Les acides *borique, carbonique* et *phosphorique* ne sont pas attaqués par l'antimoine. L'acide *sulfurique* concentré

n'agit point sur lui à la température ordinaire ; mais il est
en partie décomposé à l'aide de la chaleur, cède une portion de son oxigène au métal, et se transforme en gaz acide
sulfureux et en soufre : le protoxide formé se combine avec
l'acide non décomposé, et donne naissance à du sulfate
d'antimoine. On ne connaît pas l'action de l'antimoine sur
les acides *iodique* et *chlorique*. L'acide *nitrique* concentré est
promptement décomposé par lui ; il se dégage du gaz nitreux, et il se forme du deutoxide d'antimoine blanc et
du nitrate d'ammoniaque, phénomènes semblables à ceux
que produisent l'étain et le fer, et dont la théorie a été exposée en détail (pag. 321). L'acide nitrique affaiblit l'oxide
au premier degré et le dissout.

L'acide *hydro-chlorique* liquide n'exerce d'abord aucune action sur l'antimoine, mais, au bout d'un certain
temps, il le dissout, et l'on peut, en évaporant la liqueur,
en obtenir des cristaux aiguillés d'hydro-chlorate d'antimoine : il est évident que, dans cette expérience, l'eau est
décomposée pour oxider le métal. On ignore quelle est
son action sur l'acide *hydriodique* ; il n'en exerce aucune
sur l'acide *hydro-phtorique*. Suivant Schéele, l'acide *arsenique* oxide l'antimoine, se combine avec lui, et donne
naissance à une poudre blanche insoluble.

Parmi les métaux précédemment étudiés, il n'y a que le
potassium et le sodium qui forment avec l'antimoine des
alliages ayant quelques propriétés particulières ; il y a
pendant leur formation dégagement de calorique et de
lumière.

Lorsqu'on projette dans un creuset chauffé jusqu'au rouge
parties égales d'antimoine et de *nitrate de potasse* pulvérisés, on obtient l'*antimoine diaphorétique non lavé*, qui est
composé de deutoxide d'antimoine et de potasse : dans cette
expérience, l'acide nitrique est décomposé, son oxigène se
porte sur l'antimoine, et l'oxide formé s'unit à la potasse ; il

y a dégagement de beaucoup de calorique et de lumière. Lorsqu'on traite le produit par l'eau, celle-ci dissout l'excès de potasse et un peu de deutoxide d'antimoine, et le résidu constitue l'*antimoine diaphorétique lavé*, composé de 20 parties de potasse et de 80 parties de deutoxide d'antimoine. Si on verse dans la dissolution aqueuse de potasse et de deutoxide d'antimoine (eau de lavage) de l'acide nitrique, celui-ci s'empare de la potasse, et le deutoxide d'antimoine blanc se précipite : on connaissait autrefois ce précipité sous le nom de *matière perlée de Kerkringius.* On a employé en médecine l'antimoine diaphorétique lavé et non lavé, comme fondans et apéritifs dans les maladies cutanées : ce dernier est plus actif que l'autre ; on le prescrit à la dose de 24 ou 36 grains dans une potion de 5 à 6 onces, que l'on fait prendre par cuillerée ; il constitue *la poudre de la Chevaleraies.* Ces préparations sont fort peu usitées aujourd'hui. L'antimoine diaphorétique non lavé entre dans la composition des *tablettes antimoniales de Daquin*, de la *poudre cornachine*, *du remède de Rotrou*, etc.

Usages de l'antimoine. Il sert à préparer l'alliage des caractères d'imprimerie, et plusieurs préparations antimoniales. Les médecins n'emploient jamais l'antimoine pur. Il constituait autrefois les *pilules perpétuelles*, le *vomitif perpétuel*, espèce de petites balles que l'on rendait telles qu'on les avait prises. On construisait aussi avec l'antimoine des tasses dans lesquelles on mettait du vin blanc, dont l'acide ne tardait pas à dissoudre le métal oxidé par l'air : ce liquide était alors émétique et purgatif, mais d'une manière variable, suivant la quantité d'acide contenu dans le vin. L'antimoine métallique sert à la préparation du *decoctum antivenereum laxans* de la pharmacopée de Paris; mais, dans cette décoction, il se trouve oxidé et dissous par la potasse.

Des Oxides d'antimoine.

Suivant M. Proust, on ne connaît que deux oxides d'antimoine.

416. Le *protoxide d'antimoine* existe dans la nature; il entre dans la composition de la poudre d'Algaroth, du sulfate d'antimoine, du tartrate antimonié de potasse (tartre émétique), du kermès, du verre, des foies, des safrans et des rubines d'antimoine. Il est d'un blanc grisâtre; il est fusible à une chaleur rouge obscure, et prend par le refroidissement l'aspect d'une masse jaunâtre, opaque, nacrée, pesante, fragile et rayonnée; il est volatil; il est décomposé par le soufre et par le carbone; traité par l'acide nitrique, il le décompose et passe à l'état de deutoxide: il a plus d'affinité pour les acides que le deutoxide. Il est formé, suivant M. Proust, de 100 parties de métal et de 22 parties d'oxigène.

417. *Deutoxide d'antimoine.* Cet oxide se trouve à Tornavaca en Galice, au canton de la Croix, dans le royaume de Valence, où il est combiné avec de l'oxide rouge de fer, du cinabre et du carbonate de cuivre. Il constitue les *fleurs d'antimoine*; il entre dans la composition de l'antimoine diaphorétique, etc., et dans la liqueur qui résulte de l'action de l'eau régale sur l'antimoine. Il est blanc, infusible au même degré de chaleur qui fond le précédent, sans action sur le gaz oxigène et sur l'air; il est décomposé par le charbon et par le soufre, et il a peu de tendance à se combiner avec les acides. Il est formé, suivant M. Proust, de 100 parties de métal et de 30 parties d'oxigène. On a employé en médecine les fleurs d'antimoine comme émétique, mais on ne s'en sert guère aujourd'hui.

M. Berzelius admet quatre oxides d'antimoine: le premier résulte de l'action de la pile voltaïque sur l'eau et sur l'an-

timoine, ou de l'action de l'air humide sur ce métal ; le
second correspond à celui que nous avons appelé *protoxide* ;
les fleurs d'antimoine constituent le troisième, que M. Berzelius appelle acide *antimonieux* ; enfin le quatrième, appelé par ce chimiste acide *antimonique*, résulte de l'action
de l'acide nitrique sur l'antimoine.

Des Sels formés par le protoxide d'antimoine.

Les sels solubles formés par le protoxide d'antimoine
sont précipités en blanc par l'eau, à moins qu'ils ne soient
à double base : le précipité est un sous-sel. Les hydro-sulfates solubles et l'acide hydro-sulfurique y font naître un
précipité jaune orangé, plus ou moins foncé, suivant la
quantité de réactif employé : ce précipité est du sous-hydro-
sulfate d'antimoine. L'infusion de noix de galle les trouble
sur-le-champ et y occasionne un dépôt d'un blanc jaunâtre,
composé de protoxide d'antimoine et de matière végétale.
La potasse et la soude en séparent l'oxide blanc, et le redissolvent lorsqu'elles sont employées en excès. Le fer et le
zinc, doués d'une plus grande affinité pour l'oxigène et
pour l'acide que l'antimoine, en précipitent le métal sous
la forme d'une poudre noire.

418. *Phosphate acide d'antimoine.* Il est soluble dans
l'eau, incristallisable ; évaporé, il fournit une masse d'un vert
noirâtre, vitrifiable à une haute température. La poudre
de James, d'après M. Pearson, est un phosphate double de
chaux et d'*antimoine* ; cependant M. Pully n'adopte pas
cette opinion, et regarde cette poudre comme formée, 1° de
phosphate de chaux ; 2° de sulfate de potasse ; 3° de potasse tenant du protoxide d'antimoine en dissolution ;
4° enfin, de deutoxide d'antimoine. On sait qu'elle est
puissamment émétique.

419. *Sulfate acide d'antimoine.* Il est sous la forme d'une

masse blanche, molle, qui, étant traitée par l'eau, se transforme en sous-sulfate blanc, insoluble, pulvérulent, et en sur-sulfate soluble.

420. *Sulfite d'antimoine.* Il est pulvérulent, peu soluble dans l'eau, doué d'une saveur âcre et astringente; chauffé il se fond, se volatilise et se décompose.

421. *Nitrate d'antimoine.* Il est peu connu; on sait qu'il est soluble dans l'eau; ce *solutum*, exposé à l'air, se trouble et laisse déposer du deutoxide; lorsqu'on le traite par une grande quantité d'eau, on en précipite l'oxide blanc; cet oxide, desséché dans une capsule, s'enflamme comme de l'amadou si on continue à le chauffer (Berzelius).

422. *Hydro-chlorate d'antimoine.* Ce sel peut cristalliser en aiguilles blanches, mais le plus souvent on l'obtient à l'état liquide; il est acide, incolore, et doué d'une saveur caustique; l'eau le décompose et le précipite en blanc; le précipité est un sous-hydro-chlorate d'antimoine (poudre d'Algaroth), et il reste dans la liqueur du sur-hydro-chlorate. Lorsqu'on le chauffe, il se dessèche, se décompose et se transforme en *chlorure d'antimoine (beurre d'antimoine).*

423. *Sous-hydro-sulfate d'antimoine* (kermès minéral). Le kermès est solide, d'un rouge brun, d'autant plus foncé, toutes choses égales d'ailleurs, qu'il a été mieux préservé du contact de la lumière : il est léger et velouté.

Chauffé dans des vaisseaux fermés, il se décompose et se transforme en eau, en gaz acide sulfureux et en oxide d'antimoine sulfuré; en effet, l'hydrogène, et une partie du soufre de l'acide hydro-sulfurique, se combinent dans cette expérience avec une portion de l'oxigène de l'oxide d'antimoine pour former de l'eau et de l'acide sulfureux (Robiquet). *P. E.* Mêlé avec son volume de charbon et chauffé jusqu'au rouge dans un creuset, le kermès se décompose également, et donne de l'*antimoine* métallique, de l'eau, du gaz acide carbonique et du gaz acide sulfureux.

Exposé à l'air, il se décolore et se décompose; l'oxigène de l'atmosphère s'unit avec l'hydrogène pour former de l'eau; d'où il suit que le soufre doit se trouver prédominant. Il est insoluble dans l'eau, mais il peut se dissoudre dans quelques hydro-sulfates sulfurés; ceux de potasse et de soude le dissolvent bien à chaud et très-peu à froid; ceux de baryte, de strontiane et de chaux le dissolvent à toutes les températures.

424. Si on met dans un petit flacon à l'émeri une certaine quantité de kermès, et qu'on remplisse le flacon d'acide hydro-chlorique étendu du tiers de son volume d'eau, on remarque que ces deux corps réagissent l'un sur l'autre, qu'une portion de kermès se dissout, que le mélange acquiert une couleur jaunâtre, et qu'il se dégage un peu de gazacide hydro-sulfurique. Si on bouche le flacon et qu'on le comprime afin d'empêcher ce dégagement, on obtient un liquide d'un blanc jaunâtre, formé d'hydro-chlorate très-acide d'antimoine, et d'une petite quantité d'acide hydro-sulfurique. Il est évident que l'acide hydro-chlorique décompose le kermès, s'empare de l'oxide d'antimoine avec lequel il forme un hydro-chlorate acide; tandis que l'hydrogène et le soufre s'unissent pour donner naissance à du gaz acide hydro-sulfurique qui reste dans la dissolution; cet acide ne précipite pas l'oxide d'antimoine parce qu'il y est en petite quantité, et surtout parce que l'acide hydro-chlorique combiné avec l'oxide est en grand excès.

Si on décante cette dissolution d'hydro-chlorate d'antimoine et d'acide hydro-sulfurique, et que l'on y verse quelques gouttes d'eau, on obtient un précipité *jaune orangé* formé de sous-hydro-sulfate d'antimoine; dans ce cas, l'eau s'empare de l'excès d'acide hydro-chlorique; l'oxide d'antimoine est par conséquent beaucoup moins retenu, et l'acide hydro-sulfurique le précipite comme à l'ordinaire. Ce fait est remarquable en ce qu'il fournit l'exemple d'une dissolution d'hydro-chlorate d'antimoine que l'eau précipite en jaune orangé, au lieu de précipiter en blanc.

Si on filtre cette dissolution d'hydro-chlorate d'antimoine et d'acide hydro-sulfurique et qu'on la fasse bouillir pendant quelques instans, l'acide hydro-sulfurique se dégage, et alors l'hydro-chlorate d'antimoine qui reste précipite en *blanc* par l'eau, ce qui est parfaitement d'accord avec tout ce que nous venons d'exposer.

Si on fait bouillir le *kermès* avec une assez grande quantité de dissolution de potasse ou de soude, il se décompose sur-le-champ, perd sa couleur, et se transforme en protoxide d'antimoine d'un blanc jaunâtre, insoluble, et en hydro-sulfate de potasse sulfuré tenant un peu de protoxide d'anti-moine en dissolution : aussi, si après avoir filtré cette dissolution on y verse quelques gouttes d'acide nitrique, celui-ci s'unit avec la potasse, et l'on voit paraître un pré-cipité jaune, plus ou moins rougeâtre, formé de protoxide d'antimoine, d'acide hydro-sulfurique et de soufre.

Sous-hydro-sulfate d'antimoine sulfuré (soufre doré). Ce produit ne diffère du kermès qu'en ce qu'il contient plus de soufre. Il est solide, jaune orangé, insoluble dans l'eau, et donne, lorsqu'on le calcine avec du charbon, un culot d'antimoine métallique. En médecine on se sert de ces deux produits pour remplir à-peu-près les mêmes indi-cations ; mais on préfère presque toujours le kermès. On l'emploie, 1° comme tonique du système pulmonaire dans la dernière période des inflammations aiguës des pou-mons, dans toutes les périodes des fluxions de poitrine ap-pelées *catarrhales*, sans crachement de sang et sans une grande irritation de la poitrine, dans la coqueluche lors-que l'irritation a cessé, dans l'engorgement des glandes du poumon, dans les catarrhes chroniques, dans l'asthme humide, etc. On l'administre à la dose d'un, deux ou trois grains dans du beurre de cacao, dans de l'huile, dans un jaune d'œuf ou dans des extraits ; 2° on fait prendre souvent comme émétique 6 à 10 grains de kermès dans 3 ou 4 onces de sirop d'ipécacuanha que l'on donne par cuillerées à bouche, de quart-d'heure en quart-d'heure, jusqu'à ce que le vomissement ait lieu ; 3° on l'emploie aussi comme sudorifique et stimulant de la peau, dans les phlegmasies cutanées chroniques, telles que la gale, les dartres, etc., dans les rhumatismes lents, les sciatiques et gouttes anciennes : dans ces cas, on l'associe au camphre et à l'antimoine diaphorétique non lavé. Le *soufre doré* a été principalement préconisé contre la goutte ; l'une et l'autre de ces préparations paraissent être d'une très-grande utilité dans le traitement de la plique polonaise. Administrées à haute dose elles peuvent donner lieu à tous les symptômes de l'empoisonnement.

425. *Arséniate d'antimoine.* Il est pulvérulent, insoluble dans l'eau ; il en est de même du *molybdate* d'antimoine.

Des Sels formés par le deutoxide d'antimoine.

Ces sels ont été fort peu étudiés ; quelques-uns même n'existent pas ; on peut en obtenir un certain nombre en faisant dissoudre le deutoxide dans les acides : tels sont, par exemple, les deuto-sulfate et hydro-chlorate, qui précipitent en blanc par l'eau et par les alcalis, et en jaune rougeâtre par les hydro-sulfates.

Du Sulfure d'antimoine.

Ce sulfure se trouve très-abondamment dans la nature ; on le rencontre dans les départemens du Gard, du Puy-de-Dôme, dans le Vivarais, en Toscane, en Saxe, en Hongrie, en Bohême, en Suède, en Angleterre, en Espagne, etc. Il est cristallisé en aiguilles d'un gris bleuâtre, brillantes, inodores et insipides. Il paraît formé de 100 parties de métal et de 33,333 de soufre. M. Thompson porte la proportion de soufre à 35,559.

426. Chauffé dans des vaisseaux fermés, il entre promptement en fusion et ne se décompose pas; mais s'il est en contact avec l'air ou avec le gaz oxigène, il se transforme en gaz acide sulfureux et en protoxide d'antimoine sulfuré fusible. Ce produit, fondu pendant un certain temps dans un creuset d'argile, constitue le *crocus metallorum*, le *safran des métaux*, *safran d'antimoine*; il est brun marron, a la cassure vitreuse, et contient de la silice qu'il a enlevée au creuset. Si on continue à le faire fondre et qu'on le coule, il donne par le refroidissement un verre transparent, couleur d'hyacinthe, composé de protoxide et de sulfure d'antimoine, d'alumine, de silice et de fer oxidé (1), d'où l'on doit conclure que la matière du creuset a été attaquée; ce verre est opaque s'il contient beaucoup de sulfure; suivant M. Vauquelin, il serait jaune citrin s'il ne renfermait pas de fer. On peut y démontrer l'existence de toutes ces substances au moyen de l'acide hydro-chlorique. Le verre d'antimoine est employé pour faire le tartre stibié, le vin antimonié; il est fortement émétique, et on l'administre rarement seul. On lit dans Hoffmann des observations d'empoisonnemens produits par 7 à 8 grains de cette substance et terminés par la mort.

On peut combiner par la fusion et en plusieurs proportions le protoxide d'antimoine avec le sulfure; la *rubine* des anciens est formée de 8 parties du premier et d'une partie

---

(1) C'est à la silice que le verre d'antimoine doit sa transparence; en effet, que l'on fasse chauffer dans un creuset de platine du sulfure d'antimoine grillé seul, on n'obtiendra qu'une masse opaque; que l'on mette, au contraire, un mélange du même sulfure et de sable (silice) dans le même creuset, on ne tardera pas à former du verre transparent.

du second; le *crocus*, dont nous avons déjà parlé, peut être préparé avec trois parties de protoxide et une de sulfure; enfin, le *foie d'antimoine* résulte de l'action d'une partie du dernier sur deux de protoxide.

L'acide *sulfurique* concentré transforme le sulfure d'antimoine, à l'aide de la chaleur, en proto-sulfate d'antimoine blanc; une partie de l'acide est décomposée, cède de l'oxigène au soufre et à l'antimoine, et se trouve réduite à du gaz acide sulfureux qui se dégage. Il en est de même de l'acide nitrique concentré, excepté qu'il y a dégagement de gaz nitreux (deutoxide d'azote). Le sulfure d'antimoine chauffé avec de l'acide hydro-chlorique liquide, dans une petite fiole à laquelle on adapte un tube recourbé propre à recueillir les gaz, décompose l'eau qu'il renferme; le soufre et l'hydrogène de l'eau forment du gaz acide *hydro-sulfurique* qui se dégage, et l'antimoine et l'oxigène de l'eau donnent naissance à du protoxide d'antimoine qui se dissout dans l'acide hydro-chlorique; c'est même par ce moyen que l'on peut se procurer abondamment et dans un grand degré de pureté, le gaz acide hydro-sulfurique (hydrogène sulfuré).

Si on fait bouillir de l'eau dans laquelle on ait mis du sulfure d'antimoine et de la chaux, ou de la baryte, ou de la strontiane pulvérisés, l'eau est également décomposée, et l'on obtient un liquide formé, 1° d'hydro-sulfate sulfuré de la base; 2° de sous-hydro-sulfate d'antimoine (kermès).

Théorie. Comme la chaux ne se décompose pas, on peut la représenter par

		Chaux	
Le sulfure d'antimoine par....	Antimoine + soufre	+ soufre	+ soufre.
L'eau par......	Oxigène. + hydrog°.	+ hydrog°.	
	Protoxide d'antimoine.	A. hydro-sulfurique.	Hydro-sulfate de chaux sulfuré.

L'eau en se décomposant cède son oxigène à l'antimoine, le transforme en protoxide; l'hydrogène s'unit aux deux portions de soufre au-dessous desquelles nous l'avons placé, forme de l'acide hydro-sulfurique; une partie de cet acide se combine avec la chaux et le soufre, et donne naissance à de l'hydro-sulfate sulfuré, tandis que l'autre partie se combine avec le protoxide d'antimoine, et produit du kermès qui peut rester en dissolution dans la liqueur.

La potasse et la soude agissent de la même manière sur le sulfure d'antimoine; mais le kermès qui en résulte ne peut être dissous qu'autant que la liqueur est très-chaude, par conséquent il se précipite aussitôt qu'elle vient à se refroidir. Nous verrons par la suite que la préparation du kermès repose toute entière sur cette propriété. (Voyez *Préparations*.)

Lorsqu'on projette dans un creuset chauffé jusqu'au rouge parties égales de *nitrate de potasse* et de sulfure d'antimoine pulvérisés, on obtient un produit brun marron connu sous le nom de *foie d'antimoine*, et qui est composé de sulfate de potasse, de sulfure de potasse et d'oxide d'antimoine; d'où il suit que l'oxigène de l'acide nitrique se porte à-la-fois sur le soufre et sur l'antimoine. Le foie d'antimoine était très-employé autrefois comme vomitif, purgatif et fondant; on s'en servait, et on s'en sert encore quelquefois dans la préparation du vin émétique trouble et non trouble. On obtient le *fondant de Rotrou* en employant, au lieu de parties égales, 3 parties de *nitrate de potasse* et une de sulfure d'antimoine, et en mettant le feu au mélange au moyen d'un charbon rouge. Le produit qui en résulte est du sulfate de potasse $+$ du deutoxide d'antimoine uni à la potasse.

Le sulfure d'antimoine est décomposé à l'aide de la chaleur par l'étain, le plomb, le cuivre et l'argent, qui s'emparent du soufre qui entre dans sa composition. Il est employé pour extraire le métal et pour préparer le kermès, le soufre doré, le verre d'antimoine, la rubine, le foie d'antimoine, le fondant de Rotrou, etc.

Des Acides formés par l'antimoine.

M. Berzelius pense que les fleurs d'antimoine et l'oxide qui résulte de l'action de l'acide nitrique sur l'antimoine, constituent deux acides particuliers, qu'il a nommés *antimonieux* et *antimonique*. Cette opinion est loin d'être partagée par tous les chimistes ; quelques-uns d'entre eux, non – seulement ne regardent pas ces corps comme des acides, mais ils n'admettent pas de différence entre les fleurs d'antimoine et l'oxide fait par l'acide nitrique : telle est la manière de voir de M. Proust. Voici, au surplus, les caractères assignés par M. Berzelius à ces deux corps.

Acide antimonique. Il a une couleur jaune ; il se réduit, à une chaleur rouge ; en oxigène et en acide antimonieux (fleurs d'antimoine) ; il rougit l'*infusum* de tournesol ; il n'a point la propriété de neutraliser les acides ; il s'unit à presque toutes les bases salifiables et forme des *antimoniates* ; il est composé de 100 parties de métal et de 37,3 d'oxigène. L'*antimoniate de potasse* est soluble dans l'eau ; le *solutum* précipite les eaux de chaux, de baryte, de zinc, de fer, de manganèse, de cobalt, de cuivre, de plomb, etc. ; il est précipité par le gaz acide carbonique et par l'acide acétique ; le précipité blanc formé par l'acide antimonique contient de l'eau. D'après M. Berzelius, l'antimoine diaphorétique serait un *antimoniate de potasse*.

Acide antimonieux (fleurs d'antimoine). Il est blanc, moins oxigéné que le précédent ; il n'éprouve aucune décomposition de la part du calorique ; il se comporte comme lui avec l'*infusum* de tournesol, les acides et les alcalis. L'*antimonite* neutre de potasse jouit de propriétés analogues à celles de l'antimoniate.

Du Tellure.

Le tellure se trouve, 1° combiné avec le fer et l'or en Transylvanie, dans les mines de Muria-Loretto; 2° avec l'or et l'argent aussi en Transylvanie; 3° avec le plomb, l'or, l'argent et le soufre; 4° enfin avec le plomb, l'or, le soufre et le cuivre.

Le tellure est solide, blanc bleuâtre, très-éclatant, d'un tissu lamelleux, très-fragile, facile à réduire en poudre; sa pesanteur spécifique est de 6,115.

Chauffé dans des vaisseaux fermés, il fond à un degré de chaleur un peu supérieur à celui qui est nécessaire pour liquéfier le plomb; il se volatilise ensuite, et se condense en gouttelettes. L'air atmosphérique et le gaz oxigène ne paraissent pas agir sur lui à froid; mais si on élève la température, il se forme un oxide volatil d'une odeur analogue à celle du raifort, qui répand des vapeurs blanches; il y a en outre dégagement de calorique et de lumière bleue verdâtre.

Le gaz *hydrogène* peut se combiner directement avec le tellure; il suffit pour cela de le mettre en contact avec le gaz qui se produit en décomposant l'eau par la pile électrique; il se forme, dans ce cas, un *hydrure* solide brun; il existe encore un produit gazeux formé aussi de ces deux élémens et que l'on ne peut pas obtenir directement; il porte le nom de gaz *hydrogène telluré*, et plusieurs chimistes l'appellent acide *hydro-tellurique*. Il est gazeux, incolore, doué d'une odeur semblable à celle du gaz acide hydro-sulfurique; on ignore quelle est sa pesanteur spécifique; il rougit l'*infusum* de tournesol. Il absorbe le gaz oxigène lorsqu'on l'approche d'un corps enflammé; il y a dégagement de calorique et de lumière bleuâtre, et dépôt d'oxide de tellure. Il se dissout dans l'eau; le *solutum*, d'un rouge clair, se décompose par le contact de l'air, et il en résulte de l'hydrure de tellure qui se dépose sous la forme d'une poudre brune : cet hydrure contient moins d'hydrogène que le gaz, d'où il suit que l'oxigène de l'air s'est combiné avec une portion d'hydrogène. Il s'unit aux alcalis, et donne des produits qui ont le plus grand rapport avec les sels. Le *chlore* le décompose et lui enlève son hydrogène. Il précipite plusieurs des dissolutions métalliques formées par les métaux des quatre dernières classes. Il est composé, d'après M. Berzelius, de 100 parties de tellure et de 1,948 d'hydrogène.

Chauffé avec du *chlore* gazeux, le tellure passe à l'état de chlorure solide, et il y a dégagement de calorique et de lumière ; ce chlorure est incolore, demi-transparent, et paraît formé de 100 parties de tellure et de 90,5 de chlore (H. Davy). On ne connaît pas l'action des autres *corps simples* sur ce métal. Il n'agit point sur l'*eau*. Les acides *sulfurique*, *nitrique* et l'eau régale l'oxident et le dissolvent. On ignore quelle est l'action des autres acides sur lui. Il n'est pas employé.

De l'Oxide de tellure.

427. Il est le produit de l'art, d'une couleur blanche ; il fond un peu au-dessous de la chaleur rouge et se volatilise. Il peut se dissoudre dans quelques acides. Il se combine avec la potasse, la soude et l'ammoniaque à l'aide de la chaleur, et donne des produits peu solubles dans l'eau. Il est formé, suivant M. Berzelius, de 100 parties de métal et 24,83 d'oxigène ; il n'a point d'usages.

Des Sels de tellure.

Les dissolutions de tellure sont décomposées et précipitées en blanc par la potasse ou la soude ; l'oxide précipité se redissout dans un excès du réactif précipitant ; les hydro-sulfates solubles y font naître un précipité noir de sulfure de tellure; l'infusion de noix de galle en précipite des flocons jaunes; l'hydro-cyanate de potasse et de fer (prussiate) ne les trouble point. Le zinc, le fer et l'antimoine en séparent du tellure noir pulvérulent.

428. *Sulfate de tellure.* Il est incolore, soluble dans l'eau, et facilement décomposable par le feu.

429. *Nitrate de tellure.* Il est incolore, décomposable par l'eau, qui en précipite du sous-nitrate soluble dans un excès d'eau; il donne, par l'évaporation, des aiguilles prismatiques, incolores et légères.

430. *Hydro-chlorate de tellure.* Il est liquide, décomposable par l'eau; le précipité blanc formé se dissout dans une grande quantité d'eau.

De l'Urane.

L'urane ne se trouve dans la nature que combiné avec l'oxigène; il fait partie de la mine connue sous le nom de pechblende.

431. L'urane est un métal solide, d'une couleur grise foncée, très-brillant, cassant, facile à entamer par le couteau et par la lime; cependant M. Clarke dit avoir retiré du pechblende, au moyen du chalumeau à gaz, un métal semblable à l'acier, tellement dur que la lime la plus acérée y mord à peine; mais il est probable que ce métal est allié à du plomb, à du fer et à du silicium, dont les oxides entrent dans la composition du pechblende. (Clarke, *Ann. de Chimie et de Phys.*, t. III.) Sa pesanteur spécifique est de 8,7.

Ce n'est guère que dans ces derniers temps que l'on a pu *fondre l'urane* au moyen du chalumeau à gaz de Brooks. Suivant M. Clarke, il absorbe, durant sa fusion, l'oxigène de l'air, et passe à l'état d'oxide jaune serin. On a peu fait d'expériences pour constater l'action de l'urane sur les corps simples. Il n'agit point sur l'eau, ni sur les acides borique, carbonique, phosphorique; il est à peine attaqué par l'acide

sulfurique, tandis qu'il décompose assez bien l'acide nitrique, lui enlève une portion de son oxigène, s'oxide et se dissout dans la portion d'acide non décomposée. Il n'a presque
pas d'action sur l'acide hydro-chlorique. Il est sans usages.

Des Oxides d'urane.

Plusieurs chimistes admettent un protoxide d'urane
gris noirâtre qui entre dans la composition du pechblende ;
M. Proust élève des doutes sur son existence, parce que,
suivant lui, il a été impossible de l'obtenir et de l'analyser,
et que, d'ailleurs, il ne forme point de sels avec les acides.
Voici quels sont les caractères assignés à ce *protoxide*. Il
est gris noir, difficilement fusible, et insoluble dans les
acides, à moins qu'il n'absorbe de l'oxigène pour passer à
l'état de deutoxide. Il est formé, suivant M. Bucholz, de
100 parties d'urane et de 5,17 d'oxigène. Il existe, dit-on,
en Saxe et en Bohême.

432. *Deutoxide d'urane.* On le trouve en petite quantité à
Saint-Symphorien près d'Autun, et à Chanteloube près
Limoges ; en Saxe, en Angleterre, dans le Wurtemberg, en
Bohême ; sa couleur varie du jaune citron au vert émeraude ;
il est en lames cristallines ou sous la forme de poudre ; il
se combine avec plusieurs acides. Il n'a point d'usages ; il
est formé, suivant Bucholz, de 80 parties de métal et de 20
parties d'oxigène.

Des Sels formés par le deutoxide d'urane.

Les sels d'urane ont une saveur astringente, forte,
sans mélange de saveur métallique. Ils sont tous colorés
en jaune ou en blanc jaunâtre. La potasse caustique précipite l'oxide jaune de ceux qui sont solubles dans l'eau.
Les carbonates de potasse et de soude y font naître un précipité blanc : ces précipités se dissolvent dans un excès de
potasse. L'hydro-sulfate de potasse y produit un dépôt brun

jaunâtre, qui est du sulfure d'urane. Le prussiate de potasse y forme un précipité rouge brunâtre, et l'infusion de noix de galle un précipité chocolat. Tous ces sels sont sans usages.

433. Le *phosphate d'urane* est très-peu soluble dans l'eau, et d'une couleur blanche jaunâtre.

434. *Sulfate d'urane.* Il est en petits cristaux prismatiques, où en tables d'un jaune citron, dont la couleur passe au vert par son exposition au soleil, solubles dans la moitié de leur poids d'eau bouillante, un peu moins solubles dans l'eau froide, entièrement décomposables par le feu en oxide et en acide.

435. *Nitrate d'urane.* Il cristallise en lames hexagones ou en larges prismes rectangulaires à quatre pans aplatis, d'un jaune citron ou verdâtres, solubles dans la moitié de leur poids d'eau à 15°, beaucoup plus solubles dans l'eau bouillante, efflorescens dans un air dont la température est à 38°, th. c., déliquescens, au contraire, dans un air froid et humide. Ces cristaux, chauffés, fondent dans leur eau de cristallisation, se décomposent et donnent de l'oxide d'urane, du gaz deutoxide d'axote et du gaz oxigène.

436. *Hydro-chlorate d'urane.* Il est sous la forme de prismes quadrangulaires, aplatis, d'un vert jaunâtre, déliquescens et très-solubles dans l'eau.

437. *Hydro-phtorate d'urane.* Il est cristallisable et inaltérable à l'air.

438. *Arséniate d'urane.* Il est sous la forme d'une poudre blanche jaunâtre, insoluble dans l'eau.

Du Cérium.

On n'a jamais trouvé le cérium à l'état natif: il existe en Suède, combiné avec l'oxigène, la silice et l'oxide de fer, ce qui constitue l'oxide silicifère de cérium, ou la cérite. On rencontre aussi cette mine au Groënland; mais elle renferme en outre de la chaux et de l'alumine.

439. Le cérium est un métal solide, d'une couleur blanche grisâtre, très-fragile, et d'une structure lamelleuse ; on ignore quelle est sa pesanteur spécifique. Il est très-difficile à fondre au feu de nos forges : cependant la cérite se fond et se réduit avec la plus grande facilité à l'aide du chalumeau à gaz (Clarke). Il n'est point volatil à la chaleur rouge que peut éprouver une cornue de porcelaine dans un fourneau à réverbère (Laugier). L'air atmosphérique et le gaz oxigène, à une température élevée, le font passer à l'état d'oxide blanc. On a peu fait d'expériences pour constater l'action du cérium sur les *corps simples* et sur les *acides*. Il n'agit point sur l'*eau*. Il est sans usages.

Des Oxides de cérium.

440. Le *protoxide* de cérium est un produit de l'art ; il est blanc, très-difficile à fondre, et susceptible de passer à l'état de deutoxide lorsqu'on le chauffe avec le gaz oxigène ou avec l'air atmosphérique. Il n'a point d'usages ; il se dissout dans plusieurs acides ; il est formé, suivant M. Hisinger, de 100 parties de cérium et de 17,41 d'oxigène.

441. *Deutoxide*. Il entre dans la composition de la cérite ; sa couleur est brune rougeâtre ; il est très-difficile à fondre, n'exerce aucune action sur le gaz oxigène, et n'a point d'usages. Chauffé avec l'acide hydro-chlorique, il passe à l'état de protoxide qui se dissout ; l'oxigène qu'il a perdu s'unit à l'hydrogène d'une portion d'acide hydro-chlorique pour former de l'eau, et il se dégage du chlore. M. Hisinger le croit formé de 100 parties de métal et de 26,115 d'oxigène.

Des Sels de cérium.

Tous les sels de cérium sont le produit de l'art ; ceux qui sont solubles ont une saveur sucrée : ils sont tous précipités en blanc par l'hydro-cyanate de potasse (prussiate) et par l'oxalate d'ammoniaque; mais le premier précipité se dissout dans les acides nitrique et hydro-chlorique, tandis que le second y est insoluble. L'infusion de noix de galle ne trouble point les dissolutions de cérium. Les hydro-sulfates solubles les décomposent et en précipitent un sulfure.

Des Sels formés par le protoxide de cérium.

Ces sels sont incolores.

442. *Proto-carbonate de cérium.* Il est grenu, insoluble dans l'eau pure et dans l'eau acidulée avec l'acide carbonique. Le *proto-phosphate* de cérium est également insoluble dans l'eau; il ne se dissout pas non plus dans les acides nitrique et hydro-chlorique.

443. *Proto-sulfate de cérium.* On l'obtient facilement en cristaux; il est soluble dans l'eau.

444. *Proto-nitrate de cérium.* Il cristallise difficilement et retient un excès d'acide; il attire l'humidité de l'air et se dissout très-bien dans l'eau.

445. *Proto-hydro-chlorate de cérium.* Il est sous la forme de petits cristaux prismatiques à quatre pans; il rougit l'*infusum* de tournesol, attire l'humidité de l'air, et se dissout très-bien dans l'eau.

446. *Proto-arséniate de cérium.* Il est insoluble dans l'eau, à moins qu'elle ne contienne un excès d'acide. Le *molybdate* de cérium est insoluble dans l'eau et dans les acides.

Des Sels formés par le deutoxide de cérium.

Ils ont une couleur jaune ou jaune orangée.

447. *Deuto-sulfate de cérium.* Il est sous la forme de petits octaèdres ou de petites aiguilles d'un jaune citron ou d'un jaune orangé, solubles seulement dans l'eau acidulée; ils se transforment à l'air en une poudre jaune.

448. *Deuto-sulfite de cérium.* On peut l'obtenir sous la forme de cristaux, de couleur améthyste pâle.

449. *Deuto-nitrate de cérium.* Il est jaune, difficile à cristal-liser lorsqu'il est saturé d'oxide, et attire l'humidité de l'air.

450. *Deuto-hydro-chlorate de cérium.* La chaleur de l'eau bouillante suffit pour le décomposer et le transformer en proto-hydro-chlorate et en chlore, ce que l'on conçoit fa-cilement en admettant la décomposition d'une portion d'a-cide hydro-chlorique et la formation de l'eau aux dépens de l'hydrogène de l'acide décomposé et d'une partie de l'oxigène de l'oxide.

Du Cobalt.

Le cobalt se trouve dans la nature, 1° combiné avec l'oxigène; 2° avec le fer, le nickel, l'arsenic et le soufre; 3° avec l'oxigène et un acide à l'état de sel.

451. Le cobalt est solide, d'une couleur blanche argen-tine, légèrement ductile; sa texture est granuleuse, serrée; sa pesanteur spécifique est de 8,5384. Il est magnétique, mais moins que le fer. Il paraît fondre au même degré de feu que ce métal, c'est-à-dire, à 130° du pyromètre de Wedg-wood; on en opère facilement la fusion au moyen du chalumeau de Brooks (Clarke). Il absorbe le gaz oxigène à une température élevée, et passe à l'état de deutoxide noir; il n'éprouve point d'altération de la part de ce gaz à froid. Il peut se combiner avec le *phosphore* à l'aide de la chaleur, et donne un phosphure blanc, brillant, fra-gile, plus fusible que le cobalt, et qui se transforme, par l'action de l'air, en gaz oxigène, en acide phosphorique et en oxide de cobalt, pourvu que la température soit assez élevée. Ce phosphure est formé de 94 parties de cobalt et de 6 parties de phosphore. La combinaison du *chlore* avec le cobalt s'opère sans dégagement de lumière, même à la tem-pérature rouge cerise. Le chlorure, d'un gris de lin, se transforme en hydro-chlorate rose lorsqu'on le fait dis-soudre dans l'eau (Voyez *Hydro-chlorate*). Ce métal ne fait

éprouver aucune altération à l'*eau*. Les acides borique, carbonique et phosphorique n'agissent point sur lui ; l'acide sulfurique concentré et bouillant est en partie décomposé par le cobalt, qui absorbe une portion de son oxigène et forme du sulfate; il se dégage du gaz acide sulfureux. L'acide nitrique est en partie décomposé par le cobalt ; il le transforme en protoxide et le dissout ensuite ; il se dégage du gaz deutoxide d'azote. L'acide hydro-chlorique liquide attaque difficilement ce métal, à moins qu'il ne soit uni avec un peu d'acide nitrique. Le cobalt peut se combiner avec plusieurs métaux, mais on n'emploie aucun des alliages où il entre. Il est sans usages.

Des Oxides de cobalt.

452. *Protoxide de cobalt.* Il est le produit de l'art. Lorsqu'il est récemment séparé d'une dissolution de cobalt, il est bleu ; si on le dessèche sans le contact de l'air, il est d'un gris rougeâtre. Nous allons l'examiner sous ces deux états : 1° *lorsqu'il est bleu et mêlé avec de l'eau.* Exposé à l'air, il absorbe l'oxigène et devient verdâtre (1) ; si on le met en contact avec une dissolution de chlore, il passe à l'état de *deutoxide noir* sur-le-champ (voyez *Proto-sels de fer*, pag. 324) ; si au lieu de l'exposer à l'air on le met avec de l'eau dans des vaisseaux fermés, il passe au violet, se combine avec l'eau, augmente de volume et devient *hydrate rose*, que l'on peut obtenir sous la forme d'une poudre composée de 79 à 80 parties de protoxide et de 20 à 21 parties d'eau (Proust). 2°. *Lorsqu'il est gris rougeâtre et sec.* Chauffé jusqu'au rouge dans un creuset, il s'embrase tout-à-coup lorsqu'on le met en contact avec l'air, s'éteint, noircit, et se trouve transformé en deutoxide : d'après

_____

(1) M. Thenard regarde ce produit verdâtre comme un oxide nouveau qui tient le milieu entre les deux que nous admettons.

M. Clarke, il peut être facilement fondu et décomposé en oxigène et en cobalt au moyen du chalumeau à gaz. Le soufre le décompose à une température élevée, s'empare du métal et forme un sulfure. Il se combine parfaitement avec les acides. Il se dissout dans l'ammoniaque et lui communique une belle couleur rouge. Il est formé, d'après M. Proust, de 100 parties de cobalt et de 20 parties d'oxigène. On l'emploie pour teindre en bleu les cristaux, les émaux, la porcelaine, etc. L'*azur* n'est autre chose qu'un verre bleu pulvérisé et composé de silice, de potasse et de protoxide de cobalt.

453. *Deutoxide de cobalt.* On le trouve en Saxe combiné avec d'autres métaux. Il est noir, décomposable en oxigène et en cobalt au moyen du chalumeau à gaz. Il ne se combine avec les acides qu'autant qu'il a perdu une portion de son oxigène. L'acide sulfureux le dissout sur-le-champ, parce qu'il lui enlève une portion de son oxigène pour passer à l'état d'acide sulfurique. Il est composé, suivant M. Proust, de 100 parties de métal et de 25 parties d'oxigène.

Des Sels formés par le protoxide de cobalt.

Presque tous les sels de cobalt sont d'une couleur rose rougeâtre ; la potasse, la soude et l'ammoniaque les décomposent et en précipitent le protoxide bleu ; ce précipité se dissout dans un excès d'ammoniaque, et donne un liquide rouge, si le sel de cobalt est pur ; ce liquide est un sel double de cobalt et d'ammoniaque. Les hydro-sulfates solubles y font naître un dépôt noir de sulfure de cobalt soluble dans un excès d'hydro-sulfate, suivant M. Proust. L'hydro-cyanate de potasse (prussiate) les précipite en vert d'herbe. Les carbonates, les phosphates, les arséniates et les oxalates solubles y font naître des précipités roses qui sont formés par du carbonate, du phosphate, de l'arséniate ou de l'oxalate de cobalt.

454. *Borate de cobalt.* Il est pulvérulent, rougeâtre et insoluble dans l'eau : chauffé, il se fond et donne un verre bleu foncé.

455. *Carbonate de cobalt.* Il est sous la forme d'une poudre rose, insoluble dans l'eau ; il se décompose à l'aide de la chaleur et donne le protoxide gris, s'il n'a pas le contact de l'air ; dans le cas contraire, il passe à l'état de deutoxide. Traité par la potasse, il fournit l'hydrate de cobalt rose.

456. *Phosphate de cobalt.* Il est d'une couleur rose, violacée, insoluble dans l'eau et soluble dans l'acide phosphorique : mêlé avec 8 parties d'alumine en gelée et chauffé dans un creuset, il donne un produit d'une belle couleur bleue qui peut remplacer l'outremer, et qui a été découvert par M. Thenard. (*Voyez Préparations.*)

457. *Sulfate de cobalt.* Il cristallise en aiguilles formées de prismes rhomboïdaux, terminés par des sommets dièdres, d'une couleur cramoisie, qui devient rose quand le sel est desséché ; il rougit l'*infusum* de tournesol et se dissout dans l'eau. La dissolution de ce sel, mêlée avec celle du *sulfate d'ammoniaque,* donne un sel double, d'un jaune rougeâtre, que l'on peut faire cristalliser. Elle s'unit aussi au sulfate de potasse pour former un sulfate double de potasse et de cobalt qui cristallise avec la plus grande facilité.

458. *Nitrate de cobalt.* Il cristallise en petits cristaux prismatiques, rougeâtres, déliquescens, solubles dans l'eau. Chauffé, il se décompose ; l'acide nitrique cède de l'oxigène au protoxide, et le fait passer à l'état de deutoxide.

459. *Hydro-chlorate de cobalt.* Il cristallise difficilement, attire l'humidité de l'air et se dissout très-bien dans l'eau. Sa dissolution concentrée est d'une couleur bleue foncée ; soumise à l'action d'une température élevée, elle devient grisâtre ; si au lieu de la concentrer on l'étend d'eau, elle passe au rose, quelle que soit sa température, et peut être employée comme encre de sympathie ; pour s'en servir on

écrit sur du papier, et lorsque les caractères sont secs et invisibles, on les chauffe ; la dissolution de cobalt se concentre, passe du rose au bleu foncé, et les caractères deviennent visibles : exposés à l'air dans cet état, ils ne tardent pas à disparaître, phénomène qui dépend de ce que le sel bleu, concentré, attire l'humidité de l'air et devient d'un rose clair invisible; d'où il suit que l'on peut les faire paraître ou disparaître à volonté. Si la dissolution de cobalt contient du trito-hydro-chlorate de fer, les caractères sont verts.

460. *Arséniate de cobalt*. Suivant M. Proust, l'existence de ce sel dans la nature est plus que douteuse. Les efflorescences roses que l'on trouve dans presque toutes les mines de cobalt, dans celles de cuivre, d'argent, et qui ont été désignées sous le nom d'*arséniate de cobalt*, sont formées, d'après ce savant, par l'oxide blanc d'arsenic et par le protoxide de cobalt : aussi peut-on en séparer ces deux oxides en les soumettant à l'action d'une température peu élevée. Quoi qu'il en soit, l'*arséniate de cobalt*, préparé dans les laboratoires, est d'un rouge rose, insoluble dans l'eau, et ne change pas de couleur lorsqu'on le chauffe au degré qui suffit pour décomposer les efflorescences roses naturelles.

Du Titane.

461. Le titane se trouve constamment combiné avec l'oxigène : son oxide est tantôt uni à la chaux et à la silice, tantôt à l'oxide de fer. On ignore quelles sont les propriétés physiques de ce métal, tant il est difficile à obtenir ; suivant M. Laugier, il a une couleur jaune. Il est infusible au feu de nos meilleurs forges ; M. Clarke annonce que la mine de titane silicéo-calcaire peut être réduite à l'aide du chalumeau à gaz, et que l'on obtient un culot métallique; mais il est evident que ce culot n'est pas du titane pur. A une température élevée seulement, le titane peut absorber l'oxigène et passer à l'état d'oxide. On

a fort peu étudié l'action des corps simples susceptibles de
se combiner avec les métaux , sur le titane. Les acides *sulfurique*, *nitrique* et *hydro-chlorique* attaquent ce métal à
l'aide de la chaleur , l'oxident et se combinent avec l'oxide
formé. On ignore quelle est l'action de la plupart des autres
acides sur ce métal. Il n'a point d'usages.

De l'Oxide de titane.

462. Nous croyons ne pas devoir admettre plus d'un oxide
de titane , jusqu'à ce que l'on ait démontré que les deux
oxides adoptés par quelques chimistes diffèrent entre eux.
Cet oxide se trouve dans plusieurs départemens de France,
à Horcajuela dans la vieille Castille , en Hongrie , en Bavière , en Cornouailles , etc. ; on le rencontre toujours dans
les terrains primitifs. Sa couleur varie extraordinairement
suivant les substances avec lesquelles il est combiné : lorsqu'il a été séparé de ces différentes substances et convenablement préparé dans les laboratoires , il est blanc et très-
difficile à fondre. Il est soluble dans les alcalis ; cette dissolution , évaporée , donne une masse dont on peut séparer
complètement l'alcali (potasse ou soude) par des lavages
répétés ; lorsqu'il a été fortement calciné , il est insoluble
dans les acides , à moins qu'on ne l'ait préalablement combiné avec un alcali.

Des Sels de Titane.

Les sels de titane sont en général incolores et peu solubles
dans l'eau ; leurs dissolutions précipitent en blanc par les
sous-carbonates de potasse ou de soude, par l'oxalate d'ammoniaque ; en vert gazon obscur par l'hydro-sulfate de potasse ;
en brun rougeâtre sanguin par l'*infusum* de noix de galle et
par le prussiate de potasse : ce dernier réactif les précipite, au
contraire, en vert gazon brunâtre s'ils contiennent du fer, et le
précipité change, par l'addition d'un peu de potasse, en pour-

pre, puis en bleu, enfin il devient blanc. Suivant M. Klaproth, une lame d'étain plongée dans une dissolution de titane fait prendre au liquide qui l'entoure une belle couleur rouge ; tandis que le zinc lui communique une couleur bleue foncée.

463. *Carbonate de titane.* Il est pulvérulent, blanc, avec une teinte jaunâtre, et insoluble dans l'eau.

464. *Phosphate de titane.* Il est blanc et insoluble dans l'eau.

465. *Sulfate de titane.* Il est soluble dans l'eau, cristallisable en aiguilles, mais difficilement ; on l'obtient le plus souvent sous la forme d'une masse blanche, gélatineuse, opaque.

466. *Nitrate de titane.* Il cristallise en lames hexagones, blanches, transparentes, acides, et solubles dans l'eau.

467. *Hydro-chlorate de titane.* Il est acide, d'un blanc jaunâtre, incristallisable, suivant M. Vauquelin ; il se décompose et se prend en gelée par l'évaporation ; cette gelée n'est probablement qu'un sous-hydro-chlorate de titane.

468. L'*arséniate de titane* est blanc et insoluble dans l'eau.

Du Bismuth.

Le bismuth se trouve, 1° à l'état natif en France, en Saxe, en Bohême, en Souabe, en Suède ; mais il contient toujours un peu d'arsenic ; 2° combiné avec l'oxigène ; 3° uni avec le soufre et l'arsenic.

469. Il est solide, d'une couleur blanche jaunâtre, très-fragile, formé de grandes lames brillantes ; sa pesanteur spécifique est de 9,822.

Il entre en fusion à la température de 256° thermomètre centigrade : si on le laisse refroidir lentement, il cristallise en cubes tellement disposés les uns par rapport aux autres, qu'ils forment une pyramide quadrangulaire renversée : on n'observe ce phénomène qu'autant que le métal est pur. Il ne se volatilise point, lors même qu'il est fortement chauffé dans une cornue de grès. Il n'agit ni sur l'air ni sur le gaz oxigène à la température ordinaire; il s'oxide, au contraire, à l'aide de la chaleur, et l'absorption de l'oxigène est accompagnée d'un dégagement de calorique et de lumière, comme on peut s'en convaincre en projetant sur le sol du bismuth chauffé au rouge blanc. Le *phosphore* ne se combine pas directement avec le bismuth; il existe cependant un composé de phosphore et de ce métal facilement décomposable à une température peu élevée. Le *soufre* s'unit avec lui à l'aide de la chaleur, et donne un sulfure gris de plomb, moins fusible que le bismuth, cristallisable en aiguilles fasciculées, et qui se transforme en gaz acide sulfureux et en oxide par l'action de l'air ou du gaz oxigène, à une température élevée. Il paraît formé de 100 parties de métal et de 22,52 de soufre. On trouve ce sulfure en Suède, en Saxe et en Bohême. L'*iode* peut se combiner avec le bismuth; l'iodure qui en résulte est brun marron et insoluble dans l'eau.

Le *chlore* gazeux se combine avec ce métal réduit en poudre fine, et il y a dégagement de calorique et de lumière d'un bleu pâle. Le chlorure, connu autrefois sous le nom de *beurre de bismuth*, est blanc, déliquescent, fusible, volatil, et se transforme dans l'eau en hydro-chlorate.

Le bismuth n'exerce aucune action sur l'*azote*, sur l'*eau*, ni sur les acides *borique, carbonique* et *phosphorique*. L'acide *sulfurique*, concentré et bouillant, se combine avec lui après l'avoir oxidé; d'où il suit qu'une portion d'acide est décomposée, et qu'il y a dégagement de gaz acide sulfureux. L'acide *sulfureux* n'agit point sur lui; l'acide *nitrique* l'attaque, et se décompose avec d'autant plus d'énergie qu'il est plus concentré; le métal s'oxide et se dissout dans la portion d'acide non décomposée; il se dégage du gaz deutoxide d'azote. L'acide *hydro-chlorique* liquide n'agit que très-lentement sur le bismuth. L'acide arsenique peut aussi se combiner avec lui après l'avoir oxidé. Le bismuth peut s'allier avec plusieurs métaux; mais il ne forme, avec ceux qui ont été précédemment étudiés, que des alliages peu importans.

De l'Oxide de bismuth.

470. On trouve quelquefois un peu de cet oxide à la surface du bismuth natif; il est d'un beau jaune, fusible à la température rouge cerise ; il n'éprouve aucune altération de la part de l'air ni du gaz oxigène. L'hydrogène et le carbone s'emparent de son oxigène à une température élevée ; le soufre le décompose également, et s'unit à l'oxigène pour former de l'acide sulfureux, et au métal, qu'il fait passer à l'état de sulfure. L'iode en sépare l'oxigène et se combine avec le métal, pourvu que la température soit assez élevée. Il est insoluble dans les alcalis. L'acide nitrique le dissout à merveille. On le fait servir de fondant aux dorures sur porcelaine. Il est formé, suivant M. Proust, de 100 parties de bismuth et de 12 parties d'oxigène. M. Lagerhielm ne porte la quantité d'oxigène qu'à 11,28.

Des Sels de bismuth.

Ils sont en général d'une couleur blanche. Les dissolutions de bismuth sont précipitées en blanc par l'eau (le précipité est un sous-sel); en blanc jaunâtre par l'hydro-cyanate de potasse et de fer (prussiate). Les hydro-sulfates solubles y occasionnent un précipité noir de sulfure de bismuth. La potasse, la soude et l'ammoniaque en séparent l'oxide, qui est blanc tant qu'il est humide. L'*infusum* de noix de galle les précipite en jaune légèrement orangé.

471. Le *borate*, le *carbonate* et le *fluate* de bismuth sont pulvérulens, blancs et insolubles dans l'eau.

472. *Sur-phosphate de bismuth.* Il peut être obtenu sous la forme de cristaux solubles dans l'eau, inaltérables à l'air; tandis que le *sous-phosphate* est insoluble, blanc et pulvérulent.

473. *Sulfate acide de bismuth.* Il est sous la forme d'une masse blanche, insoluble dans l'eau. Quand on la met en contact avec ce liquide, elle est décomposée ; la majeure partie de l'acide et un peu d'oxide se dissolvent, tandis que presque tout l'oxide reste avec un peu d'acide. La dissolution, évaporée, fournit de petits cristaux aiguillés de sulfate très-acide de bismuth ; ces cristaux sont de nouveau décomposés si on les traite par l'eau.

474. *Sulfite de bismuth.* Il est blanc, insoluble dans l'eau, quoiqu'il soit avec excès d'acide ; au chalumeau, il se fond en une masse jaune rougeâtre, qui ne tarde pas à se décomposer et à donner le bismuth.

475. *Nitrate de bismuth.* Il cristallise en petits prismes tétraèdres comprimés, d'une couleur blanche, rougissant l'*infusum* de tournesol ; il attire légèrement l'humidité de l'air, et sa surface se recouvre d'un peu d'oxide blanc ; chauffé jusqu'au rouge il fournit, suivant M. Proust, 50 parties sur 100 d'oxide jaune : c'est même en suivant ce procédé que l'on peut se procurer avec plus d'avantage l'oxide de bismuth. Il se dissout très-bien dans l'eau, pourvu qu'il soit assez acide. Cette dissolution, versée peu à peu dans une grande masse d'eau, est subitement décomposée, et transformée en *sous-nitrate de bismuth* insoluble, qui se précipite sous la forme de flocons blancs ou de paillettes nacrées, et en *sur-nitrate* qui reste en dissolution. Le sous-nitrate, bien lavé, constitue le *blanc de fard* ou le *magistère de bismuth.* On peut se servir du nitrate de bismuth comme encre de sympathie ; en effet, les caractères tracés sur le papier avec sa dissolution, sèchent et disparaissent ; mais ils deviennent visibles et noircissent aussitôt qu'on les met en contact avec le gaz acide hydro-sulfurique ou les hydro-sulfates, qui transforment le sel incolore en sulfure noir. Le blanc de fard (sous-nitrate) est employé avec beaucoup de succès dans les douleurs d'estomac connues sous le nom de *crampes ;*

on en fait prendre 8 ou 10 grains dans du sirop de guimauve; cinq minutes après on en donne une nouvelle dose. Il serait imprudent de l'administrer à grande dose, car il est véné-neux; uni à la magnésie et au sucre, il a été très-utile pour arrêter certains vomissemens chroniques.

476. *Hydro-chlorate de bismuth.* On peut l'obtenir sous là forme de petits cristaux prismatiques, rougissant l'*infusum* de tournesol, déliquescens, peu solubles dans l'eau, à moins que celle-ci ne soit acidulée: exposés à l'action du calorique, ils se transforment en *chlorure de bismuth*, qui se volatilise bien au-dessous de la chaleur rouge.

477. *Arséniate de bismuth.* Il est pulvérulent, blanc, avec une nuance de vert, insipide, insoluble dans l'eau, soluble dans l'acide hydro-chlorique.

Du Plomb.

Le plomb se trouve combiné, 1° avec l'oxigène; 2° avec le soufre ou avec quelques autres corps simples; 3° avec l'oxigène et un acide formant des sels.

478. Le plomb est un métal solide, d'une couleur blanche bleuâtre, brillante; il est assez mou pour qu'on puisse le rayer avec l'ongle et le plier en tous sens; il est très-peu sonore, plus malléable que ductile, et ne jouit presque d'aucune ténacité; sa pesanteur spécifique est de 11,352.

Il se fond à la température de 260° th. cent.; si on le laisse refroidir, il cristallise, suivant M. Mongez, en pyramides quadrangulaires; si, au contraire, on continue à le chauffer il se volatilise lentement. Soumis à l'action du gaz *oxigène* ou de l'*air* atmosphérique, le plomb fondu passe d'abord à l'état de protoxide jaune, puis à l'état de deutoxide rouge, et il y a dégagement de calorique; à la température ordinaire, le gaz oxigène le ternit, tandis que l'air atmosphérique, après l'avoir transformé en protoxide, lui cède son acide carbonique et le change en proto-carbonate blanc. Ces phénomènes sont d'autant plus sensibles que l'air ou l'oxigène sont plus souvent renouvelés.

L'*hydrogène*, le *bore* et le *carbone* sont sans action sur le plomb. Le *phosphore* peut se combiner directement avec lui à l'aide de la chaleur, et former un phosphure blanc bleuâtre, composé de 88 parties de plomb et de 12 parties de phosphore, très-malléable, mou, moins fusible que le plomb, et susceptible d'être transformé, à une température élevée, en acide phosphorique et en proto-phosphate de plomb par l'action de l'air ou du gaz oxigène. Lorsqu'on fait fondre dans un creuset 3 parties de plomb et 2 parties de *soufre*, on obtient un sulfure, et il y a dégagement de calorique et de lumière. Ce sulfure se trouve très-abondamment dans la nature; on le rencontre cristallisé en octaèdres, ou en cubes, ou en lames; il existe en France, en Espagne, en Allemagne, et surtout dans le Derbyshire en Angleterre; il est connu sous le nom de *galène*. Lorsqu'il est pur, il est formé de 100 parties de plomb et de 15,445 de soufre; il est solide, brillant, d'une couleur bleue; il ne fond pas aussi facilement que le plomb; il ne se décompose pas quand on le chauffe, à moins qu'il n'ait le contact de l'air ou du gaz oxigène, car alors il se transforme en gaz acide sulfureux et en proto-sulfate; et si la température est très-élevée, il fournit, outre ces deux produits, du plomb métallique. On l'emploie pour en extraire le métal; les potiers de terre s'en servent sous le nom d'*alquifoux* pour vernir leur poterie. On peut, par des moyens particuliers, combiner l'*iode* avec le plomb; l'iodure qui en résulte est d'un très-beau jaune orangé et insoluble dans l'eau. (Voyez *Préparations*.)

La combinaison du *chlore* gazeux et du plomb s'opère sans dégagement de lumière. Le chlorure formé se trouve dans la nature, et a été connu sous les noms de *muriate de plomb* et de *plomb corné*. Il est blanc, demi-transparent, fusible au-dessous de la chaleur rouge, et volatil à une température plus élevée; il a une saveur sucrée, se dissout dans 22 à 24 parties d'eau, et passe à l'état d'hydro-chlorate; il paraît formé de 100 parties de chlore et de 306 parties de plomb; il est sans usages.

L'*azote* n'agit point sur ce métal; il en est de même de l'*eau* privée d'air; mais si ce liquide a le contact de l'atmosphère, le métal passe à l'état de protoxide, qui ne tarde pas à absorber l'acide carbonique, en sorte qu'au bout d'un certain temps il renferme du carbonate de plomb dissous à la faveur d'un excès d'acide carbonique.

Les acides *borique*, *carbonique*, *phosphorique* et *sulfureux*, sont sans action sur le plomb. L'acide sulfurique concentré, qui ne l'attaque pas à froid, lui cède une portion de son oxigène à l'aide de la chaleur; il se dégage du gaz acide sulfureux, et le protoxide formé se combine avec l'acide non décomposé. On ignore comment les acides *iodique* et *chlorique* agissent sur lui; on peut pourtant, par des moyens indirects, obtenir un *iodate* blanc insoluble dans l'eau et un *chlorate* soluble. L'acide *nitrique* attaque le plomb avec énergie, le transforme en protoxide et le dissout; la portion d'acide décomposée pour oxider le métal, passe à l'état de gaz deutoxide d'azote (gaz nitreux). L'acide *hydro-chlorique* liquide agit à peine sur le plomb. L'acide *hydro-sulfurique* est décomposé par ce métal, qui passe à l'état de sulfure noir, tandis que l'hydrogène se dégage. L'acide *hydro-phtorique* est sans action sur lui. Il décompose l'acide *arsenique* à l'aide de la chaleur. On n'a pas déterminé comment les acides molybdique, tungstique et chromique se comportent avec le plomb.

Plusieurs des métaux précédemment étudiés peuvent s'allier avec lui : nous allons examiner les principaux de ces alliages. 1°. *Alliage de deux parties de plomb et d'une partie d'étain.* Lorsqu'on fait fondre ces deux métaux on obtient un alliage solide, grisâtre, qui fond plus facilement que l'étain, et qui est connu sous le nom de *soudure des plombiers*, parce qu'il sert à souder les tuyaux de plomb ; à une température élevée, il absorbe l'oxigène, décompose l'air, et donne lieu à un grand dégagement de calorique et de lumière. 2°. *Alliage de* 20 *parties d'antimoine et de* 80 *parties de plomb.* Il est solide, malléable, plus dur que le plomb et fusible au-dessous du rouge cerise : on s'en sert pour faire les caractères d'imprimerie. 3°. L'alliage fusible de *Darcet* est formé de 8 parties de *bismuth*, de 5 parties de *plomb* et de 3 parties d'*étain* ; il est remarquable en ce qu'il fond au-dessous de 100° thermomètre centigrade ; uni à une petite quantité de mercure il devient encore plus fusible, et peut servir à faire des injections anatomiques.

Le plomb est employé pour préparer des balles, de la grenaille, la soudure des plombiers, les caractères d'imprimerie, le blanc de plomb, la litharge, le massicot, le minium ; il sert à la construction des bassins, des conduits, des réservoirs, des chaudières, des chambres où l'on prépare l'acide sulfurique, etc.

Des Oxides de plomb.

479. *Protoxide* (massicot, litharge). Cet oxide ne se trouve dans la nature qu'en combinaison avec des acides. Il est solide, jaune, facilement fusible et indécomposable par la chaleur (à moins qu'il ne renferme du charbon ou des corps qui puissent lui enlever l'oxigène) ; si on le laisse refroidir lentement lorsqu'il a été fondu, il cristallise en lames brillantes, jaunes ou jaunes rougeâtres, que l'on désigne sous le nom de *litharge*. A une température élevée, il absorbe le gaz oxigène, décompose l'air et passe à l'état de deutoxide rouge (minium) ; à froid, il s'unit avec l'acide carbonique qui se trouve dans l'atmosphère. Délayé dans l'eau et mis en contact avec du chlore gazeux, il est en partie décomposé ; le chlore forme avec le plomb du chlo-

rureblanc, et l'oxigène se porte sur une portion de protoxide
qu'il transforme en tritoxide. Il se dissout en petite quantité
dans l'eau distillée pure; il est très-soluble dans la potasse,
la soude, la baryte, la strontiane et la chaux, avec lesquelles il forme des dissolutions que l'on peut obtenir cristallisées en écailles blanches, ainsi que l'a fait voir M. Berthollet. Il dissout la silice et l'alumine à une température
élevée, en sorte qu'il est impossible de le faire fondre dans
des creusets de terre sans que ceux-ci soient attaqués. Enfin il
est le seul oxide de plomb susceptible de se combiner avec
les acides. Il est formé de 100 parties de plomb et de 7,7
d'oxigène. Le massicot est employé pour faire du blanc de
plomb; il entre dans la composition du jaune de Naples, etc.
La litharge sert à préparer le sel et l'extrait de saturne,
l'emplâtre diapalme, l'onguent de la mère.

480. *Deutoxide de plomb* (minium). Il est le produit de
l'art, d'une belle couleur rouge, susceptible d'être décomposé par la chaleur en oxigène et en protoxide; il est fusible et n'a aucune action sur l'air ni sur le gaz oxigène. Il
n'est que très-peu soluble dans l'eau, d'après les expériences
de M. Vauquelin. L'acide nitrique le transforme en protoxide qui se dissout, et en tritoxide brun insoluble, d'où
il suit qu'une portion de minium perd de l'oxigène qui se
porte sur une autre portion, et la fait passer à l'état de tritoxide. Traité par l'acide hydro-chlorique, il est décomposé, et l'on obtient du chlorure de plomb d'un blanc jaunâtre, du chlore et de l'eau, ce qui prouve que l'oxigène
du deutoxide se combine avec l'hydrogène de l'acide, tandis que le métal s'empare d'une portion du chlore mis à
nu. Il se combine avec la potasse, la soude, la chaux, etc. ;
mais moins facilement que le protoxide. Il est formé de
100 parties de plomb et de 11,1 d'oxigène. Le minium du
commerce contient presque toujours du protoxide de plomb
et quelquefois du deutoxide de cuivre. Il est employé à

faire le cristal, les vernis sur les poteries, et en peinture.

Tritoxide de plomb (oxide puce). Cet oxide, d'une couleur puce, est le produit de l'art ; il est décomposé par la chaleur en gaz oxigène et en protoxide de plomb. Mis en contact avec l'eau et avec un excès de chlore gazeux, il n'éprouve aucune altération, d'après les expériences de M. Vauquelin ; trituré avec du soufre, il lui cède une portion de son oxigène, forme du gaz acide sulfureux, et il y a dégagement de calorique et de lumière si le mélange est bien sec. L'acide nitrique ne lui fait éprouver aucun changement. Il est formé de 100 parties de plomb et de 15,4 d'oxigène. Il est sans usages (1).

Des Sels de plomb.

Parmi les oxides de plomb, il n'y a que le protoxide qui puisse se combiner avec les acides et former des sels, qui sont pour la plupart insolubles. Ceux qui se dissolvent fournissent des liquides incolores, doués d'une saveur plus ou moins douceâtre ; ils donnent par l'acide hydro-sulfurique et par les hydro-sulfates solubles, un précipité noir de sulfure de plomb, un précipité jaune serin, de chromate de plomb par l'acide chromique et par les chromates solubles, jaune orangé par l'acide hydriodique ou par les hydriodates (le précipité est de l'iodure de plomb) ; un précipité blanc de protoxide, par la potasse, la soude ou l'ammoniaque ; ce précipité jaunit lorsqu'on le fait sécher, et se redissout à merveille dans un excès de potasse ou de

---

(1) Quelques chimistes pensent depuis long-temps qu'il existe un quatrième oxide de plomb moins oxidé que celui que nous avons appelé *protoxide*. M. Dulong, dans un travail récent sur les oxalates, a obtenu des résultats qui militent en faveur de cette opinion : suivant lui, cet oxide serait noir, pyrophorique, et contiendrait moins d'oxigène que l'oxide jaune.

soude. Si avant de décomposer la dissolution de plomb par les alcalis, on l'étend d'une suffisante quantité de chlore liquide, le précipité, jaune d'abord, devient rouge et finit par passer à l'état de tritoxide brun, phénomène qui dépend de ce que l'eau a été décomposée; son oxigène s'est porté sur le protoxide de plomb, tandis que le chlore s'est uni à l'hydrogène. Les sous-carbonates de potasse, de soude et d'ammoniaque transforment ces dissolutions en sous-carbonate de plomb blanc insoluble ou peu soluble dans l'eau. Elles sont précipitées en blanc par l'acide sulfurique et par les sulfates solubles : dans ce cas le précipité est du sulfate de plomb. Enfin, le zinc ayant plus d'affinité pour l'oxigène et pour l'acide que le plomb, précipite celui-ci à l'état métallique. (*Voyez* pag. 416.)

481. *Borate de plomb.* Il est blanc, peu soluble dans l'eau, fusible au chalumeau en un verre incolore.

482. *Sous-carbonate de plomb* (céruse). On trouve ce sel en France, en Bretagne, au Hartz, en Bohême, en Ecosse et en Daourie. Il est tantôt cristallisé en prismes à six pans, ou en octaèdres réguliers, ou en petites paillettes brillantes, transparentes, d'une couleur blanche ou jaune brunâtre; tantôt en petites masses. Chauffé au chalumeau, il se décompose et donne du plomb métallique; il est insoluble dans l'eau, à moins que celle-ci ne contienne du gaz acide carbonique, qui le transforme en carbonate acide. MM. Barruel et Mérat ont retiré deux onces de carbonate acide de plomb très-bien cristallisé, en faisant évaporer six voies d'eau laissées pendant deux mois dans une cuve doublée en plomb, qui avait été exposée à l'air, et par conséquent en contact avec le gaz acide carbonique (Thèse de M. Mérat sur la *colique de plomb*). La céruse est employée pour étendre les couleurs; on s'en sert aussi pour dessécher les huiles et pour peindre les boiseries des appartemens.

483. *Phosphate de plomb.* Il se trouve dans plusieurs mines

de galène (sulfure de plomb), en France, au Hartz, en
Écosse, etc.; il est souvent cristallisé en prismes à six pans,
transparens, de couleur verte, rougeâtre, brunâtre ou
violette; il est fusible, et prend, en refroidissant, la forme
d'un polyèdre régulier; si on le chauffe plus fortement, il
se transforme en phosphure de plomb. Il est insoluble dans
l'eau, à moins que celle-ci ne soit acide.

484. *Sulfate de plomb.* On le trouve cristallisé en octaèdres réguliers, en pyramides tétraèdres, ou en tables transparentes; il existe en France, en Écosse, etc. Celui que l'on
obtient dans les laboratoires est blanc, indécomposable par
la chaleur dans des vaisseaux fermés, insipide, insoluble
dans l'eau et soluble dans l'acide sulfurique; ce *solutum*
fournit, par l'évaporation, de petits cristaux blancs. Le
sulfate de plomb, mis sur les charbons ardens, fond, se
décompose et donne du plomb métallique.

485. Le *sulfite* et l'*iodate de plomb* sont blancs, insolubles dans l'eau et sans usages.

486. *Chlorate de plomb.* Il cristallise en lames brillantes,
solubles dans l'eau, douées d'une saveur sucrée et astringente, sans action sur l'*infusum* de tournesol et sur le sirop
de violette. Il fuse sur les charbons ardens, répand des
fumées blanches, se décompose, et laisse pour résidu du
plomb métallique. Chauffé dans des vaisseaux fermés,
il fournit du gaz oxigène et un peu de chlore (Vauquelin).
Il est le produit de l'art et sans usages.

487. *Nitrate de plomb.* Il n'existe pas dans la nature; on
peut l'obtenir cristallisé en tétraèdres dont les sommets sont
tronqués, d'une couleur blanche, opaques, inaltérables à
l'air et solubles dans sept à huit parties d'eau à 15°. Si après
avoir desséché ce sel on le chauffe dans des vaisseaux fermés, il se décompose et se transforme en acide nitreux liquide sans eau (*voy.* pag. 147), en gaz oxigène et en protoxide de plomb. Si on fait bouillir la dissolution de nitrate

de plomb avec du protoxide, on obtient un *sous-nitrate de plomb* blanc, moins soluble dans l'eau que le précédent. Si au lieu de le faire bouillir avec du protoxide on se sert de lames de plomb très-minces, l'acide nitrique est décomposé, cède une partie de son oxigène au plomb, et il se forme du *sous-nitrite de plomb*; il se dégage du gaz deutoxide d'azote.

488. *Nitrite de plomb neutre.* Il cristallise en octaèdres d'un jaune citron, très-solubles dans l'eau; si on fait bouillir sa dissolution au contact de l'air, l'oxigène est absorbé et le nitrite passe à l'état de sous-nitrate.

489. *Sous-nitrite de plomb.* On en connaît deux variétés. *Première variété.* Elle contient moins d'oxide que la seconde, cristallise en lames feuilletées jaunes, peu solubles dans l'eau, et ramène au bleu la couleur du tournesol rougie par les acides. La deuxième *variété* est plus chargée d'oxide que la précédente, moins soluble dans l'eau et d'une couleur de brique. (Chevreul.)

490. *Hydro-chlorate de plomb.* Il cristallise en petits prismes hexaèdres blancs, brillans et satinés, inaltérables à l'air, et qui ne sont autre chose que du chlorure de plomb. (*Voyez* pag. 402).

491. *Sous-hydro-chlorate de plomb*. Il est blanc, pulvérulent, insoluble dans l'eau; il prend une belle couleur jaune lorsqu'on le chauffe.

492. *Arséniate de plomb.* On le trouve dans la nature; il est blanc et insoluble dans l'eau.

493. *Chromate de plomb* (plomb rouge). On n'a trouvé ce sel que dans la Sibérie. Celui que l'on prépare dans les laboratoires est insoluble dans l'eau, d'une belle couleur jaune serin lorsqu'il est neutre, d'un beau jaune orangé quand il est à l'état de sous-chromate. On l'emploie pour peindre sur la toile et sur la porcelaine; il fait la base des couleurs jaunes que l'on applique sur les caisses des voitures.

494. *Molybdate de plomb*. On le rencontre en Carinthie, près de Freyberg en Saxe, en Hongrie, au Mexique ; il cristallise en lames cubiques ou rhomboïdales, d'un jaune pâle ; il est insoluble dans l'eau, et n'a point d'usages.

Du Cuivre.

Le cuivre se trouve, 1° à l'état natif en France, mais principalement en Sibérie, en Suède, en Angleterre, en Saxe, en Hongrie ; 2° combiné avec l'oxigène ; 3° avec certains corps simples, et avec le soufre ; 4° enfin à l'état de sel.

495. Le cuivre est un métal solide, d'une belle couleur rouge ; quoique brillant, malléable et ductile, il ne possède ces propriétés qu'à un degré inférieur à celui des métaux les plus précieux. Doué d'une force de ténacité moindre que celle du fer, il est plus sonore que lui et que tous les autres métaux ; sa pesanteur spécifique est de 8,895 lorsqu'il a été fondu.

Soumis à l'action du *calorique*, il fond à 27° du pyromètre de Wedgwood, et ne se volatilise pas : on ne l'a point encore obtenu bien cristallisé. S'il a le contact de l'*air* ou du gaz *oxigène*, il passe à l'état de deutoxide brun sans qu'il se dégage de la lumière ; des phénomènes analogues ont lieu à la température ordinaire, pourvu que les gaz soient humides ; ainsi le gaz oxigène ternit sa surface et l'oxide au bout d'un certain temps ; l'air atmosphérique non-seulement le change en oxide, mais le fait encore passer à l'état de carbonate verdâtre.

Le *phosphore* peut se combiner directement avec lui, et donner un phosphure brillant, fragile, très-dur, susceptible d'être transformé par l'air, ou par le gaz oxigène, en acide phosphorique et en phosphate de cuivre, pourvu que la température soit assez élevée. Il est formé de 85 parties de cuivre et de 15 parties de phosphore. Lorsqu'on chauffe ensemble le *soufre* et le cuivre, il y a dégagement de calorique et de lumière, et formation d'un sulfure solide, d'un gris de plomb, plus fusible que le cuivre ; l'air atmosphérique ou le gaz oxigène transforment ce sulfure en acide sulfureux et en oxide de cuivre, à une température élevée ; si la chaleur est moins forte, ils le font passer à l'état d'acide sulfureux et de sulfate de cuivre. Ce sulfure existe en Cornouailles, en Suède, en Saxe, en Sibérie, en Bohême, au Hartz, en Hongrie, etc. ; on le désigne sous le nom de *pyrite* de cuivre ; il contient toujours une plus ou moins grande quantité de sulfure de fer, et est employé à l'extraction du cuivre du commerce et à la préparation du sulfate de cuivre (couperose bleue).

Le composé d'*iode* et de cuivre est d'un blanc grisâtre et insoluble dans l'eau.

Chauffé avec du *chlore* gazeux, il l'absorbe, rougit, et forme deux chlorures. Le *proto-chlorure* est fixe, fusible, ressemble à de la résine, et ne se dissout pas dans l'eau ; exposé à l'air, il verdit ; il paraît formé de 60 parties de cuivre et de 33,5 de chlore. Le *per-chlorure* est jaune cannelle, volatil, et se transforme en deuto-hydro-chlorate vert ou bleu lorsqu'on le fait dissoudre dans l'eau. (Voy. *Deuto-hydro-chlorate*.) Il paraît formé de 60 parties de cuivre et de 67 parties de chlore.

L'*azote*, l'*eau*, les acides *borique* et *carbonique* sont sans action sur le cuivre. L'*acide phosphorique* ne l'attaque qu'à la longue. L'acide *sulfurique* concentré, qui n'agit pas sur lui à froid, est au contraire rapidement décomposé à la chaleur de l'ébullition ; il y a dégagement de gaz acide sulfureux et formation de deutoxide de cuivre ; celui-ci se combine ensuite avec l'acide non décomposé, et forme du deuto-sulfate de cuivre. L'acide *sulfureux* n'exerce aucune action sur ce métal. Les acides *iodique* et *chlorique* ne nous paraissent pas avoir été mis en contact avec lui. L'acide nitrique, même étendu d'eau, l'attaque avec énergie à la température ordinaire, se décompose en partie et le fait passer à l'état de deutoxide qui se dissout dans la portion d'acide non décomposée ; il se dégage du gaz deutoxide d'azote (gaz nitreux). L'acide *nitreux* agit aussi avec beaucoup de force sur le cuivre. L'acide *hydro-chlorique* liquide, qui n'agit pas sur lui à froid, l'oxide et le dissout à la chaleur de l'ébullition ; d'où il suit que l'eau est décomposée, et qu'il se dégage du gaz hydrogène. Les acides hydro-phtorique et arsenique peuvent également se combiner avec lui, après l'avoir oxidé.

Le cuivre peut s'allier avec plusieurs des métaux précédemment étudiés ; nous allons parler des principaux de ces alliages. 1°. *Alliage de zinc et de cuivre*, connu sous les noms de *laiton*, de *cuivre jaune*, de *similor*, d'*or de Manheim*, d'*alliage du prince Robert*, etc. Il est formé de 20 à 40 parties de zinc, et de 80 à 60 parties de cuivre ; il est plus fusible que ce dernier métal, et se transforme en oxide de cuivre et en oxide de zinc, lorsqu'on le chauffe avec du gaz oxigène ou avec l'air ; il produit même une belle flamme verte ; on ne le trouve pas dans la nature ; il est employé dans la préparation des chaudières, des poêlons, d'un très-grand nombre d'instrumens de physique ; des épingles, des cordes d'instrumens, etc. 2°. *Alliage d'étain et de cuivre.* On le connaît sous le nom de *bronze* ou *métal de canons* lorsqu'il est formé de 10 ou 12 parties d'étain et de 90 à 88 de cuivre ; on l'appelle *métal de cloches* quand il est composé de 22 parties d'étain et de 78 de cuivre ; l'alliage qui constitue les timbres des horloges contient un peu plus d'étain et un peu moins de cuivre ; enfin il porte le nom de *tam tam* lorsqu'il entre dans sa composition 80,427 parties de cuivre et 19,573 d'étain.

Les miroirs de télescopes sont formés d'une partie d'étain et de 2 parties de cuivre. Les propriétés physiques de ces divers alliages varient un peu suivant les proportions de leurs élémens ; leurs propriétés chimiques seront facilement déduites de celles des métaux qui entrent dans leur composition. Le métal des cloches a été employé, pendant la révolution, pour en extraire le cuivre : nous indiquerons, en parlant de l'analyse, les moyens qui ont été employés pour y parvenir. *Cuivre étamé.* Nous ne devrions peut-être pas ranger le cuivre étamé parmi les alliages, car il n'est autre chose que du cuivre dont la surface, préalablement décapée ou désoxidée au moyen de l'hydro-chlorate d'ammoniaque (sel ammoniac), de la chaleur et du frottement, est recouverte d'une couche mince d'étain, simplement superposée, et qui a été appliquée au moyen de la fusion. 3°. *Alliage de* 10 *parties de cuivre et d'une partie d'arsenic.* Cet alliage, loin d'être cassant, est légèrement ductile ; il est plus fusible que le cuivre, et paraît être employé à faire des cuillers et des vases. 4°. *L'alliage* formé de 25 parties d'antimoine et de 75 de cuivre est fragile, violet, susceptible d'être poli, et sans usages.

L'action de l'*ammoniaque* sur le cuivre métallique est remarquable. Que l'on place un peu de tournure de cuivre dans un flacon à l'émeri, que l'on remplit ensuite d'ammoniaque liquide, et que l'on bouche pour éviter le contact de l'air, le liquide qui surnage le cuivre reste incolore et conserve sa transparence ; mais si on débouche le flacon au bout de quelques heures, et qu'on transvase l'ammoniaque, on s'aperçoit qu'elle devient bleue par le contact de l'air, ce qui ne peut avoir lieu sans qu'il y ait du cuivre en dissolution.

Le cuivre est employé pour faire un très-grand nombre d'ustensiles, pour doubler les vaisseaux ; il entre dans la composition de toutes les monnaies, qu'il rend plus dures ;

on s'en sert pour faire le laiton, le bronze, la couperose bleue, etc. Il n'est point vénéneux lorsqu'il est pur. Nous ferons l'histoire de l'empoisonnement par les préparations cuivreuses à l'article *Acétate de cuivre*. (Voyez *Chimie végétale*, tom. II.)

Des Oxides de cuivre.

496. *Protoxide.* On le trouve en Angleterre, en Sibérie, dans les environs de Cologne ; il est tantôt cristallisé, tantôt en masses ou en poudre ; il est jaune orangé lorsqu'il est humide, et rougeâtre quand il a été fondu ; il peut se combiner avec l'oxigène à l'aide de la chaleur, et se transformer en deutoxide ; il a beaucoup moins de tendance à s'unir avec les acides que le deutoxide ; en effet, il ne se combine guère qu'avec l'acide hydro-chlorique, dans lequel il se dissout à merveille. Il est formé, suivant M. Chenevix, de 100 parties de cuivre et de 12,5 d'oxigène.

497. *Deutoxide.* Il existe très-souvent dans la nature, combiné avec des acides. Il est d'une couleur bleue lorsqu'il est à l'état d'*hydrate* ; mais si on en sépare l'eau par la dessiccation, il devient d'un brun noirâtre ; il n'agit point sur le gaz oxigène ; mais il s'empare de l'acide carbonique de l'air, et se transforme en deuto-carbonate de cuivre vert insoluble dans l'eau (vert-de-gris naturel.) ; il se dissout à merveille dans l'ammoniaque, et donne un liquide d'une couleur bleu de ciel ; il peut être entièrement décomposé par le charbon à une température élevée ; il perd son oxigène, et le métal est mis à nu ; il a la plus grande tendance à s'unir avec les acides. Il est formé, d'après les expériences de M. Proust, de 100 parties de cuivre et de 25 parties d'oxigène. Ses propriétés vénéneuses ont été mises hors de doute. On l'a employé autrefois en médecine sous le nom d'*æs ustum*, pour guérir l'épilepsie, comme émétique et comme purgatif; mais il est généralement abandonné aujourd'hui.

Des Sels formés par le protoxide de cuivre.

498. *Sur-hydro-chlorate de protoxide de cuivre.* Il est le produit de l'art; il est liquide, incolore, à moins qu'il ne soit très-concentré, susceptible de cristalliser en tétraèdres blancs; l'eau le décompose sur-le-champ lorsqu'il n'est pas très-étendu, s'empare de la majeure partie de l'acide, et en précipite du *sous-hydro-chlorate de protoxide blanc* (muriate de cuivre blanc). Ce sous-hydro-chlorate est solide, insipide, insoluble dans l'eau et indécomposable par la chaleur; exposé à l'air humide, il en absorbe l'oxigène, même à la température ordinaire, et passe à l'état de sous-deuto-hydro-chlorate vert. Il se dissout à merveille dans l'acide hydro-chlorique concentré, et donne un liquide brun s'il est concentré, qui est l'hydro-chlorate acide de protoxide; lavé à plusieurs reprises avec de l'eau, il est décomposé et changé en protoxide orangé et en acide hydrochlorique (Chenevix); la dissolution de potasse le décompose sur-le-champ, et met à nu le protoxide; l'acide nitrique le fait passer à l'état de deuto-hydro-chlorate de cuivre, et il se dégage du gaz deutoxide d'azote. Plusieurs chimistes le regardent comme un proto-chlorure de cuivre. Il est le produit de l'art, et sans usages.

Des Sels formés par le deutoxide de cuivre.

La couleur de ces sels est bleue ou verte; ils sont presque tous solubles dans l'eau ou dans l'eau acidulée. Leurs dissolutions sont décomposées et précipitées en bleu par la potasse, la soude ou l'ammoniaque; le deutoxide de cuivre précipité se redissout dans un excès d'ammoniaque et donne un liquide bleu foncé; si au lieu de le traiter par un excès d'ammoniaque, on le met en contact, lorsqu'il est encore à l'état d'hydrate gélatineux, avec de la potasse caustique solide, il devient brun noirâtre, parce qu'il cède l'eau qu'il contient à l'alcali. Ces dissolutions sont précipitées en noir par l'acide hydro-sulfurique ou les hydro-sulfates solubles (le dépôt est du sulfure de cuivre); en cramoisi ou brun marron par l'hydro-cyanate de potasse ferrugineux (prussiate de potasse); en vert pré par la dissolution de l'oxide blanc d'arsenic, et mieux encore par le *solutum* de cet oxide dans la potasse, connu sous le nom d'*arsenite de potasse*; le précipité, vert, composé d'oxide d'arsenic et de deutoxide de cuivre, devient d'un vert plus foncé par l'addition d'une certaine quantité de potasse. Une lame de fer plongée dans une de ces dissolutions en précipite le cuivre à l'état métallique. *Théorie*. Le fer, doué d'une plus grande force d'affinité pour l'oxigène et pour l'acide que le cuivre, commence par précipiter une portion de ce métal, et il se forme un sel ferrugineux; l'action directe du fer sur la dissolution cesse bientôt après, parce qu'il est entouré de toute part d'une couche formée par le cuivre précipité; cependant la décomposition du sel de cuivre continue, ce qui semble ne pouvoir s'expliquer sans avoir recours au fluide électrique; et en effet, les deux métaux superposés, fer et cuivre, déjà précipités, peuvent être considérés comme un élément ou comme une des paires de disques de la pile; le cuivre s'électrise résineusement, le fer vitreusement, par cela seul qu'il y a contact de métaux de différente nature (*voyez* pag. 53); dès-lors l'eau de la dissolution doit être décomposée, car l'hydrogène est attiré par la lame de cuivre résineuse, tandis que l'oxigène l'est par la lame de fer vitrée; cet hydrogène, mis à nu, se porte alors sur l'oxide de cuivre qui reste encore dans la dissolution, s'empare de son oxigène pour former de l'eau, et le cuivre, réduit, continue à se précipiter; l'oxigène provenant de la décomposition de l'eau, attiré au pole vitré par le fer, se combine avec ce métal et avec une portion d'acide, et contribue à la formation du sel ferrugineux.

499. *Borate de cuivre.* Il est d'un vert pâle clair, peu soluble dans l'eau, fusible en un verre rouge obscur.

500. *Carbonate de cuivre vert* (malachite). On le trouve en Sibérie, à Chessy près Lyon, etc.; il accompagne presque toutes les mines de cuivre; il est tantôt sous la forme de masses mamelonnées, tantôt sous la forme de fibres ou de houppes soyeuses, d'un vert pomme ou émeraude. Celui que l'on prépare dans les laboratoires est pulvérulent et d'une couleur verte très-belle; l'un et l'autre sont insolubles dans l'eau, et se décomposent par la chaleur en gaz acide carbonique, et en deutoxide brun. On emploie le carbonate naturel, qui est susceptible de prendre un très-beau poli, pour faire des tables et plusieurs autres meubles qui sont d'un très-grand prix.

501. *Carbonate de cuivre bleu* (cuivre azuré, azur de cuivre, bleu de montagne). On le rencontre en très-petite quantité, à la vérité, dans toutes les mines de cuivre; il colore les pierres d'Arménie, plusieurs terres qui portent le nom de *cendres bleues*, et les os fossiles appelés *turquoises;* quelquefois cependant celles-ci sont colorées par de la malachite. Il est composé, comme le précédent, d'acide carbonique, d'oxide de cuivre et d'eau; mais il renferme $\frac{1}{5}$ de plus d'acide carbonique, tandis que dans le précédent le défaut d'acide est exactement remplacé par une égale quantité d'eau (Vauquelin).

502. *Phosphate de cuivre.* Il est pulvérulent, d'un vert bleuâtre, insoluble dans l'eau; il brunit lorsqu'on le fait chauffer, et se décompose à une température très-élevée.

503. *Sur-sulfate de cuivre* (vitriol bleu, couperose bleue, vitriol de Chypre). On le trouve dans certaines eaux voisines des mines de sulfure de cuivre. Il cristallise en pris-

mes irréguliers, à quatre ou à huit pans, d'un bleu foncé, transparens, doués d'une saveur acide et styptique, rougissant l'*infusum* de tournesol, solubles dans 4 parties d'eau à la température de 15° th. cent., et dans 2 parties d'eau bouillante; il s'effleurit à l'air et se recouvre d'une poussière blanchâtre; lorsqu'on le chauffe il fond dans son eau de cristallisation; mais celle-ci ne tarde pas à s'évaporer, et alors il devient opaque et blanc; chauffé plus fortement, il se décompose et donne le deutoxide brun. L'ammoniaque forme avec sa dissolution un sulfate double, d'une belle couleur bleue, susceptible de cristalliser. On emploie le vitriol bleu pour faire le vert de Schéele et les cendres bleues. On l'a administré, ainsi que le sulfate de cuivre ammoniacal, dans l'épilepsie, la danse de Saint-Guy, les névroses abdominales, l'hydropisie, etc.; ils ont été quelquefois utiles : on commence par en donner $\frac{1}{5}$ ou $\frac{2}{5}$ de grain avec de la mie de pain, du sucre et de l'eau, sous la forme de pilules, ou bien dissous dans une assez grande quantité de véhicule. Le sur-sulfate de cuivre a été employé dans ces derniers temps comme émétique dans l'empoisonnement par l'opium; nous ne croyons pas que le succès que l'on en a obtenu autorise à s'en servir de nouveau, car il est extrêmement vénéneux, même lorsqu'il est expulsé en grande partie par le vomissement.

504. *Sulfate de cuivre.* Il cristallise en pyramides tétraèdres, séparées par des prismes quadrangulaires. *Sous-sulfate de cuivre.* Il est vert, insoluble dans l'eau et insipide; on le trouve dans la nature; il n'a point d'usages.

505. *Sulfite de cuivre.* Il est en petits cristaux d'un vert blanchâtre, peu solubles dans l'eau et fusibles. Le *sous-sulfite* est orangé, insoluble et insipide.

506. *Chlorate de cuivre.* Il est solide, vert, difficile à faire cristalliser, déliquescent; il fuse légèrement sur les charbons allumés et produit une flamme verte. Un papier

trempé dans sa dissolution concentrée s'enflamme lorsqu'on l'approche du feu : la lumière est d'un vert magni-
fique. (Vauquelin.)

507. *Nitrate de cuivre.* Il cristallise en parallélipipèdes
allongés, bleus, doués d'une saveur âcre, métallique,
légèrement déliquescens, fusibles dans leur eau de cristallisation. Chauffé dans des vaisseaux fermés, il se transforme d'abord en sous-nitrate vert lamelleux, qui se décompose si on continue à le chauffer. Le nitrate de cuivre
est plus soluble dans l'eau que le sur-sulfate : en effet,
il suffit de verser de l'acide sulfurique à 66° dans une solution concentrée de ce nitrate pour former du sur-sulfate
de cuivre, qui se dépose en partie sous la forme de cristaux. Le zinc décompose également cette dissolution et
en précipite du cuivre et de l'oxide de cuivre, ce qui
prouve qu'une partie de l'acide nitrique a été décomposée (Vauquelin). On l'emploie pour préparer les *cendres
bleues,* qui sont formées de deutoxide de cuivre, d'eau
et de chaux (voyez *Préparations*), et dont on se sert pour
colorer les papiers en bleu ; mais cette couleur a l'inconvénient de verdir à l'air à mesure que le deutoxide de cuivre
absorbe l'acide carbonique et se transforme en carbonate.
Sous-nitrate de cuivre. Il est vert, insoluble dans l'eau,
décomposable par l'acide sulfurique, qui en dégage l'acide
nitrique.

508. *Hydro-chlorate de cuivre.* Il est cristallisé en parallélipipèdes rectangulaires, ou en aiguilles, d'une belle couleur vert gazon, ou d'un bleu verdâtre si le sel est
moins acide ; il est déliquescent et se dissout parfaitement
dans l'eau : le *solutum,* doué d'une saveur très-styptique,
est bleu s'il contient beaucoup d'eau, et vert gazon s'il
en renferme peu. Chauffé fortement dans une cornue, ce
sel se décompose ; il se dégage du chlore, et l'on obtient
du chlorure de cuivre.

509. *Sous-hydro-chlorate de cuivre*. Il existe dans la nature ; on le trouve au Pérou, d'où il fut rapporté pour la
première fois par Dolomieu, qui lui donna le nom de *sable
vert du Pérou* ; on se le procure facilement dans les laboratoires. Il est pulvérulent, vert, insoluble dans l'eau,
insipide et sans usages.

510. *Hydro-phtorate de cuivre*. Il cristallise, suivant
Schéele, en cubes bleus et longs ; il produit avec l'eau une
dissolution gélatineuse.

511. *Arséniate de cuivre*. Il se trouve dans les mines de
Huel - Gorland, dans celles de Cornouailles ; il est cristallisé, ou sous la forme de fibres soyeuses et rayonnées ;
sa couleur est tantôt vert émeraude ou olive plus ou
moins foncé, tantôt blanche cendrée ou brune claire. Celui que l'on obtient dans les laboratoires est blanc bleuâtre,
insoluble dans l'eau, insipide et sans usages.

512. *Combinaison d'oxide d'arsenic et de deutoxide de
cuivre* (arsenite de cuivre, *vert de Schéele*). Il est le produit
de l'art ; on l'obtient sous la forme d'une poudre verte, insoluble dans l'eau, dont les nuances varient suivant la
manière dont il a été préparé ; il se décompose et répand
une odeur alliacée lorsqu'on le met sur les charbons ardens.
L'eau saturée d'acide hydro-sulfurique le change en sulfure
d'arsenic jaune et en sulfure de cuivre noir, en sorte que
le mélange est d'un rouge brunâtre. On l'emploie pour
colorer les papiers en vert et dans la peinture à l'huile.

513. Le *molybdate de cuivre* est vert et insoluble dans
l'eau, tandis que le *chromate* fait avec l'acide chromique et
un sel de cuivre est rouge et ne se dissout pas dans l'eau.

Des Métaux de la cinquième classe.

Ces métaux, au nombre de trois, le nickel, le mercure
et l'osmium, ne décomposent l'eau à aucune température

lorsqu'ils agissent seuls sur ce liquide; ils n'absorbent le gaz oxigène qu'à un certain degré de chaleur, passé lequel ils abandonnent celui avec qui ils s'étaient combinés.

Du Nickel.

514. Le nickel se trouve dans la nature allié avec d'autres métaux et avec un peu de soufre. Il est d'une couleur blanche argentine, très-malléable et susceptible de se tirer en fils très-fins; il est assez tenace; sa pesanteur spécifique est de 8,666 quand il a été forgé, et 8,279 lorsqu'il ne l'a pas été. Il est plus magnétique que le cobalt, mais moins que le fer (1).

Soumis à l'action du *calorique*, il acquiert une couleur de bronze antique, et ne fond qu'avec la plus grande difficulté; cependant il est sensiblement volatil. S'il a le contact de l'*air* ou du gaz *oxigène* et que la température soit assez élevée, il passe à l'état de protoxide gris de cendre noirâtre; il ne paraît point agir sur ces gaz à la température ordinaire. Le *phosphore* peut se combiner avec le nickel à l'aide de la chaleur, et donner un phosphure incolore, brillant, plus fusible que le métal, qui se transforme par l'action de l'air ou du gaz oxigène en acide phosphorique et en protoxide de nickel, si la température est assez élevée; il paraît formé de 84 parties de métal et de 16 parties de phosphore. Chauffé avec le *soufre,* le nickel fournit un sulfure qui a la couleur de la pyrite ordinaire, et qui est composé, suivant M. Proust, de 100 parties de métal et de 46 à 48 parties de soufre; cette combinaison a lieu avec dégagement de calorique et avec une sorte de défflagration remarquable. D'après M. E. Davy,

---

(1) Suivant M. Tupputi, qui a fait un travail intéressant sur le nickel, ce métal obtenu de l'oxide par le moyen du carbone, contient toujours une petite quantité de ce principe.

il existe deux sulfures de nickel : le proto-sulfure serait formé de 66 parties de métal et de 34 de soufre, et le deuto-sulfure contiendrait 56,5 de nickel et 43,5 de soufre.

Chauffé avec du *chlore* gazeux, le nickel se transforme en chlorure couleur d'olive, tandis que celui que l'on obtient en chauffant l'hydro-chlorate de nickel est blanc : ces différences dépendent probablement des proportions de chlore qui les constituent. Le nickel n'éprouve aucune altération de la part de l'*eau*. L'acide *sulfurique* concentré et bouillant l'attaque à peine et n'en dissout qu'une très-petite quantité ; si l'acide est affaibli, l'eau est décomposée ; il se dégage du gaz hydrogène et le protoxide de nickel formé se dissout dans l'acide; l'acide *phosphorique* agit de la même manière. L'acide *borique* liquide ne l'attaque point ; l'acide *nitrique* concentré ou faible l'oxide et le dissout à l'aide de la chaleur : il se dégage du gaz nitreux (gaz deutoxide d'azote). L'acide *hydro-chlorique* agit sur lui comme l'acide sulfurique faible. Il peut s'allier avec plusieurs métaux ; uni au *fer*, il fournit un alliage très-ductile, avec lequel on a fait des fourchettes, des cuillers, des couteaux, etc. Il est sans usages.

Des Oxides de nickel.

515. *Protoxide de nickel.* Il est d'un gris de cendre noirâtre lorsqu'il ne contient pas d'eau ; il n'a point de saveur ; chauffé fortement, il se transforme en oxigène et en nickel (Proust); exposé à l'air, il verdit et se change en carbonate; mis en contact avec une dissolution de chlore, il passe à l'état de deutoxide noir, d'où il suit que l'eau a été décomposée. (Voyez *Action du chlore sur le protoxide de fer.*) Il se dissout dans les acides minéraux et donne des sels au *minimum* d'oxigène. Il est insoluble dans la potasse ou la soude, et presqu'insoluble dans l'ammoniaque ; fondu avec le borax, il le colore en jaune hya-

cinthe. Il est formé, suivant M. Proust, de 100 parties de métal et de 27 parties d'oxigène. Combiné avec l'eau, il constitue l'*hydrate de protoxide de nickel*; cet hydrate est grenu, cristallin, d'une couleur verte, légèrement blanchâtre et presque insipide. Chauffé, il perd l'eau, se décompose, passe au gris, puis au vert obscur, et se trouve réduit à l'état métallique. Il est presque complètement soluble dans l'ammoniaque, et donne un liquide violacé s'il est en petite quantité, tandis qu'il est bleu de lavande et même bleu d'émail si l'alcali en est saturé. Exposé à l'air, ce *solutum* se trouble et laisse précipiter du carbonate d'ammoniaque et de nickel sous la forme de flocons verts. Il est composé, suivant M. Proust, de 76 à 78 parties de protoxide et de 22 à 24 parties d'eau.

516. *Deutoxide de nickel.* Il est d'un violet puce presque noir; mis dans les acides sulfurique, nitrique ou hydrochlorique, il perd une portion de son oxigène, et se dissout à l'état de protoxide : on ignore quelle est sa composition; il est sans usages.

Des Sels formés par le protoxide de nickel.

Les sels de nickel, privés d'eau, sont jaunes ou fauves; ils sont verts lorsqu'ils sont combinés avec ce liquide. Ceux qui sont solubles dans l'eau ont une saveur d'abord sucrée et astringente, ensuite âcre et métallique. Ils sont précipités par la potasse ou par la soude; l'hydrate vert, séparé, se dissout en petite quantité dans un excès d'alcali. L'*ammoniaque* les décompose, en précipite l'oxide hydraté, et le redissout si elle est employée en excès; le sel double résultant est bleu et ne cristallise point. On peut obtenir des sels doubles d'ammoniaque et de nickel avec moins d'ammoniaque; quelques-uns d'entre eux sont susceptibles de cristalliser, mais alors ils sont verts (Tup-

puti) (1). L'*hydro-cyanate* de potasse et de fer (prussiate)
y forme un précipité blanc jaunâtre, tirant insensiblement
au vert. L'*infusum* alcoolique de *noix de galle* en sépare
des flocons blanchâtres, solubles dans un excès de dissolution saline ou du réactif précipitant, mais qui reparaissent
avec une couleur fauve foncée quand on sature la liqueur
par un excès d'ammoniaque. Les *hydro-sulfates* précipitent
les dissolutions de nickel en noir; le précipité est du sulfure
de nickel; le gaz acide hydro-sulfurique ne les précipite
qu'autant qu'elles sont peu acides, et surtout que l'affinité
de l'oxide de nickel pour l'acide est faible. (*V.* le *Tableau
des précipités formés par l'acide hydro-sulfurique,* pag. 475.)

517. *Borate de nickel.* Il est solide, d'un vert blanchâtre,
presqu'insipide, insoluble dans l'eau; il en est de même
du *phosphate.*

518. *Carbonate de nickel.* Il est solide, d'un vert pomme,
peu sapide, insoluble dans l'eau, soluble dans un excès
de carbonate alcalin, susceptible de former avec l'ammoniaque un sel double, d'un vert légèrement blanchâtre,
insoluble dans l'eau.

519. *Sulfate de nickel.* Il est solide, d'un vert d'émeraude,
sapide, soluble dans 3 parties d'eau à 10°; il cristallise
en prismes simples rectangulaires, terminés par des pyramides droites à quatre faces, inclinées de 126° sur les pans
adjacens; il s'effleurit à l'air et blanchit.

520. *Sulfate de nickel et de potasse.* Il est solide, d'un
vert émeraude moins riche que le précédent, soluble dans
8 à 9 parties d'eau à 10°; il cristallise en rhomboïdes; il
n'est pas efflorescent. (Proust.)

521. *Sulfate de nickel et d'ammoniaque.* Il est en prismes
aplatis, à huit pans, terminés par des pyramides tétraèdres,

_____

(1) L'oxalate, le citrate et le tartrate acide de nickel ne sont
précipités par aucun de ces trois alcalis.

d'un vert clair, solubles dans 4 parties d'eau à 10°. (Link.)

522. *Sulfate de nickel et de zinc.* Il est d'un vert très-léger, aussi soluble que le précédent; exposé à l'air il blanchit en s'effleurissant.

523. *Nitrate de nickel.* Il cristallise en prismes octogones, réguliers, d'un vert légèrement bleuâtre, solubles dans 2 parties d'eau à 10°; il est déliquescent dans un air humide, et efflorescent dans un air sec; chauffé, il se transforme en sous-nitrate olivâtre d'abord, puis en protoxide gris de cendre.

524. *Nitrate de nickel et d'ammoniaque.* Il cristallise en prismes octogones, d'un très-joli vert, solubles dans 3 parties d'eau à 10°. (Thenard.)

525. *Hydro-chlorate de nickel.* Il est en cristaux confus qui paraissent des prismes carrés; il se comporte à l'air comme le nitrate; il est soluble dans 2 parties d'eau à 10°.

526. *Arséniate de nickel.* Il est solide, d'un vert pomme, en flocons ou en grains cristallins, insolubles dans l'eau.

527. *Chromate de nickel.* Il est incristallisable, d'un rouge fauve lorsqu'il est concentré, jaune s'il est affaibli; il est très-déliquescent.

Aucun de ces sels n'est employé; ce que nous venons d'en dire est extrait du mémoire de M. Tupputi.

Du Mercure (argent vif).

Le mercure se trouve, 1° à l'état natif dans presque toutes les mines de mercure, mais principalement dans dans celles du sulfure; 2° combiné avec le soufre, l'argent; 3° avec le chlore (muriate de mercure).

528. Le mercure est un métal liquide, brillant, et d'un blanc tirant légèrement sur le bleu; sa pesanteur spécifique est de 13,568.

Si, après l'avoir introduit dans une cornue de grès ou de fonte, dont le col est entouré d'un nouet de linge qui

plonge dans l'eau, on le chauffe graduellement, il entre
en ébullition à la température de 350° thermomètre centigrade, se volatilise et vient se condenser dans le récipient.
Si au lieu de le chauffer on l'entoure d'un mélange frigorifique fait avec deux parties de chlorure de calcium (muriate de chaux) et une partie de neige, il se congèle et
cristallise en octaèdres si la température est à 40° — o
thermomètre centigrade; ainsi solidifié, il est malléable, et
ne saurait être appliqué sur la peau sans y déterminer une
sensation pénible analogue à celle de la brûlure. Le gaz
oxigène et l'*air* atmosphérique, qui n'exercent aucune
action sur le mercure à froid, le transforment en deutoxide rouge à un degré de chaleur voisin de celui auquel
il entre en ébullition. L'hydrogène, le bore et le carbone
n'agissent point sur lui. L'existence d'un *phosphure* de mercure est douteuse, d'après les observations de M. Thompson.

Le *soufre*, trituré ou chauffé avec du mercure, peut se
combiner avec lui, et donner naissance à un produit noir
formé, d'après les expériences récentes de M. Guibourt,
de sulfure de mercure rouge (cinnabre) et de mercure
métallique; en sorte que cette masse noire n'est pas
un sulfure particulier comme on l'avait cru; on l'appelait autrefois *éthiops de mercure*; on ne l'emploie plus en
médecine. Le sulfure rouge de mercure (cinnabre) retiré
de cette masse ou préparé par d'autres moyens, paraît
violet lorsqu'il est en fragmens; il est au contraire d'un beau
rouge quand il est pulvérisé, et porte le nom de *vermillon*.
Il est susceptible d'être sublimé en aiguilles cristallines
lorsqu'on le chauffe jusqu'au rouge brun; il serait décomposé si on le soumettait à une chaleur plus forte, et il en
résulterait de la vapeur mercurielle qui produirait une forte
détonnation. Le fer et plusieurs autres métaux lui enlèvent
le soufre à l'aide de la chaleur, et le mercure se volatilise.
Il n'éprouve aucune altération de la part de l'air ni du gaz

oxigène à froid; mais si on élève la température il se transforme en acide sulfureux et en mercure. Il est formé de 100 parties de mercure et de 16 de soufre. On le trouve en France, à Idria en Carniole, à Almaden en Espagne, près de Schemnitz en Hongrie, en Chine, au Pérou et dans quelques autres parties de l'Amérique. Il est employé en peinture et pour obtenir le mercure. On s'en est servi en médecine, sous la forme de fumigations, pour guérir les cancers anciens, les dartres vénériennes, les douleurs ostéocopes et les rhagades invétérées; il est encore employé aujourd'hui par quelques médecins étrangers.

529. L'*iode* peut être combiné avec le mercure en deux proportions : le *sous-iodure* est jaune verdâtre; l'iodure est rouge orangé; tous les deux sont fusibles et volatils. Le *chlore* gazeux se combine avec ce métal, même à la température ordinaire; si on chauffe le mélange, il se produit une flamme d'un rouge pâle, et le mercure passe à l'état de chlorure. On connait deux combinaisons de ce genre.

Du Proto-chlorure de mercure (calomélas).

Le *proto-chlorure* de mercure, appelé aussi *mercure doux, panacée mercurielle, précipité blanc*, est solide, blanc, insipide, insoluble dans l'eau; exposé à l'action du calorique il se volatilise, et fournit des cristaux qui sont des prismes tétraèdres terminés par des pyramides à quatre faces; il jaunit, et finit même par noircir lorsqu'il est exposé pendant long-temps à la lumière; il n'éprouve du reste aucune altération à l'air; le *phosphore* lui enlève le chlore à l'aide de la chaleur, passe à l'état de proto-chlorure de phosphore très-volatil (*voyez* § 60), et le mercure est mis à nu. Le chlore le dissout lorsqu'il est récemment fait, et le change en deuto-chlorure (sublimé corrosif). Mêlé avec du charbon et la quantité d'eau nécessaire pour faire une pâte, il est décomposé si on le chauffe; et l'on obtient du *mercure* métallique, du gaz acide hydro-chlorique, du gaz acide carbonique et un peu de gaz oxigène. Dans cette expérience l'eau est également décomposée; l'hydrogène s'unit au chlore, tandis que l'oxigène se combine en partie avec le charbon. Chauffé avec de la potasse solide, il fournit du mercure et du gaz oxigène qui se volatilisent, et du chlorure de potassium fixe; d'où il suit qu'il est décomposé ainsi que la potasse; le chlore s'unit au potassium de celle-ci, tandis que le mercure mis à nu et le gaz oxigène provenant de la potasse décomposée se dégagent.

Le proto-chlorure de mercure est employé en médecine, 1° comme un excellent fondant, dans le carreau, les diverses maladies scrophuleuses, les engorgemens du foie, de la rate, etc.; 2° comme purgatif; 3° comme anti-vermineux; on s'en est souvent servi pour prévenir ou pour combattre la diathèse vermineuse dans les petites-véroles épidémiques; 4° comme anti-syphilitique. Clare a conseillé, pour guérir la vérole, de frictionner légèrement, matin et soir, l'intérieur des joues, les lèvres et les gencives avec ce médicament. On l'administre aux adultes depuis 2 jusqu'à 8 et 12 grains, suivant l'indication que l'on veut remplir; on le donne aux enfans depuis $\frac{1}{4}$ de grain jusqu'à 1 ou 2 grains, suivant l'âge ou l'affection: on l'associe ordinairement à des extraits.

Du Deuto-chlorure (sublimé corrosif).

Le deuto-chlorure est un produit de l'art; il est le plus ordinairement sous la forme de masses blanches, compactes, demi-transparentes sur leurs bords, hémisphériques et concaves; la paroi externe de ces masses est polie et luisante, l'interne est inégale, hérissée de petits cristaux brillans, tellement comprimés qu'on ne peut en distinguer les faces ; il est tantôt sous la forme de faisceaux aiguillés, de cubes ou de prismes quadrangulaires ; il a une saveur extrêmement âcre et caustique ; sa pesanteur spécifique est de 5,1398. Il se volatilise plus facilement que le précédent, et répand une fumée blanche, épaisse, d'une odeur piquante, nullement alliacée, susceptible de ternir une lame de cuivre parfaitement décapée. Si l'on frotte la partie de cette lame où la couche de deuto-chlorure est appliquée, elle acquiert la couleur blanche, brillante. argentine qui caractérise le mercure ; d'où il suit que le cuivre s'empare du chlore et met le métal à nu. Exposé à l'air, le deuto-chlorure perd un peu de sa transparence et devient opaque et pulvérulent à sa surface. Le phosphore, le charbon et la potasse agissent sur lui comme sur le proto-chlorure.

Chauffé avec le quart de son poids d'*antimoine* métallique, il est décomposé, et il en résulte du mercure volatil et du chlorure d'antimoine (beurre d'antimoine) beaucoup plus volatil encore. Mêlé avec le tiers de son poids d'*étain* pulvérisé, et exposé à l'action du calorique dans des vaisseaux fermés, on obtient, 1° plus du cinquième du poids du mélange de deuto-chlorure d'étain très-volatil (liqueur fumante de Libavius) ; 2° du proto-chlorure d'étain beaucoup moins volatil qui reste dans la cornue ; 3° un amalgame de mercure et d'étain ; d'où il suit que l'étain à cette température a plus d'affinité pour le chlore que le mercure. Le deuto-chlorure de mercure (sublimé corrosif) se dissout dans 11 parties d'eau froide et dans 2 parties d'eau bouillante (Henry et Chaussier). Le *solutum* est de l'hydro-chlorate de deutoxide de mercure. (*Voy.* pag. 183, *Action des chlorures sur l'eau*).

530. L'*azote* est sans action sur le mercure. Lorsqu'on agite pendant long-temps ce métal avec de l'*eau* privée d'air, ses molécules s'atténuent prodigieusement et finissent par devenir noires ; l'eau n'est pas décomposée et le mer-

cure ne se trouve pas oxidé; l'action qu'exerce l'eau sur ce métal à une température de 100° thermomètre centigrade est assez remarquable et peu connue; l'eau acquiert des propriétés vermifuges; le mercure absorbe $\frac{1}{500}$ de son poids d'humidité, et le poids du métal n'augmente pas.

Les acides borique, carbonique et phosphorique n'agissent pas sur le mercure. L'acide *sulfurique* concentré, qui n'exerce aucune action sur lui à froid, l'attaque à l'aide de la chaleur, lui cède une portion de son oxigène, passe à l'état de gaz acide sulfureux, et s'il est employé en assez grande quantité, le transforme en deutoxide qui se combine avec l'acide non décomposé, en sorte que la masse blanche que l'on obtient est composée d'une plus ou moins grande quantité d'acide sulfurique et de deutoxide de mercure. Si l'acide sulfurique est étendu de son poids d'eau, il se dégage peu d'acide sulfureux et il se forme du protosulfate. L'acide *nitrique* concentré agit rapidement à froid sur ce métal, se décompose en partie et le transforme en deutoxide qui se dissout dans l'acide nitrique non décomposé; le gaz nitreux (deutoxide d'azote) provenant de la portion d'acide décomposée reste pendant quelque temps en dissolution dans la liqueur et la colore en vert; mais bientôt après la température s'élève, le gaz se dégage, répand des vapeurs orangées et la dissolution se décolore. Si l'acide nitrique est étendu de quatre ou cinq parties d'eau et que le mercure soit en excès, celui-ci ne passe qu'à l'état de protoxide, et il ne se forme que du proto-nitrate si l'on fait bouillir la liqueur pendant une demi-heure. L'acide *nitreux* attaque aussi ce métal, l'oxide et le transforme en nitrite. Les acides *hydro-chlorique* et *hydro-phtorique* n'ont point d'action sur le mercure. Plusieurs des *métaux* précédemment étudiés peuvent se combiner avec lui et donner des alliages que l'on connaît sous le nom d'*amalgames*.

Amalgames de potassium et de sodium. Ils sont solides ou liquides, suivant la quantité de mercure qui entre dans leur composition. Lorsqu'on met un de ces amalgames fluides dans de l'ammoniaque liquide très-concentrée, il quintuple ou sextuple de volume, acquiert la consistance du beurre et conserve le brillant métallique; il ne se dégage aucun gaz. Ce produit, appelé par MM. Thénard et Gay-Lussac *hydrure ammoniacal de mercure et de potassium* ou de *sodium*, a été découvert par M. Davy; il paraît formé d'hydrogène, d'ammoniaque, de mercure et de potassium. *Théorie de sa formation.* L'eau de l'ammoniaque est décomposée; son oxigène s'unit avec une portion de potassium qu'il transforme en deutoxide soluble, tandis que l'hydrogène se porte sur le mercure, sur l'ammoniaque et sur l'autre portion de potassium. Si au lieu de mettre l'amalgame de mercure et de potassium ou de sodium dans l'ammoniaque liquide, on le place dans la cavité d'un petit creuset d'hydro - chlorate d'ammoniaque légèrement humectée, il y a la même augmentation de volume, formation de l'hydrure ammoniacal et d'hydro-chlorate de potasse. *Théorie.* L'eau qui a servi à humecter le creuset est décomposée; son oxigène forme avec une portion de potassium du deutoxide, qui s'empare de l'acide hydrochlorique de l'hydro-chlorate, tandis que l'hydrogène se combine avec le mercure, l'ammoniaque et l'autre portion de potassium pour donner naissance à ce produit. *Propriétés de cet hydrure.* L'eau est en partie décomposée par lui; son oxigène se porte sur le potassium, qu'il transforme en deutoxide, tandis que son hydrogène et celui qui entre dans la composition de l'hydrure se dégagent; le mercure se précipite, l'ammoniaque et le deutoxide de potassium restent dissous dans le liquide non décomposé. Tous les corps qui agissent sur le potassium le décomposent également.

M. Séebeck était parvenu, avant M. Davy, à former un hydrure d'ammoniaque et de mercure par le procédé suivant : on met du *mercure* dans la cavité humectée du creuset d'hydro-chlorate d'ammoniaque; ce creuset est placé sur une plaque métallique qui communique avec le pole vitré ou positif de la pile, tandis que le fil résineux ou négatif se rend dans le mercure; l'eau et l'acide hydrochlorique sont décomposés par le fluide électrique; leur hydrogène, attiré par le pole résineux, s'unit au mercure et à l'ammoniaque pour former l'hydrure, tandis que le chlore de l'acide et l'oxigène de l'eau se portent au pole positif. Ces hydrures ne sont d'aucun usage.

Amalgame de trois parties de mercure et d'une partie d'étain. Il est mou et cristallisé ; il est liquide s'il est formé par dix parties de mercure ; on l'emploie pour étamer les glaces : cette opération consiste à verser du mercure sur une lame d'étain étendue horizontalement, à appliquer la glace dessus et à la charger de poids afin de la faire adhérer à l'amalgame qui se forme aussitôt que le contact des deux métaux a lieu. *Amalgame de quatre parties de mercure et d'une partie de bismuth.* On s'en sert pour étamer la surface interne des globes de verre : après avoir chauffé ces globes pour les sécher, on y verse l'amalgame fondu, et on l'agite pour le disséminer sur toute la surface, à laquelle il ne tarde pas à adhérer fortement.

On emploie le mercure pour construire des thermomètres, des baromètres, des cuves hydrargyro-pneumatiques à l'aide desquelles on recueille les gaz solubles dans l'eau, pour faire les diverses préparations mercurielles, les amalgames, etc., et pour exploiter les mines d'or et d'argent. On s'est quelquefois servi avec succès du mercure dans la constipation rebelle et le volvulus qui n'est pas accompagné d'*inflammation* : dans ces cas il force les obstacles et développe par son poids les intestins; plusieurs praticiens ont employé comme vermifuge l'eau dans laquelle le mercure avait bouilli. Enfin ce métal, dans un grand état de division, fait la base de l'onguent gris, de l'onguent napolitain, si souvent employés en frictions. Nous pensons que le mercure métallique très-divisé par le calorique, par de l'eau, par des sucs animaux, des graisses, etc., est absorbé, et doit être regardé comme un poison. (Voyez ma *Toxicologie*, t. 1, 1re édit.)

Des Oxides de mercure.

On ne connaît que deux oxides de mercure.

531. *Protoxide.* Il est le produit de l'art, et il n'existe que dans les sels de mercure au *minimum*; on ne peut pas l'obtenir isolé, car lorsqu'on cherche à le séparer du proto-nitrate par la potasse, on obtient un précipité d'un noir jaunâtre que l'on a décrit jusqu'à présent sous le nom de *protoxide*, et qui est formé, d'après le travail récent de M. Guibourt, de deutoxide et de mercure métallique très-divisé: en effet, ce précipité noir jaunâtre, comprimé entre deux corps durs, présente de petits globules mercuriels visibles à l'œil; il se transforme en mercure et en deutoxide lorsqu'on le chauffe jusqu'au rouge obscur; traité par l'acide hydro-chlorique, il donne du deuto-hydro-chlorate de mercure et du proto-chlorure (calomélas). On voit donc qu'au moment où l'on cherche à séparer par la potasse le protoxide du proto-nitrate, ce protoxide se décompose; l'oxigène d'une portion se porte sur une autre partie de protoxide, et il en résulte du deutoxide et du mercure métallique très-divisé, noirâtre.

532. *Deutoxide de mercure* (précipité rouge, précipité *per se*). On ne le trouve pas dans la nature; il est jaune serin lorsqu'il contient de l'eau, et rouge dans le cas contraire; chauffé dans des vaisseaux fermés il se transforme au-dessus du rouge brun en gaz oxigène et en mercure; il est

L.   28

également décomposé par la lumière; trituré avec du mercure il fournit une poudre brune que l'on a cru être du
protoxide, et qui n'est autre chose qu'un mélange de deutoxide et de mercure très-divisé; il se dissout dans l'eau
et lui communique une forte saveur métallique, la propriété de verdir le sirop de violette et de brunir par l'addition de l'acide hydro-sulfurique. L'ammoniaque décompose
également cette dissolution aqueuse et produit un précipité formé de deutoxide et d'ammoniaque, décomposable
par la chaleur. Le deutoxide de mercure est décomposé, à
l'aide d'une douce chaleur, par la plupart des corps avides
d'oxigène. Il est formé de 100 parties de métal et de 8
parties d'oxigène, tandis que le précédent ne renferme
que 4 parties d'oxigène. Il est employé en médecine comme
escarrotique, surtout dans les maladies vénériennes; à
l'état pulvérulent il sert à tuer les poux et les morpions;
mêlé avec de la graisse, il constitue un onguent dont on
fait quelquefois usage dans les maladies syphilitiques. En
général, l'application extérieure de cet oxide peut être
suivie de symptômes funestes, et on ne doit le prescrire
qu'à la dose de quelques grains.

Des Sels formés par le protoxide de mercure.

Les sels formés par cet oxide sont décomposés et
précicipités en noir par les alcalis, tels que la potasse,
la soude, l'ammoniaque, etc.; le dépôt, comme nous
venons de le voir, est un mélange de mercure métallique divisé et de deutoxide; l'acide chromique et les chromates les transforment en chromate de mercure orangé
rougeâtre, insoluble dans l'eau; l'acide hydro-chlorique
les fait passer à l'état de proto-chlorure blanc (calomélas);
d'où il suit que l'hydrogène de l'acide se combine avec
l'oxigène du protoxide pour former de l'eau, tandis que le
mercure mis à nu s'unit au chlore. Ces caractères suffisent

pour distinguer ces sels de ceux qui sont formés par le deutoxide.

533. *Proto-sulfate de mercure.* Il est blanc, pulvérulent, presque insipide, soluble dans 500 parties d'eau froide et dans 287 parties d'eau bouillante; indécomposable par ce liquide, susceptible de fournir, par une évaporation convenable, de petits cristaux prismatiques; il est inaltérable à l'air; il noircit par son exposition à la lumière. Il peut se combiner avec de l'acide sulfurique et former du *proto-sulfate très-acide;* si on lui enlève au contraire un peu d'acide au moyen d'un alcali, il passe à l'état de sous-proto-sulfate.

534. *Proto-nitrate de mercure.* Il cristallise en prismes blancs, doués d'une saveur âcre, styptique, rougissant l'*infusum* de tournesol; il est décomposé par l'eau et transformé en *proto-nitrate très-acide*, soluble, incolore, appelé *eau mercurielle*, *remède du capucin*, *remède du duc d'Antin*; et en sous-proto-nitrate insoluble, d'un jaune verdâtre. Le proto-nitrate de mercure entre dans la composition du sirop de *Belet*, dont on prend une cuillerée étendue dans une boisson mucilagineuse. Ce sirop a été utile dans les maladies de la peau, les écrouelles, les érysipèles, les dartres anciennes; mais il faut l'employer avec précaution, surtout chez les individus faibles. Le *remède du capucin* est caustique, et peut être appliqué avec succès sur les chancres, les verrues syphilitiques et les ulcères sanieux.

535. *Proto-chlorate de mercure.* Il est sous la forme d'une poudre jaune verdâtre, peu soluble dans l'eau bouillante, peu sapide, décomposable par les alcalis, qui le précipitent en noir; projeté dans une cuiller de platine légèrement chauffée, il détonne, produit une flamme rouge, et se transforme en gaz oxigène, en deuto-chlorure de mercure (sublimé corrosif) qui se volatilise sous la forme de fu-

mées blanches , et en deutoxide rouge de mercure (Vauquelin). Ces résultats s'expliquent parfaitement , d'après
les expériences de M. Guibourt : l'acide chlorique se décompose, son oxigène se dégage, le chlore se porte sur
le protoxide, qui doit être considéré comme composé de
mercure et de deutoxide, transforme le métal en deuto-
chlorure, et met le deutoxide à nu.

Des Sels formés par le deutoxide de mercure.

Ces sels sont tous décomposés par la potasse ou la soude,
qui s'emparent de l'acide , et mettent à nu l'oxide jaune
serin si on les a employées en suffisante quantité. L'ammoniaque les transforme en un sel double blanc , qui se précipite et qui se dissout dans un excès d'ammoniaque. Le
prussiate de potasse y occasionne également un trouble
blanc ; les hydro-sulfates solubles ou l'acide hydro-sulfurique les décomposent et les précipitent en noir ; le sulfure
de mercure précipité donne à l'analyse les mêmes proportions de soufre et de mercure que le cinnabre.

536. *Deuto-sulfate acide de mercure.* Il est sous la forme
d'une masse blanche , attirant légèrement l'humidité de
l'air , rougissant l'*infusum* de tournesol , et susceptible
d'être décomposée par l'eau en *deuto-sulfate très-acide*, soluble , incolore , et en *sous-deuto-sulfate jaune* insoluble ,
ou *turbith minéral*. Ce turbith est décomposé par le calorique , et fournit du gaz oxigène, du gaz acide sulfureux ,
et du mercure volatils ; il est également décomposé et
dissous par l'acide nitrique, qui le transforme en deuto-
nitrate incolore ; enfin, la potasse caustique lui enlève l'a-
cide par la simple agitation , et il se forme du sulfate de
potasse soluble et du deutoxide de mercure jaune serin ; il
ne se dissout que dans 2000 parties d'eau froide. Boerhaave
et Lobb ont fait l'éloge du turbith minéral comme étant
propre à prévenir la petite-vérole ; d'autres médecins l'ont

administré comme émétique dans la morsure des chiens enragés ; on l'a aussi prôné dans les engorgemens, dans les maladies vénériennes.

537. *Deuto-chlorate acide de mercure.* Il cristallise sous la forme de petites aiguilles assez solubles dans l'eau, ayant une saveur analogue à celle du sublimé corrosif. Chauffé dans des vaisseaux fermés, il fournit du gaz oxigène et du proto-chlorure de mercure (calomélas).

538. *Deuto-nitrate acide de mercure.* Il est sous la forme d'aiguilles blanches ou jaunâtres, douées d'une saveur métallique insupportable, rougissant l'*infusum* de tournesol. Chauffé dans un matras, il se décompose, et laisse du *deutoxide rouge* (précipité rouge) qui se transforme lui-même en oxigène et en mercure si on élève assez la température. Mis dans l'eau froide, ce sel se change en deuto-nitrate *très-acide,* soluble et incolore, et en *sous-deuto-nitrate* blanc insoluble, auquel on peut enlever tout l'acide par des lavages réitérés ; mais si l'eau est bouillante, le *sous-deuto-nitrate* insoluble qui se dépose est jaune, et porte le nom de *turbith nitreux.* Le deuto-nitrate acide, qui est sous la forme d'aiguilles, peut se dissoudre dans de l'acide nitrique ; sa dissolution tache la peau en noir, précipite par l'eau un sous-deuto-nitrate si elle est très-concentrée, et donne des aiguilles blanches cristallines par l'addition de l'acide hydro-chlorique ; ces aiguilles, formées par du sublimé corrosif (chlorure de mercure), se dissolvent facilement dans l'eau. On emploie ce sel pour faire le précipité rouge, la pommade citrine, et pour feutrer les poils de lièvre et de lapin.

539. *Hydro-chlorate de deutoxide de mercure* (sublimé corrosif dissous dans l'eau). Il est le produit de l'art ; il est liquide, transparent, incolore, inodore, doué d'une saveur styptique, métallique, désagréable ; distillé, il se volatilise en petite quantité : aussi le liquide obtenu dans le récipient

contient-il un peu de ce sel. L'hydro-cyanate de potasse et de fer, les hydro-sulfates et les alcalis se comportent avec lui comme avec les autres dissolutions de deutoxide. L'eau de chaux le décompose comme les alcalis, s'empare de l'acide et met à nu le deutoxide jaune serin; le mélange d'hydro-chlorate de chaux et de deutoxide qui en résulte porte le nom d'*eau phagédénique*. (*Voy.* pag. 441.) L'*eau* distillée ne le trouble point; le nitrate d'argent agit sur lui comme sur tous les hydro-chlorates, le décompose, et en précipite du chlorure d'argent blanc, caillebotté, insoluble dans l'eau et dans l'acide nitrique; il reste alors dans la dissolution du deuto-nitrate de mercure. (*V.*, p. 206, *Hydrochlorates.*) L'hydro-chlorate de protoxide d'étain, dissous dans l'eau, en précipite sur-le-champ, du proto-chlorure de mercure (calomélas), et la dissolution se trouve contenir alors de l'hydro-chlorate de deutoxide d'étain. *Théorie*. On peut représenter l'acide hydro-chlorique de ces deux hydrochlorates par :

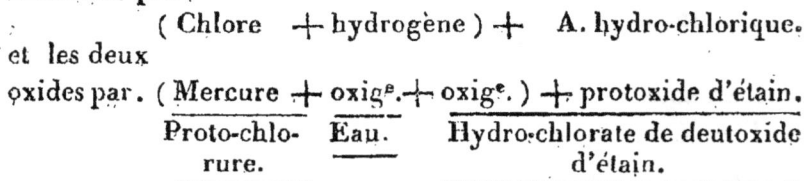

(Chlore $+$ hydrogène) $+$ A. hydro-chlorique.

et les deux oxides par. (Mercure $+$ oxig^e.$+$ oxig^e.) $+$ protoxide d'étain.

Proto-chlorure.	Eau.	Hydro-chlorate de deutoxide d'étain.

Une portion d'acide hydro-chlorique et le deutoxide de mercure sont décomposés ; l'oxigène de celui-ci se combine en partie avec l'hydrogène de l'acide pour former de l'eau, en partie avec le protoxide d'étain qu'il fait passer à l'état de deutoxide, tandis que le chlore et le mercure mis à nu s'unissent et donnent naissance à du proto-chlorure de mercure ; l'acide hydro-chlorique non décomposé dissout le deutoxide d'étain produit.

Le *mercure* métallique, mis en contact avec la dissolution d'hydro-chlorate de deutoxide de mercure, se ternit, et le liquide se trouble; le sel est entièrement décomposé, et l'on n'obtient que du proto-chlorure de mercure et de l'eau. *Théorie.* Le sel peut être représenté par :

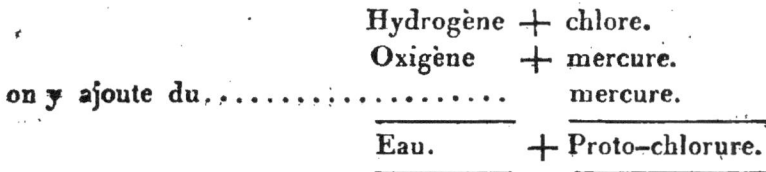

	Hydrogène + chlore.
	Oxigène + mercure.
on y ajoute du................	mercure.
Eau.	+ Proto-chlorure.

L'hydrogène de l'acide hydro-chlorique se porte sur l'oxigène du deutoxide pour former de l'eau, tandis que le chlore s'unit au mercure du sel et à celui que l'on a ajouté, et donne naissance au proto-chlorure (1).

Une lame de *cuivre*, plongée dans la dissolution de l'hydro-chlorate de deutoxide de mercure, la décompose, et l'on obtient de l'hydro-chlorate de deutoxide de cuivre soluble, et un précipité grisâtre formé, 1° par du proto-chlorure de mercure (calomélas); 2° par un amalgame de cuivre et de mercure; 3° par un peu de mercure. (*V.* mon ouvrage de *Toxicologie*, tome I, pag. 40, 1re édition.) Il suffit, pour expliquer la formation de ces divers produits, d'admettre, ce qui est réel, que le cuivre a plus d'affinité pour l'oxigène et pour l'acide hydro-chlorique que le mercure; une partie de ce métal doit donc être mise à nu dès

---

(1) On explique plus aisément tous ces phénomènes en admettant, avec plusieurs chimistes, que le sublimé corrosif dissous dans l'eau est un chlorure au lieu d'un hydro-chlorate; en effet, on dit alors, le mercure s'empare d'une portion du chlore du sublimé corrosif, le transforme en proto-chlorure en y passant lui-même. Lorsque, comme dans l'expérience précédente, on fait agir sur le sublimé corrosif le sel d'étain, que l'on regarde aussi dans cette hypothèse comme un chlorure, on dit : le chlorure d'étain s'empare d'une portion du chlore du sublimé corrosif, passe à l'état de deuto-chlorure, tandis que le sublimé se trouve réduit à du proto-chlorure qui se précipite.

que l'action commence ; ce mélange se trouve alors à-peu-près dans les mêmes conditions que celui dont nous avons parlé dans le paragraphe précédent ; il doit donc se précipiter du proto-chlorure de mercure. Si on substitue à la lame de cuivre une lame de zinc, on transforme l'hydro-chlorate de deutoxide de mercure en hydro-chlorate de deutoxide de zinc, et il se forme un précipité composé, 1° de mercure métallique ; 2° de proto-chlorure de mercure ; 3° d'un amalgame de zinc et de mercure ; 4° de fer et de charbon, substances qui se trouvent dans le zinc du commerce. (*V.* ma *Toxicologie*, pag. 42, tom. Ier.)

L'*éther* sulfurique, mêlé avec la dissolution d'hydro-chlorate de deutoxide de mercure, s'empare de ce sel, en sorte que la couche éthérée qui est à la surface du liquide s'en trouve saturée, tandis que l'eau qui forme la couche inférieure en est presque entièrement privée. (Wenzel et M. Henry.)

Le sublimé corrosif est employé pour conserver les matières animales. (*V.* tom. II, art. *Putréfaction.*) Il est souvent administré comme anti-vénérien ; on le donne dissous dans l'eau distillée, dans l'alcool, ou dans quelque sirop sudorifique, combiné avec du lait, des tisanes ou des extraits ; en général, la dose pour les adultes est d'un demi-grain par jour en deux prises, matin et soir ; on augmente graduellement la quantité jusqu'à ce que le malade en prenne un grain, si toutefois l'on n'observe aucun symptôme fâcheux qui en commande la suspension ; ces doses doivent être étendues dans un verre de véhicule : le plus ordinairement 12 à 15 grains suffisent pour faire dissiper tous les accidens et compléter le traitement ; il est cependant des cas où, pour obtenir du succès, il faut en administrer beaucoup plus. *Cirillo* a proposé d'incorporer le sublimé corrosif dans de l'axonge pour en faire une espèce d'onguent que l'on applique à la plante des pieds ;

ce moyen a été quelquefois employé avec succès. On fait
usage de l'*eau phagédénique* pour toucher les chancres et
les ulcères vénériens. Quelques médecins ont employé le
sublimé corrosif dans les maladies écrouelleuses, cutanées, etc.; mais on en fait rarement usage dans ces sortes
d'affections.

Toutes les préparations mercurielles sont très-véné-
neuses; le proto-chlorure l'est cependant beaucoup moins
que les autres. Introduites dans l'estomac, ou appliquées à
l'extérieur, elles déterminent une irritation locale très-
vive, sont absorbées, et exercent une action délétère sur
le cerveau, le cœur et le canal digestif; il est donc de la
plus haute importance de les administrer avec prudence,
et de ne pas en appliquer une trop grande quantité sur la
peau, principalement sur les parties ulcérées. Parmi les an-
tidotes proposés pour neutraliser les sels mercuriels, l'al-
bumine (blanc d'œuf délayé dans l'eau) doit occuper le
premier rang, comme nous l'avons prouvé. (Voyez *Toxicologie générale*, tom. Ier.)

De l'Osmium.

540. L'osmium n'a été trouvé jusqu'à présent que dans
la mine de platine. Il est solide, d'une couleur qui paraît
bleue ou noire: on ignore quelles sont ses autres propriétés
physiques. M. Vauquelin est porté à croire que ce métal se
volatilise lorsqu'on le chauffe dans des vaisseaux fermés;
si on élève sa température quand il a le contact de l'air,
il passe à l'état d'oxide qui se sublime en très-beaux
cristaux blancs et brillans, doués d'une odeur très-forte.
Lorsqu'on fait arriver du *chlore* gazeux sur de l'osmium
sec, il paraît se fondre, acquiert une couleur verte très-
belle et très-intense, se dissout complètement, et donne
un chlorure d'un rouge brun; ce chlorure se volatilise
à la température ordinaire, et répand des vapeurs blanches

très-épaisses, d'une odeur insupportable; il se transforme en hydro-chlorate soluble, d'un jaune rougeâtre, lorsqu'on le met dans l'eau.

L'*iode* ne paraît pas pouvoir se combiner directement avec ce métal; on ignore s'il s'unit au soufre, au phosphore et aux métaux, d'après M. Vauquelin : M. Henry dit cependant qu'il forme avec l'or et l'argent des alliages ductiles. Il se dissout dans l'acide *hydro-chlorique* à l'aide d'une douce chaleur; la liqueur commence par être verte, et ne tarde pas à devenir d'un jaune rougeâtre; il est évident que, dans ce cas, l'eau de l'acide est décomposée pour oxider le métal. Il n'a point d'usages.

De l'Oxide d'osmium.

541. Cet oxide est incolore, transparent, très-brillant et cristallisable; il a une saveur très-caustique, analogue à celle de l'huile de gérofles; il a une odeur très-désagréable; il est flexible comme la cire, plus fusible qu'elle et très-volatil; il noircit sur-le-champ lorsqu'il est en contact avec des matières organiques, surtout lorsqu'elles sont humides; il cède facilement l'oxigène aux corps qui en sont avides; il est très-soluble dans l'eau; ce *solutum* bleuit par l'infusion de noix de galle et par une lame de zinc; il forme, avec les alcalis, des combinaisons jaunes moins odorantes que sa dissolution aqueuse. Agité avec du mercure, il perd son odeur, et il se forme un amalgame de mercure et d'osmium (Henry). Il se dissout dans l'acide hydro-chlorique, et forme un sel qui est à-peu-près le seul connu; en effet, cet oxide paraît avoir plus de tendance à s'unir avec les alcalis qu'avec les acides.

542. *Hydro-chlorate d'osmium.* Ce sel est d'un jaune rougeâtre; il devient d'un bleu très-foncé par l'addition de l'*infusum* de noix de galle; le zinc le fait également passer

au bleu et en précipite des flocons noirs. (Ces détails sont
extraits du mémoire de M. Vauquelin sur l'*osmium*.)

Des Métaux de la sixième classe.

Ces métaux, au nombre de six, savoir, l'argent, l'or,
le platine, le palladium, le rhodium et l'iridium, ne peuvent opérer la décomposition de l'eau, ni absorber l'oxigène à aucune température; toutefois il faut en excepter
l'argent, qui, à l'état de vapeur, peut se combiner avec ce
gaz. Les acides sulfurique ou nitrique ont si peu d'action
sur eux, qu'ils n'agissent guère que sur l'argent, même à
une température élevée. L'eau régale peut au contraire les
dissoudre tous, excepté le dernier.

Des Oxides de la sixième classe.

Ces oxides sont solides, d'une couleur variable, décomposables, au-dessous de la chaleur rouge, en oxigène et
en métal, solubles dans l'acide hydro-chlorique, sans action sur le sirop de violette et insolubles dans l'eau, si
toutefois l'on en excepte l'oxide d'argent, qui se dissout dans
ce liquide, verdit le sirop de violette, et que l'acide hydro-chlorique transforme en chlorure d'argent insoluble.

Des Sels de la sixième classe.

La difficulté que l'on éprouve à combiner ces oxides avec
les divers acides, fait que les sels de cette classe sont peu
nombreux; ceux qui sont solubles dans l'eau précipitent
par la potasse à chaud ou à froid : excepté ceux d'argent et
de palladium, aucun n'est précipité par l'hydro-cyanate
de potasse et de fer (prussiate). Les hydro-sulfates solubles
les précipitent tous.

De l'Argent.

L'argent se trouve dans la nature, 1° à l'état natif, en Norwège, en Misnie, au Hartz, en Sibérie, en Espagne, en France ; mais principalement au Mexique et au Pérou ; il est cristallisé ou en masses, et contient presque toujours du fer, du cuivre, de l'arsenic ou de l'or ; 2° combiné avec le soufre, l'antimoine, l'arsenic, le mercure ; 3° uni au chlore ; 4° enfin à l'état d'oxide d'argent et d'antimoine sulfuré.

543. L'argent est solide, d'une belle couleur blanche très-brillante, peu dur ; il est très-ductile et le plus malléable des métaux après l'or ; sa tenacité est très-grande ; sa pesanteur spécifique est de 10,4743.

Soumis à l'action du calorique dans des vaisseaux fermés, il fond assez facilement et se volatilise ; si on le laisse refroidir lentement, il cristallise en pyramides quadrangulaires. Il n'éprouve aucune altération de la part du gaz oxigène ni de celle de l'air à la température ordinaire ; si on le chauffe au moyen du chalumeau à gaz oxigène, il se volatilise, absorbe l'oxigène, et l'oxide formé se dégage sous la forme d'une fumée que l'on peut recevoir dans un verre renversé au-dessus, sur la surface duquel il produit un enduit jaune brunâtre : cette oxidation a lieu avec une flamme jaune. (Vauquelin.)

L'hydrogène, le bore, le carbone et l'azote n'exercent aucune action sur l'argent. Le *phosphore* peut se combiner avec lui à l'aide de la chaleur, et former un phosphure solide, fragile, brillant, plus fusible que l'argent, susceptible de se transformer, à une température élevée, par l'action de l'air ou du gaz oxigène, en acide phosphorique et en phosphate d'argent, ou en acide phosphorique et en argent si la chaleur est plus forte. Il est formé de 87 parties d'argent et de 13 parties de phosphore. L'argent peut aussi se combiner avec le *soufre*, et donner un sulfure solide, d'un gris bleuâtre, ductile, d'un tissu lamelleux, plus fusible que le métal, décomposable par le feu en soufre et en argent. Chauffé avec le contact de l'air ou du gaz oxigène, ce sulfure se transforme en gaz acide sulfureux et en argent. Il est formé de 100 parties d'argent et de 14,9 de soufre. Il se produit toutes les fois que l'argent est en contact avec de l'acide hydro-sulfurique, soit dans les fosses d'aisance, soit dans les eaux sulfureuses, soit enfin lorsqu'on le met en contact avec des œufs et que la température est un peu élevée. On le rencontre dans presque toutes les mines d'argent au Mexique, en Hongrie, en Bohême, etc. L'*iode*, placé dans des circonstances particulières, peut s'unir avec l'argent et former un iodure insoluble dans l'eau et dans l'ammoniaque.

Chauffé avec du *chlore* gazeux, il l'absorbe sans qu'il y ait dégagement de lumière, et passe à l'état de *chlorure* (muriate d'argent). On le trouve en petite quantité en Saxe, en Sibérie, au Hartz, en France, au Pérou, etc.; il est tantôt cristallisé en cubes, tantôt en masses. Celui que l'on obtient dans les laboratoires est blanc, insipide, caillebotté, et passe rapidement au violet foncé lorsqu'on l'expose à la lumière et qu'il est recouvert d'eau. M. Gay-Lussac a prouvé que, dans cet état, il contient moins de chlore, et que l'eau qui le surnage renferme de l'acide chlorique et de l'acide hydro-chlorique, produits par l'action d'une portion du chlore, sur l'oxigène et sur l'hydrogène de l'eau. Le chlorure d'argent est insoluble dans l'eau, et n'éprouve aucune altération de la part de ce liquide lorsqu'il est dans l'obscurité; il est très-soluble dans l'ammoniaque, et peu soluble dans les acides forts. Si on le chauffe après l'avoir desséché sur un filtre, il fond au-dessous de la chaleur rouge, et fournit après le refroidissement une masse grisâtre, demi-transparente, flexible, connue autrefois sous le nom d'*argent corné*, que l'on peut obtenir cristallisée en octaèdres. Il est décomposé par la potasse, la soude, la baryte ou la chaux, à une température élevée, et l'on obtient du chlorure de potassium, de sodium, etc., de l'argent *pur*, et du gaz oxigène; d'où il suit que l'alcali est également décomposé. Le plomb ou l'antimoine, chauffés avec ce chlorure, le décomposent en s'emparant du chlore ; le fer opère cette décomposition, même dans l'eau bouillante; mais, dans ce cas, une portion du liquide est également décomposée, et l'on obtient de l'hydro-chlorate de protoxide de fer et de l'argent métallique, sous la forme d'une poussière blanche. Le chlorure d'argent est formé de 100 parties d'argent et de 30,28 de chlore ; on s'en sert quelquefois pour préparer l'argent pur.

L'eau et les acides borique, carbonique, phosphorique, sulfureux, hydro-chlorique et hydro-phtorique sont sans action sur l'argent. L'acide *sulfurique* concentré, qui ne l'attaque pas à froid, l'oxide à l'aide de la chaleur, se décompose, fournit du gaz acide sulfureux, et il se forme du sulfate d'argent. L'acide *nitrique* pur dissout l'argent après l'avoir oxidé, même à la température ordinaire ; il se produit du gaz deutoxide d'azote qui reste d'abord dans la liqueur et la colore en vert, mais qui ne tarde pas à se dégager lorsque la température s'élève : il est évident qu'une portion de l'acide nitrique a dû être décomposée (1). Suivant Schéele, l'acide *arsenique*, dissous dans l'eau, oxide l'argent à l'aide

---

(1) Dans cette expérience il y a élévation de température, parce que l'oxigène passe de l'état liquide où il se trouvait dans l'acide nitrique, à l'état solide pour constituer l'oxide d'argent; il doit donc perdre du calorique : on retrouve ce phénomène dans un très-grand nombre de cas.

de la chaleur ; il se dégage de l'arsenic métallique, et il se forme de l'arséniate d'argent avec la portion d'acide non décomposée. Plusieurs des métaux précédemment étudiés peuvent se combiner avec l'argent. 1° *Alliage de 9 parties d'argent et d'une partie de cuivre.* On l'emploie pour souder l'argent et faire la monnaie. Les couverts et la vaisselle sont composés de 9 parties et $\frac{1}{2}$ d'argent et de demi-partie de cuivre ; dans les bijoux, il y a 8 parties du premier et 2 parties du second. Ces divers alliages sont blancs, plus fusibles et moins ductiles que l'argent. 2° *Alliage de 7 parties d'argent et d'une partie de plomb.* Il est solide, d'un blanc grisâtre, et se transforme, lorsqu'on le fait fondre avec le contact de l'air, en protoxide de plomb qui se vitrifie et en argent pur : nous tirerons parti de ce fait en parlant de l'analyse des monnaies et des divers ustensiles d'argent, à la fin de cet ouvrage. L'argent sert principalement à préparer les alliages dont nous venons de parler, la pierre infernale, etc.

De l'Oxide d'argent.

544. Cet oxide se trouve dans la nature combiné avec l'oxide d'antimoine sulfuré. Il est solide, d'une couleur olive foncée ; il attire rapidement l'acide carbonique de l'air, en sorte qu'il faut le conserver dans des vaisseaux fermés ; il est sensiblement soluble dans l'eau, et le *solutum* verdit le sirop de violette, propriété qui le rapproche singulièrement des alcalis. Il est susceptible de se combiner avec un très-grand nombre d'acides. L'acide nitrique le dissout à merveille ; l'acide hydro-chlorique le décompose en se décomposant lui-même, et le transforme en *chlorure d'argent* insoluble ; d'où il suit que l'hydrogène de l'acide se combine avec l'oxigène de l'oxide pour former de l'eau. Il est très-soluble dans l'ammoniaque, et sans usages.

M. Proust pense qu'il existe un oxide d'argent moins
oxidé que le précédent.

Des Sels d'argent.

Tous les sels d'argent, chauffés au chalumeau, sont
décomposés et le métal est mis à nu. Ils sont presque tous
insolubles dans l'eau ; aucun ne se trouve dans la nature.
La plupart d'entre eux brunissent à la lumière. Ceux qui
sont solubles précipitent en noir par les hydro-sulfates de
potasse et de soude; le précipité est du sulfure d'argent ;
l'acide hydro-chlorique et les hydro-chlorates y font naître
un dépôt blanc, caillebotté, de chlorure d'argent. (*Voyez*
pag. 206.) La potasse, la soude et l'eau de chaux privées
d'hydro-chlorate en séparent l'oxide olive; l'ammoniaque
produit le même phénomène, mais redissout le précipité
avec la plus grande facilité. Les carbonates et les sous-carbonates en précipitent du carbonate d'argent d'un blanc
jaunâtre ; les phosphates y font naître un précipité jaune
qui est du phosphate d'argent. En plongeant une lame de
cuivre dans une de ces dissolutions, l'argent en est séparé
à l'état métallique; à la vérité, il est allié avec un peu de
cuivre. (Voyez *Sels de cuivre*, pag. 416, pour la théorie.)

545. Le *borate* et le *carbonate* d'argent sont pulvérulens,
blancs, insipides et insolubles dans l'eau. Ils sont sans
usages.

546. *Phosphate d'argent.* Ce phosphate est d'un jaune
verdâtre, insoluble dans l'eau, et soluble dans l'acide phosphorique.

547. *Sulfate d'argent.* Il est sous la forme d'une masse
blanche, soluble dans 88 parties d'eau froide, d'après
Wenzel, plus soluble dans l'acide sulfurique faible ; la dissolution incolore fournit, par l'évaporation, des cristaux prismatiques, blancs et brillans. Le sulfate d'argent résiste long-

temps à l'action du feu ; il faut une température assez élevée pour le décomposer.

548. Le *sulfite d'argent* est en petits grains brillans, peu solubles dans l'eau, doués d'une saveur âcre et métallique.

549. L'*iodate d'argent* est blanc, insoluble dans l'eau, et très-soluble dans l'ammoniaque. L'acide sulfureux, versé dans cette dissolution, s'empare de l'oxigène qui entre dans la composition de l'acide iodique et de l'oxide d'argent, et y fait naître un précipité d'iodure d'argent qui, comme nous l'avons dit, est insoluble dans l'ammoniaque.

550. *Chlorate d'argent.* Il est sous la forme de prismes carrés, colorés, terminés par une section oblique, dans le sens des deux angles solides du prisme, solubles dans 10 à 12 parties d'eau froide, ayant une saveur analogue à celle du nitrate d'argent, et tachant le papier en jaune brunâtre ; il fuse sur les charbons ardens et se transforme en chlorure ; il est aussi décomposé lorsqu'on le triture avec du soufre, et il y a dégagement de calorique et de lumière. Le chlore, versé dans la dissolution de ce sel, y fait naître un précipité de chlorure d'argent ; il se dégage du gaz oxigène et l'acide chlorique est mis à nu, phénomènes qui ne peuvent s'expliquer sans admettre la décomposition de l'oxide d'argent en oxigène qui se dégage, et en argent qui se combine avec le chlore. (Vauquelin.)

551. *Nitrate d'argent.* Il cristallise en lames minces, brillantes, demi-transparentes, qui sont des hexaèdres, des tétraèdres ou des triangles ; sa saveur est amère, styptique et caustique ; il n'attire point l'humidité de l'air, et se dissout dans un poids d'eau froide égal au sien. Cette dissolution est incolore, tache la peau en violet, et peut être décomposée à la température de l'ébullition par le charbon et par le phosphore, qui s'emparent de l'oxigène de l'oxide. L'acide chromique et les chromates y font naître

un dépôt de chromate d'argent rouge. Le mercure en précipite l'argent sous la forme de petits cristaux brillans, semblables par leur disposition aux rameaux et aux feuillages
d'un arbre. On connaissait autrefois ce précipité d'argent, qui
retient un peu de mercure, sous le nom d'*arbre de Diane*.
(*Voyez* pour la théorie, pag. 416.) Si l'on sépare l'oxide
de la dissolution du nitrate à l'aide de la potasse, de la
soude ou de l'eau de chaux, et qu'après l'avoir lavé on
en mette deux ou trois grains dans une petite capsule,
avec la quantité d'*ammoniaque liquide* suffisante pour
en faire une bouillie très-claire, on obtient au bout de
quelques heures, lorsque tout le liquide s'est évaporé,
une masse solide, qu'il suffit de chauffer, et même de toucher avec un tube de verre ou la barbe d'une plume, pour
faire détonner avec la plus grande violence. Cette masse,
composée d'ammoniaque et d'oxide d'argent, connue sous
le nom d'argent *fulminant*, a été découverte par M. Berthollet; sa préparation est accompagnée des plus grands
dangers lorsqu'on agit sur plusieurs grains et que l'on
cherche à les séparer en plusieurs parties. Nous indiquerons, en parlant de l'or (pag. 457), la théorie de cette détonnation. L'*argent fulminant* est solide, gris, inodore, insoluble dans l'eau, soluble dans l'ammoniaque, et même
décomposable par ce liquide; en effet, si on le garde pendant
long-temps dans cet alcali, l'oxigène de l'oxide s'unit à
l'hydrogène de l'ammoniaque, et l'argent se précipite sous
la forme de cristaux très-brillans.

Soumis à l'action du calorique, le nitrate d'argent cristallisé se boursouffle, perd l'eau de cristallisation, entre
en fusion, et constitue la pierre infernale que l'on coule
dans des moules cylindriques : elle est parfaitement blanche si on l'a coulée dans un tube de verre; elle est, au contraire, grisâtre et même noire si le moule dont on s'est
servi est de cuivre : il paraît que, dans ce cas, elle doit sa

couleur à une portion d'oxide d'argent ou d'argent très-divisé, séparé du nitrate par le cuivre, et à une petite quantité de charbon mise à nu par la décomposition du suif avec lequel on graisse la lingotière dans laquelle on coule le sel. Si on chauffe plus fortement le nitrate d'argent desséché, il se décompose; l'argent est mis à nu, et il se dégage du gaz deutoxide d'azote et du gaz oxigène. Le nitrate d'argent solide, mêlé avec du phosphore, produit une détonnation violente lorsqu'il est fortement frappé avec un marteau; on observe des phénomènes analogues en substituant le soufre au phosphore.

M. Proust, qui, comme nous l'avons dit, admet deux oxides d'argent, a établi l'existence d'un *autre nitrate* dans lequel l'oxide d'argent est moins oxidé, et qu'il obtient en faisant bouillir la dissolution de celui que nous venons d'étudier, sur de l'argent métallique; ce nitrate, au *minimum*, serait constamment liquide, et ne pourrait être évaporé sans passer au *maximum*.

Le nitrate d'argent est souvent employé comme réactif pour découvrir l'acide hydro-chlorique ou les hydrochlorates. On s'en sert depuis quelque temps en médecine, dans certaines maladies nerveuses, convulsives, etc.; il paraît avoir été utile dans l'épilepsie, la danse de St.-Guy, les névralgies faciales rebelles, etc.; on le donne à la dose d'un ou de deux grains, associé à quelques extraits narcotiques (1). Administré à forte dose, il détermine l'ulcération des tissus du canal digestif, les symptômes de l'empoisonnement par les corrosifs, et la mort. La pierre

_____

(1) Nous devons faire remarquer que nous avons toujours soin d'indiquer le *minimum* des doses auxquelles les médicamens doivent être pris; nous supposons que le praticien qui les administre augmente progressivement les quantités suivant l'urgence et l'état du malade.

infernale est employée pour détruire les cicatrices, pour ronger les chairs fongueuses, etc. Ce caustique est d'autant plus précieux qu'il n'est pas absorbé, et qu'il borne par conséquent ses effets sur les parties qu'il touche.

552. *Hydro-phtorate d'argent.* Il est solide, incristallisable, déliquescent, très-soluble dans l'eau, doué d'une saveur âcre et très-styptique, fusible et décomposable par l'acide hydro-chlorique, qui le transforme en chlorure d'argent insoluble. Il tache la peau comme le nitrate d'argent.

553. *Arséniate d'argent.* Il est pulvérulent, d'un rouge brun, insipide, et insoluble dans l'eau.

554. *Chromate d'argent.* Il est insoluble dans l'eau, d'un beau rouge de carmin, qui passe au pourpre par son exposition à la lumière; chauffé au chalumeau, il verdit, se décompose, et l'argent est mis à nu.

De l'Or.

On ne trouve l'or qu'à l'état natif, ou combiné avec un peu d'argent, de cuivre et de fer; il existe en Transylvanie, en Sibérie, à Kordofan en Afrique, près du Sénégal, vis-à-vis Madagascar, mais principalement au Pérou, au Mexique, au Brésil, etc. Il est sous la forme de grains, de filamens ou de cristaux, et ne se rencontre guère que dans les terrains d'alluvion et le lit des rivières.

555. L'or est un métal solide, peu dur, d'une couleur jaune très-brillante; il est extrêmement ductile et malléable; on le réduit en feuilles si minces qu'une once d'or suffit pour couvrir un fil d'argent de 444 lieues; sa ténacité est très-grande; sa pesanteur spécifique est de 19,257.

Soumis à l'action du *calorique*, l'or entre en fusion à 32° du pyromètre de Wedgwood; si on le laisse refroidir lentement, on peut l'obtenir cristallisé en pyramides quadrangulaires; si, au contraire, on continue à le chauffer, il se volatilise, comme le prouvent les expériences de de Macquer et de M. Clarke. Le gaz oxigène, l'air, l'hydrogène, le bore, le carbone, le soufre et l'azote sont sans action sur lui. Le *phosphore* peut se combiner avec l'or à l'aide de la chaleur et donner un phosphure brillant, jaune, fragile, qui, étant chauffé avec du gaz oxigène ou de l'air, se transforme en acide phosphorique et en or métallique ; il est formé de 96 parties d'or et de 4 parties de phosphore. Le chlore dissous dans l'eau oxide l'or, le dissout et forme de l'hydro-chlorate, pourvu que le métal soit assez divisé ; d'où il suit que l'eau est décomposée ; l'oxigène s'unit avec l'or, tandis que l'hydrogène se combine avec le chlore. Aucun des *acides* formés par l'oxigène n'attaque l'or ; il en est de même de l'acide hydro-phtorique. L'acide hydro-chlorique liquide et pur dissout facilement les feuilles d'or battu, suivant M. Proust ; nous avons souvent répété cette expérience, et nous ne sommes parvenus qu'à en dissoudre des atômes.

L'*eau régale*, préparée avec 8 parties d'acide hydro-chlorique liquide à 22°, et 2 parties d'acide nitrique à 40°, peut dissoudre une partie et neuf dixièmes d'or à l'aide d'une légère chaleur ; il se dégage du gaz nitreux (deutoxide d'azote) et l'on obtient de l'hydro-chlorate d'or. Avant d'expliquer ce qui se passe dans cette opération, nous devons rappeler que l'eau régale dont on se sert est composée de beaucoup d'acide hydro-chlorique, d'une petite quantité d'acide nitrique et d'acide nitreux, d'un peu de chlore et d'eau (*voyez* pag. 153) ; l'or s'empare de l'oxigène de l'acide nitrique et de l'acide nitreux, passe à l'état d'oxide et se dissout dans l'acide hydro-chlorique : il est évident que le gaz nitreux provenant de la décomposition des acides nitrique et nitreux doit se dégager.

L'or peut s'allier avec un très-grand nombre de métaux. 1°. *Alliage de neuf parties d'or et d'une partie de cuivre.* Il est employé à faire la monnaie d'or ; les divers instru-

mens et ustensiles d'or sont aussi formés par ces deux métaux, mais dans d'autres proportions. Ces divers alliages
contiennent en outre un peu d'argent qui se trouve naturellement combiné avec l'or ; il suit de là que pour en
faire l'*essai* il faut, 1º déterminer la quantité de cuivre qui
entre dans leur composition au moyen du plomb, comme
nous l'avons dit à l'article *Argent*; 2º celle d'argent et
d'or : pour cela, on prend une partie de l'alliage privé de
cuivre, et on la fait fondre avec 3 parties d'argent; on
lamine le produit et on le chauffe avec l'acide nitrique,
qui oxide et dissout l'argent sans attaquer l'or. Si on traitait
l'alliage par l'acide sans avoir ajouté de l'argent, il n'y aurait
d'attaquées que les portions de ce métal qui seraient à la
surface. 2º. *Alliage de onze parties d'or et d'une partie de
plomb*. Il est d'un jaune pâle, aussi fragile que le verre, plus
dur et plus fusible que l'or. Il paraît qu'il suffit d'allier avec
l'or $\frac{1}{1920}$ de son poids de plomb pour le rendre cassant; il
en est de même de *l'antimoine*. 3º. *Amalgame d'or fait
avec une partie d'or et huit parties de mercure*. Il est mou,
soluble dans le mercure et sert à dorer le cuivre et l'argent;
pour cela, on l'applique sur le morceau que l'on veut dorer,
et on chauffe pour volatiliser le mercure ; on frotte sous
l'eau la pièce ainsi dorée, puis on la polit : on donne le
nom de *vermeil* à l'argent doré par ce procédé. 4º. *Alliage
d'or et d'argent*. On le trouve dans la nature; il est solide,
blanc ou vert, suivant les proportions d'argent ou d'or,
plus fusible que ce métal. L'or vert est formé de 708 parties
d'or et de 292 parties d'argent.

Lorsqu'on fait fondre dans un creuset parties égales de
potasse ou de soude et de soufre avec $\frac{1}{8}$ de feuilles d'or, on
obtient une masse soluble dans l'eau qui contient le métal.
Les *usages* de l'or sont les mêmes que ceux de l'argent.

De l'Oxide d'or.

556. L'oxide d'or est un produit de l'art ; il est brun, fort peu soluble dans l'acide nitrique, d'où il peut être précipité par l'eau ; insoluble ou presqu'insoluble dans l'acide sulfurique, décomposable par la lumière en or et en oxigène, et sans usages. Il paraît formé de 100 parties d'or et de 12 parties d'oxigène. Quelques chimistes pensent que la matière violette que l'on obtient en faisant passer une forte décharge électrique à travers un fil d'or, est un oxide de ce métal.

Des Sels d'or.

On ne connaît réellement qu'un sel d'or, l'hydro-chlorate ; car le nitrate préparé avec l'oxide d'or et l'acide nitrique concentré ne contient que très-peu d'oxide en dissolution, et il suffit d'y ajouter de l'eau pour le précipiter en entier.

557. *Hydro-chlorate d'or.* Il cristallise en prismes quadrangulaires aiguillés, ou en octaèdres tronqués, d'un jaune foncé, qui se liquéfient en été ; ils sont doués d'une saveur styptique très-astringente et désagréable, et se décomposent par le calorique en acide hydro-chlorique, en oxigène et en or ; ils attirent fortement l'humidité de l'air et se dissolvent très-bien dans l'eau. Le *solutum*, d'une couleur jaune plus ou moins foncée, suivant son degré de concentration, rougit l'*infusum* de tournesol et colore l'épiderme de presque toutes les substances végétales et animales en pourpre foncé : cette couleur est indélébile. Il peut être décomposé par un très-grand nombre de corps simples ou composés, avides d'oxigène, qui s'emparent de celui qui est combiné avec l'or et précipitent le métal. 1° Si l'on met un cylindre de phosphore dans ce *solutum* étendu, et qu'on renouvelle celui-ci à mesure qu'il se décolore, on

pourra, au bout de quelque temps, en mettant le cylindre dans de l'eau bouillante, fondre le phosphore qui était en excès, et obtenir un canon d'or pourpre susceptible d'être bruni. 2°. Le proto-sulfate de fer versé dans cette dissolution la précipite tout-à-coup en brun, et on voit paraître à la surface du liquide des pellicules d'or excessivement minces ; le précipité formé par l'or métallique en prend tout l'éclat par le frottement ; le sel de fer passe à l'état de deuto ou de trito-sulfate. 3°. L'éther et les huiles volatiles (substances avides d'oxigène) commencent par s'unir avec cette dissolution ; mais au bout de quelque temps l'or se précipite en lames, en écailles ou en feuillets brillans. 4°. Le proto-hydro-chlorate d'étain concentré, versé dans cette dissolution également concentrée, y fait naître un précipité brun composé d'or métallique. Si les dissolutions sont étendues, le précipité sera pourpre et formé, d'après les expériences de MM. Proust et Oberkampf, d'or métallique et d'oxide d'étain. Ce précipité est désigné sous le nom de *pourpre de Cassius*; sa couleur est d'autant plus rosée que l'on a employé plus d'hydrochlorate d'or, et d'autant plus violette qu'il y a plus de sel d'étain ; il paraît d'ailleurs que la nuance est plus éclatante lorsque le proto-hydro-chlorate d'étain a été étendu d'un peu d'acide nitrique affaibli. 5°. Le gaz hydrogène et les acides phosphoreux et hypo-phosphoreux, tels qu'ils sont obtenus dans les laboratoires, décomposent également la dissolution d'or.

La potasse, la soude, la baryte, la strontiane et la chaux, versées en petite quantité dans l'hydro-chlorate d'or peu acide, en précipitent un sous-hydro-chlorate jaune, tandis qu'ils en séparent de l'oxide brun si on les emploie en excès et que l'on chauffe la liqueur. Si l'hydro-chlorate est très-acide, il se forme des sels doubles solubles, et il n'y a point de précipité ; cependant, suivant Figuier, la potasse précipite cette dissolution à froid au bout d'un certain temps, même lorsqu'elle est très-acide. Les hydro-sulfates y font naître un dépôt chocolat foncé, qui est du sulfure d'or. Le prussiate de potasse (hydro-cyanate) n'occasionne aucun trouble dans cette dissolution. L'ammoniaque en précipite des flocons jaunes rougeâtres lorsqu'on l'emploie en petite quantité; un excès de réactif change cette couleur en jaune serin. Les flocons ainsi obtenus, lavés et séchés à une douce chaleur, constituent l'or fulminant, qui est composé d'oxide d'or et d'ammoniaque. *L'or fulminant* est solide, jaune, insipide, inodore, décomposable par la chaleur, par les rayons lumineux concentrés au moyen d'une lentille, par un frottement subit et vif; cette décomposition est accompagnée d'une forte détonnation, et il se produit de l'eau, du gaz azote, tandis que l'or passe à l'état métallique. On voit donc que l'oxigène de l'oxide d'or se combine avec l'hydrogène de l'ammoniaque pour former de l'eau; l'azote provenant de la décomposition de l'ammoniaque est mis à nu et l'or revivifié. La détonnation dépend évidemment de la production instantanée de l'eau qui se transforme en vapeur, et de l'azote qui devient gazeux. Le soufre et le gaz acide hydro-sulfurique réduisent l'or fulminant en lui enlevant son oxigène. Il paraît formé, suivant M. Proust, de 73 parties d'or, de 8 parties d'oxigène et de 19 parties d'ammoniaque.

On emploie l'hydro-chlorate d'or dans les arts pour préparer le pourpre de Cassius et l'or métallique très-divisé; on se sert de celui-ci pour dorer la porcelaine, et du pourpre de Cassius pour la colorer en rose ou en violet. Les préparations d'or, employées autrefois par plusieurs praticiens, étaient bannies depuis long-temps, lorsque M. Chrestien proposa de les introduire de nouveau dans la pratique de la médecine. L'hydro-chlorate et l'oxide d'or ont été administrés comme anti-syphilitiques, et paraissent avoir réussi dans quelques circonstances où les préparations mercurielles avaient échoué ; on les emploie ordinairement en frictions sur la langue à la dose d'un douzième de grain , uni à quelque poudre végétale inerte ; administrés à plus forte dose et de la même manière, ils excitent puissamment le système artériel, et donnent lieu à des accidens fâcheux.

Du Platine.

Le platine se rencontre dans plusieurs parties des Indes occidentales , principalement à Choco , à Barbacoas , à St.-Domingue, au Brésil, etc. Il est sous la forme de petits grains aplatis, contenant, outre le platine , un très-grand nombre de métaux, du soufre, de la silice, etc. ; quelquefois cependant on le trouve en fragmens un peu volumineux. M. Vauquelin l'a découvert aussi dans la mine d'argent de Guadalcanal en Espagne.

558. Il est solide, très-brillant, d'une couleur presque aussi belle que celle de l'argent, très-ductile et très-malléable ; il a beaucoup de tenacité ; sa dureté est assez considérable , surtout quand il a été mal préparé et qu'il retient de l'iridium ; sa pesanteur spécifique est de 20,98 lorsqu'il n'a pas été forgé. Il est moins bon conducteur du calorique que l'argent , le cuivre , etc.

Il ne peut être *fondu* qu'au moyen du feu alimenté par le gaz oxigène, ou à l'aide du chalumeau de Brooks ; dans aucune de ces circonstances il ne s'oxide ; d'où il suit que l'*air* et le gaz *oxigène* sont sans action sur lui ; il en est de même du gaz *hydrogène*. Le bore ne s'unit pas directement avec le platine ; mais si l'on fait un mélange de charbon, d'acide borique et de platine très-divisé, épaissi par de l'huile grasse , et qu'on le fasse chauffer fortement dans un creuset brasqué, on obtient du *borure* de platine solide , fragile , insipide , inodore et fusible (Descostils) ; il est donc

évident que l'acide borique cède son oxigène au charbon,
qui se transforme en gaz oxide de carbone. Le *charbon* peut
aussi se combiner avec le platine, dont il diminue la densité
et qu'il rend plus fusible (Descostils). Le *phosphore* s'unit
directement au platine à l'aide de la chaleur, et donne un
phosphure composé d'environ 82 parties de métal et de 10
parties de phosphore ; il est solide, très-dur, d'un blanc
d'acier, plus fusible que le platine, et susceptible de se
transformer en acide phosphorique et en platine lorsqu'il
est chauffé à l'air ou dans le gaz oxigène. Le *soufre* peut
s'unir directement avec ce métal, d'après les expériences
de M. E. Davy ; il se forme une poudre noire qui contient
à-peu-près 16 pour 100 de soufre. Si l'on fait fondre dans
un creuset de platine du sulfure de potasse (foie de soufre),
on remarque qu'il se produit, au bout d'un certain temps,
une matière noirâtre ; si on met le mélange dans l'eau, il
se précipite des aiguilles noires, brillantes, que M. Vauquelin regarde comme du sulfure de platine ; en effet,
lorsqu'on les chauffe à l'air, il se dégage du gaz acide sulfureux, et le platine est mis à nu ; la dissolution du sulfure
de potasse dans l'eau obtenue par ce moyen contient aussi du
platine. Les *acides simples* n'exercent aucune action sur ce
métal. L'*eau régale* le dissout, et agit sur lui comme sur l'or,
avec cette différence qu'elle agit très-bien sur ce dernier
métal lorsqu'elle ne marque que 10° ou 11° à l'aréomètre,
tandis qu'elle n'exerce aucune action sur le platine, à moins
d'être à 15° ou 16° : sa dissolution est un hydro-chlorate.

Le platine peut s'allier avec presque tous les métaux.
Uni avec 10 fois son poids d'*arsenic*, il donne un produit
blanchâtre, très-fragile, fusible un peu au-dessus de la chaleur rouge ; chauffé avec le contact de l'air, cet alliage se
décompose ; l'arsenic se volatilise à l'état d'oxide blanc,
et le platine reste. Jeannety a mis cette propriété à profit pour extraire le platine de sa mine ; mais le métal

ainsi obtenu n'est jamais complètement débarrassé des matières étrangères. Chauffé fortement avec l'*or*, il donne un alliage plus fusible que lui, sans action sur l'air ou sur le gaz oxigène, et attaquable par l'acide nitrique, phénomène d'autant plus extraordinaire, qu'aucun des deux métaux seul n'a d'action sur cet acide; cet alliage est encore remarquable en ce qu'il a la même couleur que le platine, lors même qu'il est composé d'une partie de ce métal et de 11 parties d'or.

La potasse, la soude ou le nitrate de potasse, fondus dans un creuset de platine, l'attaquent, et il se forme une poudre noire qui, mise en contact avec l'acide hydrochlorique, se transforme sur-le-champ en hydro-chlorate de platine et de potasse, ou de soude. La facilité avec laquelle ces substances, le phosphore et le foie de soufre, agissent sur ce métal, diminue singulièrement les avantages que l'on avait cru d'abord retirer des creusets de platine pour les opérations chimiques.

Le platine est employé pour préparer des cornues, des creusets, des capsules, et divers ustensiles de cuisine : il serait à souhaiter qu'on pût l'obtenir avec assez d'économie pour que son usage devînt plus général, car il est le moins fusible et le moins altérable de tous les métaux connus; on commence à s'en servir pour faire des chaudières avec lesquelles on concentre l'acide sulfurique en grand; on est même parvenu, dans ces derniers temps, à l'aide d'un procédé qui reste secret, à souder deux bouts de platine sans addition d'aucun autre métal, ce qui peut devenir d'une très-grande utilité pour réparer les vases de ce métal qui ont été perforés.

Des Oxides de platine.

559. MM. Chenevix et Berzelius admettent deux oxides de platine : suivant ce dernier chimiste, le protoxide est noir

et composé de 100 parties de platine et de 8,287 d'oxigène, tandis que le deutoxide est jaune orangé, et composé de 100 parties de métal, et de 16,38 d'oxigène. On a fort peu étudié ces produits.

Des Sels formés par le deutoxide de platine.

On ne connaît guère que l'hydro-chlorate de platine, et les sels doubles qu'il forme avec la potasse, la soude et l'ammoniaque. Cependant on sait qu'il existe un *sulfate de platine* jaune orangé, et un nitrate de la même couleur, très-soluble dans l'eau et très-acide.

560. *Hydro-chlorate de platine.* Il est le produit de l'art ; on peut l'obtenir en cristaux bruns ; mais le plus ordinairement il est sous la forme d'un liquide jaune lorsqu'il est affaibli, et brun quand il est concentré ; il est rouge s'il contient de l'hydro-chlorate d'iridium ; sa saveur est styptique et désagréable ; il rougit l'*infusum* de tournesol ; il attire l'humidité de l'air, et se dissout très-bien dans l'eau. Chauffé dans des vaisseaux fermés, il se décompose, et fournit du chlore et du gaz acide hydro-chlorique ; le métal est mis à nu. L'*hydro-cyanate de potasse et de fer* (prussiate), et le sulfate de protoxide de fer, ne troublent point sa dissolution. L'hydro-chlorate de protoxide d'étain lui donne une couleur rouge, et y fait naître un précipité d'un rouge foncé, lors même que les dissolutions sont très-étendues ; le deuto-hydro-chlorate d'étain ne l'altère en aucune manière. Les *hydro-sulfates* la précipitent en noir ; on ignore quelle est la nature du dépôt. L'*infusion de noix de galle* y occasionne un précipité d'un vert foncé, qui devient plus clair par son exposition à l'air. La soude et les sels de soude ne la troublent point, mais forment avec elle un hydro-chlorate double, soluble dans l'eau. La potasse, les sels de potasse (excepté le prussiate), l'ammoniaque et les sels ammoniacaux la précipitent en jaune serin, pourvu

que les dissolutions ne soient pas très-affaiblies ; le précipité est un sel double de platine et de potasse ou d'ammoniaque. L'hydro-chlorate de platine est souvent employé
comme réactif pour distinguer la soude et les sels de soude
de la potasse et des sels de potasse.

561. *Hydro-chlorate de platine et de soude.* Il est le produit de l'art ; il cristallise en prismes aplatis, souvent très-
longs, d'une couleur jaune orangée, et quelquefois rouge. Il
est très-soluble dans l'eau ; l'ammoniaque le décompose, et
y fait naître un précipité jaune serin d'hydro-chlorate de
platine et d'ammoniaque. Il est sans usages.

562. *Hydro-chlorate de platine et de potasse.* Il est le
produit de l'art, d'un jaune serin, peu soluble dans l'eau,
décomposable au feu et sans usages.

563. *Hydro-chlorate de platine et d'ammoniaque.* Comme
le précédent, il est d'un jaune serin ; on peut l'obtenir cristallisé, et alors il est rougeâtre ; chauffé dans un creuset, il
se décompose, l'hydro-chlorate d'ammoniaque se dégage ;
on obtient du chlore et de l'eau qui se volatilisent, et il reste
du platine sous la forme d'une masse poreuse que l'on appelle *mousse*, et qu'il suffit de frotter sur un corps dur pour
rendre brillante ; si on la fait rougir à plusieurs reprises,
et qu'on la comprime à l'aide d'un balancier, on obtient le
platine en lames.

Du Palladium.

Le palladium se trouve, 1° dans la mine de platine, où il
est combiné avec une multitude d'autres métaux ; 2° uni à
une petite quantité d'iridium, sous la forme de petites
fibres divergentes, dans les mines de platine du Brésil, qui
accompagnent l'or natif en grains.

564. Le palladium est solide, d'une couleur semblable à
celle du platine, excepté qu'elle est d'un blanc plus mat ; il
est malléable et ductile ; sa pesanteur spécifique est de 12,

suivant M. Vauquelin. Il ne peut être *fondu* que par un excellent feu de forge, ou par le moyen du gaz oxigène : alors il entre en ébullition, se volatilise et paraît absorber une certaine quantité de gaz oxigène ; du moins il se produit des aigrettes lumineuses très-éclatantes (Vauquelin). Il peut se combiner avec le *soufre* à l'aide de la chaleur ; le sulfure est plus blanc et moins ductile que le métal ; il est formé, suivant M. Berzelius, de 100 parties de palladium et de 28,15 de soufre. M. Vauquelin dit que ce sulfure est d'un blanc bleuâtre, très-dur, facilement fusible, décomposable à l'air, à une température élevée, en acide sulfureux et en palladium ; il le croit formé de 100 parties de métal et de 24 parties de soufre. L'acide *sulfurique* bouilli avec du palladium l'oxide, le dissout en partie et acquiert une couleur bleue. L'acide nitrique et surtout l'acide nitreux l'attaquent aussi à l'aide de la chaleur, lui cèdent une portion de leur oxigène et donnent des dissolutions rouges. L'acide hydrochlorique le dissout également à la chaleur de l'ébullition, et devient d'un beau rouge. Le véritable dissolvant du palladium est l'eau régale, qui le transforme en hydrochlorate. (Voyez *Or*).

Il peut s'unir à la potasse ou à la soude par la fusion. Mis en contact avec l'ammoniaque liquide pendant quelques jours il s'oxide, et la liqueur prend une teinte bleuâtre. Il peut s'allier avec un très-grand nombre de métaux ; il a la faculté, comme le platine, de faire disparaître la couleur de l'or ; l'alliage de ces deux métaux est très-dur et a la couleur du platine ; on s'en est servi pour graduer l'instrument circulaire de l'observatoire de Greenwich, construit par M. Troughton ; du reste le palladium est sans usages.

De l'Oxide de palladium.

565. Cet oxide, séparé de l'hydro-chlorate par un alcali, est rouge brun, suivant M. Vauquelin : il est soluble dans

l'acide hydro-chlorique, décomposable par la chaleur, et formé, d'après M. Berzelius, de 100 parties de palladium et de 14,209 d'oxigène. Suivant M. Vauquelin, il perd 20 pour 100 et devient métallique lorsqu'on le chauffe.

Des Sels de palladium.

Les sels de palladium sont précipités par le sulfate de protoxide de fer; le palladium est mis à nu. Les hydro-sulfates solubles et l'acide hydro-sulfurique y font naître un précipité brun foncé qui paraît être du sulfure de palladium. L'hydro-chlorate de protoxide d'étain y occasionne sur-le-champ un précipité noir. L'hydro-cyanate de potasse et de fer (prussiate) y fait naître un précipité olive. Le sulfate, le nitrate et l'hydro-chlorate de potasse les précipitent en orangé plus ou moins foncé. Tous les métaux, excepté l'or, l'argent, le platine, le rhodium, l'iridium et l'osmium, en précipitent le palladium à l'état métallique. On n'a guère étudié que l'hydro-chlorate de palladium.

566. *Hydro-chlorate neutre de palladium.* Il est fauve, peu soluble dans l'eau; il colore cependant ce liquide en jaune; il se dissout très-bien dans un excès d'acide hydro-chlorique, et alors il devient d'un rouge brun.

567. *Hydro-chlorate acide de palladium.* Il est d'un rouge brun; il ne cristallise pas régulièrement; évaporé, il perd l'excès d'acide et passe à l'état d'hydro-chlorate neutre. Il n'est point précipité par la dissolution étendue d'hydro-chlorate d'ammoniaque; mais si les liqueurs sont concentrées il se produit une grande quantité d'aiguilles cristallines d'un jaune verdâtre, qui sont de *l'hydro-chlorate ammoniaco de palladium.* La potasse, chauffée avec l'hydro-chlorate acide de palladium, en précipite tout l'oxide à l'état d'hydrate et sous la forme de flocons d'un rouge brun, qui, par la dessication, perdent leur volume et acquièrent

une couleur noire très-brillante ; d'où il suit qu'il est impossible de faire par ce moyen un sel double de palladium et de potasse. Il faut pour obtenir ce sel, suivant M. Wollaston, verser de l'hydro-chlorate de potasse dans l'hydro-chlorate acide de palladium.

Hydro-chlorate ammoniaco de palladium acide. Il cristallise en prismes quadrilatères ou hexagones, allongés, d'un jaune verdâtre, et solubles dans l'eau. Lorsqu'on sature l'excès d'acide de cette dissolution par quelques gouttes d'ammoniaque, on obtient du *sous-hydro-chlorate ammoniaco de palladium* qui se précipite en une masse d'un très-beau *rose*, formée d'aiguilles très-déliées, flexibles, très-brillantes et très-douces au toucher. Chauffé fortement à un feu de forge, ce sous-sel se décompose, donne des vapeurs d'hydro-chlorate d'ammoniaque, du chlore et du palladium qui reste. Il est tellement peu soluble, qu'après avoir été plusieurs heures en contact avec l'eau, il lui communique à peine une teinte jaune ; il se dissout dans l'acide hydrochlorique à l'aide de la chaleur, et donne une liqueur d'un brun jaunâtre.

Hydro-chlorate de potasse et de palladium. Il cristallise en prismes tétraèdres qui paraissent d'un vert clair lorsqu'on les regarde transversalement, et qui sont rouges dans le sens de la direction de leur axe ; il se dissout dans l'eau et donne un liquide rouge qui devient rose par l'addition d'une plus grande quantité d'eau ; l'ammoniaque le décompose et en précipite du sous-hydro-chlorate ammoniaco de palladium d'un très-beau rose. Il est insoluble dans l'alcool (Vauquelin).

Hydro-chlorate de soude et de palladium. Il est rouge, déliquescent et très-soluble dans l'alcool. Aucun de ces sels n'est employé.

Du Rhodium.

Le rhodium n'a été trouvé jusqu'à présent que dans la mine de platine. Il a une couleur blanche peu différente de celle du palladium; il est fragile et plus difficile à fondre qu'aucun autre métal; sa pesanteur spécifique paraît être de 11 environ. Il n'exerce aucune action sur le gaz oxigène ni sur l'air. On peut obtenir un sulfure de rhodium en faisant chauffer du soufre et de l'hydrochlorate ammoniaco de rhodium; ce sulfure est d'un blanc bleuâtre, fusible et décomposable, à une température élevée, par l'air ou par le gaz oxigène; les produits de cette décomposition sont du gaz acide sulfureux et du rhodium; il est formé, suivant M. Vauquelin, de 74 parties de rhodium et de 26 de soufre. Il est insoluble dans les acides, sans en excepter l'*eau régale*: or, comme le rhodium qui se trouve dans la mine de platine est dissous par l'eau régale, il faut admettre que sa dissolution est due à ce qu'il est allié à d'autres métaux. (Vauquelin). Il peut s'unir avec un très-grand nombre de substances métalliques; lorsqu'il est allié à trois parties de bismuth, de cuivre ou de plomb, il se dissout à merveille dans l'eau régale. Il n'a point d'usages.

Des Oxides de rhodium.

On connaît à peine les divers oxides de rhodium. M. Berzelius en admet trois, composés comme il suit :

	métal.		oxigène.
Protoxide.............	100	+	6,71
Deutoxide.............	100	+	13,42
Peroxide.............	100	+	20,13

Des Sels de rhodium.

Hydro-chlorate de rhodium. Suivant M. Henry, ce sel est rose, soluble dans l'eau et dans l'alcool.

Hydro-chlorate ammoniaco de rhodium. Il est grenu, cristallin, très-brillant et très-soluble dans l'eau froide ; le *solutum* a une couleur rouge pourpre semblable à celle de la cochenille ou du jus de groseille récent ; traité par la potasse, il est décomposé ; il se dégage de l'ammoniaque, et il se forme un précipité rose de sous-hydro-chlorate de rhodium et de potasse, soluble à l'aide de la chaleur dans un excès d'alcali. Si l'on fait chauffer l'hydro - chlorate ammoniaco de rhodium, il se dégage de l'hydro-chlorate d'ammoniaque, du chlore, et l'on obtient le métal ; si au lieu de le chauffer seul on l'unit avec le soufre, il se produit du *sulfure de rhodium.*

Hydro-chlorate de rhodium et de potasse en excès. Il est sous la forme de cristaux d'un jaune fauve, solubles dans l'eau ; lorsqu'on en sature l'excès de potasse par l'acide hydro-chlorique, il se produit un précipité blanc jaunâtre, peu soluble, qui est de l'hydro-chlorate de rhodium et de potasse neutre (Vauquelin).

Suivant M. Henry, les sels de rhodium ne sont point précipités par l'hydro - chlorate ni par l'hydro - sulfate d'ammoniaque, par l'hydro-cyanate de potasse ni par les carbonates alcalins. Les alcalis en séparent, au contraire, un oxide jaune, soluble dans plusieurs acides. Aucun de ces sels n'est employé.

De l'Iridium.

Ce métal n'a été trouvé jusqu'à présent que dans la mine de platine. Il est solide, blanc grisâtre, légèrement ductile, dur, d'une pesanteur spécifique inconnue.

Il est encore moins fusible que le platine; on ne peut pas le combiner directement avec le soufre; il existe cependant un sulfure d'iridium sous forme de poudre noire agglutinée, que l'on obtient en faisant chauffer le soufre avec l'hydro - chlorate ammoniáco d'iridium. Les acides simples sont sans action sur ce métal. Il n'est que très-difficilement attaqué par l'eau régale. Il décompose le nitrate de potasse à une température élevée; s'oxide et donne une poudre noire formée de potasse et d'oxide d'iridium. Chauffé avec le contact de l'air et de la potasse, il s'oxide également, se combine avec l'alcali et lui communique une couleur noire; la masse qui en résulte, mise dans l'eau, s'y dissout en partie; le *solutum* est bleu et contient du protoxide d'iridium; quelquefois aussi il est purpurin : il contient alors un peu de deutoxide. Il peut s'unir avec le plomb, le cuivre, l'étain, etc., et donner des alliages. L'iridium n'a point d'usages.

Des Oxides d'iridium.

M. Vauquelin croit devoir admettre deux oxides d'iridium, le *protoxide* qui forme avec les acides des sels bleus, tandis que le *deutoxide* donne des dissolutions rouges.

Des Sels formés par le protoxide d'iridium.

Ces sels ne sont jamais simples, d'après M. Vauquelin; ils contiennent toujours un excès d'alcali; ils sont tous solubles dans l'eau; ils ont une couleur bleue; lorsqu'on les fait bouillir pendant long-temps ils deviennent verts, violets, purpurins, et enfin d'un rouge jaunâtre. Les alcalis ne les précipitent pas lorsqu'ils sont purs. Le chlore les fait passer au rouge pourpre; mais en exposant le mélange à l'air, la couleur bleue reparaît. Mêlés avec le sulfate d'alumine et un excès d'ammoniaque, ils sont décomposés, et l'on obtient un précipité d'un bleu légèrement violet dans lequel se trouve tout le protoxide d'iridium. M. Vauquelin, à qui nous devons les faits que nous venons d'exposer, soupçonne, d'après cette expérience, que l'iridium est le principe colorant du saphir oriental (télésie bleue).

Des Sels formés par le deutoxide d'iridium.

Hydro-chlorate d'iridium. Il est rouge lorsqu'il est concentré. L'ammoniaque le transforme en un sel double, d'une couleur pourpre si foncée, qu'il ressemble à du charbon; uni à 50 parties de *solutum* d'hydro-chlorate de platine, il le colore tellement que si l'on précipite le mélange par une dissolution d'hydro-chlorate d'ammoniaque, on obtient un précipité d'un rouge briqueté, tandis qu'il est jaune citron lorsqu'on agit sur le sel de platine seul. (*Voyez* § 560.)

Hydro-chlorate d'ammoniaque et d'iridium. Il peut être obtenu cristallisé; soumis à l'action du feu, il se décompose et laisse l'iridium; il exige 20 parties d'eau à 14° thermomètre centigrade pour se dissoudre. Le *solutum* a une couleur orangée tellement intense, qu'il suffit, suivant M. Vauquelin, d'une partie de ce sel pour colorer 40 mille parties d'eau; l'ammoniaque le décolore sans le précipiter; le sulfate de protoxide de fer, l'acide hydro-sulfurique, le fer, le zinc et l'étain métalliques le rendent blanc dans le même instant; le chlore, au contraire, fait reparaître la couleur primitive.

Hydro-chlorate de potasse et d'iridium. Lorsqu'on mêle l'hydro-chlorate de potasse avec de l'hydro-chlorate d'iridium, on obtient un sel que l'on peut faire cristalliser en octaèdres d'une couleur pourpre si intense qu'ils paraissent noirs; il est peu soluble dans l'eau; il décrépite au feu, se décompose et donne pour résidu de l'iridium et de l'hydro-chlorate de potasse (Vauquelin). Aucun de ces sels n'est employé.

TABLEAU des *Pesanteurs spécifiques des fluides élastiques*, celle de l'air étant prise pour unité.

NOMS des FLUIDES ÉLASTIQUES.	DENSITÉS déterminées par expérience.	DENSITÉS calculées.	NOMS des OBSERVATEURS.
Air	1,0000		
Gaz oxigène	1,1036		Biot et Arago.
Gaz hydrogène	0,0732		*Idem.*
Vapeur d'iode		8,6195	Gay-Lussac.
Chlore gazeux	2,4700	2,4216	Gay-Lussac et Thénard.
Gaz azote	0,9691		Arago et Biot.
Vapeur d'eau	0,6235	0,6250	Gay-Lussac.
Gaz oxide de carbone	0,9569	0,9678	Cruickshancks.
Gaz protoxide d'azote	1,5204	1,5209	Colin.
Gaz deutoxide d'azote	1,0388	1,0364	Berard.
Chlorure d'oxide de carbone gazeux		3,3894	John Davy.
Gaz acide carbonique	1,5196		Biot et Arago.
Gaz acide sulfureux	2,1930	2,2072	Davy.
Gaz acide chloreux		2,3144	Gay-Lussac.
Gaz acide nitreux		3,1764	*Idem.*
Gaz acide hydro-chlorique	1,2474	1,2505	Biot et Arago.
Gaz acide hydriodique	4,4430	4,4288	Gay-Lussac.
Gaz acide hydro-sulfurique	1,1912	1,1768	Thenard et Gay-Lussac.
Gaz acide phtoro-borique	2,3709		John Davy.
Gaz hydrogène proto-carboné	0,5550	0,5624	Thompson.
Gaz hydrogène per-carboné	0,9784		Théodore de Saussure.
Gaz hydrogène per-phosphoré	0,9022		Th. Thompson.
Gaz ammoniac	0,5967	0,5943	Biot et Arago.
Gaz acide phtoro-silicique	3,5735		John Davy.
Vapeur de sulfure de carbone	2,6447		Gay-Lussac.
Gaz hydrogène arsénié	0,5290		Tromsdorf.
Gaz hydrogène telluré			

TABLEAU *des gaz qui agissent les uns sur les autres, et qui par conséquent ne peuvent pas se trouver ensemble.*

NOMS DES GAZ.	GAZ avec lesquels ils ne peuvent pas être unis à la température ordinaire.
Gaz oxigène............	Gaz hydrogène per-phosphoré, hydrogène per-potassié, deutoxide d'azote.
Chlore gazeux............	Gaz acide hydro-sulfurique, hydriodique, hydrogène per et protophosphoré, ammoniac, hydrogène arsenié, hydrogène telluré. Si les gaz sont humides, il faut y ajouter le gaz deutoxide d'azote, le gaz acide sulfureux ; et, si le mélange est sous l'influence solaire, l'hydrogène, l'hydrogène carboné et l'oxide de carbone.
Gaz acide chloreux........	Tous les précédens, le gaz acide hydrochlorique, et peut-être le gaz protoxide d'azote.
Gaz hydrogène, gaz hydrogène carboné et gaz oxide de carb.	Gaz acide chloreux ; et, si le mélange est sous l'influence solaire, le chlore.
Hydrogène per-phosphoré...	Oxigène, chlore, gaz acide chloreux, protoxide d'azote.
Hydrogène proto-phosphoré·	Chlore, acide chloreux.
Acide hydro-sulfurique....	Chlore, acide chloreux, vapeur nitreuse, acide sulfureux, ammoniac.
Acide hydro-chlorique......	Acide chloreux, ammoniac.
Acide hydriodique	Chlore, acide chloreux, vapeur nitreuse, acide sulfureux, ammoniac.
Hydrogène arsenié.........	Chlore, acide chloreux, vapeur nitreuse.
Hydrogène telluré.........	Chlore, acide chloreux, vapeur nitreuse, ammoniac.
Protoxide d'azote.........	Hydrogène per-phosphoré.
Deutoxide d'azote........	Oxigène, acide chloreux ; et si les gaz sont humides, le chlore.
Vapeur nitreuse	Hydrogène per-phosphoré, arsenié, telluré, acide hydro-sulfurique, ammoniac ; et s'il y a de l'eau, acide sulfureux et oxigène.
Acide sulfureux...........	Acides hydro-sulfurique et hydriodique, ammoniac ; et si le mélange contient de l'eau, chlore, acide chloreux, vapeur nitreuse.
Ammoniac................	Tous les gaz acides.

TABLEAU des diverses pesanteurs spécifiques de l'acide sulfurique contenant une plus ou moins grande quantité d'eau. (Vauquelin.)

NOMBRE de parties d'acide à 66°.	NOMBRE de parties d'eau.	PESANTEUR SPÉCIFIQUE de la combinais. acide.	DEGRÉS à l'aréomètre de Baumé.
84,22	15,78	1,725	60°
74,32	25,68	1,618	55
66,45	33,55	1,524	50
58,02	41,98	1,466	45
50,41	49,59	1,375	40
43,21	56,79	1,315	35
36,52	63,48	1,260	30
30,12	69,88	1,210	25
24,01	75,99	1,162	20
17,39	82,61	1,114	15
11,73	88,27	1,076	10
6,60	93,40	1,023	5

Tableau de la couleur, de la densité, de la fusibilité des métaux, et des époques de leur découverte.

NOMS DES MÉTAUX.	COULEUR.	DENSITÉ.	FUSIBILITÉ.	AUTEURS DE LEUR DÉCOUVERTE.	ÉPOQUES.
Calcium	blanc			H. Davy	1807.
Strontium	idem			idem	idem.
Barium	idem			idem	idem.
Potassium	blanc grisâtre	0,86507 à 15°.	58° thermomètre centig.	idem	idem.
Sodium	idem	0,97223 idem.	90° thermomètre centig.	idem	idem.
Manganèse	blanc jaunâtre	6,850.	160° du pyromèt. de Wedg.	Gahn et Schéele	1774.
Zinc	blanc bleuâtre	6,861 à 7,1.	370° thermomètre centig.	Paracelse	1539.
Fer	gris bleuâtre	7,788.	130° du pyromètre	Très-anciennem. connu.	
Étain	blanc argentin	7,291.	210° thermomètre centig.	idem.	
Arsenic	blanc grisâtre	8,308.	comme le tellure	Brandt	1733.
Molybdène	gris foncé	7,400.	presqu'infusible.	Hielm	1782.
Chrome	blanc grisâtre	5,900.	idem.	Vauquelin	1797.
Tungstène	idem	17,6.	idem.	Delhuyart	1781.
Columbium	noir		infusible	Hatchett.	1802.
Antimoine	blanc bleuâtre	6,7021.	au-dessous de la chal. rouge.	Bazile-Valentin	15° siè.
Tellure	idem	6,1150.	un peu moins que le plomb	Muller.	1782.
Urane	gris foncé	8,7.	presqu'infusible.	Klaproth	1789.
Cérium	blanc grisâtre		infusible	Hisinger et Berzelius	1804.
Titane	jaune.		idem.	Gregor.	1781.
Bismuth	blanc jaunâtre	9,822.	256° thermomètre centig.	Agricola	1520.
Cobalt	blanc argentin	8,5384.	125° du pyromètre	Brandt.	1733.
Plomb	blanc bleuâtre	11,352.	266° thermomètre centig.	très-anciennement connu	
Cuivre	rouge.	8,895.	27° du pyromètre.	idem	1751.
Nickel	blanc argentin	8,279.	160° du pyromètre.	Cronstedt.	1803.
Mercure	idem	13,568.	39° thermomètre centig.	très-anciennement connu	
Osmium	bleu foncé.		infusible	Tennant	
Argent	blanc éclatant	10,4743.	un peu au-dessus de la ch. r	très-anciennement connu	1741.
Or	jaune.	19,257.	32° du pyromètre.	idem	1803.
Platine	blanc argentin	20,98.	presqu'infusible.	Wood	idem.
Palladium	idem	12,	idem.	Wollaston	idem.
Rhodium	idem	11,	infusible	idem	
Iridium	blanc grisâtre		presqu'infusible	Descostils	

TABLEAU *de la couleur des oxides métalliques secs ou hydratés, et de leur solubilité dans la potasse, la soude ou l'ammoniaque.*

NOMS DES OXIDES.	COULEUR de L'OXIDE SEC.	COULEUR de L'OXIDE HYDRATÉ.	SOLUBILITÉ des hydrates dans la potasse ou dans la soude à froid.	SOLUBILITÉ des hydrates dans l'ammoniaque à froid.
1re CLASSE.				
Oxide de silicium.	blanc.	blanc.	insoluble.	insoluble.
de zirconium.	idem.	idem.	insoluble.	idem.
d'aluminium.	idem.	idem.	soluble.	peu soluble.
d'yttrium.	idem.	idem.	insoluble.	insoluble.
de glucinium.	idem.	idem.	soluble.	idem.
de magnésium.	idem.	idem.	insoluble.	idem.
2e CLASSE.				
Oxide de calcium.	blanc grisâtre.	blanc.	insoluble.	insoluble.
de strontium.	idem.	idem.	idem.	idem.
Protoxide de barium.	idem.	idem.	idem.	idem.
Deutoxide de barium.	gris verdâtre.	n'existe pas.	idem.	idem.
Protoxide de potassium.	gris bleuâtre.	idem.	idem.	idem.
Deutoxide de potassium.	blanc.	blanc.	idem.	idem.
Tritoxide de potassium.	jaune verdâtre.	n'existe pas.	idem.	idem.
Protoxide de sodium.	blanc gris.	idem.	idem.	idem.
Deutoxide de sodium.	blanc.	blanc.	idem.	idem.
Tritoxide de sodium.	jaune verdâtre.	n'existe pas.	idem.	idem.
3e CLASSE.				
Protoxide de manganèse.	vert.	blanc.	insoluble.	soluble.
Deutox. de manganèse.	rouge brun.	idem.	idem.	
Tritoxide de manganèse.	noir.		idem.	
Oxide de zinc.	blanc.	blanc.	très-soluble.	très-soluble.
Protoxide de fer.	couleur ignorée.	idem.	peu soluble.	peu soluble.
Deutoxide de fer.	noir.	vert foncé.	idem.	idem.
Tritoxide de fer.	rouge.	jaune rougeâtre.	insoluble.	insoluble.
Protoxide d'étain.	gris noirâtre.	blanc.	soluble.	idem.
Deutoxide d'étain.	blanc.	idem.	très-soluble.	soluble.
4e CLASSE.				
Oxide d'arsenic.	blanc.		très-soluble.	très-soluble.
de molybdène.	bleu.		insoluble.	insoluble.
de chrome.	vert.	vert.	idem.	idem.
de tungstène.	bleu.		idem.	idem.
Protoxide d'antimoine.	blanc.	blanc.	très-soluble.	soluble.
Deutoxide d'antimoine.	idem.	idem.	idem.	idem.
Oxide de tellure.	idem.		soluble.	idem.
Protoxide d'urane.	gris noir.		insoluble.	insoluble.
Deutoxide d'urane.	jaune citron.	jaune pâle.	idem.	idem.
Protoxide de cérium.	blanc.	blanc.	idem.	idem.
Deutoxide de cérium.	brun rouge.		idem.	idem.
Protoxide de cobalt.	gris noirâtre.	rose.	idem.	soluble.
Deutoxide de cobalt.	noir.		idem.	
Oxide de titane.	blanc.	blanc.	très-soluble.	
Oxide de bismuth.	blanc jaunâtre.	idem.	insoluble.	insoluble.
Protoxide de plomb.	jaune.	idem.	très-soluble.	idem.
Deutoxide de plomb.	rouge.		insoluble.	idem.
Tritoxide de plomb.	puce.		idem.	idem.
Protoxide de cuivre.	rouge.	orangé jaunâtre.	idem.	très-soluble.
Deutoxide de cuivre.	noir.	bleu.	idem.	idem.
5e CLASSE.				
Protoxide de nickel.	gris de cendre n.	vert blanchâtre.	peu soluble.	soluble.
Deutoxide de nickel.	noir.		insoluble.	
Protoxide de mercure.	couleur ignorée.		idem.	
Deutoxide de mercure.	rouge jaunâtre.	jaune serin.	peu soluble.	soluble.
Oxide d'osmium.	blanc.		soluble.	idem.
6e CLASSE.				
Oxide d'argent.	olive foncé.	olive foncé.	insoluble.	très-soluble.
d'or.		brun.	idem.	soluble.
Protoxide de platine.	noir.	noir.	idem.	
Deutoxide de platine.	idem.	jaune orangé.	idem.	soluble.

TABLEAU des Précipités formés par les alcalis, l'acide hydro-
sulfurique et les hydro-sulfates, dans les dissolutions salines
des quatre dernières classes.

NOMS des DISSOLUTIONS SALINES.	PRÉCIPITÉS FORMÉS par la potasse et la soude.	PRÉCIPITÉS FORMÉS par l'acide hydro-sulfurique.	PRÉCIPITÉS FORMÉS par les hydro-sulfates solubles.
Sels de manganèse, au minimum.	précipité blanc.	point de précipité.	précipité blanc.
— de zinc..............	idem.	précipité blanc...	idem.
— de protoxide de fer.......	idem.	point de précipité.	noir.
— de deutoxide de fer......	vert foncé.	idem.	idem.
— de tritoxide de fer........	rouge jaunâtre.	précipité de soufre.	idem.
— de protoxide d'étain.....	blanc.	précipité choco'at.	chocolat.
— de deutoxide d'étain..	idem	précipité jaune...	jaune.
— d'arsenic.............		jaune.	idem.
— de molybdène..........			brun rougeâtre.
— de chrome..........	vert.		vert.
— de tungstène.......			
— de columbium......			chocolat.
— de protoxide d'antimoine..	blanc.	orangé.	orangé rougeâtre.
— de deutoxide d'antimoine ..	idem.	idem.	idem.
— de tellure........	idem.	brun foncé.	brun foncé.
— de deutoxide d'urane.....	jaune.		brun.
— de protoxide de cérium....	blanc.	point de précipité.	
— de deutoxide de cérium....	idem.	idem.	brun.
— de cobalt...........	bleu.	idem.	idem.
— de titane........	blanc.	idem.	noir.
— de bismuth...........	idem.	noirâtre.	vert bouteille.
— de plomb......	idem.	idem.	noir.
— de protoxide de cuivre....	jaune orangé.	brun foncé.	idem.
— de deutoxide de cuivre....	bleu.	idem.	idem.
— de nickel...........	vert.	point de précipité.	idem.
— de protoxide de mercure...	noirâtre.	noir.	
— de deutoxide de mercure..	jaune serin.	idem.	noir.
— d'osmium......			
— d'argent..............	olive foncé.	noir.	noir.
— d'or...............	brun.	idem.	idem.
— de platine...........	jaune (la soude ne le préc. pas).	idem.	idem.
— de palladium.........			idem
— de rhodium.........	rose.	point de précipité.	point de précipité.
— de protoxide d'iridium....	point de précip.		(1)

(1) Il faut ajouter à ce que nous venons de dire, 1° que l'acide hydro-sulfurique ne précipite aucun des sels des deux premières classes; 2° que les hydro-sulfates en précipitent seulement deux, savoir, ceux d'alumine et de zircone; le précipité est blanc; 3° que l'ammoniaque agit sur les sels qui composent ce tableau comme la potasse, excepté qu'elle précipite en blanc ceux qui sont formés par le deutoxide de mercure; 4° enfin que tous les sels de la première classe sont précipités en blanc par la potasse, la soude ou l'ammoniaque.

La plus légère attention suffit pour voir qu'il existe un certain nombre de dissolutions métalliques des quatre dernières classes qui sont précipitées par les hydro-sulfates, et qui ne sont pas troublées par l'acide hydro-sulfurique; cependant on ne saurait énoncer ce fait d'une manière générale sans induire en erreur. M. Gay-Lussac a prouvé que l'acide hydro-sulfurique seul ne précipite pas les dissolutions métalliques ci-dessus mentionnées lorsqu'elles sont formées par un acide fort, tel que l'acide sulfurique, nitrique, etc.; mais qu'il n'en est aucune qui ne soit précipitée par ce réactif lorsque l'acide qui la compose est faible; ainsi, les acétates, les tartrates, et les oxalates de fer et de manganèse sont particulièrement décomposés et précipités par l'acide hydro-sulfurique. Ce savant a encore démontré que les dissolutions salines non précipitables par ce réactif, le deviennent lorsqu'on les mêle avec de l'acétate de potasse, qui les décompose et les transforme en acétates.

TABLEAU *des Précipités formés par l'hydrogène per-phosphoré, l'hydro-cyanate de potasse et de fer (prussiate), et l'infusum de noix de galle, dans les dissolutions salines des quatre dernières classes.*

NOMS des DISSOLUTIONS SALINES.	PRÉCIPITÉS FORMÉS par l'hydrogène per-phosphoré.	PRÉCIPITÉS FORMÉS par l'hydro-cyanate de potasse et de fer.	PRÉCIPITÉS FORMÉS par l'infusum de noix de galle.
Sels de manganèse	point de précipité.	blanc.	point de précipité.
— de zinc	idem.	blanc.	point de précipité.
— de protoxide de fer		blanc, qui bleuit à l'air.	point de précip.(1)
— de deutoxide de fer		bleu clair.	violet foncé.
— de tritoxide de fer	point de précipité.	bleu très-foncé.	violet presque noir.
— de protoxide d'étain		blanc.	jaunâtre.
— de deutoxide d'étain		blanc.	idem.
— d'arsenic		blanc.	léger trouble.
— de molybdène		brun.	brun foncé.
— de chrome		vert.	brun.
— de tungstène			orangé.
— de columbium		olive.	blanc jaunâtre.
— de protoxide d'antimoine		blanc.	blanc jaunâtre.
— de deutoxide d'antimoine		blanc.	jaune.
— de tellure		point de précipité.	chocolat.
— de deutoxide d'urane		rouge de sang.	jaunâtre.
— de protoxide de cérium		blanc.	jaunâtre.
— de deutoxide de cérium		blanc.	blanc jaunâtre.
— de cobalt		vert d'herbe.	rouge de sang.
— de titane		rouge de sang.	orangé.
— de bismuth		blanc.	blanc.
— de plomb	blanc pulvérulent.	blanc.	olive.
— de protoxide de cuivre		blanc.	brun.
— de deutoxide de cuivre	brun foncé.	cramoisi.	blanc verdâtre.
— de nickel		vert pomme.	
— de protoxide de mercure		blanc, qui passe au jaune.	jaune, orangé.
— de deutoxide de mercure	brun foncé.	blanc, idem.	jaune orangé.
— d'osmium			pourpre, devenant bleu.
— d'argent	noir floconneux.	blanc; il bleuit à l'air.	jaune brunâtre.
— d'or	pourpre foncé.	point de précipité.	brun.
— de platine	flocons jaunes.	point de précipité.	vert foncé.
— de palladium		olive.	
— de rhodium	point de précipité.	point de précipité.	
— d'iridium			

(1) Le précipité ne tarde cependant pas à avoir lieu si la dissolution est en contact avec l'air.

Tableau *des principaux Sels qui se décomposent mutuel-*
lement, et qui par conséquent ne peuvent point exister
ensemble dans une liqueur.

NOMS des DISSOLUTIONS SALINES.	SELS avec lesquels elles ne peuvent pas exister.
Sous-carbonates de potasse, de soude et d'ammoniaque·····	Aucun des sels solubles de la première et des quatre dernières classes. Les sels de baryte, de strontiane et de chaux.
Sulfates solubles··········	Les sels solubles de baryte, de strontiane, de chaux (1), de bismuth, d'antimoine, de plomb, le proto-nitrate de mercure.
Phosphates et borates solubles·	Les sels solubles de chaux, de baryte, de strontiane, de magnésie, d'alumine, et des oxides des quatre dernières classes.
Hydro-sulfates solubles······	Les sels d'alumine, de zircone, et des oxides des quatre dernières classes.
Hydro-chlorates solubles·····	Les sels solubles d'argent, de protoxide de mercure, de plomb.
Hydriodates solubles········	Les sels solubles d'argent, de mercure, de plomb (2).

(1) Excepté le sulfate de chaux.

(2) Si les dissolutions salines dont nous parlons étaient très-étendues
d'eau, il pourrait se faire que quelques-unes d'entre elles ne fussent point
décomposées; on pourrait alors les trouver ensemble dans une liqueur;
mais leur décomposition aurait constamment lieu en les faisant évaporer
pendant quelque temps.

TABLEAU des Sels de diverse nature qui se déposent pen=
dant l'évaporation d'un mélange de deux dissolutions
salines. (*Voyez*, pag. 196, *Action des Sels solubles les
uns sur les autres.*) Extrait de l'ouvrage de M. Thenard.

SELS MÊLÉS.	PROPORTIONS.	PRÉCIPITÉ.	ÉVAPORATION (1).		EAU MÈRE.
			SELS provenant de la première.	SELS provenant de la seconde.	
Nitrate de chaux. Sulfate de potasse.	1 1	Sulfate de chaux.	Nitrate de potasse. Sulfate de chaux.	Un peu de sulfate de potasse.	En petite quantité.
Idem.	1 2	*Idem.*	Sulfate de potasse. Sulfate de chaux.	Nitrate de potasse. Sulfate de potasse. Sulfate de chaux.	En très-petite quantité.
Idem.	2 1	*Idem.*	Sulfate de chaux. Nitrate de potasse.	Nitrate de potasse. Très-peu de sulfate de chaux.	Abondante (2).
Sulfate de soude. Nitrate de chaux.	1 1	*Idem.*	Nitrate de soude.	Nitrate de soude.	Abondante (3).

(1) Après avoir soumis la dissolution à l'action du feu pendant un certain temps, on la laisse refroidir, afin d'en obtenir des cristaux ; puis on décante la liqueur surnageante, qu'on soumet de nouveau à l'action du feu, etc. ; il en résulte donc des évaporations successives : ce sont ces évaporations qui sont désignées sous le nom d'*évaporation première, seconde*, etc.

(2) Composée de nitrate de chaux et de nitrate de potasse.

(3) Composée vraisemblablement de sulfate et de nitrate de soude.

Tableau *des Sels doubles formés par les sels à base d'ammoniaque, de potasse ou de soude, et par un autre sel du même genre.*

Sels ammoniacaux	Tous les sels de magnésie.	
	Les sels solubles de manganèse. de zinc. de cobalt. de cuivre. de nickel. de deutoxide de mercure. de platine. de rhodium. de palladium.	Peu solubles.
Sels de potasse	Les sels solubles de nickel. de palladium. de rhodium. de platine. d'or.	Peu solubles.
Sels de soude	Les mêmes que ceux qui s'unissent aux sels de potasse.	Très-solubles.

Tableau de quelques autres Sels doubles.

Les sulfates	d'alumine et d'ammoniaque · · · · · · · · d'alumine et de potasse. · · · · · · · · · · de potasse et d'ammoniaque. de potasse et de magnésie. de potasse et de fer. de potasse et de cérium. de soude et d'ammoniaque. de soude et de magnésie. de nickel et de fer. de zinc et de fer. de zinc et de cobalt.	Alun.
Les hydro-chlorates	de deutoxide de mercure et de soude. d'ammoniaque et de fer. d'ammoniaque et de plomb. d'étain et de plomb.	
Les phosphates	de soude et d'ammoniaque. d'ammoniaque et de fer. de chaux et d'antimoine.	
Les hydro-phtorates	de potasse et de silice. d'alumine et de soude.	

DE LA PRÉPARATION

Des diverses substances précédemment étudiées.

Nous avons cru ne devoir exposer les procédés que l'on doit suivre pour préparer les divers produits chimiques qu'après avoir fait connaître leurs propriétés ; notre intention était même de réserver cet article pour un des derniers, et de le placer après ceux qui auront pour objet l'exposition des caractères des substances végétales et animales ; mais nous avons renoncé à ce plan, dont les avantages pourraient être facilement démontrés, pour éviter au lecteur la peine de chercher dans le deuxième volume les préparations des substances contenues dans le premier ; préparations que l'on peut regarder comme le complément de leur histoire. Nous devons maintenant faire part des motifs qui nous ont déterminés à adopter une pareille marche. 1°. Les opérations nécesssaires pour obtenir les produits chimiques sont quelquefois très-compliquées, et reposent toujours sur un plus ou moins grand nombre des propriétés de la substance que l'on cherche à obtenir, de celles des matières dont on se sert pour la préparer, et de celles des divers produits qui se forment pendant l'opération : or, est-il possible d'admettre que la personne qui se livre pour la première fois à l'étude de cette science difficile puisse, dès les premiers jours, saisir d'une manière exacte des raisonnemens compliqués, fondés sur des données qu'elle n'a pas, et qui, par conséquent, doivent lui paraître abstraits? Citons deux exemples : en suivant la méthode généralement adoptée, la préparation du gaz hydrogène et du chlore se trouve faire l'objet des premières leçons du cours, époque à laquelle il n'a pas encore été question de l'eau, de l'acide sulfurique, du sulfate de protoxide de fer, du peroxide de manganèse, de l'acide hydro-chlorique, de l'hydro-chlorate de deutoxide de sodium, ni du sulfate de protoxide de manganèse; or, les propriétés des trois premiers produits que nous venons de nommer doivent être parfaitement connues pour procéder à la préparation du gaz hydrogène, et la connaissance des autres est indispensable pour concevoir la théorie du dégagement du chlore. 2°. Un second avantage attaché à la méthode que nous adoptons, est de rapprocher un très-grand nombre de préparations dont les rapports sont tellement multipliés qu'il suffit d'en indiquer une pour en connaître un très-grand nombre d'autres. D'ailleurs, quel peut être l'inconvénient de cette marche? Est-ce celui de ne pas compléter de suite l'histoire des corps que l'on étudie? Nous pensons qu'il n'y a aucun inconvénient à cela; il nous semble, au contraire, bien plus avantageux de ne transmettre d'abord aux élèves que les connaissances qu'ils sont en état d'acquérir, de les conduire graduellement, autant que possible, du connu à l'inconnu, que de les forcer à des abstractions pour leur faire connaître avec difficulté ce qu'ils peuvent facilement apprendre plus tard.

De l'Extraction des substances simples non métalliques.

Gaz oxigène. On connaît plusieurs procédés pour obtenir ce gaz. 1°. On introduit quelques gros de chlorate de potasse cristallisé (muriate sur-oxigéné de potasse) dans une petite cornue de verre, à laquelle on adapte un tube recourbé propre à recueillir les gaz, et qui se rend sous une cloche remplie d'eau; on chauffe graduellement la cornue; l'air de l'appareil se dégage, le sel fond, se décompose, et l'on obtient tout l'oxigène qui entre dans la composition de l'acide chlorique et de la potasse; il reste dans la cornue du chlorure de potassium (muriate de potasse sec). Cent grains de chlorate fournissent 39 grains de gaz oxigène. 2°. On pulvérise le peroxide de manganèse noir, et on le

traite à froid par l'acide hydro-chlorique pour le débarrasser
du carbonate de chaux, du carbonate de fer, etc., qu'il
renferme toujours, et que l'on transforme par ce moyen en
hydro-chlorates solubles ; on décante la liqueur, et on fait
sécher l'oxide après l'avoir lavé ; lorsqu'il est sec, on l'introduit dans une cornue de verre C, avec la moitié de son poids
d'acide sulfurique concentré ; cette cornue doit être lutée et
placée sur un fourneau à réverbère (*voyez* pl. 9, fig. 55);
son col doit se rendre dans un ballon bitubulé B, contenant
un peu d'eau, et donnant issue par une de ses tubulures au
tube de sûreté recourbé T, qui va se rendre sous une cloche
pleine d'eau ; l'appareil étant luté, on chauffe graduellement
la cornue ; l'air se dégage, et l'on ne tarde pas à obtenir une
très-grande quantité de gaz oxigène ; en effet, le peroxide de
manganèse est ramené à l'état de protoxide qui se combine
avec l'acide pour former du proto-sulfate. On se procure,
par ce procédé, beaucoup plus de gaz que par le suivant.
3°. On chauffe graduellement le peroxide de manganèse purifié par l'acide hydro-chlorique, en le mettant dans une cornue de grès lutée, à laquelle on a adapté un tube de sûreté
recourbé qui se rend sous l'eau ; cette cornue est disposée
dans un fourneau à réverbère, de manière à pouvoir être
chauffée jusqu'au rouge ; le peroxide passe seulement à
l'état de deutoxide, et perd la quantité de gaz oxigène que
l'on obtient ; un kilogramme de cet oxide fournit de 40
à 50 litres de gaz. Si l'oxide de manganèse n'a pas été bien
purifié, il ne faut pas recueillir les premières portions de
gaz, car elles renferment presque toujours de l'azote et de
l'acide carbonique. Il est inutile de dire que toutes ces opérations sont terminées lorsqu'il ne se dégage plus d'oxigène.
On peut encore se procurer ce gaz en chauffant dans des
vaisseaux fermés les deutoxides de mercure et de plomb,
le nitrate de potasse, etc. ; mais le chlorate de potasse est
de tous les corps celui qui fournit le gaz le plus pur.

Gaz hydrogène. 1°. On introduit dans une petite fiole *F* de la tournure de zinc ou de fer et de l'acide sulfurique ou hydro-chlorique, étendus de quatre ou cinq fois leur poids d'eau ; on y adapte un bouchon percé pour donner passage à un tube de verre recourbé (*voyez* pl. 9 , fig. 56) qui se rend sous l'eau ; dans le même instant on remarque une vive effervescence due au dégagement du gaz hydrogène ; on ne recueille pas les premières portions , qui sont mêlées d'air. A la fin de l'expérience , on trouve du proto-sulfate de fer dans la fiole ; d'où il suit que l'eau a été décomposée pour oxider le métal. Ce gaz hydrogène n'est pas pur ; il paraît contenir , d'après les expériences de M. Donovan , de l'acide hydro-sulfurique, de l'acide carbonique et une autre matière dont il n'a pas pu déterminer la nature ; on le purifie en l'agitant pendant quelques minutes avec l'eau de chaux , ensuite avec un peu d'acide nitreux , puis avec une faible dissolution de proto-sulfate de fer, et enfin avec de l'eau ; alors le gaz est inodore. 2°. On obtient du gaz hydrogène en décomposant l'eau par la pile électrique : dans ce cas il est excessivement pur.

Bore. On introduit dans un tube de cuivre parties égales de potassium coupé en fragmens, et d'acide borique vitrifié et pulvérisé ; on dispose le mélange de manière à ce qu'il y ait successivement une couche de métal et une autre d'acide ; on ferme le tube avec un bouchon de liége , auquel on a pratiqué une légère fissure pour donner issue à l'air, et on le fait rougir ; le potassium décompose une partie de l'acide, s'empare de son oxigène , et met le *bore* à nu ; la portion d'acide non décomposée forme avec la potasse produite du sous-borate de potasse. Lorsque le tube est refroidi , on fait bouillir le mélange à plusieurs reprises avec de l'eau, afin de dissoudre tout le sous-borate de potasse : alors on fait sécher le bore , et on le conserve à l'abri du contact de l'air.

M. Dœbereiner paraît avoir obtenu du bore dans ces

derniers temps, en chauffant pendant deux heures jusqu'au rouge blanc, un canon de fusil contenant du sous-borate de soude fondu et pulvérisé (borax), mêlé avec un dixième de son poids de noir de fumée; dans ce cas, la soude est décomposée par le charbon contenu dans le noir de fumée, et il se dégage du gaz oxide de carbone; le sodium résultant de cette décomposition agit sur l'acide borique comme le potassium. Il suffit ensuite de laver plusieurs fois le résidu avec de l'eau bouillante et une seule fois avec l'acide hydrochlorique liquide pour en extraire le bore.

Carbone. Il est extrêmement difficile d'obtenir le carbone pur; les diverses variétés de charbon du commerce contiennent du gaz hydrogène, des sels, etc. Il paraît cependant que l'on peut parvenir à séparer, par l'action de la chaleur, presque tout l'hydrogène qui se trouve dans le *noir* de fumée, corps composé de ce principe et de carbone. Nous indiquerons, en parlant des végétaux, les moyens de se procurer les différentes variétés de charbon.

Phosphore. On prend du phosphate acide de chaux en consistance sirupeuse (voyez *Préparation de ce phosphate,* pag. 561); on le mêle intimement avec le quart de son poids de charbon pulvérisé; on chauffe le mélange dans une bassine de fonte jusqu'à ce qu'il soit sec; alors on l'introduit dans une cornue de grès lutée, placée sur un fourneau à réverbère, et dont le col se rend dans une allonge en cuivre qui plonge par l'une de ses extrémités au fond d'un grand bocal muni d'un bouchon percé de deux trous, et contenant une assez grande quantité d'eau; ces deux trous donnent passage, le premier à l'allonge, et l'autre à un tube droit, long de deux ou trois pieds, par lequel se dégagent les gaz, et qui, par conséquent, ne doit pas plonger dans le liquide; on lute toutes les jointures, et on tasse parfaitement ce lut; lorsqu'il est sec, on chauffe graduellement la cornue de manière à ce qu'elle soit rouge au bout de

deux heures : à cette époque, il commence à se dégager du
gaz oxide de carbone et du gaz hydrogène carboné ; ces
gaz proviennent de la décomposition de l'eau contenue .
dans le phosphate acide de chaux, qui est déterminée
par le charbon ; il se forme aussi du gaz hydrogène carboné aux dépens de l'hydrogène qui entre dans la composition du charbon. Alors on remplit le fourneau de charbons incandescens pour ne pas s'exposer à fêler la cornue ;
environ deux heures après , on commence à obtenir du
phosphore qui vient se condenser dans l'eau , et du gaz
hydrogène phosphoré et du gaz oxide de carbone qui se
dégagent ; ces phénomènes seront faciles à concevoir en se
rappelant que l'acide phosphorique est décomposé par le
charbon à une température élevée, et que le mélange dont
on se sert contient de l'eau qui continue à se décomposer.
Le dégagement de ces gaz a lieu pendant toute la durée de
l'opération, qui n'est terminée qu'au bout de vingt-quatre
à trente heures ; il est même le guide le plus certain de la
réussite ; s'il venait à se ralentir, on élèverait la température au moyen d'un long tuyau de poële dont on surmon-
terait la cheminée du fourneau. A la fin de l'opération ,
on trouve le phosphore en partie dans l'eau , en partie dans
l'allonge et dans le col de la cornue ; ce dernier est moins
pur , moins fusible, opaque et rougeâtre. On prend ces
diverses quantités de phosphore refroidi ; on les met dans
une peau de chamois ; on en fait un nouet bien solide , et
on les comprime au moyen de pinces en les tenant dans
l'eau presque bouillante ; le phosphore fond et passe à
travers la peau ; alors il est transparent et peut être réduit
en cylindres : pour cela on plonge verticalement une des
extrémités d'un tube cylindrique de verre dans la masse du
phosphore recouverte d'eau ; on aspire avec la bouche
par l'autre extrémité du tube ; le phosphore fondu monte
dans le tube, et lorsqu'il s'est élevé jusqu'à la moitié ou

aux trois quarts de sa hauteur, on ferme avec le doigt index l'extrémité inférieure tenue toujours dans l'eau, et on le porte dans de l'eau froide, où il se refroidit : à cette époque, il ne reste plus qu'à retirer le cylindre de phosphore solidifié du tube de verre. Il faut, dans ces diverses opérations, éviter avec le plus grand soin que le phosphore fondu soit en contact avec l'air, sans quoi il s'enflamme, et l'opérateur court les plus grands dangers. Il arrive souvent que le phosphore obtenu par ce moyen n'est pas pur; dans ce cas il faut le distiller en le mettant dans une cornue qui contient de l'eau, et en le condensant dans un récipient presque plein de ce même liquide.

Soufre. On obtient le soufre, 1° avec des substances terreuses qui le contiennent ; 2° avec les sulfures de fer ou de cuivre. *Premier moyen.* On place ces substances dans des pots de terre cuite, recouverts et surmontés d'un tuyau qui va se rendre, en s'inclinant, dans d'autres pots couverts, et dont le fond, percé de trous, est placé au-dessus d'une tinette en bois remplie d'eau ; on chauffe les pots contenant les matières sulfureuses ; le soufre entre en fusion, se volatilise, et vient se condenser dans l'eau de la tinette : il porte alors le nom de *soufre brut*, et renferme encore des matières terreuses ; on le *sublime*, et on l'obtient en canons. *Sublimation.* On le place dans une chaudière en fonte qui communique avec une chambre en maçonnerie, au moyen d'un chapiteau également en maçonnerie ; on chauffe la chaudière ; le soufre fond, se réduit en vapeurs, entre dans la chambre qui est froide, passe à l'état liquide, coule sur le plancher qui est incliné, et sort par un trou pratiqué à la partie la plus déclive où l'on a disposé des moules de bois cylindriques dans lesquels il se condense ; l'air de la chambre, raréfié par la chaleur des vapeurs du soufre, se dégage par une ouverture pratiquée à la voûte et fermée par une soupape qui s'ouvre de dedans en - dehors. Si la chambre était très-grande, et que l'opération fût suspendue pendant la nuit, le refroidissement qu'éprouverait la vapeur serait assez marqué pour la faire passer à l'état solide, et on obtiendrait des fleurs de soufre attachées aux parois de la chambre. 2°. *Extraction du soufre* des sulfures de fer et de cuivre. C'est principalement du dernier dont on se sert : il contient toujours du sulfure de fer. On place sur un lit de bois un très-grand nombre de fragmens de sulfure mêlés avec de l'argile, et arrangés de manière à leur donner la forme d'une pyramide tronquée, au milieu de laquelle se trouve un canal vertical par lequel on introduit des tisons embrasés ; le bois s'enflamme, le sulfure s'échauffe, et bientôt la température est assez élevée pour qu'il absorbe et condense rapidement l'oxigène de l'air ; alors le cuivre et le fer passent à l'état d'oxide, une portion de soufre se transforme en gaz acide sulfureux qui se dégage ; une autre portion se volatilise et vient se *condenser* dans des cavités pratiquées sur le plateau du sommet ; le minéral qui reste est composé d'oxide de cuivre, d'oxide de fer et d'un peu de sulfure, sur lequel l'oxigène de l'air n'a pas agi. Nous verrons plus tard qu'il est employé pour l'extraction du cuivre.

Iode. On prend les eaux mères de la soude de plusieurs espèces de *fucus*, appelée *soude de vareck*, qui, d'après les expériences de M. Gaultier de Claubry, renferment une certaine quantité d'hydriodate de potasse et d'hydriodate de magnésie ; on les concentre et on les introduit dans une cornue avec une certaine quantité d'acide sulfurique concentré ; on adapte au col de cette cornue un ballon bitubulé et on la chauffe doucement ; bientôt l'hydriodate, et même l'acide hydriodique, sont décomposés par l'acide sulfurique ; l'iode se volatilise sous la forme de vapeurs violettes, et vient se condenser dans le col de la cornue ou dans le récipient, sous la forme de lames bleuâtres cristallines,

qu'il suffit de laver avec de l'eau contenant un peu de potasse pour les avoir pures ; ensuite on les fait sécher, en
les pressant entre deux feuilles de papier. Suivant M. Gaultier, le *fucus saccharinus* fournit plus d'iode que les autres espèces dont il a fait l'analyse.

Chlore gazeux. On met dans une fiole, à laquelle on
adapte un tube recourbé, du peroxide de manganèse pulvérisé et de l'acide hydro-chlorique liquide concentré ; on élève
un peu la température, et l'on obtient du chlore gazeux et
du proto-hydro-chlorate de manganèse. On peut faire arriver ce chlore gazeux, à l'aide d'un tube droit, dans un
flacon rempli d'air ; bientôt celui-ci, beaucoup plus léger
que le chlore, sera chassé ; ou bien on peut le recevoir
sous des cloches pleines d'eau ; mais, dans ce cas, l'eau
dissout une partie du gaz. *Théorie.* L'acide hydro-chlorique
et le peroxide peuvent être représentés par :

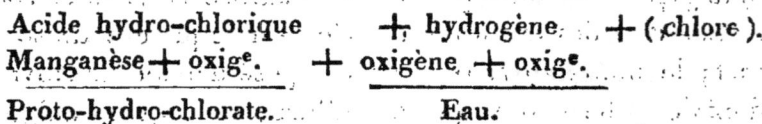

Acide hydro-chlorique	+ hydrogène	+ (chlore).
Manganèse + oxig^e.	+ oxigène + oxig^e.	
Proto-hydro-chlorate.	Eau.	

Une portion d'acide et tout l'oxide se décomposent ; l'hydrogène se combine avec la majeure partie de l'oxigène de
l'oxide et forme de l'eau ; le chlore est mis à nu ; tandis que
l'acide non décomposé s'unit avec le protoxide de manganèse
résultant de cette décomposition. La préparation du chlore en
grand se fait par un autre procédé (*voy.* pl. 9, fig. 57) : on
place sur un bain de sable un matras *D*, muni d'un bouchon
percé de deux trous ; on introduit dans ce matras un mélange
pulvérulent de 4 parties de sel commun et d'une partie
de peroxide de manganèse cristallisé en aiguilles, et ne
contenant pas de fluate de chaux ; de ce matras sort un
tube recourbé *T*, qui plonge dans la petite quantité d'eau
que renferme le flacon *F* ; deux autres tubes recourbés *t t*,

établissent la communication des vases *A , B* avec le flacon *F*; un dernier tube recourbé *S* est destiné à porter le gaz dans des cloches pleines d'eau. Enfin les tubes droits *x x x* sont des tubes de sûreté ; les vases *A , B* renferment de l'eau , et le premier est entouré de glace. Les choses étant ainsi disposées , et les bouchons percés des trous nécessaires pour donner passage aux tubes , on lute toutes les jointures , et on introduit peu à peu , au moyen d'un tube en *S* recourbé *V E , un mélange préparé d'avance avec deux parties d'acide sulfurique concentré et deux parties d'eau ; on chauffe doucement ; le chlore se dégage à l'état de gaz , traverse l'eau du premier flacon , passe dans le deuxième , se dissout dans l'eau , et lorsque celle-ci en est saturée , se porte sur le troisième , etc. A la fin de l'opération , on trouve dans le matras du sulfate de soude et du proto-sulfate de manganèse. *Théorie.* L'acide sulfurique décompose l'hydro-chlorate de soude (sel commun) , s'empare de la soude , et l'acide hydro-chlorique mis à nu réagit sur le peroxide de manganèse , comme nous l'avons dit précédemment.

Azote. 1°. On enflamme du phosphore dans une quantité déterminée d'air ; celui-ci cède tout son oxigène , et l'azote est mis à nu ; pour cela on met le feu à un petit morceau de phosphore placé sur un support en brique , que l'on a préalablement disposé sur la planche de la cuve pneumato-chimique ; ce support doit être assez élevé pour que le phosphore soit hors de l'eau de la cuve , et , par conséquent , en contact avec l'air. Aussitôt que le phosphore est enflammé , on le recouvre d'une grande cloche pleine d'air atmosphérique que l'on fait plonger dans l'eau de la cuve ; le phosphore, qui n'est alors en contact qu'avec l'air de la cloche , s'empare de tout son oxigène , passe à l'état d'acide phosphorique , que l'on voit paraître sous la forme d'un nuage excessivement épais , et il se produit une très-grande quantité de calorique et de lumière ; l'air, dilaté par la chaleur qui se produit, se dégage en partie sous la forme de grosses bulles ; au bout d'une ou de deux minutes, le phosphore s'éteint et l'opération est terminée. On laisse l'appareil dans la même situation, et l'on aperçoit l'eau monter dans l'intérieur de la cloche jusqu'à ce que celle-ci soit entièrement refroidie, l'acide phosphorique se dissoudre complètement, et l'intérieur de l'appareil, auparavant nébuleux et très-opaque, reprendre sa transparence. Le gaz azote qui reste au-dessus de l'eau doit être agité pendant quelque temps avec ce liquide pour le débarrasser d'un peu d'acide phosphorique qu'il pourrait retenir, et surtout pour décomposer une portion de gaz azote phosphoré qui se forme constamment dans cette opération, et qui, étant agité, abandonne le phosphore. 2°. On peut obtenir du gaz azote très-pur, en faisant passer un courant de chlore gazeux à travers de l'ammoniaque liquide renfermée dans un flacon ; le chlore s'empare de l'hydrogène, forme de l'acide hydro-chlorique qui s'unit avec une portion d'ammoniaque, et l'azote est mis à nu. (*Voyez* pl. 9, fig. 58.) *A* est le ballon d'où se dégage le chlore ; *B* est un flacon contenant un peu d'eau, qui sert à priver ce gaz des matières étrangères solubles ; *C* renferme l'ammoniaque liquide ; *S* est le tube qui conduit le gaz azote sous la cloche.

Des Corps composés de deux substances simples non métalliques.

Ces corps sont assez nombreux : nous allons exposer d'abord la préparation de ceux qui sont formés par l'oxigène et par une autre substance simple non métallique. Ces produits sont ou des oxides ou des acides.

Des Oxides non métalliques.

Eau. Nous avons déjà indiqué (pag. 104) comment on doit s'y prendre pour obtenir de l'eau dans les laboratoires ; il s'agit maintenant de faire connaître les moyens de préparer l'eau distillée parfaitement pure. On place l'eau dans la cucurbîte d'un alambic et on la chauffe ; elle ne tarde pas à se réduire en vapeurs ; on rejette environ les $\frac{4}{100}$ qui distillent d'abord, et qui contiennent le plus souvent du souscarbonate d'ammoniaque volatil, provenant de la décomposition des substances animales qui étaient renfermées dans l'eau ; on recueille celle qui se vaporise après ; mais on suspend l'opération lorsqu'il ne reste plus dans la cucurbîte qu'environ les $\frac{8}{100}$ du liquide employé ; en effet, ce liquide concentré par l'évaporation, renferme des sels qui peuvent réagir les uns sur les autres, et donner quelquefois naissance à des produits volatils ; il peut d'ailleurs contenir des matières animales, qui se décomposeraient si l'on continuait à chauffer, et donneraient des matières volatiles qui altéreraient l'eau distillée pure.

Gaz oxide de carbone. 1°. On remplit presque une cornue de grès d'un mélange de parties égales de carbonate de baryte et de limaille de fer parfaitement desséchés ; on adapte au col de la cornue un tube recourbé propre à recueillir le gaz ; on lute et on chauffe graduellement la cornue jusqu'au rouge cerise ; à cette température, le gaz oxide de carbone ne tarde pas à se dégager ; on néglige de recueillir les premières portions, qui sont mêlées d'air ; à la fin de l'opération on trouve dans la cornue un composé de fer oxidé et de protoxide de barium ; l'acide carbonique a donc été décomposé par la limaille de fer rouge, et transformé en oxigène et en gaz oxide de carbone très-pur. 2°. On chauffe ensemble, dans un appareil analogue au précédent, parties égales d'oxide de zinc et de charbon parfaitement calciné, et l'on obtient du gaz oxide de carbone, du zinc métallique, qui se sublime et se condense dans le col de la cornue, et un peu d'acide carbonique : ce dernier gaz est absorbé par l'eau, et l'oxide de carbone passe sous les cloches ; mais il contient un peu de gaz hydrogène carboné, provenant de l'hydrogène que renferme le charbon ordinaire ; du reste, la théorie de l'opération est fort simple : l'oxide de zinc ne peut être décomposé par le charbon qu'à une chaleur rouge, parce que ses élémens tiennent fortement entre eux ; le charbon, à cette température, s'empare de l'oxigène, et passe principalement à l'état d'oxide de carbone ; il ne peut pas se former beaucoup d'acide, car nous savons que cet acide est décomposé par le charbon rouge, et transformé en gaz oxide de carbone. (*Voy.* § 92.) 3°. Si l'on fait passer peu à peu du gaz acide carbonique desséché sur du charbon rouge parfaitement calciné, et contenu dans un tube de fer traversant un fourneau à réverbère, ce gaz sera décomposé, cédera une portion de son oxigène au charbon, le fera passer, et passera lui-même à l'état de gaz oxide de carbone ; mais l'opération ne peut avoir un plein succès qu'autant que le gaz acide carbonique passe à plusieurs reprises sur le charbon. (*Voy.* pl. 10, fig. 59, l'appareil inventé par M. Barruel) : *A* est le flacon où l'on dégage le gaz acide carbonique ; *C* le cylindre presque rempli de fragmens de chlorure de calcium avide d'humidité ; *F* un fourneau à réverbère dans lequel sont placés trois canons de fusil, *x x′ x″* contenant le charbon, et communiquant entre eux par des tubes de verre *d d* ; *m* le tube qui porte le gaz acide carbonique dans le premier canon *x* ; enfin, *t t* le tube recourbé par lequel sort le gaz oxide de carbone produit.

Oxide de phosphore rouge. On l'obtient en enflammant du phosphore dans de l'air en excès ; il se forme, outre l'acide phosphorique, qui se volatilise sous la forme de vapeurs blanches concrètes, de l'oxide rouge, qui reste dans la petite capsule où l'on a fait l'opération ; on le lave pour le priver de l'acide phosphorique qu'il pourrait contenir.

Gaz protoxide d'azote. On chauffe graduellement du nitrate d'ammoniaque dans une petite cornue de verre à laquelle on adapte un tube recourbé, et l'on obtient de l'eau et du gaz protoxide d'azote. (*Voyez* § 3oo, art. *Nitrate d'ammoniaque*).

Gaz deutoxide d'azote (gaz nitreux). (*Voy.* planche 10, fig. 6o.) On verse par une des tubulures d'un flacon bitubulé *A*, contenant de la tournure de cuivre, de l'acide nitrique étendu de son volume d'eau, et l'on obtient sur-le-champ du gaz nitreux qui se dégage par le tube recourbé *r*, et va se rendre sous des cloches pleines d'eau. Il faut négliger de recueillir les premières portions, qui sont mêlées d'air et de gaz acide nitreux rouge ; il reste dans le flacon du deuto-nitrate de cuivre bleu ; d'où il suit qu'une portion de l'acide nitrique a été décomposée en oxigène et en gaz nitreux ou deutoxide d'azote. (*Voyez* pag. 4¹².)

Des Acides formés par l'oxigène et par un corps simple non métallique.

Acide borique. On fait dissoudre du sous-borate de soude pulvérisé (borax) dans 3 parties d'eau bouillante ; on décompose la dissolution en y versant *peu à peu* un excès d'acide sulfurique concentré, et l'on voit paraître des cristaux d'acide borique qui se déposent, ne trouvant pas assez d'eau pour se dissoudre : on laisse refroidir le mélange et on filtre la liqueur, qui contient du sulfate acide de soude ; alors on égoutte l'acide borique ; on le lave avec un peu d'eau froide ; on le fait sécher sur du papier Joseph dans une étuve, et on le chauffe en le projetant par parties dans un creuset de Hesse que l'on a fait rougir ; par ce moyen on le débarrasse de l'acide sulfurique avec lequel il était combiné (*voyez* § 107); lorsqu'il est fondu on le coule, et on peut, si on veut l'avoir très-pur, le dissoudre dans l'eau bouillante et le faire cristalliser de nouveau. En substituant l'acide hydro-chlorique à l'acide sulfurique, on obtient de suite de l'acide borique qu'il suffit de bien laver pour l'avoir pur. Il est inutile de dire que les eaux mères de ces diverses opérations fournissent un peu d'acide borique lorsqu'on les fait évaporer.

Gaz acide carbonique. On verse de l'acide hydro-chlorique liquide étendu de deux ou trois fois son poids d'eau, sur du marbre concassé (carbonate de chaux). L'appareil est le même que pour le gaz nitreux ; le gaz acide carbonique se dégage aussitôt, et l'on obtient dans le flacon de l'hydro-chlorate de chaux très-soluble ; d'où il suit que le carbonate est décomposé. On peut encore se procurer ce gaz en substituant au marbre de la craie en bouillie (carbonate de chaux), et à l'acide hydro-chlorique de l'acide sulfurique délayé dans 10 à 12 fois son poids d'eau ; il se forme dans ce cas du sulfate de chaux qui, étant peu soluble, se dépose, recouvre le carbonate, et empêche le gaz de se produire ; en sorte qu'il est préférable de suivre le premier procédé, surtout lorsqu'on ne vise pas à faire l'opération avec beaucoup d'économie.

Eau acido-carbonique. Comme l'eau, à la température et à la pression ordinaires de l'atmosphère, ne peut dissoudre que son volume de gaz acide carbonique, et que déjà, dans cet état, elle peut être considérée comme un puissant diurétique, il importe de dire comment on doit la préparer. On fera arriver le gaz sous un flacon rempli d'eau filtrée, au lieu d'employer une cloche ; lorsque la moitié de l'eau du flacon sera chassée, on le bouchera, on agitera le liquide qu'il contient, et on le gardera dans un endroit frais, en le tenant parfaitement bouché. Si l'on veut faire absorber à l'eau cinq ou six fois son volume de gaz acide carbonique, on doit comprimer celui-ci fortement au moyen d'un piston que l'on met en jeu dans un corps de pompe, qui communique avec l'eau que l'on veut saturer.

Acide phosphorique. 1°. On chauffe du phosphate d'ammoniaque dans un creuset de platine ; à la chaleur rouge l'ammoniaque se volatilise, et l'acide reste sous forme d'un liquide qui finirait par se volatiliser si on continuait à le chauffer. 2°. On transforme le phosphore en acide phosphorique au moyen de l'acide nitrique étendu de son volume d'eau ; pour cela, on introduit dans une cornue de verre à laquelle on adapte un récipient bitubulé , une partie de phosphore coupé en petits fragmens, et 6 parties d'acide ; l'une de ces tubulures est fermée avec un bouchon percé d'un trou dans lequel passe un tube de verre droit qui donne issue au gaz ; l'autre reçoit le col de la cornue ; on met quelques charbons rouges sous la cornue, et l'on ne tarde pas à observer que l'acide nitrique est décomposé ; son oxigène se porte sur le phosphore et il se dégage du gaz deutoxide d'azote ou du gaz azote ; on ajoute des charbons incandescens si l'opération se ralentit ; on en retire, au contraire, si elle marche avec trop de rapidité. Aussitôt que le phosphore a disparu et que la liqueur a acquis la consistance sirupeuse, on la verse dans un creuset de platine et on la chauffe jusqu'au rouge brun pour en dégager tout l'acide nitrique. L'opération ne saurait être continuée dans la cornue sans que celle-ci soit attaquée par l'acide phosphorique. Si l'acide nitrique employé ne suffisait pas pour faire passer tout le phosphore à l'état d'acide, on verserait dans la cornue le liquide condensé dans le récipient, qui contient beaucoup d'acide nitrique, et on recommencerait l'opération.

Acide phosphoreux. On prend du proto-chlorure de phosphore (*voy.* pag. 510); on le met dans l'eau, et l'on obtient de l'acide hydro-chlorique et de l'acide phosphoreux; d'où il suit que l'eau est décomposée; l'oxigène se porte sur le phosphore et l'hydrogène s'unit au chlore : on fait évaporer le mélange ; tout l'acide hydro-chlorique se dégage, et l'acide phosphoreux reste pur.

Acide hypo-phosphoreux. On met dans de l'eau du phosphure de baryte pulvérisé, et l'on obtient du phosphate de baryte insoluble, de l'hypo-phosphite soluble et du gaz hydrogène phosphoré; il est évident que l'eau est également décomposée; l'oxigène forme avec le phosphore deux acides, tandis que l'hydrogène se dégage à l'état de gaz hydrogène phosphoré; on filtre la liqueur, qui ne contient que l'hypo-phosphite de baryte, et on y verse de l'acide sulfurique ; la baryte en est précipitée à l'état de sulfate, et l'acide hypo-phosphoreux reste en dissolution : on le concentre par l'évaporation.

Acide phosphatique. On prend un certain nombre de petits tubes de verre tirés à la lampe par une de leurs extrémités ; on introduit dans chacun d'eux un petit cylindre de phosphore ; on les place à côté les uns des autres dans un entonnoir dont le bec se rend dans un flacon vide supporté par une assiette contenant de l'eau : on recouvre tout l'appareil d'une grande cloche qui plonge dans l'eau de l'assiette, et qui est percée supérieurement et latéralement de deux trous ; et on remarque au bout d'un certain temps que le flacon renferme une plus ou moins grande quantité d'acide *phosphatique* liquide. (*Voyez* § 71, pour la théorie).

Acide sulfurique (pl. 10, fig. 61). Pour le préparer dans les laboratoires on prend un grand ballon *B* rempli d'air, et fermé par un bouchon percé de trois trous qui donnent passage à deux tubes recourbés et à un tube droit ; celui-ci sert à

établir à volonté la communication de l'appareil avec l'air ;
les deux autres communiquent avec deux fioles *F*, *F*, de
l'une desquelles il se dégage du gaz nitreux (deutoxide
d'azote), tandis que l'autre fournit du gaz acide sulfureux.
Aussitôt que ces deux gaz humides arrivent dans le ballon
et se trouvent en contact avec l'air, celui-ci cède son
oxigène au gaz nitreux et le fait passer à l'état de gaz acide
nitreux *orangé* : l'intérieur de l'appareil est donc coloré ;
bientôt après les parois du ballon se recouvrent d'une
multitude de cristaux blancs qui paraissent formés d'acide
sulfurique concentré ne contenant qu'un peu d'eau, et
d'acide nitreux sec ou anhydre : à cette époque l'intérieur
du ballon n'est plus jaune orangé ; il est incolore. *Théorie.*
Le gaz acide sulfureux décompose une partie du gaz acide
nitreux formé, s'empare de la quantité d'oxigène nécessaire pour passer à l'état d'acide sulfurique, et se combine
avec l'humidité et avec l'acide nitreux non décomposé. En
versant un peu d'eau sur ces cristaux ils sont décomposés ;
ce liquide se combine avec l'acide sulfurique, et l'acide
nitreux anhydre fournit du gaz nitreux : aussi l'intérieur
du ballon devient-il de nouveau jaune orangé (voyez
Acide nitreux anhydre, § 118) ; en sorte que dans ce moment on peut continuer l'opération puisqu'il y a de nouveau dans le ballon de l'air, de l'eau, du gaz acide sulfureux et du gaz nitreux.

On prépare l'acide sulfurique en grand avec des matières propres à fournir ces deux derniers gaz, que l'on fait
arriver dans une vaste chambre de plomb remplie d'air, et
dont le sol légèrement incliné est couvert d'eau : ces matières sont le soufre et le nitrate de potasse. On chauffe
ensemble, sur une plaque en fonte, un mélange de 8
parties de soufre et d'une de nitre ; la majeure partie du
soufre se transforme, aux dépens de l'oxigène de l'air,
en gaz acide sulfureux ; l'autre portion décompose l'acide

nitrique du nitrate, absorbe une partie de son oxigène, le change en gaz nitreux (deutoxide d'azote), et passe à l'état d'acide sulfurique, qui forme du sulfate avec la potasse du nitre. Les deux gaz, nitreux et sulfureux, se rendent dans la chambre et réagissent sur l'air et sur l'eau comme nous l'avons dit. On continue l'opération jusqu'à ce que l'acide marque 40° à l'aréomètre de Baumé; alors on le retire de la chambre au moyen de robinets, et on le fait évaporer dans des chaudières en plomb pour volatiliser la majeure partie de l'eau, de l'acide sulfureux et de l'acide nitrique qu'il renferme. Lorsqu'il est à 55° de l'aréomètre de Baumé, on l'introduit dans des cornues de grès ou de verre lutées, et on continue à le concentrer par l'action de la chaleur jusqu'à ce qu'il marque 66° à l'aréomètre; dans cet état il est propre aux diverses opérations du commerce; mais il renferme un peu de sulfate de potasse et du sulfate de plomb provenant d'une portion d'oxide formé aux dépens du plomb de la chambre et de l'oxigène du gaz acide nitreux. On ne peut le débarrasser de ces sels qu'en le distillant, puisqu'ils sont fixes; pour cela on l'introduit dans une cornue de verre, dont le col se rend dans un récipient bitubulé dépourvu de bouchons (car l'acide les charbonnerait); on chauffe graduellement la cornue placée dans un fourneau à réverbère jusqu'à ce que l'acide entre en ébullition; à cette époque il se volatilise et vient se condenser dans le récipient. On doit, pour éviter les soubresauts de la liqueur, et les dangers qui accompagnent cette opération, mettre dans la cornue deux ou trois petits fragmens de verre hérissés de pointes, et maintenir le récipient dans lequel la vapeur se rend, à la température de 60° à 70°, afin qu'il n'y ait pas une si grande différence de température entre lui et la vapeur de l'acide sulfurique.

Gaz acide sulfureux. On met dans une petite fiole à laquelle on adapte un tube recourbé, 4 parties d'acide

sulfurique concentré et une partie de mercure ; on fait
chauffer le mélange, et aussitôt que l'acide entre en ébullition, on obtient le *gaz*, que l'on doit recueillir après
avoir laissé passer les premières portions mêlées d'air dans
des cloches remplies de mercure, parce qu'il est très-soluble dans l'eau ; il reste dans la fiole une masse blanche
composée d'acide sulfurique et d'oxide de mercure ; d'où il
suit qu'une portion d'acide a été décomposée et transformée
en oxigène et en gaz acide sulfureux. On peut aussi se procurer l'acide sulfureux en chauffant le soufre avec le contact de l'air : c'est ainsi qu'on opère dans les hôpitaux lorsqu'on veut faire les fumigations sulfureuses, qui nécessairement sont mêlées d'air. On peut obtenir l'acide sulfureux
liquide avec le même appareil que celui dont on se sert pour
préparer le chlore. (*Voyez* pl. 9, fig. 57.) On met dans
le ballon 3 parties d'acide sulfurique concentré et une partie de paille, de sciure de bois, ou de charbon pulvérisé ;
on élève un peu la température, et l'acide ne tarde pas à
charbonner les deux premières substances : or, nous avons
vu (§ 104) que le charbon transforme l'acide sulfurique
concentré en gaz acide carbonique et en gaz acide sulfureux. Ces deux gaz se dégagent ensemble ; mais l'acide sulfureux, doué d'une plus grande affinité pour l'eau, chasse
l'acide carbonique du flacon *F* dans le matras *A*, et de
celui-ci dans le vase *B*, etc. L'acide du premier flacon *F*
est impur ; car il contient un peu d'acide sulfurique qui s'est
volatilisé. Si l'on chauffe très-fortement le ballon, une partie
de l'acide est entièrement décomposée par le charbon, et
il se sublime du soufre.

Acide iodique. On prépare cet acide en faisant arriver du
gaz acide chloreux sec (oxide de chlore) sur de l'iode ; celui-ci s'empare de l'oxigène de l'acide chloreux, forme de
l'acide iodique, tandis que le chlore et une portion d'iode
se combinent et restent unis avec l'acide. On élève un peu la

température pour volatiliser le composé de chlore et d'iode, et l'acide iodique reste pur. (*Voy*. pl. 10, fig. 62) : *A* est le ballon dans lequel se produit le gaz acide chloreux ; *B*, partie du tube contenant du chlorure de calcium, placé dans un papier sec et qui sert à dessécher le gaz ; *R*, récipient à long col où se trouve l'iode.

Acide chlorique. On verse sur du chlorate de baryte pulvérulent de l'acide sulfurique étendu de cinq ou six fois son poids d'eau, et l'on fait chauffer le mélange ; il se forme du sulfate de baryte insoluble, et de l'acide chlorique qui reste en dissolution ; l'on met à part une petite quantité de chlorate de baryte, dont on fait usage pour précipiter l'acide sulfurique, si par hasard il se trouve mêlé avec l'acide chlorique. Il est inutile d'indiquer que l'on doit laver avec de l'eau distillée le sulfate de baryte produit, afin de dissoudre tout l'acide chlorique qui a été séparé.

Acide chloreux (oxide de chlore). On met dans une petite fiole à laquelle on adapte un tube recourbé 2 parties de chlorate de potasse solide (muriate sur-oxigéné), et une partie d'acide hydro-chlorique liquide, étendu de 3 à 4 parties d'eau ; on chauffe lentement le mélange, et l'on obtient un mélange de gaz acide chloreux et de chlore, que l'on recueille dans des cloches remplies de mercure, et il reste de l'hydro-chlorate de potasse dans la cornue ; il y a aussi formation d'eau ; d'où il suit que l'acide hydro-chlorique décompose le chlorate de potasse et met l'acide chlorique à nu ; cet acide réagit alors sur une portion d'acide hydro-chlorique libre, forme de l'eau, du gaz acide chloreux et du chlore. (*Voyez* § 130, *Action de l'acide chlorique sur l'acide hydro-chlorique.*) On sépare facilement le gaz acide chloreux du chlore, en laissant le mélange sur le mercure ; le chlore se combine avec ce métal, tandis que l'acide reste à l'état de gaz.

Acide nitrique. On le prépare dans les laboratoires en

mettant dans une cornue 16 parties de nitrate de potasse du commerce, et 10 parties d'acide sulfurique concentré ; on adapte à la cornue une allonge, et à celle-ci un récipient bitubulé, dont une des tubulures sert à donner passage à un tube de sûreté recourbé propre à recueillir les gaz ; on lute toutes les jointures et on chauffe graduellement la cornue disposée à feu nu sur un fourneau muni de son laboratoire. Voici les phénomènes et les produits de cette opération, que l'on peut en quelque sorte diviser en trois époques : 1° apparition de vapeurs rougeâtres, formation d'eau, de chlore et de gaz acide nitreux qui se condensent dans le ballon ; 2° décoloration de l'appareil, vapeurs blanches composées d'acide nitrique et d'eau, qui se condensent également dans le ballon ; 3° nouvelle apparition de vapeurs d'un rouge foncé, formation d'acide nitreux et dégagement de gaz oxigène : il reste dans la cornue du sulfate de potasse plus ou moins acide. *Théorie de la première époque.* Le nitrate de potasse du commerce contient une certaine quantité d'hydro-chlorate de soude ; l'acide sulfurique s'empare à-la-fois de la potasse et de la soude, par conséquent les acides nitrique et hydro-chlorique sont mis à nu ; or, ces acides réagissent l'un sur l'autre, et se décomposent de manière à former de l'eau, du chlore et de l'acide nitreux volatils. (Voyez *Eau régale*, § 131.) Dans la *deuxième époque*, le nitrate de potasse seul est décomposé, puisqu'il n'existe plus d'hydro-chlorate, et l'on n'obtient que de l'acide nitrique. Enfin, dans la *troisième époque*, l'acide nitrique cède l'eau qu'il contient à l'acide sulfurique (*voyez* § 127), et comme il ne peut pas exister seul, il est décomposé en gaz acide nitreux et en gaz oxigène. Il résulte de ce qui vient d'être établi que le produit liquide jaunâtre condensé dans le récipient à la fin de l'opération est formé d'acide nitrique, de chlore, d'acide nitreux, d'eau, et d'une portion d'acide sulfurique qui s'est volatilisée. On le purifie en le chauffant lentement

dans un appareil semblable au précédent, pour en séparer
le chlore et le gaz acide nitreux ; l'appareil ne tarde pas à
se remplir de vapeurs rougeâtres ; et l'acide contenu dans
la cornue se décolore ; alors il est formé d'acide nitrique,
d'acide sulfurique et d'un peu de chlore. On suspend l'opération ; on introduit dans la cornue du nitrate de baryte
et du nitrate d'argent cristallisés et purs, et on procède de
nouveau à la distillation ; le chlore et l'acide sulfurique se
combinent, le premier avec l'argent, le second avec la baryte, forment des composés fixes et insolubles ; tandis que
l'acide nitrique pur se volatilise.

On prépare cet acide en grand en chauffant le nitrate de
potasse et l'acide sulfurique dans des tuyaux de fonte que
l'on fait communiquer, à l'aide d'allonges, avec des fontaines de grès où l'acide est recueilli. On emploie 42 livres
d'acide sulfurique et 95 livres de nitre, et l'on obtient du
sulfate de potasse qui est à peine acide. Autrefois on le
préparait avec le nitre et l'argile.

Acide nitreux liquide anhydre. On introduit dans une
cornue de verre lutée du nitrate de plomb parfaitement
desséché ; le col de la cornue se rend dans un ballon vide
bitubulé, dont l'une des tubulures, munie d'un bouchon
percé, donne passage à un tube de sûreté recourbé qui va
se rendre au fond d'une éprouvette vide, entourée d'un
mélange réfrigérant fait avec du sel et de la glace ; on lute
les jointures, et on chauffe graduellement la cornue disposée sur un fourneau à réverbère ; on ne tarde pas à observer
des vapeurs rougeâtres ; une portion de l'acide nitreux se
condense dans le récipient en un liquide jaune ; une autre
portion, d'une couleur blanchâtre, se solidifie dans l'éprouvette et il se dégage du gaz oxigène ; enfin il reste dans la
cornue du protoxide de plomb jaune. On voit évidemment
que l'acide nitrique du nitrate desséché a été décomposé en
oxigène et en acide nitreux anhydre. (*Voy.* § 116 et 487.)

Gaz acide nitreux. On ne peut pas se procurer ce gaz sur l'eau parce qu'il y est très-soluble; on ne peut pas l'obtenir sur le mercure, avec lequel il se combine; il faut donc avoir recours à un procédé particulier : nous l'avons décrit (§ 86) : il consiste à mettre du gaz nitreux en contact avec le gaz oxigène dans un ballon vide.

Des Corps composés d'hydrogène ou de phtore et d'une substance simple.

Gaz acide hydro-chlorique (muriatique). On met dans une fiole à laquelle on adapte un tube recourbé, du sel gris, qui est principalement formé d'hydro-chlorate de soude; on y ajoute un peu d'acide sulfurique concentré, qui s'empare de la soude et met à nu le gaz acide hydro-chlorique que l'on recueille sur le mercure après avoir laissé passer les premières portions qui contiennent de l'air. Pour obtenir cet acide liquide on se sert de l'appareil que nous avons décrit en parlant du chlore (*voyez* pl. 9, fig. 57); on introduit dans le matras *D* 10 parties de sel gris, et dans les flacons *A*, *B*, 8 livres d'eau distillée; on met un peu d'eau dans le vase *F*, afin de condenser les matières étrangères; on lute toutes les jointures et on verse peu à peu par le tube *V E*, 7 parties et demie d'acide sulfurique étendu du tiers de son poids d'eau; le gaz se dégage sur-le-champ, et se dissout dans l'eau des divers flacons: ce n'est qu'au bout de quelques heures, lorsque tout l'acide a été versé, que l'on doit élever la température, et chauffer jusqu'à ce qu'il ne se dégage plus rien. Si l'opération est conduite comme nous venons de le dire, on obtient 12 livres d'acide hydro-chlorique liquide concentré, et l'eau du premier flacon *F* ne se colore en jaune que vers la fin; ce phénomène est dû à la formation d'une huile animale jaune produite par la décomposition du mucus contenu dans le sel de la mer. Si l'on chauffe le mélange dans le commencement, la décomposition du mucus a lieu plus tôt, et l'eau du premier flacon ne tarde pas à se colorer. Enfin, si l'on a pris, au lieu de sel gris, du sel des salpêtriers, qui contient des nitrates, tandis que le sel gris n'en renferme pas, on obtient, outre l'acide hydro-chlorique, du chlore et de l'acide nitreux qui colorent également l'acide en jaune. Dans tous les cas, aussitôt qu'il ne se dégage plus de gaz, on doit verser de l'eau bouillante dans le matras *D*, afin de dissoudre et de retirer le sulfate de soude formé, qui sans cela s'attacherait fortement à ses parois.

Gaz acide hydriodique. On peut préparer ce gaz en mettant de l'iodure de phosphore fait avec 16 parties d'iode et une partie de phosphore, dans une petite cornue à laquelle on a adapté un tube recourbé qui va se rendre sous des cloches pleines de mercure; on arrose avec un peu d'eau l'iodure, et l'on obtient du gaz acide hydriodique, et du phosphore acidifié qui reste dans la cornue; d'où il suit que l'eau est décomposée; l'hydrogène se porte sur l'iode et l'oxigène sur le phosphore. On peut obtenir l'acide hydriodique *liquide* en faisant passer du gaz acide hydro-sulfurique dans une éprouvette contenant de l'eau et de l'iode; le soufre se dépose à mesure que l'hydrogène dissout l'iode; on laisse reposer le précipité et on filtre la liqueur; ensuite on la chauffe pour en chasser l'excès d'acide hydro-sulfurique, et on la conserve à l'abri du contact de l'air.

Gaz acide hydro-sulfurique. On fait chauffer lentement, dans une petite fiole, du sulfure d'antimoine pulvérisé, et 4 ou 5 parties d'acide hydro-chlorique liquide du commerce; on obtient du gaz acide hydro-sulfurique pur que l'on recueille sur l'eau ou sur le mercure, et il reste dans la fiole du proto-hydro-chlorate d'antimoine. Il est évident que l'eau est décomposée; l'hydrogène s'unit avec le soufre, tandis que l'oxigène se combine avec l'antimoine pour former un hydro-chlorate. On peut substituer au sulfure d'antimoine le sulfure de fer, et se servir d'acide hydro-chlorique ou sulfurique affaiblis ; mais l'acide hydro-sulfurique que l'on obtient renferme de l'hydrogène et ne saurait être employé pour des expériences de recherches ; il est cependant très-bon pour préparer les hydro-sulfates. Si on voulait obtenir l'acide hydro-sulfurique liquide, on ferait passer le gaz dans l'eau, en se servant de l'appareil décrit à l'article *Chlore*, qui est représenté (pl. 9, fig. 57). En général, lorsqu'on prépare de grandes quantités de ce gaz délétère dans des endroits peu aérés, on doit répandre de temps en temps du chlore, qui jouit de la faculté de le décomposer en s'emparant de son hydrogène.

Acide hydro-phtorique (fluorique) (pl. 10, fig. 63). On prend une cornue de plomb composée de deux pièces *A*, *B*, entrant à frottement l'une dans l'autre ; on introduit dans la moitié *A* une partie de phtorure de calcium (fluate de chaux) blanc, cristallisé, pur, passé au tamis, et on le délaye dans 2 parties d'acide sulfurique concentré; on adapte la moitié supérieure *B* à la partie inférieure *A* ; le col de cette cornue se rend dans un récipient en plomb *E*, d'une forme particulière, que l'on entoure de glace et qui se termine par une très-petite ouverture ; on dispose l'appareil sur un fourneau ; on lute les deux pièces de la cornue avec de la terre, et la jointure du col avec du lut gras ; on chauffe lentement pour ne pas opérer la fusion du plomb, et l'on obtient dans le récipient de l'acide hydro-phtorique liquide, tandis qu'il reste dans la cornue du sulfate de chaux ; d'où il suit que le phtorure de calcium et une portion de l'eau contenue dans l'acide sulfurique ont été décomposés; le phtore s'est uni à l'hydrogène de l'eau pour former de l'acide hydro-phtorique (fluorique), tandis que le calcium s'est combiné avec l'oxigène de ce liquide pour passer à l'état de chaux qui reste dans la cornue combinée avec l'acide sulfurique. On démonte l'appareil pour en retirer l'acide et le conser-

ver dans des flacons d'argent dont le bouchon est extrêmement poli. Il faut éviter, 1° l'emploi de vases de verre,
dont la silice serait dissoute par l'acide; 2° celui des bouchons qui bouchent mal, car l'acide se dégagerait sous la
forme de vapeurs; 3° enfin le contact de ces vapeurs, qui
sont excessivement caustiques.

Gaz acide phtoro-borique. On introduit dans une petite
fiole de verre, et mieux de plomb, munie d'un tube recourbé, 2 parties de phtorure de calcium pur en poudre,
et une partie d'acide borique vitrifié et pulvérisé; on les
mêle intimement avec 12 parties d'acide sulfurique concentré, et on chauffe; quelques minutes après le gaz se
dégage et va se rendre sous des cloches remplies de mercure; on ne le recueille que lorsqu'il répand dans l'air des
vapeurs excessivement épaisses, et il n'est pur que lorsqu'il
est entièrement absorbé par l'eau. *Théorie.* L'acide borique
est décomposé; le bore s'unit au phtore et produit le gaz
dont nous parlons, tandis que l'oxigène se porte sur le
calcium et forme de la chaux qui reste combinée avec l'acide
sulfurique.

Gaz acide phtoro-silicique (fluorique silicé). On place
dans un appareil analogue au précédent un mélange de 3
parties de phtorure de calcium et d'une partie de sable
réduits en poudre fine; on y ajoute l'acide sulfurique
concentré nécessaire pour faire une bouillie épaisse, et on
soumet la fiole à une douce chaleur; le gaz se dégage
aussitôt, et va se rendre dans des cloches préalablement
disposées sur la cuve à mercure; il reste dans la fiole du
sulfate de chaux. *Théorie.* Le phtorure de calcium et l'oxide
de silicium sont décomposés; le phtore s'unit au silicium
pour former le gaz dont nous parlons, tandis que le calcium se combine avec l'oxigène de la silice et passe à l'état
de chaux qui reste dans la fiole avec l'acide sulfurique.

Gaz hydrogène per-carboné. On chauffe dans une

petite fiole de verre à laquelle on a adapté un tube recourbé, un mélange fait avec 2 parties d'acide sulfurique concentré et une partie d'alcool (esprit-de-vin), et l'on
obtient bientôt après une grande quantité de ce gaz que
l'on recueille sur l'eau, après avoir laissé passer les premières portions mêlées d'air : ce gaz doit être lavé pour le
priver d'une certaine quantité d'acide sulfureux et d'acide
carbonique qu'il renferme. Nous expliquerons en détail la
théorie de cette opération à l'article *Ether*; il nous suffira
de dire ici que l'alcool est formé d'oxigène, d'hydrogène et
de carbone ; que l'acide sulfurique, à raison de son affinité
pour l'eau, détermine la formation de ce liquide aux dépens de l'hydrogène et de l'oxigène de l'esprit-de-vin, tandis
qu'une portion d'hydrogène de l'alcool dissout du carbone
et forme le gaz dont nous parlons. (Voyez *Préparation de
l'Ether, Chimie végétale*.)

Gaz hydrogène proto-carboné. On fait passer de la
vapeur d'eau à travers du charbon rouge; il y a décomposition de la vapeur et formation de gaz acide carbonique
et d'hydrogène proto-carboné; on absorbe le premier par
la potasse et le second reste pur. (*Voyez* l'appareil, pl. 11,
fig. 64). *C*, petite cornue contenant de l'eau ; *T T*, tube
de porcelaine luté extérieurement, traversant un fourneau
à réverbère et dans lequel on a mis du charbon pulvérisé;
X, tube de sûreté, conducteur des gaz hydrogène proto-
carboné et acide carbonique ; *F*, flacon contenant une dissolution de potasse caustique pour absorber le gaz acide
carbonique ; *O*, tube recourbé qui donne passage au gaz
hydrogène proto-carboné. On ne fait bouillir l'eau de la
cornue que lorsque le tube de porcelaine est incandescent.

Gaz hydrogène per-phosphoré. On introduit dans une
petite fiole munie d'un tube recourbé, une bouillie faite
avec 12 parties de chaux vive éteinte par l'eau, une partie
de phosphore coupé en petits fragmens, et un peu d'eau;

on chauffe graduellement ce mélange et l'on ne tarde pas à obtenir du gaz hydrogène per-phosphoré que l'on recueille sur le mercure lorsqu'il s'enflamme spontanément et que l'air de l'appareil s'est dégagé; il reste dans la fiole du phosphate de chaux avec excès de chaux; d'où il suit que l'eau a été décomposée; l'oxigène a acidifié une portion du phosphore, tandis que l'hydrogène, en s'emparant de l'autre portion, a donné naissance au gaz dont nous parlons. On peut aussi l'obtenir en mettant dans la fiole 2 ou 3 gros d'une dissolution concentrée de potasse, et 15 à 20 grains de phosphore : dans tous les cas, le gaz qui se dégage vers la fin de l'opération ne s'enflamme plus spontanément: c'est du gaz *hydrogène proto-phosphoré*, que l'on peut aussi obtenir, en quelques heures de temps, en mettant le gaz *hydrogène per-phosphoré* en contact avec de l'eau ordinaire. (*Voy*. pag. 169.) M. Th. Thompson prescrit, pour avoir le gaz hydrogène per-phosphoré pur, de mettre sur une partie de phosphure de chaux en morceaux, un mélange de 2 parties d'acide hydro-chlorique et de 6 parties d'eau privée d'air par l'ébullition, d'opérer dans une cornue tubulée et d'éviter le contact de l'air.

Gaz ammoniac. On introduit dans une petite fiole munie d'un tube recourbé, parties égales de chaux vive et d'hydro-chlorate d'ammoniaque (sel ammoniac) réduits en poudre séparément, et mêlés; le gaz se dégage de suite, et on le recueille sous des cloches remplies de mercure, après avoir laissé passer les premières portions mêlées d'air. On doit, pour hâter le dégagement de l'ammoniaque, élever un peu la température du mélange; il reste dans la fiole de l'hydro-chlorate de chaux, ou du chlorure de calcium si l'on a fortement chauffé; d'où il suit que la chaux s'empare de l'acide hydro-chlorique. Le gaz ammoniac obtenu n'est pur qu'autant qu'il est entièrement dissous par l'eau. On peut préparer l'ammoniaque *liquide* avec

l'appareil décrit à l'article *Chlore* (*voyez* pl. 9, fig. 57),
pourvu que l'on substitue au matras *D* une cornue de grès
disposée sur la grille d'un fourneau à réverbère contenant
le mélange de parties égales de sel ammoniac et de chaux;
et que de cette cornue parte un tube de sûreté large qui
plonge dans la petite quantité d'eau du flacon *F*. On chauffe
graduellement la cornue jusqu'au rouge; le gaz se dégage
et se dissout dans l'eau distillée des flacons *F*, *A*, *B*, etc.;
l'ammoniaque obtenue dans le premier vase *F* est colorée
par une matière huileuse qui se trouve dans le sel ammoniac employé, et ne doit pas être mêlée avec celle des
autres flacons.

Des Composés de deux corps simples non métalliques dans lesquels l'hydrogène et l'oxigène n'entrent pas.

Borure de soufre. On fait chauffer un mélange de
soufre et de bore dans des vaisseaux fermés; le soufre ne
tarde pas à fondre et à se combiner avec le bore.

Carbure de soufre (liquide de Lampadius). On prend un
tube de porcelaine dans lequel on introduit des fragmens de
charbon fortement calcinés; on le dispose dans un fourneau
à réverbère *F* (*voyez* pl. 11, fig. 65), de manière à ce
qu'il soit un peu incliné, et qu'on puisse l'entourer de
charbons. A l'extrémité *A* de ce tube, munie d'un bouchon
percé, on adapte une cornue de verre *C* contenant du
soufre; à l'autre extrémité se trouve une allonge *L*, qui
se rend dans un récipient tubulé *R*, contenant de l'eau et
entouré de glace; de la tubulure de ce récipient part un
tube recourbé *S* qui va plonger jusqu'au fond d'un petit
flacon bitubulé *M*, qui renferme de l'eau jusqu'à la moitié de
sa hauteur et qui est également entouré de glace; l'autre
tubulure de ce flacon donne issue à un tube recourbé *X*,
destiné à porter les gaz sous des cloches pleines d'eau ou
de mercure et renversées sur une cuve. On chauffe le tube

de porcelaine jusqu'à ce qu'il soit rouge, puis on met du feu sous la cornue *C*; le soufre se volatilise, traverse le tuyau de porcelaine, se combine en partie avec le charbon, et donne un liquide qui se condense au fond de l'eau du récipient *R*, et de celle qui se trouve dans le flacon *M*: ce liquide est du *carbure de soufre*; l'allonge se trouve contenir une matière brunâtre solide, qui n'est que du soufre légèrement carburé. Enfin on obtient dans la cloche destinée à recueillir les gaz, du gaz hydrogène oxi-carboné, du gaz acide hydro-sulfurique, et une portion de carbure de soufre en vapeur. On concevra facilement la formation de ces gaz en se rappelant que le charbon le mieux calciné contient de l'hydrogène, qu'il en est de même du soufre, d'après les expériences de Davy et de Berthollet fils : quant à l'oxigène, M. Thenard pense qu'il provient de l'eau fournie par les bouchons des vases. L'opération étant terminée, on démonte l'appareil, et on verse dans un entonnoir, dont on bouche le bec avec le doigt, le liquide contenu dans le récipient *R* et dans le flacon *M*; bientôt on aperçoit deux couches, l'une inférieure, plus pesante, formée par le *carbure de soufre*, l'autre par l'eau; on lève le doigt afin de laisser écouler, dans un vase, la majeure partie du *carbure de soufre*, qui doit nécessairement sortir le premier : ce carbure est jaunâtre, contient un excès de soufre et doit être purifié : pour cela, on le distille dans une cornue de verre qui se rend dans un récipient tubulé en partie plein d'eau; on chauffe la cornue, et il ne tarde pas à se volatiliser et à se condenser dans le fond du récipient.

Carbure d'azote. (Voyez *Cyanogène*, tom. II.)

Phosphure de carbone. (Voyez § 50.)

Phosphure de soufre. (Voyez pag. 83, § 54.)

Phosphure d'iode. (Voyez pag. 85, § 56.)

Chlorure de phosphore au minimum de chlore. On place au fond d'une éprouvette à pied, munie d'un bou-

chon percé de deux trous, une certaine quantité de phosphore desséché avec du papier Joseph (*voyez* pl. 12,
fig. 66); par l'un des trous passe un tube *T*, qui plonge
dans le phosphore, et qui est destiné à porter le chlore
gazeux qui se dégage d'une fiole posée sur un fourneau *F*;
l'autre trou donne passage à un second tube recourbé *R*,
qui va se rendre dans un vase *V* contenant du mercure : ce
tube, dont le but est de donner issue au chlore non absorbé
par le phosphore, ne doit pénétrer que jusqu'au tiers de
l'éprouvette; on conçoit facilement qu'il doit empêcher
aussi l'accès de l'air dans ce vase puisqu'il plonge dans le
mercure. A mesure que le chlore se combine avec le phosphore, il se forme du chlorure de phosphore liquide.

Chlorure de soufre. On l'obtient par le même procédé que le précédent, excepté qu'au lieu de phosphore
on met du soufre divisé et pur dans l'éprouvette.

Chlorure d'iode. On place de l'iode dans une petite
cloche courbe contenant du chlore gazeux; on chauffe, et
la combinaison ne tarde pas à avoir lieu.

Chlorure d'azote. On prend un entonnoir de verre,
dont l'extrémité, tirée à la lampe, n'offre qu'une petite
ouverture et plonge dans du mercure; on verse dans l'entonnoir assez de dissolution de sel ammoniac pour en
remplir presque toute sa capacité; et à l'aide d'un tube de
verre que l'on fait plonger dans le liquide, et qui descend
jusqu'au fond de l'entonnoir, on introduit une dissolution
concentrée de sel commun, qui étant plus pesante que la
dissolution de sel ammoniac, occupe la partie inférieure
de l'entonnoir. L'appareil étant ainsi disposé, on fait
arriver du chlore au moyen d'un tube recourbé qui
plonge dans la couche supérieure formée par le sel ammoniac, et qui ne touche pas la couche inférieure de sel
commun : à mesure que le chlorure se forme, il se précipite, traverse la couche inférieure de sel commun, et

tombe au fond de l'entonnoir sur le mercure. (Dulong.)
(*Voyez* § 304.)

Sulfure d'iode. (Voyez pag. 85 , § 57.)

Iodure d'azote. (Voyez pag. 173 , § 144.)

Azote phosphoré. (Voyez pag. 92 , § 64.)

Des Métaux de la seconde classe.

Nous avons dit que l'on n'était pas encore parvenu à séparer de leurs oxides les métaux de la première classe , si toutefois l'on excepte le silicium, qui paraît avoir été obtenu au moyen du chalumeau de Brooks ; et le magnésium, que M. Davy a annoncé avoir retiré du sulfate de magnésie au moyen de la pile (1). Mais il n'en est pas de même de ceux de la seconde classe : tous ont été séparés et isolés.

Calcium, *Strontium* et *Barium*. On prend un sel de chaux, de strontiane ou de baryte ; on en fait une pâte avec de l'eau ; on lui donne la forme d'une petite capsule dans laquelle on met du mercure métallique ; on la place sur une plaque métallique , et on la soumet à l'action d'un courant électrique, de manière à ce que le fil vitré de la pile communique avec la plaque, et le fil résineux avec le mercure ; bientôt après l'acide et l'oxigène de l'oxide sont attirés par le fil vitré , tandis que le calcium , le strontium ou le barium le sont par le fil résineux , et se combinent avec le mercure ; on distille cet amalgame dans une petite cornue contenant de l'huile de naphte pour empêcher l'oxidation du métal ; cette huile et le mercure se volatilisent, et le métal que l'on cherche à obtenir reste dans la cornue.

Potassium et *Sodium*. On les obtient en décomposant

---

(1) Les expériences du docteur Clarke sur la décomposition de la silice par le chalumeau à gaz , ont été répétées sans succès au laboratoire de l'Institution royale de Londres.

la potasse et la soude. 1°. On peut se servir de la pile
comme dans le cas précédent : pour cela on creuse une cavité dans un fragment d'un de ces oxides ; on y met du
mercure, et on ne tarde pas à les décomposer ; l'oxigène
de l'oxide et de l'eau qu'il renferme se rend au fil vitré,
tandis que le fil résineux attire l'hydrogène, qui se dégage à
l'état de gaz, et le métal, qui se combine avec le mercure ;
on le sépare de cette combinaison, comme nous venons
de le dire en parlant du calcium. En décomposant ainsi la
potasse et la soude, on ne peut se procurer qu'une petite
quantité de métal. Il n'en est pas de même lorsqu'on suit
le procédé que nous allons décrire, et qui consiste à décomposer ces oxides hydratés par le fer à une température
très-élevée. 2°. *Description de l'appareil* (pl. 12, fig. 67).
CO est un canon de fusil très-propre et sec qui a été recourbé
en E et en O, en faisant rougir successivement ces deux portions, et dont la partie EO est recouverte extérieurement
d'une couche de lut préparé avec 5 parties de sable et une partie de terre à potier ; la portion OE qui traverse le fourneau
à réverbère est remplie de tournure de fer parfaitement décapée ; EC est la partie du tube dans laquelle on met des
fragmens de potasse ou de soude à l'alcool ; T est un tube
de verre que l'on fait plonger dans une éprouvette contenant du mercure ; AA est un récipient de cuivre communiquant d'une part avec l'extrémité O du canon et de l'autre avec un tube de verre x. Le fourneau à réverbère doit
être grand, et disposé de manière à recevoir par le cendrier
la tuyère d'un bon soufflet ; les jointures de l'appareil et
du fourneau doivent être parfaitement lutées et le lut desséché ; alors on remplit le fourneau de charbon, et on fait
rougir le tube en entourant la portion EC du canon de
linges froids, pour que la potasse ou la soude n'entrent
pas en fusion. Lorsque la portion OE du canon est incan-
descente, on fait fondre une portion de potasse ou de

soude au moyen de charbons rouges supportés par une
grille en fil de fer PG : on commence toujours par faire
fondre la portion la plus voisine du fourneau. A peine ces
oxides sont en contact avec le fer qu'ils commencent à
se décomposer, et comme ils contiennent toujours de l'eau
($v.$ § 229), il en résulte de l'oxide de fer qui reste dans
le canon, du potassium ou du sodium et du gaz hydrogène pur ou potassié ; le gaz se dégage par l'extrémité du
tube x ; le métal volatilisé va se condenser dans le récipient AA. Si le dégagement du gaz se ralentit, on fait
fondre une nouvelle quantité de l'oxide contenu dans la
partie EC, et l'opération n'est terminée que lorsqu'il a été
entièrement fondu. On laisse refroidir l'appareil ; on bouche les tubes x et T ; on retire le métal du cylindre A au
moyen d'une tige de fer courbe, et on le conserve dans des
flacons bouchés à l'émeri.

Si le gaz hydrogène, au lieu de se dégager par le tube x,
sort par le tube T, on est certain que l'oxide a traversé le
fer sans se décomposer, et qu'il obstrue l'extrémité O du
canon ; dans ce cas, on doit chercher à faire fondre cet
oxide ; et si l'on n'y parvient pas, on doit suspendre l'opération. S'il ne se dégage point de gaz, l'expérience est
manquée ; les luts n'ont pas résisté, le canon a été oxidé
et percé. Quatre onces de potasse ou de soude ne fournissent
qu'une once de métal, et on trouve deux onces de ces oxides
dans la partie du canon qui traverse le fourneau. On décompose plus difficilement la soude pure que celle qui contient
un ou deux centièmes de potasse ; mais alors on obtient du
sodium un peu potassié. Il suffit de mettre cet alliage
sous forme de plaques dans de l'huile de naphte, et de
renouveler de temps en temps l'air du vase ; le potassium
absorbe l'oxigène très-facilement, et le sodium reste pur.
On peut, au lieu d'un seul canon de fusil, en placer deux
dans le même fourneau. (MM. Gay-Lussac et Thenard.)

Smithson Tennant a proposé de remplacer cet appareil par un autre moins compliqué, à l'aide duquel on obtient le potassium au feu de forge ordinaire. (*Voy*. pl. 12, fig. 68.) On prend un canon de fusil A, d'un pied et demi de long, fermé par une de ses extrémités, et dont la partie la plus épaisse a été élargie à l'aide du marteau; on le recouvre extérieurement d'un lut semblable à celui dont nous avons parlé en décrivant l'appareil précédent; on y introduit le mélange de potasse et de copeaux de fer propre à fournir le potassium, et on le dispose sous un certain degré d'inclinaison dans un fourneau à réverbère F; dans la partie supérieure de ce canon, on insère un autre tube plus étroit T, de 7 à 8 pouces de long, percé d'un petit trou à sa partie inférieure dans lequel doit se rendre le potassium en vapeur : ce tube ne doit pas être inséré en totalité dans le premier; il doit sortir d'environ un pouce, afin de pouvoir le retirer avec plus de facilité; on doit adapter à son extrémité supérieure un tube vide V, fixé avec de la cire, fermé avec du liége, et traversé par un tube de verre recourbé R, dans lequel on met un peu de mercure. La partie CD du canon de fusil qui est hors du fourneau doit être enveloppée de toile ou de papier brouillard humectés, afin de faciliter la condensation du métal. Les choses étant ainsi disposées, on chauffe fortement pendant une heure environ, et l'on obtient le potassium dans le tube T.

Des Métaux de la deuxième classe.

Manganèse. On traite le peroxide de manganèse par l'acide hydro-chlorique liquide pour le débarrasser du carbonate de fer, etc. (*Voy*. pag. 48ı.) Lorsqu'il est lavé et desséché, on en fait une pâte en le mêlant avec du noir de fumée et de l'huile; on lui donne la forme d'une boule que l'on chauffe dans un creuset brasqué, fermé par un couvercle; ce creuset doit être supporté d'une manière solide, par la grille d'un fourneau de forge, et soumis pendant une heure et demie à l'action d'un feu très-violent, alimenté par un bon soufflet ; l'oxigène de l'oxide se porte sur le charbon, et le métal est mis à nu.

Zinc. On introduit dans des tuyaux de terre, fermés par une de leurs extrémités, un mélange de charbon et de *calamine* calcinée ; ces tuyaux traversent un fourneau, et sont légèrement inclinés, de manière que leur extrémité ouverte est plus élevée que l'autre, et communique avec d'autres tuyaux inclinés dans un sens opposé : c'est, en quelque sorte, un appareil distillatoire dans lequel la cornue serait représentée par les premiers tuyaux, et le récipient par les autres. On chauffe fortement ; la calamine, formée d'oxide de zinc, de silice, d'eau, d'un peu d'oxide de fer, de carbonate de chaux et d'alumine, se décompose ; le zinc provenant de la décomposition de l'oxide par le charbon se sublime, se condense dans les tuyaux extérieurs, d'où on le fait tomber dans un bassin de réception ; on le fait fondre et on le verse dans le commerce. On fait cette exploitation dans le département de l'Ourthe.

Fer. On peut extraire ce métal d'un assez grand nombre de mines. 1°. *Méthode catalane*, ou *exploitation du fer spathique* (carbonaté), *mêlé de fer hématite oxidé*. On place la mine dans un fourneau particulier, que l'on appelle *ouvrage, renardière* ; on l'entoure de charbon de bois, et on la chauffe fortement en dirigeant sur elle le vent de deux soufflets ; le charbon s'empare de son oxigène, et la réduit à l'état de fer que l'on retire sous la forme de *loupes*, et que l'on forge en barres ; pour cela, on la met sur une enclume, et on la frappe avec un marteau énorme appelé *martinet*, puis on la chauffe pour la battre de nouveau ; l'opération n'est terminée que lorsqu'elle a été chauffée et battue quatre fois. Cette méthode est, sans contredit, la plus simple de toutes. Si la mine contient du

soufre ou de l'arsenic, il faut la griller ; il est même important de la laisser long-temps en contact avec l'air avant
de procéder à l'extraction du fer, pour la débarrasser, à ce
qu'il paraît, d'une certaine quantité de magnésie qui la
rend réfractaire, et que le grillage change, d'après Descostils, en sulfate de magnésie.

2°. *Mines de fer en roche*, composées en général
d'oxide affectant diverses formes. Si ces mines contiennent, outre l'oxide, du soufre ou de l'arsenic, on doit
commencer par les griller en les chauffant avec du bois ou
de la houille dans des fours carrés ; puis on doit les fondre
dans les *hauts fourneaux* remplis de charbon de bois ou de
charbon de terre calciné, dans lesquels le feu est alimenté
par des soufflets très-forts ; on en facilite la fusion au moyen
d'un fondant argileux qui porte le nom d'*erbue*, si la mine
est trop calcaire ; mais comme le plus souvent elle est argileuse, on fait usage d'un fondant calcaire appelé *castine*. Le
résultat de l'action du feu, du charbon et du fondant est la formation, 1° de la *fonte* (composé de fer et d'un peu de
charbon), qui est en pleine fusion, et qui remplit presque
tout le creuset ; 2° du *laitier*, masse vitrifiée, opaque, formée de chaux, de silice, d'alumine et d'un peu d'oxide de
fer, qui étant plus fusible et plus léger que la fonte, la recouvre dans le creuset, et finit par s'écouler ; 3° de quelques
produits volatils, parmi lesquels il y a beaucoup de gaz oxide
de carbone provenant de la combinaison du charbon avec
l'oxigène de l'oxide qui constitue la mine ; ainsi dans cette
opération, le fer perd son oxigène, s'unit à une certaine
quantité de charbon et se transforme en fonte. On retire
celle-ci lorsqu'elle est encore en pleine fusion, en débouchant
un trou connu sous le nom de *percée*, qui se trouve à la
partie inférieure et latérale du creuset ; le liquide est reçu
dans un sillon sablonneux où il se refroidit. La fonte solide
ainsi obtenue est blanche lorsque la mine exploitée con-

tient du manganèse; dans le cas contraire elle est grise. On procède alors à son *affinage*, opération qui a pour but la séparation du carbone qu'elle renferme ; pour cela, on l'entoure de charbon de bois, et on la fond dans le fourneau appelé *renardière*, où l'air se renouvelle toujours ; l'oxigène transforme le carbone en gaz oxide, et le fer est mis à nu sous la forme de loupes que l'on forge, comme nous l'avons dit en parlant de la méthode à la catalane.

3°. *Mines de fer terreuses*. Au lieu de griller ces mines, on commence par les débarrasser des terres avec lesquelles elles sont mêlées ; pour cela on les bocarde, et on fait passer un courant d'eau sous les pilons; puis on les transforme en *fonte*, comme nous venons de l'exposer en parlant des mines de fer en roche.

Étain. On n'exploite guère que les mines d'oxide ; on commence par les bocarder pour les séparer de la gangue ou des terres avec lesquelles elles sont mêlées ; on y parvient facilement en faisant couler sur la mine, posée sur une planche légèrement inclinée, de l'eau qui n'entraîne que la gangue, beaucoup plus légère que le minerai : alors on chauffe fortement l'oxide avec du charbon mouillé; l'étain mis à nu tombe sur le sol et de là dans un bassin. Si on ne mouillait pas le charbon, une portion d'oxide serait entraînée par le vent des soufflets. Si la mine contient des sulfures de fer et de cuivre, on la grille pour la transformer en sulfates de fer et de cuivre, et en oxide de fer, de cuivre et d'étain; on traite ces produits par l'eau, qui ne dissout que les sulfates ; on lave les oxides sur des tables légèrement inclinées; ceux de fer et de cuivre, plus légers que celui d'étain, sont entraînés ; celui-ci reste donc presque pur. S'il contenait encore de l'oxide de fer, on le séparerait au moyen du barreau aimanté. L'oxide d'étain ainsi obtenu est traité par le charbon, comme nous venons de le dire.

Des Métaux de la quatrième classe.

Arsenic. Pendant le grillage des mines de cobalt arsenical, une grande partie de l'arsenic passe à l'état d'oxide blanc; une autre portion se sublime à l'état métallique près de la cheminée; on recueille cette dernière portion et on la sublime de nouveau dans des cornues de fonte.

Chrome. On chauffe l'oxide de chrome dans un creuset brasqué, comme nous l'avons dit en parlant du manganèse.

Molybdène, tungstène, columbium. On s'y prend de la même manière, excepté que l'on emploie les acides formés par ces métaux.

Antimoine. On fond dans des creusets le sulfure d'antimoine concassé, pour le séparer de sa gangue; on le fait refroidir et il ne tarde pas à cristalliser. On le grille dans un fourneau à réverbère, en l'agitant de temps en temps; il absorbe l'oxigène de l'air et se transforme en oxide d'antimoine sulfuré terne, d'un gris blanchâtre, et en gaz acide sulfureux; on chauffe cet oxide préalablement mêlé avec la moitié de son poids de nitrate de potasse, et avec les trois quarts de tartre (sur-tartrate de potasse), et il en résulte de l'antimoine métallique que l'on trouve au fond des creusets, et qui se prend en culot par le refroidissement, un composé de sulfure ou de sulfate de potasse et d'oxide d'antimoine qui surnage le métal; enfin plusieurs produits volatils. *Théorie.* L'acide tartarique du tartre se décompose par le feu comme toutes les substances végétales; l'hydrogène et le carbone qui entrent dans sa composition se combinent avec l'oxigène de l'oxide et mettent le métal à nu, tandis que la potasse s'unit au soufre et à une portion d'oxide non décomposée: il est évident que l'acide nitrique du nitrate se décompose également pour oxider l'antimoine et le soufre.

Urane, cérium, cobalt et *titane.* On chauffe leurs

oxides dans un creuset brasqué, comme nous l'avons dit pour le manganèse.

Bismuth. Si le bismuth que l'on trouve à l'état natif ne contient pas de cobalt on se borne à le fondre; il ne tarde pas à se rassembler au fond des creusets et à se séparer de la gangue; dans le cas où celle-ci serait très-abondante, il faudrait mêler la mine avec un fondant terreux et alcalin. Si le bismuth natif contient du cobalt, on le chauffe dans des tuyaux de fer que l'on incline légèrement dans un fourneau; le bismuth fond et vient se condenser dans un récipient de fer; mais il contient presque toujours de l'arsenic; on le tient en fusion pendant quelque temps pour volatiliser toutes les portions de ce métal.

Cuivre. 1°. *Exploitation du sulfure.* On le grille, comme nous l'avons dit en parlant de la préparation du soufre (pag. 487), et l'on obtient un mélange d'oxides de cuivre et de fer, et de sulfure non décomposé. On le chauffe fortement avec du charbon qui s'empare de l'oxigène, en sorte que le produit, auquel on donne le nom de *matte*, est formé de cuivre, de fer et de soufre. On le grille jusqu'à douze fois de suite, pour le débarrasser du soufre; les oxides qui résultent du grillage sont fondus avec du charbon, de la silice ou du quartz; cette dernière substance facilite la fusion de l'oxide de fer, et empêche sa désoxidation; en sorte que l'on obtient, 1° du cuivre noir, qui renferme 0,90 de cuivre, un peu de soufre et un peu de fer; 2° des scories formées de silice et d'oxide de fer; 3° une nouvelle matte que l'on grille de nouveau. On affine le cuivre noir en le faisant fondre dans un fourneau dont le sol est recouvert d'une brasque de charbon et d'argile; le soufre et le fer se combinent avec l'oxigène de l'air, que l'on dirige sur la masse au moyen de soufflets, et le cuivre se trouve affiné au bout de deux heures; on le fait couler dans des bassins chauds; on l'arrose avec un peu d'eau, et on le retire sous la forme de plaques qui constituent le cuivre *rosette*.

Si la mine ne contient pas beaucoup de sulfure, on la traite par l'eau après l'avoir grillée; par ce moyen, on dissout les sulfates de fer et de cuivre formés pendant le grillage; on met cette dissolution sur de la vieille ferraille, qui précipite tout le cuivre du sulfate (*voy*. pag. 416): on désigne alors ce métal sous le nom de *cuivre de cémentation*.

On traite les mines d'*oxide* et de *carbonate de cuivre* par le charbon, et l'on obtient le cuivre métallique.

Tellure. Si la mine ne contient que du tellure, de l'or et du fer, on la sépare de la gangue; on la pulvérise pour la traiter à une douce chaleur par 5 ou 6 parties d'acide nitrique; il se forme du nitrate de tellure et du nitrate de fer solubles; l'or, la majeure partie de la gangue, et une portion d'oxide de fer restent au fond; on filtre la liqueur après l'avoir étendue. On verse dans la dissolution un excès de potasse caustique; tout l'oxide de fer est précipité, tandis que celui de tellure, soluble dans un excès de potasse, reste dans la liqueur; on filtre et on verse dans la dissolution assez d'acide hydro-chlorique pour saturer toute la potasse; il se forme de suite un précipité blanc floconneux de sous-hydro-chlorate de tellure; on le lave avec parties égales d'eau et d'alcool (l'eau seule dissoudrait l'oxide) et on le met sur un filtre. Lorsqu'il est sec, on le chauffe graduellement dans une cornue de verre avec $\frac{8}{100}$ de son poids de charbon; l'oxide perd son oxigène, et le métal mis à nu se sublime en partie, tandis que l'autre portion reste dans la cornue sous la forme d'un culot.

Si la mine de tellure contenait du plomb il se formerait aussi du nitrate de plomb; alors il faudrait traiter ces nitrates par l'acide sulfurique; le plomb serait précipité à l'état de sulfate, tandis qu'il resterait dans la dissolution du sulfate de tellure et de fer que l'on décomposerait également par la potasse.

Plomb. — *Exploitation du sulfure.* On triture et on lave ce minéral pour en séparer la gangue, puis on le grille : cette opération peut déjà fournir un peu de plomb si la température est très-élevée. (Voyez *Action de l'air sur ce sulfure*, pag. 402.) On doit considérer le produit du grillage comme formé d'oxide, de sulfate et d'un peu de sulfure de plomb. On le traite dans le fourneau à manche par de la grenaille de fer (fer carburé) et par du charbon de terre ou de bois. Le charbon décompose l'oxide et le sulfate de plomb, tandis que le fer s'empare du soufre du sulfure; le plomb mis à nu ne tarde pas à couler dans des bassins : on l'appelle *plomb d'œuvre*; il contient le plus souvent du zinc, de l'antimoine et du cuivre; on le fait chauffer avec le contact de l'air; le zinc et l'antimoine s'oxident facilement et font partie des premières portions de minium obtenues. Si l'on continue à chauffer, le cuivre s'oxide également, s'unit au minium déjà formé, et il reste une portion de *plomb métallique pur.* Le minium obtenu dans cette opération peut servir dans les fabriques de poteries.

Des Métaux de la cinquième classe.

Nickel. On chauffe le protoxide de nickel dans un creuset, avec un peu de cire; il perd son oxigène et donne le métal. On peut aussi l'obtenir en le faisant chauffer avec de la poudre de charbon et du borax. Enfin, suivant M. Proust, on peut se procurer ce métal en exposant à une très-forte chaleur le protoxide seul.

Mercure. — *Exploitation du sulfure* (cinnabre). 1°. On introduit la mine triée, broyée et mêlée avec de la chaux éteinte, dans des cornues de fonte auxquelles on adapte des récipiens contenant une certaine quantité d'eau; on chauffe; le mercure se volatilise, vient se condenser dans les récipiens, et il reste dans la cornue du sulfure de chaux ; d'où il suit que le cinnabre a été décomposé. Ce procédé est pratiqué dans le département du Mont-Tonnerre. 2°. A Almaden et à Idria, on chauffe la mine triée, broyée et pétrie avec de l'argile ; le soufre s'empare de l'oxigène de l'air, passe à l'état d'acide sulfureux ; le mercure mis à nu se volatilise et va se condenser, en traversant une série d'aludels, dans un bâtiment qui tient lieu de récipient.

Osmium. Nous en parlerons en faisant l'extraction du platine.

Des Métaux de la sixième classe.

Argent. — Exploitation des mines d'Europe. Si la mine est riche, on la débarrasse de sa gangue par des lavages, et on la fait fondre avec un poids égal au sien de plomb. Cet alliage est ensuite soumis à la coupellation : pour cela, on l'introduit dans une coupelle oblongue (capsule composée d'os calcinés jusqu'au blanc, broyés, tamisés et lavés), que l'on fait chauffer dans un fourneau particulier, et sur laquelle on ne tarde pas à diriger le vent d'un ou de deux soufflets ; l'alliage fond, le plomb s'oxide, passe à l'état de litharge qui s'écoule, et l'argent, plus pesant, se ramasse en un culot au fond de la coupelle.

Il arrive quelquefois que le *plomb d'œuvre* obtenu, comme nous l'avons dit (pag. 522), contient assez d'argent pour que l'on doive chercher à l'obtenir ; alors il faut le soumettre à la coupellation, pour le transformer en litharge et en argent pur. Si le cuivre à *rosette*, dont nous avons décrit l'extraction, contenait assez d'argent pour pouvoir être exploité avec succès, comme cela arrive quelquefois, on le ferait fondre avec trois fois son poids de plomb ; on laisserait refroidir l'alliage et on le chaufferait doucement ; la majeure partie du plomb entrerait en fusion et entraînerait presque tout l'argent : on séparerait ces deux mé-

taux par la coupellation, tandis que l'on continuerait à
chauffer le cuivre pour en extraire tout le plomb.

La mine argentifère de Freyberg , qui renferme très-
peu de sulfure d'argent uni à une très-grande quantité de
sulfures de cuivre et de fer , doit être soumise à d'autres
opérations; on la grille, après l'avoir mêlée avec le dixième
de son poids de sel marin ; il se dégage du·gaz acide sulfureux , et l'on obtient une masse composée de chlorure de
fer , de sulfate de soude, de sulfate de fer et de cuivre solubles , et de chlorure d'argent , d'oxide de fer , et d'oxide de
cuivre insolubles ; on la réduit en poudre fine , et on l'agite
pendant 16 à 18 heures dans des tonneaux, avec 50 parties
de mercure , 30 parties d'eau, et 6 parties de fer; les sels
solubles se dissolvent ; le chlorure d'argent est décomposé
par le fer , et l'argent s'amalgame avec le mercure ; on
presse fortement l'amalgame pour en séparer l'excès de
mercure , et on le soumet à la distillation : le mercure se
volatilise et l'argent reste. Si la mine renferme très-peu
d'argent et beaucoup de gangue , on la mêle avec de la
pyrite et on la fait fondre; celle-ci entraîne l'argent et les
autres métaux ; alors on la grille à plusieurs reprises pour
en séparer le soufre ; on fait fondre de nouveau le produit
avec de la mine , puis avec du plomb, et l'on obtient du
plomb argentifère , dont on sépare l'argent par la coupellation.

Exploitation des mines du Mexique et du Pérou. Ces
mines sont le plus souvent formées d'argent natif, de
chlorure d'argent , d'oxide d'argent, d'argent antimonial,
de pyrites de cuivre et de fer , de silex , etc. On les réduit
en poudre , et on les mêle avec deux centièmes et demi de
sel marin ; on abandonne le mélange à lui-même , et au
bout de quelques jours on y ajoute de la chaux : on ne sait
pas trop ce qui se passe dans cette opération ; on incorpore
le mélange avec du mercure, qui s'amalgame avec l'argent

et se précipite; on traite par l'eau pour dissoudre toutes les matières solubles, et on distille l'amalgame pour en avoir l'argent : ce n'est guère qu'au bout de plusieurs mois que cette opération est terminée.

Or. — Exploitation de l'or mêlé avec du sable ou avec une gangue. Lorsque la mine est réduite en poudre, on la lave sur des planches inclinées : l'or, beaucoup plus pesant, reste, tandis que les parties terreuses sont entraînées; on l'amalgame avec du mercure pour le séparer d'un peu de sable, et on distille l'amalgame pour en volatiliser le mercure.

Exploitation des sulfures aurifères. 1°. On les grille suffisamment pour en séparer le soufre, et on les fait fondre avec du plomb d'œuvre; puis on soumet l'alliage à la coupellation; cependant, l'or que l'on obtient peut contenir du fer, de l'étain et de l'argent. On en sépare le fer et l'étain en le faisant fondre avec du nitre, qui oxide ces deux métaux sans altérer l'or ni l'argent. Nous dirons tout-à-l'heure comment on le prive de ce dernier métal. 2°. *Procédé d'amalgamation.* Si le sulfure est riche en or, on le traite directement par le mercure, et on distille l'amalgame; s'il n'en renferme que très-peu, on est obligé de le griller avant de l'amalgamer avec le mercure.

Si l'or obtenu par l'un ou l'autre de ces procédés contient de l'argent, on doit l'en priver : supposons qu'il en renferme 3 parties sur 4; on le fait bouillir pendant demi-heure avec un poids égal au sien d'acide nitrique à 25°; on décante et on traite le résidu par une égale quantité du même acide; il se forme du nitrate d'argent soluble, tandis que l'or n'est pas attaqué; mais comme tout l'argent peut ne pas avoir été dissous, on fait encore bouillir l'or avec le double de son poids d'acide sulfurique concentré, qui enlève les dernières portions d'argent; ensuite on précipite l'argent du nitrate et du sulfate, en le chauffant avec des lames de cuivre, et en ayant la précaution de décomposer le sulfate acide dans des vases de plomb : le nitrate peut être chauffé dans des vases de bois.

Si l'or ne contient pas les $\frac{3}{4}$ de son poids d'argent, on est obligé, avant de le traiter par l'acide nitrique, de le fondre avec assez d'argent pour que les proportions de mélange soient dans ce rapport : sans cela l'argent ne serait pas entièrement dissous.

Osmium, iridium, platine, palladium et *rhodium.* La mine de platine renferme, 1°. du *platine*, du *rhodium*, du *palladium*, du cuivre, du plomb, du mercure, du fer, du soufre, de l'*osmium*, de l'*iridium*, du chrome et du titane. On la traite par cinq ou six fois son poids d'un mélange fait avec 3 parties d'acide hydro-chlorique et une partie d'acide nitrique (eau régale); on obtient une dissolution brune jaunâtre, que l'on décante; on fait bouillir la mine à plusieurs reprises avec une nouvelle quantité d'eau régale, jusqu'à ce qu'il n'y ait plus d'action : dans cette expérience le soufre est acidifié, la majeure partie des métaux est oxidée, et plusieurs d'entre eux dissous; il reste au fond de la cornue une poudre. La dissolution *A* renferme des sels de platine, de rhodium, de palladium, de cuivre, de plomb, de mercure, de fer, d'un peu d'iridium et d'osmium; elle contient en outre de l'acide sulfurique; le résidu noir pulvérulent *B* est formé d'iridium, d'osmium, de sable, d'un peu d'alumine, d'oxide de fer, d'oxide de chrome et d'oxide de titane; ces trois derniers sont unis entre eux, et ne se dissolvent pas dans l'eau régale; enfin, le liquide *C*, condensé dans le récipient, renferme, d'après les expériences de M. Laugier, beaucoup d'acide et une certaine quantité d'*osmium*.

Examen du résidu B. On le chauffe dans une cornue avec deux fois son poids de nitrate de potasse; lorsque celui-ci est entièrement décomposé, le résidu se trouve formé de potasse, d'acide chromique, d'oxide d'osmium, d'oxide d'iridium, d'oxide de fer et d'oxide de titane, de silice, et d'un peu d'alumine ; on le traite par de l'eau tiède, et l'on obtient (1) une dissolution *D*, formée de potasse, d'acide chromique, d'oxide d'osmium, d'un peu d'oxide d'iridium, d'oxide de titane, d'oxide de fer, d'alumine et de silice ; et un résidu *R* composé d'oxide de fer, d'oxide de titane, d'oxide d'iridium, et d'un peu de silice.

On verse dans la dissolution *D* assez d'acide nitrique pour saturer la potasse, et l'on en précipite des flocons verts qui sont formés par l'oxide d'*iridium*, l'oxide de titane, l'oxide de fer, l'alumine, la silice, et quelquefois par un peu d'oxide de chrome ; la liqueur jaune contient du chromate et du nitrate de potasse et de l'oxide d'osmium ; on la filtre ; on en sature l'excès de potasse par un peu d'acide nitrique et on la distille ; par ce moyen, l'oxide d'*osmium* se volatilise avec l'eau, et peut être recueilli dans un récipient entouré de glace ; on le mêle avec un peu d'acide hydro-chlorique, et on en sépare l'*osmium* au moyen d'une lame de zinc, qui s'empare de l'oxigène de l'oxide d'osmium : on lave le métal et on le fait fondre. Pour obtenir l'*iridium*, on met en contact, pendant plusieurs jours, le résidu *R* avec un excès d'acide hydro-chlorique étendu de la moitié de son poids d'eau, et l'on obtient une liqueur d'un vert foncé *L*, et un résidu bleuâtre *T*. Ce résidu, traité à plusieurs reprises par le nitrate de potasse, finit par se dissoudre entièrement dans l'acide hydro-chlorique froid, ce qui augmente la quantité de liqueur verte *L*. Cette liqueur est composée d'hydro-chlorate de fer, de titane et d'*iridium*. On la fait bouillir pendant long-temps avec de l'acide nitrique ; on l'étend de beaucoup d'eau, et on la neutralise par l'am-

(1) Une portion d'oxide d'osmium s'est volatilisée et condensée dans le récipient.

moniaque ; alors on la fait bouillir, et l'on obtient un précipité d'oxide de titane et d'un peu d'oxide de fer ; on
lave bien le précipité, on rapproche les liqueurs par l'évaporation, et on les traite par une dissolution d'hydro-
chlorate d'ammoniaque, qui y forme un précipité noir
cristallin d'hydro - chlorate d'ammoniaque et d'iridium,
qu'il suffit de laver et de calciner pour en avoir l'*iridium*
pur, car l'hydro-chlorate d'ammoniaque se dégage avec
l'oxigène et l'acide hydro-chlorique, qui étaient combinés
avec le métal. La liqueur alors contient de l'hydro-chlorate
de fer, de titane, et une certaine quantité d'hydro-chlorate d'*iridium* qui n'a pas été entièrement précipité ; on
l'étend de beaucoup d'eau ; on y verse de l'ammoniaque,
et l'on en sépare sur-le-champ les oxides de fer et de titane ;
on la filtre, et, par l'évaporation, on obtient l'hydro-chlorate d'ammoniaque et d'iridium, que l'on calcine pour
avoir une nouvelle portion d'*iridium.*

La dissolution *A*, contenant le platine, le palladium,
le rhodium et plusieurs autres métaux (pag. 526), doit être
évaporée et concentrée pour en chasser l'excès d'acide ; on
l'étend de dix fois son poids d'eau, et l'on y verse un
excès de dissolution concentrée d'hydro-chlorate d'ammoniaque : il se produit sur - le - champ un précipité jaune
d'hydro-chlorate d'ammoniaque et de platine, que l'on lave
et que l'on chauffe jusqu'au rouge, pour en volatiliser le
sel ammoniac, l'acide hydro-chlorique et l'oxigène, et l'on
obtient le *platine* sous la forme d'une masse spongieuse.
Il suffit d'allier cette masse avec $\frac{1}{8}$ d'arsenic, et de la chauffer ensuite graduellement jusqu'au rouge blanc, avec le
contact de l'air, pour avoir le platine en lingots ; l'arsenic
que l'on a employé pour rendre le platine fusible, passe
à l'état d'oxide et se volatilise.

La dissolution *A*, dont on a séparé le platine, renferme
beaucoup de métaux, parmi lesquels se trouvent le *palla-*

dium et le *rhodium*, et même une certaine quantité de *platine*. On y plonge des lames de fer, et l'on obtient un précipité noir composé de fer, de cuivre, de plomb, de mercure, de palladium, d'iridium, de rhodium, d'osmium et de platine : ces cinq derniers métaux paraissent être combinés et oxidés. On le traite à froid par l'acide nitrique, qui dissout du fer, du cuivre, du plomb, du mercure et un peu de palladium ; le résidu est mis en contact avec l'acide hydro-chlorique à la température ordinaire, qui dissout beaucoup de fer, du cuivre, un peu de palladium, de platine et de rhodium ; on recommence le traitement par l'acide nitrique et par l'acide hydro-chlorique, jusqu'à ce qu'il n'y ait plus d'action ; le résidu contient la majeure partie du rhodium, et du palladium, du platine, de l'iridium, du chlorure de mercure, du mercure, du chlorure de cuivre, du fer et du cuivre. On le lave, et on le fait dessécher fortement ; il se volatilise du mercure, du chlorure de cuivre, du chlorure de mercure, et peut-être un peu d'oxide d'osmium ; on le fait chauffer à deux reprises différentes avec de l'eau régale concentrée, qui en dissout la majeure partie ; la portion non dissoute contient beaucoup d'*iridium*.

La liqueur obtenue avec l'eau régale qui renferme du platine, du rhodium, du palladium, de l'iridium, du fer et du cuivre, est évaporée jusqu'en consistance de sirop, étendue de dix fois son poids d'eau, et précipitée par une dissolution concentrée d'hydro-chlorate d'ammoniaque afin d'en précipiter du *platine* à l'état d'hydro-chlorate double ; on la filtre, et on l'évapore de nouveau presque jusqu'à siccité ; on l'étend d'eau, et il se sépare encore une portion du même sel, coloré en rouge-grenade par un peu d'hydro-chlorate d'iridium. Cette liqueur, privée de tout le platine, est rendue acide par un peu d'acide hydro-chlorique ; alors on la sature par l'ammoniaque, et l'on voit paraître un précipité cristallin, brillant, d'un beau rose, formé par le sous-hydro-chlorate de *palladium*, qu'il suffit de laver et de calciner pour en extraire le métal.

La dissolution ainsi précipitée, et qui contient encore le rhodium et les autres métaux dont nous avons parlé, est évaporée jusqu'à ce qu'elle puisse cristalliser par refroidissement; on égoutte les cristaux, et on les traite à plusieurs reprises par l'alcool à 36°, qui dissout les hydro-chlorates de fer, de cuivre et de palladium non séparés, et il reste une poudre rouge qui est de l'hydro-chlorate de rhodium ammoniacal; on le dissout dans une petite quantité d'eau et d'acide hydro-chlorique, pour le séparer d'un peu d'hydro-chlorate d'ammoniaque et de platine qu'il peut contenir; on fait évaporer la dissolution, et on la chauffe jusqu'au rouge pour en avoir le *rhodium*. Le procédé dont nous venons d'exposer les détails appartient à M. Vauquelin. Il en existe un autre de M. Wollaston, à l'aide duquel on peut aussi se procurer très-bien ces divers métaux : il diffère beaucoup du précédent. (Voyez *Ann. de Chimie.*)

La liqueur *C* condensée dans le récipient renferme beaucoup d'acide et de l'oxide d'osmium; on sature l'acide par un lait de chaux, et on soumet le mélange à la distillation: l'oxide d'*osmium* se volatilise. (M. Laugier.)

Des Oxides de la première classe.

Oxide de silicium (silice). On introduit dans un creuset une partie de sable ou de cailloux bien pulvérisés, et 3 parties de potasse; on chauffe graduellement le mélange jusqu'au rouge; la potasse fond, perd son eau, se boursouffle, et se combine avec la silice. Lorsque la fusion est opérée, ou du moins que la masse est en pâte molle, on la coule et on la laisse refroidir dans un vase de cuivre ou d'argent. On la traite dans une capsule par quatre ou cinq fois son poids d'eau, dont on élève la température; on filtre la dissolution, à laquelle on donnait autrefois le nom de *li-queur de cailloux* (potasse silicée) ; on y verse assez d'a-cide sulfurique, hydro-chlorique ou nitrique, pour satu-rer la potasse, et l'on obtient un précipité gélatineux de silice ; on décante la dissolution saline formée, et on lave le dépôt que l'on fait dessécher. Si la dissolution était trop étendue, et que la silice ne fût pas précipitée par l'acide, il faudrait la concentrer par l'évaporation.

Oxide de zirconium (zircone). On prend du zircon passé au tamis, et on le fait chauffer jusqu'au rouge avec trois ou quatre fois son poids de potasse caustique, dans un creuset de platine ; au bout de trois quart-d'heures, on délaie le produit dans dix ou douze fois son poids d'eau, et on y verse assez d'acide hydro-chlorique pour le dissoudre en entier : cette dissolution renferme des hydro-chlorates de potasse, de zircone, de fer et de silice ; en effet le zircon donne à l'analyse 65 de zircone, 33 de silice, et 2 d'oxide de fer (Klaproth et Vauquelin) ; il ne peut être dissous par les acides qu'après avoir été divisé par la potasse ou par une autre substance analogue. On fait évaporer la dissolution jusqu'en consistance de gelée ; l'hydro-chlorate de silice se décompose, la silice se précipite, tandis que l'acide se volatilise ; on traite de nouveau par l'eau, on filtre, et l'on obtient une dissolution formée des hydro-chlorates de po-tasse, de zircone et de fer ; on y verse peu à peu de l'hy-dro-sulfate sulfuré d'ammoniaque pour en précipiter seu-lement le fer à l'état d'hydro-sulfate noir ; on a soin de ne pas employer un excès de ce réactif, car il précipiterait aussi la zircone ; on cesse d'en ajouter lorsque le dépôt n'est plus noir ; alors on filtre la dissolution, et on en précipite la *zircone* par l'ammoniaque, qui s'empare de l'acide de l'hydro-chlorate de zircone ; on la lave pour la dessé-cher, etc.

Oxide d'aluminium (alumine). On verse un excès

d'ammoniaque dans une dissolution de sulfate acide d'alumine et de potasse (alun); le sulfate d'alumine seul est
décomposé, et l'alumine se précipite; on la lave à plusieurs reprises pour dissoudre les sulfates d'ammoniaque
et de potasse, et on la dessèche.

Oxide d'yttrium (yttria). On fait bouillir dans une
fiole une partie d'*ytterbite* pulvérisée, avec 4 ou 5 parties
d'acide nitrique un peu étendu d'eau, et l'on obtient des
nitrates d'yttria, de chaux, de manganèse et de fer solubles;
tandis qu'il reste de la silice et de l'oxide de fer qui n'ont
pas été dissous. L'ytterbite renferme en effet ces différens oxides. On décante la liqueur, on l'étend d'eau pour
la filtrer, puis on la mêle avec les eaux de lavage du
résidu. On la dessèche par l'évaporation pour en séparer
l'excès d'acide nitrique, et on traite la masse par l'eau, qui
dissout les nitrates d'yttria, de chaux, de manganèse, et la
portion de nitrate de fer non décomposée par l'action de
la chaleur; on filtre et on verse dans la dissolution un
grand excès de sous-carbonate d'ammoniaque qui précipite la chaux, le manganèse et le fer à l'état de sous-carbonates; tandis qu'il reste dans la liqueur du nitrate d'ammoniaque et du sous-carbonate d'yttria dissous par l'excès
de sous-carbonate d'ammoniaque; on filtre et on fait bouillir la dissolution; le sous-carbonate d'yttria ne tarde pas
à se précipiter à mesure que le sous-carbonate d'ammoniaque se volatilise; on lave le précipité; on le dessèche
et on le fait rougir dans un creuset pour en dégager l'acide
carbonique et avoir l'*yttria* pure.

On ferait encore les mêmes opérations si l'ytterbite
contenait de la glucine, excepté qu'il faudrait séparer le
sous-carbonate de glucine du sous-carbonate d'yttria par
une dissolution de potasse qui ne peut dissoudre que le
premier.

Oxide de glucinium (glucine). On l'extrait du béril ou

aigue-marine ; celui de Limoges est formé, d'après M. Vauquelin, de 69 de silice, 16 de glucine, 13 d'alumine,
0,5 de chaux, 1 d'oxide de fer ; on le traite par la potasse,
l'eau et l'acide hydro-chlorique, comme nous l'avons dit
en parlant du zircon ; on évapore les hydro-chlorates
pour en précipiter la silice en gelée ; on traite la masse par
l'eau, et on filtre la dissolution composée des hydro-
chlorates de glucine, d'alumine, de chaux et de fer solubles ; on y verse un excès de sous-carbonate d'ammoniaque
qui agit sur elle comme sur la dissolution d'yttria, en sorte
que l'on obtient la *glucine* en suivant le même procédé.

Oxide de magnésium (magnésie). On fait bouillir pendant demi-heure une dissolution étendue de sulfate de
magnésie avec du carbonate de potasse pur, et l'on obtient un précipité blanc de sous-carbonate de magnésie,
qu'il suffit de laver et de calciner dans un creuset pour en
avoir la magnésie. On emploie le plus souvent le sous-
carbonate de potasse du commerce, et l'on agit à froid ;
mais la magnésie obtenue par ce procédé n'est pas aussi
pure.

Des Oxides de la seconde classe.

Oxide de calcium (chaux). On fait chauffer dans un
creuset du marbre blanc (carbonate de chaux) ; au bout
d'une heure ou deux, si la chaleur a été assez forte, on
obtient de la *chaux* pure, car tout le gaz acide carbonique
s'est dégagé. Une petite quantité d'eau favorise singulièrement cette décomposition, à raison de la tendance qu'elle
a à s'unir avec la chaux. Pour se procurer la chaux en grand,
on chauffe la pierre à chaux (carbonate) dans des fourneaux
d'une forme particulière, en employant de préférence le bois
vert et humide, qui fournit plus d'eau que celui qui est
sec : les phénomènes chimiques sont absolument les
mêmes. Il est important de ne pas trop chauffer la pierre

lorsqu'elle contient de la silice, car il se formerait une
espèce de frite, et la chaux ne serait plus propre aux cons-
tructions; il faut cependant la calciner assez pour lui faire
perdre tout l'acide carbonique qu'elle renferme.

Oxide de strontium et Protoxide de barium (strontiane et baryte). On fait rougir dans un creuset de platine
du nitrate de strontiane ou de baryte purs. (Voyez *Préparation de ces nitrates.*) Ces sels fondent; leur acide se
décompose en oxigène et en acide nitreux, et il ne reste
que la baryte ou la strontiane sous forme d'une masse
poreuse; on les retire et on les conserve dans des flacons
bouchés à l'émeri. Si on faisait l'opération dans un creuset de Hesse, ses parois seraient attaquées, et il faudrait
le casser et faire bouillir les fragmens avec de l'eau distillée pour dissoudre au moins une partie de l'oxide qui
y est fortement attaché. *Deutoxide de barium.* On peut
se le procurer en chauffant le protoxide avec du gaz oxigène renfermé dans une cloche courbe, disposée sur la
cuve à mercure.

Protoxides de potassium et de sodium. On met en contact avec le gaz oxigène des lames minces de potassium
ou de sodium à la température ordinaire; ces métaux sont
transformés en protoxide lorsque le poids du métal est
augmenté d'un dixième.

Deutoxides de potassium et de sodium. On les obtient
en faisant agir le gaz oxigène desséché sur le métal : celui-ci
passe d'abord à l'état de protoxide, et se transforme ensuite
en deutoxide; on doit éviter d'employer l'air, qui contient
toujours de l'acide carbonique.

*Deutoxides de potassium et de sodium contenant de
l'eau* (potasse et soude). On prépare la *potasse* en projetant dans une bassine de fonte presque rouge un mélange
pulvérulent fait avec une partie de nitrate de potasse et
deux parties de tartre (tartrate acidule de potasse); ces

deux sels se décomposent avec dégagement de calorique et
de lumière, et il y a formation d'eau, d'acide carbonique,
de gaz azote, etc. Le résidu blanc est du *sous-carbonate
de potasse*, contenant peut-être un peu de tartrate ou de
nitrate de potasse. Dans cette expérience l'oxigène de l'acide
nitrique se combine avec l'hydrogène et le carbone de
l'acide tartarique, et la potasse des deux sels s'unit à
l'acide carbonique provenant de l'action de l'oxigène sur
le carbone. (Voyez *Tartrate acide de potasse*, tome II.)
On fait bouillir ce sous - carbonate de potasse avec un
poids de chaux vive égal au sien, et 12 ou 15 parties
d'eau; il se forme du sous-carbonate de chaux insoluble,
et la potasse reste en dissolution; on filtre à travers une
toile, et on fait bouillir le précipité qui reste sur le filtre
avec une nouvelle quantité d'eau, afin de dissoudre toute
la potasse. Dans cet état, la liqueur ne doit pas ou presque
pas précipiter par l'eau de chaux; si elle précipite, on doit
la faire bouillir de nouveau avec de la chaux, pour en
séparer tout l'acide carbonique; alors on la fait évaporer
à grand feu jusqu'en consistance de sirop; on la laisse
refroidir jusqu'à ce qu'elle soit à 50° ou 60°, et on l'agite
avec trois ou quatre fois son poids d'alcool à 33°, qui ne
dissout que la potasse pure. On enferme cette dissolution
dans des flacons, où elle reste pendant quelques jours,
afin de laisser déposer les matières insolubles qu'elle peut
contenir; ces opérations doivent être faites avec promptitude,
pour que la potasse n'absorbe pas l'acide carbonique
de l'air. On décante, au moyen d'un siphon rempli d'esprit-de-vin,
l'alcool potassé, et on le fait chauffer dans une
cornue de verre, à laquelle on adapte un récipient tubulé
que l'on a soin de refroidir; l'alcool se volatilise, vient
se condenser dans le récipient, et la liqueur se concentre;
lorsqu'elle est réduite à-peu-près au quart de son volume
primitif, on la fait évaporer à grand feu dans une bassine

d'argent pour la dessécher, la fondre et la couler dans une autre bassine du même métal ou de cuivre, bien sèche; on la concasse, et on la renferme sur-le-champ dans des flacons bouchés à l'émeri.

Si, comme on le fait habituellement, on se sert de potasse du commerce, composée de sous-carbonate de potasse, de sulfate, d'hydro-chlorate de potasse, de silice, d'oxides de fer et de manganèse, et quelquefois d'un peu de sous-carbonate de soude, on doit la soumettre aux mêmes opérations; on la fait dissoudre dans de l'eau, et on la traite par la chaux, qui ne lui enlève que l'acide carbonique, en sorte que le liquide provenant de ce traitement est formé de potasse et des autres produits que nous venons de nommer. Ce liquide fournit, par l'évaporation, la *pierre à cautère*, dont on extrait de la potasse pure au moyen de l'alcool : à la vérité cette potasse contiendrait de la soude si le sous-carbonate du commerce renfermait du sous-carbonate de soude. On prépare la *soude* en faisant subir les mêmes opérations au sous-carbonate de soude que l'on trouve dans le commerce.

Tritoxides de potassium et de sodium. On obtient ces oxides en faisant chauffer le métal avec un excès de gaz oxigène pur, dans une cloche courbe et sur le mercure.

Verre. On prépare le verre en chauffant fortement du sable blanc ou coloré avec des matières alcalines qui, comme nous l'avons dit, sont très-fusibles; en sorte que l'on doit regarder ce produit comme un composé de silice et d'un ou de deux alcalis; il entre aussi quelquefois dans sa composition du protoxide de plomb, de l'oxide de manganèse, etc. On trouvera des détails sur les opérations mécaniques qui constituent l'art de la verrerie dans le *Traité de M. Loisel*; nous nous bornerons ici à indiquer, d'après cet auteur, les proportions des matériaux propres à fournir les principales variétés de verre.

Glaces de Saint-Gobin. Sable blanc, 100 parties; chaux éteinte à l'air, 12 parties; sel de soude calciné contenant beaucoup de sous-carbonate de soude, 45 à 48 parties; calcin, ou rognures de verre de la même qualité que les glaces, 100 parties : on ajoute quelquefois 0,25 de peroxide de manganèse pour enlever au verre la couleur jaune qu'il peut avoir.

Glaces communes. Sable, 100 parties; soude brute pulvérisée, 100 parties; rognures ou calcin, 100 parties; peroxide de manganèse, 0,5 à 1.

Verre à bouteilles. Sable, 100 parties; soude brute de vareck, 200 parties; cendres neuves, 50 parties; cassons de bouteilles, 100 parties.

Verre de cristal ou *flint-glass*. Sable blanc, 100 parties; minium (deutoxide de plomb), 80 à 85 parties; potasse du commerce calcinée et un peu aérée, 35 à 40 parties; nitre de première cuite, 2 à 3 parties; peroxide de manganèse, 0,06 : on ajoute aussi quelquefois, oxide blanc d'arsenic, 0,05 à 0,1 ; ou bien la même quantité de sulfure d'antimoine.

Verres colorés. L'art d'obtenir les verres colorés consiste à mêler avec les matières qui constituent le verre ordinaire, une très-petite quantité d'un oxide métallique coloré : ainsi les oxides de cobalt colorent en bleu, le peroxide de manganèse en violet, le pourpre de Cassius uni au peroxide de manganèse, en rouge ; l'oxide de chrome en vert : on obtient aussi une nuance verte avec un mélange d'oxide de cobalt et de chlorure d'argent ou de verre d'antimoine, ou bien encore avec un mélange d'oxide de fer et d'oxide de cuivre, etc.

Azur. Nous avons dit, à l'article *Cobalt*, que l'azur est un verre bleu pulvérisé, composé de silice, de potasse et de protoxide de cobalt : pour l'obtenir, on grille la mine de cobalt réduite en poudre et séparée des matières terreuses. Cette mine est le plus souvent formée de cobalt, de fer, de soufre et d'arsenic. Par le grillage ces deux dernières substances se transforment en gaz acide sulfureux et en deutoxide d'arsenic qui se volatilisent ; le fer et le cobalt passent à l'état d'oxide ; on les fait fondre avec 3 parties de potasse et autant de sable pur, et l'on ne tarde pas à obtenir un verre bleu connu sous le nom de *smalt*. On le met dans l'eau froide lorsqu'il est encore chaud, et on le broie entre deux meules ; ainsi broyé, il est agité dans des tonneaux remplis d'eau ; on décante le liquide trouble, et il se dépose une poudre que l'on désigne sous le nom d'*azur*. Il est évident que ce produit sera d'autant plus fin que le liquide aura été décanté plus tard ; car alors les parties les plus pesantes auront eu le temps de se précipiter au fond des tonneaux. L'azur est d'autant plus bleu qu'il contient plus d'oxide de cobalt et moins d'oxide de fer.

Émaux. On donne le nom d'*émail* à des produits vitrifiés, transparens ou opaques, incolores ou colorés, formés principalement par le protoxide de plomb ; ceux qui sont opaques contiennent de l'oxide d'étain ; ceux qui sont colorés renferment un oxide métallique coloré. *Émail blanc.* On fait chauffer, avec le contact de l'air, 100 parties de plomb et 15 à 40 parties d'étain ; lorsque ces métaux sont transformés en oxides, on fait fondre dans un four de faïence 100 parties du produit avec 25 ou 30 parties de sel commun, 75 parties de sable et 25 parties de talc (Clouet). On s'en sert pour vernir la faïence, etc.

Poterie. On donne le nom de *poterie* à tous les vases faits de terre argileuse cuite. Toutes les poteries sont essentiellement formées d'alumine et de silice ; quelques-unes d'entre elles contiennent de la chaux et du fer oxidé. Nous allons jeter un coup-d'œil sur les diverses préparations générales que l'on fait subir aux terres à poterie lorsqu'on veut en faire des vases. 1°. On les lave pour en séparer les parties grossières, et surtout l'excès de silice. 2°. On les mêle avec diverses espèces de terres ou de cimens pour en faire une pâte. 3°. On laisse macérer la pâte; on la broye, on la corroie, c'est-à-dire, on l'étend en la comprimant et en la repliant sur elle-même plusieurs fois pour lui donner du liant et de l'homogénéité. 4°. On fait les pièces. 5°. On les cuit pour les rendre plus denses et plus dures. 6°. On recouvre la plupart d'entre elles d'une couverte que l'on appelle *vernis*, et qui n'est autre chose qu'un verre métallique ou terreux, coloré ou incolore, transparent ou opaque, et très-fusible.

Nous allons suivre, dans l'exposition des particularités sur l'art du *potier*, le travail de M. Brongniart, directeur de la manufacture de porcelaine de Sèvres. Ce savant divise les poteries en deux classes : les *faïences* et les *porcelaines*. Les premières sont les poteries proprement dites, les terres de pipe et les grès ; les secondes sont les porcelaines dures et tendres.

Faïence. Le caractère distinctif des faïences est d'avoir une pâte toujours opaque et de se cuire convenablement sans éprouver de ramollissement. Cette classe comprend la faïence fine, appelée aussi *terre de pipe*, les creusets, les poteries rouges, les alcarazas ou vases à rafraîchir, les faïences communes et les grès. La *terre de pipe* est composée d'une argile liante, infusible, exempte de fer, ordinairement incolore, et de silex noir (pyromaque) broyé. Après avoir bien lavé ces deux matières, on fait une pâte avec un mélange de 4 parties d'argile et d'une partie de silex; on la fait sécher en la chauffant ou en la mettant dans des moules de plâtre bien sec qui a la faculté d'absorber l'humidité; on la pétrit fortement en faisant marcher dessus des ouvriers à pieds nus, puis en agissant comme pour la pâte de farine; on l'abandonne pendant plusieurs mois dans des caves humides; où elle s'altère, noircit et répand une odeur fétide. Ces opérations étant faites, on la façonne et on la cuit dans un four, en la faisant chauffer pendant 40 heures environ; on recouvre la pièce cuite d'un vernis composé de *minium*, ou plutôt de sulfure de plomb, de silice et d'un alcali fixe; pour cela on fait fondre, dans le four à poterie, les matériaux qui composent ce vernis; on le pulvérise très-finement et on le met dans de l'eau où il est suspendu à l'aide du mouvement et d'un peu d'argile; alors on plonge dans ce liquide trouble la pièce cuite, qui, étant poreuse, absorbe l'eau et une portion du vernis pulvérisé; on la retire de l'eau et on la reporte au feu pour faire fondre le vernis. Les *creusets de Hesse* sont formés de 2 parties de sable d'une moyenne grosseur, et d'une partie d'argile; ils résistent très-bien aux changemens de température et sont infusibles; cependant ils sont attaqués et dissous par les verres de plomb. On fait aussi des creusets avec 2 parties d'argile pure et une partie de ciment très-cuit de cette même argile; ils résistent beaucoup plus à l'action des verres alcalins, à la fusion desquels ils servent. Les *poteries rouges* sont les petits pots à fleurs, les terrines et autres poteries communes, les vases étrusques, etc. Elles sont formées d'une argile ferrugineuse, lavée, broyée, et dégraissée par une quantité suffisante de sable ou de ciment de cette même poterie. Lorsqu'elles sont destinées à contenir de l'eau, on les enduit intérieurement d'une couverte de verre de plomb pour que le liquide ne passe pas à travers leurs pores; on applique souvent sur leur surface externe des couleurs métalliques, qu'il suffit de faire fondre. *Alcarazas*, ou vases à rafraîchir. On les prépare avec une argile rendue poreuse et perméable par une grande quantité de sable; ou par une très-légère cuisson; le sel commun n'est pas nécessaire; le degré de chaleur convenable pour les cuire n'est même pas suffisant pour volatiliser ce sel. Les *faïences communes* sont composées de 3 parties d'une argile souvent ferrugineuse, quelquefois calcaire, et de 2 parties d'un sable contenant de l'oxide de fer, un peu d'argile et quelquefois même de la chaux. La pâte qui constitue les *pipes* est la même que celle des faïences fines, mais elle est moins cuite et sans couverte. Les *grès* sont des faïences à pâte compacte, assez bien cuites pour n'être point rayées par le fer, et qui ne reçoivent pas ordinairement de couverte de plomb (Bronguiart); ils sont formés d'une argile très-plastique et fine, peu ferrugineuse, contenant naturellement une assez grande quantité de sable fin, et ne renfermant presque point de chaux.

Porcelaines. Le caractère essentiel des porcelaines est d'avoir une pâte qui se ramollit en cuisant et qui acquiert une certaine demi-transparence. On connaît deux espèces de porcelaine : l'une est dure, l'autre est tendre; la première jouit des caractères que nous venons d'indiquer; elle est formée de kaolin, espèce de sable argileux, infusible, conservant au plus grand feu sa couleur blanche; et d'un fondant appelé *pétunzé*, sorte de roche feldspathique, quartzeuze, composée de silice et de chaux. La porcelaine tendre a une pâte plus vitreuse, plus transparente, plus fusible, mais moins dure et moins fragile; elle est formée d'une frite vitreuse, rendue opaque et moins fusible par l'addition d'une argile marneuse très-calcinée; son vernis est composé de silice, d'alcali et de plomb. (*Voy.*, pour les détails des diverses opérations, l'article *Argile* de M. Bronguiart, *Dictionnaire des Sciences naturelles*, t. III.)

Des Oxides de la troisieme classe.

Protoxide de manganèse. On décompose la dissolution de proto-sulfate ou de proto-hydro-chlorate de manganèse par la potasse, la soude ou l'ammoniaque; on lave l'oxide précipité avec de l'eau privée d'air, et on l'enferme dans des flacons bouchés à l'émeri. *Deutoxide.* On chauffe pendant une heure et jusqu'au rouge blanc, le tritoxide purifié; il se dégage du gaz oxigène, et il est ramené au deuxième degré d'oxidation. *Tritoxide.* On le trouve dans la nature, mais il n'est pas pur. On le prive du carbonate de fer et de chaux qu'il renferme presque toujours, en le faisant digérer pendant 20 ou 25 minutes avec de l'acide hydro-chlorique liquide étendu de son poids d'eau, qui décompose ces carbonates et dissout la chaux et le fer; on décante la dissolution et on lave le résidu.

Oxide de zinc (fleurs de zinc). On fait fondre le métal dans un creuset; il ne tarde pas à être oxidé par l'air et à donner des flocons blancs qui s'attachent aux parois du creuset, et que l'on enlève avec une spatule à mesure qu'ils se forment.

Protoxide de fer. On l'obtient en décomposant le proto-sulfate de fer par une dissolution de potasse ou de soude, et en lavant le précipité avec de l'eau privée d'air. On doit l'enfermer dans des flacons bouchés à l'émeri.

Deutoxide. Il se forme toutes les fois que la vapeur de l'eau est décomposée par le fer.

Tritoxide. On l'obtient, 1° en chauffant le fer jusqu'au rouge cerise avec le contact de l'air; 2° en décomposant les trito-sels de fer par la potasse, et lavant le précipité; 3° en traitant le fer par l'acide nitrique et décomposant le nitrate par la chaleur; 4° en décomposant le proto-sulfate de fer. (*Voyez* § 344.)

Protoxide d'étain. On le précipite du proto-hydrochlorate d'étain par l'ammoniaque, et on le lave.

Deutoxide. On le prépare en traitant l'étain en grenaille par l'acide nitrique bouillant; il se produit une vive effer-

vescence et l'oxide est formé ; on le lave et on le fait
sécher.

Des Oxides de la quatrième classe.

Oxide d'arsenic (acide arsenieux). Lorsqu'on grille les
mines de cobalt arsenical , l'arsenic passe en partie à l'état
d'oxide blanc volatil, qui se sublime ; mais comme cet
oxide n'est pas pur, on le sublime de nouveau dans des
cucurbites en fonte.

Acide arsenique. On fait chauffer dans une cornue de
verre , à laquelle on adapte une allonge et un récipient bitubulé , un mélange d'une partie d'oxide d'arsenic bien pulvérisé , de 2 parties d'acide hydro-chlorique liquide concentré, et de 4 parties d'acide nitrique à 34°. L'oxide qui ,
à raison de sa force de cohésion, n'enlèverait l'oxigène à
l'acide nitrique qu'avec difficulté, se dissout dans l'acide
hydro-chlorique, se divise, et peut alors être transformé en
acide au moyen de l'oxigène de l'acide nitrique : aussi se
dégage-t-il beaucoup de gaz nitreux. Lorsque la liqueur est
presqu'en consistance sirupeuse, on la retire, et on continue à l'évaporer dans une capsule de porcelaine : le produit
solide que l'on obtient est l'acide arsenique.

Oxide de chrome. On introduit du chromate de mercure dans une petite cornue de grès , dont le col se rend
dans une allonge à l'extrémité de laquelle est attaché un
petit nouet de linge qui plonge dans l'eau ; on chauffe graduellement la cornue jusqu'au rouge ; le sel se décompose ,
et l'on obtient de l'oxide de chrome fixe qui reste dans la
cornue, du gaz oxigène qui se dégage , et du mercure qui
se volatilise et se condense.

Acide chromique. On fait dissoudre le chromate de
baryte récemment préparé (*voyez* pag. 597) dans de l'acide
nitrique faible, et on y verse peu à peu de l'acide sulfurique étendu d'eau ; il se forme un précipité de sulfate de

baryte ; on filtre , et on fait évaporer doucement la liqueur jusqu'à siccité ; l'eau et l'acide nitrique se volatilisent, tandis que l'acide chromique reste , pourvu qu'on ne chauffe pas assez pour le décomposer. On doit garder une portion de chromate de baryte pour s'en servir dans le cas où l'on aurait employé trop d'acide sulfurique, ce que l'on reconnaîtra au moyen d'un sel soluble de baryte, qui formera dans l'acide chromique un précipité blanc de sulfate de baryte, insoluble dans l'eau et dans l'acide nitrique.

Oxide de molybdène. On plonge une lame de zinc dans une dissolution d'acide molybdique ; celui-ci cède au métal une portion de son oxigène, et l'oxide bleu se précipite.

Acide molybdique. On fait griller , à une douce chaleur , le sulfure de molybdène pulvérisé ; on l'agite souvent afin de mettre toutes ses parties en contact avec l'air ; il se forme du gaz acide sulfureux qui se dégage, et de l'acide molybdique qui reste avec un peu de sulfure non décomposé ; on fait chauffer le résidu avec une dissolution de potasse ; le molybdate obtenu est décomposé par l'acide nitrique , sulfurique ou hydro-chlorique, qui s'emparent de la potasse et précipitent l'acide.

Acide tungstique. On fait chauffer pendant deux heures une partie de wolfram pulvérisé et séparé de sa gangue (mine composée principalement d'acide tungstique, d'oxide de fer et d'oxide de manganèse), avec cinq ou six fois son poids d'acide hydro-chlorique liquide , qui dissout les oxides de fer et de manganèse , et laisse l'acide tungstique sous la forme d'une poudre jaune ; mais il est mêlé avec un peu de gangue et avec du wolfram non décomposé ; on le lave et on le fait dissoudre à froid dans l'ammoniaque ; on filtre et on évapore le tungstate qui a été produit ; lorsqu'il est sec , on le chauffe dans un creuset pour en volatiliser l'ammoniaque , et l'acide reste pur.

Acide columbique. On fait fondre dans un creuset d'argent une partie de columbate de fer, de manganèse ou d'yttria (les seuls que l'on trouve dans la nature) avec 2 parties de potasse. On dissout dans l'eau bouillante le columbate de potasse qui en résulte; on le filtre, et on en précipite l'acide columbique au moyen de l'acide nitrique; on lave l'acide précipité.

Protoxide d'antimoine. On traite par l'eau le proto-hydro-chlorate d'antimoine solide, et l'on obtient un sur-hydro-chlorate soluble et un sous-hydro-chlorate blanc insoluble; on décompose celui-ci avec de l'ammoniaque, qui s'empare de tout l'acide hydro-chlorique, et laisse le protoxide, qu'il suffit de laver et de faire sécher pour l'avoir pur. *Deutoxide* (fleurs d'antimoine). On transforme l'antimoine en deutoxide en le chauffant avec le contact de l'air; pour cela on introduit de l'antimoine dans un creuset long, que l'on recouvre d'un autre creuset à-peu-près de même capacité, et que l'on assujettit au moyen d'un lut argileux, en laissant pourtant une ouverture qui donne accès à l'air; on place dans un fourneau à réverbère celui qui renferme l'antimoine, et on le dispose de manière qu'il fasse un angle de 45° avec le sol, et que l'extrémité par laquelle il communique avec l'autre soit hors du fourneau d'environ un pouce; le fond du creuset supérieur doit être percé d'un petit trou; on fait fondre l'antimoine; l'oxide se forme, se réduit en vapeurs et se condense dans le creuset supérieur, que l'on peut faire communiquer encore avec un autre creuset qui se trouvera plus éloigné du foyer, et qui par conséquent favorisera la condensation. On peut encore obtenir ce deutoxide comme celui d'étain, en traitant l'antimoine par l'acide nitrique.

Oxide d'urane. On le prépare en versant une dissolution de potasse ou de soude dans du nitrate d'urane, et en lavant l'oxide précipité.

I.   35

Les deux *oxides de cerium* s'obtiennent en décomposant les *proto* ou les *deuto-sels* par l'ammoniaque, qui en précipite l'oxide, et en lavant le précipité.

Protoxide de cobalt. On se le procure en décomposant un sel de cobalt par la potasse ou par la soude. *Deutoxide.* On transforme le protoxide en deutoxide en le faisant rougir dans un têt exposé à l'air, jusqu'à ce qu'il soit noir.

Oxide de titane. On le sépare des sels de titane par l'ammoniaque.

Oxide de bismuth. Il s'obtient de la même manière que le protoxide d'antimoine.

Protoxide de cuivre. Lorsqu'on met le proto-hydrochlorate de cuivre blanc et insoluble, dans une dissolution de potasse ou de soude, on enlève l'acide au sel et le protoxide orangé est mis à nu; on décante la liqueur et on lave le précipité. *Deutoxide.* On le sépare d'un deuto-sel de cuivre par une dissolution de potasse ou de soude; on le lave et on le fait dessécher.

Oxide de tellure. On agit de la même manière sur un sel de tellure lorsqu'on veut en obtenir l'oxide.

Protoxide de plomb (massicot). On le prépare, 1° en chauffant le plomb avec le contact de l'air; 2° en ramenant par la chaleur le deutoxide à l'état de protoxide. *Deutoxide* (minium). On l'obtient aussi au moyen de l'air. On commence par fondre le plomb dans un fourneau à réverbère dont l'aire est concave; lorsqu'il est à l'état de protoxide jaune, on le laisse refroidir, on le triture, et on l'agite dans des tonneaux avec une certaine quantité d'eau, afin d'en séparer les portions de plomb qui n'ont pas été oxidées; le métal, plus pesant que l'oxide, ne tarde pas à se précipiter, tandis que celui-ci reste suspendu dans l'eau; on le ramasse, on le fait sécher et on le met de nouveau dans le four sous la forme de couches minces, afin qu'il présente plus de surface; on élève la température presque jusqu'au rouge brun, et l'on obtient, au bout de 40 à 48 heures, le deutoxide rouge; on le laisse refroidir et on le passe au tamis : cependant il n'est pas pur ; il contient presque toujours un peu de protoxide de plomb, et assez souvent du deutoxide de cuivre; on le traite par l'acide acétique affaibli, qui ne dissout, à l'aide d'une douce chaleur, que les deux oxides qui altèrent le minium. *Tritoxide* (oxide puce). On le prépare en faisant chauffer le deutoxide avec 5 à 6 parties d'acide nitrique étendu de son poids d'eau ; il se forme du proto-nitrate de plomb soluble et du tritoxide qui reste au fond du matras, et qui doit être lavé avec de l'eau chaude (Voyez *Minium*, § 480).

Des Oxides de la cinquième classe.

L'*oxide de nickel* s'obtient comme le protoxide de cobalt.

Protoxide de mercure. Cet oxide ne peut pas être obtenu, d'après les expériences de M. Guibourt. La poudre noire que l'on sépare en décomposant un proto-sel de mercure par la potasse, est un mélange de deutoxide et de mercure très-divisé. *Deutoxide.* On le prépare, 1° en décomposant dans une fiole, à une chaleur voisine du rouge brun, du nitrate de mercure : on l'appelle, dans ce cas, *précipité rouge :* si l'on chauffait trop fortement on le transformerait en oxigène et en mercure ; 2° en versant de la potasse, de la soude ou de la chaux dans une dissolution d'un deuto-sel de mercure ; 3° en chauffant pendant 10, 12 ou 15 jours le mercure avec le contact de l'air, et de manière à le faire entrer presqu'en ébullition. On donnait autrefois à l'oxide préparé par ce moyen le nom de *précipité per se,* et celui d'*enfer de Boyle* au matras qui renfermait le métal.

Oxide d'osmium. On peut se le procurer, 1° en chauffant jusqu'au rouge brun une cornue contenant un mélange de nitrate de potasse et d'osmium métallique ou du résidu noir et pulvérulent *B* dont nous avons parlé à l'article *Extraction du platine* (pag. 527) : il se forme dans tous les cas de l'oxide d'osmium volatil ; 2° suivant M. Laugier, on peut se le procurer en saturant par un lait de chaux la liqueur *C*, qui provient du traitement de la mine de platine et qui le renferme. (*Voyez* pag. 530.)

Des Oxides de la sixième classe.

A l'aide des dissolutions de potasse ou de soude, on sépare l'*oxide d'argent* du nitrate, et les oxides de *rhodium*, de *palladium* et d'*iridium* des hydro-chlorates. L'eau de baryte précipite l'*oxide d'or* de l'hydro-chlorate, pourvu qu'on fasse chauffer le mélange ; enfin le *protoxide* et le *deutoxide de platine* peuvent être obtenus, d'après M. Berzelius, le premier en traitant le sous-hydro-chlorate de protoxide de platine par un grand excès de potasse ou de soude, et le deutoxide, en décomposant le deuto-sulfate de platine par le sous-carbonate de potasse, et en ne recueillant que le premier précipité, car celui qui se forme en dernier lieu est un sulfate à base de potasse et de platine.

Des Phosphures métalliques.

On ne peut pas employer le même procédé pour combiner le phosphore avec tous les métaux susceptibles de former des phosphures. Il est cependant permis d'établir que presque tous les phosphures peuvent être obtenus en faisant fondre le métal s'il est facilement fusible, ou en le faisant rougir s'il fond difficilement, et en le mettant en contact avec de petits fragmens de phosphore. En parlant de l'action de ce corps sur chaque métal en particulier, nous avons eu soin d'indiquer les précautions qu'il faut prendre pour parvenir à le combiner avec quelques-uns d'entre eux, tels que le zinc, le potassium, le sodium, le mercure et l'arsenic. (Voyez *Action du phosphore sur ces métaux.*)

Les métaux très-oxidables qui peuvent décomposer l'acide phosphorique vitreux, tels que le fer, l'étain, le manganèse, etc., se transforment en phosphures et en phosphates lorsqu'on les fait rougir avec cet acide dans un creuset de Hesse; le phosphure fond et forme un culot métallique, tandis que le phosphate reste à la surface.

Presque tous les métaux peuvent passer à l'état de phosphure lorsqu'on les chauffe fortement avec de l'acide phosphorique vitrifié et du charbon, car celui-ci s'empare de l'oxigène de l'acide, et met le phosphore à nu.

Des Phosphures de chaux, de baryte et de strontiane.

On met au fond d'un tube de verre recouvert d'un lut argileux et fermé par un bout, environ un gros de phosphore coupé en petits morceaux, et par-dessus 2 ou 3 gros de chaux, de baryte ou de strontiane finement pulvérisées; on dispose le tube dans un fourneau de manière à en faire passer l'extrémité inférieure d'environ un pouce à travers la grille; on met quelques charbons rouges autour de la partie du tube qui contient l'oxide, et on élève la température jusqu'à le faire rougir; alors on réduit le phosphore en vapeur à l'aide d'autres charbons dont on entoure la partie inférieure du tube qui est au-dessous de la grille; le phosphore traverse l'oxide, se combine avec lui et forme le *phosphure* dont nous parlons; l'excès de phosphore se répand dans l'air, en absorbe l'oxigène et produit une flamme très éclatante.

Des Sulfures métalliques.

On peut les obtenir, 1° en faisant fondre le métal dans un creuset s'il est facilement fusible, et en y ajoutant du

soufre , et s'il ne fond que difficilement , en projetant
dans un creuset rouge un mélange de soufre et du métal pulvérisé : dans tous les cas, il faut continuer à chauffer pendant quelque temps. On opère dans des vaisseaux fermés
si le métal est très - oxidable , par exemple , si on agit
sur le potassium ou sur le sodium. 2°. On peut faire les
sulfures des métaux des quatre dernières classes en exposant à une température élevée leurs oxides mêlés avec du
soufre; l'oxigène se porte sur une portion du soufre pour
former de l'acide sulfureux qui se dégage , et le métal se
combine avec l'autre portion de soufre. 3°. On obtient un
assez grand nombre de sulfures métalliques , formés par les
métaux des trois dernières classes , en décomposant leurs
dissolutions par les hydro-sulfates solubles de potasse, de
soude et d'ammoniaque , et quelquefois même par l'acide
hydro-sulfurique. (Voy. *Hydro-sulfates* , page 208.)

Les *sulfures de potassium et de sodium* se préparent par
le premier procédé , ou bien en faisant chauffer les métaux
avec du gaz acide hydro-sulfurique ; ils s'emparent, dans ce
cas, du soufre et mettent l'hydrogène à nu. *Sulfure de manganèse* : par le deuxième procédé , en chauffant le peroxide
de manganèse avec du soufre. *Sulfures de zinc et de fer* : par le
premier et par le deuxième procédés. *Proto-sulfure d'étain* :
par le premier procédé. *Deuto-sulfure d'étain* (or mussif).
On l'obtient, 1° par le deuxième procédé; 2° en chauffant
parties égales d'étain et de sulfure de mercure (cinnabre);
l'étain s'empare du soufre , et le mercure est mis à nu ; 3° on
fait le plus ordinairement un mélange d'une partie et demie
de soufre , d'une partie d'hydro-chlorate d'ammoniaque , et
d'une partie d'un alliage composé de parties égales d'étain
et de mercure ; on le réduit en poudre fine ; on l'introduit
dans un creuset que l'on soumet pendant plusieurs heures
à l'action d'une douce chaleur , et l'on obtient l'or mussif
sous la forme d'une masse jaunâtre légère ; le mercure qui

entre dans la composition de l'alliage ne sert qu'à le rendre fragile, et par conséquent facile à pulvériser. *Sulfure d'arsenic jaune* (orpiment). On le prépare par le deuxième procédé, ou bien en faisant passer du gaz acide hydro-sulfurique à travers une dissolution aqueuse de deutoxide d'arsenic. *Sulfure de molybdène* : par le premier et par le deuxième procédés. Les *sulfures d'antimoine, de bismuth, de cuivre et de plomb* s'obtiennent par les trois procédés décrits (pag. 549). *Sulfure de mercure* (cinnabre). On fait fondre le soufre dans un creuset ou dans une bassine de fonte ; on y ajoute 3 ou 4 parties de mercure que l'on fait passer à travers une peau de chamois, ce qui forme une pluie mercurielle extrêmement fine, et l'on obtient une masse noirâtre appelée *éthiops de mercure,* et qui avait été regardée jusque dans ces derniers temps comme un sulfure particulier. On fait chauffer cette masse dans un matras de verre à long col, luté extérieurement ; le cinnabre se sublime sous la forme de belles aiguilles violettes, tandis que l'excès de soufre se dégage. On peut aussi préparer une certaine quantité de ce sulfure en agitant pendant long-temps du mercure métallique avec une dissolution d'hydro-sulfate sulfuré : en effet le soufre en excès se porte sur le métal, le noircit d'abord, et ne tarde pas à le faire passer au violet ; on parvient, par ce moyen, à décolorer l'hydro-sulfate sulfuré, et à le transformer en hydro-sulfate simple. *Sulfure d'argent.* On le prépare par les trois procédés indiqués (pag. 549). *Sulfure de nickel* et de *tellure :* par le premier et par le deuxième procédés. *Sulfure de tungstène,* de *cérium,* de *cobalt* et de *titane :* par le deuxième procédé. *Sulfures de palladium,* de *rhodium,* de *platine* et d'*iridium.* (*Voyez* l'histoire de ces métaux.)

Oxides sulfurés alcalins (foies de soufre). 1º. On chauffe ensemble dans un creuset parties égales de soufre pulvérisé et de sous-carbonate de potasse, ou de sous-carbonate de soude, ou de chaux vive , ou de baryte, ou de strontiane : on peut même , à la rigueur, se servir des sous-carbonates de ces trois derniers oxides. On fait rougir le mélange pendant une heure environ ; on le coule sur une table de marbre ; le produit refroidi constitue l'oxide sulfuré (foie de soufre) ; on l'enferme dans des flacons bien secs , et on le conserve à l'abri du contact de l'air : dans ces expériences , le soufre se combine avec l'oxide, et en dégage l'acide carbonique. M. Vauquelin vient de prouver qu'il faut au moins une partie de soufre pour une de sous-carbonate de potasse. 2°. On peut également obtenir ces oxides sulfurés en décomposant dans un creuset les sulfates de potasse , de soude , de baryte, de strontiane et de chaux, réduits en poudre et mêlés avec un sixième de leur poids de charbon pulvérulent ; on fait rougir le mélange passé au tamis pendant une heure ou deux : le charbon décompose l'acide sulfurique, s'empare de son oxigène, et le soufre mis à nu s'unit avec l'oxide ; mais ces oxides sulfurés contiennent un excès de charbon ; on les fait dissoudre dans l'eau , et on filtre ; la liqueur, d'un jaune plus ou moins rougeâtre, transparente , est un hydro-sulfate sulfuré. (*Voy.* § 178.)

L'*oxide sulfuré de magnésie* peut être obtenu par les mêmes procédés.

Iodures métalliques.

1°. On peut combiner directement l'iode , à l'aide de la chaleur, avec un certain nombre de métaux, tels que le potassium, le sodium, le mercure, le fer, le zinc, l'étain , etc. 2°. Les dissolutions métalliques dont les métaux ne décomposent pas l'eau , comme sont celles de cuivre, de plomb, d'argent, de bismuth , etc., donnent par les hydriodates solubles un précipité d'*iodure* : en effet, l'hydrogène de l'acide hydriodique se combine avec l'oxigène de l'oxide, et l'iode se précipite avec le métal.

Des Chlorures métalliques.

1°. On peut combiner directement le chlore gazeux avec tous les métaux, tantôt à froid, tantôt à une température un peu élevée; il en résulte des chlorures qui peuvent être au *minimum* ou au *maximum* de chlore. 2°. On peut obtenir plusieurs chlorures en faisant passer du chlore gazeux et sec à travers les oxides incandescens placés dans un tuyau de porcelaine : tels sont les oxides de magnésium, de calcium, de barium, de strontium, etc. 3°. Enfin tous les hydro-chlorates, excepté ceux de la première classe, et l'hydro-chlorate d'ammoniaque, se transforment en chlorures lorsqu'on les a fortement chauffés. Il serait important d'examiner les propriétés de ces divers chlorures et de comparer entre eux ceux qui sont formés par le même métal, et que l'on a obtenus par ces différens procédés. Cet examen pourrait jeter quelque jour sur l'histoire de ces composés, qui mérite d'être approfondie.

Nous allons décrire la préparation de quelques chlorures que l'on obtient ordinairement par d'autres moyens.

Deuto - chlorure de mercure (sublimé corrosif). On introduit dans des matras de verre vert, à fond plat, d'environ trois litres de capacité, un mélange pulvérulent de 4 parties d'hydro-chlorate de soude (sel commun), d'une partie de peroxide de manganèse et de tout le deuto-sulfate de mercure obtenu, en faisant bouillir 5 parties d'acide sulfurique concentré sur 4 parties de mercure (1). On met ces matras dans un bain de sable, de manière à ce qu'ils soient entourés jusqu'à la naissance de leur col; on place sur leurs extrémités ouvertes un petit pot renversé

---

(1) Ordinairement on cesse l'ébullition lorsque les 9 parties d'acide et de métal sont réduites à 5.

et on les chauffe graduellement ; 15 ou 18 heures après l'opération est terminée ; le sublimé corrosif se trouve attaché aux parois des matras, et il reste au fond du sulfate de soude mêlé d'oxide de manganèse moins oxidé que celui que l'on a employé ; on fait rougir légèrement le fond du bain de sable pour donner au sublimé plus de densité et pour lui faire éprouver un commencement de fusion ; on casse le matras et on retire les produits. *Théorie.* Nous pouvons représenter l'hydro-chlorate de soude par :

	(Hydrogène + chloré) + soude.		
le sel mercuriel par	(Oxigène + mercure) + acide sulfurique.		
et le peroxide de manganèse par	Oxigène		+ mang[e]. peu oxidé.
Eau.	Deuto-chlorure de merc.	Sulfate de soude + mang[e]. peu oxidé.	

Les deux sels et le protoxide de manganèse sont décomposés ; l'hydrogène de l'acide hydro-chlorique se combine avec l'oxigène de l'oxide de mercure et avec une portion de celui que renferme le protoxide de manganèse pour former de l'eau ; le chlore s'unit au mercure, tandis que la soude s'empare de l'acide sulfurique du sulfate de mercure. On obtient aussi presque toujours une petite quantité de proto-chlorure de mercure (calomélas); mais il est moins volatil que le deuto-chlorure et est au-dessous de lui.

Proto-chlorure de mercure. On le prépare, 1° en versant dans une dissolution de nitrate de protoxide de mercure de l'hydro-chlorate de soude dissous, et en lavant le dépôt dans une grande quantité d'eau. Ce dépôt, qui est le proto-chlorure, portait autrefois le nom de *précipité blanc* ; la théorie de sa formation est la même que celle qui a été exposée page 205, en parlant de l'action du nitrate d'argent sur les hydro-chlorates. 2°. En faisant chauffer du sel commun avec du sulfate de protoxide de mercure dans le même appareil que celui qui sert à préparer le sublimé corrosif; le proto-chlorure sublimé doit être lavé à grande eau pour le débarrasser du sublimé corrosif qu'il contient presque toujours. 3°. En triturant parties égales de sublimé corrosif légèrement humecté, et de mercure métallique, et en sublimant le mélange dans un matras à fond plat : le chlore, dans cette circonstance, se partage entre le mercure du sublimé et le métal ajouté. De tous ces procédés, le second nous paraît le plus économique. La *panacée mercurielle* est le proto-chlorure de mercure sublimé cinq ou six fois.

Deuto-chlorure d'étain (spiritus Libavii). Ordinairement on met dans une cornue un mélange parfaitement pulvérisé de parties égales de deuto-chlorure de mercure et d'un alliage fait avec 2 parties d'étain et une partie de mercure; on adapte à la cornue une allonge et un récipient, et on chauffe graduellement; le deuto-chlorure cède le chlore à l'étain, et le mercure est mis à nu; le *spiritus Libavii* formé se volatilise et vient se condenser dans le récipient. L'expérience ne saurait avoir un plein succès si l'appareil était humide. Nous avons dit ailleurs que M. Proust prescrivait de faire cette préparation en prenant 4 parties de sublimé corrosif et une partie d'étain. (*Voyez* pag. 429). On peut également obtenir le *spiritus Libavii* en faisant passer du chlore gazeux desséché à travers de l'étain pulvérisé.

Proto-chlorure d'antimoine (beurre d'antimoine). On a préparé jusqu'à présent ce produit en faisant chauffer dans un appareil desséché et semblable au précédent, un mélange intime de parties égales d'antimoine métallique et de deuto-chlorure de mercure. On connaît un autre

procédé qui paraît devoir mériter la préférence. On prend
une partie d'acide nitrique, 4 parties d'acide hydro-
chlorique et une partie d'antimoine métallique, et l'on
obtient un *solutum* d'hydro-chlorate de protoxide d'antimoine. (Voyez *Action de l'eau régale sur l'or*, pag. 453.)
On fait évaporer cette dissolution en vaisseaux clos pour
chasser l'excès d'acide ; lorsque l'hydro-chlorate est sec
et transformé en chlorure (voyez *Hydro-chlorates*,
pag. 204), on continue l'action de la chaleur, mais on
change de récipient : par ce moyen on volatilise le proto-
chlorure, qui est très-beau, et qui n'a pas besoin d'être
sublimé de nouveau, comme cela a lieu lorsqu'on suit le
procédé ancien, qui est d'ailleurs beaucoup plus dispendieux. Si la dissolution de l'antimoine dans l'acide a été
faite avec lenteur, et qu'au lieu d'obtenir un hydro-chlorate
de protoxide on ait un hydro-chlorate de deutoxide, in-
capable de fournir le proto-chlorure volatil, on doit ajouter
à la dissolution concentrée de l'antimoine très-divisé, qui
la ramène à l'état d'hydro-chlorate de protoxide; mais
cette addition doit se faire *avec beaucoup de précaution;*
car la température s'élève considérablement et le vase peut
être brisé. Si la dissolution de l'antimoine dans l'acide a
été faite avec rapidité, parce que l'on a employé une trop
grande quantité d'acide nitrique, ou par toute autre cause,
et que l'on ait obtenu un mélange de deuto-chlorure et de
deutoxide d'antimoine, il faudra ajouter un peu d'acide
hydro-chlorique avant d'évaporer la dissolution, et l'agiter
pendant quelque temps avec de l'antimoine très-divisé.
(M. Robiquet).

Chlorures de plomb et d'argent. On les obtient en
versant un hydro-chlorate dissous dans une dissolution
saline de plomb ou d'argent, et en lavant le précipité.

Des Sels.

On connaît plusieurs procédés à l'aide desquels on peut obtenir les sels. 1°. On met les oxides en contact avec les acides après les avoir réduits en poudre fine, ou mieux encore lorsqu'ils sont récemment préparés et gélatineux : la combinaison a lieu tantôt avec dégagement de calorique, tantôt sans aucun phénomène sensible; dans certains cas, on ne peut l'opérer qu'en élevant un peu la température; mais le plus souvent elle se fait très-bien à froid : on peut se procurer tous les sels par ce procédé. 2°. On peut les obtenir presque tous en substituant aux oxides leurs carbonates: dans ce cas il y a effervescence. 3°. Presque tous les sels insolubles peuvent être préparés par la voie des doubles décompositions : ainsi le sulfate de baryte insoluble peut être obtenu au moyen du sulfate de potasse et de l'hydro-chlorate de baryte, sels qui se décomposent mutuellement parce qu'ils peuvent donner naissance à un sel soluble et à un sel insoluble. (*Voyez* § 160). Il suffit, pour réussir dans la préparation de ces sels, de prendre une dissolution saline dont l'acide soit le même que celui du sel insoluble que l'on veut avoir, et la verser dans une autre dissolution saline dont l'oxide soit aussi le même que celui du sel insoluble que l'on cherche à obtenir, pourvu toutefois que les deux dissolutions puissent donner naissance à un sel soluble et à un sel insoluble. Ainsi, dans l'exemple que nous avons choisi pour avoir le sulfate de baryte insoluble, on prend deux dissolutions, dont l'une renferme l'acide sulfurique et l'autre la baryte. Si l'on voulait préparer du phosphate de chaux insoluble, on prendrait une dissolution de phosphate de potasse ou de soude et une autre d'hydro-chlorate de chaux, etc. En général, il faut que les dissolutions salines soient dans un état convenable de saturation. Le sel insoluble doit être lavé à grande eau. 4°. Plusieurs sels peuvent être obtenus en faisant agir les métaux avec les acides concentrés : il y a décomposition d'une partie de l'acide, oxidation du métal, et combinaison de l'oxide avec l'acide non décomposé : *exemple*, acide sulfurique concentré et mercure. Il y a des cas où il faut élever la température, d'autres, au contraire, où le sel se forme à froid. 5°. On peut préparer un assez grand nombre de sels en mettant les métaux en contact avec des acides affaiblis : l'eau est décomposée, le métal oxidé se combine avec l'acide et il se dégage du gaz hydrogène. 6°. Les sous-sels insolubles s'obtiennent en versant dans la dissolution du sel une certaine quantité de potasse, de soude ou d'ammoniaque, qui ne saturent qu'une partie de l'acide et en précipitent le sous-sel ; on le lave à grande eau. Il y a encore quelques autres procédés dont nous omettons de parler, parce qu'ils sont particuliers à certaines espèces de sels. Les *sels doubles* s'obtiennent, 1° en mêlant les sels simples qui les composent : ainsi le sulfate ammoniaco-magnésien se produit lorsqu'on mêle du sulfate d'ammoniaque au sulfate de magnésie; 2° en ajoutant à l'un des sels simples qui entrent dans la composition du sel double, la base qui lui manque : ainsi le même sel double peut être obtenu en versant de l'ammoniaque dans une dissolution de sulfate de magnésie.

Borates.

Borate de silice. On fait fondre dans un creuset de la silice pulvérisée et de l'acide borique vitrifié.

Tous les autres borates, excepté ceux de soude, de potasse et d'ammoniaque, étant peu solubles dans l'eau, s'obtiennent par le troisième procédé : on verse une dissolution de borate de soude (le plus commun des borates solubles) dans la dissolution saline dont on veut séparer l'oxide; il se produit un borate insoluble. Si l'on employait le sous-borate de soude du commerce (borax), le précipité serait mêlé de beaucoup d'oxide qui aurait été séparé par la soude libre.

Sous-borate de soude (borax). On trouve dans le commerce du borax appelé *tinckal*, qui vient de l'Inde, et qui paraît avoir été extrait du fond de certains lacs: il est coloré en gris jaunâtre par une matière organique; on le purifie en le faisant fondre dans un creuset: la matière colorante se détruit et le sel se vitrifie; on le fait dissoudre dans l'eau bouillante et il cristallise par le refroidissement; on évapore les eaux mères pour avoir tout le borax qu'elles renferment.

On peut transformer le sous-borate de soude en borate neutre, en le faisant bouillir avec deux fois son poids d'acide borique.

Les borates de potasse et d'ammoniaque s'obtiennent par le premier procédé.

Sous-Carbonates.

Tous les sous-carbonates, excepté ceux de potasse, de soude et d'ammoniaque, étant insolubles dans l'eau, se préparent par le troisième procédé, en versant une dissolution de sous-carbonate de potasse ou de soude dans la dissolution saline qui contient l'oxide que l'on veut combiner avec l'acide carbonique.

Sous-carbonate de potasse. Dans les laboratoires on prépare ce sel au moyen du nitre et du tartre (voyez pag. 534): alors il est pur. On l'obtient en grand par un autre procédé: on fait brûler les bois jusqu'à ce qu'ils soient réduits en cendres; on traite celles-ci par l'eau bouillante, qui dissout le sous-carbonate, le sulfate et l'hydro-chlorate de potasse, une certaine quantité de silice, d'oxide de fer et d'oxide de manganèse; on évapore la liqueur jusqu'à siccité, et on chauffe la masse jusqu'au rouge pour détruire quelques matières charbonneuses avec lesquelles elle pourrait être mêlée, on donne au produit le nom de *potasse du commerce.*

Sous-carbonate de soude. On prépare ce sel avec la *soude artificielle*, qui est formée de soude caustique, de sous-carbonate de soude, de sulfure de chaux avec excès de chaux et de charbon. Après l'avoir réduite en poudre, on la traite par l'eau froide, qui ne dissout que le sous-carbonate de soude ; on décante la liqueur, on l'évapore jusqu'à siccité, et on la laisse à l'air pendant dix, douze ou quinze jours. La soude caustique se combine avec l'acide carbonique, et s'effleurit ; à cette époque on la fait dissoudre dans l'eau, et on évapore la dissolution pour en obtenir des cristaux. *Préparation de la soude artificielle.* On introduit dans un four dont la température est au-dessus du rouge cerise, un mélange pulvérulent fait avec 18 parties de sulfate de soude sec, 18 parties de craie (carbonate de chaux) et 11 parties de charbon de bois ; lorsque ce mélange est pâteux, on le pétrit avec un ringard et on le retire du four. Le charbon décompose l'acide sulfurique, lui enlève son oxigène et passe à l'état d'acide carbonique ; la chaux s'empare du soufre provenant de la décomposition de l'acide sulfurique, et la soude s'unit avec une portion d'acide carbonique. *Extraction de la soude des plantes marines.* On fait brûler ces plantes, comme nous l'avons dit en parlant de la potasse du commerce, et l'on obtient une masse saline composée de sous-carbonate, de sulfate, d'hydro-chlorate de soude, d'alumine, de silice, d'oxide de fer, de charbon, et quelquefois de sulfate et d'hydro-chlorate de potasse. Le *natron* s'obtient par l'évaporation spontanée des eaux qui le tiennent en dissolution et qui constituent des lacs.

Sous-carbonate d'ammoniaque. (*Voyez* § 303.)

Carbonates de potasse, de soude et d'ammoniaque. On les prépare en faisant passer du gaz acide carbonique à travers une dissolution concentrée de sous-carbonate. On se sert d'un appareil analogue à celui qui a déjà été décrit, (*Voy.* pl. 9, fig. 57.) On dégage le gaz dans le ballon qui contient des fragmens de marbre (carbonate de chaux), et dans lequel on verse peu à peu de l'acide hydro-chlorique affaibli ; l'opération dure plusieurs jours, et elle n'est terminée que lorsqu'il se forme des cristaux dans la dissolution du sous-carbonate. Si l'on veut préparer ces trois sels à-la-fois, on doit mettre la dissolution de sous-carbonate d'ammoniaque dans le dernier flacon, parce qu'une portion de ce sel est entraînée par le gaz.

Phosphates.

Le *phosphate de silice* se prépare comme le borate. Tous les autres phosphates insolubles (et presque tous sont dans ce cas) s'obtiennent par le troisième procédé, en versant du phosphate de soude dissous dans une dissolution saline formée par l'oxide que l'on veut combiner avec l'acide phosphorique.

Phosphate acide de chaux. On chauffe les os de bœuf, de mouton, etc., jusqu'à ce que toute la matière animale qu'ils renferment soit détruite ; on obtient des cendres qui sont principalement formées de phosphate de chaux et de carbonate de chaux ; on les passe au tamis et on les réduit en une bouillie liquide au moyen de l'eau ; on mêle peu à peu cette bouillie avec un tiers de son poids d'acide sulfurique concentré, et on agite : l'acide enlève au phosphate une partie de la chaux et décompose tout le carbonate, en sorte qu'il y a dégagement de gaz acide carbonique, et formation de sulfate et de phosphate acide de chaux ; le mélange de ces deux sels est très-consistant, presque solide, et sa température assez élevée à raison de l'action de l'acide sulfurique sur l'eau et sur la chaux. On l'abandonne à l'air pendant quelques jours ; il en attire

I. 36

l'humidité, et la décomposition devient plus complète; alors on y verse de l'eau bouillante qui dissout le phosphate acide de chaux et un peu de sulfate de chaux; on décante après avoir laissé reposer, et on traite de nouveau le résidu par de l'eau bouillante, opération que l'on recommence deux ou trois fois; on filtre les liqueurs à travers une toile serrée, et on les fait évaporer jusqu'en consistance sirupeuse dans une chaudière de plomb; par ce moyen on en sépare presque tout le sulfate de chaux, qui est très-peu soluble; on décante le liquide sirupeux; on lave le sulfate de chaux afin de dissoudre tout le phosphate acide; on réunit les eaux de lavage et on les fait évaporer: la masse obtenue est le phosphate acide de chaux qui peut être vitrifié par la chaleur. Si ce phosphate doit servir à la préparation du phosphore, on emploie pour le préparer 4 parties de cendres d'os et 3 parties d'acide sulfurique concentré.

Sous-phosphate de soude. En versant dans une dissolution de phosphate acide de chaux un excès de *solutum* de sous-carbonate de soude, il y a effervescence, dégagement de gaz acide carbonique, formation de sous-phosphate de soude soluble, et précipitation de *sous-phosphate de chaux.* On filtre la liqueur pour la faire évaporer et cristalliser. Si les eaux mères sont acides, on les sature par le sous-carbonate de soude; si elles sont avec excès de soude, on y verse du phosphate acide de chaux, on filtre et on recommence l'évaporation. Les *sous-phosphates de potasse et d'ammoniaque* s'obtiennent de la même manière. Les *phosphates* neutres de ces deux bases peuvent être préparés en saturant l'excès d'alcali par l'acide phosphorique.

Bleu de cobalt découvert par M. Thenard (composé de phosphate de cobalt et d'alumine). On grille la mine de cobalt de Tunaberg, de Saxe ou de Hongrie, pour la priver de la majeure partie du soufre et de l'arsenic qu'elle renferme (voy. *Préparation du sulfate de cobalt,* p. 569); on traite le

produit par un excès d'acide nitrique étendu d'eau, et
on évapore le *solutum* presque jusqu'à siccité ; on fait
bouillir avec de l'eau la masse obtenue, afin de dissoudre
le nitrate de cobalt et séparer une certaine quantité d'arséniate de fer insoluble ; on filtre et on verse du sous-phosphate de soude dans la dissolution ; il se forme sur-le-
champ un précipité violet, qui est du sous-phosphate de
cobalt contenant du fer, du cuivre, etc. ; on lave le précipité
et on le met sur un filtre ; lorsqu'il est encore en gelée, on
en mêle une partie avec 8 parties d'alumine récemment précipitée, parfaitement lavée et en gelée ; on a la certitude
que le mélange est parfait lorsqu'on n'aperçoit plus de
points violets ni blancs ; alors on le fait dessécher et on le
chauffe pendant une demi-heure jusqu'au rouge cerise,
dans un creuset de terre recouvert de son couvercle. On
peut, au lieu d'une partie de phosphate de cobalt, employer
avec égal succès $\frac{1}{2}$ partie d'arséniate du même métal, que l'on
peut se procurer en versant de l'arséniate de potasse dans la
dissolution nitrique de cobalt obtenue, comme nous venons
de le dire.

Phosphites et Hypo-phosphites.

On les obtient par le premier procédé, et plusieurs
d'entre eux par le second.

Sulfates.

Les sulfates insolubles de *zircone*, d'*yttria*, de *chaux*,
de *baryte*, de *strontiane* et de *protoxide de mercure*, s'obtiennent par la voie des doubles décompositions. (Voyez
Troisième procédé.)

Sulfate d'alumine. On fait dissoudre dans l'acide sulfurique de l'alumine récemment précipitée et lavée (Voyez
Premier procédé). On prépare le sulfate de *glucine* par

le deuxième procédé. Le sulfate de *potasse* s'obtient aussi par le deuxième procédé, ou bien en chauffant jusqu'au rouge le sulfate acide de potasse qui provient de la décomposition du nitre par l'acide sulfurique. (*Voyez* pag. 501.) On prépare le sulfate de *soude* en décomposant l'hydrochlorate de soude (sel commun) par l'acide sulfurique; mais comme le sulfate qui en résulte contient souvent du sulfate de fer et du sulfate de manganèse, on le fait rougir dans un creuset pour décomposer ces deux sels; on traite la masse par l'eau, qui ne dissout que le sulfate de soude pur. On le prépare aussi, mais en petite quantité, en faisant évaporer les eaux de source qui le renferment; on traite la masse solide par l'eau bouillante, et le sulfate de soude cristallise par refroidissement. Le sulfate d'*ammoniaque* ne doit jamais être préparé avec l'acide et de l'ammoniaque concentrés, parce qu'il y a élévation de température, et la liqueur est projetée; on doit décomposer le sous-carbonate d'ammoniaque par l'acide sulfurique affaibli. On se le procure en grand en faisant filtrer le sous-carbonate d'ammoniaque provenant de la distillation des matières animales à travers du sulfate de chaux réduit en poudre fine, et placé dans des tonneaux dont le fond est percé d'un trou que l'on peut boucher à volonté; les deux sels se décomposent, et il se forme du sulfate d'ammoniaque soluble qui s'écoule, et du carbonate de chaux qui reste dans le tonneau : la dissolution est évaporée jusqu'à ce qu'elle cristallise.

De l'Alun. On prépare ce sel par plusieurs procédés : 1º. A la Solfatare, où l'on trouve des terrains contenant de l'alun tout formé et effleuri; on traite ces terrains par l'eau, qui dissout le sel : il suffit d'évaporer lentement le liquide dans des chaudières de plomb pour en obtenir des cristaux.

2º. Lorsque la mine est pierreuse, insoluble dans

l'eau , et formée de sous-sulfate de potasse et d'alumine ,
de silice et d'un peu d'oxide de fer , comme à la Tolfa ,
à Piombino, etc., on la fait chauffer dans des fours , à
une température qui n'est ni trop forte ni trop faible , et
on l'expose à l'air pendant trente ou quarante jours , en
ayant soin de l'arroser souvent pour en opérer la division
et la transformer en une espèce de bouillie ; passé ce temps
on la traite par l'eau chaude; on fait évaporer la liqueur ,
et on obtient de très-beaux cristaux d'alun. On peut, pour
concevoir ce qui se passe dans cette opération , regarder la
mine dont on se sert comme formée d'alun avec excès de
potasse et d'alumine, plus de silice et d'oxide de fer;
par la calcination ces deux dernières substances se combinent avec l'excès de potasse et d'alumine , et forment une
masse insoluble dans l'eau : alors l'alun seul est dissous
par ce liquide.

3°. Si la mine est composée de sulfure de fer et d'argile (terre dans laquelle on trouve une assez grande quantité d'alumine) , on a recours à un procédé particulier à
l'aide duquel on obtient à-la-fois de l'alun et de la couperose verte (sulfate de protoxide de fer) ; ce procédé est mis
en usage dans les départemens de l'Oise , de l'Aisne , de
l'Aveyron et de l'Ourthe. On expose la mine à l'air ; on
l'humecte légèrement et on la laisse pendant un an ; au
bout de ce temps elle se trouve presque entièrement transformée en sulfate de protoxide de fer et en sulfate acide
d'alumine , changement qui annonce que l'oxigène de l'air
a fait passer le soufre à l'état d'acide sulfurique, et le fer
à l'état d'oxide. On la traite par l'eau, qui dissout les
deux sels; on fait évaporer le liquide dans des chaudières
de plomb, et l'on obtient des cristaux de *sulfate de pro-*
toxide de fer; le sulfate acide d'alumine déliquesce et
difficilement cristallisable reste dans la liqueur. On le fait
chauffer avec du sulfate de potasse ou d'ammoniaque en

poudre, qui le transforment en *alun* que l'on obtient cristallisé ; il faut faire dissoudre et cristalliser de nouveau cet
alun si on veut l'avoir bien pur. Les eaux mères, qui contiennent encore une certaine quantité de ces deux sels
sont évaporées et traitées de nouveau par le sulfate d'ammoniaque ou de potasse, pour en obtenir une nouvelle
portion d'alun et de couperose.

La mine que l'on a fait effleurir à l'air et dont on a
séparé ces sels par l'eau, contient encore un peu de sulfure de fer et beaucoup d'argile ; on y met le feu ; le soufre
passe à l'état d'acide sulfurique qui se porte tout entier sur
l'alumine, en sorte que l'on obtient une nouvelle quantité
de sulfate acide d'alumine, avec lequel on peut faire de
l'alun au moyen du sulfate de potasse ou du sulfate d'ammoniaque.

Si la mine dont on se sert, au lieu de contenir du sulfure de fer et de l'argile, est composée de ce sulfure et de
schistes très-compacts, on est obligé, après l'avoir laissée
à l'air pendant un mois, de la faire griller en la mêlant
avec du bois auquel on met le feu ; par ce moyen le soufre
se trouve transformé en acide sulfureux qui se dégage, et
en acide sulfurique qui s'unit à l'alumine ; une portion de
ce sulfate se combine avec la potasse du bois et donne
de l'alun ; l'autre portion reste à l'état de sel simple. On
traite le produit grillé par l'eau chaude, qui dissout l'alun
et le sulfate d'alumine ; on fait évaporer pour obtenir l'alun
cristallisé, et on verse dans l'eau mère du sulfate de potasse ou d'ammoniaque qui transforme le sulfate d'alumine en alun : tel est le procédé que l'on suit à Liége.

4°. On peut aussi se procurer de l'alun en faisant calciner
des argiles contenant une petite quantité de carbonate de
chaux et de fer ; en effet, par la calcination l'oxide de fer se
trouve porté au *summum* d'oxidation, et devient presque insoluble dans les acides faibles, en sorte que le produit,

pulvérisé et chauffé avec de l'acide sulfurique étendu, donne une dissolution qui ne contient guère que du sulfate d'alumine, que l'on peut changer en alun au moyen du sulfate de potasse ou du sulfate d'ammoniaque. Si l'on veut obtenir de l'alun avec les résidus d'eau forte préparée avec le nitre et l'argile, il suffit de les mettre en contact avec l'acide sulfurique ; en effet, ces résidus contiennent de la potasse et de l'alumine. L'alun est d'autant plus estimé qu'il contient moins de sulfate de fer.

Pyrophore de Homberg. On fait dessécher dans une cuiller de fer, à l'aide d'une douce chaleur, un mélange de 3 parties d'alun à base de *potasse* et d'une partie de sucre, de mélasse, d'amidon ou de farine ; on agite de temps en temps le mélange, et on le réduit en poudre lorsqu'il est parfaitement sec ; dans cet état, il a une couleur brune et même noire, qu'il doit au charbon provenant de la décomposition de la matière végétale employée ; on l'introduit dans un petit matras à long col, luté extérieurement ; ce matras est reçu dans un grand creuset d'argile rempli de sable et disposé dans un fourneau ; on élève la température jusqu'au rouge ; au bout de 20 ou 25 minutes on voit paraître, à l'extrémité ouverte du matras, une flamme d'un blanc bleuâtre, due au gaz hydrogène carboné et au gaz oxide de carbone, résultant de la décomposition des matières végétales. Lorsqu'au bout de 4 ou 5 minutes cette flamme cesse de se montrer, ou ne se montre plus que par intervalles, l'opération est terminée ; on retire l'appareil du feu ; on bouche le matras avec un bouchon de liége, et on le laisse refroidir. Le pyrophore doit être soigneusement conservé à l'abri du contact de l'air.

Sulfate de protoxide de manganèse. On peut le préparer avec l'acide sulfurique affaibli et le métal ; mais le plus souvent on l'obtient en faisant bouillir le deutoxide pur avec l'acide étendu de son poids d'eau. *Per-sulfate de manganèse*. Il suffit, pour se le procurer, de faire agir à froid le peroxide de manganèse dans de l'acide sulfurique concentré, ou étendu d'une très-petite quantité d'eau : à l'aide d'une très-douce chaleur, on parvient à faire dissoudre une plus grande quantité d'oxide.

Sulfate de zinc. On le prépare dans les laboratoires en suivant le cinquième procédé. Pour l'obtenir en grand, on fait griller la *blende* dans un fourneau à réverbère ; le sulfure de zinc, et la petite quantité de sulfures de fer, de cuivre et de plomb qui composent ce minéral, passent, en absorbant l'oxigène de l'air, à l'état de *sulfates* ; on les traite par l'eau, qui les dissout tous, excepté le sulfate de plomb ; on laisse déposer celui-ci, on décante la dissolution et on la fait évaporer jusqu'à ce qu'elle soit assez concentrée pour fournir une masse cristalline semblable au sucre en pain, que l'on livre dans le commerce sous le nom de *vitriol blanc*. Ce vitriol contient, outre le sulfate de zinc, un peu de sulfate de fer et de cuivre ; on le purifie en le dissolvant dans l'eau et en le faisant bouillir avec de l'oxide de zinc, qui précipite les oxides de fer et de cuivre.

Sulfate de protoxide de fer. Il peut être préparé, comme le précédent, par le cinquième procédé ; on l'obtient toujours ainsi dans les laboratoires, et même quelquefois dans les manufactures ; cependant on se le procure le plus souvent en grand, en suivant la méthode que nous avons décrite à l'article *Alun*. (*Voyez* pag. 565.) *Sulfate de deutoxide de fer.* On se le procure en faisant bouillir dans des vaisseaux fermés du deutoxide de fer avec de l'acide sulfurique concentré étendu de deux fois son poids d'eau. *Sulfate de peroxide de fer.* On le prépare en faisant bouillir le peroxide de fer hydraté encore humide avec de l'acide sulfurique concentré ; on l'obtient aussi quelquefois en faisant chauffer le proto-sulfate pulvérisé avec de l'acide nitrique : celui-ci se décompose, cède de l'oxigène, et porte le protoxide à l'état de peroxide ; mais il est évident que l'on doit obtenir dans ce cas un sous-trito-sulfate.

Sulfate de protoxide d'étain. On le prépare en versant de l'acide sulfurique concentré dans une dissolution d'hydro-chlorate de protoxide d'étain : il se précipite sous la forme d'une poudre blanche. Le *deuto-sulfate* s'obtient en faisant bouillir le précédent avec de l'acide sulfurique concentré.

Sulfate d'arsenic. On peut se le procurer en faisant bouillir l'acide et le métal (quatrième procédé). *Sulfate de chrome.* On fait dissoudre l'oxide dans l'acide (premier procédé).

Sulfates d'antimoine, de bismuth, de plomb et d'argent. On peut les obtenir par le quatrième procédé, en faisant bouillir l'acide et le métal ; ou bien par le troisième procédé, en versant un sulfate soluble dans une simple dissolution d'antimoine, de bismuth, de plomb ou d'argent.

Sulfates d'urane, de cérium, de titane, de tellure et de nickel. On fait dissoudre l'oxide ou le carbonate dans de l'acide sulfurique (premier et deuxième procédé).

Sulfate de protoxide de cobalt. On peut préparer ce sel avec la mine de cobalt de Tunaberg ; mais on préfère employer les fragmens amorphes des mines de Saxe et de Hongrie, qui sont infiniment moins chers, et qui contiennent du cobalt, du fer, du cuivre, de l'arsenic et du soufre. On les grille après les avoir pulvérisés, pour transformer, à l'aide de l'oxigène de l'air, le soufre et l'arsenic en gaz acide sulfureux et en oxide d'arsenic volatils ; et le cobalt, le fer et le cuivre en oxides fixes : à la vérité, une partie du soufre et de l'arsenic passe à l'état d'acide sulfurique et arsénique qui restent avec les oxides fixes ; on fait rougir le produit lorsqu'il n'exhale plus de gaz acide sulfureux ni d'oxide d'arsenic, et on l'agite pendant quelque temps avec de la poudre de charbon, qui décompose la majeure partie des acides sulfurique et arsenique; on laisse refroidir, et on traite le résidu par un excès d'acide sulfurique : on obtient par ce moyen des sulfates de cobalt, de cuivre et de fer contenant la portion d'acide sulfurique et arsenique non décomposée; on traite cette dissolution par la potasse, qui précipite l'oxide de fer : il est évident que si on mettait un excès de potasse, les oxides de cuivre et de cobalt seraient également précipités; on filtre la dissolution et on y fait arriver un courant de gaz acide hydro-sulfurique, qui précipite sur-le-champ le cuivre, et qui agit beaucoup plus lentement sur l'acide arsenique, mais qu'il parvient aussi à décomposer au bout de 10 ou 12 heures, en sorte que l'on obtient un précipité de sulfure de cuivre et de sulfure d'arsenic; on filtre la dissolution; on la fait chauffer pour en chasser l'excès d'acide hydro-sulfurique, et on a le *sulfate de cobalt;* mais il est fort difficile que ce sel ne contienne point de sulfate de fer : le meilleur moyen pour l'en débarrasser consiste à le traiter par l'oxalate d'ammoniaque, qui forme avec le cobalt un oxalate insoluble, tandis qu'il donne avec le fer un sel soluble. On lave l'oxalate précipité, on le dessèche, et on le fait rougir dans un creuset; l'acide oxalique se décompose par l'action de la chaleur, et il ne reste que de l'oxide de cobalt pur que l'on peut faire dissoudre dans l'acide sulfurique.

Sulfate de deutoxide de cuivre. On peut l'obtenir en faisant bouillir le métal et l'acide concentré; mais on suit rarement ce procédé; ordinairement on commence par préparer du sulfure de cuivre en faisant rougir dans un fourneau des lames de cuivre préalablement mouillées et saupoudrées de soufre, en les plongeant dans l'eau froide et en les remettant dans le four avec une nouvelle quantité de soufre; le sulfure obtenu absorbe l'oxigène de l'air et passe à l'état de deuto-sulfate soluble dans l'eau, et susceptible de cristalliser par l'évaporation : tel est le procédé suivi en France. Il n'en est pas de même à Marienberg, où la mine exploitée contient de l'oxide d'étain, du sulfure de cuivre et du sulfure de fer; en effet, on grille la mine pour la transformer en sulfate de cuivre et en sulfate de fer solubles; on traite le produit par l'eau et on obtient ces deux sels cristallisés; on les fait dissoudre de nouveau, et on mêle le *solutum* avec un excès de deutoxide de cuivre qui ne tarde pas à précipiter l'oxide de fer. Quelquefois aussi on retire par l'évaporation le deuto-sulfate de cuivre qui se trouve naturellement dissous dans les eaux.

Proto - sulfate de mercure. On l'obtient en faisant bouillir de l'acide sulfurique concentré avec un excès de mercure (quatrième procédé), ou bien en versant un sulfate dissous dans du nitrate de protoxide de mercure (troisième procédé).

Deuto-sulfate acide de mercure. On le prépare en faisant bouillir, pendant 3 ou 4 heures, un excès d'acide sulfurique concentré avec du mercure, opération qui ne diffère de la précédente qu'en ce qu'on emploie beaucoup plus d'acide. Il suffit de mettre ce sel dans l'eau chaude pour obtenir le *turbith minéral* insoluble (sous-deuto-sulfate) et le *sur-sulfate* de deutoxide soluble.

Les sulfates d'or, de *platine*, de *rhodium*, de *palladium* et d'*iridium*, admis seulement par quelques chimistes, s'obtiennent en traitant les oxides de ces métaux par l'acide sulfurique.

Sous - sulfates. La plupart des sulfates solubles de la première et des quatre dernières classes peuvent être transformés en sous-sulfates insolubles au moyen de la potasse, la soude ou l'ammoniaque ; il s'agit, pour les obtenir, de ne pas ajouter assez d'alcali pour enlever tout l'acide à l'oxide.

Des Sulfites.

Les sulfites insolubles se préparent par le troisième procédé, c'est-à-dire par la voie des doubles décompositions. Ceux qui sont solubles s'obtiennent avec la base simple ou carbonatée, et le gaz acide sulfureux : pour cela on dégage ce gaz, à l'aide du charbon et de l'acide sulfurique, dans l'appareil déjà décrit (voyez *Préparation de l'acide sulfureux*, pag. 498); on le fait arriver dans des flacons tubulés, contenant de la potasse, de la soude ou de l'ammoniaque liquides, etc., et on suspend l'opération lorsque la saturation de ces bases est complète. On parvient presque toujours à obtenir, par ce procédé, des sulfites cristallisés : s'ils sont avec excès d'acide, on les sature par une quantité convenable d'alcali.

Sulfites sulfurés. Ceux de potasse, de soude et d'ammoniaque se préparent en faisant bouillir les sulfites simples avec de l'eau et du soufre divisé; ou bien, comme pour les sulfites simples, en faisant arriver le gaz acide sulfureux dans ces bases dissoutes et mêlées avec du soufre. Ceux de baryte et de strontiane s'obtiennent en mettant les sulfures de ces bases dans l'eau. (*Voy.*, pag. 227, *Foie de soufre.*) Enfin ceux de zinc et de fer sont le résultat de l'action directe de l'acide sulfureux sur les métaux.

Des Iodates.

Les iodates insolubles de *plomb*, de *protoxide* de *mercure*, d'*argent*, de *fer peroxidé*, de *bismuth*, de *cuivre*, de *zinc*, etc., s'obtiennent par la voie des doubles décompositions (troisième procédé), en versant de l'iodate de potasse dans une dissolution de l'un ou de l'autre de ces métaux. Les *iodates* de *potasse* et de *soude* se préparent en versant sur de l'iode une dissolution de potasse ou de soude jusqu'à ce que la liqueur ne soit plus colorée :

cette liqueur renferme de l'iodate et de l'hydriodate de
de potasse ou de soude, produits par la décomposition de
l'eau (*voyez* § 181); on la fait évaporer jusqu'à siccité,
et on traite la masse par l'alcool à 0,81 de densité, qui
dissout l'hydriodate sans agir sur l'iodate; on le lave deux
ou trois fois avec de l'alcool pour le débarrasser de tout
l'hydriodate; s'il est avec excès d'alcali, on le fait dissoudre
dans l'eau et on le neutralise par l'acide acétique (vinaigre);
en sorte que l'on a un iodate et un acétate; on évapore jusqu'à siccité, et l'on traite la masse par l'alcool, qui ne
dissout que l'acétate : l'iodate reste alors pur.

L'*iodate* d'*ammoniaque* s'obtient directement (deuxième
procédé). Les *iodates* de *baryte*, de *strontiane* et de *chaux*
se préparent en mettant de l'iode dans les eaux de baryte,
de strontiane ou de chaux; l'eau est décomposée, et il se
forme un hydriodate soluble et un iodate insoluble, qu'il
suffit de laver pour avoir pur.

Des Chlorates.

Les chlorates de *potasse*, de *soude*, de *strontiane*, de
baryte, d'*ammoniaque*, d'*oxide de zinc*, d'*oxide d'argent*,
de *protoxide de plomb* et de *deutoxide de cuivre*, peuvent
être préparés par le premier et le deuxième procédé, en saturant ces oxides ou leurs carbonates par l'acide *chlorique*.
Les quatre premiers s'obtiennent également en faisant arriver pendant plusieurs heures du *chlore* gazeux sur leurs
oxides humectés ou dissous : ainsi, que l'on introduise
dans des éprouvettes placées à la suite les unes des autres,
des dissolutions concentrées de potasse ou de soude, ou
bien de la baryte ou de la strontiane délayées dans de
l'eau; que l'on fasse communiquer entre elles ces diverses
éprouvettes au moyen de tubes, et qu'on les dispose de
manière à ce que les alcalis soient traversés pendant long-
temps par du chlore gazeux dégagé au moyen d'un appareil

convenable (*voy.* pl. 9, fig. 57), on remarquera au bout de quelques heures, si l'appareil a été parfaitement luté, qu'il s'est formé dans chacune de ces dissolutions, 1° un chlorate qui se trouve cristallisé au fond de l'éprouvette lorsqu'il est à base de potasse ou de soude; 2° un hydro-chlorate soluble; 3° une combinaison de chlore et d'alcali. Il se sera en outre dégagé du gaz oxigène, surtout si l'appareil a été exposé à la lumière. La formation du chlorate et de l'hydro-chlorate est le résultat de la décomposition de l'eau opérée par l'affinité du chlore pour l'hydrogène et pour l'oxigène, par l'affinité des acides hydro-chlorique et chlorique pour les alcalis, et par la différence de solubilité entre l'hydro-chlorate et le chlorate. Le composé de chlore et d'alcali se produit en raison de l'affinité réciproque de ces deux corps; enfin le dégagement de gaz oxigène dépend de ce que la lumière favorise la décomposition d'une portion de l'eau, dont l'hydrogène s'unit au chlore et dont l'oxigène se dégage à l'état de gaz. Lorsque l'opération est terminée, on procède à la séparation du *chlorate.* Voici comment on s'y prend pour ceux de *potasse* et de *soude :* on ramasse les cristaux qui se trouvent au fond de l'éprouvette, et qui sont presque entièrement composés de chlorate; on les dissout dans de l'eau et on les fait cristalliser de nouveau : par ce moyen, la petite quantité d'hydro-chlorate qu'ils contiennent est séparée et reste dans la dissolution.

Pour obtenir le *chlorate de baryte,* on prend le mélange de chlorate et d'hydro-chlorate et on le fait évaporer; l'hydro-chlorate, beaucoup moins soluble, cristallise en grande partie, et peut être séparé par la décantation; la dissolution contient tout le chlorate de baryte et une certaine quantité d'hydro-chlorate; on la fait bouillir avec du phosphate d'argent, qui n'agit point sur le chlorate et qui décompose l'hydro-chlorate : en effet, il se forme, en vertu des doubles décompositions, un précipité blanc de phosphate de baryte et de chlorure d'argent : il suffit de filtrer et d'évaporer la dissolution pour avoir le *chlorate de baryte pur.* On a la certitude d'avoir employé assez de phosphate d'argent lorsque la liqueur ne précipite plus par le nitrate d'argent : en effet, cet essai prouve qu'elle ne contient plus d'hydro-chlorate. (Chenevix et Vauquelin.) On suit le même procédé pour séparer le *chlorate de strontiane* de l'hydro-chlorate.

Des Nitrates.

On obtient les nitrates de *zircone*, d'*alumine*, de *glucine*, d'*yttria*, de *magnésie*, de *chaux*, de *soude* et d'*ammoniaque* par le premier et par le deuxième procédé, en traitant ces bases divisées, ou leurs carbonates, par l'acide nitrique étendu d'eau.

Nitrate de baryte. On fait chauffer pendant deux heures, dans un fourneau à réverbère, un creuset contenant 6 parties de sulfate de baryte et une partie de charbon parfaitement mêlés et passés au tamis, et l'on obtient un mélange de sulfure de baryte et de charbon (voyez *Action du charbon sur les sulfates*, pag. 200) ; on le pulvérise, on le met dans l'eau, et l'on obtient de l'hydro-sulfate sulfuré de baryte soluble, et du sulfite sulfuré de baryte insoluble (voyez *Action des sulfures alcalins sur l'eau*, pag. 227) ; on traite la liqueur par de l'acide nitrique, qui décompose l'hydro-sulfate sulfuré avec effervescence, dégage le gaz acide hydro-sulfurique, précipite du soufre, et forme du nitrate de baryte, que l'on peut obtenir par le filtre, après l'avoir fait chauffer, pour le rendre plus soluble dans l'eau. Il est important, avant de mêler le sulfate de baryte avec le charbon, de le faire bouillir pendant quelque temps avec de l'acide hydro-chlorique affaibli, pour le débarrasser du fer et de quelques autres matières qu'il pourrait contenir. On procède de même pour obtenir le *nitrate de strontiane.*

Nitrate de potasse. Les opérations que l'on pratique pour extraire le nitre, varient suivant la nature du terrain qui le fournit : si le sel s'y trouve en très-grande quantité, on traite la terre par l'eau, et on fait évaporer la dissolution saline pour obtenir des cristaux de nitre : ce procédé est mis en usage dans l'Inde. Si, comme il arrive plus ordinairement, le terrain renferme peu de nitrate de potasse et beaucoup de nitrate de chaux et de magnésie, on transforme ces deux sels en nitrate de potasse, afin de s'en procurer une plus grande quantité.

On donne le nom de *plâtras* à des substances pierreuses provenant de la démolition des vieux bâtimens, et douées d'une saveur fraîche, âcre et piquante : c'est dans ces plâtras que l'on trouve les nitrates de potasse, de chaux et de magnésie dont nous venons de parler ; ils renferment en outre de l'hydro-chlorate de chaux, de magnésie et de soude ; les plus riches en nitrates sont ceux que l'on trouve à la partie inférieure des bâtimens : ils n'en contiennent guère que cinq pour cent de leur poids. Les analyses qui en ont été faites prouvent que les sels qu'ils renferment sont dans le rapport suivant :

	parties.
Nitrate de potasse.......................	10
Nitrate de chaux et de magnésie.............	70
Hydro-chlorate de chaux et de magnésie.......	5
Hydro-chlorate de soude..................	15
	100.

Lixiviation. On dispose, à côté les uns des autres et sur trois rangs, 36 tonneaux percés, près de leur partie inférieure et latérale, d'un trou d'un demi-pouce de diamètre, que l'on peut fermer à volonté au moyen d'un robinet ou d'une cheville ; on introduit dans chacun de ces tonneaux un sceau de plâtras en petits fragmens, que l'on a soin de maintenir, à l'aide d'une douve, à une certaine distance du trou, qui serait obstrué sans cette précaution; on met par-dessus un boisseau de cendres (1), et on achève de les remplir avec de la poudre de plâtras passée à travers une claie. On verse de l'eau dans les tonneaux de la première bande ou du premier rang; on la laisse pendant quelques heures, puis on la fait écouler en ouvrant le robinet : cette eau contient une certaine quantité de sels en dissolution, et porte le nom d'*eau de cuite*; on la met à part. Il est évident que le plâtras n'est pas complètement épuisé par cette première lixiviation : on le traite de la même manière par une nouvelle quantité d'eau, qui dissout encore des sels, mais en moindre quantité; on laisse écouler le liquide, et on remet de l'eau sur le résidu pour l'épuiser complètement. Ces deux dernières eaux de lavage, moins chargées que l'*eau de cuite*, sont ensuite versées successivement sur la seconde bande de tonneaux, où elles se saturent; on agit sur cette bande comme sur la première, et l'on en fait autant sur la troisième; en sorte qu'au bout d'un certain temps, le plâtras contenu dans les divers tonneaux se trouve privé des sels solubles, et l'on a obtenu une trèsgrande quantité d'*eau de cuite* : cette eau marque plus de 5° à l'aréomètre de Baumé.

Evaporation. On fait évaporer les eaux de cuite dans une chaudière de cuivre jusqu'à ce qu'elles marquent 25° à l'aréomètre de Baumé; pendant l'évaporation, il se forme des écumes que l'on sépare, et un dépôt boueux qui se ramasse dans un chaudron placé au fond de la chaudière, et que l'on peut enlever de temps en temps au moyen d'une corde.

(1) Nous avons déjà dit que les cendres contenaient du souscarbonate, du sulfate et de l'hydro-chlorate de potasse solubles.

Décomposition. On verse dans la liqueur évaporée du sulfate de potasse, qui transforme le nitrate et l'hydro-chlorate de chaux en *nitrate* et en hydro-chlorate de po-tasse solubles, et en sulfate de chaux presqu'insoluble ; on y ajoute un excès de dissolution concentrée de potasse du commerce, qui précipite la magnésie du nitrate et de l'hy-dro-chlorate, ainsi que les dernières portions de chaux, si la totalité des sels calcaires n'a pas été décomposée par le sul-fate de potasse ; en sorte que la dissolution renferme alors : 1° le nitrate de potasse qui se trouvait dans le plâtras, et celui qui provient de la décomposition du nitrate de chaux et de magnésie ; 2° l'hydro-chlorate de potasse formé aux dépens de l'hydro-chlorate de chaux et de magnésie ; 3° l'hydro-chlorate de soude faisant partie du plâtras ; 4° un peu de sulfate de chaux ; 5° une petite quantité de sels de chaux et de mag-nésie non décomposés. On met cette dissolution toute chaude dans des cuviers appelés *réservoirs*, et on la tire à clair au moyen de robinets adaptés aux cuviers ; on lave le dépôt, et on réunit les eaux de lavage à la dissolution que l'on reçoit dans une chaudière ; on procède de nouveau à l'évaporation : la petite quantité de sulfate de chaux et une assez grande quantité de l'hydro-chlorate de soude se dépo-sent ; on les enlève avec des écumoirs, et on les laisse égoutter dans des paniers d'osier placés au-dessus de la chaudière. Lorsque la liqueur marque 42° à l'aréomètre, on la met dans des vases de cuivre, où elle cristallise par le refroidis-sement ; on décante l'eau mère, on lave le sel avec de l'eau de cuite, on le fait égoutter, et on le livre dans le commerce sous le nom de *salpêtre brut, nitre de première cuite* : il est formé d'environ 75 parties de nitrate de potasse et de 25 parties d'un mélange de beaucoup d'hydro-chlorate de soude, d'une petite quantité d'hydro-chlorate de potasse, et de sels de chaux et de magnésie *déliquescens.*

Raffinage du salpêtre. On fait bouillir dans une chaudière 30 parties de nitre brut avec 6 parties d'eau ; le nitrate de potasse et les sels déliquescens , beaucoup plus solubles que les hydro-chlorates de soude et de potasse, se dissolvent, tandis que ceux-ci restent presqu'en totalité au fond de la chaudière ; on les enlève ; on ajoute 4 parties d'eau à la dissolution ; on clarifie la liqueur par la colle, et on la met, lorsqu'elle est encore chaude, dans de grands bassins en cuivre peu profonds ; on l'agite pour hâter le refroidissement et la cristallisation ; on obtient par ce moyen une poudre cristalline formée de nitre et d'une petite quantité des autres sels. Pour achever la purification de ces cristaux, on les met en contact avec des eaux chargées de nitrate de potasse et avec de l'eau ordinaire, qui dissolvent presque la totalité des sels étrangers et n'agissent point sur le nitre ; en sorte qu'il suffit de laisser écouler les solutions pour avoir le nitre *du commerce* , que l'on fait sécher.

Nitrate de protoxide de manganèse. On peut le préparer avec le métal et l'acide nitrique ,à la température ordinaire (premier procédé) ; ou bien en faisant chauffer le deutoxide et l'acide ; enfin il peut être obtenu en traitant l'acide étendu d'eau par un mélange de peroxide et de gomme , de sucre , ou de toute autre substance avide d'oxigène , et capable de ramener le peroxide à l'état de protoxide. *Nitrate de zinc.* On se le procure avec le métal et l'acide nitrique affaibli. *Deuto-nitrate de fer.* On traite le deutoxide par l'acide nitrique faible , à *froid. Trito-nitrate de fer.* On l'obtient cristallisé et incolore, en laissant pendant long-temps, dans un flacon bouché, le deutoxide de fer avec l'acide nitrique concentré (Vauquelin) ; on le prépare aussi en versant de l'acide nitrique concentré sur du fer ; mais dans ce cas il est jaune , et il y a une grande portion de peroxide formé qui ne se dissout pas dans l'acide.

Nitrate de protoxide d'étain et de protoxide d'anti-

moine. On met sur le métal divisé, à l'abri du contact de l'air et *à la température ordinaire,* de l'acide nitrique, dont la pesanteur est de 1,114 : une portion de l'acide se décompose pour oxider le métal ; l'autre portion dissout l'oxide formé.

Nitrate d'arsenic, de chrome et de cobalt. On dissout les oxides dans l'acide nitrique.

Nitrate de tellure. On traite le métal par l'acide nitrique, et on fait évaporer la dissolution.

Nitrate d'urane. On se le procure avec la mine d'oxide d'urane, qui renferme, outre cet oxide, du fer, du plomb, du cuivre, de la silice, du soufre et du carbonate de chaux; on la traite à froid par l'acide hydro-chlorique faible pour transformer ce carbonate en hydro-chlorate soluble. On décante la dissolution et on lave le dépôt ; puis on le fait bouillir avec un grand excès d'acide nitrique étendu de son poids d'eau, qui n'agit point sur la silice et qui attaque à peine le soufre : il y a dégagement de gaz nitreux, et formation de nitrates d'urane, de fer, de plomb et de cuivre, tous solubles dans l'eau; on filtre et on fait évaporer la liqueur jusqu'à siccité pour décomposer la majeure partie du nitrate de fer; on traite la masse par l'eau, et on filtre de nouveau : l'oxide de fer reste sur le filtre, tandis que les nitrates d'urane, de plomb, de cuivre, et la petite quantité de nitrate de fer indécomposée se trouvent dans la dissolution ; on y fait passer un courant de gaz acide hydro-sulfurique, qui précipite le plomb et le cuivre à l'état de sulfures : alors il ne reste plus dans la dissolution que du nitrate acide d'urane et un peu de nitrate de fer ; on filtre, et on l'évapore de nouveau jusqu'à siccité pour décomposer complètement le sel ferrugineux; on traite la masse par l'eau, qui ne dissout que le *nitrate d'urane,* que l'on peut évaporer et faire cristalliser.

Nitrates de cérium. Ils s'obtiennent en faisant dissou-

dre les oxides dans l'acide nitrique; il en est de même du
nitrate de titane, excepté que l'on doit prendre l'oxide
hydraté : car s'il était sec et calciné, il ne se dissoudrait
pas dans l'acide.

Nitrates de bismuth et de cuivre : métal et acide nitrique étendu (quatrième procédé).

Cendres bleues. On mêle de la chaux pulvérisée avec
un excès de dissolution faible de deuto-nitrate de cuivre,
afin d'obtenir du nitrate de chaux soluble et du sous-nitrate de cuivre insoluble et d'une couleur verte; on lave le
précipité à plusieurs reprises ; on le laisse égoutter sur un
linge ; on le triture avec 7, 8 ou 10 centièmes de son poids
de chaux, et on le fait sécher : le produit constitue les *cendres bleues* (Pelletier). Il est évident qu'en ajoutant de la
chaux au sous-nitrate, on met à nu l'hydrate de deutoxide
de cuivre, et que l'on forme en même temps du nitrate de
chaux. On peut aussi préparer cette matière avec du sulfate
de cuivre et de la potasse ; mais dans ce cas sa couleur n'est
pas très-vive.

Nitrate de plomb. On l'obtient avec de la litharge et de
l'acide nitrique étendu de trois ou quatre fois son poids d'eau.

Nitrate de nickel. On le prépare avec le *speiss*, alliage
que l'on obtient au fond des creusets, lorsqu'on fait le verre de
cobalt dans les fonderies de Zell en Saxe, et qui est formé,
suivant M. Proust, de nickel, de cobalt, d'arsenic, de fer, de
très-peu de cuivre, d'une certaine quantité de soufre, et quelquefois de bismuth. Après l'avoir réduit en poudre fine, on le
fait chauffer dans une capsule de porcelaine avec deux fois et
demie son poids d'acide nitrique étendu d'une égale quantité
d'eau; il y a dégagement de gaz nitreux, oxidation des métaux, acidification du soufre et de l'arsenic, et formation
de plusieurs sels; presque tout le *speiss* est dissous : on voit
seulement quelques flocons grisâtres se précipiter. On
filtre la dissolution, que l'on peut regarder comme com-

posée d'acides nitrique, sulfurique et arsénique, de protoxides de nickel et de cobalt, d'oxide d'arsenic, d'un atome
de deutoxide de cuivre et de peroxide de fer. (Tupputi.)
M. Proust a proposé un moyen beaucoup plus économique
pour oxider les diverses substances qui constituent le *speiss*;
il consiste à le faire chauffer avec le contact de l'air. Les
produits oxidés par l'un ou l'autre de ces procédés doivent
ensuite être dissous dans l'acide nitrique. On fait évaporer la
dissolution jusqu'à ce qu'elle soit réduite aux deux tiers de
son volume, et l'on voit l'oxide d'arsenic cristalliser; on le
sépare par décantation, et on continue à faire évaporer la
liqueur afin d'en chasser de l'eau et l'excès d'acide. Lorsqu'elle est suffisamment concentrée, on y verse peu à peu
du sous-carbonate de soude dissous, qui précipite d'abord
tout le fer à l'état de *perarséniate* blanc jaunâtre et floccon-
neux; on filtre et on verse le même réactif dans la liqueur
pour précipiter l'arséniate de protoxide de cobalt en flocons roses; on doit ajouter du sous-carbonate jusqu'à ce
que le précipité commence à être couleur de pomme, comme
celle de l'arséniate de nickel, car alors on est certain d'avoir
séparé tout le cobalt (1); on filtre la liqueur, et on l'étend
d'eau; on y met de l'acide nitrique si elle n'est pas suffisamment acide; on y fait arriver un courant de gaz acide hydro-
sulfurique qui précipite d'abord la petite quantité de cuivre à
l'état de sulfure, et qui, au bout de plusieurs heures, décompose l'acide arsenique et le transforme en eau et en
sulfure d'arsenic jaune, insoluble dans l'eau; on filtre
la dissolution, et on la chauffe pour en chasser l'excès d'a-
cide hydro-sulfurique, et faire cristalliser le *nitrate de
nickel*, qui se trouve alors seul dans la dissolution, et à
l'état de pureté.

_____

(1) Dans la méthode suivie par M. Proust, on ne fait point
évaporer cette dissolution; on la traite de suite par l'alcali.

Nitrate de protoxide de mercure. On fait bouillir, pendant demi-heure, de l'acide nitrique étendu de quatre à cinq fois son poids d'eau avec un excès de mercure, et par le refroidissement de la liqueur, on obtient des cristaux de proto-nitrate; il suffit de les broyer avec de l'eau pour les transformer en *sous* et en *sur-nitrate.* Si au lieu d'agir à la chaleur de l'ébullition, on fait l'expérience à froid, le sel contient du nitrite de mercure. *Nitrate de deutoxide de mercure.* On l'obtient de la même manière que le précédent, excepté que l'on emploie plus d'acide nitrique et qu'il est moins affaibli. Lorsque la liqueur ne précipite plus par l'acide hydro-chlorique ou par un hydro-chlorate, on a la certitude qu'elle ne renferme plus de protoxide, et par conséquent il ne s'agit plus que de la faire évaporer pour en obtenir des cristaux aiguillés. *Sous-nitrate jaune* (*turbith nitreux*) et *sur-nitrate.* On les prépare en broyant le deuto-nitrate avec de l'eau chaude.

Nitrate d'argent. On fait chauffer légèrement de l'argent pur en grenailles, avec de l'acide nitrique pur, étendu de son poids d'eau distillée (quatrième procédé); on évapore la dissolution pour la faire cristalliser. *Pierre infernale.* On fait fondre le nitrate d'argent à une douce chaleur dans un creuset d'argent; lorsqu'il est fondu, on le coule dans une lingotière de cuivre que l'on enduit d'un peu de suif: le sel, qui était parfaitement blanc, se colore. (*V.* l'histoire du *nitrate d'argent,* pag. 450.) Si on ne le chauffe pas assez pour le dessécher complètement, il n'est pas aussi caustique qu'il doit être; si on le chauffe trop, il est décomposé, et au lieu de pierre infernale on obtient de l'*argent.*

Les nitrates d'or, de platine, de palladium et de rhodium, admis seulement par quelques chimistes, se préparent en traitant les oxides de ces métaux par l'acide nitrique.

Des Nitrites.

Le procédé généralement suivi pour la préparation de quelques nitrites, qui consiste à calciner les nitrates jusqu'à un certain point, pour transformer l'acide nitrique en acide nitreux, doit être abandonné, car il est extrêmement difficile de suspendre la calcination juste au moment où ce changement est opéré ; d'ailleurs, on court le risque de faire passer le sel à l'état de sous-nitrite pour peu que l'on chauffe plus qu'il ne faut.

Sous-nitrite de plomb au minimum d'oxide. On l'obtient en faisant bouillir la dissolution de 100 parties de nitrate de plomb avec 62 parties de plomb réduit en lames très-minces. Le *sous-nitrite* au maximum d'oxide se prépare de la même manière, excepté que l'on emploie plus de plomb. Le *nitrite neutre* s'obtient en versant dans une dissolution chaude de *sous-nitrite* au minimum d'oxide, assez d'acide sulfurique faible pour en précipiter la moitié de l'oxide à l'état de sulfate, et en filtrant la liqueur.

Nitrite d'ammoniaque. On traite le nitrite de plomb soluble par le sulfate d'ammoniaque, et l'on obtient du nitrite d'ammoniaque soluble, et du sulfate de plomb insoluble ; on filtre.

Nitrite de cuivre. On substitue le sulfate de cuivre au sulfate d'ammoniaque, et il se forme du nitrite de cuivre soluble et du sulfate de plomb insoluble. On peut préparer, par ce moyen, tous les nitrites dont les bases forment avec l'acide sulfurique des sels solubles ; en effet, il pourra résulter du mélange des deux dissolutions un nitrite soluble et du sulfate de plomb insoluble. (*Voy.* § 160.) (Chevreul et Berzelius.)

Des Hydro-chlorates.

Les *hydro-chlorates* de *zircone*, d'*alumine*, d'*yttria*, de *glucine*, de *magnésie*, de *potasse* et de *chaux*, se préparent par le premier ou par le deuxième procédé, en traitant l'oxide ou le carbonate de ces bases par l'acide hydrochlorique ; on obtient aussi l'hydro-chlorate de chaux en faisant dissoudre dans l'eau le chlorure de calcium, qui reste dans la cornue lorsqu'on prépare l'ammoniaque. (Voy. *Préparation de l'ammoniaque*, pag. 508.) Ceux de *baryte* et de *strontiane* s'obtiennent comme les nitrates de ces mêmes bases, excepté qu'il faut employer pour décomposer les sulfures de ces bases de l'acide hydro-chlorique au lieu d'acide nitrique.

Hydro-chlorate de soude (sel commun). On se procure ce sel, 1° en l'arrachant du sol lorsqu'il est en masses, et en le dissolvant dans l'eau pour le faire cristalliser s'il est impur ; 2° en traitant convenablement les eaux salées. *A*. Dans les pays chauds, on fait arriver les eaux de la mer (1) dans des marais salans, sorte de bassins très-larges, très-peu profonds, favorisant par conséquent l'évaporation, tapissés d'argile, et communiquant entre eux ; à mesure que l'eau s'évapore, on en ajoute de nouvelle. Lorsque le sel est cristallisé, on le retire, et on le laisse égoutter pour le débarrasser, autant que possible, des sels déliquescens, et le dessécher. L'évaporation dure ordinairement depuis le mois d'avril jusqu'au mois de septembre, et la dessiccation n'est complète qu'au bout de plusieurs mois. Le sel obtenu par ce procédé est diversement coloré, parce qu'il est

---

(1) L'eau de la mer est composée, d'après MM. Vogel et Bouillon-Lagrange, d'hydro-chlorates de soude et de magnésie, de sulfates de chaux et de magnésie, de carbonates de chaux et de magnésie dissous dans l'acide carbonique.

intimement mêlé avec l'argile qui tapisse le fond des bassins. Dans le département de la Manche, on profite des hautes marées des nouvelles et des pleines lunes pour baigner une certaine quantité de sable que l'on a préalablement disposée sur les bords de la mer. Lorsque l'eau se retire, le sable se dessèche, et se trouve recouvert d'une plus ou moins grande quantité de sel ; on l'enlève et on le fait dissoudre dans de l'eau de la mer, qui par ce moyen se trouve plus chargée ; on la fait évaporer dans des bassins de plomb placés sur le feu, et l'on obtient du sel blanc. *B*. Dans les pays froids, on tire parti de la propriété qu'a l'eau salée de ne se congeler que bien au-dessous de zéro ; en effet, l'eau de la mer peut être considérée comme un mélange d'eau douce et d'eau fortement salée ; celle-ci ne se congèle pas à zéro, tandis que l'autre se solidifie à cette température : donc on peut, en la soumettant à un froid de 1° ou de 2°—0°, en geler une grande portion, et avoir de l'eau liquide fortement salée, qu'il suffira de chauffer pour en obtenir le sel cristallisé. *C*. Dans les climats tempérés, on élève, à l'aide de pompes, les eaux qui ne sont pas très-chargées de sels, et on les verse sur des fagots pour que le liquide se divise, présente plus de surface, et s'évapore en partie ; alors on le fait chauffer pour en obtenir des cristaux. *D*. Si les eaux contiennent 14 ou 15 centièmes de sels, on les fait évaporer dans des chaudières de fer ; il se dépose du sulfate de chaux que l'on enlève, et le sel cristallise.

Aucun de ces procédés ne fournit de l'hydro-chlorate de soude pur ; il contient toujours des sels déliquescens, du sulfate de chaux, de magnésie, etc., comme on peut s'en convaincre en versant dans sa dissolution un sous-carbonate alcalin soluble qui en précipite du sous-carbonate de chaux, de magnésie, et quelquefois aussi du sous-carbonate de fer ; il faut, pour le purifier, le faire cristalliser de nouveau en évaporant la dissolution : alors on obtient une multitude de petits cubes qui se réunissent de manière à former des pyramides quadrangulaires creuses.

Hydro-chlorate d'ammoniaque. On mêle le sulfate d'ammoniaque avec l'hydro-chlorate de soude (voyez *Préparation de ce sulfate*, pag. 564); il en résulte du sulfate de soude et de l'hydro-chlorate d'ammoniaque. On fait évaporer ce mélange pour obtenir cristallisée la majeure partie du sulfate de soude. On décante l'eau mère, qui contient tout l'hydro-chlorate d'ammoniaque et une portion de sulfate de soude; on la réduit à siccité par l'évaporation; on met la masse dans des ballons à long col, disposés dans des fourneaux de manière à ce que la partie supérieure du col soit hors du fourneau et en contact avec l'air froid ; on chauffe graduellement pendant trois jours ; on casse après les ballons pour en retirer l'hydro-chlorate d'ammoniaque que l'on trouve sublimé à leur partie supérieure. Il est important, vers le troisième jour, de plonger de temps en temps une tige de fer dans le col de ces vases pour empêcher que le sel volatilisé ne les obstrue. En Egypte on fait brûler la fiente des chameaux desséchée au soleil, et on chauffe, dans un appareil analogue à celui que nous venons de décrire, la suie qui provient de cette opération, et qui contient de l'hydro-chlorate d'ammoniaque.

Hydro-chlorate de protoxide de manganèse. On fait chauffer le deutoxide ou le peroxide de manganèse avec de l'acide hydro-chlorique ; il se dégage du chlore, et le sel reste en dissolution (*voyez* § 315) ; on peut également l'obtenir avec le métal et l'acide faible. *Hydro-chlorates de zinc et de protoxide de fer.* On les prépare avec le métal et l'acide hydro-chlorique étendu d'eau (quatrième procédé). *Hydro-chlorate de deutoxide et de peroxide de fer.* On fait dissoudre ces oxides dans l'acide (premier procédé). *Fleurs martiales* (*Voyez* § 356). *Hydro-*

chlorate de protoxide d'étain. On l'obtient en faisant chauffer le métal *très-divisé* avec l'acide hydro-chlorique liquide et concentré; il est convenable d'agir dans une cornue à laquelle on adapte un récipient pour ne pas perdre l'acide hydro-chlorique qui se volatilise; l'eau est décomposée pour oxider le métal, et il se dégage du gaz hydrogène; l'hydro-chlorate formé cristallise par le refroidissement: on doit le conserver à l'abri du contact de l'air. *Deuto-hydro-chlorate d'étain.* On peut l'obtenir en mettant le *per-chlorure* d'étain dans l'eau, ou en faisant passer du chlore gazeux à travers une dissolution du précédent, ou bien en traitant l'étain par l'eau régale.

Hydro-chlorate d'arsenic. On fait bouillir l'oxide avec l'acide (premier procédé); ou bien on laisse pendant long-temps l'arsenic métallique très-divisé dans un flacon contenant de l'acide hydro-chlorique; le métal finit par s'oxider aux dépens de l'eau et se dissout. *Hydro-chlorates de chrome et de molybdène.* On les prépare en faisant chauffer l'acide chromique ou molybdique avec l'acide hydro-chlorique (*voyez* page 363), ou bien en dissolvant les oxides de chrome ou de molybdène dans l'acide hydro-chlorique; mais on réussit difficilement par ce dernier procédé. Les *hydro-chlorates* de *cobalt*, d'*urane*, de *deutoxide de cuivre*, de *nickel* et de *tellure*, s'obtiennent par le premier ou par le deuxième procédé, en dissolvant les oxides ou les carbonates dans l'acide hydro-chlorique.

Hydro-chlorate de protoxide de cérium. On fait bouillir la cérite pulvérisée avec un grand excès d'acide hydro-chlorique; le cérium, le fer et la chaux qui font partie de la mine se dissolvent, et la silice reste au fond du vase; on filtre et on évapore la liqueur pour en chasser l'excès d'acide, puis on l'étend d'eau et on la filtre de nouveau (1). On y

_____

(1) En effet, il peut arriver qu'une portion de silice se trouve

ajoute de l'ammoniaque, qui ne précipite que les oxides de cérium et de fer ; on verse sur ce précipité lavé et encore humide, une dissolution d'acide oxalique que l'on fait bouillir ; il se forme de l'oxalate de fer soluble et de l'oxalate de *protoxide* de cérium d'un blanc rosé, insoluble dans l'eau ; on lave ce précipité et on le calcine lorsqu'il est sec, pour détruire l'acide oxalique, en sorte que l'on obtient du deutoxide de cérium (le protoxide de cérium passe à l'état de deutoxide par la calcination) ; on traite cet oxide par l'acide hydro-chlorique qui, comme nous l'avons dit, le transforme en hydro-chlorate de protoxide. (*Voyez* § 441.) (M. Laugier.)

Hydro-chlorate de titane. On fait fondre dans un creuset une partie et demie de potasse caustique avec une partie de mine de St.-Yrieux, pulvérisée, lavée et débarrassée des matières terreuses ; on obtient une masse d'un brun noirâtre, très-dure, que l'on traite par l'eau (1). Ce liquide dissout l'excès de potasse, une certaine quantité d'oxide de titane, la silice, l'alumine et l'oxide de manganèse qui le colore en vert ; il reste une masse rougeâtre, composée, comme l'a prouvé le premier M. Vauquelin, de potasse, de la majeure partie de l'oxide de titane et d'oxide de fer : on la fait dissoudre dans l'acide hydro-chlorique concentré, qui acquiert une couleur jaune verdâtre, et qui n'est jamais transparent ; on verse dans le mélange de ces trois hydro-chlorates de l'acide oxalique ou de l'oxalate d'ammoniaque, et on obtient sur-le-champ un très-beau précipité blanc grumeleux d'oxalate de titane pur (M. Laugier) ; on le lave pour le dessécher et le cal-

---

dans la dissolution, et se dépose à mesure que la liqueur s'évapore.

(1) Cette mine contient de l'oxide de titane, de l'oxide de fer, de l'oxide de manganèse, de la silice et de l'alumine.

ciner dans un creuset : par l'action de la chaleur l'acide
oxalique se décompose, et l'oxide de titane reste sans mélange. Pour le transformer en hydro-chlorate, il faut le
faire fondre de nouveau avec de la potasse pure, car nous
avons dit qu'il n'est soluble dans les acides, lorsqu'il a été
calciné, qu'à la faveur des alcalis. (*Voy.* § 462.)

Hydro-chlorate de bismuth. On traite le métal par l'eau
régale, et on fait évaporer la dissolution. *Hydro-chlorate
de plomb.* On fait dissoudre le chlorure de plomb dans
l'eau. *Sur-hydro-chlorate de protoxide de cuivre.* On
triture 120 parties de cuivre très-divisé, séparé du sulfate
par une lame de fer, avec 100 parties de deutoxide de
cuivre; on fait chauffer le mélange avec de l'acide hydro-
chlorique concentré, et l'on obtient un liquide brun qui
est l'hydro-chlorate concentré : il est évident qu'une portion de l'oxigène du deutoxide s'est portée sur le cuivre, et
que le tout a été transformé en protoxide. Il suffit de verser de l'eau dans cette liqueur pour en précipiter le *sous-
hydro-chlorate blanc.*

Hydro-chlorate d'or. On met l'or en lames minces dans
de l'eau régale ou dans une dissolution de chlore. (Voy. *Action du chlore et de l'eau régale sur l'or*, pag. 453.)

Des Hydriodates.

On peut préparer tous les hydriodates par le premier procédé, en combinant l'acide avec l'oxide; cependant on obtient
ceux de *potasse* et de *soude* en mettant l'un ou l'autre de ces
alcalis dissous sur de l'iode ; il se forme de l'hydriodate et
de l'iodate que l'on sépare par l'alcool (Voy. *Préparation
de ces iodates*, pag. 572). Lorsque les hydriodates se trouvent en dissolution dans ce liquide, on volatilise l'alcool
par la distillation et les sels restent purs. Les *hydriodates de
baryte, de strontiane et de chaux* se préparent aussi en

mettant de l'iode avec ces alcalis; mais comme il se forme un iodate très-insoluble et un hydriodate très-soluble, la séparation est beaucoup plus simple. Tous les *hydriodates* dont les métaux décomposent l'eau, tels que ceux de zinc, de fer, etc., s'obtiennent en versant ce liquide sur un iodure. Il suffit de mettre l'iode en contact avec un hydriodate pour le transformer en *hydriodate ioduré*.

Des Hydro-sulfates.

Les *hydro-sulfates* de *potasse*, de *soude*, d'*ammoniaque*, de *chaux*, de *baryte*, de *strontiane* et de *magnésie* s'obtiennent par le procédé suivant : on introduit dans le ballon *D* (*voyez* pl. 9, fig. 57) du sulfure de fer réduit en poudre fine, et dans les vases *F, A, B, S, E, F, G*, des dissolutions de potasse, de soude, d'ammoniaque, ou bien de la chaux, de la baryte, de la strontiane ou de la magnésie délayées dans une assez grande quantité d'eau; on fait communiquer ensemble ces différens vases au moyen de tubes de sûreté; l'appareil étant ainsi disposé, on verse dans le ballon, au moyen du tube à trois branches *V E*, de l'acide sulfurique étendu de cinq ou six fois son poids d'eau; le gaz acide hydro-sulfurique se dégage aussitôt (voyez *Préparation de ce gaz*, pag. 504), traverse la potasse, la sature; une autre portion va se rendre dans le flacon contenant la soude, se combine avec elle, et il en est de même des autres bases renfermées dans les différens vases; il est évident que l'on doit ajouter une nouvelle quantité d'acide sulfurique et de sulfure à mesure que le dégagement du gaz se ralentit. Pendant la saturation de ces alcalis, principalement de la potasse et de la soude, il se précipite une matière gélatineuse, mêlée d'une poudre noire, qui donne à la liqueur un aspect brunâtre trouble, et qui, à la fin de l'opération, se rassemble au fond du vase et peut être séparée par le filtre : cette matière est com-

posée de silice, d'oxide de fer et d'oxide de mangan
substances qui se trouvent ordinairement dans les al
employés, et qui se déposent à mesure que l'acide hy
sulfurique sature ces alcalis. Quelquefois aussi on dé
vre dans ce précipité de l'oxide d'argent qui provient d
potasse et de la soude que l'on a fait fondre dans des ch
dières d'argent. Lorsque l'opération est terminée, ce
n'a lieu qu'au bout de plusieurs jours, on filtre les hy
sulfates, et on les agite avec du mercure; ce métal s'em
de leur excès de soufre, et leur fait perdre la couleur j:
qu'ils avaient: le mercure, dans cette expérience, n
d'abord, puis se transforme en sulfure rouge (cinnab

Les *hydro-sulfates* de *manganèse*, de *zinc*, d
et d'*étain* insolubles, s'obtiennent par la voie des do
décompositions, en versant de l'*hydro-sulfate de po*
dans une dissolution saline de l'un ou de l'autre d
métaux.

Sous-hydro-sulfate d'antimoine (kermès). 1°.
obtenir du très-beau kermès, il faut faire bouillir
dant une demi-heure, dans une chaudière de fer,
partie de sulfure d'antimoine réduit en poudre fine, 22
ties et demie de sous-carbonate de soude cristallis
250 parties d'eau, filtrer la liqueur bouillante, la rec
dans un entonnoir et dans des vases chauds, couvrir
ci et les laisser refroidir. Le kermès est entièremen
posé au bout de 24 heures; on le met sur un filtre,
lave avec de l'eau bouillie et refroidie sans le cont
l'air; on le dessèche à la température de 25° et on le
serve à l'abri du contact de l'air et de la lumière (Ch
On obtient par ce procédé beaucoup moins de kermè
par le suivant; mais il est infiniment plus beau. 2
fait bouillir, pendant un quart-d'heure environ, 2]
de sulfure d'antimoine pulvérisé, une partie de p
caustique ou 4 parties de sous-carbonate de potasse

24 parties d'eau; on filtre la liqueur bouillante, et on finit l'opération comme dans le cas précédent. 3°. On fait fondre dans un creuset de terre un mélange pulvérulent de 2 parties de sulfure d'antimoine et d'une partie de potasse ou de soude du commerce; on réduit en poudre la masse fondue et on la fait bouillir avec dix ou douze fois son poids d'eau; le kermès se dépose sur-le-champ, et peut être recueilli en suivant les procédés que nous avons indiqués précédemment. *Théorie.* Quel que soit le mode de préparation mis en usage, l'eau et le sulfure d'antimoine sont décomposés; il se forme de l'hydro-sulfate sulfuré de potasse ou de soude, et du kermès; celui-ci ne peut pas être dissous en totalité dans la liqueur refroidie, et se dépose. (*Voyez*, pour les détails de cette théorie, pag. 381.)

Des Hydro-sulfates sulfurés.

Hydro-sulfate sulfuré d'antimoine (soufre doré). L'eau mère ou la liqueur qui surnage le kermès contient de l'hydro-sulfate sulfuré de potasse ou de soude, et une certaine quantité de kermès; après l'avoir filtrée on y verse quelques gouttes d'acide nitrique, sulfurique ou hydrochlorique qui s'emparent de l'alcali pour former un sel soluble, et l'on voit paraître un précipité jaune orangé composé de kermès, d'acide hydro-sulfurique et de soufre: c'est le *soufre doré,* qu'il s'agit simplement de laver et de dessécher.

Hydro-sulfates sulfurés de potasse, de soude, de baryte, de strontiane, de chaux et *de magnésie.* On les obtient aisément en faisant bouillir ces oxides avec de l'eau et du soufre réduit en poudre; on les prépare aussi (excepté celui de chaux) en mettant dans l'eau les sulfures de ces bases obtenus par la voie sèche (*voyez* § 178); il se produit, à la vérité, dans ces opérations, du sulfite sulfuré de baryte, de strontiane, de chaux, de potasse ou de soude;

les trois premiers peuvent être facilement séparés par le filtre parce qu'ils sont insolubles dans l'eau, tandis que les hydro-sulfates sulfurés sont solubles dans ce liquide ; mais il est plus difficile d'opérer la séparation des sulfites sulfurés de potasse et de soude qui sont solubles dans l'eau ; en sorte qu'il faut, pour avoir des hydro-sulfates sulfurés de potasse et de soude purs, faire réagir, à une douce chaleur, les hydro-sulfates simples de ces bases sur le soufre très-divisé.

Hydro-sulfate sulfuré d'ammoniaque (liqueur fumante de Boyle). (*Voyez* § 3o5.)

Des Hydro-phtorates (fluates).

Hydro-phtorate acide de silice. On fait arriver dans de l'eau du gaz acide phtoro-silicique (fluorique-silice) ; il se forme un précipité blanc, gélatineux, qui est du sous-hydro-phtorate de silice (sous-fluate), et il reste dans la liqueur le sel dont nous parlons : il est évident qu'on ne peut expliquer ces phénomènes que par la décomposition de l'eau, si on regarde le gaz phtoro-silicique comme composé de phtore et de silicium : en effet, l'hydrogène de l'eau transforme le phtore en acide hydro-phtorique, tandis que l'oxigène fait passer le silicium à l'état d'oxide. Il est important de mettre au fond de l'eau une certaine quantité de mercure, dans lequel on fait plonger le tube qui conduit le gaz ; sans cela l'extrémité de ce tube ne tarde pas à être obstruée par la masse gélatineuse qui se forme.

Les *hydro-phtorates de potasse, de soude et d'ammoniaque* s'obtiennent par le premier procédé, en combinant l'acide avec ces bases, ou bien en traitant l'hydro-phtorate acide de silice par l'un ou l'autre de ces alcalis, qui en précipitent la silice avec un peu d'acide, et restent dans la dissolution à l'état d'hydro-phtorate. *L'hydro-phtorate d'ar-*

gent s'obtient par le premier procédé, en versant sur l'oxide d'argent de l'acide hydro-phtorique faible.

Les *fluates insolubles*, regardés aujourd'hui comme des *phtorures*, se préparent par la voie des doubles décompositions, en mettant un hydro-phtorate soluble avec une dissolution saline contenant le métal que l'on cherche à transformer en phtorure.

Des Arséniates.

Tous les arséniates insolubles dans l'eau se préparent par le troisième procédé, en versant un arséniate soluble dans une dissolution saline contenant l'oxide métallique que l'on veut transformer en arséniate. On obtient directement ceux de *soude* et *d'ammoniaque* en unissant ces bases avec l'acide. L'*arséniate acide de potasse* peut également être obtenu par ce procédé ; mais on le fait ordinairement en calcinant un mélange de parties égales de nitrate de potasse et d'oxide d'arsenic ; l'acide nitrique cède son oxigène à cet oxide, le fait passer à l'état d'acide, qui se combine avec la potasse du nitrate ; on dissout le produit et on l'évapore pour le faire cristalliser. Il suffit d'ajouter de la potasse à ce sel pour le changer en arséniate neutre.

Des Combinaisons de l'oxide d'arsenic avec les bases, ou des arsénites.

Les arsénites de potasse, de soude ou d'ammoniaque s'obtiennent directement en faisant chauffer l'oxide d'arsenic pulvérisé avec l'une ou l'autre de ces bases et de l'eau.

Teinture minérale de Fowler. On fait bouillir dans un matras 64 grains d'oxide d'arsenic parfaitement pulvérisé, 64 grains de sous-carbonate de potasse du commerce, et 8 onces d'eau distillée. Lorsque la dissolution est complète, on ajoute à l'arsénite formé demi-once d'esprit de lavande composé, et une assez grande quantité d'eau pour qu'il y ait une livre de liquide.

Les arsénites insolubles se préparent par la voie des doubles décompositions : nous ne ferons mention que du vert de Schéele (*arsénite de cuivre*). On fait dissoudre, à l'aide de la chaleur, 2 livres de sulfate de cuivre dans 17 pintes d'eau; on retire le vase du feu (ce vase ne doit pas être de fer), et on verse dans la dissolution, et par parties, l'arsénite de potasse provenant de l'ébullition de 2 livres de sous-carbonate de potasse, de 6 pintes d'eau pure et de 11 onces d'oxide d'arsenic; on agite le mélange, et l'arsénite de cuivre se précipite; après avoir décanté le sulfate de potasse qui le surnage, on le lave avec de l'eau chaude à deux ou trois reprises différentes; on le met sur une toile et on le fait sécher; on obtient par ce moyen une livre 6 onces et demie de vert de Schéele.

Des Molybdates.

On prépare les molybdates solubles directement, avec l'acide et les bases; ceux qui sont insolubles s'obtiennent par la voie des doubles décompositions.

Des Chromates.

Chromate de potasse. On obtient ce sel avec la mine de chrome du département du Var, qui est principalement composée d'oxide de chrome, d'oxide de fer, d'alumine et de magnésie. On fait rougir dans un creuset, pendant une demi-heure, un mélange de parties égales de cette mine et de nitrate de potasse; l'acide nitrique est décomposé; son oxigène se porte sur les oxides de chrome et de fer, qu'il transforme en acide chromique et en peroxide de fer; il se dégage du gaz nitreux (deutoxide d'azote); en sorte que l'on obtient une masse jaune, poreuse, formée de chromate de potasse, de silice, d'alumine, de peroxide de fer et de magnésie; on casse le creuset pour mieux en retirer la matière, et on la fait bouillir, pendant un quart-d'heure, dans dix ou douze fois son poids d'eau, qui dissout le chromate de potasse et une portion de silice et d'alumine; ces deux substances sont tenues en dissolution à la faveur de l'excès de potasse; on traite de nouveau le résidu par l'eau pour lui enlever tout ce qui est soluble; on filtre et on fait évaporer la liqueur; la silice et l'alumine se déposent à mesure que la concentration a lieu; on laisse reposer pour la filtrer de nouveau et la faire cristalliser : c'est par le moyen d'une seconde cristallisation que l'on parvient à débarrasser le *chromate de potasse* de toute la silice et de l'alumine. On peut obtenir, le *chromate de soude* en substituant le nitrate de soude au nitrate de potasse. Le *chromate d'ammoniaque* se prépare en laissant pendant quelque temps du sous-carbonate d'ammoniaque en contact avec du *chromate de plomb*; il se produit du carbonate de plomb insoluble et du chromate d'ammoniaque soluble

Chromates de chaux et de strontiane. On soumet à l'action d'une douce chaleur de l'hydrate de chaux ou de strontiane, de l'eau et du chromate de plomb; il se forme un chromate soluble et il se précipite de l'oxide de plomb.

Le *chromate de baryte* s'obtient par la voie des doubles décompositions, en versant du chromate de potasse dans une dissolution d'hydro-chlorate de baryte, et lavant le précipité; il en est de même de tous les autres *chromates insolubles.* Le *sous-chromate de plomb* orangé se prépare avec le sous-chromate de potasse et l'acétate de plomb; tandis que le *chromate neutre* s'obtient avec le chromate de potasse.

Des Tungstates.

Les tungstates se préparent comme les arsénites. Nous ne dirons rien des *colombates*, parce que leur histoire est fort peu connue.

SUPPLÉMENT.

Du Gaz hydrogène potassié.

Suivant M. Sementini, le gaz hydrogène potassié se produit lorsqu'on traite la potasse par le fer, à une très-haute température, c'est - à - dire, lorsqu'on fait l'extraction du potassium.

Préparation du gaz hydrogène arsenié.

On soumet à l'action d'une douce chaleur une fiole munie d'un tube recourbé, et contenant une partie d'alliage d'étain et d'arsenic réduit en poudre (*voyez* pag. 348), et 4 ou 5 parties d'acide hydro - chlorique; le gaz hydrogène arsenié se dégage, et il reste dans la fiole de l'hydrochlorate d'étain. *Théorie.* L'eau de l'acide hydro-chlorique est décomposée, son oxigène oxide l'étain, tandis que l'hydrogène s'unit à l'arsenic, et forme le gaz dont nous parlons.

Préparation du gaz hydrogène telluré (acide hydrotellurique).

On l'obtient comme le précédent, excepté que l'on emploie un alliage de potassium et de tellure.

Préparation de l'alumine.

M. Gay-Lussac vient de faire connaître un nouveau procédé pour obtenir l'alumine pure en très-peu de temps; il s'agit simplement de calciner, dans un creuset, de l'alun à base d'ammoniaque préalablement desséché : l'acide sulfurique et l'ammoniaque se dégagent, et l'alumine reste.

Congélation de l'eau dans le vide.

Nous avons dit, pag. 28 du tom. 1er, que M. Leslie était parvenu à opérer la congélation de l'eau dans le vide au moyen de l'acide sulfurique concentré. Les expériences récentes de ce savant prouvent que le basalte porphyrique en décomposition agit de la même manière que l'acide sulfurique. Lorsque ce corps a été bien desséché, il absorbe la cinquantième partie de son poids d'humidité, sans que son pouvoir absorbant ait été affaibli de moitié, et la vingt-cinquième partie avant qu'il soit réduit au quart; il n'est saturé que lorsqu'il a absorbé près du cinquième de son poids d'eau. Suivant M. Leslie, le basalte dont nous parlons, et même la terre des jardins bien desséchée et réduite en poudre, peuvent faire congeler plus du sixième de leur poids d'eau, pourvu qu'on les fasse agir par une grande surface. Il est à remarquer que les poudres qui ont déjà servi acquièrent, par la dessiccation, la propriété de congeler une nouvelle quantité de liquide. Ces résultats pourront fournir des applications utiles pour les arts.

Phosphore.

Nous avons annoncé, pag. 78, que l'on pouvait obtenir un *phosphure de carbone* en distillant du phosphore impur. M. Boudet, après avoir fait un très-grand nombre d'expériences, pense que toutes les substances qui ont été regardées jusqu'à ce jour comme du phosphure de carbone ne sont peut-être que de l'oxide rouge de phosphore; il croit néanmoins que la combinaison de ces deux corps ne parait pas impossible.

Sous-phosphate d'ammoniaque. Ce sel, décrit pour la première fois par M. Planche, cristallise en octaèdres réguliers; il est inodore; il a une saveur salée et piquante; il exige son poids d'eau froide pour se dissoudre; le *solutum* précipite le sublimé corrosif en blanc; le précipité était

connu autrefois sous le nom de *muriate de mercure ammoniacal.* Il suffit, pour obtenir le sous-phosphate dont nous
parlons, d'ajouter du sous-carbonate d'ammoniaque concret
à une solution de phosphate d'ammoniaque neutre.

Phosphate ammoniaco-mercuriel. Si on fait bouillir
8 parties d'acide phosphorique concentré et une partie de
deutoxide de mercure, on obtient un *solutum* qui, étant
étendu d'eau et saturé par le sous-carbonate d'ammoniaque,
donne par l'évaporation le sel dont nous parlons et dont
voici les propriétés : il est cristallisé, transparent, légèrement déliquescent dans un air saturé d'humidité ; il a une
saveur salée, piquante, et un arrière-goût métallique ; il
est décomposé par les alcalis, qui en dégagent l'ammoniaque ; il est précipité en brun noirâtre par les hydro-
sulfates. M. Boudet, à qui nous devons la découverte de
ce sel, pense qu'il pourra être employé en médecine avec
beaucoup de succès.

Acide hydro-sulfurique.

Nous avons dit, pag. 161, que l'on n'a pas encore déterminé l'action des principaux acides sur l'acide *hydro-sulfurique.* M. Vogel, dans un travail récent, vient d'établir,
1° que l'acide sulfurique concentré est décomposé par cet
acide à toutes les températures ; il se forme de l'eau et du
gaz acide sulfureux, et il se précipite du soufre ; il n'en
est pas de même de l'acide sulfurique affaibli. 2°. L'acide
nitrique concentré et pur est également décomposé par
l'acide hydro-sulfurique ; il se dégage du gaz nitreux, et
il se précipite du soufre ; la décomposition n'a pas lieu si
l'acide nitrique est étendu de 3 parties d'eau. 3°. Les acides
borique, carbonique et phosphorique sont sans action sur
l'acide hydro - sulfurique. 4°. L'acide arsénique vitrifié et
fondu fournit, par son action sur l'acide hydro-sulfurique,
du sulfure rouge et du sulfure jaune d'arsenic.

De la Thorine.

La *thorine* est une nouvelle terre que M. Berzelius vient de découvrir dans le canton de Finbo, aux environs de Fahlun; elle fait partie des minéraux connus sous les noms de *deuto-fluate neutre de cérium*, de *fluate de cérium* et d'*yttria*, de *gadolinite* de Korarfvet, etc. Voici quelles sont ses principales propriétés.

Elle est incolore, insipide et insoluble dans l'eau; elle absorbe l'acide carbonique et passe à l'état de carbonate; elle se dissout dans l'acide sulfurique, et donne, par l'évaporation, des cristaux transparens, inaltérables à l'air, doués d'une saveur très-astringente, et décomposables par l'eau en sur-sulfate acide soluble, et en sous-sulfate pulvérulent insoluble. Les acides nitrique et hydro-chlorique la dissolvent aisément; et il suffit de faire bouillir les dissolutions pour les décomposer, et en séparer la thorine sous la forme d'une masse volumineuse, gélatineuse et translucide; le sulfate de potasse ne trouble aucun des sels dont nous parlons, tandis que ceux de zircone, avec lesquels on pourrait peut-être les confondre, sont précipités par ce réactif. Les succinates, les tartrates et les benzoates alcalins, précipitent les dissolutions de thorine; le précipité qu'y font naître les tartrates alcalins est dissous par la potasse, tandis que la *thorine* seule y est insoluble.

FIN DE LA PREMIÈRE PARTIE.

TABLE DES MATIÈRES

PAR ORDRE ALPHABÉTIQUE.

A

D

E

I.

FIN DE LA TABLE ALPHABÉTIQUE.

Pl. 1.

Fig. 2.

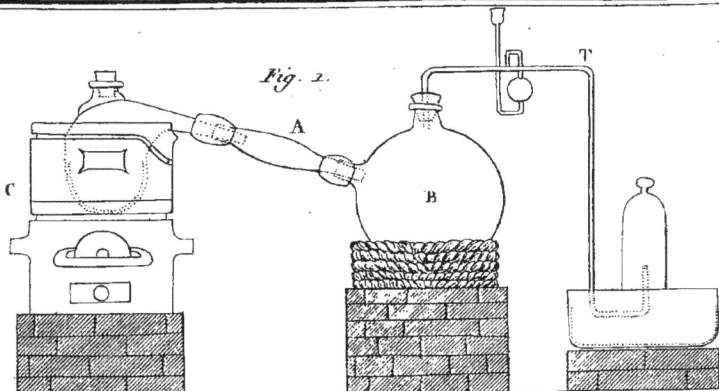

Fig. 3.

Fig. 2.

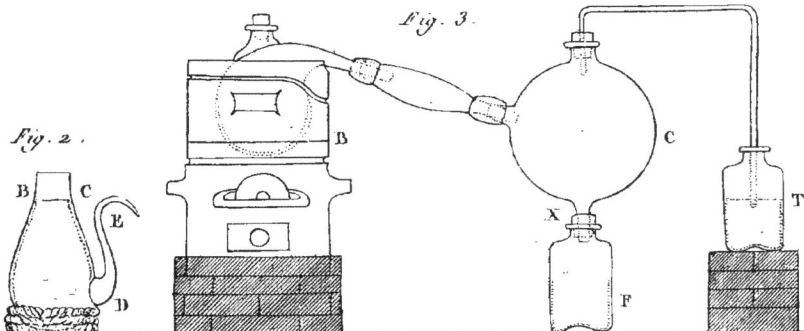

Detail relatif au Robinet
sur une Echelle de quatre
Centimètres pour metre

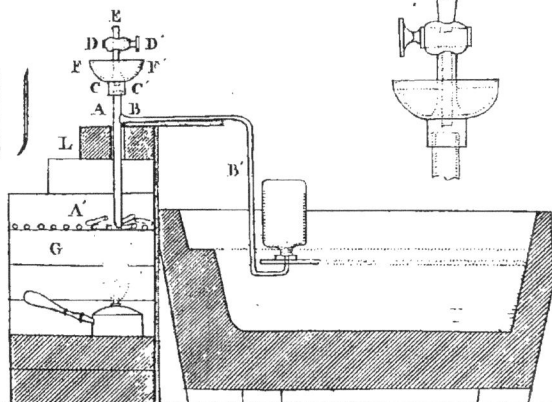

Fig 7.

Dubois Sc.

Pl. 2.

Fig. 5.

Fig. 6.

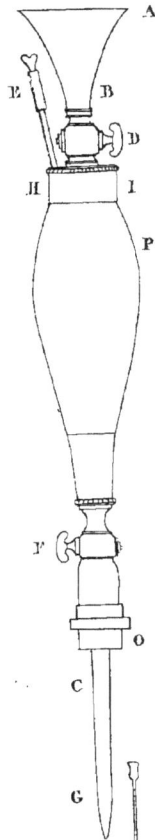

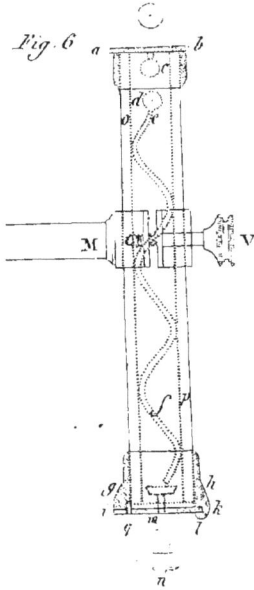

Fig. 4.

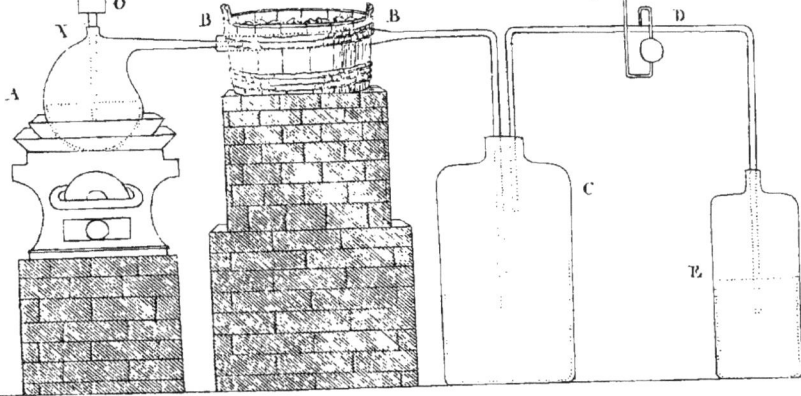

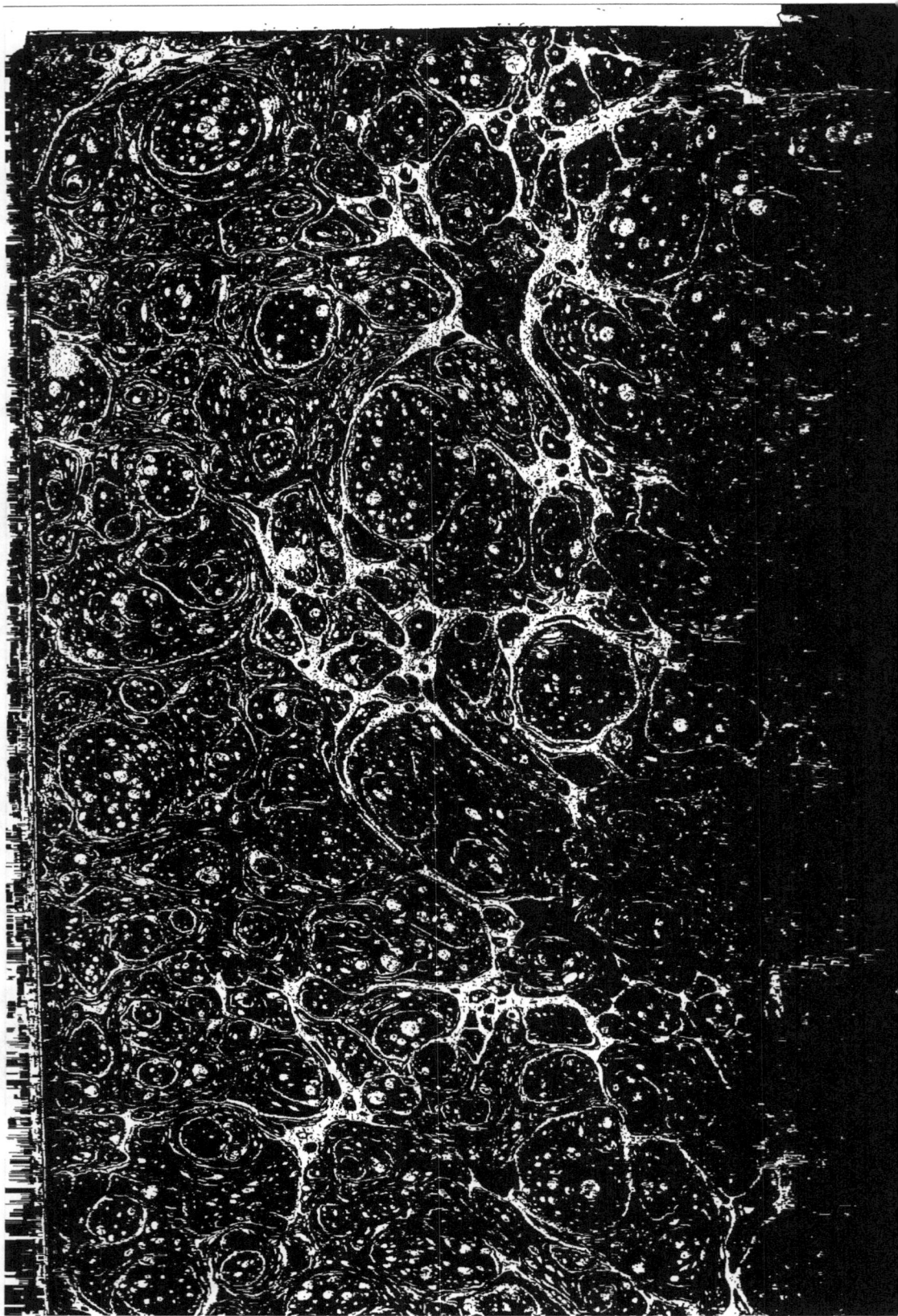

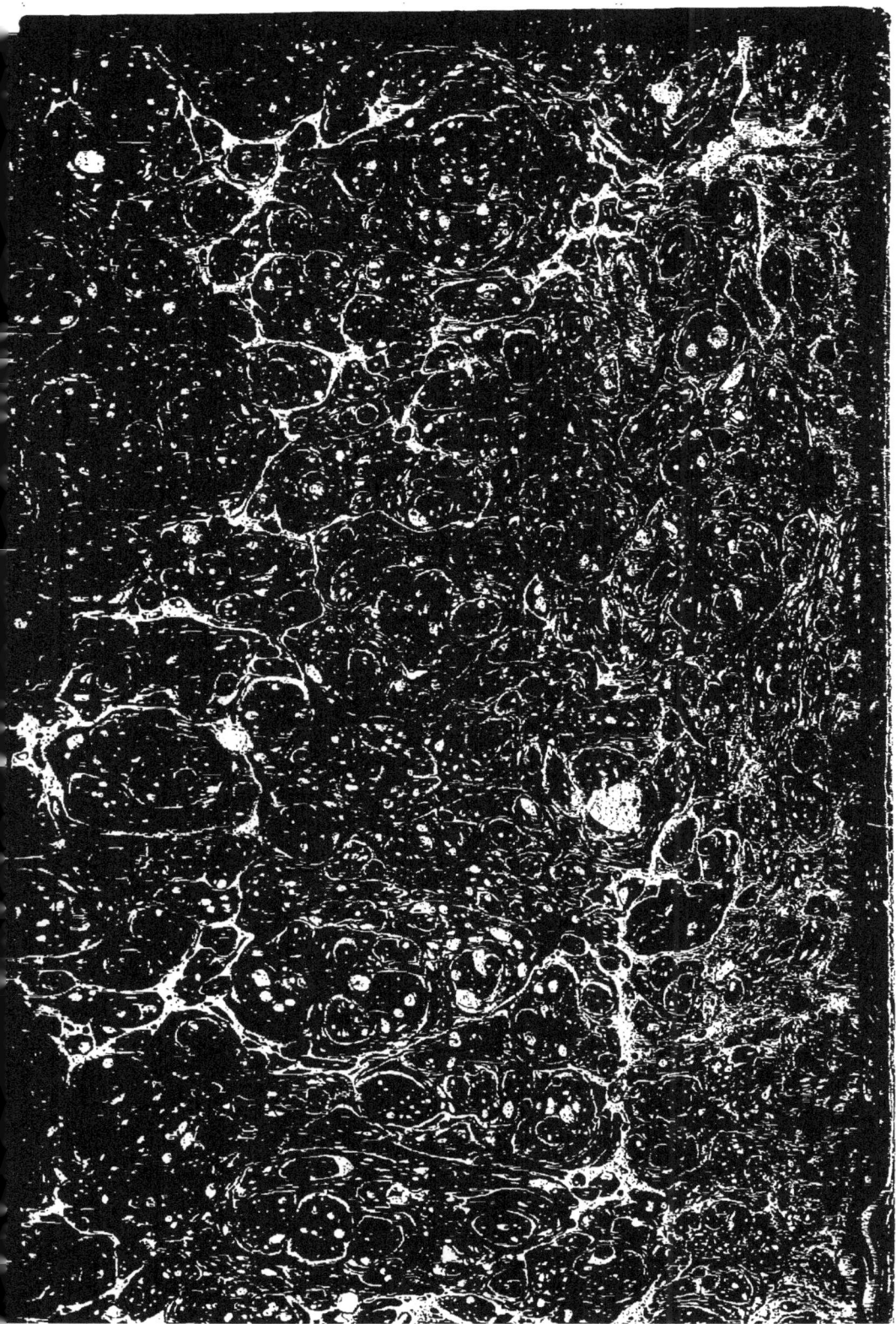

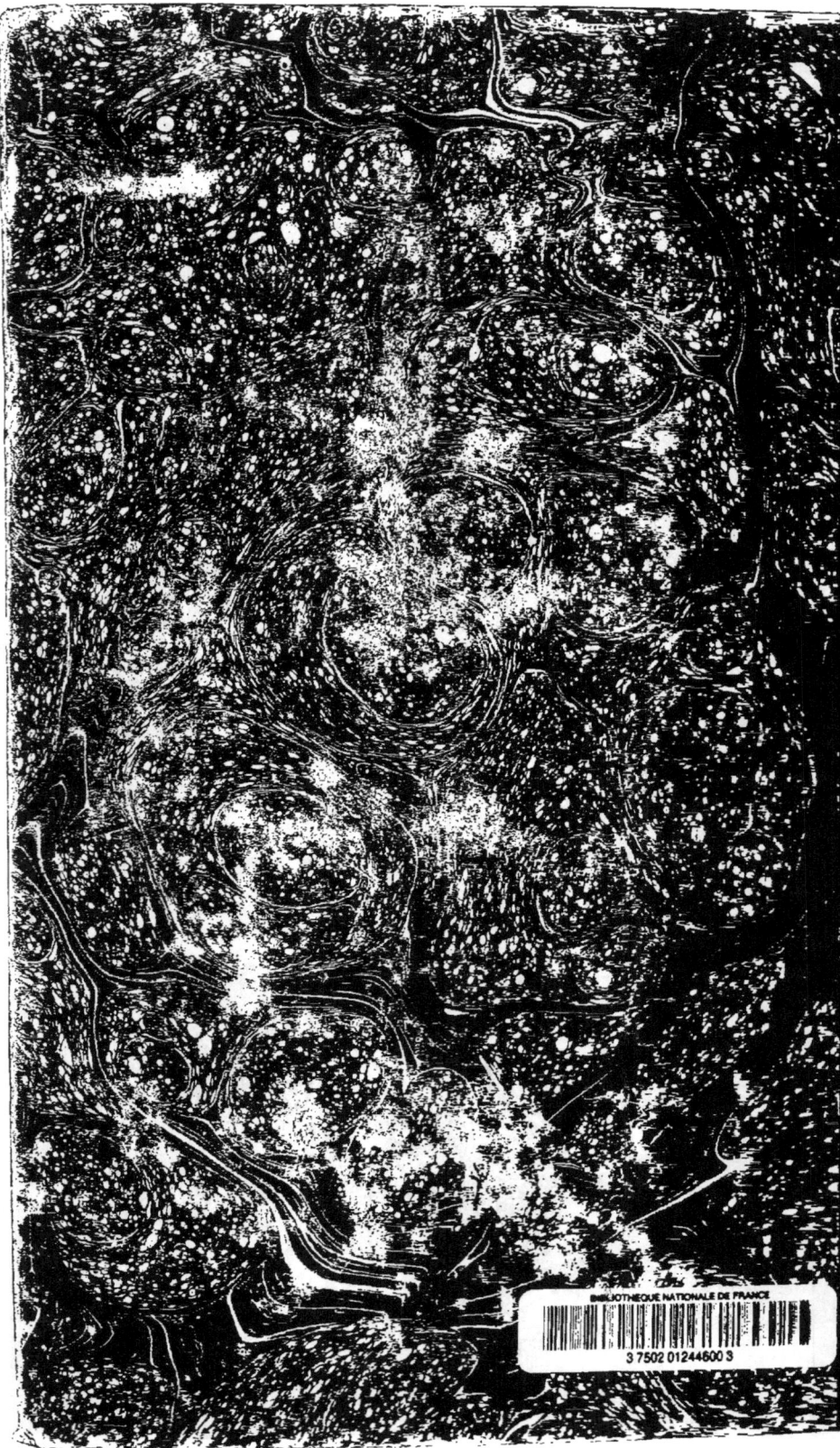

www.ingramcontent.com/pod-product-compliance
Lightning Source LLC
Chambersburg PA
CBHW060819220326
41599CB00017B/2233